食品物理加工技术

Physical Technologies for Food Processing

丘泰球　任娇艳　杨日福　主编

科学出版社

北京

内 容 简 介

本书主要从食品物理加工技术的基本概念、技术特点、装置设计、工艺流程、机理探讨、应用前景等方面阐述了食品物理加工技术的整体内涵，重点介绍超声波、超(亚)临界流体、膜分离、共结晶、光及多种组合技术等现代物理加工方法在食品加工中的基础理论、加工工艺和加工设备。本书内容参阅了大量国内外相关学科的研究进展，内容新颖，条理清晰，融实用性、前瞻性、科学性和通俗性于一体，以求读者能更好地理解相关知识，掌握相关技术。

本书既可供高等学校食品科学与工程、食品质量与安全、轻工科学与工程、化学与化工、生物科学与工程等专业教师和学生使用，又可为食品生产企业开发新技术、新工艺和新设备提供参考与借鉴，有利于推动我国现代食品工业的转型升级，为整个食品产业的健康和可持续发展提供支持。

图书在版编目(CIP)数据

食品物理加工技术 / 丘泰球，任娇艳，杨日福主编. —北京：科学出版社，2018.6
　ISBN 978-7-03-057884-6

　Ⅰ. ①食… Ⅱ. ①丘… ②任… ③杨… Ⅲ. ①食品加工 Ⅳ. ①TS205

中国版本图书馆 CIP 数据核字 (2018) 第 127829 号

责任编辑：李秀伟 / 责任校对：严　娜
责任印制：赵　博 / 封面设计：铭轩堂

科 学 出 版 社 出版
北京东黄城根北街 16 号
邮政编码：100717
http://www.sciencep.com

北京科印技术咨询服务有限公司数码印刷分部印刷
科学出版社发行　各地新华书店经销
＊

2018 年 6 月第 一 版　　开本：787×1092　1/16
2019 年 1 月第三次印刷　　印张：27 1/2
字数：652 000

定价：198.00 元
（如有印装质量问题，我社负责调换）

编委会名单

主　　编　丘泰球　任娇艳　杨日福

副 主 编　胡爱军　罗登林

参编人员　(按姓氏拼音排序)

曹美芳　　陈家逸　　陈康宗　　崔玉涵　　范晓丹

郭　娟　　杭方学　　胡爱军　　胡双飞　　胡松青

黄萍萍　　李　凯　　李　旺　　李　文　　刘宏生

陆海勤　　罗登林　　彭　彬　　丘泰球　　任娇艳

石海燕　　唐湘如　　王　超　　王玉龙　　温诗雅

徐明芳　　严卓晟　　杨李益　　杨日福　　张　伟

郑亚美

序

　　传统的食品加工技术(如高温加热、酸碱处理等)常常会导致食品品质的下降,如在产品的纹理、颜色、味道、质构等方面产生不良影响,还会造成生物活性物质的损失。随着人们对食品在营养、健康和感官品质方面更高的追求,传统的食品加工技术正面临着许多挑战。因此,如何让食品保留其新鲜和营养品质属性,正受到生产者和消费者的高度重视。食品产业必须与相关前沿技术深度融合,这是以常规化学、生物学为基础的传统食品加工方法难以实现的,而食品物理加工技术创新将起到重要作用。为了满足人民对食品日益增长的需求,探索各种新兴食品加工技术取代传统方法已成为必要。近年来,食品科技人员不断研究使用各种新兴的物理加工技术(如超声技术、超临界流体技术、光技术、膜分离技术等)在食品加工中应用的可能性。这些新兴的物理加工技术不仅可以显著缩短处理时间,节省能源,减少污染,而且能提供更加安全、营养和健康的食品,使整个食品行业受益。

　　食品物理加工技术是指利用现代声学、光学、电学、磁学、力学等物理方法或将这些方法耦合,改进食品加工过程的一类新技术。在国家倡导"工业4.0"的大背景下,物理加工技术具有提高加工效率、降低生产成本、提高食品品质、保障食品安全,从而实现节能减排,促进绿色发展,引领食品产业升级转型等技术特征及优势。

　　该书着重讨论超声波、超高压、电场、光、力、微波等物理方法在食品领域中的应用。编者们在该领域内长期从事相关教学、科研和装备研制工作,该书内容参阅了大量国内外相关学科研究进展,内容新颖,条理清晰,融实用性、前瞻性、科学性和通俗性于一体,以求读者更好地理解相关知识,掌握相关技术。

　　综合来看,该书具有一定的学术水平和使用价值,可供高等院校作为教学参考书,也可作为在工业、农业和医药等领域从事与物理加工技术有关的科技工作者的优秀参考著作。该书的出版将有助于促进食品物理加工技术的发展,从而更好地为国民经济建设服务。

孙大文 (Da-Wen Sun)

华南理工大学食品科学与工程学院教授、博导
爱尔兰皇家科学院院士
欧洲人文和自然科学院院士
波兰科学院外籍院士
国际食品科学院院士
国际农业与生物系统工程科学院院士
国际制冷科学院院士
2017年11月

前　　言

食品产业涵盖了食品原料生产、加工与制造、仓储物流与消费等全产业链的各个环节，是关系到国计民生的支柱产业。以化学和生物学方法为基础的传统食品加工技术，由于经历了长期的方法研究与参数优化，其加工效率、产品得率和活性、能量消耗等关键指标提升的难度越来越大。因此，需要创新加工方法和技术，以提高食品加工效率和综合利用程度，降低能耗和减少环境污染，提升国民营养与健康水平，保障食品质量安全。

食品物理加工技术是现代物理学与传统食品产业深度融合而产生的食品加工新领域，它是指将各种物理方法应用于食品加工中，以达到提高生产效率、改善食品品质、保障食品安全、节约生产能耗、减少排放污染，实现食品的绿色生产，这些方法包括超声技术、电场技术、磁场技术、光学技术、微波技术、超临界流体技术等。物理加工技术不仅可以被广泛应用于食品的去皮与杀菌、提取分离、酶解反应、发酵工程、均质乳化、干燥脱水、分子改性等产品的生产与制造，还可以通过对食品品质特性和食品加工过程参数的快速识别与信息采集，逐步实现食品加工制造的自动化、信息化、网络化和智能化，提高食品的自动化生产水平，也就是"工业4.0"的目标。

为了适应食品科技及其产业发展的需要，本书编写组成员在结合自己多年来的教学经验、科研成果和工程实践的基础上，查阅和参考了大量国内外文献和相关学科的一些著作，编写了《食品物理加工技术》一书，本书旨在提供新兴食品物理加工技术的基本概念、设备和生产方法，并强调各种组合技术在实际中的应用。

本书主要编写人员包括多年从事食品科学与工程、物理科学与技术、制糖工程等方面的教学和科研的高校教师，以及具有丰富生产经验的企业技术人员和专家，他们对相关领域均有一定的造诣和独特见解。但由于本领域相关技术发展日新月异，加之作者的水平和经验有限，书中对相关技术的阐释、内容的编写等方面都难免存在缺点和疏漏，敬请广大读者批评和指正。

丘泰球

华南理工大学食品科学与工程学院教授、博导

2017年10月

目　录

1 非热物理加工技术对豆类糖蛋白特性的影响

内容概要: 在传统的豆类加工工艺中,一般都采用加热的方式去除豆类食品中凝集素的抗营养性,但其有益的活性如 α-葡萄糖苷酶抑制活性、α-淀粉酶抑制活性等也随之丧失。通过采用不同强度的非热物理加工技术(超声、高静压或超高压微射流均质处理等)对豆类进行处理,可在去除芸豆凝集素抗营养特性的同时,保留其有益的生理活性,且借助光谱、质谱等分析技术可对糖蛋白凝集素结构表征,并在此基础上可追踪研究糖蛋白凝集素不同结构状态下的生理活性变化。非热物理加工处理(超高压、超声、微射流均质等)在食品加工中的重要意义在于,可实现低温条件下较大限度地降低食品营养成分的损失。

1.1 超高压技术

1.1.1 超高压技术的概念

超高压技术(ultrahigh pressure processing),是利用 100~1000MPa 的压力,在常温或较低温度下,使食品中的酶、蛋白质和淀粉等生物大分子结构及功能改变,以实现杀菌、灭酶及改善食品功能性质等的一种新型食品加工技术。

1.1.2 超高压技术的基本原理

超高压处理技术遵循下列两个基本原理。

第一个是 Le Chatelier 原理(Escobedo-Avellaneda et al., 2011),是指反应平衡将朝着减小系统外加作用力影响的方向移动。这意味着超高压处理将促使反应朝着体积减小的方向移动,包括化学反应平衡及分子构象的可能变化。根据该定律,外部高压会使受压系统的体积减小,反之亦成立。因此加压处理会使食品成分的理化反应向着压缩状态的方向进行,反应速度常数 k 值增加或减小则取决于反应的"活性体积"(ΔV^*=反应复合物体积–反应物体积)是正还是负。以水为例,当水溶液被压缩时,压缩能量 $E=2/5 \times P \times C \times V_0$(式中,$P$ 为外部压力;C 为溶液的压缩常数;V_0 为体积的初试值)。在压力为 400MPa 下,1L 水的压缩能量为 19.2kJ,这与 1L 水从 20℃升至 25℃时所吸收的 20.9kJ 的热量大致相当。

第二个是帕斯卡原理(Norton and Sun, 2008),即液体压力可瞬间均匀地传递到整个样品。帕斯卡原理的应用与样品的尺寸和体积无关,表明整个样品将受到均一的处理,传压速度快,不存在压力梯度,这也使得超高压处理过程较为简单,而且能耗也较少。而热处理为了达到样品中心预定的温度,将可能导致加热点和表面的过热。根据帕斯卡定律,外加在液体上的压力可瞬时以同样的大小传递到系统的各个部分,故而对液体从外部施以高压,将会改变液态物质的某些物理性质。仍以水为例,对其从外部施压,当压力达到 200MPa 时，水的冰点将降至-20℃；室温下的水加压至 100MPa，体积将减少 19%；30℃的水经快速加压至 400MPa 时则会产生 12℃的温升。同样，在食品的高压处理过程中，高压也会改变食品中某些生物高分子物质的空间结构，使生物材料发生某些不可逆的变化。研究发现，食品在液体中，加压 100～1000MPa，并保持一定的作用时间之后食品中的酶、蛋白质、淀粉等生物高分子物质将分别失活、变性和糊化。压力上升过程是一个纯物理过程，它与传统的食品加热处理工艺机理完全不同。当食品物料在液体介质中体积被压缩之后，形成高分子物质立体结构的氢键、离子键和疏水键等非共价键即发生变化，结果导致蛋白质、淀粉等发生变性，酶失去活性，细菌等微生物被杀死。但在此过程中，高压对高分子物质如蛋白质及低分子物质如维生素、色素等的共价键无任何影响，故高压食品可很好地保持原有的营养价值、色泽和天然风味，这一特点正好迎合现代人类返璞归真、崇尚自然、追求天然食品的消费心理。

1.1.3 超高压技术的优缺点

超高压技术应用范围较广，工艺简单方便，易于规模化生产，优点包括：①一定压力下可杀灭有害微生物，延长货架期 2～3 倍；②某些超高压处理产品可少加甚至不添加防腐剂即可达到保藏的需求；③属于非热处理方式，对产品风味和营养价值影响较小；④压力瞬间均匀地传至样品，可保持样品的形状；⑤特定的超高压处理条件，可改善产品的风味、质地和其他性质；⑥处理条件多样化，可获得多样化的产品类型；⑦处理工艺相对简单，耗时短，效率高；⑧超高压中传导压力介质可循环利用，较为环保，可较大程度地满足消费者对天然、健康和营养产品的追求。超高压技术作为一种新兴加工方式，在食品加工中的应用亦具有一定的局限性，如处理质地较脆的样品时，产品会发生严重形变；某些酶和芽孢对超高压有很强的耐受性，故需选取合适的高压处理工艺以保证产品的安全性；超高压设备成本较高，且设备技术需进一步成熟完善。但随着超高压技术的不断发展，这些问题正逐渐得到解决和改善。

1.1.4 超高压处理设备简介

1.1.4.1 超高压食品加工设备的结构特点

目前国外常见的高压食品加工装置的主体部分，即其加压装置是由高压容器和压力发生器(或称为加减压系统)两大部分组成，高压容器是整个装置的核心，它承受的操作压力可高达数百甚至上千兆帕，对其技术要求也较高。而压力发生器的加压方式又分为外部加压式和内部加压式两种。结合食品工业的行业特色，人们发现高压食品加工装置的特点是，承受很高的操作压力(150～1000MPa)，循环载荷次数多(连续工作，通常为 2.5 次/h)。因此，高压容器及其密封结构的设计必须正确合理地选用材料，保证其足够的力学强度、高断裂韧性、低回火脆性和时效脆性，一定的抗应力腐蚀及腐蚀疲劳性能。鉴于食品加工工业中的特殊要求，即要有一定处理能力和较短的单位生产时间，有效保证产品的高质量要求，故而要设法缩短生产附加时间(如密封装置的开启时间)，将装置设计成便于快装快卸操作的轻便形式。

1.1.4.2　超高压装置压力发生器的设计

超高压装置的压力发生器，即加减压系统如图 1-1 所示，在容器内产生高压基本有两种方式：一是外部加压式，外部加压式设备是采用超高压泵通过管道将高压介质泵入超高压容器内以达到设定的压力，这种方法为大部分工业化生产所采用。二是内部加压式，即以活塞直接加压或由液压装置推动活塞压缩高压容器内压媒产生高压，压力介质通常是水和油的混合物，添加油的目的是润滑和防锈。这种方法升压速度快，但对密封材料要求严格，且损耗较大。根据液压装置与高压容器的连接形式又可分为分体型和一体型两种。前者的高压容器顶盖兼具活塞功能，后者的液压装置与高压容器经高压活塞连成一体。

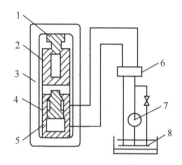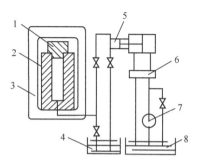

1.活塞顶盖；2.超高压容器；3.承压框架；4.油压缸；
5.低压活塞；6.换向阀；7.油压泵；8.油槽

(a)

1.顶盖；2.超高压容器；3.承压框架；4.压媒槽；
5.超高压泵；6.换向阀；7.油压泵；8.油槽

(b)

图 1-1　超高压设备原理示意图

(a)内部加压式；(b)外部加压式

1.1.5　超高压处理技术对蛋白质结构及功能特性的影响

超高压作用的机理是通过压力作用使物质分子结构与体积发生改变，当这一变形足够大时，将会影响物质分子间化学键的破坏和重组。蛋白质的一级结构是由组成肽链的氨基酸种类及序列决定，两个氨基酸分子间脱水缩合形成一个肽键，其为共价键，对压力不敏感，需要很高的压力才可使肽键断裂，改变氨基酸序列。

蛋白质二级结构主要包括 α 螺旋、β 折叠、β 转角和无规则卷曲，这些结构是肽链主链的局部构象排布，由骨架上的羰基和酰胺基团之间形成的氢键维持。超高压处理对不同来源的植物蛋白二级结构影响各异，一般认为高于 600MPa 的压力可导致蛋白质二级结构发生变化，甚至造成非可逆变性。例如，黄薇(2016)发现超高压对麦醇溶蛋白中的 SH—含量无明显影响，但会使面筋蛋白和麦谷蛋白中 SH—含量减小、二硫键含量增加。采用 600MPa 压力处理虽然对蛋白质的一级结构无显著影响，但会降低蛋白质 β 转角结构含量；油菜籽蛋白则随着压力的升高，其 α 螺旋的含量先上升后下降，β 折叠和无规则卷曲的含量先下降后上升，β 转角含量上升。超高压处理不同蛋白质对二级结构的影响作用不一致，这是因为蛋白质的种类及自身结构特性不同，但超高压技术处理的确会导致蛋白质二级结构的变化是公认的事实。

蛋白质三级结构是由多肽链在二级结构或超二级结构甚至结构域基础上进一步盘绕、折叠，通过侧链氨基酸残基间的非共价键维持固定的特定空间结构。研究表明，一般 100MPa 以上压力即可使蛋白质三级结构发生显著变化，如大豆蛋白 7S 和 11S 亚基组分在 200MPa 压力下保压 1min 即开始发生分子解离、部分二硫键断裂、内部疏水基团暴露等。此外，由于蛋白质本身具有一定的荧光性，当外界环境改变导致蛋白质三级结构发生变化时，蛋白质的一些荧光发射基团位置发生改变，导致蛋白质固有的荧光性发生改变，荧光度的变化与蛋白质的种类及固有发光基团的数目和位置相关。

适度高压处理可使蛋白质的四级结构发生变化，蛋白质的空间结构决定了蛋白质不同的功能特性，因此高压作用导致蛋白质的空间结构改变将会进一步引起蛋白质功能特性的变化。蛋白质溶解性主要与二硫键、氢键和疏水键有关，研究表明蛋白质在较低压力处理下溶解性下降，之后随着压力上升，蛋白质的溶解性会上升。超高压引起蛋白质变性进而形成聚合物，大多是二硫键的形成造成的。较高压力处理会使蛋白质分子伸展，压力消除后，伸展的蛋白质分子重新形成二、三级结构，会对蛋白质溶解性产生影响，使一些蛋白质可溶。例如，李汴生等(1999)对高压处理后大豆分离蛋白溶解性和流变特性的变化及其机理研究发现，经 400MPa、15min 高压处理，低浓度大豆分离蛋白溶解性及表观黏度增加，而在低于 400MPa 高压处理时，大豆分离蛋白分子发生一定程度的解聚和伸展，蛋白质电荷分布加强，颗粒减小。

凝胶性是食品蛋白质的主要功能特性之一。蛋白质凝胶是液体蛋白质分子规律交联后所形成的占据原来液体空间的三维空间网络结构。超高压处理可促进大豆蛋白的凝胶化，超高压处理过程中，凝胶强度与疏水性、二硫键及自由巯基变化相关，如张宏康等(2001)发现超高压处理高浓度大豆分离蛋白溶液可形成凝胶，且凝胶强度随着蛋白质溶液的质量分数、温度及处理压力的增高而增强，且超高压处理得到的凝胶强度比热处理的凝胶在外观上更平滑、细致。

蛋白质的乳化性和乳化稳定性对于食品品质极为重要，经超高压处理大部分植物蛋白的乳化性及乳化稳定性均增加。超高压处理后，蛋白质分子伸展，与水作用的极性或离子基团增多，同时，蛋白质分子内部的疏水基团也暴露出来，使亲水、亲油性达到很好的平衡，乳化性和稳定性提高。刘坚等(2006)通过超高压(100～600MPa)处理鹰嘴豆分离蛋白，发现随压力的增大和处理时间的延长，鹰嘴豆分离蛋白的表面疏水性、乳化性和起泡性都显著提高，但当压力大于 400MPa 时乳化性能下降，压力大于 500MPa 时起泡性、表面疏水性下降。刘坚等(2007)在利用超高压处理鹰嘴豆分离蛋白时发现，在 pH 为 6.0～8.0，增大压力和延长保压时间均显著地提高鹰嘴豆分离蛋白的起泡能力。袁道强和郭书爱(2008)发现在 400MPa 压力作用下保压 12.5min 可有效提升大豆分离蛋白的乳化特性，乳化能力和乳化稳定性分别提高 86.6% 和 24.7%。因此，超高压处理可以改善蛋白质的诸多功能特性包括溶解性、凝胶性及乳化稳定性等。

1.1.6 超高压对酶活力的影响

酶的化学本质是蛋白质，高静压作用可破坏共价键、疏水键及氢键等维持蛋白质三维结构的次级键，从而导致酶蛋白结构崩溃，使酶活性中心丧失，从而达到改变催化活性的目的，而食品加工过程中为保持良好的食品品质，需要破坏某些有不良影响的酶的活性。比如脂肪氧化酶是催化脂肪氧化的酶类，在大豆制品中，脂肪氧化酶的分解导致氢过氧化物含量增加，是豆制品异味(特别是腐败风味和豆腥味)的主要来源。脂肪氧化酶对热敏感，在常压下，温度升高至60~70℃可达到灭酶的作用，而在高静压下经过一个循环或多个循环仅需较低的温度即可达到灭酶的效果。Wang 等(2011)发现超高压可使豆制品中脂肪氧化酶发生钝化，且脂肪氧化酶的等温和等压钝化作用在两种体系中是不可逆的。保持一定温度下，随着压力增加(250~650MPa)，脂肪氧化酶钝化速率常数增加，且在30℃时脂肪氧化酶钝化速率常数对压力较为敏感。在其他领域中，超高压对酶的影响也很大。以果胶甲基酯酶为例，在室温下，新鲜橘汁中果胶甲基酯酶在 100~400MPa 处理下可被灭活。超高压钝化酶动力学模型主要有三种，包括一级动力学模型、两段式模型和部分转换模型。两段式模型和部分转换模型的建立是基于一级动力学模型。例如，超高压钝化豆奶等中的脂肪氧化酶符合一级动力学模型，超高压钝化李子中的果胶甲基酯酶符合两段式模型，而超高压钝化葡萄和香蕉中的果胶甲基酯酶符合部分转换模型。具体属于哪一类钝酶模型与所处理对象的酶种类、处理条件、酶来源等有关。

1.1.7 超高压处理技术在食品领域的应用研究进展

超高压技术在食品工业中的应用研究越来越广泛。一般来说，利用超高压技术杀灭食品中微生物的原理是因超高压作用可以使细胞形态改变，破坏细胞壁和生物膜从而使微生物致死。超高压杀菌的效果一般与压力大小、处理时间、处理温度及加压方式等密切相关。一般来说，霉菌和酵母菌等耐压性更高的菌群在 350MPa 的压力下需要保压10min 才可以全部被杀灭。超高压技术在大豆制品中主要起到灭菌和灭酶的作用。豆腐中大部分微生物在58℃下，400MPa 高静压处理后大幅降低，也有一些微生物如芽孢杆菌等具有抗超高压的作用，在高压处理后仍可保持一定活性。超高压对微生物灭活的影响取决于微生物的类型、保压时间、处理温度、溶液成分等诸多因素。此外，环境介质也是影响超高压处理效果的一个重要因素，食品成分如蔗糖、果糖、葡萄糖和盐的渗透压等有助于高压环境中微生物的存活。此外，不同介质的酸碱程度对超高压灭酶效果影响也很大，如将商品大豆脂肪氧合酶Ⅰ溶于 0.2mol 柠檬酸磷酸盐(pH 4.0~9.0)和 0.2mol Tris(pH 6.0~9.0)缓冲溶液中，置于 400MPa 和 600MPa 压力下 20min，在碱性条件下脂肪氧合酶丧失 80%的活性，而在酸性条件下则完全失活。

超高压除了在灭酶杀菌方面有较多的应用外，还因为对物质的分子结构有一定影响而被推广应用到更多方面。例如，超高压处理可以促进淀粉糊化。超高压使淀粉糊化类似于热糊化，具体可以分为两步：第一步，淀粉颗粒的无定形区发生水合作用，使淀粉颗粒溶胀，结晶区域变形；第二步，结晶区与水充分接触。并且类似于淀粉的糊化温度和糊化度会随着加热温度和时间的改变而变化，压力大小与作用时间不同，淀粉的糊化温度和糊化度也不同。此外，超高压对其他植物蛋白如谷朊粉等也有显著改性作用。谷朊粉是一种从小麦面粉中分离、提取并烘干而制成的蛋白质产品，又名面筋蛋白，主要由麦谷蛋白、麦醇溶蛋白构成，是一种传统的食品添加剂和品质改良剂。超高压加工作为一种能改变蛋白质功能特性的物理加工手段，对谷朊粉性质有显著影响。Kieffer 等（2007）研究发现超高压作用于谷朊粉、麦谷蛋白、麦醇溶蛋白的机理在于高压引起蛋白质双硫键的断裂和重新生成，如谷朊粉在 200MPa、30℃处理时，其蛋白质组成中醇溶性蛋白的比例提高，面团强度下降；进一步提高处理压力和温度，谷朊粉中醇溶性蛋白的比例及巯基含量均下降。黄薇（2016）研究发现超高压会提高面筋蛋白和麦醇溶蛋白的玻璃化转变温度、降低麦谷蛋白的玻璃化转变温度。扫描电镜结果证实超高压对面筋蛋白的质地无显著影响，但对麦醇溶蛋白和麦谷蛋白的质地影响很大，压力破坏了麦醇溶蛋白亚基的球状结构。

1.2 与物理加工相关的豆类糖蛋白特性概述（以芸豆为例）

1.2.1 糖蛋白的组成

糖蛋白含有常见的 20 种氨基酸，其中以苏氨酸、丝氨酸，脯氨酸、天冬酰胺、赖氨酸的含量较高。在自然界中已发现的单糖虽然有很多种，但通常在糖蛋白中出现的单糖只有几种。在植物糖蛋白中，糖基的成分主要是阿拉伯糖、半乳糖和 N-乙酰葡萄糖胺，其次是甘露糖、木糖、葡萄糖及糖醛酸等。糖蛋白中的糖有时可以和其他基团结合，如硫酸基团和磷酸基团等。

1.2.2 糖蛋白的结构

糖蛋白是由长度不一、带分支的寡糖与多肽链共价连接而形成。糖蛋白的糖链可以是直链或支链，不同糖蛋白分子中，其糖链数目不等，分布亦不均。例如，膜糖蛋白的糖链全部暴露于膜外侧肽链上，理论上讲，糖链有无数种结构形式。然而，生物体内有某种限制因素，使实际存在的糖链类型大减，分为两类糖链，即 N-连接的糖链和 O-连接的糖链。

1.2.2.1 N-连接的糖链

N-连接的糖链根据其所连接糖链的情况，可分为三类：①高甘露糖型，即寡糖链只含有甘露糖和 N-乙酰氨基葡萄糖，且只有甘露糖连接在戊糖核心区上，如卵蛋白；②复杂型，即寡糖链除含有甘露糖和 N-乙酰氨基葡萄糖外，还有半乳糖、岩藻糖和唾液酸等；③杂合型（混合型），既含甘露糖链，又有 N-乙酰氨基半乳糖链连接在戊糖核心结构上。

1.2.2.2　*O*-连接的糖链

O-连接的糖链存在多种形式，其结构共同点是由一个或少数几种单糖与某些含羟氨基酸连接，不存在共有的核心结构。但在 *O*-乙酰半乳糖胺连接的糖链中已发现有 4 种核心结构，研究较多的是黏蛋白、血浆蛋白和膜蛋白。

1.2.3　糖蛋白的生物活性优势

糖蛋白具有增强免疫调节、抑制肿瘤、调节血糖代谢等作用，在新型特种药物及功能性食品开发方面具有广阔的运用前景，诸多研究对糖蛋白的药理作用及保健功能进行了深入的研究，主要表现在以下几个方面：①免疫调节活性。一些糖蛋白为细胞膜结合受体，对维持免疫系统环境稳定性、抵抗病原微生物对机体的损害等均有重要作用。②调节血糖代谢作用。高脂血症是指血液中一种或多种脂质成分的含量异常增高的病症，大量的研究表明，糖蛋白有很好的降血糖和降血脂功效。③抗肿瘤活性。大多数具有抗肿瘤活性的糖蛋白来自于海洋生物，糖蛋白抗肿瘤活性的最大特点是对肿瘤细胞具有靶向杀伤作用，但对正常细胞毒副作用较小。

1.2.4　芸豆的介绍

芸豆（*Phaseolus vulgaris* L.），属豆科蝶形花亚科菜豆族菜豆属，别名四季豆、菜豆、腰豆、肾豆等。芸豆根据食用情况可分为软荚型(菜用菜豆)和硬荚型(粒用菜豆)，前者收获新鲜豆荚做蔬菜用，后者收集籽粒做粮食用；此外，根据种皮颜色又分为白芸豆、黄芸豆、紫芸豆、红芸豆、奶花芸豆和黑芸豆等。

芸豆具有极高的营养及药用价值，全世界 90 多个国家或地区均有种植，是我国小杂粮中极具前景的作物之一，也是陕西、云南、贵州、四川、黑龙江等大力提倡发展的重要农作物。我国是芸豆生产及出口大国，芸豆生产位于世界第三位，仅次于印度和巴西(单良等，2004)。在我国，芸豆除了以原料形式大量出口外，主要利用途径是制作豆沙、豆馅、豆酥及高档糖果、豆粉、豆奶等。近年来，随着食品加工技术的发展，芸豆可用于各种精制食品、方便食品、营养食品及组织化食品等的生产，使得芸豆的应用范围不断扩大。

芸豆蛋白是一种 7S 寡聚球蛋白，含 3 个多肽亚基(α、β 和 γ)，其氨基酸组成中赖氨酸、亮氨酸和精氨酸含量较高。另外，芸豆蛋白中还有两种重要的糖蛋白，即植物凝集素与 α-淀粉酶抑制剂。普通食用时，需将芸豆煮透方可食用，因为凝集素是一类抗营养物质。然而，研究报道凝集素还具有促进免疫反应、抗癌、抗肿瘤及抗 HIV 病毒等生物学活性。

1.2.5　凝集素简介

凝集素(lectin 或 agglutinin)是指一大类非免疫原的能选择性凝集细胞或沉淀含糖大分子的蛋白质或糖蛋白。凝集素首次发现于 1888 年，俄国 Dorpat 大学 Stillmark H.在研究蓖麻籽抽提液对血液的毒性时，发现有蛋白质可凝集人和动物的红细胞，命名为蓖麻素(ricin)。不久，与他同一大学的 Hellin H 从相思豆提取到另外一种蛋白质，也有凝集红细胞的作用，被称为相思豆素(abrin)。1936 年 Sumnor 和 Howell 从刀豆(*Canavalia gladiata*)种子中得到第一个纯化凝集素——伴刀豆凝集素(Concanavalin A，ConA)。自此之后，越来越多的凝集素被分离纯化，其性质及生理作用也得到广泛研究。

凝集素广泛存在于水果、坚果及谷物等各类食品中，其中豆科植物中凝集素含量相对较高。至今已发现的上千种植物凝集素中，从豆科植物中提取的凝集素有 600 多种。而在所有豆类中，以芸豆(*Phaseolus vulgaris*)中凝集素(phytohaemagglutinin，PHA)含量相对较高。

芸豆凝集素(PHA)是一类四聚体糖蛋白。早期凝集素的发现源于生食芸豆造成中毒事故。动物研究也发现 PHA 采食量过多时，动物日增重减少、免疫功能下降、生长受到抑制。因此，早期研究主要集中在芸豆凝集素的抗营养性。由于 PHA 可与细胞表面的抗原糖蛋白连接而促使细胞凝集，因此，PHA 具有细胞凝集活性和糖结合专一性。后来研究发现，利用 PHA 对糖链的特异性识别能力，可将 PHA 作为分子探针研究特异细胞膜受体的分布。近年来，研究发现 PHA 可直接抑制 HIV-1 逆转录酶的活性，降低 HIV 感染者的病毒载量，PHA 作为一类生物活性物质在医药领域的被关注度逐渐升温。除具有抗 HIV 病毒特性外，PHA 还具有促进免疫反应、诱发人外周血淋巴细胞产生抗癌淋巴因子等生物学活性。

凝集素的生物学活性与蛋白质的空间结构和糖链结构有关。研究表明超高压作用会破坏分子内或分子间的氢键、二硫键、疏水作用等非共价作用力，进而破坏蛋白质稳定的三级结构。在一定压力作用下，大豆分离蛋白分子内二硫键会被部分切断，使蛋白质分子展开，且在泄压过程中有可能导致部分展开的蛋白质发生重新聚集。由于蛋白质功能特性与空间结构密切相关，所以这些蛋白质分子结构的变化也将引起蛋白质功能特性的改变。例如，超高压处理可以显著改善大豆分离蛋白的凝胶特性，所形成的凝胶持水性更高，凝胶强度更强，外观更平滑、细腻。

1.2.5.1 豆科凝集素的结构特点

对豆类凝集素结晶结构的研究发现其三维结构大都由反平行的 β 片层构成，其外形类似钟形，顶部呈扁平状，糖结合位点镶嵌于顶部的凹陷中。此外，在氨基酸组成上，豆类凝集素也具有高度同源性，其肽链中大约含有 50%的保守氨基酸残基。其中天冬氨酸、天冬酰胺、甘氨酸、酪氨酸(或苯丙氨酸)4 个氨基酸残基为糖链结合提供了基本框架，并共同决定了豆类凝集素的糖结合专一性(Loris et al.，1998；Srinivas et al.，2001)。

结合图 1-2 可知，具有代表性的植物凝集素——芸豆凝集素 PHA 是一种糖蛋白，包含 4 个亚基，亚基有两种：一种在凝集红细胞时起主要作用，被称为"E 亚基"；另一种凝集白细胞且具有有丝分裂原活性，被称为"L 亚基"。这两种类型的亚基同时在内质网上合成，然后随机组装成 5 种类型的凝集素(L_4、L_3E_1、L_2E_2、L_1E_3 和 E_4)，所有这些凝集素都是分子质量为 125kDa 左右的糖蛋白。所有分离的凝集素都具有相似的物理化学特性和结构的同源性，但是在相关的生物学活性上存在差异。

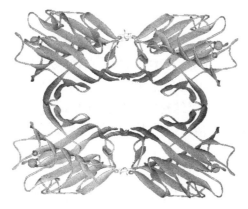

图 1-2　PHA 三维结构示意图

1.2.5.2　豆科植物凝集素的活性特点

由于豆科凝集素与糖分子具有特异结合专一性，豆科凝集素可以识别红细胞、小肠壁表面绒毛上的特定糖基，并与之结合，使红细胞发生凝集或使绒毛病变和异常发育，进而影响正常的消化吸收过程，因此，豆科凝集素被认为是一类抗营养因子。在利用豆科植物制取植物蛋白和动物饲料时，须采用有效的方法使其中的凝集素灭活，以消除毒性并且改善营养价值。在传统工艺中一般采用长时间蒸煮的办法使芸豆中凝集素失活，但生产实践中常常发生蒸煮时间不够或者蒸煮温度较低造成豆类食品中毒事件，此外，长时间高温处理，也会使豆类食品中的一些热敏性物质损耗，降低豆类食品的风味及营养价值。

豆科凝集素还被用作识别肿瘤细胞表面的糖链结构及控制肿瘤进展、转移等方面的研究。在免疫学上，豆科凝集素能够促进淋巴细胞的有丝分裂；在神经学上，可以利用豆科凝集素作为芯片研究神经元表面结构、外周神经元损伤引发的后果及其修复、细胞神经递质受体等。不仅如此，研究发现部分豆科凝集素可抑制 HIV 的复制并阻断其进入 T 淋巴细胞，且 Ren 等(2008)证明芸豆凝集素还可抑制 HIV-1 逆转录酶的活性。目前已有多种动物及人体实验证明，PHA 可直接抑制 HIV-1 逆转录酶的活性，减少 HIV 感染者的病毒载量，使得医药领域对 PHA 的关注度逐渐升温。同时研究发现，PHA 发挥"有益"与"有害"作用的区分取决于一个适当的剂量范围。

因此，可以看出凝集素的生理活性具有两面性：一方面，凝集素具有糖结合专一性，可用于血型鉴定、药物开发、骨髓移植及疾病鉴定等，使其在医药学领域有广泛应用前景；另一方面，大部分凝集素对人体内蛋白酶具有抗消化性，甚至具有刺激肠壁、妨碍营养物质消化吸收等不良作用，而被认为是一种抗营养物质，这也是农业加工领域所关注的问题。凝集素活性的两面性引发人们极大的研究兴趣。

近年来，非热物理加工技术作为新兴的食品加工技术，备受食品业界关注，且随着芸豆在食品生产中的应用范围越来越广，非热物理加工成为豆类食物高附加值产品生产中不可或缺的技术手段。例如，在豆类原料破碎或活性物质提取过程中，可能用到超声辅助处理；若加工成豆类饮料，则必然要经过高压均质。Ren 等(2008)研究发现超高压微射流处理可以改变植物蛋白的二级结构，使原本埋藏于分子内部的疏水性基团暴露，说明物理加工处理(超声、高压等)对豆类凝集素结构产生一定影响。探讨热处理与非热物理处理(超声、高静压、超高压微射流均质等)对豆类凝集素的结构(分子质量、亚基组成、糖-蛋白质的连接方式、二级结构特征等)及活性(红细胞凝集活性、糖结合专一性、对 T 淋巴细胞的生长抑制活性等) 等的影响具有重要意义，可为糖蛋白复合物研究提供宝贵信息。

1.3 超声及超高压微射流均质等加工预处理技术对豆类凝集素得率及活性的影响

1.3.1 不同超声处理条件对豆类凝集素得率及活性的影响

1.3.1.1 料液比

在超声时间 15min、超声功率 325W 的条件下，研究不同料液比对芸豆凝集素粗品得率及血凝效果的影响。发现芸豆凝集素粗品得率随着料液比的增大而增加，说明增大料液比有助于细胞内蛋白质与糖类等水溶性物质的溶出。当料液比(g/ml)为 1∶15 时均基本达到最大值，但继续增大料液比，凝集素粗品得率无显著增加($P>0.05$)。超声处理可显著增大芸豆凝集素粗品得率，同时，增大料液比在一定程度上增大了凝集素粗品的血凝活性。

1.3.1.2 超声功率

在料液比(g/ml)为 1∶15、超声时间 15min 条件下，调节超声功率从 30%增大到 70%(总功率为 650W)，比较超声功率对芸豆凝集素粗品得率和血凝活性的影响。当超声功率从 195W 增加到 325W，凝集素粗品得率显著增大，超声功率继续增大凝集素粗品的得率增加较不显著($P>0.05$)，325W 时其得率为 26.20%，比初始时(超声功率 195W)增大了 13%。当超声功率增大到 260W，芸豆凝集素粗品的血凝活性基本达到最大值。超声功率继续增加，血凝活性基本不变。

1.3.1.3 超声时间

在料液比(g/ml)1∶15、超声功率 325W 条件下，改变超声时间，研究超声时间对芸豆凝集素粗品得率及血凝活性的影响。研究表明，芸豆凝集素粗品的得率随着超声时间的延长而增大，当超声时间达到 20min 时，芸豆凝集素粗品得率基本达到最大值(26.79%)，比超声 5min 时增大 9.6%。对比可知，超声时间 5min 以上均能增大其得率，但超声 20min 后得率增大不显著($P>0.05$)。此外，超声时间在 10min 以内时，芸豆血凝活性无明显增强，当超声时间延长到 15min 时，凝集活性增强，凝集效价增大 1 倍，但当超声时间继续延长至 25min 时，血凝活性下降。可能是由于芸豆凝集素为一种四聚体球蛋白，其聚合物的聚合和分离状态对其血凝活性有一定影响，而超声空化作用会先使球蛋白解离然后聚合，所以随着超声时间的延长芸豆凝集素的聚合状态发生了较大的变化而使血凝活性降低。另外，也可能是由于超声时间过长产生的局部高热效应使部分凝集素糖蛋白变性而使其凝集活性降低。

1.3.2 均质及超高压微射流对豆类凝集素得率及活性的影响

研究表明，均质和高压微射流对凝集素得率无明显作用，可能是由于普通均质的压力和高压微射流压力产生的物理机械作用对芸豆细胞的破坏作用较弱，不能促进其释放出更多的内溶物，另外也可能是均质和高压微射流处理都属于动态作用，在循环流动的过程中可能造成损失从而影响得率。

然而，在只循环一次的不同均质压力处理下，凝集素的血凝活性基本不变，但是在较高压强 (40MPa 和 50MPa) 作用下循环两次，凝集素的凝集效价降低一个单位。可能原因是在较高压力的作用下增加循环次数即延长了作用时间，对凝集素分子结构的解离和聚合有一定影响，从而使其凝集活性降低，具体变化机理还有待进一步研究。

1.4 超高压处理对芸豆凝集素结构和活性的影响

1.4.1 超高压处理对芸豆粗凝集素活性的影响

压力是超高压提取的重要因素，植物细胞壁和胞内膜等在高压作用下会被部分或者全部破坏，使细胞内溶物充分溶出，并与提取溶剂等组分充分接触，有利于提取率的提高，从而获得短时间快速提取的效果。近年来，超高压提取技术相较于传统的提取方法，以其提取时间短、能耗低，且提取液中杂质含量少而在提取加工领域广受欢迎。

采用超高压对红芸豆匀浆液进行处理 (压力梯度为 50MPa、150MPa、250MPa、350MPa 和 450MPa)，并对匀浆液中的芸豆凝集素进行提取和分离纯化，得到较纯的芸豆凝集素，研究超高压处理对芸豆凝集素血凝活性和结构的影响并分析其构效关系。结果表明，凝集素粗品得率随着压力的增大而增大，在 450MPa 时取得最大得率，可见超高压处理可以促进细胞内溶物的溶出从而使凝集素粗品得率增大。比较凝集素粗提物的血凝活性，当压力在 250MPa 以下时，凝集素血凝活力基本不变；当压力达到 250MPa 时其血凝活性降低一个单位；当压力继续增大至 450MPa 时血凝活性又降低了一个单位，如图 1-3 所示。其原因可能有两个：一是超高压的增溶作用使其他的水溶性杂蛋白溶出，导致芸豆凝集素含量下降；二是超高压作用部分破坏了凝集素糖蛋白原有的稳定结构进而使其活性降低。

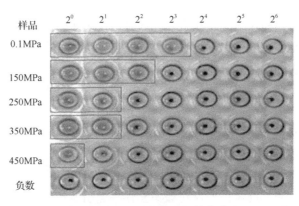

图 1-3　超高压处理后芸豆凝集素活性变化(1.5mg/mL)

1.4.2　超高压处理对芸豆粗凝集素结构的影响

采用 Affi-gel blue gel 亲和层析除去大部分杂蛋白，得到较纯的芸豆凝集素样品，有利于其活性和结构测定与分析。经初步分离的芸豆凝集素凝集效价均有较大提高，芸豆凝集素均得到很好的富集，对其进行超高压处理(压力梯度为 50MPa、150MPa、250MPa、350MPa 和 450MPa)，结果发现，当压力小于 150MPa 时，凝集素的提取率无明显变化，此时凝集素的特异性蛋白结构也未发生显著改变；当压力升高达到 250MPa 时，提取率略有降低，原因是有小部分凝集素的亲和结合域蛋白质性质发生改变而未能吸附在凝胶上；在 350MPa 和 450MPa 压力作用下，血凝活性比对照降低了一个单位。SDS-PAGE 电泳图谱分析过程中，450MPa 处理后会呈现一条高分子质量亚基条带(略小于 97.4kDa)，表明凝集素分子亚基条带发生了交联，并且在 Native-PAGE 电泳图谱中，450MPa 处理后的样品在高分子质量段也出现了一条新的条带，表明 450MPa 的高压作用会促使蛋白质分子发生聚集作用。Grácia-Julia 等(2008)在研究动态超高压处理乳清蛋白时也发现经高压处理后，分子空间进一步被压缩，一些断裂的键又重新链接，蛋白质分子发生聚集作用。

通过体积排阻色谱观察，超高压处理的样品在中低分子质量段的蛋白质含量均有不同程度的改变，这是因为凝集素的四聚体蛋白质在压力作用下发生了不同程度的解离，在 250MPa 时有少部分大分子蛋白质的聚集体产生，同时在 450MPa 时有少部分更大分子质量的蛋白质聚集体生成，表明芸豆凝集素蛋白质发生了聚集。

红外光谱是目前最为常用的分析蛋白质二级结构的方法之一，可相对准确地表征蛋白质肽链结构的变化。一般蛋白质的红外光谱图谱有酰胺Ⅰ带、酰胺Ⅱ带和酰胺Ⅲ带三组特征吸收谱带，其波长分别为 $1700\sim1600cm^{-1}$、$1530\sim1550cm^{-1}$ 和 $1260\sim1300cm^{-1}$。其中，酰胺Ⅰ带归属于 C=O 伸缩振动，酰胺Ⅱ带归属于 N-H 变形振动或 C-N 伸缩振动，酰胺Ⅰ带对蛋白质二级结构的变化更为敏感。红外扫描光谱去卷积图谱结果表明，在 450MPa 以下时，超高压处理使芸豆凝集素的二级结构逐渐地由稳定的 α 螺旋向 β 折叠、β 转角转变，并且有不同程度的红移，表明超高压处理使得芸豆凝集素的二级结构变得不稳定，同时蛋白质分子结构伸展。而在 450MPa 时，无规则卷曲结构增加，表明芸豆凝集素蛋白质可能又重新聚集。

芸豆凝集素的热力学变化分析印证了芸豆凝集素蛋白质的结构变化。由于超高压处理使芸豆凝集素四聚体蛋白质的分子结构发生了不同程度的解离和聚合从而改变了芸豆凝集素的血凝活性。

1.4.3 超高压处理对芸豆凝集素糖链及蛋白链结构的影响

1.4.3.1 超高压处理对芸豆凝集素糖链专一性的影响

糖结合专一性是凝集素特有的一类生物活性,据此可以将凝集素分为岩藻糖类凝集素、半乳糖/N-乙酰半乳糖胺类凝集素、N-乙酰葡萄糖胺类凝集素、甘露糖类凝集素、唾液酸类凝集素及复合糖类凝集素等。一般来说,凝集素分子至少有一个结合糖的部位,凝集素与糖之间的相互作用类似于抗原-抗体反应。凝集素的糖结合专一性通常用半抗原抑制试验测定。

芸豆凝集素对单糖(葡萄糖、半乳糖、木糖、核糖、鼠李糖),二糖(蔗糖、乳糖、麦芽糖)及其他糖醛酸和糖醇(甘露醇、葡萄糖醛酸)均不能产生凝集作用,即表明芸豆凝集素对上述糖无特异专一性。Loris 等(1998)的实验也未发现芸豆凝集素的专一性糖抑制剂,表明芸豆凝集素的特异性结合糖基为一类特殊的复合寡糖。在超高压处理后(150MPa、250MPa、350MPa、450MPa)芸豆凝集素对上述糖仍然不能产生凝集作用,即糖结合专一性未发生明显变化,说明超高压处理对芸豆凝集素的糖链结构无明显破坏作用。

此外,电泳凝胶 PAS 显色反应是研究蛋白质中结合糖的重要手段,可以显示糖蛋白中糖链结构的变化,利用该显色反应将芸豆凝集素与胰蛋白酶抑制剂对比(也是一种糖蛋白,与芸豆凝集素具有同源性,也是一类抗营养因子),发现超高压处理后的糖链结构无明显变化,这说明超高压对凝集素糖链结构的破坏作用较为微弱。

1.4.3.2 超高压处理后芸豆凝集素对蛋白质构象的影响

蛋白质是氨基酸通过肽键连接而成的,其中氨基酸的 α-碳原子为不对称碳原子,具有特殊的光学特性。蛋白质的圆二色性就是当平面圆偏振光通过这些具有特殊光活性的生色基团时,由于光活性中心对平面圆偏振光中的左、右圆偏振光的吸收不相同,进而产生吸收差值,而偏振光矢量的振幅差使圆偏振光变成了椭圆偏振光。

蛋白质的近紫外 CD 谱主要反映侧链基团的构象,主要的酪氨酸峰在 275nm 左右。远紫外(波长 190～250nm)区域内的圆二光谱表征肽键吸收峰范围,反映了蛋白质的主链构象。通过计算,芸豆凝集素(PHA)经不同高压处理二级结构组成如表 1-1 所示。0～250MPa,压力作用促使蛋白质结构展开,有序的 α 螺旋结构减少,更多的 β 折叠结构暴露到蛋白质分子外侧,同时其他无序结构增多。250～450MPa,随着压力进一步增大,蛋白质分子间通过非共价作用发生聚合,有序的 α 螺旋结构又增多,无序的其他结构减少。Puppo 等(2004)发现利用超高压处理大豆分离蛋白,可以使其表面疏水性提高,同时自由巯基含量下降,7S 和 11S 蛋白质部分展开,有序的蛋白质结构被部分破坏。

表 1-1　超高压处理后芸豆凝集素样品的二级结构组成　　　　（单位：%）

压力/MPa	α 螺旋	β 折叠	其他
CK	49.95	11.13	38.92
150	42.92	13.58	43.50
250	33.10	16.86	50.04
350	44.17	14.22	41.61
450	47.14	12.48	40.38

在 DSC 结果分析中，变化焓值（ΔH）的变化趋势为先下降后上升，说明芸豆凝集素蛋白质的热稳定性先下降后上升，蛋白质结构先展开后又重新聚合。Wang 等（2011）分别对经过压力处理的 β-大豆伴球蛋白和大豆球蛋白进行 DSC 分析，发现不同蛋白质对压力的敏感性不同，进而导致其热力学变化趋势不同：β-大豆伴球蛋白的 ΔH 值随着压力升高而不断增大，而大豆球蛋白的 ΔH 值随着压力升高而不断减小。

1.5　不同处理前后豆类凝集素对 α-淀粉酶抑制活性、α-葡萄糖苷酶抑制活性的影响

1.5.1　不同温度处理对 PHA 的 α-淀粉酶抑制活性变化

研究不同温度下凝集素 PHA 的 α-淀粉酶抑制活性变化，发现 70℃处理芸豆糖蛋白样品 10min，即可使其促 α-淀粉酶抑制活性显著下降，约为原活性（对照组）的 10%。当温度达到 80℃以上时，活性基本完全丧失。

1.5.2　不同 pH 下处理对 PHA 的 α-淀粉酶抑制活性的影响

酸性 pH 处理对芸豆凝集素 PHA 的 α-淀粉酶抑制活性影响不显著。在 0～2h 时间段内（酸性环境），α-淀粉酶抑制剂的抑制率略有下降；在 2.5～4.0h 时间段内，抑制率变化不大，可能保持原有活性的 90%左右。

1.5.3　高压处理前后芸豆 PHA 对 α-淀粉酶抑制活性的变化

在 150～350MPa 压力处理芸豆后，PHA 促 α-淀粉酶抑制活性的活性随着处理压力的增加而增加；而在 450MPa 处理下，PHA 对促 α-淀粉酶的抑制活性有所下降。从图 1-4 可知，PHA 对 α-淀粉酶的抑制活性在一定程度上受到处理压力的影响。在一定压力下，增加处理压力可以提高芸豆中 α-淀粉酶抑制剂蛋白质的溶出，导致抑制活性增加。而处理压力超过某个范围使活性下降的原因可能有以下两种：一是超高压的增溶作用使其他的水溶性杂蛋白溶出，从而导致有效抑制淀粉酶的 PHA 含量下降；二是超高压作用部分破坏了淀粉酶抑制剂糖蛋白原有的稳定结构进而使其活性降低。

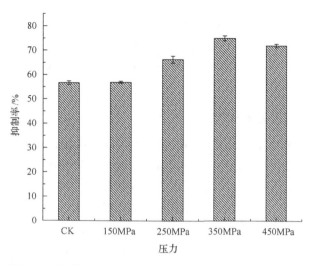

图 1-4　不同处理压力对 PHA 的 α-淀粉酶抑制活性的影响

1.5.4　芸豆 PHA 的 α-淀粉酶抑制活性对消化道酶系的耐受性

在模拟胃部消化的过程中，从图 1-5 可知，胃蛋白酶处理可导致 PHA 对 α-淀粉酶的抑制活性降低。胃蛋白酶是一种较温和的内切蛋白酶，在酸性条件下被激活，水解含有相邻于芳香族氨基酸或者二羧基氨基酸肽键的多肽，同时产生相对分子质量低的肽。其中部分 α-淀粉酶抑制剂被胃蛋白酶水解，也就说明 PHA 对 α-淀粉酶的抑制活性可能取决于相邻于芳香族氨基酸或者二羧基氨基酸肽键的多肽，并且这些位点也是抑制剂活性的关键位点。

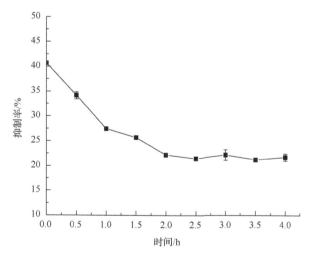

图 1-5　模拟消化过程对 PHA 的 α-淀粉酶抑制活性的影响

在模拟肠部消化的过程中，PHA 对 α-淀粉酶的抑制活性无显著变化，表明 PHA 对 α-淀粉酶的抑制活性对胰蛋白酶的耐受程度较好。胰蛋白酶也是一种内切蛋白酶，可以水解多肽，作用的键包括：L-精氨酸和 L-赖氨酸的羧基与其他氨基酸形成的肽键。抑制活性在模拟肠道消化的过程中基本上没有改变，原因可能有以下两个：一是在 PHA 发挥 α-淀粉酶抑制活性的部位中，不含精氨酸或者赖氨酸与其他氨基酸形成的肽键；二是在 PHA 分子中发挥 α-淀粉酶抑制活性部位处，精氨酸或者赖氨酸与其他氨基酸形成的肽键被包裹在糖蛋白结构的内部。

1.5.5 α-葡萄糖苷酶抑制效果分析

α-葡萄糖苷酶抑制剂可以抑制小肠酶系，延缓肠道内碳水化合物的消化吸收，进而降低餐后血糖高峰，此外，还可持续地且较温和地促进胰岛素的分泌。近年来，α-葡萄糖苷酶抑制剂在临床上用于治疗非胰岛素依赖性糖尿病。目前，国内外的大量研究显示许多天然产物中都存在 α-葡萄糖苷酶抑制剂，而研究表明，芸豆凝集素对 α-葡萄糖苷酶具有显著的抑制作用，这与芸豆凝集素的糖链结构特征密切相关，且具有 α-葡萄糖苷酶抑制活性的一类糖蛋白常同时伴有抗 HIV 病毒等功效。在超高压处理后，芸豆凝集素的α-葡萄糖苷酶抑制活性略有下降，从 39.9% 降低至 24.1%，但是仍然具有一定的抑制效果，表明超高压对芸豆凝集素的糖链破坏作用较弱，因而保持了较好的 α-葡萄糖苷酶抑制活性。

利用超高压处理分离纯化后的芸豆凝集素，由于缺少了部分匀浆液中其他杂蛋白的保护，对比超高压处理后芸豆匀浆液后富集的芸豆凝集素样品，其血凝活性明显降低得更严重，在 450MPa 时，血凝活性基本丧失。

1.6 相关结论与展望

不同非热物理加工技术对芸豆凝集素特性具有不同程度的影响。在一定范围内，超声可显著增强芸豆凝集素粗品的得率和血凝活性。超声条件在料液比(g/ml) 1∶15、超声功率 325W、超声时间 20min 时对芸豆凝集素影响最大，此时凝集素粗品得率最大，血凝效果最强。普通均质作用下不能显著改变芸豆凝集素粗品的得率，但在大于 40MPa 的均质压力下循环作用两次对凝集素的血凝效果有一定的破坏作用，凝集效价降低一个单位。实验证实，压力作用对凝集素含量变化有两方面影响：一方面随着压力的升高，植物细胞壁和胞内膜被破坏的程度越来越严重，细胞内可溶性蛋白充分溶出，并且与提取溶剂等组分充分接触，使得蛋白质提取率不断提高，但溶出的蛋白质既包括芸豆凝集素也包括其他杂蛋白；另一方面增大的压力，部分破坏芸豆凝集素原有的稳定结构继而使其部分失活。因此在芸豆凝集素粗提物中，芸豆凝集素含量随着超高压的压力升高反而降低。

总体而言，非热物理加工技术避免了热敏性营养成分的损失、变色及其他难以克服的变异现象，较大限度保留了食品的原色、原香、原味，并能达到商业无菌要求，同时非热物理加工技术对食物中天然活性物质的生理活性有重要影响，该技术为人们开辟了食品加工处理的新领域，蕴藏着巨大的潜力。我国虽然在相关非热加工技术领域起步较晚，但随着众多学术界、工程界的有识之士纷纷投入到这一领域的研究开发之中，已取得了相应的研究成果。可以相信，以当今非热加工食品技术与传统的中华饮食文明相结合必将为人类翻开食品加工历史的新的一页。

本章作者：任娇艳 华南理工大学

参 考 文 献

盖作启, 李冰, 李琳. 2009. 非热杀菌技术在牛奶加工中的研究进展. 食品工业科技, (1): 329-332.

桂仕林, 邢慧敏, 康小红, 等. 2011. 超高压对牛乳成分影响的研究进展. 农产品加工期刊, (6): 69-80.

郭春生, 于蕾妍, 葛蔚, 等. 2008. 芸豆植物凝集素的提取及血凝效果研究. 中国兽药杂志, 42(1): 49-50.

郭慧, 邓文星, 张映. 2009. 糖蛋白的研究进展. 生物技术通报, (3): 16-19.

何佳颖, 陈寅生, 饶小珍. 2005. 凝集素及其生物学作用. 宁德师专学报(自然科学版), 17(1): 19-22.

何群, 宋春阳, 张艳. 2008. 细胞膜表面糖识别芯片的制备及其初步应用. 中国医科大学学报, 37(5): 577-579.

黄薇. 2016. 超高压对小麦面筋蛋白改性及应用的研究. 天津科技大学硕士学位论文.

吉昌华, 梁延春, 王宇玲. 1988. PHA 对小鼠 H22 腹水癌细胞 DNA 和 RNA 合成以及体外生长的影响. 第四军医大学学报,
　　9(6): 405-407.

李汴生, 曾庆孝, 彭志英, 等. 1999.高压处理后大豆分离蛋白溶解性和流变特性的变化及其机理.高压物理学报, 13(1): 22-29.

李琼, 施兴凤, 李学辉, 等. 2009. 芸豆种子黄酮类化合物的抗氧化性研究. 种子, 28(12): 77-79.

李笑梅. 2008. 菜豆凝集素提取方法的研究. 食品科学, 29(10): 267-269.

李杨. 2013. 大豆凝集素提取工艺研究. 牡丹江师范学院学报(自然科学版), 84(3): 28-30.

刘岑岑, 任娇艳, 赵谋明. 2013. 超高压处理对芸豆凝集素活性及结构的影响研究. 华南理工大学硕士学位论文.

刘坚, 江波, 李艳红, 等. 2007. 超高压对鹰嘴豆分离蛋白起泡性能的影响. 安徽农业科学, 35(28): 9012-9013.

刘坚, 江波, 张涛, 等 2006. 超高压对鹰嘴豆分离蛋白功能性质的影响. 食品与发酵工业, 12: 64-68.

潘巨忠, 薛旭初, 杨公明, 等. 2005. 超高压食品加工技术的研究进展. 农产品加工学刊, 34(3): 13-17.

单良, 姚惠源, 朱建华. 2004. 小麦胚抗营养因子——麦胚凝集素的灭活研究. 食品工业科技, (1): 55-58.

孙颜君, 孙颜杰. 2016. 超高压技术在乳制品加工中应用的研究进展. 中国乳品工业期刊, 44(2): 26-30.

唐佳妮, 张爱萍, 孟瑞锋, 等. 2010. 非热物理加工新技术对食品品质的影响与应用. 食品工业科技, 81(3): 306-393.

王国栋. 2013. 超高压处理对食品品质的影响. 大连理工大学硕士学位论文.

王硕, 王俊平, 张燕, 等. 2015. 非热加工技术对食品中蛋白质结构和功能特性的影响. 中国农业科技导报, 17(5): 114-120.

肖莹. 2009. 糖蛋白生物活性研究综述. 现代农学科学期刊, 16(4): 30-32.

袁道强, 郭书爱. 2009. 超高压对大豆分离蛋白乳化性影响. 粮食与油脂, (12): 23-25.

张宏康, 李里特, 辰巳英三. 2001.超高压对大豆分离蛋白凝胶的影响. 中国农业大学学报, (2): 87-91.

张晓, 王永涛, 李仁杰, 等. 2015. 我国食品超高压技术的研究进展. 中国食品学报, 15(5): 157-165.

Agapov I I, Tonevitsky A G, Maluchenko N V, et al.1999. Mistletoe lectin A-chain unfolds during the intracellular transport. FEBS
　　Letters, 464(1): 63-66.

Anema S G E. 2008. Effect of milk solids concentration on whey protein denaturation, particle size changes and solubilization of
　　casein in high-pressure-treated skim milk. International Dairy Journal, 18(3): 228-235.

Balzarini J,Van Damme L.2005. Intravaginal and intrarectal microbicides to prevent HIV infection. CMAJ (Canadian Medical
　　Association or Its Licensors), 172(4): 461-464.

Balzarini J.2006. Inhibition of HIV entry by carbohydrate-binding proteins. Antiviral Res, 71(2-3):237-247.

Bilbao-Sáinz C, Younce F L, Rasco B, et al. 2009. Protease stability in bovine milk under combined thermal-high hydrostatic
　　pressure treatment. Innova-tive Food Science and Emerging Technologies, 10(3): 314-320.

Datta A K, Davidson P M. 2000. Microwave and radio frequency processing. Journal of Food Science, 65(8): 32-41.

Deepa M, Protein P S, Letters P. 2012.Purification and characterization of a novel anti-proliferative lectin from *Morus alba* L. leaves.
　　Protein & Peptide Letters, 19(8): 839-845.

Douglas M W, Parsons C M, Hymowitz T. 1999. Nutritional evaluation of lectin-free soybeans for poultry. Poult Sci, 78(1): 91-95.

Escobedo-Avellaneda Z, Moure M P, Chotyakul N, et al. 2011. Benefits and limitations of food processing by high-pressure
　　technologies: Effect on functional compounds and abiotic contaminants. CYTA-Journal of Food, 9(4): 351-364.

Grácia-Juliá A, René M, Cortés-Muñoz M, et al. 2008. Effect of dynamic high pressure on why protein aggregation: A comparison with the effect of continuous short-time thermal treatments. Food Hydrocolloids, 22 (6): 1014-1032.

He R, He H Y, Chao D F, et al. 2014 .Effects of high pressure and heat treatments on physicochemical and gelation properties of rapeseed protein isolate. Food and Bioprocess Technology. 7 (5): 1344-1353.

Hernández A, Cano M P. 1998. High-pressure and temperature effects on enzyme inactivation in tomato puree. Agric. Food Chem, 46 (1): 266-270.

Hernández A, Harte F M. 2008. Manufacture of acid gels from skim milk using high-pressure homogenization. Journal of Dairy Science, 91 (10): 3761.

Huppertz T, Fox P F, Kelly A L. 2004. High pressure treatment of bovine milk: Effects on casein micelles and whey proteins. Journal of Dairy Research, 71 (1): 97-106.

Jambrak A R, Mason T J, Lelas V, et al.2014 .Effect of ultrasound treatment on particle size and molecular weight of whey proteins. Journal of Food Engineering, 121 (1): 15-23.

Kieffer R, Schurer F, Köhler P, et al. 2007. Effect of hydrostatic pressure and temperature on the chemical and functional properties of wheat gluten: Studies on gluten, gliadin and glutenin. Journal of Cereal Science, 45 (3):285-292.

Kivela. 2003. IL-1 receptor antagonist gene polymorphism in recurrent spontaneous abortion. Journal of Reproductive Immunology, 58 (1): 61-67.

Lam S K, Ng T B. 2011. Lectins: Production and practical applications. Applied Microbiology, 89 (1): 45-55.

Loris R, Hamelryck T, Bouckaert J, et al. 1998. Legume lectin structure. Biochimica Et Biophysica Acta, 1383 (1): 9-36.

Martinez-Flores H E, Martianze-Bustos F, Figueroa J D C, et al. 2002. Studies and biological assays in corn tortillas made from fresh masa prepared by extrusion and nixtamalization processes. Journal of Food Science, 67 (3): 1196-1199.

Nila N D, Anthony K, Albert N.1988. Studies on the chemical modification of soybean. Carbohydrate Research, 178 (1): 183-190.

Norton T, Sun D W.2008. Recent advance in the use of high pressure as an effective processing technique in the food industry. Food and Bioprocess Technology, 1 (1) :2-34.

Palacios M F, Easter R A, Soltwedel K T. 2004. Effect of soybean variety and processing on growth performance of young chicks and pigs. Journal of Animal Science, (82): 108-1114.

Pilobello K T, Krishnamoorthy L, Slavet D, et al. 2005. Development of a lectin microarray for the rapid analysis of protein glycopatterns. Chem Biochem, 6 (6): 985-989.

Puppo C, Chapleau N, Speroni F, et al. 2004. Physicochemical modifications of high pressure treated soybean protein isolates. Journal of Agricultural and Food Chemistry, 52 (6): 1564-1571.

Radovan D, Smirnovas V, Winter R. 2008. Effect of pressure on islet amyloid polypeptide aggregation: Revealing the polymorphic nature of the fibrillation process. Biochemistry, 47 (24): 6352-6360.

Ren J, Shi J, Kakuda Y, et al. 2008. Phytohemagglutinin isolectins extracted and purified from red kidney beans and its cytotoxicity on human H9 lymphoma cell line. Separation and Purification Technology, 63 (1): 122-128.

Rosenfeld R, Bangio H, Gervig G J, et al.2007.A lectin array-based methodology for the analysis of protein glycosylation. Biochem Biophys Methods, 70 (3): 415-426.

Rubens P, Snauwaert J, Heremans K, et al.1999. *In situ* observation of pressure-induced gelation of starches starches studies with FTIR with in the diamond anvil.Carbohydrate Polymers, 39 (3) :231-235.

Sharon N, Lis H. 2004. History of lectins: From hemagglutinins to biological recognition molecules. Glycobiology, 14 (11): 53-62.

Sweeney E C, Tonevisky A G, PalmerR A, et al. 1998. Mistletoe lectin I forms a double trefoil struture. Febs Letters, 431 (3): 367-370.

Srinivas V R, Reddy B, Ahmad N, et al. 2001. Legume lectin family, the natural mutants of the quaternary site, provides insights into the relationship between protein stability and oligomeirization. Biochimical et Biophysica Acta, 1527: 102-111.

Wang J M, Yang X Q, Yin S W, et al. 2011.Structural rearrangement of ethanol-denatured soy proteins by high hydrostatic pressure treatment. Agricultural and Food Chemistry, 59 (13): 7324-7332.

Wihodo M, Moraru C I. 2013. Physical and chemical methods used to enhance the structure and mechanical properties of protein films: A review. Journal of Food Engineering, 114 (3): 292-302.

2 基于力和光机电一体的类球形果蔬前处理装备

内容概要： 基于力和光机电一体的类球形果蔬前处理装备，是食品物理加工技术在食品机械领域应用成功的一个案例。这种装备的特点是机器由传动构件-计算机-激光和力等传感器集成，因而动作有柔性，即有仿形或自适应功能，能做到一机兼容多种果蔬、多个动作、宽范围尺寸，是适应极不规则农产品前处理加工的理想机型。

机械化果蔬食品加工线通常由前处理、中间制造、杀菌包装三段组成，投料—清洗—去皮/去籽/去核—切片/块/条/丁—护色—沥水这一段被称为前处理工段，相应的单机和组线被称为前处理装备。几乎所有原料果蔬都含有粗硬、苦涩甚至有毒等不可食部分和带有农残、果蜡、泥尘、污垢等，因此前处理装备必须精良，否则果蔬食品的安全、卫生、质量、原料利用率都无法保障。但是传统机器缺乏柔性，无法代替人完成前处理加工动作，致使类球形果蔬前处理装备长期缺乏甚至空白。基于力和光机电一体装备的成功应用，有望走出这一困境。

本章内容有类球形果蔬和前处理装备含义，基于力和光机电一体装备的优越性，类球形果蔬削皮机、捅核机、切片机、刷洗机的研制过程及方法，11个典型成功案例，以及尚未攻克的共性关键难题等，还率先提出了类球形果蔬前处理装备自适应理论。

2.1 类球形果蔬品种、加工方法、前处理流程分类

苹果、橙子、南瓜、椰子、海棠、大枣、马铃薯、蚕豆、胡椒等类球形果蔬又被称为瓜果，据统计有 100 多种，遍布世界各地，年产量超过 20 亿 t，因为这些瓜果有粗、硬，可食、不可食等部分，多数表面还带污垢、果蜡、农药等成分，加工食品之前必须先进行分选→洗净→去皮/去籽/去核→分切→护色等流程化操作，即为前处理，与之相应的单机和组线被称为前处理装备。

通常的瓜果加工线是由"前处理—中间制造—杀菌包装"三段组成，其中后两段早已实现了机械化，唯独前处理工段尤为落后，特别是去皮、去籽、去核。而目前的前处理全世界几乎还靠人工，这种方法特点是效率低、劳动强度大、环境脏乱差，操作伴随着刀伤流血和果汁腐蚀又痛又痒，招工越来越难，急需用机器代替。但国内外目前都没有专业厂商供应。主要原因如下。

第一，瓜果外形、软硬、脆韧都不规则，常见的机器刚性强而缺乏柔性或自适应功能，只能切削形状和质地都基本固定的物体，不能切削形状千差万别的瓜果。

第二，压榨过滤机虽然能去皮、去籽、去核，但出来的产品是液体，适合液体产品的加工，但加工固体产品如罐头、果干、速冻丁、鲜切块等显然不行。

第三，传统的去皮方法不环保，几十年一直沿用的碱液去皮机因污染严重，很多地方已明令禁止。

第四，目前虽有冷冻、真空、酶法、表面活性剂法等研究探索果蔬的前处理，但尚未大量生产。

故此，广州达桥食品设备有限公司联合华南理工大学，在收集、整理、分析、归纳国内外 100 多种瓜果及其制品的基础之上，把瓜果分成大、中、小、微 4 类，采用物理技术，研制出了基于力和光机电一体的瓜果前处理装备，因为有自适应功能使得装备有很宽的兼容范围，一台大果削皮机和组线能通用 28 种瓜果、中果削皮机和组线能通用 23 种、小果捅核机和组线能通用 33 种、微果去皮机和组线能通用 5 种、刷洗机或切片机能兼容 30 种以上类球形果蔬，目前已远销于近 30 个国家，400 多台套，为 100 多种瓜果前处理装备宽容化、连续化、模块化、可视化进行了成功探索。具体分类见图 2-1。

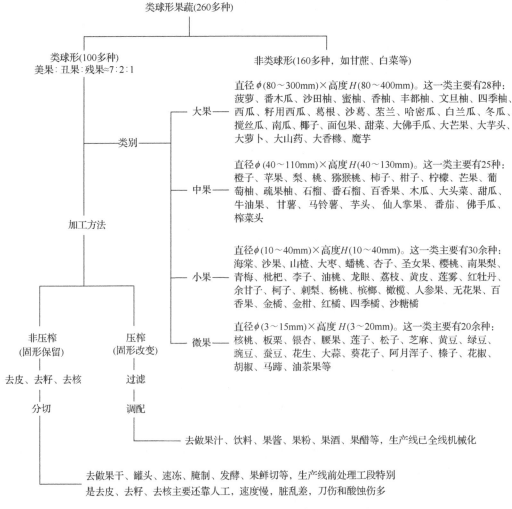

图 2-1 100 多种类球形果蔬分类及加工方法

由图 2-1 可见：①类球形果蔬有 100 多种，可以分为大果、中果、小果、微果类。②所产瓜果有美果、丑果、残果之分，其中丑果无法鲜销。如果可以加工丑果既能产生 20%的果园价值又能防止混入美果导致降价，意义重大。③瓜果加工制品分液体和固体两大类，其中压榨法前处理机械已配套成熟但只能生产液体产品，果干、罐头、鲜切等固体产品加工则急缺削皮、去籽、去核等前处理装备。

2.2 基于力和光机电一体的类球形果蔬前处理装备的优越性

100 多种类球形果蔬前处理工段中最复杂、最耗人工的是削皮岗位，以此为例比较目前 10 种工业用果蔬去皮方法，见表 2-1。

表 2-1 目前 10 种工业用果蔬去皮方法

序号	方法	效果									说明
		果形保留	味道损失	营养损失	食品安全性	操作安全性	能源消耗	辅料损耗	"三废"排放	去皮效率	
1	手工去皮	很好	很少	很少	人体带菌污染难免	刀伤、果汁腐蚀痛痒难免	无	无	无	很慢	工资上涨必然淘汰
2	光机电一体设备削皮	很好	很少	很少	很好	很好	用电较少	无	无	快	2 台机器能削 51 种果蔬
3	机械刷/擦皮	好	很少	很少	较好	好	用电较少	无	废水很多	快	只能用于少数果种
4	压榨去皮	完全改变	大	大	农残等污染难免	很好	用电较多	无	废渣很多	很快	只能做果汁
5	碱液去皮	好	很大	很大	工业碱污染难免	热碱腐蚀伤痛	电和蒸汽消耗很大	用碱很多	废水很多	很快	污染严重必然淘汰
6	冷冻去皮	好	少	少	好	好	电和蒸汽消耗较大	无	废水较多	一般	工业尚未应用
7	真空去皮	好	较少	较少	好	好	用电较多	无	废水较多	一般	只能用于桃、番茄
8	热力去皮	好	较少	大	好	不好	电和蒸汽消耗很大	无	废水较多	快	只能用于桃、枇杷
9	酶法去皮	较好	较少	较少	较好	好	电和蒸汽消耗较少	用酶较多	有废水	快	只能用于少量柑橘
10	表面活性剂去皮	较好	较少	较少	添加物较多	好	电和蒸汽消耗较少	用配料多	有废水	快	只能用于少量柑橘

由表 2-1 可知，10 种工业用果蔬去皮方法中，光机电一体化设备削皮是最优的，因为削出来的食品安全、品质高、无添加、无改固形、降耗减排、绿色环保，不仅方便农村产地初加工，还适合城市鲜切配送。随着机器不断改进提速，其优越性将日益突显出来。

2.3 基于力和光机电一体的类球形果蔬前处理装备研制

2.3.1 基础研究及机型拟定

为了研制速度快、兼容果种多和尺寸范围宽、能与现代食品安全卫生规范接轨的前处理单机和生产线，本章笔者团队进行了 9 个领域的基础研究，见表 2-2。

表 2-2 瓜果前处理加工 9 个方面的基础研究

序号	课题名称	主要研究内容	主要结论
1	果蔬原料收集、整理、归类	100 多种类球形果蔬的分布、存量、单果重、果径、高矮、方圆、凹凸、弯直、软硬、脆韧、标志性营养成分等	100 多种类球形果蔬按直径可分为大果、中果、小果三类，为一机兼容多种果蔬找到了可能性
2	果蔬产品收集、整理、归类	100 多种类球形果蔬加工而成的果汁、果酒、果醋、果干、果片、果丁、果条、果块、果脯、蜜饯、凉果、果酱、果粉、果糕、果冻、罐头等	除果汁、果酱、果粉能用带皮压榨或打浆去皮外，其余果蔬加工都要求"果形无改去皮"，为削皮机找到了市场依据
3	果蔬削皮刀具收集、分析	厨房、作坊、家庭、街路边摊贩用的刀、叉、刨等削皮刀具	工业用果蔬削皮机要求快而且 8h 连续运转，厨房用削皮机无法做到，家庭用机器、刀、叉更不行
4	厨房用果蔬削皮机收集分析	国内外厨房、酒店、作坊用去皮机	厨房用机处理量小，故障率高，不能 8h 连续运行，不适合工业用
5	曾用过的果蔬去皮机收集和分析	碱液去皮机、热力去皮机、菠萝捅皮机、苹果削皮机、橙子去皮机、猕猴桃刷皮机等	污染大、食品质量差或者能耗大、适应范围窄、果蔬浪费多，多数淘汰或闲置
6	果蔬解剖及去皮动作分析	100 多种类球形果蔬皮、肉、籽、囊衣、核、瓤等结构和联系	为设计削皮、去籽、去核、切端、护色、分离、定向等动作找到依据
7	果蔬加工技术与去皮、去籽、去核机械动作分析	剖析现有果蔬加工汁制、鲜切、干制、腌制、罐制、发酵、速冻 7 种技术，以及去皮、去籽、去核配套的机械动作	主要有 10 种动作：破碎、压榨、削皮、捅核、切端、切瓣、划皮、扎孔、剥离、压汁，为研究执行构件提供依据
8	类球形果蔬前处理加工流程收集、整理、归纳	100 多种瓜果汁制、鲜切、干制、腌制、罐制、发酵、速冻的前处理流程	有两类流程破碎压榨（液体化流程）去皮分切（保持固体化流程）
9	食品机械相关法规收集、学习	《中华人民共和国食品安全法》、《食品机械安全卫生》、《中华人民共和国环境保护法》、《中华人民共和国循环经济促进法》等近 10 个法规和标准	为设计先进的削皮机找到了法规和标准依据

由表 2-2 可见：①100 多种类球形果蔬尽管形状千差万别，结构各不相同，彼此毫不相关，但排在一张纸上有规律可选，可以分为大、中、小、微类，有可能研制出相应的机器固定、切削之。②瓜果加工产品有固体和液体两类，由于果干、罐头、果鲜切等要求无伤刷洗和不改变固形去皮、去籽、去核，直接用果汁前处理装备并不合适。③瓜果产品虽然成千上万但前处理动作也就压榨去皮、切片、扎孔等 8 个，简化组合后用一台机器完成多个动作是可能的。④由于产能、连续工作时间、产品均一性等要求相差很大，厨房型机器不能用于工业生产。

总之，原料不规则，加工产品是固体，流程要最短，力求速度快、无人化、非加热、少伤果、少"三废"这些特点，决定了瓜果前处理装备必须有柔性及自适应功能，所以本章笔者团队选定了研制的机型是基于力和光机电一体。

2.3.2 应用研究及性能考验

用基于力和光机电一体的思路设计和制造出大果削皮机(杨李益，2012)、中果削皮机(杨李益等，2011)、小果捅核机(杨李益，2013a)、胡椒脱皮机(杨李益，2017a)，按照表 2-3 类球形果蔬清单对机器"三试"(买果试、来果试、工厂应用试)考验机器性能，不断改进，成熟后制定标准和申领欧盟认证，再定型批量生产，到 2016 年止已出售 400 多台套，充分证实机器是可行的，表 2-3～表 2-6 为试用结果。

表 2-3　大果去皮机或捅核机"三试"结果

序号	类球形果蔬名称	图片	中国产量/(万 t/a)	机器动作	试机结果
1	菠萝		180	单刀削/二刀削	果肉是鼓圆柱/直圆柱，可代 7～9 人，省菠萝，杜绝菠萝汁蚀人疼痛
2	番木瓜		60	同上	可代 7～9 人，省番木瓜 5%，杜绝木瓜汁蚀人疼痒
3	沙田柚		110	同上	二刀削分离出含油外皮、白海绵皮、果肉，保证柚子各部分开，加工苦涩味不相混，方便提取精油和加工粒粒柚、果汁、果酒等
4	蜜柚		120	同上	同上
5	四季柚		20	同上	同上
6	大芒果		10	单刀削	可代 7～9 人，省芒果 3%～5%

续表

序号	类球形果蔬名称	图片	中国产量/(万 t/a)	机器动作	试机结果
7	大芋头		10	单刀削/二刀削	可代 7~9 人，省芋头 5%，杜绝芋头汁蚀人剧痒
8	椰子		3	单刀削	可代 7~9 人，省椰子，可以自动进果
9	西瓜		500	单刀削/二刀削	二刀削分离出外皮、白肉、红瓤，西瓜白肉能利用起来
10	哈密瓜		100	单刀削	可代 7~9 人，省瓜
11	伽师瓜		15	同上	同上
12	白兰瓜		8	同上	同上
13	大佛手瓜		20	同上	可代 7~9 人，省瓜，杜绝瓜汁蚀人疼痛
14	上海金瓜		15	二刀削	二刀削分离出外皮、瓜肉、瓜丝，金瓜肉能利用起来
15	籽用南瓜		22	同上	二刀削分离出外皮、瓜肉、瓜籽，瓜肉能利用起来

续表

序号	类球形果蔬名称	图片	中国产量/(万 t/a)	机器动作	试机结果
16	南瓜		2500	单刀削	可代 7~9 人，省瓜
17	冬瓜		300	同上	可代 7~9 人，省瓜，杜绝瓜汁蚀人疼痛
18	苤蓝		20	同上	可代 7~9 人，省瓜
19	大萝卜		50	同上	可代 7~9 人，省瓜，杜绝瓜汁蚀人疼痛
20	食用甜菜		10	同上	可代 7~9 人，省料
21	大葛根		30	同上	可代 7~9 人，省料
22	大山药		60	同上	可代 7~9 人，省料，杜绝山药汁蚀人痛痒

续表

序号	类球形果蔬名称	图片	中国产量/(万 t/a)	机器动作	试机结果
23	大沙葛	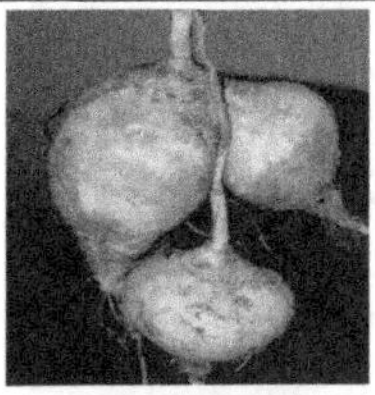	5	同上	可代 7~9 人，省料
24	魔芋		20	同上	可代 7~9 人，省料，杜绝魔芋汁蚀人剧痒
25	菠萝蜜	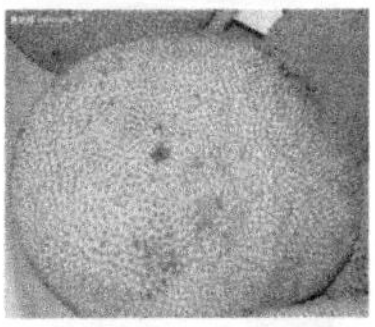	5	二刀削	二刀削分离出外皮、白皮、果肉，菠萝蜜白皮能利用起来
26	大香橼		0.2	单刀削	可代 7~9 人，省料
27	籽用西瓜		100	二刀削	二刀削分离出外皮、白肉、瓜籽，西瓜白肉能利用起来
28	面包果		10	同上	可代 7~9 人，省料

表 2-4 中果去皮机或捅核机"三试"结果

序号	类球形果蔬名称	图片	中国产量/(万 t/a)	机器动作	试机结果
1	苹果		3900	削皮、切头尾、捅核、切瓣、护色、分离	可代 13~15 人，省料

序号	类球形果蔬名称	图片	中国产量/(万 t/a)	机器动作	试机结果
2	梨		1600	同上	同上
3	橙子		500	削皮、切头尾、分离	可代 13～15 人，省料，一刀削分离出条形橙皮鲜榨果汁，二刀削分离出含油皮、白皮、果肉，方便提取精油和加工粒粒橙、防苦鲜榨汁
4	柠檬		60	同上	可代 13～15 人，省料，二刀削分离出含油皮、白皮、果肉，方便提取精油和加工粒粒柠檬、防苦鲜榨汁
5	西柚		15	同上	同上
6	疏果柚		10	同上	可代 13～15 人，省料
7	柑子		100	划皮 3～8 道	可代 13～15 人
8	柿子		250	削皮、切脐	可代 13～15 人，省料
9	桃子		1100	削皮、捅核	可代 13～15 人

续表

序号	类球形果 蔬名称	图片	中国产量/ (万 t/a)	机器动作	试机结果
10	番石榴		30	削皮、切头 尾、切瓣	可代 13~15 人，省料
11	猕猴桃		130	同上	同上
12	芒果		100	削皮、捅核	同上
13	木瓜		30	削皮、捅核/ 去籽、 切瓣	同上
14	甜瓜		300	同上	同上
15	牛油果			削皮、捅核	同上
16	甘薯		20	削皮、切端	同上
17	马铃薯		8000	同上	同上

序号	类球形果蔬名称	图片	中国产量/（万 t/a）	机器动作	试机结果
18	芋头		5	同上	同上
19	大头菜		10	同上	同上
20	仙人掌果		0.1	同上	同上
21	石榴		120	同上	同上
22	西红柿		300	同上	同上
23	百香果		5	同上	同上
24	佛手瓜		10	同上	同上

序号	类球形果蔬名称	图片	中国产量/(万 t/a)	机器动作	试机结果
25	榨菜头		20	同上	同上
26	椰皇			同上	同上

表 2-5 小果去皮机或捅核机"三试"结果

序号	类球形果蔬名称	图片	中国产量/(万 t/a)	机器动作	试机结果
1	荔枝			捅核/划皮	可代 13~15 人，省料
2	龙眼		145	同上	同上
3	红毛丹		0.5	同上	同上
4	海棠果		5	捅核、切瓣	同上
5	沙果(花红)		6	同上	同上

序号	类球形果蔬名称	图片	中国产量/（万 t/a）	机器动作	试机结果
6	山楂		10	同上	同上
7	南果梨		2	同上	同上
8	大枣		530	捅核	同上
9	樱桃		0.2	同上	同上
10	枇杷		2	同上	同上
11	牛甘果（余甘子）		2	同上	同上
12	柯子		0.5	同上	同上
13	刺梨		1	同上	同上

续表

序号	类球形果蔬名称	图片	中国产量/ (万 t/a)	机器动作	试机结果
14	橄榄		0.5	同上	同上
15	金橘		3	同上	同上
16	金柑		3.8	同上	同上
17	蟠桃		1.5	捅核、切瓣	同上
18	杏子		3	同上	同上
19	青梅		27	捅核、扎孔	同上
20	李子		151	同上	同上
21	油桃		2.5	同上	同上

续表

序号	类球形果蔬名称	图片	中国产量/(万 t/a)	机器动作	试机结果
22	黄皮		0.8	划皮、扎孔、压汁	同上
23	四季橘		0.9	同上	同上
24	红橘		1	切瓣、扎孔、压汁	同上
25	沙糖橘		10	划皮、分离	同上
26	新会柑		1	同上	同上
27	蜜橘		10	划皮、压汁	同上
28	莲雾		0.15	切瓣、扎孔、压汁	同上

续表

序号	类球形果蔬名称	图片	中国产量/(万 t/a)	机器动作	试机结果
29	人参果		4	捅核、切瓣	同上
30	百香果		1	切瓣、分离	同上
31	山竹		0.2	压果、去皮	同上
32	槟榔		20	切瓣、去籽	同上
33	番茄		370	划皮、切瓣、扎孔	同上

表 2-6　微果去皮机或捅核机"三试"结果

序号	类球形果蔬名称	图片	中国产量/(万 t/a)	机器动作	试机结果
1	胡椒		3	去皮	比水沤法快 8 万多倍,比酶法快 1000 多倍
2	花椒		6	去皮	
3	蚕豆			去皮	正在研制
4	豌豆			去皮	正在研制

序号	类球形果蔬名称	图片	中国产量/(万 t/a)	机器动作	试机结果
5	绿豆			去皮	正在研制
6	花生			去红衣	正在研制
7	芝麻			去皮	正在研制
8	松子			去壳	正在研制
9	瓜子			去壳	正在研制
10	榛子			去壳	正在研制
11	葵花子			去壳	正在研制
12	莲子			去红衣	正在研制
13	阿月浑子			去壳	正在研制
15	核桃			去青皮	正在研制
16	板栗			去壳	正在研制
17	澳洲坚果			去壳	正在研制
18	榄核			去壳	正在研制
19	银杏			去壳	正在研制
20	腰果			去壳	正在研制
21	马蹄			去皮	正在研制
22	油茶果			去皮	正在研制

　　由表 2-3~表 2-6 可见，基于力和光机电一体的机器兼容性很好。以中果机为例，一机可兼容 23 种果蔬、能同时完成 6 个动作，果高或者果径相差 3 倍都可正常操作，这是传统机械无法做到的。

2.3.3　主要成果及提出新理论

　　(1)研制出 6 台单机：大果削皮机(杨李益，2012；杨李益等，2017a)(兼容 28 种瓜果)、中果削皮机(杨李益，2011；杨李益等，2017b)(兼容 23 种)、小果捅核机(杨李益，2013a)(兼容 33 种)、无伤无死角刷洗机(杨李益，2016a)(匹配大、中、小果)、高速切片机(杨李益，2013b)(兼容 80 多种果蔬)、切瓣机(杨李益，2016b)(兼容 43 种大果和中果)。6 种单机不仅兼容范围宽，还方便模块化组线实现瓜果前处理的机械化、连续化生产。

　　(2)40 余项知识产权：其中专利 39 项、计算机软件著作权 1 项、自主制定机器标准 2 型(已备案)、通过欧盟 CE 认证 2 型，2014 年获广东省科学技术一等奖，孵化形成广东省高新技术企业 1 个(广州达桥食品设备有限公司)。

　　(3)探索出一套普适性较好的类球形果蔬前处理装备研制方法，并率先提出相应理论——类球形果蔬(瓜果)前处理装备自适应理论。全球常见瓜果有 100 多种，它们的外形极不规则，对它们分选、检测、清洗、去皮、去籽、去核、分切的机器应该有自适应功能，即机器能自动适应瓜果长短、粗细、弯直、凹凸、软硬、脆韧，这样机器的加工效果才能接近人手，预防瓜果破碎，使鲜切、果脯、果干、腌制、罐头、速冻、固体发酵等产品实现机械化生产，特别是前处理部分"以机代人"。

2.4 基于力和光机电一体的类球形果蔬前处理装备介绍

2.4.1 28 种大果通用的削皮机及前处理线

如图 2-2 和图 2-3 所示，广州达桥食品设备有限公司在一种果蔬高度自动检测装置及方法、一种果蔬传送装置及传送方法、双刀式自动去皮去果眼机三项专利的基础上研制出了由机械手 1、触摸屏 2、找中灯 3、削皮机构 4、定果叉 5、削皮刀 6、传感器 7 等组成，用压缩空气作为动力的机器。定果叉有上下两个，削皮刀有前后两把，削皮厚度人工调节，单刀削还是二刀削可以点击设定。瓜果用机器或人手放入进料口，激光灯指示果柄或果脐找到最佳受力中心，预防定果被压扁、压爆，同时预防削皮扭断。压力传感器探知果高、果粗，计算机控制定果和削皮，程序自动完成抱果、送果、定果、削皮、出料，无论瓜果高矮、粗细、弯直，削下来的果皮厚度基本相同。

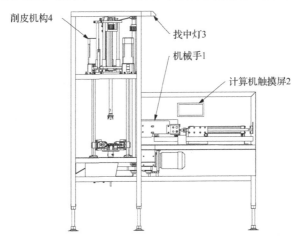

图 2-2　大果削皮机结构示意图

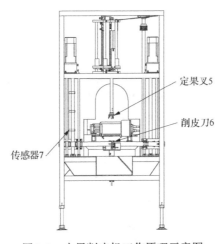

图 2-3　大果削皮机工作原理示意图

被削原料瓜果通常形状、软硬、脆韧都极不规则，为追求果皮去净率高、原料损耗少、机器故障率低，快慢要适当调整，可按下式计算和优化。

$$L=\sqrt{\left(5.4f_1t\right)^2+\left(0.45f_2t\pi D\right)^2}$$

式中，L 为机器削下来的果皮长度(mm)；f_1 为削刀电机频率(Hz)；f_2 为驱果电机频率(Hz)；D 为瓜果平均直径(mm)；t 为削果时间(s)。

每小时 L 越长说明削皮速度越快。削皮速度与削刀宽度、削刀电机频率和驱果电机频率的比值有关。削刀宽取经验值 15mm 为好，这样能满足用户削皮厚 1~20mm 的要求，而且果皮去净率高，削刀不崩缺和卷口。

机器已定型量产和模块化组线见图 2-4，已在近 30 个国家使用。机器还有远程和可视功能，只要连接无线网，世界各地的售后服务都能远程操作。

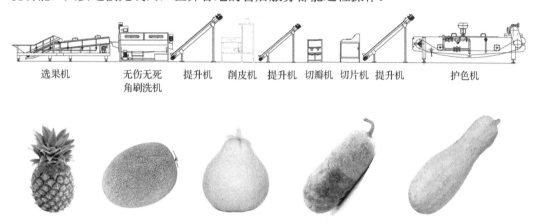

选果机　　无伤无死　　提升机　　削皮机　　提升机　切瓣机　切片机　提升机　　　护色机
　　　　　角刷洗机

图 2-4　28 种大果通用的前处理工段(以加工哈密瓜为例)

单机主要技术参数：

处理量	1.0~1.5t/h
兼容果种	28 种
削皮刀	2 把
适应果高	80~400mm
适应果径	80~300mm
削皮宽度	15mm
削皮厚度	1~20mm
功率	0.8kW
重量	170kg
外形尺寸	1500mm×750mm×1900mm

2.4.2　23 种中果通用的削皮机和前处理线

如图 2-5 和图 2-6 所示，广州达桥食品设备有限公司在计算机软件著作权、机电一体全自动削皮机及其削皮方法、一种果蔬高度自动检测装置及方法、一种果蔬传送装置及传送方法 4 种专利的基础上研制出由触摸屏 1、放果叉 2、找中灯 3、输送带 4、削皮机构 5、切端刀 6、捅核及切瓣刀 7、清洗球 8 等组成的机器。输送带 4 上有叉果针,切端刀有上下两把,捅核刀与切瓣刀相连。点击触摸屏设定好动作,将果放入 2,找中灯指示果柄或果脐找到最佳受力位置,机器就按照程序完成送果、定果、找高、找粗、削皮、切头尾、捅核、切瓣、出料。因有位置和压力传感器探测指示和计算机控制,削下来的皮厚度基本相同。

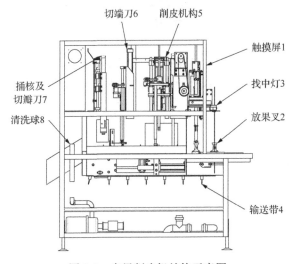

图 2-5　中果削皮机结构示意图

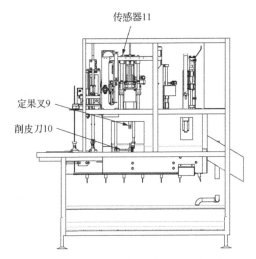

图 2-6　中果削皮机工作原理示意图

被削中果原料外形、软硬、脆韧都不规则,为追求果皮削净率高、原料损耗少、机器故障率低,可按下式计算和优化。

$$L = \sqrt{\left(2.25 f_1 t\right)^2 + \left(0.45 f_2 t \pi D\right)^2}$$

式中，L 为机器削下来的果皮长度（mm）；f_1 为削刀电机频率（Hz）；f_2 为驱果电机频率（Hz）；D 为瓜果平均直径（mm）；t 为削果时间（s）。

每小时 L 越长说明削皮速度越快。削皮速度与削刀宽度、削刀电机频率和驱果电机频率的比值有关。削刀宽取经验值 5mm，这样能满足用户削皮厚 1～8mm 的要求，而且果皮去净率高，削刀不崩缺和卷口。

机器已定型量产且模块化组线，见图 2-7，已在 20 多个国家使用。机器有远程控制和可视化功能，方便售后服务和食品加工过程追溯。

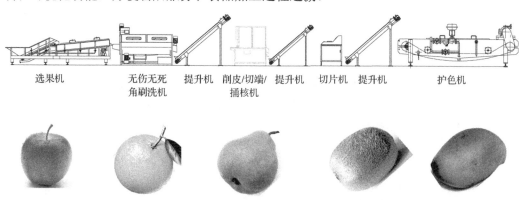

选果机　　无伤无死　　提升机　　削皮/切端/　　提升机　　切片机　　提升机　　护色机
　　　　　角刷洗机　　　　　　　捅核机

图 2-7　23 种中果通用的前处理工段（以加工苹果干片为例）

单机主要技术参数：

处理量	1200 个/h
兼容果种	23 种
削皮刀	2 把
适应果高	40～130mm
适应果径	40～110mm
削皮宽度	5mm
削皮厚度	1～8mm 可调
功率	0.6kW
重量	380kg
外形尺寸	1700mm×855mm×1700mm

2.4.3　33 种小果通用的捅核机和前处理线

如图 2-8 所示，广州达桥食品设备有限公司在瓜果切瓣机及其切瓣方法、捅核切瓣机、瓜果切瓣机三项专利的基础上研制出由触摸屏 1、排果输送链 2、捅核机构 3、出料口 4 等组成的机器，用压缩空气作为动力，输送链 2 上有中空锥形果座，捅核刀有出核和去核带切瓣两种。

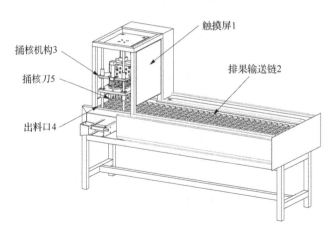

图 2-8　小果捅核机结构示意图

人工把小果排放到果座链条上，机器自动完成送果、动停、捅核、切瓣、出料。由于自动定向技术和设备仍在攻克，放果还需人工，否则无法保证果柄或果脐竖直朝上。

机器已定型量产并且模块化组成见图 2-9，已在海棠、沙果、滇橄榄行业成功使用，大枣、山楂、青梅、金橘等正试机成功。

图 2-9　33 种小果通用的前处理工段（以加工海棠为例）

单机主要技术参数：

处理量	4.2 万个/h
兼容果种	33 种
适应果高	10～40mm
适应果径	10～40mm
功率	1.2kW
重量	240kg
外形尺寸	3300mm×1200mm×1600mm

2.4.4　20 多种瓜果通用的无伤无死角刷洗机

如图 2-10 所示，广州达桥食品设备有限公司在具有清洗、脱毛、去皮功能的果蔬加工机器的专利上研制出了由进料口 1、触摸屏 2、毛刷辊组 3、推果螺旋 4 等组成的机器，动力是电动机。毛刷有圆柱面和波浪面两种,刷子与刷子之间的缝隙可调,因为推果来回移带刷,所以果身、果脐、果柄都能无死角清洗干净,还可边刷边脱毛,如刷洗猕猴桃、桃、芋头、马蹄等。专门的柔性材料、传感器、 计算机组合,预防果-果和果-机互撞导致果子外伤和内伤。

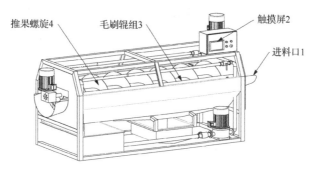

图 2-10　通用的无伤无死角刷洗机结构示意图

操作时把瓜果倒入进料口 1,机器就自动完成送果—刷洗—喷冲—出果,还能脱净果毛。

本机已定型量产和组成,见图 2-11,已在苹果、猕猴桃、橙子、马蹄、芋头、柚子行业成功应用。

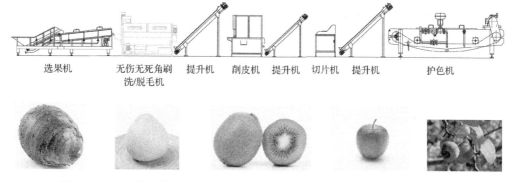

图 2-11　20 多种大果/中果/小果通用的无伤无死角刷洗机组成(以猕猴桃为例)

单机主要技术参数(刷洗柚子):

处理量	0.5～3t/h
兼容果种	20 多种
洗净率	≤100%
伤果率	0
功率	4.5kW
重量	350kg
外形尺寸	2500mm×1200mm×1800mm

2.4.5　60 多种球形和长柱形果蔬通用的切片机

如图 2-12 所示,广州达桥食品设备有限公司在果蔬切片机的专利基础上研制出可更换料筒 1、触摸屏 2、自转切刀 3、公转刀盘 4、厚度调节机构 5、保护外壳 6 组成的机器，动力是电机。自转切刀有 4 把，可更换供料筒可以是 6~8 个，外壳有 3 层保证操作者安全。切片厚度通过调节刀盘与切刀之间的缝隙来实现，适应不同瓜果直径通过更换不同内径的供料筒来完成。因为是 4 把刀快速垂直旋切，因而片厚均匀，片形美观，损耗接近零，脆如火龙果、苹果，软如香蕉、熟芒果都能切。

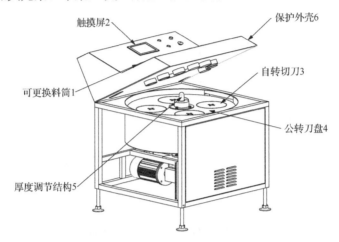

图 2-12　多用果蔬切片机结构示意图

机器已定型量产，在柠檬、苹果、猕猴桃、火龙果、香蕉、芒果、菠萝、洋葱切片中广泛应用(图 2-13)。

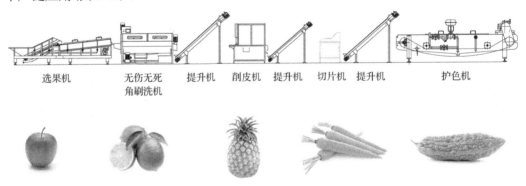

图 2-13　60 多种球形/长柱形果蔬通用的切片机及前处理工段

单机主要参数：

处理量	6 万片/h
兼容果种	60 多种
适应果径	5~125mm
切片厚度	1~10mm
切片夹角	≈90°
切片损耗	≈0
片形	正圆片

功率	2kW
重量	300kg
外形尺寸	1000mm×950mm×1300mm

2.4.6　30 多种类球形果蔬通用的切瓣机

如图 2-14 所示，广州达桥食品设备有限公司在果蔬切片机的专利上研制出了由切刀座 1、切刀笼口 2、压果机构 3 等组成的机器，动力一般是压缩空气。更换刀笼可以适应不同瓜果直径和切果瓣数。机器或人工把瓜果放进刀笼，压果机构按下，均匀的果瓣就分切出来。

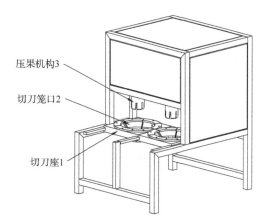

压果机构3

切刀笼口2

切刀座1

图 2-14　瓜果通用切瓣机结构示意图

机器已定型量产，在鲜切果蔬、航空配餐中已成功应用。
主要技术参数(苹果/橙子/猕猴桃等)：

处理量	1600 个/h
瓣数	3～8 瓣
适应果径	40～250mm
适应果高	40～200mm
功率	0.5kW
重量	75kg
外形尺寸	600mm×600mm×1100mm

2.5　典　型　案　例

2.5.1　粒粒橙、橙皮、精油的机械化分离

基于力和光机电一体的机器削橙子，又削又分离。单刀削分离出条形橙皮和果肉；二刀削分离出含油外皮、白海绵皮、果肉，能为九制陈皮等传统食品提供标准化原料，还能随皮脱去 70%以上的苦味，榨汁口感大幅提高。广州达桥食品设备有限公司在果肉无损果皮/籽/肉/隔膜分离机及其分离方法的专利基础上研制出机械化加工线脱籽、脱囊

衣可得无损伤粒粒橙的设备，已在江苏昆山、江西赣州成功使用，如图2-15所示。

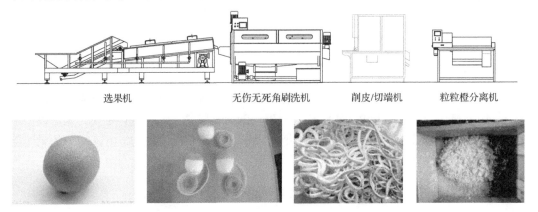

选果机　　　　无伤无死角刷洗机　　削皮/切端机　　粒粒橙分离机

图 2-15　二刀削橙子及组成分离橙子示意图

之前粒粒橙全用人手生剥或酸碱煮橙子后人工掏剥，果汁严重腐蚀手和指甲只能做两天休一天轮换，招工很难。鲜橙皮含油一般在 0.3% 以下；机削含油外皮可达 3%，因此能大幅降低提油成本。

2.5.2　粒粒柚、柚皮、精油、柚籽和囊衣的机械化分离

与加工橙子类似，基于力和光机电一体的二刀式柚子削皮机和组线，又削又分离，能分离出条形柚皮、外皮含油、白海绵皮、果核、囊衣、粒粒柚，如图 2-16 所示（杨李益，2013，2016c）。

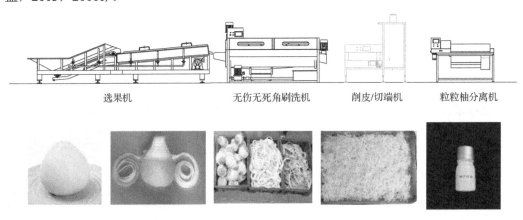

选果机　　　　无伤无死角刷洗机　　削皮/切端机　　粒粒柚分离机

图 2-16　二刀削皮机及组线分离柚子示意图

这样先分离后加工，使柚子各部分互不相混，从源头上保证了后续加工产品原料标准化、味道更纯，提取成本更低。传统压榨法是皮、籽、肉、囊衣相混出汁苦涩味重，做饮料、果酒、果醋脱苦很难。

2.5.3　粒粒石榴的机械化分离

如图 2-17 所示，基于力和光机电一体的石榴加工线有仿形功能，能机械化分离粒粒

石榴、隔膜、外皮，每小时处理 1t 鲜石榴线已出口巴基斯坦。

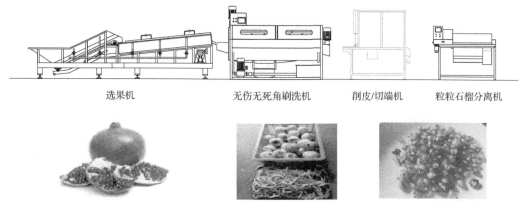

选果机　　　无伤无死角刷洗机　　削皮/切端机　　粒粒石榴分离机

图 2-17　粒粒石榴、皮、隔膜分离

2.5.4　橙汁、柚子汁、柠檬汁机械脱苦

橙子、柚子、柠檬汁加工方法有两种：连皮榨和削皮榨，见图 2-18。由于苦味物质约 70%在皮上因而削皮即可脱苦，基于力和光机电一体的橙子削皮机不仅果皮削净率可达 100%，还可兼容葡萄柚和柠檬等，为破解柑橘脱苦难题开拓了新方法，同时还为橙皮加工业提供了标准化原料。目前该生产线已在江西赣州某公司投产运行 3 年以上。

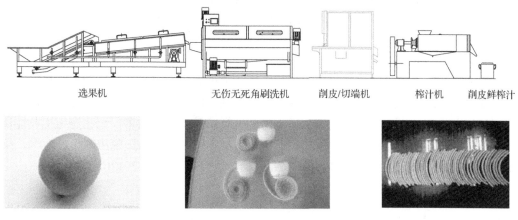

选果机　　　无伤无死角刷洗机　　削皮/切端机　　榨汁机　　削皮鲜榨汁

图 2-18　橙汁、柚子汁、柠檬汁机械脱苦示意图

2.5.5　海棠机械化脱核及可盈利植树防沙

在新疆奇台县等地，防治沙漠扩大是一个世代不变的课题，而栽种海棠建设绿色长城是防治沙漠扩大的有效办法，前提是必须有大量海棠果籽育苗，但这一直是亏本的公益事业。基于力和光机电一体的高速海棠脱核机及组线的成功应用，广州达桥食品设备有限公司在捅核切瓣机专利的基础上研制出了能规模化分离果籽、果肉的机器。果籽纯化干燥后政府收购，果肉加工成果干、果汁、果酒等，在新疆奇台某公司投产 3 年效益

良好，使栽种海棠防沙变成了可盈利的产业，见图 2-19。

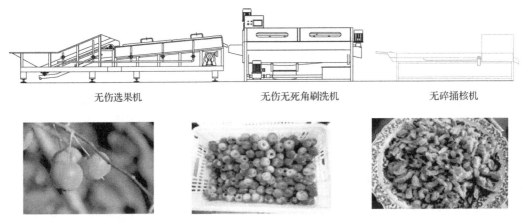

图 2-19　海棠机械化脱核及分离

2.5.6　胡椒机械化快速脱皮

胡椒是世界上最重要的香辛料，是人们喜爱的调味品，全球有 40 多个国家种植胡椒，每年产量达 35 万 t 左右(含中国约 4 万 t)。产品有黑胡椒和白胡椒两种，价格上白胡椒通常比黑胡椒高近 1 倍。

原料青胡椒果呈球形，直径在 3～6mm，脱皮干燥得白胡椒，不脱皮直接干燥得黑胡椒。胡椒脱皮百年来都是脚踩、水沤，产品臭味重，水体遭污染，椒皮、软果、空壳果白白浪费变成污染源，虽然非常不合理但一直找不到代替的办法。主要原因是青胡椒果有"外皮、内膜、果籽"三层结构，外皮与内膜粘贴很紧(果籽碾碎，外皮也脱不下来)，而白胡椒产品要求内膜完好外皮却要脱除干净。基于力和光机电一体的胡椒脱皮机因有柔性即自适应功能，广州达桥食品设备有限公司在机电一体全自动胡椒脱梗脱皮机、内皮无损胡椒皮籽分离机专利的基础上研制出能做到护膜脱皮的设备，已在海南工业性试产成功，每小时处理青胡椒 1t，白胡椒完全没有臭味，膜完好外皮脱净率超过 90%，果皮、软果、空壳果都能回收利用，见图 2-20(杨李益等，2017a，2017b)。

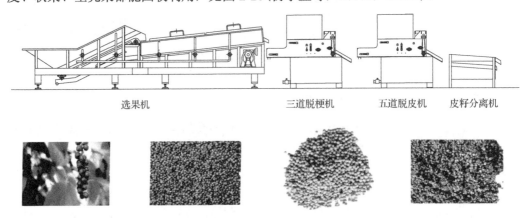

图 2-20　胡椒机械化快速脱皮

目前胡椒脱皮三种方法比较，详见表2-7。

表 2-7 胡椒脱皮三种技术比较

序号	比较内容	加工技术			备注
		物理(光机电一体)	加酶法	发酵(水沤法)	
1	脱皮速度	15s，快速	5h，中速	13~15天，很慢	物理法比酶法快1400多倍，比发酵法快8万多倍
2	产品安全性	无添加，安全性很高	添加酶，安全	有隐患。水沤13~15天，细菌芽孢会渗入椒籽内部，较难彻底杀菌	物理法产品食用安全性高
3	产品感官质量	很香。色香味损失很少	香。色香味损失少	很臭。色香味损失很大	物理法产品没有异味
4	产品理化质量	无添加，脱皮快，有益成分损失很少	添加酶，脱皮温度40℃，时间5h，有益成分损失少	自然水沤发酵13~15天，有益成分损失大	物理法产品有益成分损失少
5	青胡椒原料利用率	胡椒籽、皮、梗、软果、空果全利用	胡椒皮回收和利用较难	胡椒皮、软果、空果不能利用，沤烂变臭成为污染源	物理法原料利用率高
6	酶用量	零	大量用食品酶	零	物理法生产用酶成本为零
7	生产过程"三废"排出	原料全利用，水循环使用，"三废"很少	含有胡椒皮和酶的废水不好处理	发酵异味重，洗水污染江河，干燥场和晒场臭气熏天	物理法生产"三废"少，对环境友好
8	脱皮、分离工段设备投资	时处理2t，需200万元左右	还不能工业化大量生产	仅用水泥池，投资几万元即可	物理法设备投资大
9	产业化水平	处理量1~2t/h，可以数字化、连续化生产	小试阶段	作坊生产几十年	物理法与现代产业接轨

2.5.7 鲜切果蔬机械专用化

类球形果蔬非常适合鲜切加工销售，随着盒装瓜果、中央厨房及净菜配送、中餐工业化的推行，行业发展加速。以鲜切猕猴桃为例，其工艺与设备流程如图2-21所示。

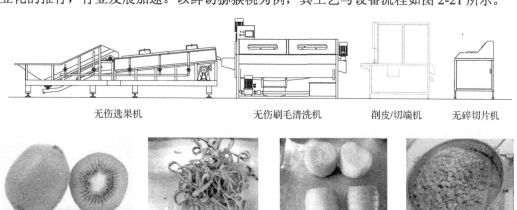

图 2-21 鲜切果蔬机械化(以猕猴桃为例)

由图 2-21 可见，鲜切果蔬因为生产线末端没有热杀菌兜底保障，确保前处理工段清洗、削皮、分切等无菌格外重要，而人体带菌以万亿计，因此机器代人势在必行，否则产品的安全、卫生、质量、货架期无法保障。此外瓜果必须是无伤清洗、无碎分切，否则原料浪费大、褐变严重、次品多。传统机器因缺乏柔性无法满足上述要求。相反基于力和光机电一体的无伤刷洗机、削皮机、分切机却很容易做到，已在多家航空配餐、中央厨房、水果鲜切公司使用。

2.5.8　减少带菌原料进入脉冲或超高压杀菌机的风险

非热物理杀菌是食品杀菌的发展方向，因为产品色、香、味，有益成分保留以及卖点都较好。其中脉冲电场杀菌技术与设备 (pulsed electric field, PEF) 已由华南理工大学曾新安团队研制成功，杀菌条件是在 25 kV/cm 以上的电场强度下，有效电脉冲处理时间在毫秒级；压力 100～500MPa 的超高静压杀菌 (high pressure, HP) 由中国农业大学等单位研制成功。这两项技术都达到世界水平并且成熟，能用于果汁生产。但这样的电场和压力参数还不能杀灭芽孢细菌，因而对进入杀菌机前的果汁含菌浓度有较严格的限制，对前处理装备提出了更高的要求。具体流程见图 2-22。

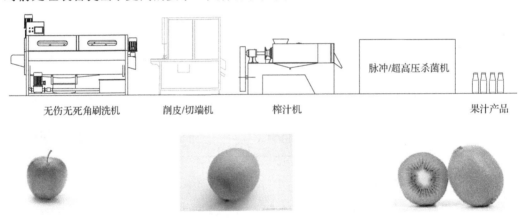

无伤无死角刷洗机　　　削皮/切端机　　　榨汁机　　　果汁产品

图 2-22　削皮机与脉冲/超高压杀菌流程示意图

从图 2-22 可见，传统前处理装备是洗果、带皮榨汁，因为机器没有柔性即自适应功能，果子凹坑、蒂脐很难彻底洗净，出汁带菌多而且含菌浓度不稳定，芽孢细菌混入的概率很高，给杀菌机带入隐患。

相反，基于力和光机电一体的瓜果刷洗机、削皮机有柔性即自适应功能，可以做到 100%无死角刷洗和削净果皮，双重保障了进入杀菌机的果汁含菌浓度低而且容易稳定，大大减少芽孢细菌进入杀菌机的风险。值得一提的是机器又削又分离，避开了瓜果毛、皮、籽、肉混榨，果汁味道更佳。目前已在北京、广东珠海成功运行。

2.5.9　果脯、罐头、咸菜、干果、速冻产品的机械化改造

上述这些产品生产一直是我国的优势产业，每年产值以千亿元计，涉及上亿人的收入。加工厂或作坊的特点是：原料上百种并且极不规则、产品是固体前处理不能用破碎

压榨、削皮全球几乎都用人工。随着用工成本上涨，我国已逐步丧失竞争力，急需用机械化改造以留住和规范这些产业，具体见图 2-23。

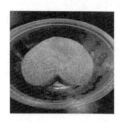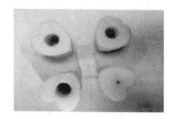

图 2-23　削皮机用于改造罐头、咸菜、果脯等产业示意图

没有自适应功能的传统机械兼容性差，100 多种瓜果削皮至少要 100 多种机器才能完成，这对供需双方而言都不可能做到。

基于力和光机电一体的瓜果削皮机因有自适应功能所以兼容能力很强，一台机器能削 20 多种瓜果和完成 2~6 个动作以及适应相差 3 倍的外形尺寸。三台机器就能完成 80 多种瓜果削皮、去核、去籽。目前已在苹果、橙子、柿子、西瓜、菠萝、大头菜、海棠等产业广泛应用，出口亚洲、非洲、美洲、欧洲的 30 多个国家。值得一提的是中果削皮机能按程序完成削皮、捅核等动作，更换刀具机器能生产出心形、猴面等卡通造型产品，有利于吸引消费者和提升产品附加值。

2.5.10　南瓜、西瓜、冬瓜、哈密瓜的双刀削皮与分离

南瓜可分为肉用、籽用、丝用三类，其中丝用南瓜又被称为搅丝瓜，或被称为上海金瓜。西瓜包括鲜食、籽用两类，籽用西瓜又被称为打瓜。哈密瓜的同类还有白兰瓜、伽师瓜。它们的外形高矮、粗细、弯直、软硬都极不规则。单瓜组成大致是：

肉用南瓜　瓜皮：瓜肉：瓜瓤和籽≈15：60：25

籽用南瓜　瓜皮：瓜肉：瓜瓤：瓜籽≈10：25：30：35

丝用南瓜　瓜皮：瓜肉：瓜丝：瓜瓤和籽≈10：45：25：20

籽用西瓜　瓜皮：瓜肉：瓜瓤：瓜籽≈10：25：30：35

肉用冬瓜　瓜皮：瓜肉：瓜瓤和籽≈10：70：20

鲜食西瓜　瓜皮：瓜肉：瓜瓤和籽≈15：25：60

哈密瓜/白兰瓜/伽师瓜　瓜皮：瓜肉：瓜瓤和籽≈20：65：15

南瓜富含果胶、胡萝卜素(维生素 A 原)，因而不仅是理想蔬菜，还是天然食品强化剂。因为中国人主食大米和小麦含糖类都很高但缺乏维生素 A。

上海金瓜丝在台湾是招待贵宾的高档美食。仅崇明岛每年金瓜产量就超过 10 万 t。

南瓜子、西瓜子、冬瓜子都是理想的休闲食品，经常食用有益于防治前列腺疾病和阻抗阿尔茨海默病等。

由于长期缺乏专用设备，南瓜、冬瓜、西瓜、哈密瓜去皮都用手工，速度慢，卫生差，刀伤和瓜汁腐蚀伤不可避免，纯净瓜肉也很难分离出来，限制了产业规模化加工。2013 年，首台基于力和光机电一体化的大果削皮机在上海崇明岛削金瓜成功，二刀同时削，又削又分离，从机器出来的净瓜肉可以直接去做瓜干、瓜蓉、泡菜、瓜饼、馒头、面条、米粉等，全瓜原料利用率提升 25%～45%，单台机削瓜可达 1～1.5t。随后各地广泛用于削南瓜、西瓜、冬瓜、打瓜、哈密瓜，还出口法国和美国等，见图 2-24。

图 2-24　南瓜、西瓜、冬瓜、哈密瓜的双刀削皮结果

2.5.11　从源头保障瓜果加工食品的安全、卫生、质量、效率、环保

利用已成熟的干制、汁制、鲜切等 7 套技术，以 100 多种瓜果为原料能加工出固体、液体、粉体三类食品，品种总计近万种。工艺流程有 A 和 B 两套：

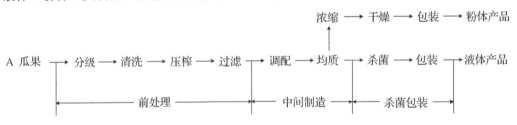

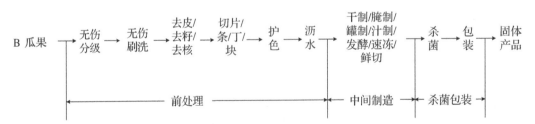

从 A 和 B 两流程可见，瓜果加工线都由前处理、中间制造、杀菌包装三段组成，前处理装备很重要，是瓜果食品加工安全、卫生、质量、效率、环保的源头保障。在瓜果种植和商品化处理与农药、果蜡无法分开的今天，以刷洗机、削皮机为代表的前处理装

备尤须精良，否则安全、卫生都无从谈起。值得一提的是果汁用分级机、刷洗机缺乏自适应功能运转时伤害严重，不适合用于加工果干、罐头、鲜切等固体食品。

其中流程 A 是压榨法流程，目前果汁、浓缩果汁、果粉工厂普遍采用。不足之处是：①产品不能保留瓜果原有固体形态，真材实料感差。②过滤废渣量大而且不易处理。③生产线和单机缺乏柔性，因而兼容性差，只能生产单一产品和处理外形差别不大的原料。

流程 B 是非压榨法或保固形加工流程，被果脯、果干、罐头、腌菜、泡菜、去皮鲜榨汁、固体发酵、速冻、鲜切工厂普遍采用，特点是：产品是固体、原料不规则、全程必须保固形操作。刚性的传统机械对此无能为力，因此除护色和沥水外整个前处理工段都用人工。基于力和光机电一体的无伤分级机、无伤刷洗机、削皮机、分切机的成功应用实现了前处理工段的机械化，不仅节省了人工、原料、加工占地，卫生、安全、质量也明显改善。已在南瓜、柚子、芒果、猕猴桃、海棠、大头菜等行业成功应用多年，出口泰国、菲律宾、美国、法国等。

2.6　展　　望

2011 年中国果蔬产量接近 10 亿 t，超过世界产量的 40%，不仅产量全球第一，也首次超过粮食成为中国第一大农产品。如此大宗并且易腐败的绿色资源，鲜销市场已近饱和，继续用人海战术加工已无法完成，致使卖果蔬难的现象年年发生，采后损失率高达 20%～30%，年损失超过千亿，因此必须用机械化流水线破解。

鲜切果蔬、盒装即食瓜果、休闲果干、速冻果块、鲜榨汁用去皮果块等非压榨或保固形加工产品，必将随着营养、保健知识的普及和对农残、过度添加的担心，变成类球形果蔬的重要出路，相应的前处理装备必须配套跟上，基于力和光机电一体的机型和组线是一个成功的选项，已被笔者用研究和经营事实证明。发展趋势是：

高速化——单机每小时处理应在 1t 以上，这样可以改选现有的果汁厂。

兼容化——也是柔性化。单机和单线能兼容多种瓜果、完成多个动作，适应宽范围尺寸。

无人化——前处理工段进料到出料全部机械化，不用人操作。

笔者团队虽做了 13 年的努力，用 6 种单机解决了 80 多种瓜果的无伤刷洗、无碎分切、去皮、去籽、去核问题，但仍有马蹄去皮、菠萝去果眼、板栗脱内皮等问题没有解决。特别是关键共性问题——果蔬自动定向技术没有突破，恳请同行指导帮助。

本章作者：杨李益　广州达桥食品设备有限公司

任娇艳　华南理工大学

参 考 文 献

杨李益.2012.双刀式自动菠萝去皮去果眼机:中国,ZL 2011 2 0229691.4.

杨李益.2013a.捅核切瓣机:中国专利 ZL 2013 2 0363818.0.

杨李益.2013b.果蔬切片机:中国,ZL 2013 2 0296946.8.

杨李益.2013c.瓜果切瓣机:中国,ZL 2013 2 0364733.4.

杨李益. 2016a. 具有清洗、脱毛、去皮功能的果蔬加工机器: 中国, ZL 2016 2 0146334.4.

杨李益. 2016b. 瓜果切瓣机及其切瓣方法: 中国, ZL 2013 1 0252643.0.

杨李益. 2016c. 果肉无损果皮/籽/肉/隔膜分离机及其分离方法: 中国, 受理号 2016 1 1178338.1.

杨李益. 2017a. 果蔬自适应脱皮机及其加工方法与应用: 国际, PCT/CN 2017/079569.

杨李益. 2017b. 机电一体全自动胡椒膜无损皮籽分离清洗机及分离方法: 中国, 受理号 2017 1 0779854.8.

杨李益, 李炳章, 禹跃明. 2011. 机电一体全自动削皮机及其削皮方法: 中国, ZL 2010 1 0191473.6.

杨李益, 李炳章, 禹跃明. 2017a. 一种果蔬高度自动检测装置及方法: 中国, ZL 2015 1 0064025.2.

杨李益, 李炳章, 禹跃明. 2017b. 一种果蔬传送装置及传送方法: 中国, ZL 2015 1 0062278.6.

3 超声及其耦合技术强化提取

内容概要：超声提取技术是依靠超声波振动产生的空化作用和机械粉碎作用，利用液体空穴的形成、增大和闭合产生极大的冲击波和剪切力，在一瞬间破坏生物体的细胞结构，加快分子的运动速度与频率，使有效成分的分子更加活跃，进而加速有效成分的溶解过程。另外，超声波的振动在某种程度上促进产物的释放和溶解，极大地提升了目标物的提取率。超声提取具有时间短、温度较低、浸取率高等优点，而双频超声采用两个相同或不同频率的超声波发生器，同时发射超声波。双频超声可极大地提高空化效应，进而提高提取率，目前在油脂、黄酮、多酚、食用色素等物质提取方面已得到充分验证。超声与其他技术手段结合，具有提高提取物纯度、强化效率高等优点，在其他技术作用的同时附加超声场，能达到缩短反应时间，提高反应效率，降低反应压力、温度等目的。因此超声与其他技术手段的耦合越来越得到研究人员的关注，成为研究的一个热点。目前，超声耦合真空技术、双水相、离子水和生物酶等领域均得到较大发展。

3.1 超声强化提取的基本原理

根据在传播介质中振荡形式不同，超声波可分为横波和纵波。超声波的传播遵循声波传播的基本特性，但也有其独特性质：①超声波传播过程中具有特别大的介质质点振动加速度；②超声波可以达到很高的频率，因而传播的方向性较强；③在液体介质中，当超声波达到一定的强度后会产生空化现象，而超声波对提取与分离的强化作用主要来源于超声空化。超声在液体中以纵波的方式传播，并且交变电压周期性地产生拉伸与压缩，从而产生空化效果。在超声波纵向传播的负压阶段，介质分子间距离大于具有介质液体作用的临界分子间距，从而形成空穴使液体流动而产生数以万计的微小空化泡。如图 3-1 所示，对于强度较小的超声，在声压的负压阶段，空化泡被拉伸；在声压的正压阶段，气泡又被压缩，即气泡随声波的声压交变而产生周期性变化，这被称为"稳态空化"。对于强度较大的超声，即声压的幅值超过空化阈时，气泡先在声压的负压阶段迅速膨胀，达到最大直径，在随即而来的超声波正压区内，这些空穴又迅速被压缩，从而在空化泡内外产生极高的瞬间压力差，进而发生内爆。由于接近内爆时空化泡的压缩速度极大，甚至超过泡内气体的声速，产生的能量能快速高度聚集，因此在内爆瞬间能引发发光、放电、高压、高温、高速射流、冲击波等一系列极端物理效应，这被称为"惯性空化"、"瞬态空化"或"超声空化"（Hui et al., 1994；Vogelpohl, 1996；张喜梅等, 1997；Wang et al., 2002；周冰, 2006）。

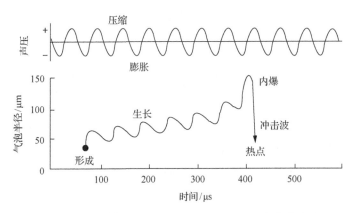

图 3-1　超声空化形成过程中微泡尺寸随时间变化的变化

空化过程包括气泡的形成、成长和崩溃，它能引起湍动效应、聚能效应、微扰效应及界面效应。其中，湍动效应使边界层减薄，提高传质速率；聚能效应活化分离物质分子，提高空化效果；微扰效应强化了微孔扩散；界面效应增大传质表面积。在超声条件下，空化泡能在瞬间迅速涨大并破裂，破裂时把吸收的声场能量在极短的时间和极小的空间内释放出来，形成高温和高压的环境，同时伴随产生强大的冲击波和微射流，破坏细胞结构，细胞瞬间破裂，使其内部有效成分得以充分释放。由此可见，空化效应是超声化学的主要动力，加快分子、粒子的运动速度，进而使粒子间的结构破坏，许多物理和化学过程得以急剧加速，促进物质的分散和萃取(Suslick et al.，1986；冯棋琴和胡爱军，2008)。

超声空化的产生及其强弱与超声频率有关。当超声频率小于气泡的空化阈时，泡核会湮灭，发生超声空化；当超声的频率大于气泡的空化阈时，泡核会做复杂的非线性振动。而当超声频率与气泡的空化阈相同时，超声气泡之间达到有效的能量耦合，此时就会产生最佳的超声空化。此外，影响超声空化的物理参数还有温度、蒸汽压、表面张力系数、流体的黏滞系数、液体中含气的种类与数量、超声场参数如声强的大小以及环境压力等因素。伴随着超声空化还会产生机械效应、热效应、光效应、活化效应等不同的声能与物质相互作用的形式。

超声波在液体内传播过程中，传递的机械能会使液体质点在其传播空间内发生振动，从而强化液体的扩散、传质，这被称为"机械效应"。超声波在传播过程中产生的辐射压强沿声波方向传递，对物料造成很强的破坏力，可使细胞组织结构改变、蛋白质变性；同时，它还可使介质和悬浮体具有不同的加速度，且介质分子的运动速度大于悬浮体分子的运动速度，从而在两者之间产生碰撞，产生的摩擦力可使凝聚的生物分子解开，使细胞内的有效成分快速地溶解于溶剂之中。

超声波在介质的传播过程中，其声能可以不断被介质的质点吸收，介质将所吸收的全部或大部分能量转变成热能，从而导致介质本身的温度升高，进而对物质产生各种作用，被称为超声的"热效应"。在忽略对流和液体热传导的影响下，其温升的公式如下：

$$\Delta T \approx \frac{2\alpha It}{\rho C_m}$$

式中，α 为液体的声吸收系数(cm^{-1})；I 为超声的声强(W/cm^2)；t 为超声辐照时间(s)；ρ 为液体密度(g/cm^3)；C_m 为液体的比热容[$J/(cm^3 \cdot \text{℃})$]。

由此可见，超声波强度越大、超声时间越长，液体的声吸收系数越大，则产生的热效应越强。因此调节超声波强度，可引起溶液内部温度瞬间升高，加速有效成分的溶出。另外，超声空化过程，也是高度集中声波能量，并瞬间释放的过程。因此当空化泡瞬间崩溃时会在空穴周围产生局部高温，造成热量快速扩散至其边沿液体中，导致气泡在液-固交界处崩裂，产生冲击波和微射流，引向物料，引起物料内部结构的变化(周凤, 2009)。

以固-液体系为例，超声空化产生的声冲流和冲击波能引起体系的宏观湍动和固体颗粒的高速冲撞，使边界层减薄、提高传质速率，称之为"湍动效应"；超声空化产生的微射流对固体表面的凹蚀、剥离作用产生新的活性面，增大了传质表面积，称之为"界面效应"；超声空化的微扰动作用可能使固液传质过程的"瓶颈"——微孔扩散速率提高，称之为"微扰效应"；超声空化的能量聚集产生的局部高温高压可能使待分离物质分子与固体表面分子结合键(如氢键等)断裂而活化，提高传质速率，称之为"聚能效应"。从整体上看，超声空化能强化提取、分离和纯化过程的传质速率和效果，从而使有效化学组分快速提取出来。超声空化所产生的效应与附加效应的对应关系如下所示(郭孝武, 1999)：

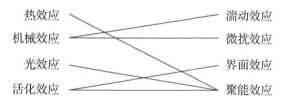

3.2 双频超声提取的空化效应

双频超声是指在提取过程中，利用两个频率相同或不同的超声波发生器，同时发射超声波。由于单频超声场中声强的不够均匀性，声场中各点的不一致性，提取效果重复性较差。双频超声可有效减少声强的不均匀性，极大地提高空化效应。

3.2.1 双频复合超声的空化效应

张晓燕(2006)依据空泡动力学理论，选用频率为 20kHz 的超声测定空化泡半径。在相同的声强下，比较单频 20kHz 和双频 20kHz+33kHz 两种超声条件下产生的空化泡的大小。根据空化泡动力学公式计算出单频 20kHz 的始泡核为 2μm，所产生的大空化泡半径为 300μm；而相同声强下，双频 20kHz+33kHz 所产生的大空化泡半径达到 470μm。由于双频复合超声的介入，空化泡半径增加了将近 57%。研究还发现，由于空化泡的生长速度提高，空化泡寿命也有所增长，双频相对于单频而言，寿命提高了 15%。又因为在空化泡崩溃时，空化泡壁上的质点加速度趋于无穷大(特别是在崩裂的后阶段)，当空化泡完全崩溃时，产生的声压值也会有所提高(图 3-2)。

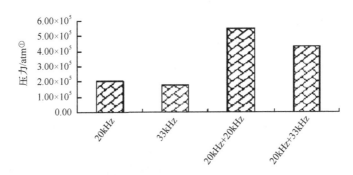

图 3-2 不同频率组合下空化泡的空化压

以双频超声为例，假如在整个作用过程中的声强为 $2W/cm^2$，如果要得到相同大小的空化泡，经计算，在使用单频 20kHz 超声的条件下，要得到空化泡半径为 470μm，所需要的声强大小为 $5W/cm^2$，是双频声强的 2.5 倍。两种超声方式产生的空化泡大小虽然相同，但是双频超声产生的空化泡崩裂时间要比单频超声所需的时间短很多。这些研究结果都证明了双频超声可以将相同能量在较短的时间内释放到溶液体系中，从而获得较高的能量扩散率，这也说明了双频超声的能量效率要比单频高，双频超声的提取率要高于单频超声。

在相同的声强条件下，双频超声通过比单频超声获得较高的能量效率来促进空化泡的增长。由于当两列波同时传递并发生共振时，质点的位移大。不同频率的两种超声组合时会产生一定的差频，由于频率差的存在，对整个溶液体系空化效应产生一定的增强或减弱效果。如图 3-3 所示，双频 25kHz+25kHz 所产生的空化泡尺寸大于其他超声组合，25kHz+40kHz 所产生的空化泡尺寸较小，但是也大于单频 25kHz 所产生的尺寸。

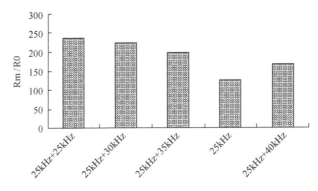

图 3-3 不同频率组合下产生的空化泡最大尺寸
R0 为空化泡初始半径，Rm 为崩裂过程中最大空化泡半径

空化泡崩裂时产生的空化压力不但与空化泡大小成比例而且与崩裂时间有较大关系。由图 3-4 可知，不同的频率下空化泡崩裂所用的时间是不同的，所以产生的空化压力也是不同的。

---

① 1atm = 1.013 25×10^5Pa。

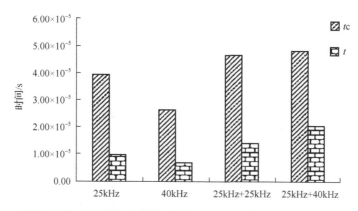

图 3-4　根据空化泡动力学模型计算出的单频和双频超声空化泡生长及崩裂时间表

t 为空化泡生长时间；t_c 为空化泡崩裂时间

因此，采用相同频率组合的双频超声，可以作为较优的组合方式。这种组合方式提高了空化泡尺寸却没有明显增加空化时间，产生了较高的空化压力，从而提高了空化产量。

曾荣华等(2005a)设计了双频超声强化提取装置，以碘化钾中碘的释放量为研究指标，探讨双频超声的空化效应。该设备如图 3-5 所示，由 25kHz 探头式超声萃取器及 40kHz 圆柱形槽式超声萃取器组成。含有溶解空气的碘化钾溶液经超声辐照后，碘离子会形成碘单质析出，在紫外区 354nm 处测定其吸光值，计算出碘的释放量。

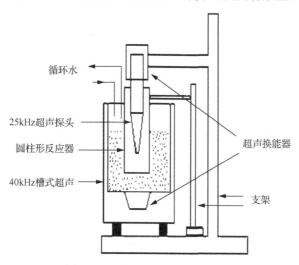

图 3-5　双频超声提取装置示意图

如图 3-6 所示，在研究超声辐照时间对碘的释放量影响时，碘化钾溶液中碘的释放量符合一级反应动力学理论，随着时间的推延，单频超声辐照和双频超声辐照，碘化钾溶液中碘的含量均呈直线上升，双频超声时的曲线斜率高于单频单独作用时的曲线斜率。虽然双频和单频超声作用时输入的电功率是一样的，但双频超声能极大地促进碘的释放，提高释放量。实验装置设计为两个不同频率的超声波设备相向同时传播，由于两束超声波的相对辐照，其中一束超声波产生的空化泡内爆能产生新的空化核，而新的空化核既可供超声束的自身再空化，又可为另一束超声波提供新的空化核，因此双频超声的空化效果明显提高（曾荣华等，2005a）。

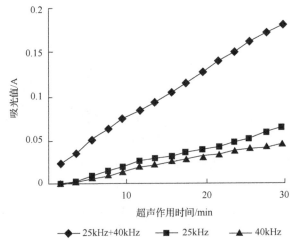

图 3-6 超声辐照时间对碘释放量的影响

在研究超声电功率对碘释放量的影响时，将电功率分别设置为 80W、100W、120W，探讨不同超声作用方式对碘释放量的影响，其中双频超声电功率为同时进行超声的两个单频电功率之和（如总电功率为 100W，其中 25kHz 超声功率为 50W，40kHz 超声功率为 50W）。由图 3-7 看出，随着超声电功率的增大，碘化钾溶液中碘的释放量均有所提高，而且双频超声的曲线高于单频，双频超声输入 80W 电功率时碘的释放量大于单频 120W 时碘的释放量。由此可见，在较低功率输入的情况下，双频超声产生的空化产额高于单频超声高功率下的空化产额。由于双频超声发射的两列波发生相互干涉，在节点处振幅不为零，减少了声强的不均匀性，由于振幅的叠加作用，双频系统中的振幅增大，能量密度集中（曾荣华等，2005a）。

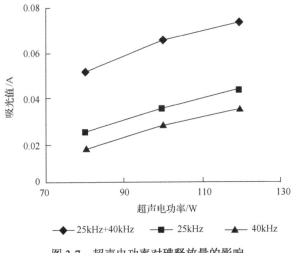

图 3-7 超声电功率对碘释放量的影响

如图 3-8 所示，在研究温度对碘化钾溶液中碘释放量的影响时，发现在 30℃时，双频超声的空化产额远高于单频超声，随着温度的不断升高，碘化钾中碘的释放量呈直线下降，这是由于温度升高，溶液中有大量的气泡逸出，造成溶解氧数量的减少，从而使水分分解成羟基自由基减少，也就使更少的羟基自由基结合成具有强氧化性的双氧水（过氧化氢），进而导致氧化的碘量减少，空化产额下降（曾荣华等，2005a）。

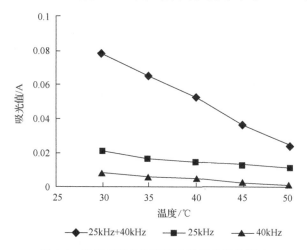

图 3-8 温度对碘化钾溶液中碘释放量的影响

3.2.2 双频复合超声与双频组合(交变)超声的空化效应比较

利用碘化钾中的碘离子在超声空化的作用下变成碘单质的特性，通过测定碘的含量研究超声空化效应的强弱。丘泰球等（2006）利用碘化钾溶液中碘的释放量来研究双频超声的空化作用。当含有溶解氧的碘化钾溶液经过超声辐照后，碘离子就会形成碘单质析出，释放出来的碘在紫外区 354nm 处有吸收，测定其吸光度，计算出碘的释放量。碘释放量越多，吸光度就越大，空化效应也就越强。双频组合超声为先在功率为 25kHz 超声下 30min，然后再在功率为 40kHz 超声下 30min；双频复合超声为 25kHz 超声和 40kHz 超声同时超声 30min，进行空化效应的比较。由图 3-9 可以看出，双频复合超声与双频

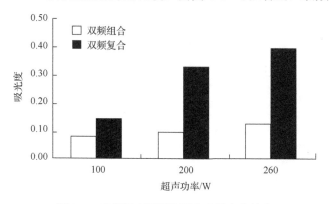

图 3-9 双频超声不同作用方式的空化效应

组合超声比较，双频复合超声可以明显提高碘化钾溶液中碘离子释放率，产生这种现象的主要原因是：第一，双频组合超声实际上是进行了两次不同频率的单频超声辐照；第二，双频复合超声是利用两束不同频率的超声波同时在溶液中传播，在单位时间内，双频复合超声产生的空化崩裂次数要多于单频超声。这说明双频复合超声具有一定的协同作用(丁彩梅等，2005；贲永光等，2009)。

3.3 双频超声提取设备

目前，双频超声提取设备主要有两类：一类是由探头式超声和槽式超声组成的双频超声(图 3-10)，这种由槽式超声和探头式超声组合的双频超声，其中探头超声的位置可以随意调动。另一类是在一个圆柱形容器内相向的两侧装上喇叭形换能器组成的双频超声设备(图 3-11)。

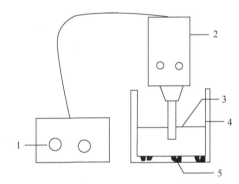

图 3-10 槽式超声和探头式超声组合的双频超声
1. 探头式超声发生器；2. 超声探头换能器；3. 反应溶液；4. 槽式超声；5. 槽式超声换能器

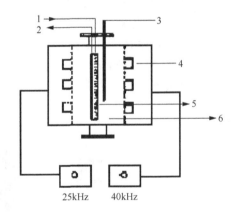

图 3-11 流动池式双频超声
1. 冷却水；2. 冷却水；3. 热电偶；4. 换能器；5. 冷却管；6. 反应溶液

在使用如图 3-10 所示的探头式超声和槽式超声组合成相对的双频超声提取器时，在大容器内放入液体(如水)，然后将装有溶剂和提取物的小型容器直接放置于大容器的相互垂直声波的中心位置，不同频率的超声穿透小容器能均匀作用到提取物上，使被提取物受到双频超声混合超声场的作用，以促进被提取物中有效成分在超声作用下进入溶剂中。当被提取物量较大时，可直接将溶剂和提取物放在大容器的双频都能辐射到的中心内，进而受到各个频率的超声波均匀辐照。上述超声设备不仅可以作为两种频率组合同时辐照，也可用于单频率超声单独辐照，可以更为方便地探讨不同组合的双频超声和单频超声对提取物中有效成分的不同影响。

图 3-11 所示为流动池式双频超声，既可以批量操作，又可以循环操作。Gogate 等(2003)对不同类型的超声设备的能量效率(能量效率=热能/超声电功率)的计算结果表明：探头式超声的能量效率不超过 10%，槽式超声为 18%，流动池式双频超声可以达到 64%～73%，由于槽式超声的辐照面积大于探头式的辐照面积，所以减小了能量损失，能量效率就高，而流动池的发射面积又比槽式超声的面积要大，能量效率得到了极大的提高。因此可以通过增加换能器辐照面积来获得更高的能量效率。

目前双频超声组合作用的设备主要用在实验室层面上，如冯若等(1997)采用频率分别为 28kHz 和 87MHz 的双频超声功率发生器组合成 $X\text{-}Z$ 轴正交辐照系统(图 3-12)，对声化学产额进行实验研究。该装置的主通道由 28kHz 变幅杆式换能器 T_1 和 CFS-250-5 型超声发生器两部分组成，辅助通道是由 5130A 型频综仪发出 0.87MHz 电信号，经 EIN-500A 型功率释放后激励换能器 T_2，其有效辐射面积的直径达到 15mm，其中 UAC-77-100A 型衰减器用于控制输入信号，COS5041 型示波器用于检测功放的输出信号。研究样品容器采用铅直总高度为 50mm、内径为 21.5mm、水平总长度为 40mm 的直尺形玻璃管。管壁厚度 1.8mm，下端用人工植物薄膜封口，下端保持与 T_2 的距离为 20mm。T_2 与研究样品容器放于一除气水浴中。研究人员发现该系统辐照所得到的声化学产额远远大于两个频率的超声单独辐照所得到的声化学产额之和。

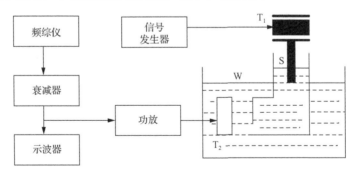

图 3-12　试验装置框图

T_1、T_2 为两种不同超声换能器；S 为溶液样品液面；W 为除气水液面

丘泰球等(2006)设计了 25kHz 探头式和 40kHz 槽式的双频超声发生器组合成 $Z\text{-}Z$ 轴相对辐照系统(图 3-13)，并对黄柏中小檗碱进行提取。放置样品的圆柱形反应器到 40kHz 超声的换能器底部的距离等于 40kHz 超声波波长的 1/4，即样品距 40kHz 超声换能器底部为 0.94cm，这个距离能够使系统获取最大量的声能(Swamy and Narayana，2001)。槽式超声中的水位要保持同一水平，探头式超声应固定于同一高度。采用循环水来确保整个实验过程的恒温。结果表明：双频复合超声明显提高了黄柏中小檗碱成分的提取率，经测定其提取率可达到 64.1%，而 25kHz 和 40kHz 单频超声进行单独辐照提取时，其提

取率分别为 36.8%和 19.0%。由此看出，双频超声组合产生的空化效应大于单频超声的空化效应，双频超声提取有利于溶剂更充分地渗透到物质内部，促使化学成分溶解于溶剂中，加快传递速率，提高提取率。

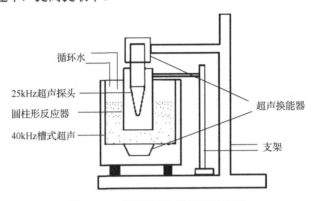

图 3-13　双频超声实验装置示意图

　　贾永光和丘泰球(2006)利用 25kHz 探头式和 40kHz 槽式双频超声组合成 *Z-Z* 轴相对的辐照系统(图 3-14)。其中探头式超声每作用 5s，停 5s，当它与槽式超声协同作用时，其实际作用时间仅是槽式超声的一半，而为了实验方便，探头式超声的作用时间以总时间(作用时间与间隔时间之和)计。以芦丁为标准品，对海沙金中的黄酮成分进行提取，利用紫外分光光度计检测，计算出黄酮类成分提取率。结果表明：超声辅助对海金沙中黄酮提取有较为显著的强化作用，其中探头式超声的强化作用优于槽式超声，而双频复合超声方式的提取效果最好，总黄酮类成分提取率能达到 86.25%。

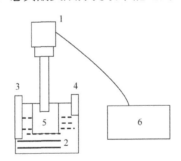

图 3-14　双频超声提取实验装置
1. 探头式超声换能器(25kHz，100W)；2. 槽式超声处理机(40kHz，100W)；3. 循环水进口；
4. 循环水出口；5. 玻璃反应容器；6. 探头式超声波发生器

　　目前，有关超声强化溶剂萃取的试验研究成果很多，但大多局限于实验室研究阶段，而在实际工业化生产中的应用报道相对较少。究其原因主要有两方面，第一，适合用于工业化生产的大功率超声波换能器的研究目前还不够成熟；第二，超声波产生的能量随传播距离的拉长而不断减弱，导致离超声发射器较远的位置其强化萃取的效果大大降低。因此，这两个局限性极大地限制了超声波在实际萃取分离工业中的应用。
　　罗登林等(2009)针对超声波强化萃取在工业化生产应用方面存在的缺陷，设计了一种管道螺杆传输式动态逆流双频超声连续提取装置。由图 3-15 结构图可以看出，与进料口管道的上半部分相连的为高功率低频($f=20\text{kHz}$，$P>3000\text{kW}$)的超声换能器，而与出料口管道的下半部分相连的为高频低功率($f=45\text{kHz}$，$P<3000\text{kW}$)的超声换能器。其设计理论主要有以下两个方面：

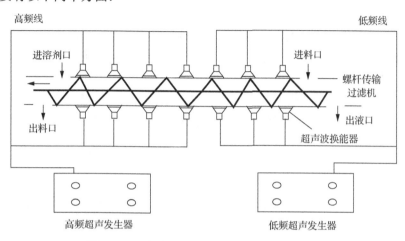

图 3-15 双频超声动态逆流高效提取设备结构

1)在距离进料口较近的管道部分，采用的是低频高功率超声换能器进行萃取。待萃取的物料虽经过了预浸泡，但此时物料的细胞壁组织仍然较为致密，而且细胞壁之间的微孔很小，一方面导致溶剂由物料细胞壁外通过壁微孔进入细胞内的内扩散速度较慢，另一方面细胞内溶解有提取物成分的溶液通过细胞壁微孔扩散到细胞壁外的外扩散速度也很慢。因此，在萃取初始阶段，内扩散传质阻力占据了绝对优势，需要对物料细胞壁进行有效的破坏，用以增大微孔的直径，缩短扩散传质间的距离，提高内扩散的传质效率。在这一阶段，要重点考虑超声的空化效应。在相同声强的条件下，低频超声要比高频超声所产生的空化效果更好。随着超声频率的提高，超声空化效应会相应减弱。因为频率升高会导致声波膨胀相时间变短，空化核还来不及增长到可产生效应的空化泡，即使有空化泡形成，声波压缩相时间太短，空化泡可能也来不及发生崩裂。因此在相同的声强条件下，频率升高将使超声空化效应变弱。另外，高频超声在传播过程中的能量衰减要比低频快，导致在发射功率相同的条件下，在距声源相同的距离时，低频超声要比高频超声的声强大，空化效应也就越强。

2)离出料口较近的管道部分，采用高频低功率超声发生器进行强化萃取。因为物料经过前段低频高功率超声辐照的破坏作用后，植物细胞壁的微孔径已经变得相对扩大，内扩散路径也显著缩短，因此内扩散传质阻力对萃取效率的影响程度也会明显下降。而此时在由物料细胞内扩散至细胞表面处会存在大量溶质，这些溶质若不迅速地扩散进入溶剂当中(外传质阻力)，就会导致萃取的传质效率明显下降，因此强化对外传质效率就显得尤为重要。这一阶段，应重点考虑超声的振动效应。在相同声强和超声时间下，高频超声的振动效应要比低频超声的强。因此，无论从振动次数还是从最大质点的加速度方面考虑，高频超声对介质的振动效果均强于低频超声。另外一方面，由于在实际萃取实验中，有很多萃取对象为活性物质，超声功率太大必然会破坏其化学结构，导致其活性物质失活。因此，这一阶段宜采用较低功率的超声。

该设备结合管道传输的特点和不同频率的超声波效应不同的特征，对超声设备进行科学合理配置和组合，既克服了超声波应用于工业化放大提取时存在的能量衰减快的缺点，又克服了传统提取设备存在的提取温度高、反复提取次数多、提取时间长、实现连续生产困难的弊端。

目前，从植物药中萃取生物碱的装置是一种采用液体溶剂将植物药中的生物碱提取出来并实现液固分离的设备。常见的从植物药中萃取生物碱的设备为间歇式，且主要为罐(组)式。罐式萃取器结构简单，制造方便，生产容易。但劳动强度大，萃取时间长，能耗高。常规萃取方法为热提取法(索氏法、煎煮法等)。在萃取过程中，植物经溶剂浸泡后，细胞中的有效成分溶入溶剂之中，再扩散至胞外，由于细胞膜、细胞壁等的存在，其扩散速率慢且部分有效成分难以迁移至胞外，这使得常规方法速率低，萃取率低，对于某些植物药，其后期过滤困难。同时，由于该方法溶剂(乙醇)用量大，回收能耗高，污染环境严重。

广州白云山和记黄埔中药有限公司(2006)研制了双频超声强化从植物中萃取生物碱的装置，如图3-16所示。此公司提供了一种新的萃取效率高、萃取时间短、乙醇用量低、能耗低、操作维修方便、结构简单、适用性强、对温度要求低、劳动强度低、依靠双频超声波强化从植物药中萃取生物碱的装置。壳体为一圆柱形容器，圆柱部分的直径为900~2000mm，其高度比直径略大。近圆柱形底部有一假底，它是由两层筛孔和夹在中间的滤膜(纤维)组成。假底下有出液口及液体收集器。壳体的外周安装两种不同频率的超声波转换器。萃取操作中，将中药材(如苦木)由进料口加入壳体的假底上，由进液口加入溶剂，打开超声波发生器，让40kHz与80kHz的超声波在体系中传播，萃取一定时间后，先停止超声作用，即关闭超声波发生器，打开出液口阀，萃取液通过假底的滤膜，由出液口流入收集器。打开假底，排出滤渣。

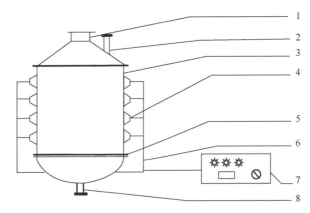

图3-16　实用新型双频超声强化从植物药中萃取生物碱装置的结构示意图

1. 进料口；2. 进液口；3. 壳体；4. 超声波转换器；5. 出料口，又称为假底；6. 传输电缆；7. 超声波发生器；8. 出液口

该装置可以使两种不同频率的超声波同时在同一空间内传播，这使得萃取的均匀性大大提高，液体短路现象极少发生，所需乙醇量进一步降低，可以实现室温萃取，萃取时间大大缩短。同时，本实用新型装置结构简单，制造方便，也可由传统萃取罐改造。

3.4　双频超声提取技术及设备应用

3.4.1　双频超声强化提取油脂

碱蓬又称为盐蒿,是藜科碱蓬属一年生草本植物。碱蓬籽含油率高达 36.54%,碱蓬籽油的脂肪酸组成成分良好,90% 以上是不饱和脂肪酸,且富含维生素 E(高达 200mg/100g),对预防心血管系统疾病有较强功效,而且是制备共轭亚油酸的良好原料。曹雁平等(2005)研究结果表明,通过低强度(不超过 1.5W/cm²)单频、双频复合(28kHz 和 40kHZ 同时工作)、双频交变(先 28kHz 后 40kHz)超声浸取碱蓬籽油,双频交变超声提取的碱蓬籽油质量分数和其浸取率均优于单频和双频复合超声提取,分别为 25.1% 和 30.6%,如表 3-1 所示,表现出突出的优势,应以此为基础开展进一步的工业化研究。

表 3-1　浸取碱蓬籽油最优指标、各优化因素的组合和实测值

超声方式		温度/℃	料液比[m(碱蓬):m(正己烷)]	强度/(W/cm²)	时间/min	频率/kHz	物料粒径/μm	实测值/%
单频超声	质量分数	30	1:2	0.4	1	28	380	18.7
	浸取率	30	1:5	0.1	1	40	380	25.4
双频复合超声	质量分数	30	1:2	0.2	1	—	380	17.0
	浸取率	30	1:5	0.4	7	—	380	28.5
双频交变超声	质量分数	35	1:2	0.4	3+5	—	380	25.1
	浸取率	50	1:4	0.4	5+5	—	830	30.6

花椒属芸香科灌木或小乔木的干燥种皮,花椒含挥发油 4%~7%,是中国特有辛香料之一。曹雁平等(2006)以乙醇为提取剂,进行了低强度(不超过 1.5W/cm²)单频(20kHz)、双频复合(20kHz+50kHz 或 20kHz+135kHz 同时工作)和三频复合(20kHz+50kHz+135kHz 同时工作)超声提取花椒油树脂的研究,实验结果表明,在双频复合(20kHz+135kHz 同时工作)强化,提取温度为 50℃,提取时间为 15min,超声强度为 0.8W/cm²,料液比(g/ml)为 1:8,物料粒径为 250μm 时,花椒油树脂得率最高,为 30.1%;在三频复合超声(20kHz+50kHz+135kHz 同时工作)中,提取温度为 50℃,超声强度为 0.2W/cm²,提取时间为 10min,料液比(g/ml)为 1:4,物料粒径为 180μm 时,浸取液折光率最高,为 1.3726。可得出结论,在单频超声浸取中,单因素的作用是决定性的;双频复合超声浸取和三频复合超声浸取均能弱化温度因素的影响,而且双因素的共同作用更为突出;双频复合超声的能量效率要比单频超声和三频复合超声都高。

3.4.2　双频超声强化提取多酚

茶多酚是茶叶中多酚类物质的总称,主要包括花色苷类、黄烷醇类、黄酮醇类和酚酸类等。茶多酚又被称为茶鞣或茶单宁,是茶叶中有保健功能的主要成分之一,也是形成茶叶色香味的主要成分之一,具有抗癌、解毒和预防心血管疾病的功效。曹雁平等(2004)对单频超声、双频复合(28kHz 和 40kHz 同时工作)、双频交变(先 28kHz 后 40kHz)超声

浸取绿茶中茶多酚进行比较研究, 表 3-2 比较结果表明: 双频复合、双频交变的浸取率和浸取速度均比单频超声浸取有明显优势。

表 3-2 超声浸取绿茶茶多酚最优指标、各个因素组合和实测值

超声方式		温度/℃	料液比/(g/ml)	强度/(W/cm²)	时间/min	频率/kHz	实测值
单频超声	浓度/(mg/ml)	50	1:12	0.1	13	28	3.184
	浸取率/%	50	1:12	0.1	13	40	21.0
	浸取速度/(g/min)	75	1:12	0.5	1	40	0.286
双频交变超声	浓度/(mg/ml)	85	1:14	0.4	1-7	28-40	3.173
	浸取率/%	40	1:14	0.4	4-4	28-40	26.3
	浸取速度/(g/min)	90	1:14	0.35	1-1	28-40	0.168
双频复合超声	浓度(mg/ml)	80	1:10	0.6	3	28+40	3.180
	浸取率/%	80	1:12	0.6	5	28+40	27.0
	浸取速度/(g/min)	50	1:12	0.1	1	28+40	0.33

3.4.3 双频超声强化提取黄酮类化合物

黄酮类物质泛指左右两个芳环通过三碳键相互连接(呈中间环)而成的一系列化合物。大致可分为黄酮类、异黄酮类、黄酮醇类、双氢黄酮醇, 大都存在于不同科、目、属、种的植物不同器官中, 如皮、根、花。黄酮类化合物具有抗氧化、清除自由基、抗脂质过氧化活性、预防心血管疾病以及抗菌、抗过敏、抗病毒等功效。

马艳和张宁宁(2013)将乙醇作为提取剂, 比较单频超声和双频超声对陈皮中总黄酮提取率的影响。实验结果表明, 相向双频超声(20kHz+25kHz)的空化效应要大于单频超声(频率分别为 20kHz、25kHz); 在温度(20±0.5)℃, 提取时间 10min, 乙醇体积分数 60%, 相向双频超声组合(20kHz+25kHz)提取条件下, 陈皮总黄酮的提取率为 4.52%, 高于同样条件下单频超声的提取率(20kHz 时提取率为 3.95%, 25kHz 时提取率为 4.03%)。

张晓燕(2006)用葛根作为原料, 研究超声波对葛根中总黄酮提取效果的影响。研究发现, 最佳工艺参数为超声频率 20kHz、电功率 200W、乙醇浓度 50%、温度 50℃、物料粒径小于 180μm、料液比(g/ml)1:15、提取时间 50min, 总黄酮的提取率是 78.75%。在传统提取方法中, 各因素的优化参数为乙醇浓度 70%、物料粒径小于 180μm、料液比(g/ml)1:20、提取时间 90min、温度 80℃, 在此条件下, 总黄酮的提取率是 71.28%。对于多频超声来说, 相同电功率(200W)的超声辅助提取 60min 下不同的频率组合对总黄酮提取率的影响见表 3-3。

表 3-3 频率对总黄酮提取率的影响

	超声频率/kHz						
	20	28	33	20+28	20+33	28+33	20+28+33
提取率/%	81.41	79.25	76.38	83.85	86.35	81.51	89.36

由表 3-3 看出，在电功率一定的单频超声萃取中，随着超声频率的增加，超声对总黄酮的提取率反而会降低。这是由于超声空化现象的发生与否与超声频率有着直接的关系。只有当超声的频率与空化泡的自然共振频率相等时，超声波和空化泡之间才能达到最佳的能量耦合。而随着超声频率的继续增加，声波膨胀时间会变短，空化核没有足够时间发生崩裂，空化过程就会难以发生。因此，随着超声频率的增加，超声对有效成分的提取率反而降低。另外，在相同的提取时间下，使用双频超声和三频超声的方式，提取率比单频有明显的提高。这是因为使用多频耦合超声相比单频而言，空化泡在爆破过程中会产生更高的压力和温度，从而提取率也会有一定幅度的提高。

3.4.4 双频超声强化提取食用色素

黑米又被称为紫米、乌米，主要分布在我国的广西、广东、云南、贵州等地，是我国重要的稻种资源。其中天然黑色素是黑米等黑色食品的主要活性物质，具有延缓衰老、清除自由基、增强免疫力、调节血脂、促进造血功能、保护心血管等功能特性。贾永光等（2012）以黑米为原料，以酸性乙醇为提取剂，在一定的料液比和温度下，320W超声提取黑米黑色素，并与传统浸提法、回流提取法等方法的提取结果进行对比，结果见表 3-4。

表 3-4　双频超声法和常规提取法提取结果比较

提取方法	提取时间/min	液料比/(ml/g)	提取率/%
双频超声	30	30	6.85
单频超声	50	32	4.50
浸渍法	180	40	4.05
回流法	180	60	0.19

由表 3-4 看出，双频超声法在液料比 30ml/g，超声提取 30min 时，平均提取率达到 6.85%，这均比其他常规提取方法效果好。因此可得出结论，超声波提取法与传统溶剂浸提法、回流浸提法相比，不仅提高了提取效率，大大缩短了提取时间，还可以减少溶剂的用量，节约成本。

姜黄作为一种姜科类的植物，其块茎中含有大量的姜黄色素和黄酮类化合物。姜黄色素是一种安全无毒的食用色素，目前在国内外已经得到了广泛使用，而且姜黄色素具有降压、利胆、凉血化瘀的食疗功效。曹雁平等（2008）在探讨超声辅助提取姜黄色素效果的基础上，分别在单频超声、双频复合超声、双频交变超声浸取的条件下，研究超声温度、超声时间、料液比、乙醇浓度等因素对姜黄色素浸取率的影响。研究结果表明，在温度 20℃、70%乙醇溶液、料液比（g/ml）1∶20、超声强度 0.3W/cm^2、28kHz＋40kHz 双频复合超声浸取 35min 下，最有利于提取姜黄色素，浸取率能达 94.2%。

3.4.5 双频超声强化提取其他有效成分

超声技术提取生物活性成分，具有提取效率高、低温、节能、省时等优点，但目前大多局限于某单一植物的提取，而对于多种不同植物的混合物料来说，具有多组分、多靶点的特征，这使超声技术应用受到了限制，双频复合超声提取技术应用于混合物料目前还极少有人研究。贾永光等(2010)以三七、单参及由丹参和三七按 4∶1 组成的复方丹参三七混合物料作为研究对象，采用双频复合超声(25kHz、40kHz 同时工作)辅助提取单味植物及复方丹参三七中的有效成分(丹参酮 II_A 和人参皂苷 Rg_1)。在提取温度 30℃、提取时间 40min、提取剂乙醇浓度 95%、物料粒径 150～180μm、料液比(g/ml) 1∶15 条件下提取，比较不同的提取方式所得到的有效成分提取率，结果见表 3-5。

表 3-5　在不同方法下单味及复方丹参三七有效成分提取率

提取方法	丹参酮 II_A 提取率/%		人参皂苷 Rg_1 提取率/%	
	单味丹参	复方丹参三七	单味三七	复方丹参三七
40kHz(100W)	68.25	70.58	66.64	69.58
25kHz(100W)	78.01	81.45	77.67	79.95
双频复合超声(100W)	85.26	89.47	85.02	87.65

由表 3-5 可以看出，不同提取方法对单一物质提取时有效成分的提取率均低于混合物料提取时的提取率，对于单频超声和双频复合超声提取来说，整体效果更为突出，这就表明了单频超声、双频复合超声提取复方丹参三七的效果优于单一物料提取，对于这样的实验结果，从整体上看可以推测有几种可能的原因：第一，混合物料有效成分比较多而且组成成分比较复杂，某些成分之间可能产生互溶或者协同作用，从而可能导致目标成分提取率的提高；第二，当复方超声提取时，可能是因为提取了的人参皂苷 Rg_1 成分增强了超声对丹参酮 II_A 提取的能力，或者是提取了的丹参酮 II_A 成分增强了超声对人参皂苷 Rg_1 提取的能力，也有可能两种有效成分间具有相互促进提取的作用；第三，因为超声的强剪切力作用使混合物料的粉末进一步粉碎到更细小的粒径，进而增加传质表面积，并且传质速率提高。另外，由表 3-5 可以看出，双频复合超声的提取效果要比单频超声的提取效果好，这可能是因为双频复合超声产生的协同效应使得液体中产生的空化泡数量增加，进而使超声空化产额增多。另外一方面，由于超声波产生的空化效应，在极小的空间、极短的时间内可产生 50MPa 以上的高压，足以引起空化点附近的溶剂形成超临界状态，这样能使复方中的溶质在溶剂中的溶解度明显增大，导致溶质在常态下变为过饱和状态，从而使传质推断力增大，进而从整体上强化传质速率，提高有效成分的提取率。

贾永光等(2007)采用双频超声(40kHz+25kHz)技术对三七中总皂苷的提取进行强化。实验结果(图 3-17)表明，双频超声在料液比(g/ml)为 1∶20 时，三七总皂苷提取率达到 80.32%，而 25kHz 超声在料液比(g/ml)为 1∶20 时，提取率仅为 74.33%。由此可见，双频超声在相同的条件下，能够明显提高提取率。图 3-18 所示结果表明，对于单频超声和双频超声来说，升高温度均有利于提高有效成分的提取率。双频超声的三七总皂苷提取率明显高于单频超声的相应值，在 30℃下双频超声对三七总皂苷提取率为 75.44%，比 40kHz 单频超声在 50℃的提取率(64.55%)要高，与 25kHz 超声在 50℃的提取率 74.32%差不多。但是提取率的提高不能完全归功于温度的升高，超声作用所引起超声的空化效应、机械效应等也有一定的贡献，而且通过温度升高来提高提取率的方法也不是很有效的。一般来说，温度升高，溶剂的黏滞系数及表面张力系数下降，蒸汽压升高，超声的空化阈值下降，有利于空化泡的产生，但是另外一方面，由于蒸汽压的增大，空化强度或空化效应下降，从而不利于超声强化提取过程。而从超声空化引起提取率提高的角度来说，应该在较低的温度条件下进行超声提取。因为温度越高，物质分子平均运动速率越大，扩散速率就越大，另外温度升高对有效成分的溶解和对植物组织的浸润也有促进作用，从而能够使蛋白质凝固，破坏酶类物质，有利于有效成分的浸出；但温度过高会使活性成分过度分解，另外，高温下各种其他杂质的溶解量也会增加，给后续的纯化工序带来一定的困难。因此，当其他条件不变时，超声作用下溶剂提取率的变化是超声效应和溶剂温度效应共同作用的结果。

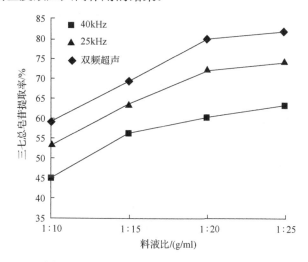

图 3-17 料液比对三七总皂苷提取率的影响

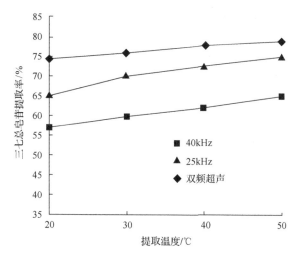

图 3-18 提取温度对三七总皂苷提取率的影响

大黄主要有效成分是游离蒽醌，具有泻火、凉血、祛瘀、攻积滞、清湿热、解毒等功效。马艳和张宁宁(2010)利用 20kHz、25kHz 相向双频超声波提取设备提取大黄中的游离蒽醌，并研究了诸多因素对大黄游离蒽醌提取率的影响，结果表明，超声电功率、乙醇体积分数、提取时间对大黄中游离蒽醌的提取率均有较大影响；当超声总电功率一定时，不同电功率组合对提取率也会有一定影响，研究发现，当超声辐照总电功率为 30W时，在相向双频辐射组合中存在一种较佳的功率分配，在这种条件下双频复合(20kHz，15W+25kHz，15W)超声能使得大黄中游离蒽醌的提取率达到最高。

苦木中含有多种有效成分，其中苦木总生物碱对消化系统、呼吸系统和泌尿系统的感染以及外伤感染和脓肿等均有显著疗效，而且还具有明显的降血压功效，远期疗效较好。曾荣华(2006)采用 25kHz+40kHz 双频超声设备，以苦木作为原料，研究单频超声和双频复合超声辅助提取苦木中的生物碱工艺条件。在单频 25kHz 超声作用下，各因素的优化工艺参数为，超声电功率 200W，乙醇浓度 85%，物料粒径 150～180μm，提取时间30min，提取温度 30℃，料液比(g/ml)1：20。在此提取条件下，总生物碱的提取率是75.32%。25kHz+40kHz 双频超声作用下，各因素的优化工艺参数为，超声电功率 200W，乙醇浓度 85%，物料粒径 150～180μm，提取时间 30min，提取温度 30℃，料液比(g/ml)1：20。在此条件下，总生物碱的提取率是 78.56%。可以明显看出，双频复合超声提取苦木中总生物碱比单频超声提取的提取率要高。

曹雁平和程伟(2008)研究了以乙醇作为提取剂，用单频、双频组合(交变)和双频复合超声连续逆流浸取黄芩中的黄芩苷成分。实验结果表明，超声频率、功率和温度等关键影响因素的单独和互相组合对不同超声连续逆流浸取效果的影响是明显不同的。在料液比(g/ml)1：5、乙醇浓度 70%、提取温度 50℃下进行提取，800W 和 25kHz+50kHz 双频复合连续逆流浸取 27min，浸取能力为 5.3243g/(L·min)，比单频、双频交变连续逆流浸取分别提高了 18.6%和 17.4%，并且是超声间歇浸取的 131 倍、回流提取的 492 倍，可见双频复合超声提取具有明显的技术优势和工业推广价值。

曾荣华等(2005b)在单频超声设备的基础上，设计出了 25kHz 和 40kHz 的双频超声设备，以黄柏为研究对象，从中提取小檗碱，研究双频超声对强化提取小檗碱的优化效果。实验结果见图 3-19，在对超声时间进行研究时发现双频超声辐照提高了小檗碱的提取率。这是由于该双频超声设备设计为两个不同频率的超声波反向同时传播，当两列波发生相互干涉时，会产生特性不同于单列波所产生的声场，由于超声振幅的叠加，双频超声系统中的振幅加大，能量密度集中，溶剂扩散的推动力增大，提取率随之增加。实验还表明，随着双频超声提取时间的增加，提取率反而降低，考虑原因可能有二：一是在双频超声系统中空化效应增强，使得萃取出来的小檗碱一部分发生分解，导致提取率的降低；二是细胞内更多的内溶物溶解到提取剂中，而一部分小檗碱被吸附在滤渣中，从而使滤液中小檗碱的含量降低。

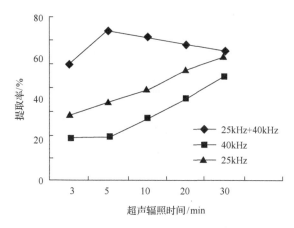

图 3-19　超声辐照时间对提取率的影响

　　在研究超声的电功率对提取率的影响时，发现随电功率的提高，单频超声与双频复合超声的小檗碱提取率均不断上升。其中在双频复合超声条件下，随着电功率的不断增加，提取率的上升趋势变得平缓，这是由于双频在低电功率时，就可以充分利用超声波能量，而且能量的利用率已接近饱和，因此随能量的继续增大，超声波能量的作用影响已经变为次要。因此，使用双频复合超声可以明显地提高能量的利用率，即在较低的电功率条件下能够取得较高的提取率。

　　利用双频超声强化提取时，反应温度对提取率的影响已经不再很明显了，因为两束超声波同时传递产生的相对辐射，当一束超声波产生的空化泡发生内爆后会生成新的空化核，新的空化核不仅可供超声波自身用于再空化，又可为另一束超声提供新的空化核。空化产额的不断增加，促使溶剂快速地渗透到组织内部，从而使有效成分溶出。而对于单频超声来说，由于其单一的声场关系，传质速率减慢，因此温度对传质速率的影响较大。可见，要达到同样的提取率，双频超声能够极大地降低反应温度，为热不稳定性组分的提取提供了一种新的科学方法。

3.5　三频超声提取的原理

　　在双频正交辐照的基础上加入一束低频超声就构成三频正交超声辐照设备。三频正交超声同时辐照时对样品的机械振动要比单频、双频辐照作用明显增大，使样品中空化核产额数量增多。因此，三频超声比单频、双频超声更能增加声化学的产额。张晓燕等(2006)采用单频、双频(包括槽式双频以及槽式+探头式双频)以及三频超声等不同的处理方式，对超声提取参数，如超声时间、超声频率及声强进行研究，采用超声特性参数即能量利用率对比不同频率、容积的超声作用效果。图 3-20 为张晓燕等(2006)设计的三频正交超声处理系统。该多频超声系统是由 20kHz、28kHz、33kHz 三个频率的超声发生器构成，其处理量达到 15L。每个发射面上都有 4 个 50W 的超声波换能器，总功率达到600W，共有 7 种不同的超声组合，既可以作为单频处理器，又可两两组合作为双频处理系统，还可以成为三频同时超声的处理系统。

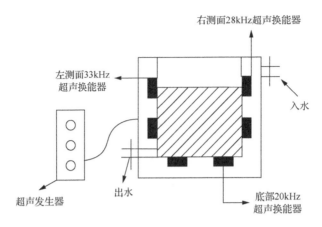

图 3-20　三频超声处理器示意图

对于超声处理系统而言，电能转化为机械能如振动、压力等。能量在每一次的转化中都会发生损耗。因此，研究不同的超声设备空化作用中能量的利用率时，能量效率的对比是非常重要的。机械能可以转化成两种形式的能，一种是超声波在液体中的振动用来产生空化效果要消耗的能量。这一部分能量通过空化效应中空化泡发生剧烈的崩裂释放出来。另一种是以反应热的形式释放出来的热能。这种情况主要出现在小型的超声处理设备中，尤其是探头式超声处理装置，热能更容易扩散到周围的液体中，所以，不可避免地会有一定的热量消耗。这两种形式能量的转换随着超声仪器的类型(如超声容器的处理条件、几何参数的差异)的不同而变化。在进行能量效率的比较时，结果如图 3-21 所示，探头式超声处理的能量效率最低(<10%)，而三频超声的能量效率最高(75%～78%)，这是因为三频处理器的能量扩散面积要比探头式处理器大得多。

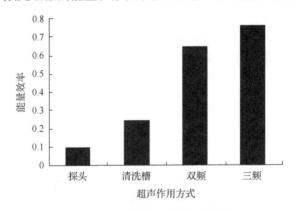

图 3-21　不同超声仪器的能量效率

卢群等(2005)根据单频、双频、三频超声辐照处理的声化学特性，分析出多频超声辐照能够显著提高声化学产额的原因。经研究发现，三频正交超声辐照要比双频和单频超声辐照有更显著性的增强效果。在双频正交超声辐照的基础上加入一束低频超声发生器构成三频正交辐照，可使其声化学产额得到更大的提高。多频超声正交辐照能提高声化学的产额，其原因之一是声化学产额源于超声空化效应，而超声空化的强弱以空化核产额大小为前提。多频超声同时正交辐照时对样品的机械扰动比单频超声独立作用明显增强，这使得更多的空气进入样品内部，从而导致样品中空化核数量增强，为获得强超声空化提供了可能。其原因之二是声化学产额的多少依赖于能够发生内爆的空化核数量。多频超声束正交同时作用时，能各自产生空化效应。当产生的空化泡发生内爆时，就会产生更多新的空化核，这些空化核不仅可用于该超声束的自身重复空化，还可以为另一束超声作用提供新的空化核。

3.6 三频超声提取技术及设备应用

由于中药材在治疗方面具有特效、安全、副作用小等优点，因而受到世界瞩目，但中药材中所含成分比较复杂，对其有效成分的提取，不仅是中药发挥药效的前提，也是中药制剂的首要环节，因此，中药材里有效成分的提取就显得至关重要。但是，在中国的上千家中药制药企业中，中药有效成分提取的传统工艺仍然沿用热提取法和浸泡提取法两种。但采用热提取法，存在多种药效成分会因高温而被破坏、能耗大且危险性高等弊端，而浸泡提取法则存在浸提周期长、提取率不足、效率低、有效成分纯度低等缺点，同时，传统工艺具有溶剂量大、溶剂回收能耗高、回收率低、环境污染严重等问题。因此极大地浪费了中药材资源和降低了中药的药理药效，制约着中药制药工程技术的发展进程。

为了解决这些问题，人们尝试采用超临界 CO_2 提取技术，超临界萃取技术虽然有诸多优点，但仅局限于分子质量较小、亲脂性物质的提取，设备复杂，技术起点高，投资相对较大，且药材处理量小，在一般中药制药企业很难得到推广应用。人们还试图采用微波萃取法，但微波强度低，穿透深度有限(与其波长在同一数量级)，同时，微波能只可以被极性溶剂吸收，非极性溶剂对微波能没有吸收作用，且在操作和使用过程中存在安全性问题，因此该方法的使用范围受到了限制。关于超声提取技术的研究是目前国内外研究的热点，大量的研究表明，与常规提取方法比较，超声具有提取时间短、提取温度低、提取效率高、适应性广和节约能耗等诸多优点。但目前萃取方面的研究大多采用单频辐照的方式，萃取过程存在"死角"，作用不均匀，效果差。

在国内现有的超声提取装置中，均采用单频多个超声换能头安装于外壁或振子置于罐体中间。以上这些设计均考虑到多设置探头数量，但探头的数量受功率的强度所制约，没有从超声频率上考虑。由三和-波达(香港)有限公司、华南理工大学和温州市利宏轻工机械有限公司联合研制的三频超声提取设备(图 3-22)将为中药现代化利用提供一种有效手段，促进我国传统中药产业的技术改造和设备的更新换代，加速中药产业向高科技产业化发展，推动中药企业技术、质量、效益水平的全面提升，提高中药在国际、国内市场的竞争力。该设备利用超声技术在常温下，从生物组织中如中草药、植物中提取水溶物，具有萃取时间短、温度低、含杂质少、提取率高等优点，超声波在传声的萃取媒质中传播，所引起的机械效应、热效应和空化效应，对媒质中的固体颗粒或植物组织发生破碎、乳化、溶解，既保持了生物组织的活性，又大大提高了萃取媒质的均匀度。

图 3-22　三频超声设备实物图

　　目前，该设备已应用于广州王老吉药业股份有限公司的产业化生产中。与单频超声提取相比，该装置萃取的均匀性好，萃取率提高，对温度的要求更低，萃取时间缩短，所需溶剂进一步降低。如图 3-23、图 3-24 所示，该设备主体是一个六面柱体振荡器，每一个面有多个超声探头，分若干个组，每组每个面有 3 个超声探头。3 种频率的超声探

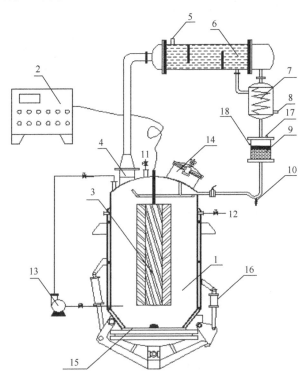

图 3-23　三频超声提取装置结构示意图

1. 超声波提取罐；2. 超声波发生器；3. 六面柱体振荡器；4. 捕沫器；5. 冷却水出口；6. 冷凝器；7. 冷却器；
8. 冷却水进口；9. 油水分离器；10. 排水口；11. 压缩空气入口；12. 蒸汽入口；13. 循环泵；14. 加料口；
15. 排渣口；16. 电磁阀；17. 排气孔；18. 集油口

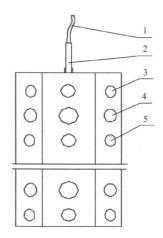

图 3-24　三频超声振荡器示意图
1. 引线；2. 不锈钢管；3~5.3 种不同频率的超声探头

头摆放采用任意相邻超声探头的频率各不相同、对立面超声探头频率相同的方式，保证
3 种频率最大限度耦合。可高液位和低液位提取，用液位开关分别控制各组开启，可有
效保护超声探头和节约试验成本。该设备把几个较低的超声频率的超声探头组合起来，
不但功率密度比其他装置小，而且处理效果更佳，有关的研究试验表明，三频声处理有
更高的能效，可达 75%~78%（比单频或双频要高 4~8 倍），空化得率高 1.5~20 倍。另
外，在装置中引入气体搅拌，不但使物料均匀，而且可以产生更好的空化效果。

　　该装置的超声波提取罐为圆形结构，六面柱体振荡器安装于超声波提取罐中间，不
锈钢管固定在提取罐顶部，支撑住整个六面柱体振荡器，超声波提取罐内安装液位控制
开关，可控制超声波发生器从而控制六面柱体振荡器的超声探头组，方便高低液位提取。
水蒸气从蒸汽入口进入超声波提取罐的夹层加热罐内的液体；罐体内设置了压缩空气搅
拌，压缩空气入口将压缩空气通到超声波提取罐底部，从罐体底部溶液往上搅拌；高压
药渣中产生的泡沫由捕沫器收集，每次提取完成后捕沫器可通过法兰打开清洗；提取罐
中液体蒸发产生的水蒸气，向上流动遇到冷凝器和冷却器，冷却水从冷却水进口流入后
从冷却水出口流出；使经过冷凝器和冷却器的水蒸气冷却凝成液体流入油水分离器，在
油水分离器中分离，静置后分层，上层为油，下层为水，打开油水分离器下部的开关，
让水回流到超声波提取罐，保持提取罐中的液体体积，提取完成后油水分离器中剩余油
水混合液体通过排水口收集到容器中，以便进一步分离。

　　如图 3-24 所示为六面柱体三频超声振荡器，振荡器安装于罐体中间。在六面柱体振
荡器上设置 3 组不同频率的超声探头，任一组每个面均设置了频率 a 超声探头 3；频率 b
超声探头 4；频率 c 超声探头 5。

　　通过利用上述三频超声设备，对化橘红中柚皮苷的超声提取进行研究，比较在不同
提取时间下超声提取和水煎煮法提取柚皮苷的差异。通过色谱法进行分析，结果发现样
品 1（水煎煮法 120min）得到的化橘红中的柚皮苷的含量最低，为 69.38%，样品 2（超声
30min）中的柚皮苷含量为 70.9%，样品 3（超声 60min）中的柚皮苷含量为 73.00%，研究
表明样品 1 中杂质的含量也较多，说明水煎煮法溶出的杂质较多，而超声提取过程杂质
的溶出量少，有效成分的含量较高。从样品化橘红中的柚皮苷含量比较来看，样品 3 中

的柚皮苷含量为样品 1 中的 71.7%。超声提取化橘红有效成分的时间为 60min，提取温度为 60℃，比水煎煮法提取的时间少一半，温度低 40℃，表明超声可以在常规方法的一半时间内提取出更多的有效成分，且溶出杂质较少，为后序提纯分离工段奠定了基础。

3.7　超声耦合技术强化提取

3.7.1　超声耦合真空技术强化提取

作为茶叶中有效成分之一的茶多酚具有抗癌、抗氧化、抗衰老等预防保健作用，长期食用富含茶多酚的食品，具有降血压、降血脂及防治神经损伤性疾病等功效。目前茶多酚提取技术主要有离子沉淀法、超临界萃取法、微波提取法、有机溶剂萃取法、超声波提取法等。超临界萃取法可获得的茶多酚的纯度高，但其提取率低，工业化生产困难；微波提取的时间太短，操作不容易控制，尤其是多酚类物质损失严重；离子沉淀法中的金属离子具有一定的毒性；有机溶剂萃取法需要使用大量的有机溶剂，工艺烦琐，且操作安全性差。付婧等(2013)以茶叶为原料，利用将真空技术与超声波辅助浸提技术相结合的装置(图 3-25)提取茶叶中的多酚类物质。研究结果显示，超声功率、真空度、料液比对茶多酚提取率的影响较小，在提取温度 65℃、提取时间 13min、乙醇体积分数 65%的提取条件下，茶多酚的平均提取率为 22.44%。并通过与其他不同提取技术进行比较，得到的结果如表 3-6 所示。

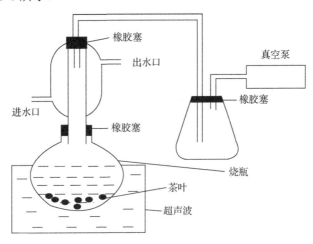

图 3-25　真空耦合超声提取设备示意图

表 3-6　不同提取方法提取茶多酚所得结果的比较

方法	提取时间/min	超声功率/W	茶多酚提取率/%
常规回流法	60	—	17.58
抽真空-回流法	60	—	23.06
超声法	30	420	22.55
真空耦合超声法	15	420	22.76

由表3-6知，在提取温度70℃、乙醇体积分数70%、料液比(g/ml)1∶15的提取条件下，超声法、抽真空-回流法和真空耦合超声法的提取效果均较为接近，且优于常规回流提取。真空耦合超声技术主要利用真空效应降低提取物在提取器内的压力值，降低乙醇溶液沸点，进而提高了茶多酚的溶出率，因此能在短时间内得到较高的茶多酚提取率。

榭皮素是目前食品和中药材研究开发的天然多酚类黄酮化合物，多酚类化合物均有显著的抗氧化活性，榭皮素可作为有效的饮食抗氧化剂之一。榭皮素可促使人肝癌细胞凋亡，抑制人骨肉瘤细胞和乳腺癌细胞增殖，还具有辅助降压、改善人体内部器官的功能。刘瑞梅等(2016)以云南特有的普洱茶和绿茶为原料，采用真空-超声联用技术提取其中的榭皮素。选用4种不同茶叶样品分别采用常压超声和真空-超声技术进行提取，然后运用高效液相色谱进行测定，结果如表3-7所示。采用真空-超声提取法提取4种样品的测定结果均明显高于常压超声提取法测定结果，尤其是普洱生茶和普洱熟茶，且普洱熟茶中榭皮素含量最高，达到0.2738mg/g。图3-26是不同提取方法得到的普洱生茶中榭皮素的色谱分析图，其中，样品a为常压超声技术提取普洱生茶中的榭皮素所得提取液，比较可以看出榭皮素的提取量较低，样品b为真空-超声提取普洱生茶中的榭皮素所得提取液，从图中可以明显看出榭皮素的提取量较大，接近样品c即2mg/g标准溶液中的榭皮素含量，因此真空-超声提取技术有着更高效率。

表3-7 真空-超声法提取和常压超声法提取测定四种茶叶中的榭皮素

茶叶	真空-超声提取法		常压超声提取法	
	含量/(mg/g)	RSD/%(n=5)	含量/(mg/g)	RSD/%(n=5)
1号	0.143 8	0.72	0.037 7	2.5
2号	0.273 8	2.0	0.143 8	2.7
3号	0.037 57	0.79	0.031 7	0.28
4号	0.036 01	0.92	0.030 7	4.7

注：1号为普洱生茶；2号为普洱熟茶；3号、4号为两种不同的绿茶——碧螺春

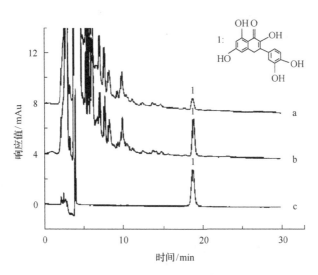

图3-26 普洱生茶中榭皮素的色谱分析图

杏鲍菇，又称为刺芹侧耳，被称为"菇中之王"，属于担子菌亚门担子菌纲层菌亚纲无隔担子菌亚纲伞菌目侧耳科侧耳属食用菌。杏鲍菇是开发栽培比较成功的具有食用、食疗、药用功效于一体的珍贵食用菌新品种。杏鲍菇质地脆嫩，菌肉肥厚，特别是菌柄组织致密、乳白、结实，整体均可食用，被誉为"干贝菇"、"平菇王"、"草原上的美味牛肝菌"等，深受人们喜爱。杏鲍菇多糖是杏鲍菇提取物中的主要活性物质之一，有研究表明其在抗疲劳、抗氧化、增强机体免疫功能、抗菌、抗癌和抗肿瘤方面均有显著的药理作用。黄倩等(2015)自主设计了超声-真空提取杏鲍菇多糖装置(图3-27)。首先将粉碎过的杏鲍菇粉加入到烧瓶中，再加入一定比例的去离子水，接通好所用提取设备，启动真空泵，使整个环境形成负压状态，然后打开超声波仪器进行超声提取，得到杏鲍菇多糖提取液。

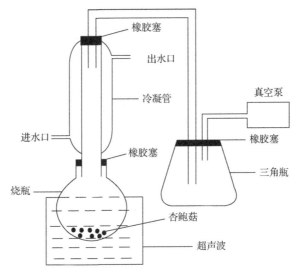

图 3-27　超声-真空提取装置示意图

以杏鲍菇为原料，利用上述超声波-真空提取装置提取杏鲍菇多糖，结果表明，超声波和真空组合提取杏鲍菇多糖的最佳工艺条件为，提取时间为28min，提取温度为65℃，料液比(g/ml)为1∶30，超声波功率为420W，真空度为 0.05MPa，在此工艺条件下，杏鲍菇多糖的得率为9.33%。同时，对比分析在相同条件下超声法和超声-真空法两种方式提取得到的杏鲍菇多糖的提取率，结果表明，当超声法提取的多糖提取率为 9.31%时，所需的提取时间为40min，要比超声-真空法提取时间多 12min。因此超声-真空法能提高杏鲍菇多糖的提取效率。

3.7.2　超声耦合双水相萃取

芒果是漆树科植物芒果的果实，是藏药、蒙药常用药材，产于亚热带、热带，我国的芒果资源丰富，芒果加工成为我国重要的产业，成熟的芒果中富含多种植物多酚，其中90%以上的植物多酚集于芒果皮和核中。植物多酚具有抗氧化、抑孢菌等生物活性。从芒果加工下脚料中回收活性植物多酚具有重要的经济价值。高云涛等(2009b)以丙醇-

硫酸铵双水相分离和超声耦合提取芒果核中植物多酚，研究结果表明，在超声提取15min、丙醇体积分数60%、(NH$_4$)$_2$SO$_4$量为0.30mg/L、料液比(g/ml)为1:20下，植物多酚提取率为6.97%，纯度为33.4%，而乙醇-水回流提取法(乙醇体积分数为60%，料液比(g/ml)为1:20，回流时间2h)，植物多酚提取率为6.86%，纯度为21.2%，超声强化双水相萃取提取率与回流法相近，但所提多酚纯度高于回流法，且超声强耦合双水相萃取法条件温和，提取时间短。

玫瑰花是蔷薇科蔷薇属多年生常绿或落叶性灌木，也被称为"爱情之花"，在全国各地均有种植。玫瑰花具有和血养血、理气散淤、镇静安神，治疗阴虚体弱和心悸气短的功效，也是玫瑰精油的提取原料。水蒸气提取玫瑰精油过程中产生大量的玫瑰花渣，其中含有丰富的黄酮类化合物等有效成分。郭英和高云涛(2014)以玫瑰花渣为原料，采用超声提取和正丙醇-硫酸铵双水相体系萃取相耦合的方法，研究玫瑰花渣中黄酮提取的最佳工艺条件。结果表明，最佳提取条件为，正丙醇体积分数为50%、硫酸铵质量分数为12%、超声提取时间为30min、料液比(g/ml)为1:40。按照该工艺条件对玫瑰花渣中总黄酮物质进行超声耦合正丙醇-硫酸铵双水相提取，总黄酮的平均得率为3.42%。研究发现，该法缩短提取时间、提高得率。

竹叶在我国具有悠久的药用和食用历史。竹叶中含有大量的生物活性物质，其中的黄酮类化合物具有清除自由基、抗氧化、降低血脂、抗菌抑菌和增强免疫力等作用，黄酮类化合物提取方法有溶剂浸提法、微波萃取法、超声提取法和酶法等。在各种提取法中，超声提取法具有提取效率高，温度较低，可保持提取物生物活性等优点。左光德等(2010)探讨超声提取法和双水相分离技术相结合提取竹叶黄酮的新方法。该方法是将竹叶用石油醚除去叶绿素后，在滤渣中加入丙醇-硫酸铵双水相体系，超声提取一段时间，静置分层，定容后，测总黄酮含量。获得最佳的提取条件为，丙醇体积分数60%、(NH$_4$)$_2$SO$_4$用量为0.35g/ml、超声提取25min、液料比(ml/g)为30:1，在此条件下，竹叶总黄酮提取率为2.03%，提取物中总黄酮纯度为31.3%，明显高于常规超声法(乙醇体积分数60%，超声时间为25min，液料比(ml/g)为30:1，竹叶总黄酮的提取率为1.87%，纯度为22.1%。

灯盏花又名灯盏细辛，是菊科植物短葶飞蓬的干燥全草，是云南民族药，被列为国家重点发展的中草药品种和中医治疗心脑血管疾病临床必备急救药品。灯盏花主要药用活性成分为类黄酮化合物野黄芩苷(又名灯盏花乙素)，研究灯盏花中类黄酮的提取分离新方法具有一定意义。高云涛等(2009a)以超声波提取法和丙醇-硫酸铵双水相体系进行集成，研究了灯盏花中类黄酮的提取分离。研究表明，超声强化双水相萃取法的最佳提取分离条件为丙醇体积分数为60%、硫酸铵用量为7.0g、超声时间30min、料液比(g/ml)1:30，灯盏花类黄酮得率为6.11%，纯度为22.3%。乙醇-水回流提取法在乙醇浓度为60%、回流时间为2h、料液比(g/ml)为1:30，灯盏花类黄酮得率为6.03%，纯度为12.8%。超声强化双水相萃取法提取温度低、条件温和，所需时间较短，提取物纯度明显高于回流法的12.8%，这意味着使用超声强化双水相萃取法所得到的粗提取物纯度更高。

红花是菊科植物红花的干燥花，具有抗炎止痛、活血化瘀的药用功效，其中的两种主要有效成分——红花黄色素和红花红色素均是天然色素的重要原料。目前红花红色素的提取方法有溶剂浸提法、超声提取法、微波萃取法和酶法等。在众多提取技术中，超声提取法具有温度较低、提取效率高、能维持提取物生物活性等优势。传统的液-液萃取是被萃取物质在互不相溶的液-液两相间传递的过程，此提取过程速度慢，且溶剂耗量大（何昱，2013）。刘庆华等（2011）采用超声提取法提取红花红色素，选用丙酮-硫酸铵双水相体系对红花红色素进行分离和纯化，为红花红色素的进一步开发提供一定的理论依据。结果显示，对红花红色素进行提取分离的最佳提取条件为，料液比（g/ml）为 1∶20，提取温度为 40℃，体积分数 70%的丙酮超声 30min 两次；加入硫酸铵达到饱和状态时分相，在此条件下，红花红色素提取率为 0.36%。可见超声与双水相体系结合对红花红色素提取分离的方法操作方便，一次所得红色素提取率高，红、黄色素分离效果较好，且分离体系组成简单，成本低廉。

3.7.3 超声耦合离子水萃取

离子液体，又被称为室温离子液体，其组成包括有机阳离子、有机阴离子或无机离子，在室温或近室温下呈液态（通常是指熔点低于 100℃的有机盐）。离子液体优质独特的物理化学特性引起研究人员的广泛关注（吴鹏，2010）。第一，离子液体稳定性好。其具有良好的物理化学稳定性和热稳定性，离子液体在 300℃以上均能稳定存在，最高可达 400℃。第二，离子液体液程宽。大多数离子液体不仅在远低于室温的条件下能够以液体形式存在，而且液体形式存在的最高温度可达到 300℃。第三，离子液体具有极强的溶解能力，可有效溶解多种有机或无机物。第四，离子液体有可忽略的蒸汽压，不易挥发。第五，离子液体具有可调控性，可通过不同阴阳离子的组合，得到性能不同的离子液体，对目标产物有较高的选择性。第六，离子液体对环境不会产生污染，一般可回收重复利用，减少了有机溶剂的使用。

离子液体在有机合成、催化、萃取领域得到广泛的应用（卢旋旋，2013）。作为生物催化介质，其能提高酶的活性、选择性、稳定性及酶解产物得率；作为萃取介质，能取代传统有机溶剂，提高得率及萃取效果。离子液体作为绿色溶剂，对环境友好，可多次循环使用而不会影响反应产率、选择性等，适用于安全性要求高且微量的医药和食品有效成分的提取。

三七为五加科植物三七的干燥根和根茎，具有消肿定痛、散瘀止血等功效，可用于治疗咯血、吐血、便血、衄血、崩漏、外伤出血和跌扑肿痛等症。皂苷类化学组分是三七药材中的主要有效成分。传统的提取分离方法，如回流法、渗滤法及溶剂浸提法等提取与富集三七中稀有人参皂苷的实验结果发现，这些方法具有目标提取物回收率低、富集倍数低和成本高的问题，且极易导致稀有人参皂苷化学结构的改变。李兰杰等（2016）采用超声提取法和离子液体双水相提取技术结合的方法作为样品处理手段，并利用高效液相色谱法测定三七药材中 5 种稀有人参皂苷 $20(S)$-Rh$_1$、$20(S)$-Rg$_2$、$20(S)$-Rg$_3$、Rk$_3$ 及 Rk$_1$ 的含量。最佳提取条件为，以石油醚作为脱脂溶剂，超声温度为 25℃，K_2HPO_4 加入量为 7.0g，超声时间为 20min，料液比（g/ml）为 0.6∶1.0，吐温-20 为 0.1ml，离心时间为 5min，在此条件下，5 种稀有人参皂苷加样回收率均在 92.07%～110.55%，RSD 值均小于 5.43%。结果表明，该方法具有高效、快速、准确且环保等优点，为中药材及其制剂中微量化学成分的提取、富集与分析提供了参考。

红葱，又称为圆葱、红葱头、香葱、细香葱，是百合科葱属葱种分葱亚种的一个栽培类型，是两年生草本蔬菜。葱属植物的有效成分是含硫化合物，其中硫代亚磺酸酯(TS)是主要成分，也是红葱主要的风味成分。葱属类植物有效成分具有多种生物活性功能，如抗氧化、抗肿瘤、抗菌消炎、降血脂、防止色素沉淀等药理作用。刘艳灿(2016)以红葱为实验原料，以1-丁基-3-甲基-咪唑六氟磷酸盐([BMIM]PF$_6$)为萃取剂，研究超声辅助离子液体提取红葱中的风味物质。结果表明，最佳正交试验条件为超声功率100W，超声时间16min，料液比(g/ml)2.5∶1。由最优条件平行3次试验得到红葱头风味物质含硫量为5.80%，感官评分为9分。比较不同提取工艺提取红葱头风味物质的差异，结果如表3-8所示，不同工艺提取红葱头精油得率及TS含量差异较大，其中超声辅助离子液体提取法精油得率明显高于另外两种方法，这是因为超声波的空化效应加速有效成分的溶出而且离子液体对植物有效成分有较强的提取能力。对比3种提取工艺的香气评定发现，水蒸气蒸馏法得到的精油有微量的煮熟葱味，可能是因为水蒸气温度过高，影响到新鲜葱香风味的品质。而超声波提取法和超声辅助离子液体提取法均是运用低温减压蒸馏法，可以有效提高鲜香风味的质量。根据不同提取工艺得到精油的基本评定指标的对比，看出超声辅助离子液体提取法对红葱头精油具有最佳的提取效果，可广泛运用于植物有效成分的提取中。

表3-8 不同工艺提取红葱头精油得率、外观特征和性能指标

指标	水蒸气蒸馏法	超声波提取法	超声辅助离子液体提取法
得率/%	1.10	1.31	2.28
外观	黄色透明液体，无分层，久置后有极少量絮状物沉淀	淡黄色透明液体，无分层，久置后有极少量絮状物沉淀	黄色透明液体，无分层，久置后有极少量絮状物沉淀
气味	葱味浓郁持久，有少量煮熟葱味	有鲜香葱味，持久不够，无煮熟葱味	浓郁鲜香葱味持久，无煮熟葱味
TS含量/%	57	59	65

3.7.4 超声耦合酶法萃取

黄柏是芸香科植物黄皮树或黄檗的干燥树皮，黄柏具有抗溃疡、抗病原微生物、降压、抗心律失常等药理功效。临床常用于治疗皮肤感染、中耳炎、烧伤、慢性前列腺炎、急性胃肠炎、急性细菌性痢疾等病症，其中小檗碱是其主要有效成分之一。徐艳等(2007)以黄柏为原料，研究纤维素酶、超声波对黄柏中小檗碱提取量的影响。结果发现水浴温度60℃，水浴时间2.5h，超声功率80%，加酶量25ml时提取率最高。因此将超声-酶法应用于黄柏中小檗碱的提取，具有提取率高、高效、省时、节能等优点。

桑黄是一种珍贵的药用真菌，主要寄生在桑树、杨树、栎树等树干上。研究发现，桑黄具有极高的药用价值，如抗癌、抗氧化、抗纤维化、增强免疫力、抗血管增生、降血糖等。药理学研究表明，三萜、多糖和黄酮类物质是其主要活性成分，其中以多糖为主。目前，常用的桑黄多糖提取方法有热水提取法和超声辅助提取法，这两种方法操作简单，但提取时间长，提取率较低。超声辅助复合酶提取法是目前中药有效成分提取的新方法，其中超声辅助提取能显著缩短提取时间、提高提取效率；复合酶提取技术由于具有反应温和、操作时间短、成本较低等优势而逐渐应用到多糖提取中，但目前将超声提取法和复合酶法结合提取桑黄鲜见报道(王云洁等，2013)。尹秀莲和游庆红(2011)研究了超声辅助复合酶法提取桑黄多糖的最佳工艺。最佳提取工艺为超声 300s，固定 pH 4.0，应用 2.0%的复合酶(果胶酶、木瓜蛋白酶和纤维素酶)，50℃下酶解 90min 后，多糖得率可达 1.46%，而相同条件下用热水浸提法提取桑黄多糖，其多糖提取率为 1.133%。超声辅助复合酶提取桑黄多糖，其中超声、复合酶对多糖得率影响比较大，通过超声波和复合酶的共同作用，显著促进了桑黄多糖成分的溶出。其原因可能是复合酶的酶解作用，再加上超声波能产生较大剪切力，能够使得桑黄细胞壁破裂，从而加速活性有效成分多糖的溶出，故超声技术辅助复合酶提取桑黄多糖得率要高于热水浸提法(贯云娜等，2014)。试验结果表明，将超声法和复合酶法结合起来进行多糖提取的方法是切实可行的，该方法也可应用于其他真菌多糖的提取。另外，采用该方法所需温度比热水浸提法低(因超声本身有一定的热效应)，可节约能源，减少成本。

　　油橄榄，又称为齐墩果、洋橄榄，含油率在 20%～30%。橄榄油中富含不饱和脂肪酸，其中，油酸占 55%～83%，亚油酸占 3.5%～20%，亚麻酸占 1.5%左右，还有一些抗氧化因子等。目前油橄榄主要的制油工艺是破碎机破碎、果浆融合、离心倾析、离心分离等过程，可将油和渣快速分离从而有效提高出油率和油的品质。但这种方法出油率低，油橄榄果中的油脂不能得到充分提取。原姣姣等(2016)以油橄榄为原料，采用超声辅助酶法提取橄榄油，获得橄榄油最佳提取工艺为酶解时间 3.8h、酶解 pH 5.0、酸性纤维素酶添加量 12U/mg、酶解温度 54℃、超声时间 30min、超声功率 70W、液料比(ml/g)5∶1。在最佳提取条件下，油橄榄果提油率可由单独酶法提取的 84.31%提高到 89.78%。

　　膳食纤维是指不能被人体内源酶消化吸收的非淀粉多糖及木质素等高分子碳水化合物的总和，是一种资源丰富、对人体具有多种生理功能的物质，对预防疾病和维持人体健康具有重要作用，是重要的功能性保健食品原料。膳食纤维按其溶解性可分为水溶性膳食纤维和水不溶性膳食纤维。其中水溶性膳食纤维具有预防和治疗心脑血管疾病、高血压、糖尿病，清除外源有害物质，改善肠道内微生物菌群，抗氧化防衰老，清除体内自由基，提高机体免疫力，抗癌防癌等生理功效(李雪影等，2016；宋慧等，2014)。生姜中含有大量的膳食纤维。苗敬芝等(2011)采用超声结合酶法提取生姜中水溶性膳食纤维，探讨最佳提取工艺条件。结果表明，超声-水提法提取最佳条件为超声时间 25min、超声功率 100W、料液比(g/ml)1∶30，生姜中水溶性膳食纤维提取率为 10.02%；超声结合酶法提取最佳工艺条件为超声时间 25min、超声功率 100W、加酶量 3%、料液比(g/ml)1∶25，生姜中水溶性膳食纤维的提取率为 13.86%，比超声-水提法提取率提高了 38.2%。

　　蓝莓，又称为笃斯、笃柿、都柿和甸果等，是杜鹃花科越桔属多年生落叶或常绿灌木。起源于欧美，皮有白霜，果实为蓝色浆果，营养丰富。研究发现在 40 种具有抗氧化效力的蔬菜和水果中，蓝莓的花青苷含量排名第一。蓝莓花青苷具有改善视力和提高记忆、抗衰老、抗氧化、抗心血管疾病、降血压血脂和抗癌等多种生理活性功效，并大量存在于浆果果实中。蓝莓花青素最丰富的部分就是它特有的紫色果皮部位。郑红岩等

(2014)以蓝莓为原料,采用酶法预处理提取蓝莓花青苷,再利用超声波强化提取,研究蓝莓花青苷的最佳提取工艺,其最佳工艺条件为①料液比(g/ml)1∶10(溶液 pH 为 4.8)、纤维素酶 100U/ml、酶解 1h、超声提取 20min;②补充 90%酸性(pH 为 1.0)乙醇溶液,使体系乙醇体积分数为 60%、温度 40℃下,超声强化提取 30min。在该条件下的最大提取量为 9.63mg/g,提取率达到 95.06%。这是因为纤维素酶降解细胞壁中的支撑结构——纤维素,且超声波空化效应加速细胞壁的破裂,使花青苷的“逃逸”阻力减小。酶处理后,添加 2 倍体积的乙醇溶液增加了体系溶剂比例,使纤维素酶失去活性,再通过超声强化,使花青苷充分溶解;与水相比,花青苷更易溶于乙醇溶液,可进一步提高花青苷提取效率,从而确保花青苷产品品质。

中药天冬是百合科植物天冬的干燥块根,具有清肺生津、养阴润燥的功效。对预防肺噪干咳、顿咳痰黏、咽干口渴、肠燥便秘等有一定的功效。天冬类药材含有 4 种多糖,现代药理研究表明,天冬多糖具有抗氧化活性、清除氧自由基、延缓衰老等作用,是天冬的有效成分之一。目前,常用的天冬多糖提取方法有水浸渍法和乙醇回流法,虽然操作简单,但操作时间长,提取率低。曹渊等(2009)以天冬为原料,提取天冬多糖,确定超声复合酶(果胶酶、胃蛋白酶和酸性纤维素酶)法为最佳提取方法,获得最佳的提取工艺条件为超声时间 90min,超声功率 83W,液料比(ml/g)75∶2,pH 为 5.0。与其他方法进行比较(表 3-9),发现超声复合酶法提取天冬多糖的产量远远大于其他方法。由于植物细胞壁主要是由纤维素组成,是阻碍有效成分溶出的主要天然屏障;蛋白酶和果胶酶可以将蛋白质和果胶质水解,可适当地增加多糖产率;若 3 种酶共同处理,会对多糖成分的溶出有较大的促进作用。另外,在适当的超声处理条件下,利用超声波的空化作用引起的微波效应、湍动效应、界面效应和聚能效应等,产生的强大剪切力促使植物细胞壁破裂,使细胞更容易释放内溶物,其中微波效应促进溶剂进入提取物细胞,加速成分进入溶剂,因此超声复合酶法提取天冬多糖的产量要比其他方法大很多。

表 3-9　提取天冬多糖的多种方法的比较

编号	方法	吸光度 A	多糖浓度 C/(mg/ml)	多糖提取量/(mg/g)
1	冷水浸取法	0.271	0.017396	0.4349
2	乙醇回流	0.521	0.030602	0.7651
3	纤维素酶法	0.703	0.040162	1.0041
4	胃蛋白酶法	0.536	0.031394	0.7849
5	果胶酶法	0.375	0.022890	0.5722
6	复合酶法	0.732	0.041747	1.0437
7	超声法	0.879	0.049512	1.2378
8	超声复合酶法	1.670	0.064725	1.6183

杏鲍菇,又称为雪茸、刺芹侧耳,是近几年引入我国的一种高端大型珍稀栽培食用菌。随着食用菌产业的不断发展,杏鲍菇的产量也逐年攀升,通过多种工艺科学地提取杏鲍菇下脚料中的多糖,既可延长杏鲍菇产业链,带来较为可观的经济效益,又可以解决废弃下脚料造成的环境污染问题,从源头上制止污染(林秀,2014)。徐珂等(2015)以

杏鲍菇下脚料为原料，利用超声波辅助纤维素酶进行处理，提取杏鲍菇多糖。超声提取的最佳条件为超声波功率100W、提取时间20min、水料比(ml/g)30：1、pH 6.0，多糖得率22.17%；酶法提取的最佳条件为酶解温度60℃、酶解时间120min、水料比(ml/g)25：1、加酶量0.80%、pH为5.5，多糖得率为26.48%；当两种提取方法组合时，以先超声后酶法得多糖提取率最高，为30.46%，是传统水提法的1.92倍。

黄芪为豆科植物黄芪或莢膜黄芪的干燥根。黄芪具有利尿脱毒、补气固表、排脓、敛疮生肌的功效，为历代常用之补益中药。黄芪多糖是黄芪中重要的天然有效活性成分，具有促进免疫器官功能和抗体生成、抗菌抗病毒及抗肿瘤、抗衰老、防辐射、双向调节血糖等功效。由于具有多种生物活性及良好的临床效果，多年来已成为国内外中药提取及中草药现代化研究的焦点之一。目前已有黄芪精口服液、黄芪多糖冲剂、黄芪注射液等药品应用于临床，其萃取工艺的选择直接影响到药品的质量。贾永光和吴铮超(2010)将超声技术联合酶法对黄芪中总多糖进行有效提取。得到最佳提取条件为超声提取温度40℃、超声提取时间30min、固液比(g：ml)1：20、酶添加量10mg，黄芪总多糖的提取率达到24.12%，而通过对黄芪多糖水煎提取工艺进行优化试验，得最佳工艺提取黄芪多糖，其提取率为2.0%。所以相对于传统水煎提取工艺而言，超声联合酶法具有节能、经济、省时、提取率高等优点。

绿豆，属豆科，绿豆中含有多种活性组分，其中黄酮类物质主要存在于绿豆皮中。绿豆皮又名绿豆壳、绿豆衣，含有黄酮、皂苷、鞣质、强心苷、生物碱、蒽醌类等具有生物活性的化学成分，被认为是绿豆功效的主要来源之一。黄酮类化合物具有降低血脂，降血压，预防冠心病、心绞痛等疾病，改善血管脆性和通透性的作用，有些黄酮类化合物还有一定的强心保肝功能，黄酮类物质还是一种天然的高效抗氧化剂，具有很强的抗氧化和抗衰老能力。李侠等(2017)以绿豆皮为原料，研究超声强化酶法提取黄酮的工艺条件，结果如表3-10所示，在同样超声条件下，将单独超声波提取和超声波-酶法提取的结果进行对比，发现超声波-酶法提取黄酮得率为(0.831±0.02)%，明显高于单独使用超声提取所得的黄酮得率(0.701±0.04)%，得率提高18.54%。

表3-10　两种提取方法结果比较

提取方法	提取条件	黄酮得率/%
超声波法	料液比(g/ml)1：30，超声功率192W，超声时间28min	0.701±0.04
超声波-酶法	料液比(g/ml)1：30，超声功率192W，超声时间28min，加酶量0.24%，酶解时间40min	0.831±0.02

本章作者：胡爱军　天津科技大学
　　　　　　陈康宗　三和-波达(香港)有限公司
　　　　　　丘泰球　华南理工大学

参 考 文 献

贲永光, 孔繁晟, 钟红茂, 等. 2012. 双频超声协同强化提取黑米黑色素的试验研究. 农业工程学报, 28(1): 339-343.

贲永光, 丘泰球, 李金华. 2007. 双频超声强化对三七总皂苷提取的影响. 江苏大学学报(自然科学版), 28(1): 12-16.

贲永光, 丘泰球, 李康. 2010. 单味及复方中药的双频复合超声提取效果对比研究. 中成药, 32(4): 670-672.

贲永光, 丘泰球. 2006. 双频超声对海金沙中黄酮提取率影响的研究. 食品与生物技术学报, 25(4): 52-55.

贲永光, 丘泰球, 李康, 等. 2009. 单频超声和双频复合超声的空化效应实验研究. 声学技术, 28(3): 257-260.

贲永光, 吴铮超. 2010. 超声联合酶法提取黄芪总多糖的影响因素分析. 广东药学院学报, 26(2): 134-137.

曹雁平, 程伟. 2008. 多频超声连续逆流浸取黄芩中的黄芩苷. 食品科学, 29(11): 219-222.

曹雁平, 郝长春, 任怡, 等. 2006. 花椒油树脂的低强度多频超声浸取特性研究. 分离与提取, 32(03): 99-102.

曹雁平, 李建宁, 朱桂清, 等. 2004. 绿茶茶多酚的双频超声浸取研究. 食品科学, 25(10): 139-144.

曹雁平, 李菁菁, 程伟, 等. 2008. 不同超声对姜黄色素和姜黄总黄酮浸取率的研究. 食品工业科技, 29(01): 131-134.

曹雁平, 孙宇梅, 李晓岩, 等. 2005. 低强度多频超声浸取碱蓬籽油. 精细化工, 22(7): 555-560.

曹渊, 徐彦芹, 夏之宁, 等. 2009. 超声复合酶法提取天冬多糖. 中药材, 32(4): 622-625.

丁彩梅, 丘泰球, 罗登林. 2005. 超声强化超临界流体萃取的数学模型及机理. 华南理工大学学报(自然科学版), 33(4): 84-86.

冯棋琴, 胡爱军. 2008. 超声波技术在功能性油脂提取中的应用. 中国食品添加剂和配料协会营养强化剂及特种营养食品专业委员会, 2008 年年会.

冯若, 李昌平, 赵逸云, 等. 1997. 双频正交辐照的声化学效应研究. 科学通报, (9): 925-928.

付婧, 岳田利, 袁亚宏, 等. 2013. 真空耦合超声提取茶多酚的工艺研究. 西北农林科技大学学报(自然科学版), 41(3): 172-177.

高云涛, 戴建辉, 贝玉祥, 等. 2009a. 双水相与超声耦合从灯盏花中提取分离类黄酮研究. 中成药, 31(5): 700-703.

高云涛, 付艳丽, 李正全, 等. 2009b. 超声与双水相体系耦合提取芒果核多酚及活性研究. 食品与发酵工业, (9): 164-167.

贯云娜, 吴昊, 杨绍兰, 等. 2014. 超声波作用下复合酶法提取大蒜多糖工艺条件优化. 中国调味品, (2): 20-24.

广州白云山和记黄埔中药有限公司. 2006. 双频超声强化从植物药中萃取生物碱的装置: 中国, 200320119347.5.

郭孝武. 1999. 超声提高小檗碱得率的研究. 西北大学学报(自然科学版), 29(6): 578-580.

郭英, 高云涛. 2014. 双水相与超声耦合提取玫瑰花渣中的总黄酮. 云南化工, (2): 25-28.

何昱, 孙燕雯, 朱英, 等. 2013. 响应面分析法优化红花红色素提取工艺的研究. "好医生杯"中药制剂创新与发展论坛论文集(上).

黄倩, 岳田利, 袁亚宏, 等. 2015. 响应面试验优化超声-真空提取杏鲍菇多糖工艺. 食品科学, 36(16): 77-82.

李兰杰, 李绪文, 丁健, 等. 2016. 超声辅助结合离子液体双水相提取-高效液相色谱法测定三七中 5 种稀有人参皂苷的含量. 高等学校化学学报, 37(3): 454-459.

李利红, 辛婷, 陈忠杰, 等. 2013. 循环超声提取黄芪多糖的工艺优化及不同产地黄芪的比较研究. 现代牧业, 33(2): 1-3.

李侠, 邹基豪, 王大为. 2017. 响应面优化超声波-酶法提取绿豆皮黄酮类化合物工艺. 食品科学, 38(8): 206-212.

李雪影, 徐辉, 张晶, 等. 2016. 紫萁干可溶性膳食纤维提取工艺优化. 食品科学技术学报, 34(2): 68-75.

林秀. 2014. 杏鲍菇多糖提取、分离纯化及抗氧化活性的研究. 福建农林大学硕士学位论文.

刘庆华, 陈孝娟, 于萍. 2011. 超声结合双水相体系提取红花红色素的研究. 中国药学杂志, 46(19): 1482-1485.

刘瑞梅, 刘智敏, 许志刚, 等. 2016. 真空-超声法提取云南特色茶叶中的槲皮素. 云南师范大学学报(自然科学版), 36(1): 59-61.

刘艳灿. 2016. 超声辅助离子液体提取红葱头风味物质. 广州大学硕士学位论文.

卢群, 丘泰球, 罗登林, 等. 2005. 超声辐照促进声化学产额的研究及应用. 声学技术, 24(4): 215-218.

卢旋旋. 2013. 离子液体介质中脂肪酶催化合成长链脂肪酸淀粉酯的研究. 华南理工大学硕士学位论文.

罗登林, 曾小宇, 徐宝成, 等. 2009. 双频超声动态逆流高效提取装置的设计与分析. 声学技术, 28(4): 488-490.

马艳, 张宁宁. 2010. 相向双频超声粗提大黄游离蒽醌的研究. 安徽农业科学, 38(36): 20605-20607.

马艳, 张宁宁. 2013. 相向双频超声法提取陈皮中黄酮类化合物. 中国实验方剂学杂志, 19(24): 49-52.

苗敬芝, 冯金和, 董玉玮. 2011. 超声结合酶法提取生姜中水溶性膳食纤维及其功能性研究. 食品科学, 32(24): 120-125.

丘泰球, 曾荣华, 张晓燕. 2006. 双频超声强化提取的机理. 华南理工大学学报(自然科学版), 34(8): 91-92.

宋慧, 苗敬芝, 董玉玮. 2014. 超声结合酶法提取花生粕中水溶性膳食纤维及其功能性研究. 食品研究与开发, (5): 44-48.

王云洁, 闫治攀, 白福祖. 2013. 酶法在中药提取中的应用进展. 中国中医药信息杂志, 20(9): 110-112.

吴鹏. 2010. 绿色离子液体的合成与应用. 化学工程师, (9): 38-41.

徐珂, 柯乐芹, 肖建中, 等. 2015. 杏鲍菇多糖超声辅助酶法提取条件优化. 浙江农业学报, 27(4): 647.

徐艳, 刘少霞, 孙娟. 2007. 超声-酶法提取黄柏中小檗碱的工艺研究. 时珍国医国药, 18(6): 1460-1462.

尹秀莲, 游庆红. 2011. 超声辅助复合酶法提取桑黄多糖. 食品与机械, 27(4): 58-60.

原姣姣, 王成章, 张红玉, 等. 2016. 超声辅助酶法提取橄榄油的研究. 中国油脂, 1(7): 10-14.

曾荣华. 2006. 双频超声强化溶剂提取苦木总生物碱的研究. 华南理工大学硕士学位论文.

曾荣华, 陆海勤, 丘泰球. 2005b. 双频超声强化提取黄柏中小檗碱的研究. 天然产物研究与开发, 17(6): 769-772.

曾荣华, 丘泰球, 陆海勤. 2005a. 双频超声空化效应强化提取中药有效成分的实验研究. 声学技术, 24(4): 219-222.

张喜梅, 丘泰球, 李月花. 1997. 声场对溶液结晶过程动力学影响的研究. 化学通报, (1): 44-46.

张晓燕. 2006. 葛根黄酮超声提取关键技术的研究. 华南理工大学硕士学位论文.

张晓燕, 丘泰球, 徐彦渊, 等. 2006. 不同超声作用方式对葛根有效部位提取率的影响. 应用声学, 25(3): 151-155.

郑红岩, 刘同方, 刘建兰, 等. 2014. 超声波协同酶法提取蓝莓花青苷的工艺优化. 贵州农业科学, (5): 198-201.

周冰. 2006. 从柑桔果皮中超声提取橙皮苷及半合成黄酮类化合物研究. 湖南大学硕士学位论文.

周凤. 2009. 超声场对甘草酸浸取相平衡的影响与机理分析. 哈尔滨工程大学硕士学位论文.

左光德, 郝志云, 高云涛. 2010. 超声与双水相体系耦合提取竹叶总黄酮研究. 安徽农业科学, 38(23): 12448-12449.

Gogate P R, Mujumdar S, Panditt A B. 2003. Sonochemical reactors for waste water treatment: Comparison using formic acid degradation as a model reation. Advances in Environmental Research, 7: 283-299.

Hui L, Etsuzo O, Masao I. 1994. Effects of ultrasound on the extraction of saponin from ginseng. Japanese Journal of Applied Physics, 33(5): 3085-3087.

Suslick K S, Hammeron D A, Cline N E R E. 1986. The sonochemical hot spot. J Am Chem Soc, 108: 5641-5642.

Swamy M, Narayana K L. 2001. Intensification of leaching process by dual-frequency ultrasound. Ultrasonics Sonochemistry, (8): 341-346.

Vogelpohl A P. 1996. Oxid Technology of Waste Water Treat. Verlag: Clausthal-Zellerfeld Ger: 17-23.

Wang J, Han J T, Zhang Y. 2002. The application of ultrasound technology in chemical production. Contemporary Chemical Industry, 12(4): 187-189.

4 超声波处理种子对农作物生长的影响

内容概要：本章介绍超声波处理农作物种子增产原理及其设备，简述超声波处理水稻种子、玉米种子、小麦种子、花生种子、番薯种子、西瓜和南瓜种子、姜种子对其产生的影响，并提出超声波处理农作物种子有待解决的问题和今后工作展望。

4.1 引 言

农作物与人类生活密切相关，如何提高人类所需的农作物(如粮食、蔬菜、水果、药材等)的产量和品质一直以来就是人们所关心的热点。物理农业具有高效、清洁、无污染、成本低廉等优点，能有效保持生产系统的良性循环及维持自然资源的再生能力，已经成为当前最科学的农业发展模式。使用不同的物理方法(如磁场、电场、超声波等)处理种子，可以提高种子的活力和幼苗性能，并增加作物的产量(房正浓等，1998)。

超声育种就是把植物种子放入声场中，在不同超声频率、超声功率、超声时间等参数作用下处理。超声波产生的振动对种子有强烈的刺激，超声打破了种子的休眠，提高了发芽率，促进了生长和发育，进而导致植物的增产和品质的改良，同时改变了植物遗传特性和防病虫害的能力。超声处理农作物种子可以提高种子萌发和产量(乔安海和张建生，2009)。庄南生等(2006)采用超声波对柱花草种子进行不同时间的处理，结果表明，适当时间的超声波处理对柱花草种子的发芽势、发芽率、幼苗株高、根长及活力指数均具有促进作用。赵艳军等(2012)采用超声方法研究小麦种子萌发生长过程的生物学效应。适宜时间的超声处理能够打破种子的休眠状态，加快种子萌发生长。郭孝武(1990)进行了超声波对白术幼苗生长的影响研究，结果表明：中药白术种子经超声波处理后，发芽率提高。超声波处理时间为 3min 最好，比对照发芽率提高 20%。超声生物效应已经引起人们的广泛关注，国内外科研人员利用超声波在提高作物种子发芽率、增加作物产量、促进花卉保鲜和诱导微生物变异等领域获得了较多的研究成果。

4.2 超声波处理农作物种子增产原理及其设备

4.2.1 湿法增产处理机

超声植物种子处理设备有湿法和干法两种，超声植物种子湿法处理设备主要是利用液体动力学的空化现象。超声空化是液体中微小泡核在超声辐射作用下的振荡、生长、收缩及崩溃等一系列动力学过程。当空化气泡崩溃时，伴随着产生数千度的高温和数百个大气压的高压、气泡云，温度变化率可达到 10^9K/s，并产生强烈的冲击波，可使媒质的功能、结构、状态等发生变化，从而为作用媒质提供了一个极特殊的物理与化学环境。超声波处理种子的过程伴随产生高温、高压等的空化现象，使超声的热效应和化学效应加强，在高分子化合物聚合和解聚过程中，超声有时能够引起分子结构的改变，分子发生异构化。因此，它能使植物种皮软化、细胞膜的透性增大，用它处理过的种子吸水速度大大加快，幼苗容易突破种皮，同时还可能增加种子的酶的活性，有利于种子淀粉、蛋白质等物质发生分子分解和降解转为可溶性的物质，供胚吸收利用。

超声波处理农作物种子设备大多数以小试为主，广州市金稻农业科技有限公司(严晨晟和严锦璇，2015；严锦璇，2009)发明声波处理植物种子增产装置(湿法)，处理容器容积达 200L，水稻种子处理量可高达 100kg/次，每次耗时 25min，如图 4-1 与图 4-2 所示，

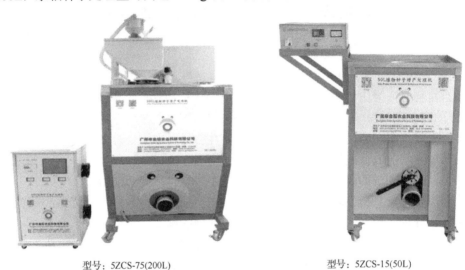

型号：5ZCS-75(200L)　　　　　　　　　型号：5ZCS-15(50L)

图 4-1　植物种子增产处理机(湿法)外观图

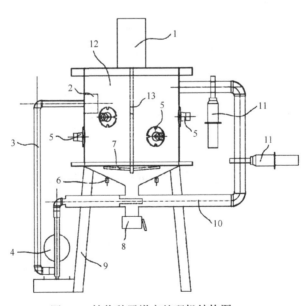

图 4-2　植物种子增产处理机结构图

1.电机；2.过滤；3.驱动管；4.驱动装置(如水泵)；5.超声波换能器；6.冲压孔；7.搅拌叶片；8.可电子自动控制的控制阀；9.支架；10.超声功能循环管；11.钳式超声波换能器；12.超声处理容器；13.传动杆

植物种子增产处理机，包括至少一个超声处理容器，超声处理容器侧壁安装若干个超声换能器装置，超声处理容器底部设置有一个谷液出口，谷液出口下部与超声功能循环管下端连接，超声功能循环管的上端与超声处理容器的上端侧壁连接相通，超声功能循环管上设置有用于进行超声波辐照的超声波换能器装置和超声反应管一端的给料机构；超声反应管另一端设置有用于收集反应后种子的容器；收集容器与给料机构设置有输送管，输送管与喂料机连接。

4.2.2 干法增产处理机

超声种子干法增产处理，是相对于湿法处理的另外一种处理方法，广州市金稻农业科技有限公司(严卓晟等，2016；严锦璇等，2010)发明声波处理植物种子增产装置(干法)，型号为 5ZCG-50(50L)自动上料植物种子干法增产处理机处理水稻、蔬菜等种子处理量为 400kg/h，型号为 5ZCG-1(1L)植物种子(蔬菜)干法增产处理机处理蔬菜种子处理量为 1kg/min。如图 4-3 所示，是有较明显增产效果的超声处理方法。

自动上料植物种子干法增产处理机，
型号为5ZCG-50(50L)

植物种子(蔬菜)干法增产处理机，
型号为5ZCG-1(1L)

图 4-3 植物种子增产处理机(干法)外观图

超声波振动功能、传质作用与盛载接受处理种子的容腔的刚性内壁，有利于种子在腔内贴壁运动和形成适度的分散飘洒的均匀流动状态，种子在超声波功能共振共鸣振腔的作用下，通过超声波振动功能从刚性的内壁发出波能辐照，直接或间接地聚焦到种子群体体系中，干体的种子接受来自多方向超声波辐照作用，波的共振共鸣刺激种子，其波能的综合作用，包括弹射、热效应、振绕、能量矢向动态交换、腔内气动拍压、能量传质聚散频击，这种动态能可令种子表面感染的细菌、病毒等有害微生物及虫卵等受到抑制甚至被杀灭，有效地净化了种子的贴身环境，为种子落地种植创造一个良好的生长空间。

由于超声波在刚性物体系中传导，又客观充分地掺杂有空间空气的波动作用，通过种子的传质，种子组成的生物高分子有机物质，乃至细胞组织原生质发生亚级同步振动绕射，组织结构发生松动，种子的自然休眠受扰动而被唤醒，进一步诱发活化了生物体的酶，如稻谷种子胚的生长酶被激活，尤其是 α-淀粉酶、抗氧化酶等活跃及其所发生的生物代谢效应，十分有利于种子发芽、出苗及旺盛生长成植株，这一过程是基于种子内的组织膜、毛细孔及毛细管的宽松变化，从而导致细胞的吸湿性、渗透性均增强，也促进了细胞的重建、修复能力，进而有利于生长代谢吸收营养物质，促进生长期的秆、茎、根、叶的活跃成长，使籽粒果实增产。

超声植物种子处理的主要优势：①利用超声波对种子进行连续性或间歇性辐照，提高种子发芽速度、发芽势和发芽率，降低种子霉烂率，物理杀虫卵杀菌杀微生物使农作物增产。②在不增加施肥量和农药喷施量的前提下，协调作物产量构成因子，达到增加产量的效果。③改善农作物的品质，增加经济效益。植物种子增产处理机适应于水稻、棉花、马铃薯、豆类、菜籽、花生等植物种子。④经检测，样品中未检出转基因成分，属于非转基因技术。

2016 年 12 月 4 日，农业部科技发展中心组织专家对广州市金稻农业科技有限公司等单位完成的"促进农作物增产的超声波关键技术与处理设备"成果进行评价，评价专家一致认为该技术达到国际先进水平。

4.3　超声波处理水稻种子

水稻是重要的粮食作物，目前关于超声波对水稻的刺激效应的研究正在开展。赵忠良等(2011)研究表明：超声波处理水稻种子可以提高发芽势和发芽率，促进芽的生长和根的产生，在温度偏低条件下播种可以防止烂种烂芽发生，提高出苗率。黎国喜等(2010)进行了超声波刺激对水稻的种子萌发及其产量和品质的影响研究，结果表明：超声波对水稻种子的萌发率无显著效应，但提高了种子的萌发速度。40kHz 超声波处理可以使培杂泰丰(杂交稻)增产 9.43%，而 20kHz 的超声波处理使桂香占(常规稻)增产达到 10.55%。水稻增产的主要原因是超声波处理提高了水稻的有效穗数和单位面积颖花数。从稻米品质来看，超声波处理显著地降低了 2 个水稻品种的垩白度，说明超声波处理对提高水稻的产量和改善稻米的外观品质有明显的效果。聂俊等(2013，2014)进行了超声波处理对水稻发芽特性及产量和品质的影响研究。以常规籼稻华航 31 和常规粳稻中花 11 为试验材料，采用 40kHz 和 20kHz 混频超声波对水稻种子进行 30min 的处理，结果表明：超声波处理提高华航 31 和中花 11 产量分别达 9.23%和 6.84%，超声波处理能提高华航 31 和中花 11 种子的萌发速度、秧苗的株高、干物质积累和叶面积。

4.3.1　试验方法

4.3.1.1　发芽试验和大田试验

1)以杂交稻品种培杂泰丰、培杂 88、培杂航香以及常规稻品种桂香占为供试水稻品种(华南农业大学科技实业发展总公司提供)，实验设 20kHz 和 40kHz 超声波处理，以不做超声波处理为 CK。水稻种子经风选和水选后，置于清水中浸种 12h。需超声波处理的水稻种子分别置于 20kHz 和 40kHz 的超声波种子处理器中进行处理，处理时间设置为 30min。各处理(包括超声波处理和 CK)的种子均放置于垫有 2 层滤纸的培养皿中培养[(25±1)℃，L/D 12h/12h]，并适时喷水保持滤纸湿润。每个处理重复 4 次，每次 40 粒种子，种子培养 3 天后统计发芽率。其中，以桂香占品种作为种子发芽动态的调查材料，每 2h 调查 1 次种子发芽的数量。

水稻种子浸种和超声波处理后，分别播入秧田。水稻采取湿润育秧的方法育秧。秧苗长至 4.5 叶左右移栽至大田。大田小区面积为 20m^2，每个处理重复 3 次。水稻大田管理按常规方法进行。从移栽后 4 天开始每 5 天调查 1 次水稻的茎蘖数直至抽穗期。水稻成熟后进行测产和考种。

2) 以华航 31、中花 11 为供试水稻品种，试验于 2012 年 3 月 20 日~7 月 13 日在华南农业大学试验基地进行，设 40kHz 和 20kHz 混频超声波处理 30min，以不经过超声波处理为 CK。

水稻种子经风选和水选后，置于清水中浸种 12h。需超声波处理的水稻种子分别置于 40kHz 和 20kHz 混频的超声波种子处理器中进行处理，处理时间设置为 30min。各处理(包括超声波处理和 CK)的种子均放置于有 1.5kg 石英砂的培养皿中培养[(25±1)℃，L/D 12h/12h]，并适时喷水保持石英砂湿润。每个处理 3 次重复，每个重复 100 粒种子。种子培养 1 天发芽后开始统计发芽率，每隔 12h 统计一次。

采取湿润育秧的方法育秧。秧苗长至 4.5 叶左右，按 20cm×20cm 密度大田移栽，每穴 3 苗。每个处理重复 3 次，小区面积为 20m^2，各处理均一致地按一般高产栽培管理。

4.3.1.2 测定叶面积指数与干物质重量

干物质与产量按照湖南农学院主编的《作物栽培学实验指导》中的方法测定。分别于苗期、分蘖期、齐穗期、齐穗后 15 天取代表性植株，测定叶面积和干物质重量，叶面积用美国进口 CID 叶面积仪测定，再按比重法测定。105℃杀青 30min，80℃烘至恒重，测定干物质重。

4.3.1.3 产量计算

水稻成熟后调查有效穗数、每穗颖花数、结实率和粒重，并进行测产。

4.3.1.4 品质测定

稻米收获干燥后储藏 3 个月，参照农业部标准《NY147－88 米质测定方法》测定稻米的糙米率、精米率、整精米率、垩白粒率、垩白度、胶稠度和直链淀粉含量。

4.3.1.5 酶活性测定

超氧化物歧化酶(SOD)活力测定以抑制氯化硝基四氮蓝唑(NBT)光化还原 50%为 1 个酶活力单位。过氧化氢酶(CAT)活力测定采用高锰酸钾滴定法，以 30℃下每分钟催化

分解 $1\mu mol\ H_2O_2$ 的酶量为 1 个活力单位。过氧化物酶(POD)活性测定采用愈创木酚法。试验数据采用 DPS 数据处理系统进行统计分析。

4.3.2 结果与讨论

4.3.2.1 对水稻种子萌发的影响

从表 4-1 可以看出,除了 20kHz 处理的培杂 88 和培杂航香发芽率略低之外,其余的超声波处理对所有参试的水稻品种发芽率无显著的影响。

表 4-1 超声波处理对不同水稻品种发芽率的影响 (单位：%)

处理	培杂 88	培杂泰丰	桂香占	培杂航香
CK	96.67	95.00	96.66	98.33
20kHz	83.33	96.67	95.00	93.33
40kHz	90.00	96.67	100.00	98.33

但从图 4-4 可以发现,虽然所有的处理开始发芽的起始时间均在 4h,但在 4~12h 的时间段内,两个超声波处理的种子相对发芽率(测定时发芽种子数×100%/种子最终的发芽总数)均明显高于对照。当培养时间达到 12h 时,20kHz 和 40kHz 处理的种子的相对发芽率分别达到 71.5%和 71.9%,而对照的相对发芽率仅为 47.0%。说明超声波处理可以提高水稻种子发芽的速度。

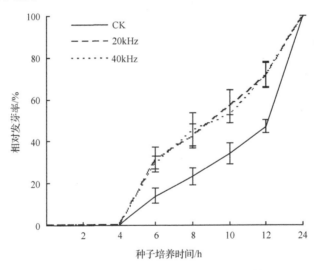

图 4-4 相对发芽率随培养时间变化的变化规律

从图 4-5 可以看出,超声波处理后的两个品种发芽率没有显著差异,但是超声波处理后的华航 31 种子在 24h、36h 时发芽率分别达到了 68%、92%,而对照的发芽率只有 47%、80%,分别提高了 21%、12%;而超声波处理后的中花 11 在 24h、36h 时发芽率分别也达到了 53%、67%,对照只有 48%、64%,分别提高了 5%、3%。表明超声波处理可以提高水稻种子发芽的速率。

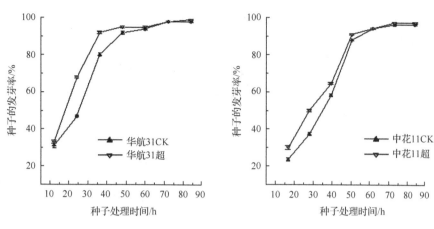

图 4-5 超声波处理后种子发芽动态

4.3.2.2 超声波对水稻产量的影响

从表 4-2 可以看到，超声波处理可以明显地提高水稻的产量。其中培杂泰丰 40kHz 处理的产量与对照的差异达到显著水平，平均比对照增产 8.79%。桂香占 20kHz 处理比对照增产 10.55%，差异也达到显著水平。从产量构成因素来看，培杂泰丰 40kHz 处理的有效穗数和单位面积颖花数均显著高于对照，分别比对照增加 8.72% 和 10.61%。桂香占 20kHz 处理的单位面积有效穗数显著高于对照。而两个频率的超声波处理均使桂香占的单位面积颖花数显著高于对照。超声波刺激对两个品种的结实率和千粒重均无显著的影响。

表 4-2 超声波刺激对水稻产量及产量构成因素的影响

处理		有效穗数 /(×10⁴/666.7m²)	单位面积颖花数 /(×10⁴/666.7m²)	结实率 /%	千粒重 /g	实测产量 /(kg/666.7m²)
培杂泰丰	CK	17.2	3590.4	61.0	23.1	535
	20kHz	18.1	3511.4	63.5	23.3	555
	40kHz	18.7	3971.3	66.4	23.0	582
桂香占	CK	17.3	1920.3	78.2	26.6	398
	20kHz	18.5	2264.5	83.3	26.2	440
	40kHz	18.1	2427.2	76.8	26.4	412

4.3.2.3 对水稻品质的影响

从稻米的碾米品质来看，超声波处理对两个品种的糙米率、精米率和整精米率均无显著的影响（表 4-3）。从外观品质来分析，两个频率的超声波处理均显著地降低了培杂泰丰的垩白度，垩白度平均比对照降低了 36.9%（20kHz）和 24.3%（40kHz）。从表 4-3 还可以发现，超声波处理同时降低了桂香占的垩白粒率和垩白度。其中，垩白粒率分别比对照降低了 29.1%（20kHz）和 22.4%（40kHz），垩白度分别比对照降低了 37.5%（20kHz）和

32.5%(40kHz)。从蒸煮品质来分析,超声波处理对稻米的直链淀粉含量无显著影响,但显著提高了桂香占的胶稠度。

表 4-3　超声波刺激对水稻稻米品质的影响

品种	处理	糙米率/%	精米率/%	整精米率/%	垩白粒率/%	垩白度/%	胶稠度/mm	直链淀粉含量/%
培杂泰丰	CK	77.7	69.2	62.8	29.8	10.3	67.5	22.9
	20kHz	77.2	68.9	62.9	29.7	6.5	65.7	22.7
	40kHz	77.8	69.3	61.9	29.3	7.8	64.3	22.4
桂香占	CK	77.8	66.1	51.4	22.3	4.0	77.8	16.3
	20kHz	77.8	67.0	51.2	15.8	2.5	84.7	16.5
	40kHz	77.8	66.1	51.4	17.3	2.7	81.1	16.8

4.3.2.4　超声波处理对水稻幼苗素质的影响

超声波处理对水稻幼苗素质的影响结果(表 4-4)表明,超声波处理后的水稻秧苗株高、叶面积和苗干重显著高于对照,两个品种的表现一致。华航 31 比对照分别提高 7.83%、75.65% 和 26.70%,中花 11 比对照分别提高 11.67%、20.08% 和 13.03%。说明超声波处理有利于提高水稻秧苗的株高,增加叶面积和干物质的积累。两个品种的茎基宽超声波处理与对照差异均不显著。

表 4-4　超声波处理对水稻幼苗素质的影响

品种	处理	株高/cm	叶面积/(cm²/株)	苗干重/(g/株)	茎基宽/cm
华航 31	超声	22.17	71.93	4.65	6.23
	CK	20.56	40.95	3.67	4.47
中花 11	超声	23.64	61.47	4.25	5.53
	CK	21.17	51.19	3.76	5.2

4.3.2.5　超声波处理对水稻幼苗生理指标的影响

由表 4-5 可知,与 CK 相比,超声波处理能够显著提高两个品种的过氧化氢酶(CAT)、过氧化物酶(POD)、超氧化物歧化酶(SOD)的活性;其中华航 31 的 CAT、POD、SOD 的活性较 CK 分别提高了 69.84%、86.16%、2.32%,而中花 11 较 CK 分别提高了 28.07%、41.07%、4.85%。

表 4-5　超声波处理后对水稻幼苗生理指标的影响

品种	处理	CAT/(U/g)	POD/(U/g)	SOD/(U/g)
华航 31	超声	1.07	24.74	459.23
	CK	0.63	13.29	448.82
中花 11	超声	0.73	21.09	414.33
	CK	0.57	14.95	395.15

4.3.2.6 超声波处理对水稻叶面积指数的影响

由表 4-6 可以看出，超声波处理后的华航 31 在分蘖期、齐穗期、齐穗期 15 天时的叶面积指数显著高于 CK，分别提高了 36.97%、18.41%、26.03%；超声波处理对中花 11 的叶面积指数没有显著影响。

表 4-6　超声波处理后对水稻叶面积指数的影响

品种	处理	分蘖期	齐穗期	齐穗期 15 天
华航 31	超声	3.26	8.17	7.02
	CK	2.38	6.9	5.57
中花 11	超声	2.35	4.71	4.13
	CK	1.91	3.92	3.76

4.3.2.7 超声波处理对水稻干物质的影响

由表 4-7 可知，超声波处理后的华航 31 在分蘖期、齐穗期、齐穗期 15 天时的总干物质较 CK 显著提高，分别提高了 15.98%、20.52%、13.10%；超声波处理对中花 11 的总干质物没有显著的影响。

表 4-7　超声波处理后对水稻干物质积累的影响　　　　　（单位：g）

品种	处理	分蘖期	齐穗期	齐穗期 15 天	成熟期
华航 31	超声	9 716.15	10 549.20	11 855.36	15 045.13
	CK	8 377.63	8 752.88	10 482.5	14 833.61
中花 11	超声	4 779.71	6 001.23	7 154.85	11 269.31
	CK	4 057.42	4 994.19	6 380.05	9 949.84

4.3.2.8 超声波处理对水稻产量及其构成因素的影响

由表 4-8 可知，超声波处理的水稻产量、有效穗、每穗粒数、结实率、收获指数都显著高于对照，两个品种的表现一致。超声波处理的华航 31 产量较 CK 增产 9.23%，中花 11 的产量较 CK 增产 6.84%。从产量构成因素来看，超声波处理后华航 31 的有效穗、每穗粒数和结实率分别较 CK 显著增加 17.75%、13.63% 和 9.59%，而千粒重与 CK 差异不显著；超声波处理的中花 11 有效穗数、每穗粒数和结实率分别较 CK 显著增加了 12.54%、3.59% 和 4.13%，超声波处理对中花 11 的千粒重影响不显著。可见超声波处理有利于增加水稻的有效穗、每穗粒数和结实率，提高收获指数，从而达到增产的目的。

表 4-8　超声波处理对水稻产量及其构成因素的影响

品种	处理	产量/(t/hm²)	有效穗/($\times 10^4$/hm²)	每穗粒数/粒	结实率/%	千粒重/g	收获指数
华航 31	超声	8.87	291.03	152.38	91.51	23.77	0.59
	CK	8.12	247.16	134.10	83.50	23.48	0.55
中花 11	超声	7.03	277.87	101.21	89.76	24.31	0.49
	CK	6.58	246.91	97.70	86.20	23.92	0.39

4.3.3 推广试点情况

全国超声水稻推广试点情况如表 4-9 所示,超声处理与常规处理对比如图 4-6 所示。图 4-7 所示媒体进行超声水稻新闻报道。

表 4-9 推广试验情况表

时间(年.月.日)	试验基地	品种	超声亩产	常规亩产	亩增产量	增产率
2013.10.26	广东梅州市蕉岭县蕉城镇陂角村	常规稻	502.6kg	440.4kg	62.2kg	14.1%
2015.11.11	广东梅州市蕉岭县蕉城镇陂角村	象牙香占	569.1kg	519.39kg	49.7kg	9.7%
2015.12.14	广东江门市恩平市沙湖镇南平村	象牙香占	430kg	383kg	47kg	12.3%
2016.07.01	广东汕头市潮阳区西胪镇西一村	荣优 308	921.57kg	748.13kg	173.44kg	23.18%
2016.07.14	广东梅州市大埔县西河镇东塘村	深优 9516	650kg	550kg	100kg	18.18%
2016.7.19	湖南岳阳市浩河镇黄花村	湘早籼24 号	485kg 干谷	420kg 干谷	65kg 干谷	15.6%
2016.7.20	广东珠海市斗门区大托村	马坝油占	510kg	455kg	55kg	12%
2016.10.18	黑龙江鸡东县东海兴龙村	垦稻 12	700kg	590kg	110kg	18.6%
2016.10.30	江苏盐城市射阳县特庸镇金港	淮稻 5 号	719.6kg	622.2kg	97.4kg	8.68%
2016.11.01	湖南岳阳市黄沙港张必军家庭农场	南粳 9108	884.6kg	792.2kg	92.4kg	11.66%
2016.11.03	江苏射阳县新坍镇杨长青基地	淮稻 5 号	913.66kg	840.63kg	73.03kg	8.69%
2016.11.03	湖南岳阳市屈原区团洲村	五广三四	479.45kg	433.33kg	46.12kg	10.64%
2016.11.03	湖南岳阳市屈原区河市镇三河村	五广三四	405.8kg	355.14kg	50.66kg	14.26%
2016.11.04	江苏射阳县临海佳鑫家庭农场	淮稻 5 号	690.28kg	634.62kg	55.66kg	8.77%
2016.11.05	广东珠海市斗门区白蕉镇南澳村	马坝香占	543.11kg	496.70kg	46.41kg	9.34%
2016.11.06	湖南岳阳市湘阴县浩河镇老闸口村	五广三四	455.75kg	384.15kg	71.6kg	18.64%
2016.11.07	广东茂名市茂南区金塘镇南野村	深优 9516	443kg	383kg	60kg	15.67%
2016.11.11	广东阳江市阳春市岗美镇那旦村大坳垌	软华优 1179	458.22kg	400kg	58.22kg	14.55%
2016.11.19	广东梅州市兴宁市新陂镇新金村	聚两优 751	620.49kg	572.6kg	47.89kg	8.36%
2016.11.15	广东珠海市斗门区白蕉镇丰洲村	黄莉占	597.25kg	565.60kg	31.65kg	5.59%
2016.11.16	广东珠海市斗门区莲洲镇乡意浓公司	象牙香占	286.25kg	262.95kg	23.3kg	8.86%
2016.11.25	广东珠海市斗门区白蕉镇桅夹村	新宁占	396.45kg	306.91kg	89.54kg	29.17%
2016.11.27	广东江门市恩平市沙湖镇南平村	金香粘	330.36kg	286.1kg	44.26kg	15.47%
2016.11.28	广东珠海市斗门区斗门镇南门鱼业村	马坝油占	444.2kg	388.3kg	55.9kg	14.39%

注:共 24 个试验基地数据,未注明干谷数据即为湿谷

全国取得了 31 个水稻测产数据,花生、玉米各 1 个测产数据。其中:广东省 18 份;广西壮族自治区 3 份;湖南省 4 份;黑龙江省 3 份;江苏省 4 份;山东省 1 份;(水稻)试验点共有 1.6 万亩[①],覆盖面积达 32 万亩,试验客户共 271 个,处理了水稻种子 16 万斤[②]。

---

① 1 亩≈666.67m²。

② 1 斤=500g。

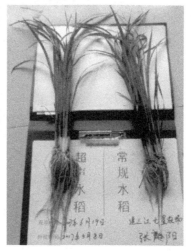

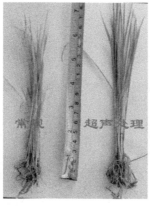

图 4-6　超声处理与常规处理对比

图 4-7　媒体报道

4.3.4　结论

利用特定频率和功率超声波对作物种子进行处理可以提高作物产量和改善作物品质。以水稻为例：

1）超声波处理缩短了发芽周期、提高种子发芽势和发芽率，降低种子腐烂率，同时出苗整齐、苗壮，提高秧苗的抗逆能力；

2）超声波处理提高了不同基因型水稻的地上部干物质积累总量、净光合速率、叶绿素含量和叶面积指数，显著提高了水稻的有效穗数和单位面积颖花数，最终表现为不同基因型水稻产量的提高；

3）超声波处理还能够降低水稻品种的垩白度和垩白粒率，改善稻米的外观品质。对于其他作物而言亦有相同效果。

4.4　超声波处理玉米种子

玉米种子采用超声处理与常规处理生长结果对比如图 4-8 所示。2017 年 6 月 15 日在黑龙江密山市白鱼湾镇蜂蜜山六组李久江农户种植玉米；2017 年 6 月 22 日在佳木斯桦川县横头山镇吕文成和陈启农户种植玉米。

图 4-8　玉米超声处理与常规处理对比

超声波处理玉米品种的增产试验，共选取两个玉米品种做对比试验，分为两个对照组：分别为 A. 经过超声波处理的京农科 728，未经过超声波处理的京农科 728；B. 经过超声波处理的浚单 20，未经过超声波处理的浚单 20。每个品种种植 4 亩，每亩 4000株。在大田里选取种植前段位置、中间位置、后段位置均匀取样，平均每段选取固定数量玉米穗，两组对照样本在同一位置取样，确保选取的样本真实可靠。

新疆生产建设兵团第六师共青团农场，实验面积：50 亩，种植作物：青贮玉米，亩产：常规 4800kg，超声 5100kg，每亩增产 300kg，增产率达 6.3%。

随机抽取以 5 个玉米穗为一个单位，经过脱粒称重，共选取 5 组取均值，计算增产效果如下所述。

京农科 728 试验情况如表 4-10 所示：每亩 4000 株，未经过超声波处理的京农科 728 单穗重量为 0.9456/5=0.189 12kg，亩产量为 0.189 12×4000 = 756.48kg；经过超声波处理的京农科 728 单穗重量为 1.0624/5 = 0.212 48kg，亩产量为 0.212 48×4000 = 849.92kg；单穗增产重量为 0.1168/5 = 0.023 36kg，亩增产 0.023 36×4000 = 93.44kg。经过超声波处理的京农科 728 每亩可增产 93.44kg。

表 4-10　京农科 728 试验情况表　　　　　（单位：kg）

京农科 728	1	2	3	4	5	均值
未经过超声波处理	0.942	0.957	0.923	0.960	0.946	0.9456
经过超声波处理	1.087	1.069	1.071	0.993	1.092	1.0624
增产量	0.145	0.112	0.148	0.033	0.146	0.1168

浚单 20 试验情况如表 4-11 所示：每亩 4000 株，未经过超声波处理的浚单 20 单穗重量为 0.911/5 = 0.1822kg，亩产量为 0.1822×4000 = 728.8kg；经过超声波处理的浚单 20 单穗重量为 0.9888/5 = 0.197 76kg，亩产量为 0.197 76×4000 = 791.04kg；单穗增产重量为 0.0778/5 = 0.015 56kg，亩增产 0.015 56×4000 = 62.24kg。经过超声波处理的浚单 20 每亩可增产 62.24kg。

表 4-11　浚单 20 试验情况表　　　　　（单位：kg）

浚单 20	1	2	3	4	5	均值
未经过超声波处理	0.904	0.918	0.897	0.906	0.930	0.911
经过超声波处理	0.967	1.002	0.998	0.983	0.994	0.9888
增产量	0.063	0.084	0.101	0.077	0.064	0.0778

4.5　超声波处理小麦种子

安徽省基地对小麦种子采用超声处理与常规处理生长结果对比如表 4-12 和图 4-9 所示，由表和图可见：经超声处理小麦种子与常规长势对比，超声处理过的可以看出根茎都比较粗壮。

表 4-12　小麦超声处理与常规处理对比

处理	第二页高度/cm	牙长/cm	根长/cm	单株芽鲜重/mg	单株根鲜重/mg	单株芽干重/mg	单株根干重/mg	Fv/Fm	单位面积株数
A	3.79	14.78	8.95	57.533	19.222	12.778	4.711	0.773	56.0
B（CK）	2.70	12.17	5.24	48.944	20.833	11.467	4.811	0.769	41.7

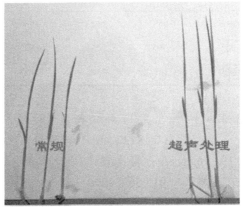

图 4-9　小麦超声处理与常规处理对比

4.6　超声波处理花生种子

花生种子采用超声处理与常规处理生长结果对比如图 4-10 所示，由图可见：常规处理的花生根茎细小，超声处理的花生根茎粗壮、发达，长势良好，而且死苗现象明显减少。经超声处理的花生明显增产约 30%，并且超声过的花生榨出的油中含黄曲霉素明显下降。

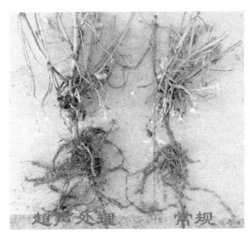

图 4-10　花生超声处理与常规处理对比

4.7　超声波处理番薯种子

　　番薯采用超声处理与常规处理生长结果对比如图 4-11 所示，由图可见：广东省湛江市雷州那毛村基地番薯(新香)45 天长势超声处理效果明显。

图 4-11　番薯超声处理与常规处理对比

4.8　超声波处理南瓜和西瓜种子

　　山东昌邑市鑫辉种苗有限公司对南瓜、西瓜种子采用超声处理与常规处理，生长结果对比如图 4-12 所示，由图可见：常规种植的病害严重，生长缓慢。

图 4-12　南瓜、西瓜超声处理与常规处理对比

4.9 超声波处理姜种子

姜种子采用超声处理与常规处理生长结果对比如图 4-13 所示,由图可见:超声波处理出芽快,整齐。

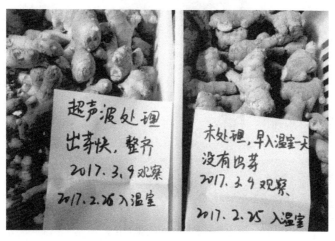

图 4-13 姜超声处理与常规处理对比

4.10 超声波处理其他农作物种子

其他农作物种子采用超声处理与常规处理生长结果对比如图 4-14 所示,2017 年 6 月 22 日在甘肃永昌种植洋葱;2017 年 3 月 17 日在山东高密夏庄种植茼蒿;2017 年 1 月 17 日在广东从化种植马铃薯;2017 年 2 月 26 日在金乡县种植辣椒;2017 年 6 月 22 日在佳木斯桦川县横头山镇吕文成农户种植黄豆;2017 年 4 月 22 日在甘肃山丹种植向日葵。同一农户种植时间一致,同一地块施肥浇水一致,经过超声处理过的和常规处理的比较效果非常显著。

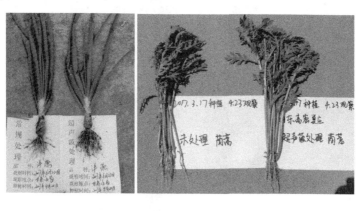

图 4-14 其他部分农作物种子超声处理与常规处理对比

综上所述，声波处理植物种子可以显著增产，且可以实现大规模连续农业生产，适用方便且操作简单；非常适合玉米、水稻、小麦、豆类等种植物播种前处理，也非常适合棉花、中药、树木、草等植物种子种植前处理，可以起到良好的增产和促进生长的作用。但是超声波对不同作物(植物组织)的刺激效应不同，在一种作物上表现为正向效应，在另一种作物上可能表现为负向效应。

4.11 展 望

4.11.1 有待解决的问题

超声波应用于农作物种子处理是一个相对较早的研究领域，但目前还没有推广使用，仍处于探索阶段，要进一步发展其应用价值应主要从以下几个方面努力。

4.11.1.1 完善理论研究

超声产生的生物效应不仅与生物组织受辐照的总剂量有关，更重要的是与照射剂量在空间与时间的分配有关。对于不同生物组织，这些关系有所不同。由于影响因素很多，目前取得的一些实验结果重复性尚不能令人满意，规律性仍有待摸索，因而这方面的研究尚有大量工作可作。

4.11.1.2 协同性问题

虽然超声在农业生产方面具有极大优势，但超声波对生物体的作用是多方面的，这取决于超声波的频率、强度和作用时间。高强度的超声会破碎细胞，使酶失活。而低强度的超声可以促进细胞生长，增加酶活性，这使得超声波在农业中的应用具有双重性。所以，要使超声处理生物体从理论角度来看更合理，应将超声处理与其他处理技术联合使用，这样从技术上可行，经济上更为合理。

4.11.2　超声在农业中应用的前景展望

4.11.2.1　新型高效换能器的出现

磁致伸缩材料是传统的超声换能器材料，由于其性能稳定、功率容量大及机械强度好等优点，至今仍在一些特殊领域被继续应用，但其也有换能器的能量转换效率较低、激发电路复杂以及材料加工较困难等不足之处。随着压电陶瓷材料的大规模推广应用，在一个时期内磁致伸缩材料有被压电材料替代的迹象。然而，随着一些新型的磁致材料的出现，如铁氧体、稀土超磁致伸缩材料以及铁磁流体换能器材料等，磁致伸缩换能器又受到了人们的重视。可以预见，随着材料加工工艺的提高以及成本的降低，一些新型的磁致伸缩材料将在水声以及超声等领域中得到广泛的应用。目前，超声换能器的工作频率从常用的低频率(20kHz)发展到较高频率(几百千赫兹甚至数兆赫兹数量级)，且换能器的工作频率也从单一的工作频率发展到多个工作频率。此外，新型的稀土超磁致伸缩材料的成功研制也为新型的磁致伸缩换能器的研制奠定了坚实的基础。这些新型高效的换能器的成功研制必将使超声技术的应用范围扩大。

4.11.2.2　超声技术在农业中的应用将有新的发展与提高

超声产生的生物效应不仅与生物组织受辐照的总剂量有关，更重要的是与照射剂量在空间和时间的分配有关。对于不同生物组织，这些关系有所不同。同时，超声也可与远红外线辐射育种和处理农作物种子的技术结合起来进行，以诱发突变，从中选育出优良变异个体，通过一系列育种程序，培育新品种，国外已有了这种试验，效果还算不错；超声在药材种植生产上的应用前途和潜力还很大，对促进国家药材生产的发展具有较大的实际意义；超声在农、林、牧业上的人工增雨方面也做出了一定的贡献。目前超声在国内农业上的应用，尚未引起有关方面的足够重视。但许多实验实践证明，超声在农业中应用的可能性和多样性的潜力是很大的，它已显示出其威力和远大广阔前景。根据国内外已有的太空试验结果。我们预计，如果将地面用超声处理过的种子带到太空去使其发芽生长，很可能会有更为神奇的结果出现。我们完全可以相信，用不了多长的时间，新型超声技术将会在为我国的社会主义农业现代化服务、提高农业生产率中，起到特有的作用。

本章作者：严卓晟　广州市金稻农业科技有限公司

　　　　　　杨日福　华南理工大学

　　　　　　唐湘如　华南农业大学

　　　　　　彭　彬　广东省农业技术推广总站

参 考 文 献

房正浓, 朱诚, 张明方. 1998. 物理因素处理对农作物种子的生物学效应. 种子, (5): 40-44.

郭孝武. 1990. 超声波对白术幼苗生长的影响. 植物生理学通讯, (3): 34-35.

黎国喜, 严卓晟, 闫涛, 等. 2010. 超声波刺激对水稻的种子萌发及其产量和品质的影响. 中国农学通报, 26 (7): 108-111.

聂俊, 肖立中, 严卓晟, 等. 2014. 籼稻干种子经超声波和包衣处理后的发芽和根系生长变化. 华北农学报, 29(2): 181-187.

聂俊, 严卓晟, 肖立中, 等. 2013. 超声波处理对水稻发芽特性及产量和品质的影响. 广东农业科学, (1): 13-15.

乔安海, 张建生. 2009. 超声对种子萌发和产量的影响. 安徽农业科学, 37(20): 9438-9439.

严卓晟, 严卓理, 严锦璇, 等. 2016. 植物种子增产处理装置及其系统: 中国, ZL201620488329.1.

严卓晟, 严锦璇. 2015. 植物种子超声波增产处理装置: 中国, ZL201510608318.2.

严锦璇, 严卓理, 严卓晟, 等. 2010. 钳式超声波处理器及其应用: 中国, ZL201010109377.2.

严锦璇, 严卓晟, 严卓理, 等. 2009. 声波处理水稻种子促进增产方法及其装置: 中国, ZL200910214414.3.

赵艳军, 王宝军, 刘婧, 等. 2012. 超声对小麦种子萌发特性的生物学效应研究. 种子, 31(9): 112-114.

赵忠良, 张连萍, 张蓓, 等. 2011. 超声波处理稻种对其生根发芽的影响. 农机化研究, (6): 122-124.

庄南生, 王英, 唐燕琼, 等. 2006. 超声波处理柱花草种子的生物学效应研究. 草业科学, (3): 80-82.

5 超声结晶技术

内容概要：结晶是分离和提纯产品的一个重要操作单元(宋国胜等，2008；黄慧丹等，2013)，冷却法、盐析法和溶剂蒸发法是实现溶液结晶主要的三种方法(朱涛，2007)。

超声波是频率大于 20kHz 的声波，因其频率高、波长短而具有束射性强和易于通过聚焦集中能量的特点(闫冰，2004；王贤勇，2014)。声化学反应不是声波和物质分子间的直接相互作用，而主要是源于超声空化。超声空化是功率超声在食品、化工、生物、医药等应用的基础及过程强化的主动力。

利用超声场结晶是声化学领域中极具发展潜力的方向。传统的结晶方法是利用某些溶剂能够与待结晶溶液中的水互溶的原理，将过饱和度较低的溶液变成过饱和度较高的溶液，从而产生晶核的方法。这些结晶方法不仅要求较高的过饱和度，产生的晶种数量和大小都不易控制，并且对后续的晶核成长为晶体的过程产生影响，也增大了生产成本。一些国内外学者在成核的实验过程中引入功率超声，从而在较低的过饱和度下大大提高成核速率，并且得到粒度分布均匀的晶种(Li et al.，2013；Hottot et al.，2008；米彦等，2011；王国宇等，2011)。

因此，将超声波技术应用于化工、食品、医药等领域的溶液结晶是一种前景广阔、非常有效的方法和手段，并且将超声波和其他手段结合或采用多频超声联合作用将是今后的研究热点。

5.1 超声结晶的原理

超声结晶是利用超声波的能量控制结晶过程的方式。结晶是一个复杂的过程，对它的控制，特别是当遇到有机化合物时的控制，通常是十分困难的。利用超声波可以对成核和生长过程进行控制，从而使结晶过程更加优化，并获得不引入超声波无法得到的产品。超声是利用超声振动能量，能在介质中产生强大的剪切力和高温，来改变物质组织结构、状态、功能或加速这些改变过程，可以引发或强化机械、物理、化学、生物等过程，提高这些过程的质量和效率，达到其他处理技术难以达到的效果。

超声具有热作用、机械作用和空化作用这 3 种基本作用(余涛，2006；孙始财，2007)。一般认为，超声波对结晶的影响，主要是通过空化效应进行的。合理利用超声空化作用，可促进结晶-溶解可逆反应向着结晶方向进行，可相对容易并可控地增加晶核的绝对数量，解决晶种的制备与数量问题，有效降低投种量、提高产出。而且在晶核出现后，超声波振荡还能使微晶粒局部微颤动，防止晶核颗粒下沉。由于很多新出现的晶核尺寸都小于空化气泡，气泡溃陷产生的液体流对晶体本身的冲击相对较小。根据晶体生长的扩散学说，如果晶体处于溶液中生长，其表面会出现双液层(吸附层和静止液层)。而晶体生长的第一步就是溶质穿过静止液层到达晶体表面。空化气泡溃陷产生的冲击会使双液层减小甚至完全破坏双液层,从而有利于溶质分子向晶面靠拢,促进晶体生长。因此,在一段时间的超声空化作用下(打碎大晶体、促进小晶体生长),最初大小悬殊的晶核可发展成大小均匀的晶粒。同时,超声波机械振动能量的引入还能加速晶粒在溶液中的扩散,提升晶粒在溶液中分布的均匀程度,从而为晶体的继续生长和最后获得优良结晶产品奠定良好基础。

影响超声空化的因素很多,声场的分布、超声作用功率、超声作用时间、超声探头深入溶液距离、超声频率、超声探头大小和被超声液体的体积、结晶pH、加热温度、溶液的过饱和度、杂质的存在、超声波的施加时刻、持续时间、引入方式、搅拌速度以及各种物理场等对超声空化的过程均有一定的影响。

1)超声频率:超声频率对溶液结晶效果有非常明显的影响,这是因为超声频率的改变会显著影响超声空化作用。随着超声频率的增高,超声波膨胀相的时间相应地会变短,这将会导致空化泡可能来不及收缩而发生崩溃。超声空化过程变得难以发生,超声空化作用的效果也就会减弱。为了在较高超声功率下产生空化效应,就需要提高超声声强。这就会大幅提高所需要的能量,所以在水溶液中一般应用较低的超声频率(刘永红等,2003)。

2)超声强度:超声空化区域随着声强的增加而增加,超声空化作用的强度也增加。一些学者发现,随着强度的增加,反应速率呈线性增大趋势。有些学者则认为,降解速率随声强的增大存在一个极大值,当超过极值时,降解速率随声强的增大而减小,这可能是因为,当声强增大到一定程度时,溶液与产生声波的振动面之间产生退耦现象,从而降低能量利用率。

3)声场分布:在阶梯形超声探头作用下的成核引导时间比指数形锥体的探头的引导时间长。由于变幅杆的作用相当于质点振动速度放大器,因此在指数形锥体探头作用下,溶液中分子的微混合更均匀,促使成核结晶的加速。

4)超声探头深入溶液的距离:超声探头深入溶液的距离不仅对超声场的分布有着非常重要的影响,而且对超声波的机械作用影响也很显著。在低功率时,超声波声场的轴向分布呈现出周期性的变化,与驻波场的声场形式相一致,且轴向的声波衰减较小。在高功率时,声波不再呈现驻波形式,但是声波的强度衰减很显著。超声波声场的径向最大强度出现在超声波的轴向中心面上,远离中心,超声强度急剧减小。无论功率大小,都出现了相同的现象,只是声强峰值不同。超声波在传播过程中,如果没有空化作用产生,测量溶液中的某点的声强时只有一个基本峰。在有空化产生的溶液中超声传播时,该点处除超声波的基本峰外,还有许多杂峰,但是基本峰强度比杂峰强度要大得多。在分析超声波的轴向声场分布时发现,超声场呈现驻波形式。在分析超声波的径向超声场时发现,超声强度在轴向中心处的声强很大,远离中心声强急剧减小。因此在超声辅助的反应器或结晶容器中,为了获得比较均匀一致的混合效果,需要超声功率、超声探头直径、超声探头深入溶液距离和反应器中溶液量的优化。

5)温度:随着液体温度的升高,空化现象更容易在低声强下发生,但空化泡崩溃的强度显著减弱。当温度升高时,液体的蒸汽压增大,空化泡崩溃时释放出来的温度和压力都有减少,因此低的蒸汽压和温度便是声化学反应首选反应条件。

6)介质:反应介质对超声空化作用效果有着重要的影响,如液体的蒸汽压、黏度、表面张力、浓度等。当液体具有较高的表面张力和黏度时,则需要较高声强的超声波才能产生空化效应。因此,我们在考虑介质时应选择高蒸汽压、低浓度、低表面张力的液体介质。

(7)静水压力:反应系统若承受外部压力,将会增加液体的静水压力,这就要求有较高超声声强才能产生空化效应。但是如果声强已经超过空化最低限时,压力的增加则会增加空化泡崩溃的强度,声化学反应的效果也会增加。

(8)介质中溶解的气体:溶解于液体中的气体通过增加微空化泡的浓度而增加了介质的异质性,因此溶解气体的特性和数量决定了空化泡崩溃时释放的能量。热传导率及恒压热容与恒容热容的比值(CP/CV)是决定声化学反应的两个重要参数。气体的热传导率将会影响当空化泡崩溃时进入空化泡周围液体环境中的能量总量,而 CP/CV 则定义了空化泡崩溃时释放的热量。

除此之外,超声空化作用引起的机械效应(声冲流、冲击波、微射流)、热效应(局部高温高压、整体升温)、光效应(空化核膨胀时充电、崩溃闭合时放电发光)和活化效应(冲击波和微射流的高梯度剪切在水溶液中产生羟基自由基)可改善溶液的传质传热能力。而好的传质传热能力又是获得优良结晶结果的必备条件。另外,在提升产品质量的基础上,超声结晶还能显著缩短整个结晶周期。一般而言,处于生长过程中的单个晶体生长速率取决于晶粒大小。二次成核形成的晶核初期尺寸非常小,形成的微小晶核在无超声波协同的情况下,内在故有的生长驱动力很低。但由于其尺寸明显小于空化气泡,一旦施以超声辐照,空化作用对其生长的促进效应显而易见。例如,葡萄糖晶体生长最为困难的时期,超声波辐照能促进其生长,使它最快地度过该时期,从而缩短整个结晶过程。

超声波之所以能够加速起晶,是因为超声辐射具有强烈的定位效应,能够补充和加强形成临界晶核所需的波动作用。在结晶过程中,超声波不仅可使饱和溶液的溶质迅速而平缓地产生沉淀,又可加快晶体成长,并且能够防止晶体在冷冻环境下结壳,从而保证连续有效的传热作用。在超声条件下,饱和的溶液会形成大量结晶中心,并且超声频率和强度可以控制形成晶体的大小。通过控制超声的条件还可以获得不同粒度的均匀晶体沉淀。超声波在结晶过程中的主要作用有以下几个方面。

1)调节晶体粒度,粒度比传统方法更小。

2)改善粒度分布,分布更均匀。

3)缩短结晶时间,成核时间更短。

4)超声波的引入还可加快晶体的生长速率防止聚结的发生,同时改变晶体的结构,从而提高结晶产品的性能。

利用超声波控制结晶具有如下优点(郭志超等,2003a)。

1)加快过滤速率。粒度分布范围小的晶体的过滤速率通常较快,过滤周期只是传统晶体的几分之一。

2)引入超声波可以提高产品的质量从而加快洗涤和干燥的速度,进而减少晶体产品受污染的程度。

3)对晶体大量研磨的过程可能会在产品中引入污染物,并且有可能会污染环境,通过超声波对晶体粒度的控制,可在生产中消除这一步骤。

4)超声波可以有效减少产品装填过程中的困难。因为经过超声波成核的产品的流动性通常都会有很大的提高。同时粒子的堆密度也会有相当的提高，甚至达到 2 倍以上。

5)超声波可应用于无菌环境中，通常的无菌溶液都是十分清洁，缺少内在悬浮物，这种溶液通常难于成核，引入晶种通常会破坏无菌条件，超声结晶将是良好的解决办法。

5.2　超声对结晶过程的影响

5.2.1　超声对结晶成核诱导期的影响

过饱和度是影响结晶诱导期长短的关键因素，过饱和度越大，溶液越趋于不稳定，诱导期越短。在相同过饱和情况下，超声波作用可以明显缩短结晶诱导期(蓝胜宇和黄永春，2012)。张喜梅等(1997)研究声场对溶液结晶过程动力学影响，从表 5-1 发现，声场对结晶成核过程有显著影响，输出功率越大，晶核数越多，说明对晶核生成的强化作用越明显。

表 5-1　声场与蔗糖溶液成核的关系

输出功率/W	0	30	100	120	150	200
晶核数/(颗/cm²)	0	0.63×10^6	0.96×10^6	1.11×10^6	1.27×10^6	1.59×10^6

注：s. 过饱和系数，$s=1.09$；f. 超声波频率，$f=16.5 \text{kHz}$；t. 超声波作用时间，$t=2 \text{min}$

在碱式氯化镁结晶过程中引入超声波，王伟宁和吕秉玲(1990)发现在超声波作用后，成核速率加快，诱导期缩短，但是不同频率的超声波对诱导期具有不同影响，频率越高，诱导期越短。在硫酸铵结晶过程中引入超声波，Virone 等(2006)发现，诱导期明显缩短，但是超声作用时间对诱导期影响不明显。在研究过饱和糖液稳定性机理时，在一定过饱和度下，丘泰球等(1996)发现，附加声场，能明显缩短诱导期，降低溶液稳定性，且声波频率、功率不同，影响效果亦不同。Lyczko 等(2002)发现超声波能明显缩短硫酸钾结晶诱导期和介稳区宽度。姚成灿等(2005)指出，溶液的过饱和系数、黏度和表面张力都对成核诱导期有影响。过饱和系数越大、黏度和表面张力越低，成核诱导期越短。因此，超声波可以缩短成核诱导期的原因可以总结为以下几个方面。

1)超声波作用使溶液的表面张力降低，溶液的黏度减小，晶核的临界半径降低。

2)超声波的作用减薄成核时固体表面和主体溶液之间的边界层，使成核的频率因子增大或成核时的接触角改变。

3)溶液吸收了超声空化的微观热量，降低了成核时所必须跨越的能垒。但是在研究阿司匹林结晶过程中，Miyasaka 等(2006)发现了两个新现象：①有一个超声作用区域存在，在这一区域内超声辐照会阻碍初级成核；②超声波能量达到或超过一定值才能促进初级成核。在对蛋白质结晶的研究中 Kakinouchi 等(2006)也发现，在一定条件下超声波会阻碍蛋白质的成核过程。Miyasaka 等(2006)和 Kakinouchi 等(2006)把这一现象归结为超声波的机械作用。因为在二者的实验中都不存在空化作用，热作用也很小，而且单纯的搅拌作用也会得到类似的效果。他们认为超声波的机械作用在特定条件下会破坏亚晶核或是分子集群。

5.2.2　超声对晶体生长速率的影响

在不同的条件下，超声场对不同种类的晶体的生长速率有着不同的影响。在研究碱式氯化镁的结晶过程中发现，在超声场中，晶种的存在，使结晶速率大大加快。超声波频率越高，结晶所用的时间越短（王莅等，2001）。Dalas（2001）研究超声波对碳酸钙结晶的影响，在声强为 $0.56W/cm^2$ 的超声场作用下，发现超声波可以延缓结晶率 62%~76%，分析认为声场与晶体形成的机理、现象、形态和大小无关，声场可能只是影响了晶体生长中的脱水过程或脱水迁移过程。在硫酸钙结晶实验过程中，王光龙等（2002）发现超声使成核时间明显缩短，影响结晶在不同方向的成长速度，结晶成长速率减少到对比样的40.9%。两者叠加的结果表现为结晶过程总速率的增加。

在研究防除碳酸钙结晶积垢的过程中，陆海勤等（2005a）发现引入超声波能使碳酸钙结晶成核的速率增加，但晶体的生长速率比未引入超声的生长速率低。理论研究认为，超声作用对晶体生长速率的影响取决于过饱和度推动力的幅度。在低过饱和浓度下，结晶面生长速率在 $10^{-10}m/s$ 左右时，应用超声波使生长速率加倍。当溶液为高过饱和度时，晶体生长速率在 $10^{-2}m/s$ 左右时，超声波的应用没有作用。没有超声场作用的情况下，关于晶体生长的 Burton-Cabrera-Frank 理论认为晶体的生长速度受限于在缺损处新的表面层的形成，该理论还推断在低过饱和度下，晶体的生长速率和过饱和度基本呈二次方关系，而当处于高过饱和度的情况下时，晶体生长速率和过饱和度的关系基本呈线性关系。在低过饱和度情况下，晶核表面周围的可供生长的粒子很少，在这种情况下，传质过程就是晶体生长过程的控制步骤。超声空化作用产生的冲击波可以造成微混流或可以使固体表面和主体溶液之间的边界层减薄，因而超声作用能够促进这一过程。但是，在没有晶种的情况下，应用超声波强化结晶过程时，结晶成核速率高，形成的晶核数量多，溶质均匀分散到各个晶核使得晶体生长的速率降低。因此，晶体生长速度的快慢是两种效应共同的结果。

5.2.3　超声对结晶量的影响

在对碱式氯化镁的研究中田军（2005）发现，超声波的作用能显著地促进结晶产量的增加。王光龙等（2002）研究时发现，超声可以促进硫酸钙成核，也影响结晶量，但结晶量并不随声强变化而单调变化（图 5-1）。

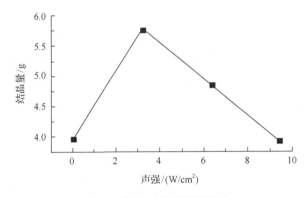

图 5-1　超声对结晶量的影响

在声强为 3.1W/cm² 时，结晶量增加最显著；随着声强的增加，结晶量反而减少。在对亚硫酸钙结晶的研究过程中发现，声强在 3～4W/cm² 时终点电导率最低，在此之后电导率随声强增大而有所减小，但总体上超声作用可以使终点电导率降低，说明超声波的应用增加了结晶量。Amara 等(2004)在研究中发现，超声作用增加了钾明矾结晶量，但是功率增大结晶量只增加少量。造成以上不同结果的原因可能有以下几个方面。

1)超声对物质溶解度的影响。郭志超等(2003b)在文章中综述指出，超声波对物质的溶解度有着显著的影响，推测在引入超声波后，结晶产品的收率和过饱和度的形成可能受溶解度提高的影响。

2)引发一般声化学反应的声强阈值为 0.7W/cm²，而通常声强超过 3W/cm² 以后，声化学产额的增加变得不显著(刘岩等，1999)，因此声强的作用存在极值。

3)当结晶过程同时包含反应和结晶两种过程时，若两者对过程条件的要求并不相同，甚至存在矛盾，则超声对反应和结晶的共同作用就会导致结晶量变化存在极值的结果。

5.2.4 超声对晶习及其粒度分布的影响

高大维(1990)使用溶剂-超声波协同起晶法，在一定过饱和度的蔗糖溶液中，通过溶剂夺水和超声波振荡来破坏糖水分子间的氢键缔合结构，从而促使大量的蔗糖晶核同时迅速析出，并通过适宜的搅拌、分散与悬浮手段，得到粒子尺寸均匀、表面完整的晶种。检测不同结晶性能的染料颗粒在超声波辐射下的粒度变化及破碎率，Lee 和麦永刚(2002)发现超声波辐射能使分散染料的平均粒度极大减小，将大颗粒破碎成小颗粒；实验中还发现，超声波辐射对染料的破碎性大小取决于分散染料的晶体结构，超声波对结晶性能好的颗粒比结晶性能差的颗粒有更好的破碎效果。在研究硫酸铵结晶过程中，Virone 等(2006)发现，在应用超声波后得到的晶体粒度分布更窄，更细小。在研究中张喜梅等(1997)发现，在无声波作用下，晶体质量和晶体尺寸都随时间变化呈上升趋势；而在声波作用下，晶种质量随时间增加而增加，而晶体尺寸则在 30min 和 45min 分别出现了极大值和极小值(16.5kHz，250W)。王光龙等(2002)发现结晶在不同方向上的成长速度受超声影响，使硫酸钙结晶长宽比例缩小，超声使硫酸钙结晶粒度分布范围由 200μm 缩小到 100μm，分布中心从 80μm 降到 31μm，计算体积平均直径由 69.95μm 减小到 26.59μm(图 5-2)。

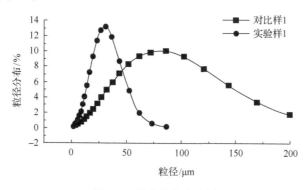

图 5-2 微分粒度分布图

在研究中 Amara 等(2004)发现，在无超声条件下得到的晶体悬浮在结晶器中，在温度 20℃时，应用 0W、10W、100W 超声波 3h，电导率测量显示没有溶解和结晶现象，但是晶习由八面体变为十面体，随着超声功率的增加，小颗粒晶体数目明显增加。

姚成灿等(2005)在研究中用光学显微镜观察时发现，超声波作用后的碳酸钙溶液在混合瞬间就析出大量微晶，晶粒比较均匀；未经超声波作用的溶液在混合后要经过一定时间才析出晶体，晶体颗粒大小不均，比经过超声波作用的要大，但颗粒数目明显减少；利用扫描电子显微镜观察自制真空蒸发器中积垢的微观结构，发现未经超声波处理的积垢颗粒粗大，大部分都聚集在一起，呈菊花状；而经过超声波处理的积垢颗粒细小且较分散，只有部分发生聚集现象。通过研究，陆海勤等(2005b)发现在较低过饱和度下，超声和未超声情况下生成的 $CaCO_3$ 均为文石，但经超声处理的溶液生成的晶体细小、分散；随着过饱和度的增加，超声和未超声情况下生成的晶体大部分为方解石。但未超声情况下，方解石结构近于完整，集结成块；而经过超声处理的晶体大部分以无定形过渡晶体存在，兼有少许片状晶体，晶体形状大小不一。在溶液的过饱和度较大时，生成的晶体比前两种浓度的溶液生成的晶体粗大。生成的方解石是完整的斜方六面体的菱形，晶面光滑平整，且积垢清除困难。但经过超声处理的溶液，生成的晶体除了方解石之外，还有部分针形的文石。

研究超声对亚硫酸钙晶粒形态的影响，赵小进等(2010)发现超声作用下晶体大小比较均匀，基本都是单个的形态，晶体很少聚集在一起，比表面较大。而研究超声场对碳酸钙结晶时 Dalas(2001)发现，应用超声辐照后，碳酸钙晶体的性质、晶习和粒度分布都没有受到影响；Nishida(2004)的研究也有类似的结果。出现上述不完全一致的现象，可能与超声参数、作用条件与作用方式、溶液性质等因素有关。超声波的机械作用、热作用和空化作用都会影响晶体的晶习和粒度分布。超声波的机械作用、热作用和空化作用的大小与超声波强度有关。在行波场中引发一般声化学反应的声强阈值为 $0.7W/cm^2$。因此声强度低于或在 $0.7W/cm^2$ 左右时，没有空化作用或空化作用很小，就像 Dalas(2001) 研究的一样，超声场对晶习及其粒度分布没有影响。当声强较大时，超声空化引起的微射流就会起作用，因此空化作用就会对晶体晶习及其粒度产生影响。对于一般液体超声波强度增加时，空化强度增大，但达到一定值后，空化趋于饱和，此时再增加超声波强度则会产生大量无用气泡，从而增加了散射衰减，降低了空化强度。当声强很大时，超声波的机械作用起到重要作用，就出现了 Nishida(2004)研究的情况。

5.3　超声结晶设备

超声波设备由超声功率发生器、超声换能器系统和反应容器三大重要部分构成。超声波发生器即超声波驱动电源，作用是能够将市电转换成与换能器系统相匹配的高频交流电信号，用来驱动换能器系统工作。超声换能器是一个能量转换器件，它将输入的电功率转换成超声波再传递出去(罗登林等，2005)。目前在功率超声领域，换能器系统部分是由压电晶片组成，普遍应用的是夹心式压电换能器。目前小型试验和大中型工业生产上超声设备的应用都是根据实际情况组成各种不同的结构形式，以换能器放置的位置大致可以分为外置式、内置式及二者的组合式(郭孝武和冯岳松，2008)，以满足试验和生产的工艺要求。

5.3.1 外置式超声设备

外置式超声设备是将换能器安装在反应容器的外侧上，使其所产生的超声波通过反应容器外壁辐射到反应容器内的液体中。此种设备操作简单、使用方便，应用很广，以换能器黏附方式不同还可以分为槽式超声设备、罐式超声设备、管式超声设备、多面体超声设备等，其中槽式超声设备是目前应用最广的。

下面简单介绍实验室用到的槽式和多面体超声设备。槽式超声设备是将超声换能器黏附在槽的底部或槽的两侧、上部敞开的一种简单的设备，换能系统一般由若干个喇叭形夹心式换能器构成，并固定在一个不锈钢槽式容器的底部，如图 5-3 所示。槽式数控超声设备的电路方框图如图 5-4 所示。

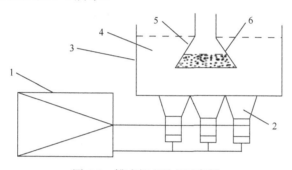

图 5-3 槽式超声设备示意图

1.超声波发生器；2.超声换能器；3.清洗槽；4.水(一般情况下)；5.反应容器；6.待处理溶液

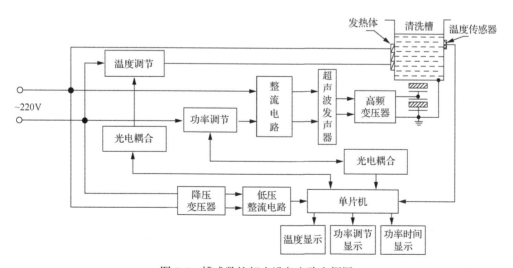

图 5-4 槽式数控超声设备电路方框图

槽式超声设备的最重要部分是自激式超声波发生器。从图 5-4 中可以看出，超声波发生器所需的直流电源是将 220V 的交流电源经过整流后得到。超声波发生器和清洗槽之间通过高频变压器相连接，可以实现超声功率的传送及清洗槽与市电的隔离。整个超声设备系统的运作是由单片机控制，可实现对超声功率、清洗槽温度及作用时间的控制及显示。其中单片机首先控制功率调节电路，从而改变超声波发生器的直流电压，以实现超声功率大小的调节。清洗槽的外壁配有温度传感器和发热体，其中220V交流电源经温度调节电路连接到发热体，温度传感器将清洗槽内液体温度的变化反馈给单片机，并与设定的温度值进行比较，得到的误差信号经光电耦合电路的隔离，控制温度调节电路，从而改变发热体的电源电压，最终达到设定的温度值。此外，单片机还可以控制和改变超声波发生器的作用时间。而单片机的供电电压是由220V交流电压经降压变压器后得到低压再经低压整流后得到。其中的降压变压器也起到单片机与市电隔离的效果。

多面体超声设备是将多个换能器直接黏附在由不锈钢板组成的多面体形状槽体的各个面外壁上，使其产生的超声波可通过槽体外壁辐射到槽内的液体中，如图5-5所示。槽体可根据需要做成四面、五面、六面等形状，然后将换能器密封起来。

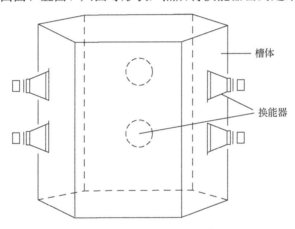

图 5-5　多面体超声设备示意图

从上文可以看出外置式超声设备由于超声波换能器安装在反应容器的外侧，因此可在容器内部安装机械搅拌装置，以增强超声的作用效果。但是由于这种设备换能器安装在容器的外侧，超声作用过程中要注意防噪隔声处理，使其噪声降到最低，此外还应防止漏电，确保操作安全。

5.3.2　内置式超声设备

内置式超声设备是将换能器安装在反应容器的内侧，即将换能器系统浸没在作用液体中，使其所产生的超声直接辐射到反应容器内的液体中，因此也被称为浸没式超声设备。此种设备不仅具有外置式的优点，而且产生的噪声较小，并且没有容器壁的衰减。按照换能器的组合方式不同可分为板状浸没式超声设备、棒状浸没式超声设备、多面体浸没式超声设备、探头浸没式超声设备等。下面对其中两种做简单介绍。

板状浸没式超声设备是将设备的多个换能器直接黏附在板状或者条状的不锈钢板上，一般是用若干个喇叭形夹心换能器并列排在一个箱体或单排条形箱体内，然后密封起来，使之共振于同一频率上，从而形成单面辐射体，如图 5-6 所示。

图 5-6 板状和条状浸没式超声设备振动系统示意图

探头浸没式超声设备是将换能器发射超声波变幅杆的一端直接浸入到液体中，使超声直接作用于液体，如图 5-7 所示。这种设备变幅杆端面发射头面积较小，强度大，并且变幅杆的形状可做成阶梯形、指数形、锥形等不同形状，以适应换能器的不同工作状态，并能适当控制超声的辐射声强。

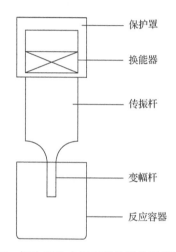

图 5-7 探头浸没式超声设备振动系统示意图

5.3.3 双超声和三超声结晶装置

双超声或三超声是指在一个成核过程中，采用两个或三个超声波发生器(有的同频率，有的不同频率)，相向或垂直同时发射超声。

双超声或三超声组合式超声设备多是外置式的，是将发射超声波的一个或两个换能器贴在多面体容器的外侧面上，并将一个浸没式的探头插入反应容器的液体中，和贴在多面体容器的外侧面上的换能器合成相互垂直或相对系统，使它们发射的超声波同时作用于液体。从国内外文献报道中(Hasanzadeh et al.，2011；Suzuki et al.，2004)，可以看到如图 5-8 所示的由探头式超声和槽式超声设备组成的双超声，其中探头超声的位置可根据需要移动。图 5-9 所示的是 3 个频率相互垂直的超声设备，其中 3 种频率超声各自有自己的电源，可分别单独或者同时开启，使反应器中的液体能受到单频、二频或三频超声的不同作用。从上可知，实验或生产中可以根据条件和需要将不同的超声波有效组合，以达到目的。

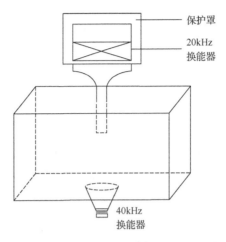

图 5-8　探头式超声和槽式超声组合的二频超声

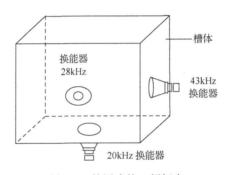

图 5-9　外置式的三频超声

5.4　超声结晶的应用

5.4.1　超声结晶在制糖工业中的应用

　　超声波会导致"热点效应"，形成该温度下溶解度最小晶体的晶胞及晶核，同时声波辐射具有强烈的定向效应，补充和加强了临界晶核所需的波动作用，加速结晶的形成。利用无水 β-型和无水 α-型葡萄糖晶体结晶温度的差异，赵茜等(1998)用超声波进行处理，克服了其他结晶方法纯度较低的缺陷，得出最佳成核条件。无水 α-葡萄糖成核的最佳条件为 55℃，80%(m/m)的葡萄糖溶液，超声波强度为 100W/cm^2，刺激时间为 2min，得到的晶核悬浮密度为 2.36×10^{14} 个/m^3，成核速度为 1.97×10^{12} 个/(m$^3\cdot$s)；无水 β-葡萄糖成核的最佳条件为 80℃，90%(m/m)的葡萄糖溶液，超声波强度为 120W/cm^2，刺激时间 2min，得到的晶核悬浮密度为 3.28×10^3 个/m^3，成核速率为 2.18×10^3 个/(m$^3\cdot$s)。同时，超声空化能较好地控制不同粒度的晶体沉淀物的形成。

　　以蔗糖过饱和溶液为研究对象，研究声场对晶体生长动力学的影响，Qiu 和 Zhang (1996)发现超声波处理对溶液中晶体生长动力学产生强烈的影响，其效果与晶种大小和腔泡大小有关。当晶种大小等于小于空腔气泡半径时，超声波可以促进晶体的生长。当晶种大小大于腔泡最大的气泡半径时，则有反作用，使晶体表面凹蚀，超声波可以降低晶体生长。Qiu 等(1994)在超声处理饱和糖溶液实验中发现超声功率增大，结晶诱导期越小，低频声波的诱导期比高频声波下的时间更短。Qiu(1993)以蔗糖溶液为对象研究声场对成核的影响，得出的结论是，声波促进连续成核可以在不稳定晶体的亚状态下发生，晶体的溶解率更小，获得的晶型也很好，在工业中也得到实现，进行连续成核和连续结晶时，超声处理可以获得较强的核密度，并且可以处理量更多的蔗糖溶液。

考察超声对蔗糖溶液结晶的影响，Chow 等(2005)发现超声可以使蔗糖溶液在较高的温度下结晶；认为超声的空化效应将晶体击碎，破碎后的晶体微粒成为溶液二次成核，吸收溶质继续长大。

研究超声波对三氯蔗糖结晶过程的影响，王国宇等(2011)发现：超声波可以使三氯蔗糖结晶诱导期明显缩短，频率越高，功率越大，结晶诱导期越短；超声波可以加快结晶速率，增加结晶量。在室温条件下通过超声结晶可得到无水三氯蔗糖产品，三氯蔗糖含量可达 98%以上。Kougoulos 等(2010)用超声辅助反溶剂结晶乳糖，发现超声时间越长，得到平均粒径越小的晶体，控制合适的条件可以制备得到 10μm 的乳糖晶体。

在超声波作用下，结晶过程经历空泡形成、超声波诱导成核、二次成核多个阶段。在不同的阶段施加超声波对结晶的影响不同，并且超声波的持续时间不同，得到的晶体粒径大小和分布也不相同。在自然均相成核点之前施加超声波，晶核以超声波诱导成核为主时，可获得较大颗粒的晶体；在接近均相成核点处施加超声波，将产生更多的晶核，使晶体平均粒径降低；超声持续时间越长，越有利于降低晶体粒径。因此超声波的施加时刻和持续时间是控制晶体产品质量的关键操作变量。超声对影响冰冻糖果制造的研究结果表明，超声辐照所产生的冰晶体的粒度明显减少，在固体中分布更均匀，这就使冰冻糖果比常规产品更坚硬，并且使冰冻糖果与木质手柄结合得更牢固，增加了产品在消费者中受欢迎的程度。

由于国内结晶果糖生产工艺还比较落后，普遍存在结晶时间过长、产品外形和粒径特征不佳、成本高、产率低等问题。结晶产品的粒度分布取决于 3 个参数：生长速率、晶核粒数密度分布及结晶时间(高大维等，1991)。可见，晶种的质量在一定程度上决定了成品的质量，投加的晶种必须形态完整、大小均匀，不含碎粒、粉尘和杂物。制糖工业结晶过程普遍使用的方法是球磨机磨粉制种法，这是一种典型的将成品晶体研磨或粉碎的制种法。该法简单易行，但耗时耗电，且存在许多无法避免的缺陷(丁绪淮和谈遒，1985)。

1)晶核外观差，数目难以准确控制。晶体在磨裂过程中形成大量碎块、枝丫和片状粒子，几乎完全丧失了晶体的天然形态。研磨过程中产生大量微细晶体，难以计数。

2)晶种表面凹凸不平，容易包藏杂质，降低成品质量。

3)晶体尺寸分布很不均匀，磨裂后较大晶粒与散落的碎片之间的大小差异可达几十倍，导致成品均匀度较差。

闫序东(2008)发现溶剂-超声波协同起晶制种法，可以克服上述起晶方法中存在的不足，是一种快速、高效制备优质晶种的新方法。其原理主要是在一定过饱和度的糖浆中，通过溶剂夺水和超声波振荡来破坏果糖与水分子间的氢键，从而促使大量果糖晶核同时迅速析出，并通过施加适宜的搅拌和分散手段，使析出的果糖晶核成为尺寸均匀、表面完整的晶种。溶剂-超声波协同起晶法在生产中经实践检验已经取得了良好的效果。与球磨机制种法、刺激起晶法相比，省时节能；与传统的预留部分成品作为品种的制种工艺相比，晶种添加量小，生产率高。协同起晶法制得的品种质量较高、外表完整光洁、大小均匀，制得了形态美观完整、粒度均匀的果糖晶种。

在乙醇-超声波协同作用制备麦芽糖晶种的研究中，米彦等(2011)发现乙醇-超声波协调作用可以在较短时间内制备麦芽糖晶种，与传统的制种法或预留部分成品作为晶种的工艺相比，乙醇-超声波协同作用制晶种省时节能、生产率较高，且协同作用可制得质量较高、外表较规则、大小均匀的晶种，可以作为快速制备麦芽糖晶种的手段。

针对现有三氯蔗糖结晶的方法，结晶时间长，结晶中水分含量低，所得到的结晶无光泽，颗粒小的问题，常州市长宇实用气体有限公司(2015)提供了一种三氯蔗糖的结晶方法，该方法通过先去杂质、超声波结晶、去水等步骤结晶三氯蔗糖，该方法结晶时间短，产品中的含水率低，所得晶体颗粒大。杨瑞金等(2008)发明一种乙醇-超声波协同制备果糖晶种的方法，将结晶果糖溶解于水中，在60℃下真空浓缩果糖溶液至果糖浆过饱和度达到1.1~1.8，加入0.2~3倍过饱和果糖浆体积的含表面活性剂的无水乙醇，同时施加频极电流为0.2~0.8A的超声波，超声波频率为23MHz，超声波处理时间为30s到5min，同时施加适当的搅拌以使果糖浆受到均匀的超声波作用。此方法省时节能，可制备形态较好的晶种，呈现典型的正交双楔棱晶型，表面完整光洁，大小均匀，且流动性好、添加方便。本发明的协同起晶法是一种新型的起晶方法，是传统果糖晶种制备方法的良好替代。

5.4.2 超声结晶在油脂工业中的应用

虽然目前有很多关于超声波辅助物质结晶的报道，但在油脂工业，尤其是在大宗油料(如棕榈油)中应用还很有限。超声波对油脂结晶的影响研究是一个新兴的领域，其对油脂结晶行为的影响主要表现为以下几方面：缩短油脂结晶诱导时间；促进油脂晶型转变；改变结晶形态；影响产品质构形态和感官品质(陈芳芳等，2013a)。超声波对结晶的影响与超声强度、作用时间、温度、处理量等因素有关(陈芳芳等，2013a)。虽然关于促进油脂结晶的机理尚未形成定论，但是根据前人对超声波辅助过饱和溶液结晶过程的研究(Chow et al.，2005)，倾向于认为高强度超声波作用在过冷油脂中，由于超声波的絮凝作用，可诱导形成大量晶核，并在超声空化机制的作用下，成长的晶核被击碎形成大量新的结晶中心，促进了二次成核进程，从而加速油脂的结晶，并影响其晶核类型(Fredericb and George，2002)。

有学者研究了在超声波作用下棕榈油结晶诱导时间、结晶速率、结晶形态、粒径分布、硬度及熔化特性的变化。陈芳芳等(2013b)研究表明，超声波作用可以使棕榈油结晶的诱导期显著地缩短，在95W、60s超声作用下，油脂在25~40℃的结晶诱导期均缩短50%以上。表明超声对过冷体系产生了类似低温效应的影响，即成核驱动力提高了，诱导成核的发生。超声对油脂结晶形态有巨大的影响，表现为单个晶体簇的规格减小，平均粒径降低，晶体的粒径分布范围缩小；晶体数量增加；晶体的团聚形态改变，逐步破坏呈规则生长的圆盘状结构,形成不规则的无定型结晶。在25℃和30℃自然结晶条件下，晶体平均粒径为65.68μm和74.37μm,经不同的超声作用可分别降至16.91μm和12.79μm。

此外，经超声处理的样品硬度和黏度均显著增大，表明超声波形成了更强的结晶网络，使晶体间的互相作用力增大。

以可可脂和软脂酸甘油酯为原料，Higaki 等(2001)研究超声处理对其结晶行为的影响，发现在一定的温度范围内，超声作用可以缩短软脂酸甘油酯的结晶诱导期，且增加结晶数量；超声波还对结晶晶型有影响，软脂酸甘油酯在 54℃下超声 15s 主要得到 β 晶型，可可脂在超声作用 3s 后主要得到 V 型结晶。在初始结晶温度为 50℃和 30℃下用超声分别处理软脂酸甘油酯和月桂酸甘油酯，Ueno 等(2003)发现两种油都得到了单一的 β 型结晶。在一定的温度(32.4℃±0.6℃)下，Martini 等(2008)表示超声波可以缩短脱水乳脂的结晶诱导时间。在 50W、20kHz 超声作用 10s，28℃恒温结晶 40～80min 后，脱水乳脂结晶形态发生巨大变化，超声波不仅促进了晶体的生长，还使晶体分布均匀，颗粒细小。Suzuki 等(2010)发现超声处理可增大脱水乳脂与棕榈仁油的结晶产物硬度。运用超声波改变酯交换大豆油的功能特性，Ye 等(2011)发现超声波能提高结晶产品的黏性和弹性，并可保持晶型的稳定性。超声波作为一种绿色环保的低碳能源，为改善油脂结晶工艺提供了一条新的途径。

5.4.3 超声结晶在冷冻食品中的应用

在食品工业中，冷冻食品的优点是减缓食品劣变及病原体微生物的生长，降低绝大多数生化反应速度，冷冻储藏的方法对于保藏和运输易腐食品具有重要的意义。食品冷冻是重要的食品产业之一，食品的冷冻过程实际上主要是食品物料中水分的结晶过程，冰晶体的形成过程对食品原料保持原有的质量十分重要，但是，由于水转变为冰晶体积膨胀的特殊物理性质，较大冰晶体积的膨胀压力造成食品内在组织结构的破坏，在一定程度上导致冷冻食品品质降低。例如，软水果(草莓)在冷冻时，由于食品细胞材料内形成的小粒状冰晶体继续长大，冰晶体粒度的增大破坏了部分细胞壁，即破坏了原材料的部分结构。从水开始结晶成冰到食品完全冷冻需要一个相当长的"膨胀时间"。食品冻结中形成的冰晶在受到声能作用时就会碎为分散的小晶体，这些小晶体又可以成为冻结过程的小晶核(陶兵兵等，2013)。据实验研究，用一脉冲的声能每隔 30s 作用在正在冻结的葡萄糖溶液上，作用 10min，可观察到溶液冻结表面树枝状的结晶发生了断裂，断裂的碎冰分散到未冻结的液体中，形成的冰晶比对照组(未施加声能)更细小。由于超声波可以促进晶核形成，因此可用于食品的冻结过程，以缩短冻结时间并获得较高的冻结品质；还可以控制冰晶的分布。若该技术用于冰淇淋的生产可以减小其中冰晶的大小、防止表面结壳发硬，从而保证细腻的口感(朱立贤和罗欣，2009)。

在一定强度的超声波作用下，Ul-Haq 等(1995)发现超声波能使枝状冰晶中产生裂缝，Hozumi 等(2002)研究指出，适宜参数(45kHz，0.28W/cm^2)的超声波能降低纯水结晶的过冷度，促进冰晶形成。所以，在食品的冷冻过程中引入超声波，材料温度下降更快，晶种形成更快，缩短了膨胀时间，从而减少冷冻食品内部冰晶大小，产生的冰晶体更多更均匀，对细胞的损坏也就变小了(Zheng and Sun，2006)；另外，仅仅在食品冷冻过程中施加超声波外场能量而无须添加任何添加剂，符合现代食品工业发展绿色食品的方向。超声强化食品冷冻结晶过程已有研究报道。在研究超声波辅助冷冻甘露醇中超声功率和过冷度对冰晶尺寸的影响时，Saclier 等(2010)表示随着超声功率和过冷度的增加，冰晶的平均直径减小。用功率为 300W、频率为 20kHz 的超声波辅助冷冻蘑菇，然后在扫描电镜下观察冷冻的蘑菇样本，Islam 等(2014)发现用超声波辅助冷冻的蘑菇样本要比未使用超声波处理的蘑菇样本的冰晶更细小，使用超声波处理的样本冰晶直径分布在 0～80μm，而未使用超声波处理的样本冰晶直径分布在 50～180μm。这可能是超声波的空化效应可以抑制冰晶的生长，使冰晶的直径达到一定值后不再继续生长引起的。

研究不同冷冻方式对湿面筋蛋白中可冻结水的冻结率的影响时，宋国胜等(2009)表明在 360W 和 440W 的超声波条件下辅助冷冻湿面筋，超声波处理组可冻结水的冻结率分别为 67.3%和 70.8%，明显高于传统冷冻方式(56.9%)。用超声波辅助冷冻西兰花的实验中，Xin 等(2014)发现超声波可以加速西兰花的冷冻过程。在超声波辅助冷冻浸没面团实验中，Hu 等(2013)发现在冷冻过程的相变化阶段使用超声波(288～366W)辐射的面团的结晶率明显增加，冷冻时间明显缩短，大约节省 11%的冷冻时间。此外，结晶过程中的结晶速度也是影响冷冻食品品质的重要因素，而超声波可以提高热传递效率，加快结晶速度。这是因为超声波的空化效应可以防止冰晶在冷冻食品表面上的积聚，从而确保连续高效的换热。

根据功率超声产生机械效应和空化效应的特点，爱尔兰学者 Sun 和 Li(2003)开展了利用超声波强化马铃薯冷冻过程的实验，发现在 25kHz、15.8W 的超声波辐照下，提高了冷冻速率，冷冻后马铃薯的微观品质提高。因此，超声强化冷冻过程有望在食品冷冻和冷冻干燥过程中发挥重要作用，但是，在许多食品冷冻过程中可结晶水分存在于溶解有多种无机与有机化合物、小分子与大分子化合物的复杂溶液体系中，而且在食品中，这种复杂溶液体系存在于微尺度食品结构间隙中，因此，超声强化食品冷冻的冰结晶过程不同于一般的超声强化纯水结晶过程，它以过冷度为推动力，存在于复杂溶液体系中的水在微尺度空间内的冰晶成核和生长，超声波对其的影响机理远不是某种单一的效应，有必要深入研究和探讨，以促进超声食品冷冻的发展与应用。超声波作为一种用来简便控制冰晶成核的技术，可以提高冷冻过程的可重复性。超声波技术应用于冷冻过程可以有效地促进过冷溶液中晶核的形成。超声波作用时产生的空化效应可以极大地提高相变以及生成晶核的可能性。有试验(Zhang et al.，2001)证明超声波不仅可以诱导晶核的产生，还发现空化效应产生的气泡，对已经形成的树枝状冰晶可以起到破碎作用，并有可能继续激发诱导二次成核。超声波技术与冷冻技术的耦合，可以使冻结产品的冰晶数目变多、粒径变小并且分布均匀。

5.4.4　双频复合超声应用于溶液结晶

溶液结晶技术是物质分离纯化过程一个重要的化工操作单元，在化工、食品、生物、医药等领域有着广泛的应用。溶液结晶过程一般分为形成过饱和溶液、起晶和育晶等过程(邓登飞和刘秀，2012；Boistelle and Astier，1988)。结晶过程的关键环节是使溶液产生晶核(晶芽)，即起晶，也称为成核。在晶核的基础上成长为晶体的过程是育晶。成核的方法有自然成核法、刺激成核法和晶种成核法。目前应用较多的是晶种成核法，但此种方法不仅要求大量的晶种，增加成本；对晶种要求也较高，投入的晶种必须经过筛选使其大小均匀适中；而且不易分散、成团严重。将功率超声引入结晶过程中，即超声结晶技术，通过超声波来影响控制结晶过程，成为近年来科研人员研究的热点（Bund and Pandit，2007；Chow et al.，2005）。有研究表明：超声作用可以促进成核，缩短溶液的成核诱导期，降低溶液成核的过饱和度，并且得到粒度分布均匀的晶种（Guo et al.，2005；Li et al.，2006），但这些研究均采用单频超声辐照，单频超声辐照声场不够均匀，较易产生驻波，影响成核效果。双频超声能显著增加空化效果，减少由于驻波造成的"死角"，提高声化学产额，已引起国内外不少学者的兴趣。以无水 α-葡萄糖为研究对象，张凡等（2015）采用双频复合超声（25kHz+40kHz）强化糖液结晶成核，研究了溶液浓度、超声功率和作用时间对成核速率的影响，对单频和双频作用的晶核形态进行了对比，并采用碘化钾溶液中碘的释放量研究超声空化产额。研究结果显示：在同等条件下，双频复合超声使溶液成核的初始浓度降低，成核速率提高，同时得到的晶核粒度均匀；双频复合超声的空化产额远高于单频 25kHz 超声和单频 40kHz 超声的空化产额，双频复合超声具有协同作用。双频复合超声强化溶液成核是一种快速、高效、节能的方法。

有研究建立了双频系统在不同频率下辐照的空化动力学模型，Tatake 和 Pandit（2002）计算得出了 25kHz 超声的空化泡最大半径为 $150R_0$（R_0 为空化泡的初始半径）、25kHz+25kHz 双频超声空化泡的最大半径为 $235R_0$。双频超声的空化泡半径比单频超声增大了 57%，而空化泡的崩溃时间仅比单频超声延长 15%，研究显示，双频超声在空化反应器中产生均匀的压力场，获得的声化学产额更高，相比单频超声而言，成核速率显著提高，使成核溶液的过饱和度降低了。结合国内外学者的研究（贾永光等，2009；Gogate et al.，2003；Sivakumar et al.，2002），双频超声成核速率比单频超声成核速率快的原因有以下几个方面。

1）双频复合超声是利用两束超声同时在溶液中传播，可以增大振动振幅，增大传质面积，使声场均匀。

2）双频超声协同作用增强了溶液的机械扰动，使得更多的空气经溶液表面进入溶液而导致空化核增多，以致空化产额增加。

3）双频超声束同时作用时，各自产生空化作用。当其中一束超声产生的空化泡内爆时产生的新的空化核不仅可供超声束自身再空化，而且也可为另一束超声提供新的空化核。

双频复合超声的空化产额远高于单频超声的空化产额，在克服单频超声存在的一些不足的基础上，为工业化生产提供了一种快速有效的成核方法。双频复合超声在强化溶液结晶成核方面具有巨大的发展潜力。

5.4.5 超声应用于碳酸钙结晶

在静电场与超声波复合作用对碳酸钙结晶行为的影响研究中，孔德豪等为探索高压静电场与功率超声波复合作用的阻垢效果及机理，自制复合阻垢处理器进行了循环冷却水的动态模拟阻垢实验（孔德豪，2016；孔德豪等，2016）。通过高压静电场、功率超声波的单项作用，以及上述二者的复合作用进行实验。应用黏度计监测循环冷却水的黏度变化，应用 X 射线衍射仪和扫描电镜分析碳酸钙水垢的物相、质量分数、晶粒度和形态等。研究显示：静电场与超声波复合作用下的阻垢率为 59.39% 和 57.42%，高于静电场、超声波单独作用时的阻垢率；经复合作用后，循环冷却水黏度明显增大，增大附着在换热器表面的碳酸钙水垢的晶粒尺寸，降低聚结程度。静电场与超声波复合处理循环冷却水起到了有效阻垢的目的。

在超声对碳酸钙沉淀过程影响的实验中，徐敏和葛建团(2009)研究了低频超声作用下碳酸钙的结晶和沉淀过程。与单独搅拌相比，在超声作用下，能快速生成较小晶粒、较多数量的碳酸钙晶体，细小的碳酸钙颗粒在溶液中长时间保持悬浮状态，不易黏附于器壁，易于清除。超声作为一种新方法和新技术，扫描电镜分析表明，在超声作用下碳酸钙沉淀呈片状。而在搅拌条件下呈方解石结构，在循环冷却水处理中存在着广阔的应用前景(胡晓花和卫江结，2008)。

为了解超声场对碳酸钙晶体形态的影响，揭示其作用机制，谢彩锋等(2007)采用自行设计的超声设备(40kHz，0.88W/cm^2)来处理不同过饱和度的碳酸钙溶液，并比较有、无超声作用的碳酸钙晶体的形态和大小。实验结果显示：超声空化效应所产生的微观热量不仅能促进过饱和溶液形成碳酸钙晶核，溶液的过饱和度迅速降低，还能使碳酸钙晶体的形态改变；经超声处理的碳酸钙过饱和溶液中形成了大量微小的碳酸钙晶体，其中绝大部分为文石，少量为细小方解石，它们长时间悬浮在溶液中；超声的机械效应对碳酸钙晶体形态的影响甚微。

对超声场防除碳酸钙结晶积垢进行研究，陆海勤等发现声场的引入增加了碳酸钙结晶成核的速率，但晶体的生长速率较未引入超声的生长速率低，这是因为结晶成核速率高，形成的晶核数量多，溶质均匀分散到各个晶核使得晶体生长的速率降低。同时在声场的影响下碳酸钙积垢不易沉积于换热器的加热面上，可减少积垢带来的传热阻力。硫酸钡在超声场影响下诱导期随着超声功率的提高而缩短，分析认为主要原因是超声作用增加了扩散系数，使传质速率加快(陆海勤，2005；陆海勤等，2005b)。Yao 等(1999)在研究超声波对蒸发器结垢的抑制作用实验中，通过对管道表面积的测量和称重，来检测超声波对结垢的物理性质和形成速率的影响。结果表明超声波不仅可以降低积垢的生成速率，而且可以改变其物理性质，使其变得松散、柔软，呈白色，且容易清除。

利用自制小试装置模拟高炉冷却壁循环水管路换热过程，利用 Ca^{2+}浓度作为控制参数讨论了超声波频率、超声功率和循环水流速对碳酸钙结垢过程的影响，郭浩(2012)分析了超声波频率、超声功率和循环水流速与模拟水样中 Ca^{2+}浓度和电导率之间的关系，还从微观角度分析了超声波作用下碳酸钙晶体形态的变化特征，微观分析表明超声波的空化效应所产生的微观能量使碳酸钙晶体的成核诱导期缩短，晶体稳定于小晶体或文石状态。将超声波技术应用于炉底、风口、热风阀及冷却壁热交换器防垢，可提高系统换热效率，防止因积垢导致的部件损坏，使其使用寿命增加，从而达到降低生产成本的目的。

5.4.6　超声应用于氨基酸结晶

利用超声波这一能量场对谷氨酸结晶过程进行研究，通过对谷氨酸溶液的表面张力和电导率测定，分析了超声波影响谷氨酸溶液结晶机理，伍浩珉等(2007)研究表明：超声波可提高谷氨酸溶液的结晶速率，并可改善谷氨酸晶体颗粒质地。在超声波功率为 50W条件下 3min 内谷氨酸结晶速率可达到 90%以上，比未经超声波处理同等条件下提高

70%。用此方法获得的谷氨酸晶体颗粒均匀，纯度高，密度大，晶型完整。另外，有研究者在谷氨酸的成核试验研究中，用 NaOH 水溶液溶解粗谷氨酸配成质量分数为 7%左右的谷氨酸钠溶液，在超声波作用下，用盐酸将其 pH 快速调节至谷氨酸的等电点，并继续作用一段时间而得到晶形良好的谷氨酸晶种，投种后的晶体粒度分布范围较传统方法小，并大大缩短了结晶时间，提高了结晶收率。

探讨超声波对甘氨酸溶析结晶过程的影响，周甜等(2007)以甘氨酸水溶液的丙酮溶析结晶为对象，探讨了超声波对结晶过程的影响。发现在超声波作用下，结晶过程经历空泡形成、超声波诱导成核、二次成核多个阶段；在不同的阶段施加超声波，或在相同时刻引入超声波但持续不同的时间，都可能影响晶体的粒径大小和分布。在自然均相成核点之前施加超声波并持续较短时间，使晶核以超声波诱导成核为主时，可获得较大颗粒的晶体；在接近均相成核点处施加超声波，将产生更多的晶核，使晶体平均粒径降低，在晶体生长过程中继续使用超声波，因超声波的破碎效应，也将降低晶体的平均粒径。超声波的确定作用有空化、搅拌混合、粉碎和制热。对工业结晶过程，能够利用的超声波作用主要是前 3 种。超声波的空化作用能诱导成核，缩短诱导时间，或降低溶解度，搅拌混合作用可促进热质传递，提高晶体生长速率，并调节晶形，而粉碎作用能够获得粒度更小的晶体。

彭达洲和高大维(1997)研究得出一条制取谷氨酸晶种的新工艺。在超声波作用下制得的晶种与目前工业上常用的粗晶种相比，具有粒度均匀、晶形完整、纯净(均为 α 型晶体)的优点。

5.4.7 超声在其他结晶中的应用

对穿心莲内酯的超声溶析结晶成核机理做研究，考察了不同超声功率对均相成核诱导期、介稳区、晶体粒度和晶形的影响，杭方学和丘泰球(2008)发现在过饱和相同的条件下，超声波使成核过程中的扩散系数提高，成核的形成速率增加，晶体生长的速度降低。

对超声场-静电场协同穿心莲内酯溶析结晶进行研究，杭方学(2008)提出超声场-静电场协同溶析结晶技术，优化了超声场-静电场协同溶析结晶的工艺参数，并系统研究了超声场结晶机理和超声场-静电场结晶机理。设计了超声场-静电场协同溶析结晶装置，超声参数为 20kHz，功率密度 0~13.3W/L，连续可调；静电参数为静电场场强 8~32kV/m，连续可调；高压静电材料使用聚四氟乙烯，击穿电压 10kV，安全可靠，选择穿心莲内酯为研究对象，考察产物纯度和结晶率受超声功率密度、静电场场强、结晶时间、温度的影响。结果显示：超声场与静电场有良好的协同效果，在超声场结晶过程中溶液恒定温度通过水浴保持，超声的热效应影响较小。超声处理后穿心莲内酯结晶诱导期随超声功率密度的增加而下降。分析机理认为超声作用提高扩散系数，对界面张力的影响较小。扩散系数的提高使成核速率增加，溶液中出现的晶核数量增多，减小了晶体生长的推动力，使得晶体的粒度降低。通过动力学方程分析可知，超声场-静电场协同不仅提高了成核速率，也增加了晶体生长速率。

在菜籽油脱臭馏出物的维生素 E 和甾醇的提取及共轭亚油酸甾醇酯的制备中，朱振南(2013)运用超声结晶法精制植物甾醇,研究超声功率、超声时间、结晶时间和料液比对甾醇得率和纯度的影响。通过单因素优化和正交试验确定的最佳工艺条件为超声功率75W,超声1.5min,结晶时间2h,料液比1∶10(m/V)。在此工艺条件下,甾醇的回收率85.7%,纯度高达96.2%。较传统的溶剂结晶法有机溶剂用量减少50%,结晶时间缩短2/3~7/8。华南理工大学科研人员将低频超声波应用于味精结晶过程,能减少分子间作用力、降低溶液黏度、降低起晶浓度,可获得细小而均匀的晶体,而且晶体产量提高8%以上。

在研究超声强化水杨酸反溶剂结晶过程中,考察了超声相关变量,如作用时间、超声功率和频率等对晶体粒度分布的影响,Ujwal 等(2012)发现,水杨酸晶体的平均粒径随超声辐照时间和功率的增加而减小。超声波的应用使晶体的平均粒径改变了,并显著影响了晶体的集聚。李文钊(2007)研究物理场对结晶的影响,稳定核黄素球状晶习。从结晶动力学角度探讨超声溶析结晶机理,研究表明,超声作用不仅可以加快成核速率、缩短诱导期,加快结晶进程,使晶体粒度均匀,稳定球状晶习,且不影响核黄素的纯度和回收率。

在研究味精的起晶新方法过程中,赵茜等(1995)用超声波刺激味精溶液快速起晶制种,与传统的制种法相比,这种新方法具有创种快、制得晶种数目稳定且粒子均匀、表面较完整等特点,在实验室条件下进行的育晶试验表明,用新方法制得的晶核投种后,结晶生长过程平稳,伪晶较少,整晶次数亦减少,晶形良好,值得在实际生产中推广应用。尹大川等(2013)发明公开了一种提高蛋白质结晶成功率的方法。通过声波刺激蛋白质晶体的生长,加速了蛋白质分子的热运动,增加了分子碰撞的概率,进而提高蛋白质晶体的成核效率,从而提高了结晶成功率。可使蛋白质结晶成功率由过去的4%~10%提高至12%~40%。王全海(2014)基于粒数衡算结晶理论,模拟了过冷水动态结晶过程,分析了管壁温度、流速对晶体尺寸及晶粒密度的影响。在所搭建的超声作用下过冷水动态结晶显微测试实验台上,观测到超声作用下空化泡生成及运动的微观过程,空化产生的气泡具有长大、凝并、崩溃等特征,粒径主要分布在50~100μm,超声波作用时,气泡的存在诱导了过冷水的异质成核,对于水的结晶过冷度具有显著影响。有实验分析了有无超声作用时,不同冷却速度、不同样品的过冷水动态结晶过程,结果表明:超声波不仅可以提高水的结晶过冷度,而且可以有效地细化晶粒。

在左旋薄荷醇结晶过程中,最常用的方法为预留部分成品作为晶种,此法虽可以省去起晶步骤,但由于晶体较大,比表面积小,因此用量往往较大,有时甚至需要将成品的10%以上作为晶种,造成产率低下,而使用传统结晶制备晶种则会耗时较长。刘锐锋(2016)使用超声波协同起晶制备晶种则解决了上述问题,它可以快速、高效地制备晶种,且晶种在超声振荡过程中粒径分布较为均匀,将此法制备的晶种加入到结晶溶液中不仅可以缩短结晶时间,还可以增加晶体的直径及长度。

5.5　超声结晶的发展方向

相对于传统的结晶方法,超声结晶的优势十分显著。与其他刺激起晶法和投晶种法相比,超声起晶所要求的过饱和度较低,晶体生长速度快,所得晶体均匀、完整,成品晶体尺寸分布范围小，能加速起晶过程。超声波在结晶过程中，既可使饱和溶液的固体溶质产生迅速而平缓的沉淀，又可加速晶体生长，并且可防止晶体在冷冻条件下结壳，从而确保连续有效的传热作用，具有明显的效果。在超声作用下，饱和溶液内会形成大量的结晶中心，并且形成晶体大小受超声频率与强度控制，因此可通过控制超声作用获得不同粒度的均匀的晶体(李栋，2014)。

虽然超声结晶研究已经取得相当多的成果，可目前的应用还不够深入广泛。今后应积极拓展超声结晶技术在食品研究开发中的应用范围：①推导建立超声波处理食品结晶过程中的强化机理模型，以预测超声波处理结晶过程中食品的物理、化学和口感属性的变化规律，从理论上阐释超声波对食品结晶的作用机理，为超声波结晶应用于食品研究开发提供理论依据；②加大超声波结晶技术与其他技术联合使用、共同强化的协同效应的研究力度，提高食品品质和加工效率；③进一步研究开发适应产业化生产的超声波结晶设备，将实验室取得成功的超声波结晶技术逐步应用到实际产业化生产中，加快科研成果产业转化，提高食品工业生产效率；④根据超声波结晶快速、简便、低成本的特点，快捷、方便食品的制造是超声波辅助食品结晶应用的一个新方向，超声波控制结晶对快捷、方便食品的品质结构和营养成分的影响将是未来应加强研究的方面。超声结晶研究的不断深入，定将推动超声结晶的发展和应用。它的引入将给很难结晶物质的结晶带来希望，并有助于结晶工艺向着更加快捷、简便和有效的方向发展。

本章作者：胡爱军 天津科技大学

参 考 文 献

贾永光, 丘泰球, 李康, 等. 2009. 单频超声和双频复合超声的空化效应实验研究. 声学技术, 28(3): 257-260.

常州市长宇实用气体有限公司. 2015. 一种三氯蔗糖的结晶方法: 中国, CN20151055421 6.7.

陈芳芳, 孙晓洋, 张虹. 2013a. 超声波技术在油脂工业中的应用和研究进展. 中国油脂, 37(10): 76-80.

陈芳芳, 张虹, 胡鹏, 等. 2013b. 超声波对棕榈油结晶行为的影响. 中国油脂, 38(9): 27.

邓登飞, 刘秀. 2012. 溶液结晶技术概述. 科技资讯, (28): 81.

丁绪淮, 谈道. 1985. 工业结晶. 北京: 化学工业出版社: 103.

高大维. 1990. 煮糖起晶制种新方法——溶剂超声波起晶法. 四川制糖发酵, (4): 13-17.

高大维, 陈树功, 李国基. 1991. 溶剂-超声波协同起晶制种法. 甘蔗糖业, (1): 32-37.

郭浩. 2012. 超声波处理对高炉循环冷却水系统影响的研究. 辽宁科技大学硕士学位论文.

郭孝武, 冯岳松. 2008. 超声提取分离. 北京: 化学工业出版社: 45-58.

郭志超, 李鸿, 王静康等. 2003a. 超声波对结晶过程的作用及机理. 天津化工, 17(3): 1-4.

郭志超, 王静康, 李鸿, 等. 2003b. 超声波对结晶过程部分热力学和动力学性质的影响. 河北化工, (2): 1-4.

杭方学. 2008. 超声场-静电场协同穿心莲内酯溶析结晶的研究. 华南理工大学博士学位论文.

杭方学, 丘泰球. 2008. 超声对穿心莲内酯溶析结晶的影响. 高校化学工程学报, (04): 585-590.

胡晓花, 卫江结. 2008. 循环冷却水物理处理装置. 机械工程与自动化, (04): 179-181.

黄慧丹, 史益强, 崔志芹. 2013. 超声在结晶中的应用与进展. 广东化工, 40(06): 73-74.

孔德豪. 2016. 电磁场及超声波复合作用于循环冷却水的阻垢实验研究. 内蒙古工业大学硕士学位论文.

孔德豪, 刘智安, 赵巨东, 等. 2016. 静电场与超声波复合作用对$CaCO_3$结晶行为的影响. 化学工程, (10): 28-31, 36.

蓝胜宇, 黄永春. 2012. 超声强化溶液结晶的研究. 广西蔗糖, (04): 23-27.

李栋. 2014. 超声波对冷表面霜层生长及冻结液滴脱除影响的试验研究. 东南大学博士学位论文.

李文钊. 2007. 核黄素结晶分离纯化研究. 天津大学博士学位论文.

刘锐锋. 2016. 一种改善左旋薄荷醇结晶晶型的方法: 中国, CN201510795206.

刘岩, 丁锁根, 义树生. 1999. 声化学反应器设计研究进展. 化学工程, 27(4): 17-18.

刘永红, 郭开华, 梁德青, 等. 2003. 超声波作用下的制冷剂水合物结晶过程研究. 工程热物理学报, (03): 385-387.

陆海勤. 2005. 超声场-静电场协同减缓换热设备积垢的研究. 华南理工大学博士学位论文.

陆海勤, 丘泰球, 刘晓艳, 等. 2005a. 超声场-静电场协同防垢机理. 华南理工大学学报, 33(9): 82-86, 96.

陆海勤, 丘泰球, 谢军生. 2005b. 超声波防除黑液蒸发器积垢的应用及机理. 纸和造纸, (2): 52-55.

罗登林, 丘泰球, 卢群. 2005. 超声波技术及应用(Ⅰ)——超声波技术. 日用化学工业, 35(5): 323-326.

米彦, 李建珍, 郑明珠, 等. 2011. 乙醇-超声波协同作用制备麦芽糖晶种的研究. 食品与发酵科技, 47(2): 53-55.

彭达洲, 高大维. 1997. L-谷氨酸晶种制备新工艺的研究. 食品工业科技, (05): 48-49.

丘泰球, 张喜梅, 李月花. 1996. 声场影响过饱和糖液稳定性的机理研究. 甘蔗糖业, (2): 38-42.

宋国胜, 胡松青, 李琳. 2008. 功率超声在结晶过程中应用的进展. 应用声学, (01): 74-79.

宋国胜, 胡松青, 李琳, 等. 2009. 冷冻环境对湿面筋蛋白中可冻结水的影响. 华南理工大学学报(自然科学版), 37(4): 120-124.

孙始财. 2007. 超声波作用于水结冰过程机理分析. 山东省制冷学会. 2007 山东省制冷空调学术年会论文集. 山东省制冷学会, 3.

陶兵兵, 邹妍, 赵国华. 2013. 超声辅助冻结技术研究进展. 食品科学, 34(13): 370-373.

田军. 2005. 超声波在碱式氯化镁结晶中的应用. 哈尔滨商业大学学报(自然科学版), (4): 221-222.

王光龙, 侯翠红, 张保林. 2002. 超声对硫酸钙结晶过程影响的研究. 化工矿物与加工, 31(6): 8-10.

王国宇, 张彬, 周武, 等. 2011. 超声波对三氯蔗糖结晶过程的影响. 食品科技, (6): 108-111.

王莅, 祝翠红, 米镇涛. 2001. 超声波作用下的溶液结晶过程. 化学通报(网络版), (01).

王全海. 2014. 过冷水动态结晶的超声机理研究. 河南科技大学硕士学位论文.

王伟宁, 吕秉玲. 1990. 超声波在碱式氯化镁结晶中的应用研究. 无机盐工业, (03): 22-23.

王贤勇. 2014. 超声和磁场作用下砷酸钠结晶热力学和动力学研究. 南昌航空大学硕士学位论文.

伍浩珉, 宋金凤, 冯颖韬, 等. 2007. 超声波对谷氨酸结晶过程影响的研究. 氨基酸和生物资源, 29(4): 46-48.

谢彩锋, 丘泰球, 陆海勤, 等. 2007. 超声作用下碳酸钙晶体的形态变化. 华南理工大学学报(自然科学版), (04): 62-66.

徐敏, 葛建团. 2009. 超声对 $CaCO_3$ 沉淀过程的影响. 兰州交通大学学报, (01): 115-117.

闫冰. 2004. 超声波/H_2O_2 联合工艺处理有机废水. 哈尔滨工程大学硕士学位论文.

闫序东. 2008. 果糖结晶工艺研究. 江南大学硕士学位论文.

杨瑞金, 卢蓉蓉, 闫序东, 等. 2008. 一种乙醇-超声波协同制备果糖晶种的方法: 中国, CN200810018889.0.

姚成灿, 丘泰球, 胡松青, 等. 2005. 超声波对碳酸钙积垢过程的影响. 华南理工大学学报(自然科学版), (5): 92-96.

尹大川, 王燕, 张辰艳, 等. 2013. 一种提高蛋白质结晶成功率的方法: 陕西, CN103254275A.

余涛. 2006. 功率超声防、除垢及强化传热的实验研究和工程应用. 华中科技大学硕士学位论文.

张凡, 杨日福, 单佳维. 2015. 双频复合超声强化无水葡萄糖溶液结晶成核研究. 声学技术, (06): 515-520.

张喜梅, 丘泰球, 李月花. 1997. 声场对溶液结晶过程动力学影响的研究. 化学通报, (01): 45-47.

赵茜, 高大维, 秦贯丰. 1998. 超声波和溶剂影响葡萄糖晶体构型与结晶水含量机理研究. 中国甜菜糖业, (01): 1-6.

赵茜, 于淑娟, 高大维. 1995. 味精的起晶新方法. 食品与发酵工业, 04: 37-39, 42.

赵小进, 黄永春, 杨锋, 等. 2010. 超声波对亚硫酸钙晶粒形成及其形态的影响. 声学技术, 29(6): 595-599.

周甜, 钱刚, 周兴贵, 等. 2007. 超声波对甘氨酸溶析结晶过程的影响. 过程工程学报, (04): 728-732.

朱立贤, 罗欣. 2009. 新技术在食品冷冻过程中的应用. 食品与发酵工业, 35(06): 145-150.

朱涛. 2007. 超声结晶及其应用. 现代物理知识, (05): 28-29.

朱振南. 2013. 菜籽油脱臭馏出物的维生素 E 和甾醇提取及共轭亚油酸甾醇酯的制备. 华中科技大学硕士学位论文.

Amara N, Ratslmba B, Wilhelm A, et al. 2004. Growth rate of potash alum crystals: Comparison of silent and ultrasonic conditions. Ultrasonics Sonochemistry, 11: 17-21.

Boistelle R, Astier J P. 1988. Crystallization mechanisms in solution.Journal of Crystal Growth, 90(1): 14-30.

Bund R K, Pandit A B. 2007. Sonocrystallization: effect on lactose recovery and crystal habit. Ultrasonics Sonochemistry, 14(2): 143-152.

Chow R, Blindt R, Chivers R, et al. 2005. A study on the primary and secondary nucleation of ice by power ultrasound. Ultrasonics, 43: 227-230.

Dalas E. 2001. The effect of ultrasonic field on calcium carbon-ate scale formation. Journal of Crystal Growth, 222(4): 287-292.

Fredericb J, George J M. 2002. Process for accelerating the polymorphic transformation of edible fats using ultrasonication. EP, 0765605B1.

Gogate P R, Mujumdar S, Pandit A B. 2003. Sonochemical reactors for waste water treatment: Comparison using formic acid degradation as a model reaction. Advances in Environmental Research, 7(2): 283-299.

Guo Z, Zhang M, Li H, et al.2005. Effect of ultrasound on anti-solvent crystallization process. Journal of Crystal Growth, 273(3): 555-563.

Hasanzadeh H, Mokhtaridizaji M, Bathaie S Z, et al. 2011. Enhancement and control of acoustic cavitation yield by low-level dual frequency sonication: A subharmonic analysis. Ultrasonics Sonochemistry, 18(1): 394-400.

Higaki K, Uenoa S, Koyanob T, et al. 2001. Effects of ultrasonic irradiation on crystallization behavior of tripalmitoylglycerol and cocoa butter. J Am Oil Chem Soc, 78(5): 513-518.

Hottot A, Nakagawa K, Andrieu J. 2008. Effect of ultrasound-controlled nucleation on structural and morphological properties of freeze-dried mannitol solutions. Chemical Engineering Research & Design, 86(2): 193-200.

Hu S Q, Liu G, Li L, et al. 2013. An improvement in the immersion freezing process for frozen dough via ultrasound irradiation. Journal of Food Engineering, 114(1): 22-28.

Islam M N, Zhang M, Adhikari B, et al.2014. The effect of ultrasound-assisted immersion freezing on selected physicochemical properties of mushrooms. International Journal of Refrigeration, 42(3): 121-133.

Kakinouchi K, Adachi H, Matsumura H, et al. 2006. Effect of ultrasonic irradiation on protein crystallization. Journal of Crystal Growth, 292: 437-440.

Kougoulos E, Marziano I, Miller P R. 2010. Lactose particle engineering: Influence of ultrasound and anti-solvent on crystal habit and particle size. Journal of Crystal Growth, 312(23): 3509-3520.

Lee K, 麦永刚. 2002. 超声波处理和染料结晶性能对粒度分布的影响. 国外纺织技术, (7): 17-20.

Li H, Li H, Guo Z, et al. 2006. The application of power ultrasound to reaction crystallization. Ultrasonics Sonochemistry, 13(4): 359-363.

Li J, Bao Y, Wang J. 2013. Effects of sonocrystallization on the crystal size distribution of cloxacillin benzathine crystals. Chemica Engineering & Technology, 36(8): 1341-1346

Lyczko N, Espitalier F, Louisnard O, et al. 2002. Effect of ultrasound on the induction time and the metastable zone widths of potassium sulphate. Chemical Engineering Journal, 86(3): 233-241.

Martini S, Suzuki A H, Hartel R W. 2008. Effect of high intensity ultrasound on crystallization behavior of anhydrous milk fat. J Am Oil Chem Soc, 85: 621-628.

Miyasaka E, Kato Y, Hagisawa M, et al. 2006. Effect of ultrasonic irradiation on the number of acetylsalicylic acid crystals produced under the supersaturated condition and the ability of controlling the final crystal size via primary nucleation. Journal of Crystal Growth, 289: 324-330.

Nishida I. 2004. Precipitation of calcium carbonate by ultrasonic irradiation. Ultrasonics Sonochemistry, 1(6): 423-428.

Qiu T Q. 1993. Nucleation of sucrose solution by sound field. Sugar Jnl, 95: 1140.

Qiu T Q, Zhang X M, Li Y H. 1994. The treatment of saturated sugar solution with a sonic field. Sugar Jnl, 96: 1152E.

Qiu T Q, Zhang X M. 1996. Ultrasound treatment and the kinetics of crystal growth. Sugar Jnl, 98: 1176E.

Saclier M, Peczalski R, Andrieu J. 2010. Effect of ultrasonically induced nucleation on ice crystals size and shape during freezing in vials. Chemical Engineering Science, 65 (10) : 3064-3071.

Sivakumar M, Tatake P A, Pandit A B. 2002. Kinetics of p-nitrophenol degradation: Effect of reaction conditions and cavitational parameters for a multiple frequency system. Chemical Engineering Journal, 85 (2) : 327-338.

Sun D W, Li B. 2003. Microstructural change of potato tissues frozen by ultrasound-assisted immersion freezing. Journal of Food Engineering, 57: 337-345.

Sun D W, Li B. 2003.Microstructural change of potato tissues frozen by ultrasound-assisted immersion freezing. Journal of Food Engineering, 57: 337-345.

Suzuki A H, Lee J, Padilla S G, et al. 2010. Altering functional properties of fats using power ultrasound. Journal of Food Science, 75 (4) : 208-214.

Suzuki T, Yasui K, Yasuda K, et al. 2004. Effect of dual frequency on sonochemical reaction rates. Research on Chemical Intermediates, 30 (30) : 703-711.

Tatake P A, Pandit A B. 2002. Modelling and experimental investigation into cavity dynamics and cavitational yield: Influence of dual frequency ultrasound sources. Chemical Engineering Science, 57 (22) : 4987-4995.

Ueno S, Ristic R, Higaki K, et al. 2003. Situ studies of ultrasound-stimulated fat crystallization using synchrotron radiation. J Phys Chem B, 107: 4927-4935.

Ul-Haq E, White D A, Adeleye S A. 1995. Freezing in an ultrasonic bath as a method for the decontamination of aqueous effluents. The Chemical Engineering Journal, 57 (1) : 53-60.

Ujwal N, Hatkar, Parag R. 2012. Gogate Process irradiations of anti-solvent crystallization of salicylic acid using ultrasonic irradiations. Chemical Engineering, and Processing: Process Intensification, 57-58: 16-24.

Virone C, Kramer H J M, Rosmalen G M, et al. 2006. Primary nucleation induced by ultrasonic cavitation. Journal of Crystal Growth, 294: 9-15.

Xin Y, Zhang M, Adhikari B. 2014. The effects of ultrasound-assisted freezing on the freezing time and quality of broccoli (*Brassica oler-acea* L. var. *botrytis* L.) during immersion freezing. International Journal of Refrigeration, 41: 82-91.

Yao C C, Qiu T Q, Zhang X M, et al. 1999. Ultrasonic inhibition of scale formation in evaporators. Indian Sugar, 899-903.

Ye Y B, Wagh A, Martini S. 2011. Using high intensity ultrasound as a tool to change the functional properties of interesterified soybean oil. J Agric Food Chem, 59: 10712-10722.

Zhang X, Inada T, Yabe A, et al. 2001. Active control of phase change from supercooled water to ice by ultrasonic vibration 2. Generation of ice slurries and effect of bubble nuclei. International Journal of Heat and Mass Transfer, 44 (23) : 4533-4539.

Zheng L Y, Sun D W. 2006.Innovative applications of power ultrasound during food freezing processes—a review. Trends in Food Science & Technology, 17: 16-23.

6 超声干燥技术

内容概要: 干燥是食品加工中的重要操作单元,据报道我国干燥消耗的能量约占总能耗的 12%。近年来,干燥领域正向节能、高效,并能进一步提高产品质量的高标准要求方向发展,探索干燥过程的强化及与各种技术的耦合成为当前的一个重要研究方向。超声是指频率为 $2\times10^4\sim1\times10^9$Hz 的声波。与其他频率的声波相比,超声具有传播方向性强,介质质点振动加速度大,在液体介质中能产生空化效应等突出特点。由于超声独特的作用效应,它常被作为一种非常有效的强化手段,在许多领域被广泛采用。鉴于超声在强化传热传质方面的重大作用和广阔应用前景,近年来该技术在食品干燥领域的研究逐渐引起了人们的重视。本章主要介绍功率超声在食品干燥方面的原理、特点、设备结构及应用研究成果,包括食品干燥前超声预处理、超声强化渗透脱水、超声耦合热风干燥和超声耦合喷雾干燥等。

6.1 超声干燥的原理及特点

关于超声干燥技术方面的报道可追溯至 20 世纪 50 年代,由 Boucher(1959)最先开展这方面的研究,当时进行了可闻声和超声干燥方面的探索,后来由俄罗斯科学家进一步发展。这些前期研究均显示超声在加速干燥过程的同时不会导致温度的显著升高。由于超声干燥在这方面具有的优势,它被认为特别适合用于干燥热敏性物质如食品。当时存在的主要问题是能量效应低和噪声高,因此,这方面的研究并未受到关注。随着高功率超声设备的研究和开发,在近些年超声干燥又重新引起了人们的重视。然而,由于还没有适合大规模工业化干燥的超声发生器,因此这种技术目前仍然停留在实验室阶段。

声波是一种机械波,它需通过介质(固体、液体或气体)才能传播,当在气体和液体中传播时,形成媒质质点的压缩和伸张交替运动,并形成媒质内稠密和稀疏的交替过程,此为纵波。纵波是介质质点振动方向与波传播方向一致的波。而横波在传播中介质质点振动方向与波传播方向垂直,一般在固体中传播时会出现横波。声波的频率范围为 16Hz~1GHz,根据其频率不同可分为 4 种:次声波、可闻声、超声及特超声,它们的频率范围及特点见表 6-1。

表 6-1 声波的种类与特点

声波的种类	频率/Hz	特点
次声波	<20	人耳听不到,传播衰减很小,传播距离很远
可闻声	20~2×10^4	人耳可听到
超声	$2\times10^4\sim1\times10^9$	传播频率较高,传播方向性较强,介质振动强度大,在流体中传播可产生空化现象
特超声	$1\times10^9\sim1\times10^{12}$	传播衰减很大,波长短,频段大致与微波相对应

超声波作为声波的一部分，遵循声波传播的基本规律。但超声波也有与可闻声不同的一些突出的特点。

1）超声波由于频率高，因而传播的方向性较强，设备的几何尺寸较小；

2）超声波在传播过程中，介质质点振动加速度非常大；

3）在液体介质中，当超声波的强度达到一定值后会产生空化现象。正是这些特点决定了超声波具有与可闻声（声波）不同的特点，因此在各领域中都有相当广泛的用途。

目前人们认为超声波有 4 个基本作用。

1）线性的交变振动作用，即超声波在媒质中传播时，必然使媒质粒子做交变振动，并引起媒质中的应力或声压的周期性变化，从而引起一系列次级效应；

2）大振幅振动在媒质中传播时会形成锯齿形波面的周期性激波，在波面处造成很大的压强梯度，因而能产生局部高温高压等一系列特殊效应；

3）振动的非线性会引起相互靠近的伯努利力和由黏度的周期性变化引起的直流平均黏滞力，这些直流力可以说明一些定向作用、凝聚作用等力学效应；

4）空化作用，这是只能在流体媒质中出现的一种重要的基本作用。在声场中，液体中的气泡可能逐步生成和扩大，然后突然破灭，在这急速的气泡崩溃过程中，气泡内出现高压高温，气泡附近的流体中也形成局部强烈的激波。因此就可以产生一系列次级效应，如化学效应、声致发光、分散作用和乳化作用等。在流体中进行的超声处理技术，大多数都与空化作用有关。

6.1.1　超声场特征量

6.1.1.1　声压

当媒质受到声场作用时，其空间各点受到声场扰动时的压力 p 与无超声作用时静态压强 p_0 的差值，即为声压，可表示为

$$p(t) = \rho_0 c_0 \omega A \cos(\omega t - \phi)$$

式中，$p(t)$ 为声场中质点的瞬时声压；t 为时间；ϕ 为初始相位；ω 为角频率；ρ_0 为介质密度；c_0 为介质中的声速；A 为介质质点振动位移的振幅。由声压的表达式可知，声压的大小和方向都在进行周期性变化，当声波振动使介质分子压缩时，即在声波的正压相，$p(t) < 0$；当声波振动使介质分子稀疏时，即在声波的负压相，$p(t) > 0$。

6.1.1.2　质点振动速度、声速

质点在其平衡位置附近因扰动而产生振动位移随时间变化的变化率，简称质点速度 v。声波在弹性媒质中传播的速度，称为声速 c_0。声速与质点振动速度是完全不同的两个概念，因为声波的传播只是扰动形式和能量的传递，并不把在各自平衡位置附近振动的媒质质点带走。

6.1.1.3　声阻抗率

声场中某位置的声压 p 与该位置的质点速度 v 的比值为该点的声阻抗率 Z_s。

$$Z_s = \frac{p}{v} = \frac{\rho_0 c_0 v}{v} = \rho_0 c_0$$

$\rho_0 c_0$ 又称为介质的特性阻抗，它反映了声波传播过程中的能量耗损。在平面声场中，各位置的声阻抗率数值上相同，且为一个实数，这反映了在平面声场中各位置上都无能量的储存。

6.1.1.4　声能密度

声波在介质中传播，一方面使介质质点在平衡位置附近来回振动，同时在介质中产生了压缩和膨胀，使介质具有了振动动能及形变位能，两部分之和就是声扰动使介质得到的声能量，扰动的传播使声能量也随之转移。因此声波的传播过程实质上就是声振动能量的传播过程。声能密度、声功率和声强是对声能量强度的量化指标。声能密度是指声场中单位时间单位体积获得的能量，假设一个小体积元 V，在声场中获得的能量包括动能 E_k 和位能 E_P，其大小分别为：

$$E_k = \frac{1}{2}\rho_0 v^2 V$$

$$E_p = -\int_0^p p \mathrm{d}V = \frac{V}{\rho_0 c_0^2}\int_0^p \mathrm{d}p = \frac{p^2}{2\rho_0 c_0^2}V$$

声能密度可表示为

$$\zeta = \frac{E_k + E_p}{V} = \frac{1}{2}\rho_0\left(v^2 + \frac{1}{\rho_0^2 c_0^2}p^2\right)$$

6.1.1.5　声功率与声强

单位时间内通过垂直于声传播方向的面积 S 的平均声能量称为平均声功率，则平均声功率的表达式为：

$$\overline{W} = \overline{\zeta} c_0 S$$

式中，$\overline{\zeta}$ 为平均声能量。

通过垂直于声传播方向的单位面积上的平均声能量流称为声强，声强的表达式为：

$$I = \frac{\overline{W}}{S} = \overline{\zeta} c_0 = \frac{p_A^2}{2\rho_0 c_0} = \frac{1}{2}\rho_0 c_0 v_A^2$$

式中，p_A 为声压幅值；v_A 为质点速度幅值。

声强与声压幅值或质点速度幅值的平方成正比，此外在相同质点速度幅值的情况下，声强还与媒质的特性阻抗成正比，当具体考虑声场中各处与局部媒质相互作用的程度时，声强更起决定性作用。

超声波作为一种特殊的能量形式，在液体中传播时会产生空化、机械及热效应。由于超声波发生空化效应会产生局部的高温(5000K)和高压(5×10^4Pa)现象，同时伴随空化泡湮灭产生高强度的剪切力。

6.1.2 超声波干燥的作用效应及机理

超声波干燥技术是近几年发展起来的一种新型干燥技术。超声波具有多种物理效应和化学效应使其具有许多独特的优势。超声波的干燥原理主要是利用超声波能改变物料表面和内部结构，增大细胞壁间隔，减小水分转移阻力，进而强化传热传质过程，缩短干燥时间。不同的超声波干燥方法，起主要作用的超声机理不同。以超声波喷雾干燥为例，就是空化作用最重要。当功率超声干燥物料时，可能产生如下 3 个方面的作用。

（1）结构影响

物料受到超声波干燥时，反复受到压缩和拉伸作用，使物料不断收缩和膨胀，形成海绵状结构。当这种结构效应产生的力大于物料内部微细管内水分的表面附着力时，水分就容易通过微小管道转移出来。

（2）空化作用

在超声波压力场内，空化气泡的形成、增长和剧烈破裂以及由此引发的一系列物理化学效应，有助于除去与物料结合紧密的水分。

（3）其他作用

改变物料的形变，促进形成微细通道，减小传热表面层的厚度，增加对流传质速度。

虽然超声波可以显著提高干燥速度，缩短干燥时间，但是目前对超声干燥中究竟哪种机理起主要作用还不清楚，有待相关实验进一步证实。一般认为，超声强化干燥的机理可能主要来源于以下 4 个方面。

1)超声空化效应产生强大冲击波，形成水分子的湍流扩散，同时在靠近固体表面的地方产生微射流，使水分子与固体表面分子之间的结合键断裂，使固体表面活化。

2)超声空化及机械效应产生的强剪切力，使物料中的水分释放，由难去除的结合水变为自由水。同时物料的孔隙结构被改变，内部变得蓬松多孔，减小了水分在物料中的迁移阻力，有利于水分子的溢出。

3)超声波在物料传播过程中，会形成海绵效应，物料内部介质质点在声压的作用下的交替受到压缩和拉伸作用，不断收缩和膨胀，形成物料内部挤水渗流，同时使水分的表面附着力减小，有效加速了干燥过程中水分的迁移过程。

4）超声波传播过程中形成介质质点的内摩擦，部分的声波能量会被介质吸收转变为热能从而使介质的温度升高，形成干燥过程中的内热源。

6.1.3 超声波干燥在食品领域中的应用

目前，已有大量关于超声应用于食品干燥方面的文献报道。功率超声产生的声压波能够提高干燥传质动力学，高功率气介式超声在液/气界面产生的声压变化能提高水分的蒸发速率。此外，超声能减小边界层厚度，降低样品与热空气界面间的传质阻力。虽然超声处理可能会导致食品品质下降或营养损失，但是它能明显减少食品的干燥时间和干燥温度。关于超声干燥在食品方面的应用实例，如原料、干燥技术和参数、超声功率和频率、干燥动力学参数和数学模型等方面的研究总结如表6-2所示。

表 6-2 超声辅助干燥的应用实例——干燥原料、干燥方式和干燥参数

材料(种植品种)	干燥方式	干燥参数	超声干燥方式	超声功率和声强（频率）	分析领域
苹果	常压冷冻干燥	1m/s、2m/s、4m/s、6m/s，−5℃、−10℃、−15℃	非接触式	25 W、50 W、75W（21.8kHz）	干燥动力学，水分扩散率
	对流干燥	1m/s，30℃、40℃、50℃、70℃	非接触式	18.5 kW/m³、24.6 kW/m³、30.8kW/m³（21.8kHz）	干燥动力学，结构和抗氧化特性
	对流干燥、冷冻干燥	2m/s，60℃	非接触式	20kW/m³（21.8kHz）	干燥动力学，水分扩散率，抗氧化特性
	对流干燥	1m/s、40℃、60℃，25% RH	接触式	75 W、90W（21kHz）	干燥动力学，结构和质构特性
	对流干燥	1m/s、1.3m/s、1.7m/s，22℃、31℃	接触式	25 W、50 W、100W（20kHz）	干燥动力学，水分扩散率
	对流干燥	1m/s，40℃	非接触式	6 kW/m³、12 kW/m³、19 kW/m³、25 kW/m³、31kW/m³（21.8kHz）	干燥动力学，水分扩散率，结构、质构和声学特性
	常压冷冻干燥	2m/s，−14℃，7% RH	非接触式	45W、19.5kW/m³（20kHz）	干燥动力学，水分扩散率
	低温干燥	2m/s，−10℃、10℃；1m/s、2m/s、4m/s、6m/s，10℃、0~10℃；2m/s，−10℃、−5℃、0℃、5℃、10℃	非接触式	25 W、50 W、75W（21.9kHz）；155dB、20.5kW/m³（21.9kHz）	干燥动力学，复水性，硬度，抗氧化能力，酚醛树脂含量，微观结构；干燥动力学，有效扩散率；干燥动力学，缩水性，有效扩散率、酚醛树脂和类黄酮含量、抗氧化能力
	常压冷冻干燥	2m/s，−10℃	非接触式	30.8kW/m³（21.9kHz）	干燥动力学，抗氧化能力，维生素C保留

材料(种植品种)	干燥方式	干燥参数	超声干燥方式	超声功率和声强(频率)	分析领域
苹果	对流干燥	70℃	接触式	4μm(24kHz)	干燥动力学,水分扩散率,超声处理时间,收缩率
	对流干燥	1m/s、2m/s、3m/s、5m/s,45℃、60℃	非接触式	75W(21kHz)	干燥动力学,维生素 A、维生素 B_1、维生素 B_2、维生素 B_3、维生素 B_5、维生素 B_6、维生素 D、维生素 E 含量
	对流干燥	0.9m/s,75℃	非接触式	200W(26kHz);100W(26kHz)	干燥动力学,力学和声学特性;干燥动力学,传热和传质,干燥速率,能量耗费
	对流干燥	2m/s、3m/s、4m/s,40℃、50℃	非接触式	200W(26kHz)	干燥动力学,传热和传质,颜色改变,水分活度,能量耗费
香蕉	对流干燥	0.2m/s,50℃	接触式	45W(20kHz)	干燥动力学,水分扩散率,收缩性,多酚含量,抗氧化能力
蓝莓	对流干燥	5m/s,50℃	非接触式	200W(25kHz)	干燥动力学,微观结构,花青素含量,水分活度
	常压冷冻干燥	2m/s,-14℃,7% RH	非接触式	45W,$19.5kW/m^3$(20kHz)	干燥动力学,水分扩散率
	对流干燥	1m/s,40℃	非接触式	75W(21.8kHz)	干燥动力学,水分扩散率,载荷密度
胡萝卜	对流干燥	1m/s,40℃	非接触式	10 W、20 W、30 W、40 W、50 W、60 W、70 W、80 W、90W(21.8kHz)	无可用数据
	对流干燥	1m/s,30℃、40℃、50℃、60℃、70℃	非接触式	无可用数据	无可用数据
	对流干燥	0.5~12m/s,40℃、50℃	非接触式	75W,154.3dB(21.8kHz)	干燥动力学,水分扩散率
	对流干燥	2m/s,24~26℃,30%~46% RH	非接触式	25 W、50 W、75 W、100W(20kHz)	干燥动力学

续表

材料(种植品种)	干燥方式	干燥参数	超声干燥方式	超声功率和声强(频率)	分析领域
胡萝卜	对流干燥	4m/s，45℃	非接触式	75 W、125 W、200W	干燥动力学，颜色改变，水分活度，类胡萝卜素保留
	对流干燥	2.2m/s、2.8m/s，50℃，0.0096kg/kg AH	非接触式	100W，140dB (25kHz)	抗氧化活性，多酚含量，干燥动力学，空气流速
	对流干燥	0.5m³/min，40℃	非接触式	150W，130~150dB (24kHz)	干燥动力学，能效
	对流干燥	1m/s，40℃	非接触式	4 kW/m³、8 kW/m³、12 kW/m³、16 kW/m³、21 kW/m³、25 kW/m³、29 kW/m³、33 kW/m³、37kW/m³ (21.8kHz)	干燥动力学，水分扩散率
	对流干燥	(A)：1.3m/s、1.6m/s、3m/s，(A)：50℃、60℃、70℃、83℃、90℃、115℃；(B)：1m/s、1.3m/s、1.7m/s，(B)：22℃、31℃	非接触式(A)和接触式(B)	(A)：155 dB、163dB (20kHz)；(B)：25 W、50W、100W(20kHz)	干燥动力学，水分扩散率
	对流干燥	5m/s，40℃	非接触式	200W(25kHz)	干燥动力学，微观结构，花青素含量，水分活度
木薯	对流干燥	1m/s，40℃	非接触式	6kW/m³、12kW/m³、19kW/m³、25kW/m³、31kW/m³(21.8kHz)	干燥动力学，水分扩散率，结构、质构和声学特性
樱桃	对流干燥	5m/s，40℃	非接触式	200W (25kHz)	干燥动力学，微观结构，花青素含量，水分活度
圣女果	对流干燥	1m/s、2m/s、3m/s，45℃、60℃	非接触式	75W (21kHz)	维生素 A、维生素 B_1、维生素 B_2、维生素 B_3、维生素 B_5、维生素 B_6、维生素 E 含量，类胡萝卜素含量
	对流干燥	2m/s，-14℃，7% RH	非接触式	45W，19.5kW/m³ (20kHz)	干燥动力学，水分扩散率
茄子	对流干燥	1m/s，40℃	非接触式	6kW/m³、12kW/m³、19kW/m³、25kW/m³、31kW/m³、37kW/m³ (21.8kHz)	干燥动力学，水分扩散率，收缩性
	对流干燥	1m/s，40℃	非接触式	45W、90W	干燥动力学，微观结构
人参	对流干燥	0.5m³/min，40℃	非接触式	150W，30~150dB (24kHz)	干燥动力学，能效

材料(种植品种)	干燥方式	干燥参数	超声干燥方式	超声功率和声强(频率)	分析领域
葡萄渣	对流干燥	1.0m/s、1.5m/s、2.0m/s、3.0m/s、40℃、50℃、60℃、70℃	非接触式	30.8kW/m³,154.1dB(21.8kHz)	干燥动力学,水分扩散率,空气流速
葡萄皮	对流干燥	1m/s,40℃、50℃、60℃、70℃	非接触式	45W(21.7kHz)	干燥动力学,酚醛树脂含量,抗氧化能力
葡萄茎	对流干燥	1m/s,40℃、60℃	非接触式	45W、90W(21.8kHz)	干燥动力学,水分扩散率,能效
青椒	对流干燥	2m/s,55℃	非接触式	100W、200W(26kHz)	干燥动力学,颜色改变,水分活度,维生素C含量,复水作用
番石榴	对流干燥	1m/s(20 kHz)	非接触式	45W(20kHz)	干燥动力学,水分扩散率,收缩作用,多酚含量,抗氧化能力
香草	对流干燥	1m/s,40℃、50℃、60℃、70℃	接触式	40W、60W、80W、120W、160W(20kHz)	干燥动力学,距离传感器,水分扩散率
柠檬皮	对流干燥	1m/s,40℃	非接触式	4kW/m³、8kW/m³、12kW/m³、16kW/m³、21kW/m³、25kW/m³、29kW/m³、33kW/m³、37kW/m³(21.8kHz)	干燥动力学,水分扩散率
	对流干燥	0.5~12m/s,40℃、50℃	非接触式	75W/m³,154.3dB(21.8kHz)	干燥动力学,水分扩散率
芒果	对流干燥	1m/s	非接触式	45W(20kHz)	干燥动力学,水分扩散率,收缩作用,多酚含量,抗氧化能力
肉(里脊)	对流干燥	1m/s,40℃	接触式	50kW/m³、20.5kW/m³	干燥动力学
橄榄叶	对流干燥	1m/s,40℃	非接触式	8kW/m³、16kW/m³、25kW/m³、33kW/m³(21.8kHz)	无可用数据
橙子皮	对流干燥	1m/s,40℃	非接触式	45W、90W(21.8kHz)	干燥动力学,水分扩散率,结构特性
西番莲果果皮	对流干燥	1m/s,40℃、50℃、60℃、70℃	非接触式	30.8kW/m³(21.7kHz)	干燥动力学,抗氧化能力,酚醛树脂混合物,微观结构
豌豆	常压冷冻干燥、对流干燥	3.1m/s、3.2m/s、3.4m/s、-6℃、-3℃、0℃、10℃、20℃	非接触式	67W、68W、69W、70W、73W(20kHz)	干燥动力学,水分扩散率,颜色
柿子	对流干燥	0.5m/s、1m/s、2m/s、4m/s、6m/s、8m/s、10m/s、12m/s、40℃、50℃	非接触式	75W:154.3dB(21.8kHz)	干燥动力学,水分扩散率,传质,空气流速

续表

材料(种植品种)	干燥方式	干燥参数	超声干燥方式	超声功率和声强(频率)	分析领域
开心果	对流干燥	1m/s，25℃	非接触式	150W、300W (20kHz)	干燥动力学
	SD	1.18~2.06m/s，23.3~27.1℃，24%~30% RH	非接触式	500W、1000W (20kHz)	干燥动力学，干燥效率
马铃薯	对流干燥	70℃	接触式	2μm、4μm (24kHz)	干燥动力学，结构特性
	对流干燥	50℃	非接触式	25kHz	干燥动力学，颜色，复水性，能量耗费
	对流干燥	1m/s、1.3m/s、1.7m/s，22℃、31℃	非接触式(A)和接触式(B)	(A)：155dB、163dB(20kHz)；(B)：25W、50W、100W(20kHz)	干燥动力学，水分扩散率
	对流干燥	1m/s，40℃	非接触式	6kW/m³、12kW/m³、19kW/m³、25kW/m³、31kW/m³、37kW/m³ (21.8kHz)	干燥动力学，水分扩散率，传质
红灯笼椒	对流干燥	70℃	接触式	4μm (24kHz)	干燥动力学，水分扩散率，超声作用时间，收缩作用
	冷冻干燥	46Pa	接触式	4.9μm、6μm、6.7μm (24kHz)	干燥动力学，超声作用时间，体积密度，颜色
大米	对流干燥	无可用数据	非接触式	160dB (130Hz、415Hz)	干燥动力学
	对流干燥	22m/s，22℃，3.5% RH	非接触式	160dB (415Hz)	干燥动力学
鱼	对流干燥	1m/s，10℃、20℃、30℃，30% RH	非接触式	45W (20kHz)	干燥动力学，水分扩散率，能量耗费
	对流干燥	2m/s，20℃，30% RH	非接触式	25W/kg(20kHz)	干燥动力学，能量耗费
草莓	低温干燥	2m/s，10℃、0℃、-10℃；2m/s，20℃、10℃、0℃、-10℃	非接触式	155dB，20.5kW/m³ (21kHz)	干燥动力学，复水能力，颜色，质构
	对流干燥	2m/s，40℃、50℃、60℃、70℃	非接触式	30W、60W (21.8kHz)	干燥动力学，水分扩散率，收缩作用，吸附等温线
	对流干燥	2m/s，40℃、50℃、60℃、70℃	非接触式	30W、60W (21.8kHz)	微生物指标分析，维生素C保留，美拉德反应，复水作用

材料(种植品种)	干燥方式	干燥参数	超声干燥方式	超声功率和声强(频率)	分析领域
麝香草	对流干燥	1m/s、2m/s、3m/s，40℃、50℃、60℃、70℃、80℃	非接触式	6.2W/m³、12.3W/m³、18W/m³(21.8kHz)	干燥动力学，传热和传质
食品溶液模型	对流干燥	0.3m/s、0.9m/s、1.9m/s，50℃、60℃、70℃	非接触式	60W、120W(20kHz)	干燥动力学

注：AH 表示空气绝对湿度，SD 表示太阳能干燥

6.2　超声预处理干燥技术

超声波预处理可以减少物料水分含量，改变食品物料的组织结构，加快其后进行的热风干燥速率。Fernandes 和 Rodrigues(2007)用超声波对香蕉进行预处理，然后进行热风干燥。首先将切片的香蕉放入蒸馏水中，用 25kHz、4870W/min 的超声波处理 30min，从水中取出物料后进行热风干燥。试验结果表明，超声预处理可以显著提高干燥系数，缩短总干燥时间。以渗透干燥作为对比，超声预处理的效果比渗透预处理更明显，超声波预处理比较适合处理水分含量高的样品，对于水分含量较低的样品，则建议使用渗透干燥。另外，在蒸馏水中超声预处理会造成糖分的损失，这样可以生产低糖干燥水果。

Jambrak 等(2007)用超声波分别对蘑菇、抱子甘蓝和花椰菜进行预处理，结果表明，超声波预处理比对照样品明显提高了干燥速率，试验中分别采用 20kHz 和 40kHz 探头式超声传感器进行 3min 和 10min 的超声浴，发现不同的处理方法效果不同。干燥效果最好的是：3min、40kHz 超声浴处理蘑菇；3min、20kHz 超声浴处理抱子甘蓝；3min、20kHz 超声浴处理花椰菜。干燥后样品的质量以产品的复水性为指标，通过与冷冻干燥作对比，表明冷冻干燥的复水性最好，超声预处理干燥的样品的复水性虽然不如冷冻干燥，但明显优于对照样品。因此超声预处理可以提高干燥速率和减少干燥时间，节省能源，减少产品质量损失。超声预处理虽然能提高干燥速度，但是工艺复杂，且在处理过程中，有时候会影响产品质量，有时候样品还会吸水增加干燥负担。

严小辉等(2011)研究了超声预处理对半干型荔枝干干燥时间的影响，实验发现干燥前的超声波预处理能够缩短半干型荔枝干的干燥时间；预处理的优化条件为超声频率 40kHz、超声时间 32.6min、超声功率 354W；在优化条件下预处理后，荔枝干燥至其果肉湿基含水率约为 32%时的预测干燥时间为 15.65h，而未处理荔枝所用时间需 26.80h，电镜扫描结果表明超声预处理对荔枝内外果皮结构均有明显影响。经超声预处理后，荔枝外果皮的细胞结构发生了改变，超声作用使其产生了显微通道，显微通道的大小与处理时间有一定关系。经过超声处理 40min 的荔枝果皮产生的显微通道最大，可达 30μm；其次是超声 20min 与超声 60min 处理，两者形成的显微通道大小相差不大，约为 10μm；而未经超声处理荔枝的显微通道则基本看不出来(图 6-1)。

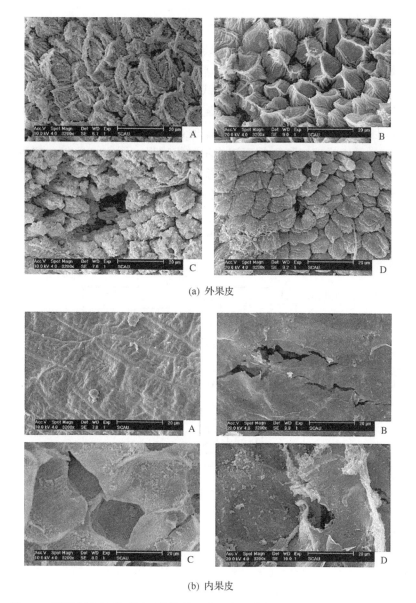

(a) 外果皮

(b) 内果皮

图 6-1　不同超声处理时间下荔枝外果皮和内果皮细胞电镜扫描图(×3200 倍)

A.对照；B.超声 20min；C.超声 40min；D.超声 60min

赵芳(2012)对超声波作用下苹果片预干燥过程进行了试验研究(装置示意图见图 6-2)，分析了超声声强对样品预干燥速率的影响，并建立了超声波预干燥过程的数学模型，模型中引入修正系数 γ 来反映超声波对样品内部水分扩散系数的影响，结合试验中所得样品含水率数据，计算出不同超声强度对应的修正系数，并拟合出修正系数与超声强度的关系曲线。研究结果表明，超声波有效强化了苹果片的预干燥过程，当超声强度为 $1.0W/cm^2$ 时，干燥速率提高了 67.2%。超声波对样品内部水分扩散系数的影响随着超声声强的增大而逐渐增强，且修正系数与声强呈线性递增关系。试验过程中发现，超声热效应引起的样品表面及中心的温度变化很小，当超声强度为 $1.0W/cm^2$ 时，干燥 3600s 后中心温度升高约 1℃，表面温升小于 2℃。超声加速了样品内部水分子扩散，当超声强度为 $1.5W/cm^2$ 时，扩散系数约为无超声波作用时的 2 倍。同时还对超声波作用下胡萝卜片预干燥过程进行了试验观测，认为：①超声波能有效强化胡萝卜的预干燥过程。超声通过机械效应、空化效应等作用方式有效增大了样品内部水分的扩散系数，且随着超声声强的增加，样品的预干燥速率逐渐增大。②当超声声强为 $1.5W/cm^2$ 时，样品干燥速率与无超声波作用时相比提高了约 3.9 倍。超声的热效应使样品内部温度升高，但温升幅度较小。当超声声强为 $1.0W/cm^2$，样品干燥 5400s 时中心温度升高幅度仅为 3.8K。因此，热效应不是超声波强化预干燥过程的主要影响因素。③超声在干燥 3600s 时对样品内部含水率分布的影响明显大于 900s 时，且超声对样品中心区域的水分迁移速率影响较大，对靠近表面区域影响相对较小。

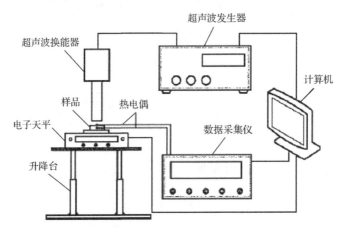

图 6-2　超声波预干燥试验装置示意图

　　周頔等(2015)采用超声波预处理技术，以超声功率、超声水温、超声处理时间为影响因素，以冻干时间和干制品复水比为评价指标，分别进行单因素和正交优化实验。结果表明，超声波预处理苹果片的最优工艺条件为超声功率200W、超声水温35℃、超声处理时间 10min。在此条件下，相较于未经超声波处理的苹果片，其真空冷冻干燥总时间可由 16h 缩短至 11.5h，缩短了 28%；且复水比可由 3.78 增大至 6.11，提高了 61.6%。超声波预处理技术中，影响苹果片真空冷冻干燥效率及冻干苹果片复水比的因素主次顺序为超声功率＞超声水温＞超声处理时间，且超声功率对结果有显著影响。品质测试结果显示：经超声波预处理的冻干苹果片维生素 C 保留量更高，外观色泽更加洁白，口感更加疏松且可维持其原有脆度，总体感官评价良好。另外，还进行了超声波技术、真空冻结技术、超声波-真空冻结技术对苹果片干燥的试验，试验将苹果片分为常规组、超声-常规组、真空冻结组、超声-真空冻结组，比较不同前处理方式对苹果片冻干效率及干制品品质的影响。结果如下所述。

1) 在冻干时间和干制品复水比上，超声波预处理和真空冻结方式均可使苹果片冻干时间缩短、冻干苹果片复水比增强，其中超声波处理最显著($p < 0.05$)，可使苹果片冻干时间由 16.00h 缩短至 11.83h、干制品复水比较常规组增加 62.16%，真空冻结处理可使冻干时间由 16.00h 缩短至 14.17h、干制品复水比较常规组增加 17.99%；在维生素 C 含量上，超声波处理有利于冻干苹果片中维生素 C 的保留，超声-常规组苹果片的维生素 C 保留率最高，可达 83.90%；在色泽上，3 种前处理后的冻干苹果片 b*值(黄度变量)均明显低于常规组($p < 0.05$)，其中超声-常规组差异最显著($p < 0.05$)，可使冻干苹果片的 b*值由 28.24 降至 19.46，表明超声波预处理和真空冻结方式均会使冻干苹果片颜色更加洁白。

2) 在硬度和脆性上，超声-常规组苹果片硬度最小、脆性好，真空冻结组苹果片酥脆性良好、有较好的咀嚼感；感官分析表明，评价员对 4 组冻干苹果片的喜爱度依次为超声-常规组＞真空冻结组＞常规组＞超声-真空冻结组。

3) 扫描电镜结果显示超声波预处理和真空冻结方式均会使冻干苹果片组织孔隙变大、结构变松散，有利于水分的逸出，其中超声波处理会使细胞间形成狭长形孔隙、真空冻结处理会使细胞组织形成偏圆形的多孔结构，但二者叠加作用会使细胞呈现杂乱排列、组织结构变形较严重。

段续等(2012)针对目前香菇进行深加工采用的热风干燥以及腌制等加工手段，造成其产品外观质量差，严重影响其商品价值的情况，采用真空冷冻干燥方法。为了缩短香菇冷冻干燥时间，对香菇进行超声波预处理，发现经正交试验优化后的超声波预处理(超声波功率 300W，处理时间 10min，脉冲 5s∶3s)可提高香菇冷冻干燥速率，使其干燥时间缩短 29.4%，冻干产品的复水能力约提高 29%。在一定功率范围内(低于 250W)，较大的超声波处理功率可获得较短的冷冻干燥时间，而超声功率对香菇复水性的影响则不明显；超声波处理时间超过 10min 后，香菇冷冻干燥时间和复水性则没有显著变化；超声脉冲则对冻干时间影响不显著。通过正交分析得出影响香菇冷冻干燥时间的因素依次为超声波功率、超声波处理时间和超声波脉冲方式，在生产中应依此顺序进行控制。

桃果实在后熟期：会出现呼吸高峰和乙烯释放高峰，导致桃果实感官品质降低、采后寿命缩短。果蔬干制作为一种重要的加工途径，发展迅速，市场前景良好，是延伸桃加工产业链的重要趋势。张鹏飞等(2015)以桃片为原料，探究超声渗透时间及干燥温度对桃片红外辐射干燥过程及耗能情况的影响，结果表明，超声渗透脱水技术可提高桃片渗透过程中的传质效率，增加脱水速率和固形物渗入率。但超声渗透时间在 60min 以内为宜，60min 后桃片组织结构破坏严重。根据固形物渗入量不同，超声渗透脱水时间选择 30min 或 60min。超声渗透脱水时间和干燥温度均会影响桃片红外辐射干燥速率。干燥速率随着渗透时间增加而降低，随着干燥温度升高而提高。Verma 模型能较好地反映桃片干燥过程，描述水分随时间变化的变化规律。未经渗透、T1(超声 30min)和 T2(超声 60min)处理组桃片在红外辐射干燥 60℃、70℃、80℃时，水分有效扩散系数为 $8.8789 \times 10^{-9} \sim 1.3011 \times 10^{-8} m^2/s$、$7.1213 \times 10^{-9} \sim 1.0393 \times 10^{-8} m^2/s$、$6.6771 \times 10^{-9} \sim 8.7785 \times 10^{-9} m^2/s$。随着温度的升高，桃片红外辐射干燥所需能耗降低；桃片经超声渗透脱水后，红外辐射干燥所需能耗增加。不同条件下，桃片干燥能耗均在干基水分含量为0.3左右急剧增加。可以此作为联合干燥水分转换点，利用其他干燥方式，如变温压差膨化干燥，达到节省时间、节约能耗、提高产品品质的目的。超声渗透对水分、固形物、干燥特性和水分扩散系数的具体影响见图6-3～图6-6。

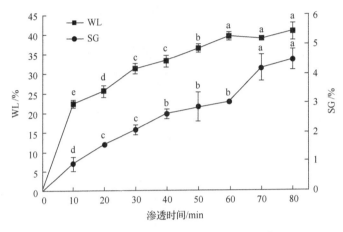

图 6-3　超声渗透时间对 WL 及 SG 影响
同一指标不同字母表示差异显著

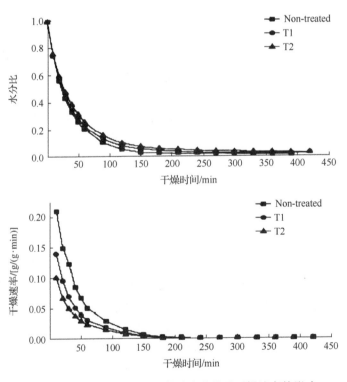

图 6-4　60℃下不同处理对桃片水分比及干燥速率的影响

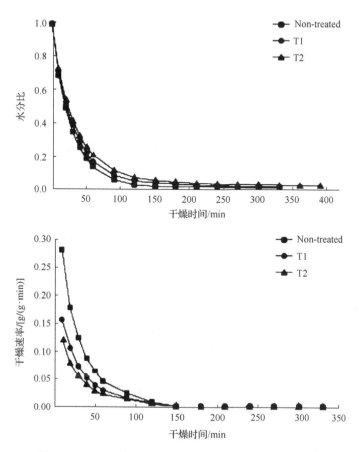

图 6-5　70℃下不同处理对桃片水分比及干燥速率的影响

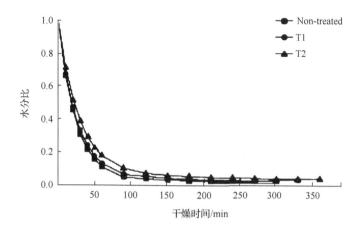

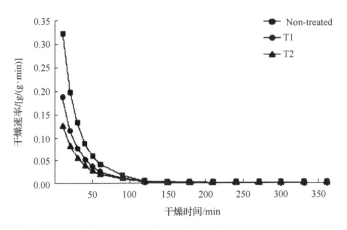

图 6-6　80℃下不同处理对桃片水分比及干燥速率的影响

(1) 超声渗透对水分损失 (water loss, WL) 及固形物增加 (solids gain, SG) 的影响

超声渗透时间对 WL 和 SG 的影响如图 6-3 所示。由图可知,随着超声渗透时间的增加,WL 与 SG 均逐渐上升。当超声渗透 30min 时, WL 为 $(31.23\pm1.32)\%$, SG 为 $(2.07\pm0.17)\%$,WL 较 20min 有显著性差异,SG 较 40min 有显著性差异;当超声渗透 60min 时, WL 为 $(39.52\pm1.05)\%$, SG 为 $(3.02\pm0.08)\%$, WL 较 50min 有显著性差异, 且 60min 后趋于平衡,SG 较 70min 有显著性。超声渗透脱水进行到中后期,物料水分含量下降,渗透压差降低,最终导致传质推动力下降,WL 趋于平衡。且长时间的超声渗透处理,果蔬组织结构明显被破坏,SG 显著增加。此外,超声渗透 60min 后,桃片出现糜烂现象,组织软化严重。由图可知,超声渗透 30min,WL 较 60min 有显著性差异,SG 较 60min 也有显著性差异。因此,30min (T1) 及 60min (T2) 可作为后续红外辐射干燥超声渗透处理时间。超声渗透 30min,桃片干基水分含量为 $(5.48\pm0.08)\%$;超声渗透 60min,桃片干基水分含量为 $(4.14\pm0.06)\%$。

(2) 干燥特性

图 6-4~图 6-6 分别为经不同超声渗透处理的桃片,在 60℃、70℃、80℃的干燥特性曲线和干燥速率曲线。由图 6-4 可知,60℃下,桃片的水分含量均随着干燥时间的延长而减少,干燥过程均属于降速干燥过程。未经渗透 (Non-treated) 的桃片干燥速率最大,水分含量随着时间延长降得最快,其次为 T1 处理组,T2 处理组干燥速率最小,水分含量随着时间延长降得最慢。同样的现象也出现在 70℃ 及 80℃ 干燥过程中。干燥过程中存在 "干区" 与 "湿区",随着干燥进行,湿区直径加速减小,二者出现分离现象。干湿界面逐步退缩到物料内部,物料表面成为干区,导致物料表面硬化、结壳,进而使物料整体水分传递速率下降。超声时间影响渗透过程中水分损失,导致红外辐射干燥初始干基水分含量 T2<T1<未经超声渗透处理的。但是经过超声渗透处理,固形物渗入桃片内部,且固形物渗入量 T1<T2。由于固形物的渗入,桃片干燥过程中水分向外扩散阻力增加,导致干燥速率降低。由图 6-4~图 6-6 也可知,不同干燥温度 (60℃、70℃、80℃) 对桃片红外辐射干燥特性的影响。针对同一渗透处理,温度越高,桃片干燥所需时间越短,水分降低越快,干燥速率越大。以 T1 处理组为例,干燥温度为 60℃、70℃、80℃时,

桃片干燥到安全含水率的时间分别约为 420min、230min、160min。

　　(3) 水分有效扩散系数

　　运用菲克第二定律计算桃片超声渗透-红外辐射干燥水分有效扩散系数，结果如表 6-3 所示。

表 6-3　不同条件下桃片红外辐射干燥水分有效扩散系数

干燥条件	有效扩散系数 D_{eff}/(m^2·s)	R^2
未经处理的+60℃	8.8789×10^{-9}	0.9421
未经处理的+70℃	1.1454×10^{-8}	0.9343
未经处理的+80℃	1.3011×10^{-8}	0.9209
T1+60℃	7.1213×10^{-9}	0.9361
T1+70℃	9.5064×10^{-9}	0.9326
T1+80℃	1.0393×10^{-8}	0.9136
T2+60℃	6.6771×10^{-9}	0.9461
T2+70℃	7.7859×10^{-9}	0.9341
T2+80℃	8.7785×10^{-9}	0.9259

　　由表 6-3 可知，同一温度下，不同渗透时间对 D_{eff} 值影响不同。未经处理的桃片 D_{eff} 值最大，其次为 T1 处理组，T2 处理组 D_{eff} 值最小。以 70℃ 为例，未经处理、T1 及 T2 处理组 D_{eff} 值分别为 7.7859×10^{-9}～1.1454×10^{-8} m^2/s。由于渗透时间越长，固形物渗入量越大，湿分扩散到表面阻力加大，对原料内部水分迁移影响越大。同一渗透处理下，桃片水分有效扩散系数随着干燥温度的升高而升高。以 T1 处理组为例，干燥温度为 60℃、70℃ 及 80℃ 时，桃片水分有效扩散系数为 7.1213×10^{-9}～1.0393×10^{-8} m^2/s。随着干燥环境温度提高，物料内部温度提高，从而造成蒸汽压梯度使水分扩散到表面并同时使液体水分迁移。

6.3　超声强化渗透脱水技术

　　渗透脱水是食品领域中一种常见的加工方法，它是指在一定温度下，将物料浸入高渗透压溶液，如糖溶液或盐溶液中，利用细胞膜的半渗透性使物料中水分转移到溶液中，它是基于物料细胞壁和细胞膜作为半透膜，在渗透脱水中，主要存在两个相反过程，一方面物料中的水分向溶液中传递，另一方面溶液中的溶质逐渐渗入物料中，过程进行的程度取决于半透膜两侧溶液的浓度。吸收了水分的稀渗透液通过蒸发浓缩或不断添加渗透物质可循环使用。在国外，渗透脱水技术研究主要集中在制作中等水分含量的果蔬制品或与其他后续的干燥、罐藏、冷冻等方法联用生产果蔬制品方面。渗透脱水能够在较低的温度和能耗下保持果蔬的营养成分。经渗透脱水的果蔬再进行干燥，产品的干燥时间可缩短 10%～15%，同时由于体积和质量的减少，干燥的有效荷载增加 2～3 倍，从而可大大节省能耗。但通常由于新鲜物料组织结构紧密，渗透脱水速率非常缓慢，往往需要几周乃至几个月的时间才能达到加工要求，因此在不影响果蔬品质的前提下有必要采用一些方法加速渗透脱水过程中的质量传递。

在现有技术的基础上，如何进一步强化常规渗透脱水过程受到众多学者的关注。超声波作为一种物理能量形式，可使介质粒子振动，这种振动在亚微观范围内引起超声空化现象，从而使固液体系中的液体介质的质点运动增加，固体内部结构变化，使微孔扩散得以强化。同时，超声在固液界面产生的声冲流能够减薄扩散边界层；当空化气泡位于固体表面附近时，气泡呈非对称性崩溃，对固体表面产生微射流，这些效应都将影响质量传递过程。在渗透脱水过程中，声场中的压力和频率是两个需考虑的重要因素，超声波在介质中能产生一系列快速而连续的压缩和稀疏效果，其速率取决于声波的频率，这一机理在很大程度上与食品的干燥和脱水作用有关，声波的机械和物理效应已用于很多食品强化和扩散过程。空化是声波在液体中传播时产生的现象，这种效应能够强化渗透过程的扩散，并加速物料组织的除气。声冲流影响固液间边界层的厚度，强化悬浮固体与液体间通过边界层的扩散，进而强化固液体系质量传递过程。

目前，功率超声已经应用于强化渗透脱水过程的质量传递。Lenart 和 Ausländer(1980)的研究表明，超过一定的声强阈值溶液扩散率将随声强的增强而增加，但也有人发现，当声强达到最大时扩散率的增加将停止，这是强烈空化在固液界面产生的极度湍流(也被称为汽塞)所导致。Santacatalina 等(2016)将超声用于强化苹果块渗透脱水过程的质量传递，结果表明与搅拌情况下的渗透脱水相比，脱水率增加 14%～27%，而干物质增加率为11%～23%(渗透脱水 3h)。

超声波辅助渗透脱水(超声渗透)可以提高渗透过程中的传质效率，且可改善干燥产品的组织结构，提高干制品复水性，丰富干制品风味，保持产品较好的色泽。超声及超声渗透预处理可影响物料内部水分状态及分布，从而影响物料干燥过程中水分扩散特性。

如果利用超声在液体介质中所产生的声空化效应，则可以显著提高脱水速率，脱水后产品的感官品质与鲜料几乎一样。Xin 等(2013)对西兰花进行超声渗透实验，结果表明，超声渗透 10min、20min 及 30min，水分损失分别为 0.76%、0.95%及 1.20%，西兰花内部水分在高渗透压作用下迁移至渗透溶液，随着超声渗透时间增加，引起空穴效应增强，水分损失升高。经过超声预处理，桃片固形物含量降低，且随着超声时间增加，固形物损失量越大。Mothibe 等(2014)对苹果块进行超声预处理的研究表明，浓度梯度引起可溶性固形物如可溶性糖类、矿物质、有机酸、风味物质、色素等由物料内部转移至渗透液中。与经微波预处理相比，经超声预处理后的苹果块的干燥速率大，所得的干燥苹果块较柔软和水分活度较高；从节能方面而言，超声预处理更具有优势。

巴西学者 Fernandes 等(2009)研究表明超声能破坏物料细胞结构，并在物料表面产生许多微观通道，可加速渗透过程中质量传递。可溶性固形物含量变化可反映桃片预处理后固形物增加率变化。不同预处理对桃片可溶性固形物含量影响显著。与鲜样相比，经超声预处理后，桃片可溶性固形物含量降低，超声处理 30min 的含量最低，为 3.80%；超声渗透预处理后，桃片可溶性固形物含量升高，超声处理 60min 的含量最高，为 14.93%。因此，采用超声预处理可生产低糖、低能量的产品，从而可更好地迎合消费者的价值取向。先利用超声对新鲜菠萝片进行辐照(25kHz、4780W/m²、20min)，再热风干燥，发现采用此方法能使干燥过程的水分扩散系数提高 45.1%，干燥时间缩短 31%。显然，在干燥方面，超声对以液体为传播媒介的干燥体系具有明显的强化作用，不仅能够强化干燥过程，而且能够提高干燥产品品质(张鹏飞等，2015)。

董红星等(2008)以氯化钠溶液为渗透液，进行了超声场强化马铃薯渗透脱水的研究，探讨了声空化强度、超声场作用时间、浸泡液浓度和切片厚度等因素对马铃薯渗透脱水的影响。发现声空化对渗透脱水有显著强化作用，脱水率随声空化强度及时间的增加而增加，固形物得率也随声空化强度增加而增加；但随声空化处理时间的延长，固形物得率呈下降趋势甚至出现负值。超声空化产生的声冲击流及微扰动是产生这些现象的主要原因；渗透液质量分数对物料的脱水率有重要的影响，随溶液浓度的增大，物料脱水率和固形物得率都将增加，随物料厚度的增加，膜内的传质阻力增大，致使物料内外物质的传质速度降低。在声空化装置的电流强度为 0.7A，超声场作用时间为 30min，渗透液质量分数在 15%，物料厚度为 3.5～4.5mm 的条件下，超声强化马铃薯渗透脱水的效果最好。同时还发现在超声(功率为 108W)作用下，胡萝卜失水率及固形物得率随时间增加而增加，在 0～20min 内，两者增加均较快，以后变化逐渐趋于平缓；在相同的时间，随温度的增加，失水率也增加；当温度及时间均保持不变时，高浓度下失水率及固形物得率均高于低浓度时，因此得出当渗透时间为 60min、渗透液(蔗糖)浓度为 60%、温度为 60℃时，脱水率达到最大。在超声作用下，胡萝卜失水率随时间变化与含水率呈正比线性关系。温度保持不变时，脱水速率常数 k_w 与固形物得率常数 k_s 随蔗糖溶液浓度的增加而增加；当渗透液浓度不变时，随温度增加 k_w 增加，k_s 降低，同时温度对高浓度渗透液的影响比低浓度的大。随着温度的增加，物料中固形物变化的速率常数多呈降低趋势，并认为这种趋势的出现可能有几种原因：①随着温度的增加，分子的热运动加快，固形物进入物料内的阻力也加大。②超声波在介质中传播时对大分子物质(如纤维、蛋白质、淀粉、酶等)具有降解作用。降解后的分子由于形体变小再加之细胞膜在超声波的作用下局部破损，这些分子将会随着水分的移出顺势移出，并且随温度的升高，移出速率也会加快。③在渗透脱水中主要存在的两个相反过程是同时进行的，并最终达到平衡。根据溶液热力学理论，在平衡点时，渗透液中的水分活度与物料中的水分活度相等。在渗透脱水过程中，水分的脱除或干物质的增加都会使物料内水分的活度降低，这就使水分迁移的传质驱动力加大。对于物料来说，如果失水率增加，固形物得率则降低。因此，在任意时刻，如果溶液浓度不变，随着温度的变化，脱水速率常数 k_w 与固形物得率常数 k_s 总是存在着这样的关系。与低浓度渗透液相比，温度对高浓度渗透液的影响更大，这也许是高温时渗透液黏度的降低影响着外部传质速率的原因。

张平安等(2004)进行了超声强化龙眼渗透脱水的研究，探讨了渗透脱水时间、超声处理时间、超声声强对物料脱水率、失重率、固形物得率、细胞膜透性等的影响，发现超声能够明显强化龙眼渗透脱水过程，提高脱水率，并建立了超声强化龙眼渗透脱水的经验动力学方程，经试验验证所建立的经验方程计算值与试验值有较好的一致性，其差的均方根小于 5%。

孙宝芝等(2004)研究了超声空化对苹果和梨渗透脱水的影响，发现声空化对渗透脱水具有显著的强化作用，其中溶液浓度对物料的脱水率有重要影响，随溶液浓度的增大，物料脱水率和干物质增加率都增加；随物料厚度的增加，膜内的传质阻力增大，致使物料的传质速率降低。不同物料的脱水效果不同，梨的脱水率和干物质增加率高于苹果，这与梨的容积孔隙率和初始含水率高于苹果有关。超声空化产生的声冲流及微扰动是声空化强化渗透脱水过程质量传递的主要机理。她们认为声空化强化渗透脱水过程中的质量传递的物理机制可概括为 4 个方面：①超声空化产生的声冲击波引起溶液的宏观湍动，使固液界面的边界层减薄，增大传质速率。②超声空化产生的微扰动使固液传质过程的瓶颈——微孔扩散得以强化，形成微扰效应，强化传质。③超声空化对溶液的强烈扰动使溶液混合良好，固液界面处溶液的浓度与溶液的主体浓度相等，减小传质的外部阻力，强化渗透脱水过程中的质量传递。④可以用传质的水动力机理解释功率超声强化渗透脱水过程中的质量传递现象。

6.4　超声耦合热风干燥技术

目前关于超声强化干燥方面的研究主要集中于液体介质中，这主要归因于超声在液体中传播时能量衰减小，传播距离远，能够负载大的能量，而在气体(空气)中传播时声阻抗低，导致工作效率很低；而且将超声作为热风干燥前的一种预处理手段，利用超声空化效应改变物料表面和内部结构，增大细胞壁间隙，以有利于后续的热风干燥。事实上这种方法只是通过超声预处理方法来改变物料的结构性状，以达到提高热风干燥效率的目的。但影响热风干燥效率的因素不仅与物料本身的性质有关，更重要的还取决于干燥过程中对流传热传质效率(动量传递、热量传递和质量传递)，因而在缩短总干燥时间、降低耗能和提高产品质量等方面的改善效果有限。

如果能将超声直接有效耦合于热风干燥过程中，就可以利用超声的高频率强波动效应、空化效应及热学效应(产生流体湍流和微射流，降低传热传质边界面厚度，增加近壁面的速度梯度，传递超声能量引起液体介质吸收能量远大于气体介质加速物料水分向气体中扩散)的特点，满足超声既可改变物料本身性状又能对热风干燥过程传热传质进行强化。正是基于这种考虑，因此相关学者提出基于超声的声学传播特点和自身独特的作用效应来对热风干燥过程进行强化。

众所周知，超声能量从空气传递到固体(或液体)中是非常困难的，因为存在声阻抗失配现象。因此，研究者们设计了在换能器与待干燥物料间两种不同的超声能量传递模式，即非接触空气耦合式超声干燥和接触式静压超声干燥(图 6-7)。静压的应用是为了保证超声换能器与被干燥物料间保持接触。由于绝大多数食品原料，尤其是水果和蔬菜，在脱水过程中会发生明显的收缩从而导致其体积显著减小。因此，将样品压在振动盘下以确保恒定的声功率。研究结果显示，在低的空气流速和低的温度下，空气耦合式超声干燥能减少干燥时间 20%~30%，而接触式静压超声干燥仅能明显提高干燥效果。

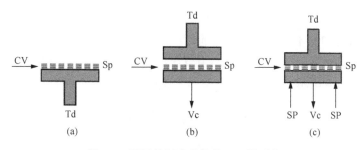

图 6-7　不同的超声强化热风干燥系统

(a)、(b)接触式，(c)带静压的接触式；CV.对流干燥(空气流动方向)；Sp.样品；Td.换能器；Vc.真空；SP.静压

6.4.1　气介式大功率超声干燥设备

早在 1995 年，我国陕西师范大学林书玉等就对大功率气介声波换能器进行了研究，提出了一种弯曲圆盘式换能器的设计思路，并研制出了实物进行试验，发现当输入电功率达 200W 时，离换能器正前方 1m 处，声场中的声压级可达 150dB。但是直到近来年，能源价格的迅速上涨才逐渐引起人们的关注。在 2007 年第八届 Electron Devices and Materials 会议上，俄罗斯学者 Savin 等(2007)介绍了气介式大功率超声换能器的设计原理及具体结构，超声波具备了在气体介质中与在液体介质中一样传播的能力，超声有效强化热风干燥在实际中的应用真正成为一种可能。

6.4.1.1　设计原理

要实现功率超声在空气中能量的传播，必须解决声阻抗匹配问题。由于弯曲圆盘的声阻抗低，易于实现与空气的匹配，从而可有效解决大功率超声的输出问题。图 6-8 为由相位均衡组件构成的圆盘辐射示意图，当夹心式换能器纵向振子的共振频率与圆盘弯曲振动某一振动模式共振频率一致时，二者在同一个共振频率上共振，此时复合系统的

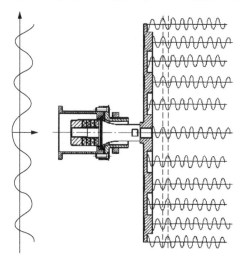

图 6-8　由相位均衡组件构成的圆盘辐射示意图

工作状态处于最佳状态。当辐射圆盘凸出的台阶高度与超声波在空气中传播的半波长相等时，负相区域的声波不会与正相区域的声波相互抵消，相反会相互加强，这样来自圆盘各个点的辐射相都是相等的。图 6-9 为设计出的由相位均衡组件构成的圆盘实物图，其具体参数如表 6-4 所示，也可以根据实际需要设计成波伏式方形辐射盘(图 6-10)。

图 6-9   由相位均衡组件构成的圆盘实物图

表 6-4   由相位均衡组件构成的圆盘参数

参数名称	数值
辐射表面直径/mm	322
优化的发辐射频率/kHz	20
沿盘半径分布的半波长数目	5
相位均衡横档高度/mm	8.5
距离 0.2～1m 处的声强/dB	177～182
凹谷深度/mm	1.5
圆盘质量/kg	3.2

图 6-10   带有 8 个矩形节点线的矩形盘振动模式

6.4.1.2   设备结构

超声强化热风干燥设备主要由热风系统和超声系统两部分组成，其中热风系统由加热器、风扇、测温计、风速计、干燥室(或装料室)等组成，还可配置真空室、真空泵和压力计等，超声系统由计算机、控制元件、功率放大、阻抗匹配、气介式超声换能器组成，超声换能器可与干燥室外壳直接相连，也可直接伸入干燥室内。图 6-11 和图 6-12

分别为这两种结构的工作示意图。在图 6-11 中，换能器直接与干燥室外壳相连，在超声工作过程中能带动整个外壳一起振动，从而作用于整个圆壳内的干燥热风和物料，辐照比较均匀。在图 6-12 中，只有处于超声振动器正下方的物料和热风才能接受到超声辐照，因此样品铺开的面积不能太大，否则干燥不均匀，由于配置的真空泵能及时将干燥后的湿热空气抽走，干燥速率也较快。

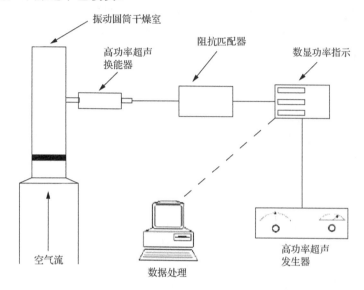

图 6-11　与外壳直接相连的超声干燥设备示意图

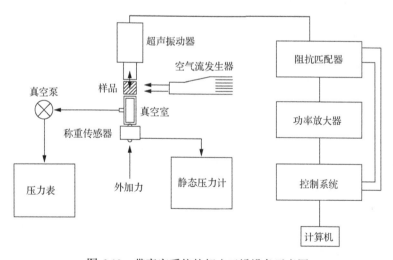

图 6-12　带真空系统的超声干燥设备示意图

6.4.2　气介式大功率超声强化热风干燥的应用

　　Jambrak 等(2010)研究了超声波干燥不同种类蔬菜(如苹果、胡萝卜、蘑菇)，用 20kHz 的超声波耦合热风，采用 3 种试验方法：①干燥物料与超声波直接接触；②干燥物料与超声波直接接触，并施加一定的静压力；③空气换能超声波应用于超声干燥系统。试验结果表明，干燥物料与超声波直接接触，在55℃下干燥蘑菇，干燥到相同的含水量，所需的时间只是热风单独干燥的1/3；在55℃下干燥苹果，干燥到原来重量的6%，使用超声波是不使用超声波所用时间的40%；在55℃下干燥胡萝卜，干燥到原来重量的10%，使用超声波只需要50min，而不使用超声波需要2h；在20℃下干燥胡萝卜，干燥到原来重量的25%，使用超声波只需要100min，而不使用超声波需要3h。超声波与热风耦合干燥中的干燥效果受到热风流速的影响，流速越小，干燥效果越好，在干燥中施加静压力的干燥效果与不施加静压力时没有明显不同。使用空气换能器并没有得到预想的效果，仍需要做进一步研究。

García-Péreaz 等(2006)探讨了采用频率21.8kHz、功率75W的超声对热风干燥过程的强化作用，发现对不同结构的物料，超声的强化效果不同，物料结构越紧密，超声的强化效果越明显；在热风流速较小的情况下，超声均能显著提高各种物料的水分扩散速率，流速越小，超声的强化效果越明显，同时还能降低热风干燥温度。结果表明，超声热风耦合干燥系统的干燥效果，除了受到空气流速、超声功率、质量负荷影响外，还受到样品材料、大小和形状的影响。

García-Pérez 等(2007)认为高的热风流速会降低空气介质中超声能量，超声对热风干燥动力学的影响归因于超声降低了边界层厚度，在低的风速下(<5m/s)，干燥速率主要取决于外扩散阻力，而风速的增加降低了扩散边界层的厚度；当风速增大至某一阈值时(>5m/s)，干燥速率不再取决于风速的大小，而是由内扩散阻力控制。

Cárcel 等(2010)考察了超声干燥橄榄叶对萃取物的抗氧化能力的影响，发现当萃取时间较短时(如30min)，经超声干燥后所得萃取物的抗氧化活性比普通热风干燥的要高出38%，但是当萃取时间较长时(>60min)，相反普通热风干燥所得萃取物的抗氧化活性比超声干燥要高，其原因未作分析。

Fuente-Blanco 等(2006)研究了在不同功率的超声作用下胡萝卜的脱水情况，发现随着超声功率的增大，胡萝卜的脱水速率明显加快，在热风干燥速率和干燥温度分别为2m/s和30℃条件下，附加20kHz、100W的超声可使新鲜胡萝卜在90min内失水率超过70%，而不附加超声的普通热风干燥的样品失水率仅为15%。

Soria等(2010)对超声干燥胡萝卜的物化性质进行了分析，在75min内经烫漂后的胡萝卜失水率达90%，认为超声产生的一系列效应(微扰、产生微孔道、水分子空化)能够将物料中水分较容易地移去，干燥可在较低的温度(≤60℃)下进行。在低温下(≤40℃)，经超声干燥后的胡萝卜中还原糖的损失很小，但在60℃时，还原性糖有明显的损失，尤其是葡萄糖(54%)；对于蔗糖、景天庚酮糖和肌醇而言，在不同干燥参数下均很稳定。与冷冻干燥相比，超声干燥的胡萝卜在总酚含量、抗氧化活性、复水率、直径变化方面没有明显区别。

植物种子的保藏对于翌年种子的发芽和作物产量非常重要，科学的干燥方法有利于延长种子的保藏期，提高生产效率。Khmelev 和 Abramenko(2008)设计了一种锅式超声干燥设备，用来干燥各种植物种子，包括甜瓜、番茄、玉米、小麦、荞麦等，发现采用超声干燥后的种子比普通热风干燥后的更耐储藏；并利用此设备进一步进行了明胶、织物、豌豆和胡萝卜等多种原料干燥试验，在160min内明胶的干基含水率由175%降低到

25%，在 140min 内豌豆的湿度由 46%降低到 3%以下，在 150min 内新鲜胡萝卜的湿度由 600%降低到 350%，根据公式"干燥效率=(耗电量×干燥时间)/除去的水分质量"比较了超声干燥与热风干燥的效率，计算得出超声的干燥效率为 129.83W·min/g，而传统热风干燥的效率为 352.11W·min/g，即在获得相同含水率的物料条件下，超声干燥效率是热风干燥效率的 2.7 倍。

6.5　超声耦合喷雾干燥技术

随着医药、食品和饲料行业的飞速发展，对物料和产品的制丸、制囊和包被技术的要求也越来越广泛，微胶囊包被或者药物的胶囊包被上经常用到药物喷雾装置。现有的喷雾方法主要有离心喷雾、压力喷雾和气流喷雾 3 种方式。离心喷雾是利用离心将物料进行雾化；压力喷雾是利用高压泵的压力达到物料雾化；气流喷雾利用高压空气的流速达到物料雾化。随着现代经济的发展和人们要求的提高，这些常规的喷雾方法已经达不到人们的需求，常规的喷雾方法喷出的液滴的大小不均一，物料不均匀，用在微胶囊包被或者药物的胶囊包被上，会存在包被不完整的问题。

现有的喷雾干燥设备，主要是高速离心喷雾干燥和常规的喷雾干燥，其干燥过程都离不开高温空气的参与，这就有可能造成物料的失活、变性等。同时高温喷雾干燥过程需要大量的水蒸气、压缩空气和水，造成极大的耗能浪费，不利于集约型产业的发展。

超声波还可以和喷雾干燥耦合进行液体食品的干燥，国内也有文献报道，即利用超声波对许多热敏性物料可在其表面形成超声喷雾的特性，使液体表面积增加；在物料内部，尤其在组织分界面上，超声能量大量转化成热能，造成局部高温，促进水分逸出。从而提高蒸发强度、效率及降低蒸发温度，具有干燥速度快、温度低、最终含水率低且物料不会被损坏或吹走等优于传统喷雾干燥的优点。超声喷雾干燥不存在喷口阻塞问题，而且可以适用于较为黏稠的物料，因此有更广阔的应用。采用超声波干燥，在较短时间内得到的干燥产品质量好且稳定。用超声喷雾冷冻干燥技术制备磷酸钙，可以得到非常细的磷酸钙颗粒，并且很少出现凝聚。

王安如等(2012)发明了一种超声波喷雾干燥装置，包括干燥室、超声波喷嘴和真空泵(图 6-13)。超声波喷嘴安装在干燥室的顶部，并与外部物料管道连接，真空泵通过管道与干燥室连接。在干燥室的下方设有流化床，流化床通过物料收集管道与干燥室的底部相连。真空泵包括第一真空泵和第二真空泵，第一真空泵通过第一真空管道连接在干燥室的上部，第二真空泵通过第二真空管道连接在干燥室的下部。空气冷却室位于真空泵与干燥室之间，用于冷凝真空泵与干燥室连接的管道中的水气。在干燥室的下部设有挡料隔板，与干燥室的下部连接；物料收集室位于挡料隔板的下方，在其底部设有挡板；超声波喷嘴连接有超声波控制器，用来调节超声波的频率以控制超声波喷嘴的喷量。干燥室的外壁中部装有加热器，中部的外壁上设有观察窗。

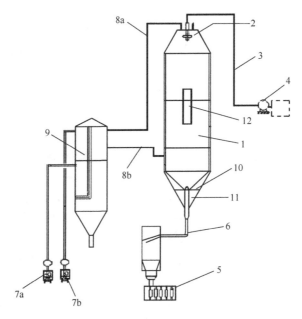

图 6-13　超声波喷雾干燥装置示意图

1.干燥室；2.超声波喷嘴；3.物料管道；4.物料泵；5.流化床；6.物料收集管；7a.第一真空泵；7b. 第二真空泵；8a.第一真空
管道；8b. 第二真空管道；9. 空气冷却室；10. 挡料隔板；11.物料收集室；12.观察窗

　　采用超声波喷嘴进行物料喷雾实现了物料喷雾均匀，使得微胶囊包被或者药物的胶囊包被完整，且在物料干燥前采用真空泵进行抽真空的干燥室，避免了高温蒸汽干燥过程中温度对物料的破坏，提高了产品质量，降低了能耗和环境污染。

　　超声波喷嘴连接有超声波控制器，超声波控制器用于调节超声波的频率以控制超声波喷嘴的喷量，以根据实际生产需要来调节物料的大小。在进行喷雾干燥作业时，将待喷雾和干燥的物料进行乳化后，将第一真空泵和第二真空泵打开，对干燥室抽真空，同时打开干燥室外壁的加热器，使温度维持在 20～30℃、真空压力 2.27～3.35kPa 时，将超声波喷嘴的频率调至 20～30kHz，利用水进行预喷，并调节第一真空泵和第二真空泵的功率，使干燥室内的气流流速稳定后，再打入物料进行喷雾。通过该设备得到的物料微粒大小均匀，而且还可以通过调节超声波频率控制微粒的大小。

6.6　超声与其他干燥技术的耦合

6.6.1　冷冻干燥

　　Schössler 等(2012)将接触式超声与冷冻干燥结合起来用于干燥蔬菜，其设备如图 6-14 所示。超声系统包括两个超声杆通过钛螺纹螺栓固定在不锈钢环上。孔径为 500μm 的不锈钢筛网被焊接在环上。超声处理器由带有振幅可调节的超声发生器驱动。超声处理采用激光干涉法测定超声杆和筛网框接触点的激发振幅。

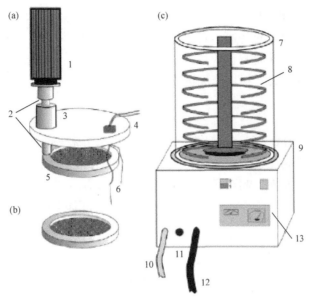

图 6-14 接触式超声协助冷冻干燥实验室系统

(a)超声设备；(b)样品筛；(c)冷冻干燥器；1. 超声处理器 UIP1000；2. 超声 BS2d34；3. 无振动法兰；4. 丙烯酸盖子；

5. 超声干燥筛；6. 温度传感器；7. 干燥室；8. 架子；9. 冷冻干燥器；10. 水出口；11. 真空调节器；

12. 真空管；13. 电平指示器

6.6.2　热泵干燥

Bantle 和 Eikevik(2014)开发了一种超声协助热泵干燥的系统(图 6-15)。使用两种冷凝器来保持干燥空气不会过热。第一个冷凝器将多余的能量从压缩机转移到区域供热系

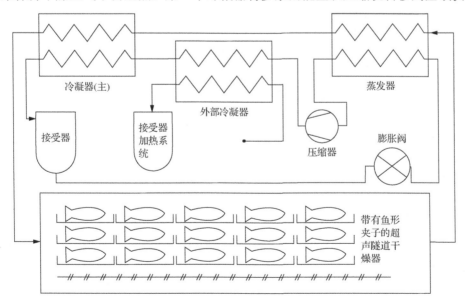

图 6-15　超声协助热泵干燥系统示意图

统，而第二个冷凝器用于将干燥空气再加热到所需的干燥温度。首先在蒸发器中冷却来自隧道的干燥空气，并通过冷凝器将水冷却到一定温度后除去。空气在第二冷凝器中被再次加热至初始温度，恢复自己的热量。由于水在蒸发器中被除去，所以在通过冷凝器之后空气的相对湿度较低，可以在隧道入口处再次利用。

6.6.3　太阳能干燥

Kouchakzadeh(2013)设计了一种超声联合太阳能平板床干燥开心果的装置(图 6-16)。平板床上安装有两个传感器和由两个螺栓夹紧的 20kHz 超声波换能器。负载传感器位于平板的中间，与基底接触，超声换能器放置在角落的对面。超声换能器由一个外延压电 Bolt-clamped Langevin 型的铝身换能单元片(SMBLTD50F20 HA)组成。

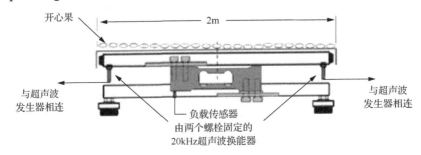

图 6-16　超声联合太阳能平板床干燥开心果的设备示意图

本章作者：罗登林　河南科技大学

参　考　文　献

董红星, 相玉琳, 王树盛, 等. 2008. 超声场作用下胡萝卜渗透脱水质量传递规律研究. 哈尔滨工程大学学报, 29(2): 189-193.

段续, 任广跃, 朱文学, 等. 2012. 超声波处理对香菇冷冻干燥过程的影响. 食品与机械, 28(1): 41-43.

孙宝芝, 姜任秋, 淮秀兰, 等. 2004. 声空化强化渗透脱水. 化工学报, 55(10): 4-8.

王安如, 杜建涛, 付维来. 2012. 一种超声波喷雾干燥装置: 中国, ZL201120503311.1.

严小辉, 余小林, 胡卓炎, 等. 2011. 超声预处理对半干型荔枝干干燥时间的影响. 农业工程学报, 27(3): 351-356.

张鹏飞, 吕健, 周林燕, 等. 2015. 桃片超声渗透-红外辐射干燥特性及能耗研究. 现代食品科技, 31(11): 234-241.

张平安, 叶盛英, 李雁. 2004. 超声场强化龙眼渗透脱水研究. 华南农业大学学报, 25(2): 101-103.

赵芳. 2012. 超声波辅助污泥热风干燥热湿耦合迁移过程的研究. 东南大学博士学位论文.

周頔, 孙艳辉, 蔡华珍, 等. 2015. 超声波预处理对苹果片真空冷冻干燥过程的影响. 食品工业科技, 36(22): 282-286.

Bantle M, Eikevik T M. 2014. A study of the energy efficiency of convective drying system assisted by ultrasound in the production of clipfish. Journal of Cleaner Production, 65 (2): 217-223.

Boucher R M G. 1959. Drying by airborne ultrasonics. Ultrasonics News, 111: 8-16.

Cárcel J A, Nogueira R I, Rosselló C, et al. 2010. Influence on olive leaves antioxidant extraction kinetics of ultrasound assisted drying. Diffusion and Defect Data Part A: Defect and Diffusion Forum, April, 297(1): 1077-1082.

Fernandes F A N, Gallão M I, Rodrigues S. 2009. Effect of osmosis and ultrasound on pineapple cell tissue structure during dehydration. Journal of Food Engineering, 90: 186-190.

Fernandes F A N, Rodrigues S. 2007. Ultrasound as pre-treatment for drying of fruits: Dehydration of banana. Journal of Food Engineering, 82: 261-267.

Fuente-Blanco S, Riera E, Acosta-Aparicio V M, et al. 2006. Food drying process by power ultrasound. Ultrasonics, 44: 523-527.

García-Péreaz J V, Cárcel J A, Benedito J, et al. 2007. Power ultrasound mass transfer enhancement in food drying. Trans IChemE, Part C, Food and Bioproducts Processing, 85: 247-254.

García-Péreaz J V, Cárcel J A, Fuente-Blanco S, et al. 2006. Ultrasonic drying of foodstuff in a fluidized bed: Parametric study. Ultrasonics, 44: 539-543.

Jambrak A R, Lelas V, Herceg Z, et al. 2010. Application of high power ultrasound in drying of fruits and vegetables. Journal of Chemists and Chemical Engineers, 59(4): 169-177.

Jambrak A R, Mason T J, Paniwnyk L, et al. 2007. Accelerated drying of button mushrooms, Brussels sprouts and cauliflower by applying power ultrasound and its rehydration properties. Journal of Food Engineering, 81: 88-97.

Khmelev V N, Abramenko D S. 2008. Research and development of ultrasonic device prototype for intensification of drying process. 9th International Workshops and Tutorials on Electron Devices and Materials, July: 235-240.

Kouchakzadeh A. 2013. The effect of acoustic and solar energy on drying process of pistachios. Energy Conversion and Management, 67(3): 351-356.

Lenart I, Ausländer D. 1980. The effect of ultrasound on diffusion through membranes. Ultrasonics, 18: 216-218.

Mothibe K J, Zhang M, Mujumdar A S, et al. 2014. Effects of ultrasound and microwave pretreatments of apple before spouted bed drying on rate of dehydration and physical properties. Drying Technology, 32(15): 1848-1856.

Santacatalina J V, Contreras M, Simal S, et al. 2016. Impact of applied ultrasonic power on the low temperature drying of apple. Ultrasonics Sonochemistry, 28: 100-109.

Savin I I, Tsyganok S N, Lebedev A N, et al. 2007. High intensity ultrasonic transducers for gas media. 8th Siberian Russian Workshop and Tutorial on Electron Devices and Materials, July: 285-288.

Schössler K, Jäger H, Knorr D. 2012. Novel contact ultrasound system for the accelerated freeze-drying of vegetables. Innovative Food Science & Emerging Technologies, 16(1): 113-120.

Soria A C，Corzo-Martínez M，Montilla A, et al. 2010. Chemical and physicochemical quality parameters in carrots dehydrated by power ultrasound. Journal of Agricultural and Food Chemistry, 58: 7715-7722.

Xin Y, Zhang M, Adhikari B. 2013. Effect of trehalose and ultrasound-assisted osmotic dehydration on the state of water and glass transition temperature of broccoli (*Brassica oleracea* L. var. *botrytis* L.). Journal of Food Engineering, 119: 640-647.

7 超声杀菌技术

内容概要： 目前食品工业中主要采用的杀菌方法有加热杀菌和非加热杀菌两种。热杀菌法比较古老，目前已基本完善。非加热杀菌是指不采用热能来杀死微生物，故又被称为冷杀菌。传统的热杀菌法虽然能保证微生物方面的安全，但会破坏热敏感的营养成分，食品的质构、色泽和风味也会受到影响。冷杀菌技术虽然起步较晚，但由于消费者对食品的营养和原有风味要求比较高，而且人们日益重视冷杀菌技术，冷杀菌技术进展很快。冷杀菌技术不仅能保证食品在微生物方面的安全，而且能较好地保持食品的固有营养成分、质构、色泽和新鲜程度。冷杀菌技术目前已成为国内外食品科学与工程领域的研究热点(夏文水和钟秋平，2003)。

传统灭菌通常利用高温加热、化学试剂、紫外线等方法。但是，由于高温加热会损坏物体中的热敏感成分；化学试剂杀菌容易引起有害物质残留；紫外线杀菌又存在作用不彻底、存在死角等缺点(陈荣凤，1999)。因此，人们一直在探寻能避免上述因素限制的更迅速、有效的灭菌方法。最近研究表明：超声波灭菌可成为一种有效的辅助杀菌方法，且该方法已经成功应用于废水处理、饮用水消毒(Bott and Liu，2004)，在液体食品灭菌中的应用也有很多的研究，如啤酒、橙汁、酱油等(蔡明，2003；栗星和包海蓉，2008；朱绍华，1998)。

7.1 超声杀菌机理

超声波是一种声波，频率大于 20kHz，以机械振动的形式在媒质中传播，其频率高、波长短，除了方向性好、功率大、穿透力强等特点，超声波还能引起空化作用和一系列的特殊效应，如力学效应、热学效应、化学效应和生物效应等。

一般认为，超声波所具有的杀菌效力主要来源于超声波所产生的空化作用，强烈地振荡微生物的细胞内含物，从而破坏微生物细胞。所谓的空化作用是当超声波作用在介质中，其强度超过某一空气阈值时，会产生空化现象，即液体中微小的空气泡核在超声波作用下被激活，表现为泡核的振荡、生长、收缩及崩溃等一系列动力学过程。空气泡在绝热收缩及崩溃的瞬间，泡内呈现 5000℃ 以上的高温及 10^9K/s 的温度变化率，产生高达 10^8N/m^2 的强大冲击波(李儒荀等，2002)。超声波空化效应在液体中产生的局部瞬间高温及温度交变变化、局部瞬间高压和压力变化，可杀死液体中某些细菌，使病毒失活，甚至破坏体积较小的一些微生物的细胞壁，从而延长保鲜期(刘丽艳等，2006)。

7.1.1 空化作用

在超声波处理过程中，当声波接触到液体介质时产生冲击波，并伴随着非常高的温度和压力产生，可达到 5500℃ 和 50 000kPa，超声波杀菌的主要原因是内爆导致的压力改变，热区域可以杀死一些细菌，但是作用的范围有限(Piyasena et al.，2003)。利用超声波空化效应在液体中产生的局部瞬间高温及温度交变变化、局部瞬间高压和压力变化，杀死液体中某些细菌，使病毒失活，甚至破坏体积较小的一些微生物的细胞壁，从而延长保鲜期，保持食物原有风味(张永林和杜先锋，1999)。

7.1.2　机械作用

超声波在介质中传播时，介质质点振动振幅很小，但频率高，在介质中的压强变化巨大，超声波的这种力学效应被称为机械作用。超声波在介质中传播，介质质点交替压缩与伸张形成交变声压，从而得到巨大加速度，介质中的分子运动剧烈，引起组织细胞容积和内含物移动、变化及细胞原浆环流，这种作用可使细胞功能改变，生物体的许多反应发生(袁琼，2006)。因为不同介质质点(如生物分子)的质量不同，则压力变化引起的振动速度就会有差别(徐怀德和王云阳，2005)。

7.1.3　热作用

超声波作用于介质，介质分子产生剧烈的振动，分子间的相互作用使介质温度升高。当超声波在机体组织内传播时，超声能量在机体或其他媒质中产生热作用主要是组织吸收声能的结果。超声波的热效应具有与高频及其他物理因子不同的作用(袁琼，2006)。例如，用 250kHz 的超声波对体积为 $2cm^3$ 的样品照射 10s，水、乙醇、甘油和硬脂酸的温度分别升高 2℃、3.5℃、10℃ 和 36℃，这种吸收声能而引起的温度升高是稳定的(李汴生和阮征，2004)。

7.2　超声杀菌效果的影响因素

7.2.1　振幅和作用时间

在超声波杀菌过程中，振幅对灭菌效果会产生一定影响，一般杀菌效果随着振幅增大而增强，Pagan 等(1999)研究了超声波联合其他技术对李斯特单胞菌的杀菌作用，得到结论：振幅增加 1 倍李斯特单胞菌对压力超声波的抗性减少 1/6。一系列研究表明，杀菌效果随着杀菌时间的增加而增强，但进一步增加杀菌时间，杀菌效果并没有明显变化，而是趋于一个饱和值。因此一般的杀菌时间都安排在 10min 内。另外，介质的升温随着杀菌时间的增加而增大，这不利于某些热敏感的食品杀菌。

周丽珍等(2006)的研究对象是大肠杆菌和金黄色葡萄球菌这两种食品中常见的污染菌，考察了影响超声非热杀菌效果的因素：超声处理条件、介质、温度。实验结果表明：超声处理对大肠杆菌有较强的杀菌作用，金黄色葡萄球菌则对超声非热处理有很强的抵抗力；超声强度增大、作用时间延长、温度升高都有利于提高杀菌效果，在蒸馏水介质中弱于在培养基介质中的杀菌效果。结果分析认为，空化作用提高或使细胞强度变弱的条件都与提高杀菌效果密切相关。冷藏结果表明，杀菌处理后的细菌出现复活生长的迹象几乎没有。

考察不同振幅作用的杀菌效果，结果见图 7-1，由图可以看出，超声辐照对大肠杆菌杀菌效果比对金黄色葡萄球菌影响大，对金黄色葡萄球菌，数值只有很小的降低（由 0.14 降低至 0.11 左右）；对于大肠杆菌，超声杀菌作用随着超声振幅的增大而增强，在 100% 振幅时，对数降低值高达 5.23（约达 100% 杀菌率）。

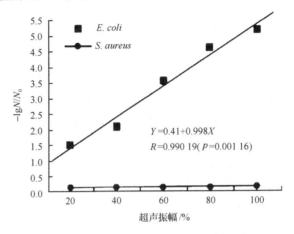

图 7-1　超声振幅对超声杀菌效果的影响

N_0 为起始活菌数(CFU/ml)；N 为处理后活菌数(CFU/ml)；*E. coli* 为大肠杆菌；*S. aureus* 为金黄色葡萄球菌

[将超声总作用时间设定为 10min，占空比为 0.5，调节水浴温度使处理液温度控制在 25℃(±3℃)，

超声振幅依次设定为 20%、40%、60%、80%、100%]

考察不同超声时间对超声效果的影响，结果如图 7-2 所示，图 7-2 具有与图 7-1 相似的实验结果，超声时间的增加对金黄色葡萄球菌的杀灭作用增强并不明显，而随着时间的延长，大肠杆菌的杀灭程度有显著的增大。

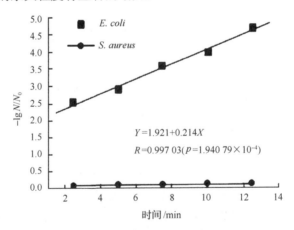

图 7-2　超声时间对超声杀菌效果的影响

E. coli 为大肠杆菌；*S. aureus* 为金黄色葡萄球菌[将超声振幅设定为 80%，占空比为 0.5，调节冰水浴温度

使处理液温度控制在 25℃(±3℃)，超声时间依次设定为 2.5min、5min、7.5min、10min、12.5min]

7.2.2　声强与频率

超声波作用于液体物料时，液体会产生空化效应，当声强达到一定数值时，空化泡

瞬间剧烈收缩和崩解，泡内会产生几百兆帕的高压及数千摄氏度的高温。研究表明，杀菌所用声强最少大于 $2W/cm^2$，当声强超过一定界限时，空化效应会减弱，杀菌效果会下降，为获得满意的杀菌效果，一般情况杀菌强度为 $2\sim10W/cm^2$（杨寿清，2005）。空化时产生的强大冲击波峰值达 10^8Pa，射流速度达 $4\times10^5m/s$，这些效应会粉碎和杀灭液体中的微生物。Joyce 和 Phull（2003）研究了不同功率和杀菌效果的相互影响，结果发现，低强度高功率对细菌集团的分散效果较好，而高强度低功率对细菌的杀灭作用较强。频率越高，越容易获得较大的声强。另外一方面，随着超声波在液体中传播，激活液体微小核泡，由振荡、生长、收缩及崩溃等一系列动力学过程所表现出来的超生空化效应也越强，从而超声波对微生物细胞繁殖能力的破坏性也就越明显。随着频率升高，声波的传播衰减将增大，因此用于杀菌的超声波频率为 $20\sim50kHz$。

苏杭等（2015）研究了不同辐照剂量的低频低强度超声对耻垢分枝杆菌细胞壁通透性的影响及低频低强度超声协同药物左氧氟沙星的增效作用。透射电镜观察到经超声辐照过的耻垢分枝杆菌细胞壁有破裂，且辐照剂量的增大，破裂的程度增强，辐照强度增强，菌体内脂滴增多，扫描电镜观察到超声辐照后的菌体外表面有凹陷，且菌体外观形态由标准的椭球形变为一端粗大一端窄小的不规则形状；低频低强度超声协同左氧氟沙星作用于耻垢分枝杆菌 24h 后，其死亡率高于单独低频低强度超声组，也高于单独左氧氟沙星组；被动空化检测系统检测出所用超声设备在 $0.14W/cm^2$ 时，辐照过程中有明显的次谐波产生，表明产生了空化作用，因此可得出结论：一定剂量的低频低强度超声可增加耻垢分枝杆菌细胞壁的通透性，且低频低强度超声和药物左氧氟沙星协同有杀菌增效作用。

7.2.3   介质温度、黏滞系数及表面张力

通常来说液体温度越高，对空化的产生越有利。这是因为水的表面张力随着温度的上升而下降，相应的空化阈值因此降低。但是温度过高造成气泡中的蒸汽压相应增加，液体中的含气量也随之下降，使得空化泡崩溃时能量损失增多，从而减弱空化效应的强度。一般水溶液的温度控制在30℃以下，空化效果较好。在黏性较好的液体里，由于各个相邻的质点，在发生相对运动的时候，它们之间的内摩擦力比较大，由此导致空化泡的收缩力和泡内的总声压也越大，也就是说，在其他参数完全相同的条件下，液体的黏滞性越好，其空化阈值越高，空化发生就越困难，杀菌效果越差。空化阈值和气泡内总压随着液体的表面张力增大而增大，一旦空化泡形成并发生崩溃时产生的高温高压就越高，从而空化效果就越好，有利于超声杀菌。

7.2.4   样品中菌的浓度及处理量

当杀菌时间相同时，样品中所含的菌浓度高时比浓度低时杀菌效果略差，以大肠杆菌为例，研究超声波照射时间与菌浓度的关系时，发现对30ml浓度为 $3\times10^6CFU/ml$ 的样品灭菌需用超声波照射 40min，若浓度为 $2\times10^7CFU/ml$，则需照射 80min。当菌液体积减少为 15ml 时，则杀灭浓度为 $4.5\times10^6CFU/ml$ 的大肠杆菌只需超声照射 20min。超声波在媒介中的传播过程存在着衰减的现象，随着传播距离的增加超声波减弱，因此，灭菌效果随着样品处理量的增大而降低。

7.2.5 微生物的种类

实验研究表明,所有的致病菌对超声波都具有一定的抗性,尤其是将超声波作为一种单独的杀菌方式时。超声波对微生物的作用效果同微生物体本身的结构和功能状态有关。一般来说,超声波对微生物的杀灭效果是:杀灭杆菌比杀灭球菌快;对大杆菌杀灭效果快,对小杆菌杀灭效果慢,如频率为4.6MHz的超声波可以将伤寒杆菌全部杀死,但葡萄球菌和链球菌只有部分受到伤害;细菌菌体的大小对杀菌效果也有影响,如用960kHz的超声波辐照20~75nm的细菌,比对8~12nm的细菌破坏得多而且完全。

7.2.6 媒质

超声波在不同媒质中,其作用效果会不同。一般微生物被洗去附着的有机物后,对超声更敏感。另外,钙离子存在、pH降低也能提高其敏感度。食品成分,如蛋白质、脂肪等,可能会保护和修复微生物。

周丽珍等(2006)分别以无菌蒸馏水为介质和液体LB培养基为介质,对两种细菌在不同介质中的杀菌效果进行了比较(结果见图7-3)。图7-3的结果表明,对于两种细菌都有类似的情况,即超声杀菌的效果,在培养基介质中都优于以无菌蒸馏水为介质。

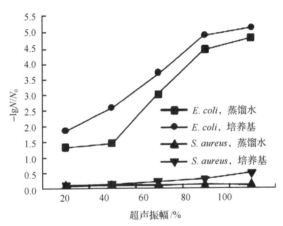

图 7-3 超声介质对超声杀菌效果的影响

超声条件设定为总处理时间为7.5min,占空比为0.5,调节水浴将处理温度控制在25℃(±3℃),
超声振幅依次设置为20%、40%、60%、80%、100%

7.2.7 添加剂

因为杀菌剂本身就有杀菌作用,所以超声波与杀菌剂一起使用肯定会强化杀菌效果。超声波与O_3联合杀菌的杀菌率比O_3单独杀菌的杀菌率高(胡文容和王士芬,1999)。超声波与氯气联合使用时,超声杀菌量在水样中增加。Duckhouse等(2004)发现低频超声

(20kHz)联合次氯酸钠杀菌效果比较明显；先用高频超声(850kHz)进行预处理，再加入次氯酸钠后，杀菌率要比两者同时使用好。

吕石等(2014)试验了一种液哨式机械超声发生器，讨论了液哨喷口结构对声强的影响，并采用液哨协同杀菌剂的方法对循环水进行杀菌处理。实验结果表明，圆锥形喷口效果最佳，且最佳锥形角度为45°。在初始细菌数量为1.2×10^6个/ml、水压0.3MPa条件下单独使用液哨杀菌90min，杀菌率可达到39%。液哨超声和杀菌剂有良好的协同作用，加入液哨超声30min可以有效减少41%~45%的杀菌剂使用量，具有良好的环境效益和经济效益。

在菌液中加入固体微粒，也可以增强杀菌效果。加入固体微粒(分别为陶瓷粒子、金属锌粒子和/或活性炭)后，大肠杆菌的杀菌量提高(Ince and Belen，2009)，加入纳米二氧化钛可使杀菌作用增强(王君等，2004)。

7.3 超声杀菌技术与装备

7.3.1 超声单独作用杀菌

当今，超声波灭菌主要用于废水处理、饮用水消毒以及食品行业，国内外很多学者对此进行了相关的研究。

Davis(1999)用26kHz的超声波对微生物进行杀灭实验，实验表明某些低浓度的细菌，对超声波是敏感的，如大肠杆菌、巨大芽孢杆菌、绿脓杆菌等可被超声波完全破坏。但是超声波对葡萄球菌、链球菌等效力较小，对白喉毒素则完全无作用(陈荣凤，1999；McClements，1995)。McClements(1995)认为使用超声波进行微生物灭菌时，与其他灭菌技术联合使用效果更佳，如热处理、臭氧或者化学试剂等。

在国内的水处理行业，改善污染水的水质，对其进行深度处理是大多数水厂面临的难题之一。传统的污水灭菌方法如活性炭、膜生物技术等，处理效率低，且不能有效地去除水中生物难降解的有机污染物。相关实验表明，超声波对微污染水中的细菌、难溶解的有机物和色度去除效果明显，细菌的去除符合一级反应动力学方程，对COD(化学需氧量)和浊度去除有一定效果，但不显著，对浊度的去除效果也不明显(周丽珍等，2006)。食品行业中，食品腐败变质主要是某些微生物的存在致使其品质改变造成的。保障食品安全性的杀菌是其生产中一个重要的环节，食品的品质直接受杀菌效果的影响。朱绍华(1998)用超声波对酱油进行杀菌对比试验，发现用超声波处理酱油5min，杀菌率为72.9%，处理10min，杀菌率为75%，略低于巴氏杀菌72℃时的杀菌率78.7%；用超声波进行牛乳灭菌，经15~60s处理后，乳液可以保存5天不酸败变质。而经一般灭菌的牛乳，若辅助超声波处理，在冷藏的条件下则可保存18个月(谢梅英，2000)。

超声波灭菌具有速度快、无外来添加物，对人体无害、对物品无损伤的特点。但是灭菌作用不彻底，影响因素较多。虽然20世纪30年代初，相关研究者就开始进行超声波灭菌的研究，但始终进展不快，目前仍主要用于辅助灭菌。

栗星和包海蓉(2008)以鲜榨橙汁为原料，研究了超声波在不同橙汁特性以及仪器可变条件下，对菌落总数的影响，通过正交试验结果得出杀菌的较优条件是杀菌时间 13min，振幅 70%，脉冲时间 on30s、脉冲时间 off25s、处理量 50ml；方差分析结果表明，杀菌时间、振幅、脉冲时间、处理量对杀菌率的影响差异极显著($p<0.01$)；相同杀菌条件下超声波杀菌时间较传统的水浴热杀菌时间短，有利于保持食品品质。

王文宗等(2009)以胡萝卜汁为原料，研究不同超声条件对菌落总数的影响。通过正交试验得出杀菌的最优条件为超声时间 10min、占空比 0.7、超声强度 200W/cm^2。同时，比较高温杀菌和超声波杀菌过程对 β-胡萝卜素含量的影响，结果表明超声波杀菌比高温杀菌能够有效减少类胡萝卜素的损失，有利于果汁营养成分的保持。

7.3.2　超声与其他技术联合杀菌研究

从超声波单独灭菌的研究结果，可以看出其作用效果并不明显，且主要起辅助作用。因此，若要进一步提高灭菌效率，则需将超声协同其他灭菌技术联合作用。国内外学者对此也进行了研究。结果表明：采用超声波协同其他灭菌技术联合杀菌有广阔的应用前景。

7.3.2.1　超声波协同臭氧

臭氧是一种氧化性很强的强氧化剂，长期以来，被认为是一种很有效的氧化剂和消毒剂。20 世纪初，臭氧已经用于饮用水的灭菌处理；1975 年，Burleson 等进行了超声协同臭氧处理水的灭菌研究，结果表明臭氧在超声的协同作用下，有更好的杀菌效果。胡文容和王士芬(1999)进行了超声强化臭氧杀菌能力的实验研究，研究表明：超声能明显地增强臭氧的灭菌率。在相同处理时间下，采用超声波协同臭氧的杀菌率较高，单独臭氧处理的杀菌率较低，当臭氧使用量相同时，可缩短超声处理时间，从而节省超声能量。二者联合使用，能提高灭菌率的主要原因在于：超声能使臭氧气泡粉碎成微气泡，极大地提高溶解速度，增加了臭氧的浓度，高浓度的臭氧能迅速氧化杀灭细菌。

因为超声波作用时产生空化，空化气泡崩溃时伴随发生冲击波或微射流作用可使细胞破裂；超声波能使微生物内含物受到强烈的振荡而使细胞破坏。臭氧具有强烈的氧化性，很容易同细菌的细胞壁中的脂蛋白或细胞膜中的磷脂质、蛋白质发生化学反应，从而破坏细菌的细胞壁和细胞，增加细胞膜的通透性，细胞内含物外流，使其失去活性。研究超声波协同臭氧处理对梨汁中霉菌和酵母菌存活量的影响，超声功率 200～800W，臭氧浓度 0.02～0.14mg/kg，时间 35～210s。实验结果表明：超声与臭氧有着较好的协同杀菌作用，杀菌效果明显优于单独超声杀菌或单独臭氧杀菌(郭丽娟等，2007)。

7.3.2.2　超声波协同纳米二氧化钛

纳米二氧化钛在紫外线催化下具有洁净和杀菌作用，被广泛用于清洁陶瓷、玻璃及瓷砖表面等材料。在去除水中有机物和杀灭水中细菌的水处理方面亦受到相应的关注。同样，在超声波的辐射下，纳米二氧化钛也具有灭菌的作用，相关学者对纳米二氧化钛与超声波协同灭菌的效果进行了实验研究，得出：纳米二氧化钛催化剂与超声波具有明显的协同杀菌作用，pH 升高对超声波杀菌效果有轻微影响，其杀菌效果比纳米二氧化钛催化紫外线杀菌效果好。纳米二氧化钛催化超声处理不仅具有良好的杀菌作用，并且对光滑表面有一定的洁净作用，可对污染器材进行超声清洗的同时起到杀菌作用(王君等，2004)。

对淀粉废水常用的处理方法主要有吸附法、曝气法、絮凝沉淀法、微生物处理法、膜分离法等(Chen et al.，1997；程坷伟等，2003；Terzic et al.，2005)，但这些方法都存在一定的局限性，在一定程度上限制了其大面积推广应用。近年来，半导体光催化技术在有机废水处理方面受到越来越多的关注，在诸多半导体催化剂中，二氧化钛由于其稳定的化学性质和较高的催化效率而备受研究者的青睐(夏阳等，2008；徐高田等，2008)。但在光催化过程中，紫外线对非透明物质的穿透能力低，用光照降解淀粉废水存在光利用率低的问题。对于超声波来说就不存在这种局限性。超声波技术应用于废水处理方面是近年来新发展起来的一个研究方向。超声波降解有机污染物，并非声场与反应物分子直接作用，而是源于超声波的声空化效应(冯若和李化茂，2007)，洞穿能力强，具有简便、高效、无二次污染等优点，是近年来发展起来的一项新型水处理技术(Rehorek et al.，2004)。但该法耗能较多、成本较高，使其实际应用受到限制。任百祥和杨春维(2012)利用纳米二氧化钛催化剂协同超声波处理玉米淀粉废水，当超声频率为 45kHz，功率为 180W，添加纳米二氧化钛催化剂浓度为 700mg/L，反应时间 90min 时，玉米淀粉废水 COD 去除率高达 93.8%，出水清澈。超声-纳米二氧化钛催化协同作用不仅反应时间缩短，处理效果提高，而且此反应条件简单、易于操作，没有二次污染问题，更符合当今水处理的发展要求，为高浓度玉米淀粉废水的实际运行处理提供了新的思路和方法(任百祥等，2015)。

7.3.2.3 超声波协同微波

微波是一种电磁波，频率在 300MHz 至 300kMHz，微波杀菌是微波热效应和非热效应共同作用的结果。微波的热效应作用主要是快速升温杀菌；而非热效应则使微生物体内蛋白质和生理活性物质发生变异而使细胞丧失活力或死亡。

吴雅红等(2005)进行了超声波协同微波技术对绿茶汤进行处理的试验，并与高温灭菌的茶汤进行比较。结果表明绿茶汤在室温放置 5 天后会明显地发生褐变，茶汤的透明性大为降低。经高温灭菌处理的茶汤，可以保证茶汤的食用安全，茶汤颜色稳定，有较好的透明性，不会褐变。而经微波和超声波灭菌的茶汤饮用安全性能够得到保证，各菌种生长极少，茶汤颜色稳定，透明性好，也不褐变。两种灭菌方法中以超声波协同微波灭菌的茶汤颜色变深最少，透明性最好，茶汤中保留的茶多酚也最多，是绿茶灭菌和保护茶多酚尽量不受损失的一种较好的茶汤处理技术。

7.3.2.4 超声波协同激光灭菌

激光是一种高能光子流，具有极好的单色性，波长 265nm 附近的激光杀菌效果最为理想；但方向性极强、光束细、辐射面积小是激光杀菌最大的弱点，这使得某些细菌能避开袭击。

采用超声协同激光灭菌，灭菌效果明显提高。用于杀菌的超声波均采用纵波，而激光是一种电磁波，波动过程表现为横波，声光合用，则会产生一些新的声光特性：原来方向性极强的激光穿过超声场时，受到声波的干扰，强化了激光的反射、折射和散射，尤其是超声空化加剧了上述作用，并引起了激光的强烈发散，大大扩大了激光的作用范围，使整个生化反应器内部充满了声、光效应。同时，激光作用加速和加剧了空化气泡的破灭和爆炸程度，形成两种能量的叠加，产生更高的能量，从而大大提高杀菌率(李儒荀和袁锡昌 1998)。

为了使超声波与射线联合杀菌能有更高的杀菌率，一般要先用超声预处理，再用射线处理。Munkacsi 和 Elhami(1976)发现超声波能清除牛奶中 93%的大肠杆菌，若用 $8.4W/cm^2$ 的超声预处理 1min，再用紫外线辐照 20min，大肠杆菌的杀菌率达到 99%。李儒荀和袁锡昌(1998)采用超声波联合激光法除去自来水中的大肠杆菌，在较短时间内可达到 100%杀菌。Blume 和 Neis(2004)通过实验证实，先用超声预处理，再用紫外线除去大肠杆菌的效率要远高于单独使用紫外线。

7.3.2.5 超声波协同紫外线灭菌

紫外线具有较高的杀菌效率，且不会对周围的环境产生二次污染，但其穿透能力较弱，若将其与超声协同作用，灭菌效果将会更好。

Munkacsi 和 Elhami(1976)发现用超声波能除去牛奶中 93%(初始值 $2.38×10^4CFU/ml$)的大肠杆菌；若用 800kHz、强度为 $8.4W/cm^2$ 的超声波处理 1min，再用紫外线辐照 20min，大肠杆菌的杀死率达到 99%。在油田污水回注处理系统中，由于其水质特殊，其中的油类、溶解盐类、硫化物等游离于水中容易形成黏附作用，降低紫外线的透光率和杀菌率。超声波与紫外线协同则可以实现高效杀菌，超声波振动清洗、振动剪切和空化作用可实现石英防水套管动态清洗、分割破碎悬浮颗粒、产生大量空化气泡，进而提高紫外线的透光率和杀菌率(郑永哲等，2008)。

7.3.2.6 超声波协同热处理灭菌

20 世纪 70 年代初的一些结果表明，相同温度下，经超声波和热处理协同作用(热超声波)的灭菌效果比单独使用热处理灭菌的效果更好。

Ordonez 等(1984)用 20kHz、160W 的超声波和热处理协同灭菌(温度为 5~62℃)，发现协同灭菌效果比两者单独使用更好，且处理时间短、耗能少。方祥(2009)研究了超声波(33kHz)协同热处理(50℃)对大肠杆菌、沙门氏菌和金黄色葡萄球菌的杀灭效果，从结果可以看出：处理时间相同时，在 50℃下进行超声波处理，对前两种致病菌的杀死率明显高于 50℃水浴处理的对照组，而热处理和超声波协同处理对金黄色葡萄球菌无明显影响，3种细菌出现 2 种不同的结果，分析可能与细胞壁成分和结构的差异有关(刘东红等，2009)。

随着生活水平的提高，人们对乳品品质的要求越来越高。巴氏乳因其特有的营养优势越来越受到人们的欢迎。但其市场占有率较低主要是因为保质期短，不易储藏。所以，急需一种既有效减少营养损失、保证其新鲜纯正的风味，又可显著延长其货架期的杀菌保鲜方法，超声波协同巴氏杀菌热处理即是有效方法之一。采用超声波技术对液态奶进行处理，测定其微生物菌数和品质变化。此外，还研究了超声波对液态奶均质以及酶促改性的条件和作用。主要研究结果如下所述。

随着超声波处理时间、温度及功率的增加，液态奶中枯草芽孢杆菌和大肠杆菌的残留率降低，液态奶经功率为 1400W、处理温度 60℃、处理时间 60s 的超声处理后，枯草芽孢杆菌的杀菌率可达 96.77%，大肠杆菌的杀菌率可达 100%，均达到巴氏杀菌的效果。在该超声作用条件下结合巴氏杀菌，对枯草芽孢杆菌的杀菌率可达到 98.71%，对比巴氏杀菌，其菌落数降低 60.24%(闫坤等，2010)。

选取最优杀菌条件，对原料奶进行品质测定。由保藏期实验可知，超声波处理后再经巴氏处理的超声巴氏奶保藏时间最长，能保藏 8 天左右，比未经超声波处理的巴氏奶延长 4 天左右。且超声奶与超声巴氏奶的脂肪球体积平均粒径明显减小，由 3.70μm 减小到 1.68μm，体积平均粒径减小 54.59%，脂肪粒度均匀，故超声波有很好的均质效果。超声奶和超声巴氏奶在 4℃条件下储藏 12 天内，乙醇试验呈阴性，未发现酸败、脂肪分层现象，储藏 12 天仍保持较好品质；超声波对原料奶中乳清蛋白有一定影响，热变性率略高于巴氏杀菌乳，但是远远小于超高温瞬时灭菌奶(UHT)乳对乳清蛋白的影响。超声波处理后酪蛋白直径减小，且大小更均匀；通过中红外光谱分析可知，巴氏杀菌作用和超声波作用(1400W，60℃，60s)对原料乳中蛋白质二级结构影响不太明显，而超声巴氏奶的 α 螺旋、β 折叠、β 转角都很大程度减少，无规则卷曲增加，说明超声巴氏奶蛋白质内部结构的氢键遭到破坏，造成蛋白质结构改变，蛋白质变性。

通过正交试验，在综合考虑成本的基础上，确定超声均质优化条件为 60℃、60s、1400W，间歇比 5：2。在此条件下，超声波对原料奶脂肪球的平均粒径减小 54.49%，脂肪球体积平均粒径为 1.67μm。

在 1400W 超声功率条件下，选取温度、时间两个因素进行全试验分析。结果显示，最佳参数组合为牛奶初始温度 70℃，超声处理 420s。此条件下制备的酸奶持水力、凝胶强度较高，黏度较好。

通过混合均匀试验，将超声波对乳蛋白酶促改性工艺进行优化，得最佳工艺参数为超声作用时间为 200min、加酶量为 5000U/g 蛋白、超声功率为 1400W、超声温度为 40℃。验证试验表明：该条件下超声波酶解 DH(水解度测定值)为 18.39%，比水浴酶解 DH 的 15.29%提高了 20.27%，说明超声波能显著提高蛋白酶水解度及水解效率(闫坤等，2010)。

鼠伤寒沙门氏菌是一种食品中常见的致病菌，在肉、奶、蛋及其制品中比较常见，在果蔬及其制品中也容易引发感染从而出现腹泻等不良症状。研究热-联合超声波对鼠伤寒沙门氏菌的杀菌效果，分析温度对热-联合超声波杀菌的影响，可为该技术的应用提供理论基础。

施红英等(2015)研究了 32～52℃条件下，热处理以及热-超声波联合处理对鼠伤寒沙门氏菌的杀菌效果，分析了温度对热-超声波联合杀菌效果的影响。结果表明：32～52℃热处理杀菌效果远远达不到卫生标准；而热-超声波联合作用杀菌效果显著增强，在 52℃下，190W、380W、570W 分别处理 40min 和 30min 即可达到平板菌落计数法检测限；在热-超声波联合处理中，较低温度(32～47℃)对鼠伤寒沙门氏菌的杀菌效果贡献较小，杀菌效果主要取决于超声波作用；而致死温度(52℃)体现协同杀菌效应，增强杀菌效果，提高杀菌速率。

在 32～52℃条件下，经过热-超声波联合处理后鼠伤寒沙门氏菌残存菌数呈现不同程度降低，较相同温度热处理(图 7-4)其杀菌效果显著增强($p < 0.05$)；且杀菌效果随着

处理时间延长而增强，在 52℃条件处理 40min 达到完全灭菌，微生物数量降低了 7.88
个对数；在 32～47℃，杀菌效果随温度升高有所增强，但并未显著增强($p>0.05$)。经过
各温度的热-超声波联合处理 40min 后，鼠伤寒沙门氏菌降低了 2.93～3.67 个对数；而当
温度进一步升高到 52℃，杀菌效果显著增强($p<0.05$)；杀菌曲线呈现线性趋势。

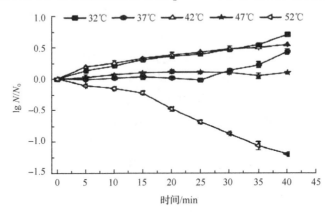

图 7-4　32～52℃热处理对鼠伤寒沙门氏菌的杀菌效果

N_0 为起始活菌数(CFU/ml)；N 为处理后活菌数(CFU/ml)

如图 7-5 所示，为热-超声波联合处理在 380W、32～52℃条件下对鼠伤寒沙门氏菌
的杀菌效果。由图 7-5 可以得出，在各温度条件下，杀菌效果随着处理时间延长而增强；
当温度由 32℃升高到 37～47℃，杀菌效果显著增强($p<0.05$)；温度在 37～47℃，杀菌
效果无显著变化($p>0.05$)，处理 40min 后鼠伤寒沙门氏菌降低了 4.29～4.58 个对数；当
温度进一步升高到 52℃，杀菌效果剧烈而显著增强，在 380W 下，处理 15min 即达到降
低 6 个对数，处理 30min 即达到完全灭菌。另外，在较低温度条件下(32～47℃)，杀菌
曲线呈线性趋势，而在较高温度下(52℃)，呈现 5min 杀菌缓慢、5～20min 快速杀菌、
20～40min 趋于平缓及至完全灭菌的三段式趋势。由此可见，在 380W 条件下，温度为
37～47℃对杀菌效果影响不大，而当温度进一步升高到 52℃，则在较高温度下改变了鼠
伤寒沙门氏菌的杀菌模式。

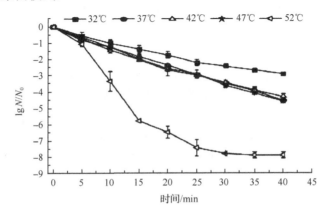

图 7-5　380W 条件下(32～52℃)低温辅助超声波处理对鼠伤寒沙门氏菌的杀菌效果

N_0 为起始活菌数(CFU/ml)；N 为处理后活菌数(CFU/ml)

7.3.2.7　超声波协同压力灭菌

Lee 等(2003)对接种李斯特菌和大肠杆菌的液态鸡蛋进行了超声波与超高压结合处理研究。在超高压处理前进行强度分别为 24.6W、34.6W 和 42.0W，时间为 30～300s 的超声波处理。经检验，在以上参数条件下进行超声波处理会造成 10℃的温升，且对李斯特菌基本不造成损害；而对大肠杆菌 DH5α，当超声波辐照时间超过 150s 时会造成大约 0.5lg 的下降。超声波处理后立刻进行压力灭菌，其压力、保压时间分别为 250MPa、886s 和 300MPa、200s，试样温度均为 5℃。结果表明，相对于单独超高压处理仅有造成上述两个菌种 0.1～0.5lg 的附加下降，超声波联合对超高压杀菌增强效果不显著。

Raso 等(1998)研究了压力超声波和压热超声波对芽孢杆菌孢子的杀菌效果，研究结果得出，后者杀菌率高，压力超声波在 20kHz、50μm、500kPa 处理 12min 后有更显著的杀菌效果，振幅和压力增大，杀菌率增加，但压力为 500kPa 时杀菌率最高，这和个别学者的结果不一致，Raso 认为这种差异是超声场、微生物的敏感性和介质特征(如 pH 或者液体中的总固形物的量)等因素引起的。

7.3.2.8　超声与抗生素联合灭菌

Rediske 等(1999)注意到当把抗生素(erythroingcim)加到假单细胞菌(aeruginosa)中，并用超声波(70kHz)处理，细菌的杀灭率比单独使用抗生素提高了 2 个数量级(冯中营，2007)。其原因主要是超声波破坏了细胞膜外脂多糖层的稳定性从而使抗生素容易通过细胞膜扩散。

多重耐药菌是指对三类或三类以上抗生素同时耐药的病原菌(江和逊等，2015)。新耐药致病菌及多重耐药现象的不断出现，迫使研究人员寻找新的抗感染方法。众多研究表明：低频低强度超声可使悬浮菌对抗菌药物的敏感性增强。研究选用 ESBLs 大肠杆菌作为受试菌株探讨低频低强度超声联合庆大霉素和妥布霉素对细菌活性的影响，及其对 ESBLs 大肠杆菌外膜通透性改变的相关性。低频低强度超声联合抗生素对 ESBLs 大肠杆菌的协同增效杀菌作用显著，该作用与 ESBLs 大肠杆菌外膜通透性改变有关，且与超声辐照时间以及 ESBLs 大肠杆菌最小抑菌浓度(MIC)有关。

7.3.2.9　超声与电解联合灭菌

电解是一种效率很高的杀菌方法，但需要不停地搅拌细菌悬浮液，因为杀菌主要发生在电极表面附近。超声和电解联合杀菌时，在次氯酸盐产生的电极表面附近，超声增强了细菌悬浮液的搅拌效果；空化产生的作用与细菌的机械作用通过直接破坏或通过削弱细胞壁，从而使得细菌更容易被电解杀灭；为了防止污垢的产生用超声对电极表面进行清洗，因此能够维持电解高效持续发生，达到最佳杀菌效果。Joyce 和 Phull(2003)进行了超声联合电解杀菌的试验：在 600ml 的细菌悬浮液中，分别使 150mA 的电流通过不同的电极，经过 15min 的电解后，除了不锈钢电极外都达到了 100%的杀菌率。同样的细菌悬浮液中，分别使 100mA 的电流通过不同的电极，并与 40kHz 的超声联合时，仅仅经过 10min 的电解，就使所有电极的杀菌率都达到了 100%。其中最好的是铜，2min

后杀菌率就达到 100%，不锈钢最差，经过 10min 后才达到 100%。电解与超声联合作用时，在电流减少为原来的 2/3 的情况下，达到 100%的杀菌率所需的时间却减少为原来的 2/3，可见联合灭菌率比纯电解时有明显提高。

7.3.2.10　超声与次氯酸钠联合灭菌

次氯酸钠杀菌是目前应用非常广泛的一种杀菌技术。然而次氯酸钠的用量低时达不到很高的杀菌率，要达到很高的杀菌率就要提高次氯酸钠的用量。但次氯酸钠能够与溶解的化学物质反应产生有害的次产品和刺激气味，还造成细菌对氯化杀菌产生更强的抵抗力。超声与次氯酸钠联合则可以降低次氯酸钠的用量，大大提高杀菌率。Dukhouse 等（2004）用频率为 20kHz 和 850kHz 的超声分别与次氯酸钠联合杀菌，杀菌效果表明 20kHz 的低频超声与次氯酸钠同时作用时，对杀菌率的提高是最大的，这也可以从低频超声可以引起更剧烈的超声空化来解释。而用 850kHz 的高频超声波处理细菌悬浮液，然后紧接着加入次氯酸钠时杀菌率也有很大提高。在两种情况下，杀菌率几乎是一样的。然而，前者使用了较少的超声能量，所以认为其效率更高（冯中营等，2007）。

7.3.2.11　超声与 H_2O_2 联合灭菌

水资源污染是世界各国普遍面临的急需解决的问题之一，我国的水资源不仅面临短缺、水质退化的问题，而且水环境污染日趋严峻，特别是对那些生物难降解的有机污染物的处理，一直是环保领域的一个重要研究课题。现在已经投入使用的一些分离方法，如过滤、气吹、混凝、吸附等，通常是将污染物从液相转移到固相（如活性炭吸附），或者从液相转移到气相（如气吹），并没有完全消除有机污染物。声化学作为一种新的边缘交叉学科，在水污染处理，尤其是对废水中难降解的有毒有机污染物的处理方面，已取得了显著的进展，表现出其良好的应用前景。

闫冰（2004）介绍了超声空化的原理及超声波在生产中的广泛应用，并用甲醛、苯胺、氯苯 3 种有机物作为有机废水的主要成分，进行了实验分析，探讨其应用条件和有机物的降解机理。研究证明，超声与 H_2O_2 氧化联合技术作为一种新的废水处理方法具有降解速度快、设备简单、效果好、费用低、操作运行简便等特点，并且具有消毒、杀菌、固液分离等作用。该技术降解有机污染物的最终产物是水和二氧化碳等，因此不会造成二次污染和废料堆积，这种方法的应用具有深远的意义。

7.3.2.12　超声与高压静电场、磁场联合灭菌

胡晓花（2006）通过对脉冲高压静电场、超声复合场和磁场在工业循环冷却水的阻垢、除垢、杀菌、灭藻方面进行了试验研究，并将试验结果与单纯用脉冲高压静电场及脉冲高压静电场和磁场复合作用进行处理的结果进行了比较，根据试验结果对其机理进行分析，得出以下结论。

脉冲高压静电场、超声、磁场复合场处理循环水，对 $CaCO_3$ 具有良好的阻垢效果，通过对处理溶液和未处理溶液的实验现象和电导率变化进行比较，可以看出磁场、脉冲高压静电场、超声复合场处理可以明显抑制 $CaCO_3$ 晶体的析出。

经过电、磁、超声复合处理之后，水以及 $CaCO_3$ 和 $CaSO_4$ 的两相溶液的电导率都随处理时间的增加而增大，这也就说明溶液中的离子浓度增加，即水溶解 $CaCO_3$ 和 $CaSO_4$ 晶体的能力增强，使得 $CaCO_3$ 和 $CaSO_4$ 晶体在水中的溶解度增加，这是由于电、磁、超声复合处理改变了水的结构，致使生成了更多钙的水合离子，这是电、磁、超声复合处理能溶解老垢、除垢的原因。

在杀菌方面，电、磁、超声复合处理比电磁复合处理杀菌效果好。40h 时，电、磁、超声复合场杀菌率达到 98.6%，而电磁复合场杀菌率仅为 91.1%。

电、磁、超声复合场对含蓝藻细胞的水样进行处理时，88h 灭藻率为 94.3%，电磁复合处理时，160h 灭藻率为 94.9%，单纯用脉冲高压静电场处理时，224h 灭藻率为 64.2%。

胡晓花(2006)用显微镜进行观察，蓝藻细胞随着电、磁、超声复合处理时间的延长，丝状体断裂，内含物泄出，藻体碎片越来越小，颜色逐渐变浅，这说明丝状蓝藻细胞在电、磁、超声复合场作用下断裂，细胞膜穿孔，蓝藻死亡，也可能是由于电、磁、超声作用下产生的强氧化物如超氧阴离子自由基、羟自由基·OH、过氧化氢等，导致细胞膜氧化破裂。

总之，由于化学方法具有操作复杂、成本高、对环境造成严重污染等缺点，在现代工业中的应用会越来越受到限制。而单纯地使用一种物理方法，在处理效果上也会有一定的局限性，在脉冲高压静电场、磁场和超声复合场作用于循环水的阻垢、除垢、杀菌灭藻等方面，取得了很好的效果，相信它具有广泛的应用前景。

胡晓花(2006)介绍了电、磁、超声复合场作用于循环冷却水阻垢、溶垢、杀菌灭藻的试验研究，探讨其初步机理，为电、磁、超声复合场水处理技术的工业和生活应用提供了理论依据。研究表明：在定性强化阻垢试验中(为提高水的硬度和碱度，在冷却水中加入 $NaHCO_3$、$CaCl_2$：分析纯固体)，加热条件下，经电、磁、超声复合场处理的循环冷却水，其电导率随处理时间增加基本保持不变，无白色晶体沉淀，而对照组电导率下降，桶壁及底部有 $CaCO_3$ 晶体析出；$CaCO_3$ 和 $CaSO_4$ 过饱和溶液经电、磁、超声复合场处理后，电导率随处理时间增加而增大，对照组电导率保持不变，这说明电、磁、超声复合作用使 $CaCO_3$ 和 $CaSO_4$ 晶体在水中溶解度增加，即水溶解 $CaSO_4$ 和 $CaCO_3$ 的能力增强。这是因为高压静电场改变了水的结构，生成了更多钙的水合离子，抑制了成垢阴阳离子的结合及 $CaCO_3$ 晶体析出；磁致胶体效应加快了冷却水内部的结晶作用，使水垢呈现出能被水流带走的松软的泥渣状态；超声波缩短了成垢物质的成核诱导期，减小了积垢的沉积速率，空化作用使老垢破碎而脱落。

随电、磁、超声复合场处理时间的增加，循环冷却水中的细菌不断死亡。处理 88h 后，处理组细菌总数为 0.07×10^6 个/ml(未处理时为 13.0×10^6 个/ml)，杀菌率达 99.5%。对照组循环冷却水中的细菌总数随时间增加处于上升趋势。电、磁、超声复合场处理组 OD_{678nm}、OD_{720nm}、OD_{750nm} 值随时间增加，各值振荡上升，叶绿素含量在前 16h 内呈上升趋势，后细胞破裂，至 88h，叶绿素含量降为 0.072(未处理时为 0.433)，灭藻率达到 94.3%。对照组各值处于下降趋势，叶绿素含量呈振荡上升的趋势，说明蓝藻不断生长繁殖，数量增加。这是因为：电、磁、超声复合场处理改变了水的结构，活性氧破坏生物细胞的离子通道，改变其生存的生物场，使之丧失生存条件；超氧阴离子自由基破坏细菌的生物膜和细胞核，破坏碳水化合物及蛋白质，引起酶功能的失调，破坏细胞膜内外电解质的平衡，最终导致细胞突变、老化和死亡；过氧化氢则可使细菌细胞膜氧化破裂，失去物质交换能力促使细胞死亡。电、磁、超声复合场直接作用于细菌、蓝藻细胞，可使细胞膜穿孔，细胞自身温度升高，改变酶的活性，从而破坏细胞正常的生理机能，导致细胞死亡。

7.4　食品加工中超声波的生物学效应

7.4.1　超声波对微生物的影响

　　超声波对微生物的作用是复杂的，超声波对食品中微生物的影响主要可以归纳为三方面：第一，适当条件的超声波可促进微生物细胞的生长，同时促进有益代谢产物的合成。低强度超声波产生的稳态空化作用对细胞的破坏很小，主要可以改变细胞膜的通透性，促进可逆渗透，加强物质运输，从而增加代谢活性和促进有益物质的生成。第二，一定剂量的超声空化效应可使细胞壁变薄及其产生的局部高温、高压和自由基，从而抑制或杀灭微生物。在食品工业中，超声不但被单独用于杀菌，有时还和其他杀菌技术联用，利用它们的协同效应增强杀菌效果。第三，超声波诱变菌种，其作用机理可能是超声改变了蛋白质的表达水平。

7.4.1.1　超声波对食用菌等真菌生长的影响

　　适当剂量的超声可以促进真菌发酵，超声波技术可用于固定化酵母细胞，可以增强其微环境耐受能力，而且超声波技术是可用于移动和处理固定化前的酵母细胞。Radel等(2010)研究发现，用频率略高于2MHz的超声在30℃条件下处理酿酒酵母，虽然其形态和细胞群有一定的变化，但即使在12%(体积分数)的乙醇溶液中酵母细胞存活率也没有降低。Wang等(2003)探究了超声和 Ca^{2+} 浓度对酵母生长的影响，结果发现，低强度超声(24kHz，2W，29℃)大大提高了细胞内 Ca^{2+} 含量，从而提高了酵母生物产量。超声增加细胞膜通透性，改变了细胞表面的电势，可能促进了钙通道的激活。与常规对照组相比，经超声波处理的酵母细胞内 Ca^{2+} 浓度增加了 2 倍，对数生长期显著缩短。同时Wang 课题组还发现超声波处理可以促进发酵，提高亲本细胞蛋白酶活性，但对子代的发酵以及子囊孢子的比例没有影响。

　　Dai 等(2003)研究证实了低频率低能量超声可以缩短阿氏假囊酵母发酵时间，核黄素产量是对照组的 5 倍。进一步的研究表明，最佳参数为发酵总时间 110h，超声频率24kHz，温度 28～30℃，每 1.5h 超声处理一次。Herrán 等(2009)分别对低功率($957W/m^3$)、中等功率($2870W/m^3$)和高功率($4783W/m^3$)超声波的促进作用进行了测定，发现任何功率的超声对生物质生长均无影响，但中、高强度超声降低了产量和改变了生长形态，使菌丝球松散，生物质主要以分散的菌丝生长。综上所述，在不影响丝状真菌生长的情况下，超声波可以用来改变真菌的形态和发酵液流变学的指标。在不同参数下，超声处理对亲代与子代生长代谢的影响不同。单孢菌属细胞壁的结构阻碍了细胞向培养液释放抗生素的过程，因而被认为是阻碍庆大霉素(GM)产量提高的主要因素之一。然而，Chu等(2010)加入离线超声波处理时发现，庆大霉素的释放量从 38.3%增加到 75.8%。在发酵108h 时，释放量增加速度减慢，但培养基中庆大霉素的含量提高了42%。与对照组相比，超声处理组庆大霉素分泌量增加了 3.8 倍，这表明将庆大霉素从细胞中释放到培养基中可减缓庆大霉素生物合成的反馈调节作用。

杨胜利等(2004)采用低强度的超声波，选取作用时间为变化参数，对红曲霉细胞进行每间隔 8h 作用 2min 的处理，效果最明显，证明超声波具有很强的生物学效应，空化泡绝热收缩至崩溃瞬间，伴有强大的射流或冲击波，该作用可改变细胞的壁膜结构，使细胞内外发生物质交换，促进其色素的产生和分泌；也可能在超声波作用下，膜内的流体静压力足够诱导细胞膜机械破裂，从而加速色素的分泌和产生，或许两者兼而有之。

7.4.1.2 超声波对食品的杀菌作用

超声波杀菌技术是近些年兴起的一种非热杀菌技术。与传统热杀菌技术相比，超声波具有风味损失少(尤其是在甜味果汁中)、能耗低、均匀度高等优点。超声波杀菌技术主要是通过破坏孢子和微生物、钝化代谢酶来实现杀菌的目的。超声波杀菌法可有效地杀灭大肠杆菌、李斯特菌、荧光假单胞菌，而对酪蛋白和总蛋白没有破坏，因此一直受到奶业的关注。超声波杀菌的主要机制是空化效应使细胞壁变薄及其产生的局部高温、自由基和高压。对于果汁来讲，在破坏微生物的同时，还能够钝化与果蔬汁有关的多酚氧化酶、过氧化物酶、果胶酯酶。

同时，食品加工业中超声波杀菌技术还可以和其他杀菌技术联用，能明显地提高杀菌速率、提高杀菌的均一性、减少风味的损失、降低能源的消耗。Ordonez 等(1984)最早对这方面进行了研究，将 20kHz、160W 的超声波与不同温度(5～62℃)联合作用，结果表明在处理时间和能源消耗方面，两者结合使用比单独使用热杀菌更有效。其后，许多学者对影响超声杀菌与其他杀菌技术联用的影响因素进行了研究探索。这些因素包括处理体积和食品成分、处理温度、微生物种类。目前，已有超声处理单核细胞增生李斯特菌、沙门氏菌、大肠杆菌、金黄色酿脓葡萄球菌、枯草芽孢杆菌等微生物的报道。影响杀菌效果的因素有：超声波的振幅、暴露时间、处理温度、微生物种类、食品的体积和成分等。钱静亚等(2013)对温度(50～100℃)、超声(200W，5～30min)、乳酸链球菌(nisin)(100～350IU/ml)、协同磁场强度为 3.0T、脉冲数为 30 个的脉冲磁场杀灭枯草芽孢杆菌进行了研究。结果表明先进行脉冲磁场处理再采用超声功率 800W，工作 5s 间隙10s 的超声处理后，超声总时间越长杀菌效果越好，当超声时间为 30min 时，枯草芽孢杆菌的残留率最低，达到 8.18%；先脉冲磁场处理再温度、超声、nisin 处理的杀菌效果比先温度、超声、nisin 处理后再脉冲磁场处理的杀菌效果要好。扫描电镜结果表明，协同杀菌后，枯草芽孢杆菌的形态发生改变，细胞产生萎缩现象。Lee 等(2013)就超声杀菌技术与热杀菌及低压杀菌技术联用对苹果汁的杀菌效果进行了研究，结果表明，与传统的巴氏杀菌相比，声热杀菌、压热声杀菌、压力超声杀菌对苹果汁的风味破坏更少。

7.4.1.3　超声波对菌种的诱变作用

空化作用及超声波其他次级作用机制容易使微生物菌体发生壁膜破损或者突变等生物学效应,有些研究人员利用超声的这一生物学特性进行菌种诱变。赵兴秀等(2010)用超声波 20min 协同紫外线 100s 的复合诱变红曲霉的原生质体,得到的红曲霉菌发酵产红曲色素色价可高达 128.8U/ml,与出发菌株相比,色价提高了 12.6%~69.03%。朱维红等(2013)以茶薪菇为试材,采用超声波-紫外线对其担孢子进行诱导,以期选育出优质高产的茶薪菇菌株。研究结果表明,以超声波 500W 协同紫外线 30s 复合诱变效果最好,通过筛选得到诱变株 AF107,其菌丝长速快、菇形好、商品性高、子实体产量提高 36%、生物学效率达 57.4%,经 2 次出菇试验发现其性状稳定。

7.4.2　超声波对生物酶学的影响

超声波在低强度及适宜频率条件下具有空穴作用、磁致伸缩作用和机械振荡作用,可改变酶分子构象,促进细胞代谢过程中底物与酶接触,促进产物的释放,从而增加酶的生物活性。Ma 等(2011)探讨了聚能式超声对碱性蛋白酶的活性影响的机制。结果表明,聚能式超声波对碱性蛋白酶的活性有影响。超声功率为 80W、超声 4min 时,碱性蛋白酶活性最高,与对照组相比,酶的活性增加了 5.8%,热力学参数 $E\alpha$、ΔH、ΔS 和 ΔG 分别降低了 70.0%、75.8%、34.0%和 1.3%,此外,荧光光谱和圆二色谱结果显示,超声波处理后碱性蛋白酶表面的色氨酸数量有所增加,α 螺旋增加了 5.2%,无规则卷曲的数目减少了 13.6%。王振斌等(2011)采用超声波预处理固定化纤维素酶,探讨了超声波预处理时间、频率、功率以及预处理后的酶解温度和 CMC-Na 缓冲液 pH 对固定化纤维素酶活性的影响,建立并分析了各因子与酶活相对关系的数学模型,优化得到的最佳条件:酶解温度 58.73℃、CMC-Na 缓冲液 pH 3.0、超声时间 16.88min、超声频率 22.33kHz、超声功率 26.77W,在此条件下,固定化纤维素酶活性与未加超声波预处理相比较提高了 9.75%。Marinchenko 等(1987)利用超声波处理麦芽的乳状液,结果发现,液体中淀粉酶活力大幅度提高。超声激活固定化酶是一个富有成果的研究领域,冯若和赵逸云(1994)以酪朊作底物,用 20kHz 的超声波处理固定于琼脂胶上的 α-胰凝乳朊酶,可使其活性提高 2 倍。徐正康等(2005)用 50W 的超声波处理木薯淀粉,可使固定化酶活力提高,生产的异麦芽低聚糖中二糖、三糖的有效成分含量最多提高 7.72%,而对游离酶反应的效果不明显。Barton 等(2010)研究蔗糖酶水解蔗糖、α-淀粉酶水解淀粉和糖原时发现,当底物处在一个较低浓度水平时,如果给反应系统加超声波辅助作用,能显著提高这些酶活力,使水解反应更加彻底。

另外,有研究发现超声波在一定条件下能够使某些酶的活性下降。Lesko 等(2011)用超声处理碱性磷酸酶时,酶活性比对照下降了 10%,连续处理 24h 后,酶的活性下降 30%。Mason 等(1996)将过氧化酶 Sigma-8000 溶解于 20℃、0.1mol/L、pH 7.0 磷酸钾缓冲溶液中,加以 20kHz 的超声波 3h,酶活性下降了 90%。Yang 等(2009)用波长 2~10μm、功率 150W 的超声波处理枯草杆菌蛋白酶 2h,酶活约下降 50%。在适宜压力下,用超声波和热处理相结合的方法对番茄果实进行处理,该方法的协同作用比常规热处理更能有效地抑制果胶甲酯酶(PE)及半乳糖醛酸酶(PG)Ⅰ和Ⅱ的活性,在 62.5℃下 PE 的 D 值(原始酶活性降低 90%所需要的时间)降低了 52.9%,PGⅠ和 PGⅡ的 D 值在 86℃和 52.5℃分别降低 85.8%和 26.3%。Rawson 等(2011)研究脉冲超声波处理新鲜哈密瓜汁时发现,多酚含量在 0~6min 内不受影响,但 10min 后超声处理组的多酚含量较对照组显著下降($p<0.05$)。同样地,Tiwari 等(2009)研究超声处理草莓汁也发现,处理前期花色苷含量随时间延长而增加,但随着时间进一步延长,花色苷的含量反而下降(王薇薇等,2015)。

7.4.3 超声杀菌保鲜

高强度超声波在作用于细胞悬浮液时,强烈的高频超声振荡能使细胞内含物胶体发生絮凝沉淀,凝胶发生液化或乳化,从而使细菌失去生物活性;其次是超声波在液体媒质中传播时产生的超声空化效应,包括瞬时局部高温高压效应和空化泡崩溃时产生的瞬间微射流效应,空化过程中所伴随的这些效应都能使细菌失去生物活性。超声波的杀菌效果与超声功率、处理时间和细菌自身的特性有关。1987 年,Ordaonez 首次报道了超声和热共同作用杀死细菌的机理,并用于杀死蔬菜中金黄色葡萄球菌。1989 年,同一科研小组发表了该论文的后续报道,其研究结果显示了热与超声共同作用杀死枯草芽孢杆菌方面的优势。使用超声辐照还可以提高灭真菌剂渗入向日葵种子的扩散率和渗透率,成功地使种子完全脱离真菌感染,并且在种植实验中该种子长期不受真菌感染。在国内,朱绍华(1998)用超声波处理酱油 10min,杀菌率达 75.5%,略低于巴氏杀菌(72℃,78.7%),但达到了灭菌要求,且能保持原有滋味和风味。王蕊和高翔(2004)研究了超声波处理对牛奶保鲜的作用,发现 50kHz、60s、60℃超声波处理的原料乳,杀菌率达 87%,且对营养物质无任何破坏作用,在 15℃条件下保鲜 45h,仍能保持优良的感官性能。目前,我国绝大多数食品都采用高温加热方法进行消毒灭菌,但有些不宜采用高温加热处理的食品(如水果罐头和某些凉拌生食蔬菜等),用超声波处理既可以达到杀菌的目的,又使食物保持原有的风味和质地(梁华等,2008)。

7.5 超声杀菌技术的应用现状

超声空化能提高细菌的凝聚作用,使细菌毒力丧失或死亡,从而达到杀菌目的。超声灭菌适于酒类、果蔬汁饮料、牛奶、酱油等液体食品,这对延长食品保鲜、保持食品安全性有重要意义。较之传统高温加热灭菌工艺,超声作用既不会改变食品的色、香、味,也不会破坏食品组分。

7.5.1 果蔬汁饮料

绿茶饮料在加工过程中,由于茶多酚的氧化等原因,颜色会变深,由最初的黄绿色逐渐变成棕褐色,即褐变,这使绿茶饮料的外观效果及饮料品质受到严重影响。吴雅红等(2005)的实验研究表明,用高温灭菌处理再加适量防腐剂可以防止褐变,保证饮用安全,但饮料颜色仍然较深。经微波和超声波灭菌的茶汤饮用安全性能够得到保证,各菌种生长极少，茶汤颜色稳定，透明性好，也不褐变。三种灭菌方法中以超声波灭菌的茶汤颜色变深最少，透明性最小，茶汤中保留的茶多酚也最多，是绿茶灭菌和保护茶多酚尽量不受损失的一种较好的茶汤处理技术。可见，引入超声波灭菌技术对提高饮料品质、保证食品安全都是十分有益的。

柠檬汁采用巴氏杀菌法，其高温导致口味、香味变化，同时会使维生素及挥发性组分损失，此外，加热还能加剧褐变反应的进行。上述反应随时间及温度的增加而加大，Kuldiloke深入研究了超声波在柠檬汁加工中的应用，柠檬汁的色泽口味和其中的营养物质破坏极小，取得了很好的效果(刘丽艳等，2006)。

7.5.2　牛乳

牛乳的营养元素全面，比例搭配合理，是老少皆宜的营养保健食品，但对微生物来说也是极好的培养基，因此，牛乳极易腐败变质，挤出的生鲜牛奶稍有不慎就会失去食用价值。在牛奶保质中杀菌是必不可少的一步。然而，原料乳经热杀菌后极易破坏其营养价值，因此，原料乳杀菌要尽量在较低温度下进行，而采取冷杀菌技术有利于原料乳营养的保存。超声波杀菌技术就是可以达到此目的的一种冷杀菌技术。王蕊和高翔(2004)将超声波应用于原料乳保鲜，研究结果表明，在60℃条件下，经50kHz超声波处理原料乳60s，杀菌率达87%，对营养物质无任何破坏，且在15℃条件下保鲜45h，仍有优良的感官性能。

7.5.3　酱油

酱油是采用大豆(或豆饼)、麦麸、小麦粉、食盐等为原料，经微生物发酵而得到的一种液态食品，具有营养丰富、浓度高、微生物存活总数多、黏度大等特点。它在生产过程中极易受到有害细菌、霉菌等的污染，气温高于20℃时，在酱油表面易出现白色的斑点，继而加厚，会形成皱膜，颜色由白色变成黄褐色，此即为酱油生霉，生霉的酱油浓度变淡，鲜味减少，营养成分被杂菌消耗，严重影响酱油的质量，目前生产厂家一般采用加入防腐剂或加热等抑菌、灭菌措施。防腐剂抑菌会残留一些对人体有害的成分，同时，还具有一种不良的味道，大大降低了酱油的质量。加热杀菌不仅消耗了大量的能量，而且不可避免地消耗了酱油中的某些营养成分。而超声波杀菌技术应用于酱油保鲜则克服了这些问题。朱绍华(1998)用超声波对酱油进行杀菌对比实验，发现用超声波处理酱油5min，杀菌率为72.9%，处理10min，杀菌率为75%，略低于巴氏杀菌72℃时的杀菌率78.7%。超声波杀菌特点是速度快、无外来添加物、对人体无害、对物品无损伤。跟踪考察得出经灭菌储存后的酱油其总酸值有所增高，氨基氮有所下降，这主要是酱油中残存的微生物发酵所致，符合正常的酱油存放情况。在感官结果中，经超声波处理的酱油均有一基本特征，就是其色泽变得清亮，黏稠度下降，鲜味较为突出。

7.5.4　其他

超声灭菌技术已在美国、日本和欧洲等发达国家和地区获得了广泛应用，除了果蔬汁饮料、酱油、牛乳，其对酒类、饮用水等液体食品也有杀菌作用，还可用于清洗果蔬、机器加工设备的污垢，清除食品包装等。超声波杀菌对保持食品安全性、延长食品保质期有重要的意义(刘丽艳等，2006)。

7.6 超声杀菌存在的问题及展望

超声波杀菌的特点是速度较快、对人无伤害、对物品无伤害，但也存在消毒不彻底，影响因素较多的问题。超声波杀菌一般只适用于液体或浸泡在液体中的物品，且处理量不能太大，并且处理用探头必须与被处理的液体接触。食品物料体系提供的特殊环境使超声波作用很难达到实际应用所要求的效果，但超声波可与加热等其他杀菌方法连用，从而提高杀灭物料中细菌的能力。超声波作为灭菌方法的有效性和可行性的进一步研究可从以下几个方向进行：①找到具有高强度、高频率的超声波波源；②建立关于超声波灭菌的数学模型；③评价灭菌过程中超声波对食品品质的影响；④从分子生物学水平解释超声作用机理；⑤明确超声波和其他处理方法联用时的协同灭菌机理。

总之，随着食品工业的发展、超声波换能器设计技术的进步，超声波技术的应用前景将更为广阔，探索并应用超声波技术必将成为21世纪的一个热点问题(刘丽艳等，2006)。

本章作者：胡爱军　天津科技大学

参 考 文 献

蔡明. 2003. 杀菌技术在啤酒、饮料行业的应用及发展前景. 酿酒, 30(1): 42-43.

陈琳, 杜瑛, 雷乐成. 2003. UV/H_2O_2光化学氧化降解对氯苯酚废水的反应动力学. 环境科学, 24(5): 106-109.

陈荣凤. 1999. 超声波消毒研究进展. 上海预防医学杂志, 11(11): 492-495.

程坷伟, 许时婴, 王潭. 2003. 甘薯淀粉生产废液中提取糖蛋白的超滤工艺研究. 食品工业科技, 24(10): 109-111.

方祥. 2009. 超声波对几种常见肠道致病菌杀灭效果及其作用机理探讨. 声学技术, 28(4): 491-494.

冯若, 李化茂. 2007. 声化学及其应用. 合肥: 安徽科学技术出版社.

冯若, 赵逸云. 1994. 超声在生物技术中应用的研究进展. 生物化学与生物物理进展, 21(6): 500-503.

冯中营, 吴胜举, 周凤梅, 等. 2007. 超声及其联用技术的杀菌效果. 声学技术, 26(5): 882-886.

郭丽娟, 丘泰球, 范晓丹. 2007. 超声波协同臭氧处理对梨汁中微生物的影响. 食品科技, 32(5): 73-75.

胡文荣, 王士芬. 1999. 超声强化O_3杀菌能力的实验研究. 中国给水排水, 15(4): 58-60.

胡晓花. 2006. 电、磁、超声复合作用于水处理方面的应用研究. 山东大学硕士学位论文.

江和逊, 苏杭, 郑慧敏, 等. 2015. 低频低强度超声联合抗生素对ESBLs大肠杆菌协同增效杀菌作用研究. 中国超声医学杂志, 31(6):556-558.

李汴生, 阮征. 2004. 非热杀菌技术与应用. 北京: 化学工业出版社: 186-196.

李丹, 于淑娟. 2010. 超声波杀菌在食品中的研究现状. 2010中国食品安全高峰论坛.

李儒荀, 袁锡昌, 工跃进, 等. 2002. 超声波-激光联合杀菌的研究. 包装与食品机械, 16(3): 11-12.

李儒荀, 袁锡昌. 1998. 超声波-激光联合杀菌的研究. 包装与食品机械, (3): 6.

栗星, 包海蓉. 2008. 超声波对橙汁的杀菌特性研究. 食品科学, 29(8): 346-350.

梁华, Niu Y X, 黄凤洪, 等. 2008. 超声波在食品工业上的应用. 食品工业科技, 29(7): 293-296.

刘东红, 孟瑞锋, 唐佳妮. 2009. 超声技术在食品杀菌及废水处理中应用的研究进展. 农产品加工(学刊), (10): 18-21.

刘丽艳, 张喜梅, 李琳, 等. 2006. 超声波杀菌技术在食品中的应用. 食品科学, 27(12): 778-780.

吕石, 吕效平, 韩萍芳. 2014. 液哨超声协同杀菌剂在循环水杀菌中的应用. 工业水处理, 34(12):50-53.

钱静亚, 马海乐, 李树君, 等. 2013. 温度, 超声, nisin 协同脉冲磁场杀灭枯草芽孢杆菌的研究. 现代食品科技, 29(12): 2970-2974.

任百祥, 刘伟, 张含玉, 等. 2015. 超声波-二氧化钛协同降解玉米淀粉废水的实验研究. 廊坊师范学院学报(自然科学版), 15(2): 53-56.

任百祥, 杨春维. 2012. 超声-Fenton 氧化法处理中药废水的试验研究. 工业水处理, 32(8): 59-61.

施红英, 张静岩, 吴卫东, 等. 2015. 热-超声波联合对鼠伤寒沙门氏菌的杀菌效果研究. 食品工业科技, 36(4): 89-91.

苏杭, 江和逊, 郑慧敏, 等. 2015. 低频低强度超声对耻垢分枝杆菌细胞壁通透性影响的实验研究. 中国超声医学杂志, 31(11): 1038-1040.

王君, 张向东, 韩建涛. 2004. 纳米二氧化钛与超声协同杀菌效果的研究. 中国消毒学杂志, 21(2): 126-127.

王蕊, 高翔. 2004. 超声波在原料乳保鲜中应用的研究. 中国乳品工业, 32(6): 35-37.

王薇薇, 孟廷廷, 郭丹钊, 等. 2015. 食品加工中超声波生物学效应的研究进展. 食品工业科技, 36(2): 379-383.

王文宗, 李冰, 田应娟, 等. 2009. 超声波对胡萝卜汁杀菌效果的研究. 食品科学, 30(22): 58-60.

王振斌, 张杰, 王世清, 等. 2011. 超声波预处理对固定化纤维素酶活性的影响. 农业机械学报, 42(3): 150-155.

吴雅红, 罗宗铭, 汤哲. 2005. 绿茶饮料的超声波与微波杀菌及防褐的比较研究. 广东化工, 1: 33-35.

夏宁, 刘汉湖, 时孝磊, 等. 2005. 超声波技术处理微污染水的实验研究. 环境污染治理技术与设备, 6(4): 73-76.

夏文水, 钟秋平. 2003. 食品冷杀菌技术研究进展. 中国食品卫生杂志, 15(6): 539-544.

夏阳, 秦晴, 何瑾馨. 2008. 改性纳米 TiO_2 薄膜光催化降解染色废水. 印染, 34(4): 31-33.

谢梅英. 2000. 食品微生物学. 北京: 中国轻工业出版社: 42-43.

徐高田, 秦哲, 校华, 等. 2008. 纳米 TiO_2 光催化 SBR 联合工艺处理制药废水. 环境科学学报, 28(7): 1314-1319.

徐怀德, 王云阳. 2005. 食品杀菌新技术. 北京: 科学技术文献出版社: 16-17, 218-229.

徐正康, 罗发兴, 罗志刚. 2005. 超声波在淀粉制品中的应用. 粮油加工与食品机械, (12): 60-61.

闫冰. 2004. 超声波/HO 联合工艺处理有机废水. 哈尔滨工程大学硕士学位论文.

闫坤, 吕加平, 刘鹭, 等. 2010. 超声波对液态奶中枯草芽孢杆菌的杀菌作用. 中国乳品工业, 38(2): 4-6.

杨胜利, 王金宇, 杨海麟, 等. 2004. 超声波对红曲菌的诱变筛选及发酵过程在线处理. 微生物学通报, 31(1): 45-49.

杨寿清. 2005. 食品杀菌与保鲜技术. 北京: 化学工业出版社: 160-180.

袁琼. 2006. 超声波的生物物理学效应及其作用机理. 现代物理知识, 18(2): 23-24.

张永林, 杜先锋. 1999. 超声波及其在粮食食品工业中的应用. 西部粮油科技, 24(2): 14-16.

赵兴秀, 方春玉, 周健, 等. 2010. 紫外线与超声波复合诱变选育红曲色素高产菌株的研究. 中国酿造, 29(3): 66-69.

郑永哲, 王江, 于学良, 等. 2008. 超声波协同紫外线提高污水处理杀菌效果. 石油仪器, 22(5): 59-61.

周红生, 许小芳, 王欢, 等. 2010. 超声波灭菌技术的研究进展. 声学技术, 29(5): 498-502.

周丽珍, 李冰, 李琳, 等. 2006. 超声非热处理因素对细菌杀菌效果的影响. 食品科学, 27(12): 54-57.

朱绍华. 1998. 超声波灭菌实验初探. 食品工业科技, (1): 12-14.

朱维红, 张渊, 张筱梅. 2013. 超声-紫外复合诱变对茶薪菇高产菌株选育研究. 北方园艺, (24): 150-152.

Barton S, Bullock C, Weir D. 2010.The effects of ultrasound on the activities of some glycosidase enzymes of industrial importance. Enzyme and Microbial Technology, 18(3): 190-194.

Blume T, Neis U. 2004. Improved wastewater disinfection by ultrasonic pretreatment. Ultrasonics Sonochemistry, 11: 333-336.

Bott T R, Liu T Q. 2004. Ultrasound enhancement of biocide efficiency. Ultrasonic Sonochemistry, 5(11): 323-326.

Burleson G R, Murray T M, Pollard M. 1975. Inactivation of viruses and bacteria by ozone with and without sonication. Applied Microbiology, 29(3): 340-344.

Chen G H, Chai X J, Yue P L, et al. 1997. Treatment of textile by pilot scale nanofiltration membrane separation. Journal Membrane Science, 127(1): 93-99.

Dai C, Wang B, Duan C, et al. 2003.Low ultrasonic stimulates fermentation of riboflavin producing strain *Ecemothecium ashbyii*. Colloids and Surfaces B: Biointerfaces, 30(1): 37-41.

Duckhouse H, Mason T J, Phull S S, et al. 2004. The effect of sonication on microbial disinfection using hypochlorite. Ultrasonic Sonochemistry, 11 (3-4): 173-176.

Engwall M A, Pignatello J J. 1999. Degradation and detoxification of woodpeservatives creosote and pentachlorophenol in water by the photo-Fenton reaction. Water Research, 33 (5): 1751-1758.

Herrán N S, López J L C, Pérez J A S, et al. 2009. Effects of ultrasound on culture of *Aspergillus terreus*. Journal of Chemical Technology and Biotechnology, 83 (5): 593-600.

Ince N H, Belen R. 2009. Aqueous phase disinfection with powerful ultrasound: Process kinetics and effect of solid catalysts. Environment Science and Technology, 35 (9): 1885-1888.

Joyce E, Phull S S. 2003. The development and evaluation of ultrasound for the treatment of bacterial suspensions: A study of frequency, power and sonication time on cultured *Bacillus* species. J Ultrasonics Sonochemistry, 10: 315-318.

Lee D U, Heinz V, Knorr D. 2003. Effects of combination treatments of nisin and high-intensity ultrasound with high pressure on the microbial inactivation in liquid whole egg. Innovative Food Science and Emerging Technologies, (4): 387-393.

Lee H, Kim H, Cadwallader K R, et al. 2013. Sonication in combination with heat and low pressure as an alternative pasteurization treatment—effect on *Escherichia coli* K12 inactivation and quality of apple cider. Ultrasonics Sonochemistry, 20 (4): 1131-1138.

Lesko T, Colussi A J, Hoffmann M R.2011. Sonochemical decomposition of phenol: Evidence for a synergistic effect of ozone and ultrasound for the elimination of total organic carbon from water. Environmental Science & Technology, 40 (21): 6818-6823.

Ma H L, Huang L R, Jia J Q, et al. 2011. Effect of energy-gathered ultrasound on Alcalase. Ultrason Sonochem, 18 (1): 419-424.

Marinchenko V A, Kislaya L V, Isaeuho V N.1987. Effect of ultrasound treatment of milky solution of malt on composition and quality of the finished mask. Fermentation Spirt Promst, 5: 28-30.

Mason T J, Paniwnyk L, Lorimer J P. 1996. The uses of ultrasound in food technology. Ultrasonics Sonochemistry, 3 (3): S253-S260.

McClements D J. 1995. Advances in the application of ultrasound in food analysis and processing. Trends in Food Science and Technology, 6 (9): 293-299.

Munkacsi F, Elhami M. 1976. Effect of ultrasonic and ultraviolet irradiation on chemical and bacteriological quality of milk. Egyptian Journal of Dairy Science, 4: 1-6.

Ordonez J A, Sanz B, Hernandez P E. 1984. A note on the effect of combined ultrasonic and heat treatments on the survival of thermoduric streptococci. Journal of Applied Bacteriology, 54: 175-177.

Pagan R, Manas P, Alvarez I, et al. 1999. Resistance of *Listeria monocytogenes* to ultrasonic waves under pressure at sublethal (manosonication) and lethal (manothermosonication) temperatures. Food Microbiology, 16 (2): 139-148.

Phull S S, Newman A P, Lorimer J P, et al. 1997. The development evaluation of ultrasound in the biocidal treatment of water. Ultrasonics Sonochcmistry, 4: 147-164.

Piyasena P, Mohareb E, Mc Kellar R C. 2003. Inactivation of microbes using ultrasound. International Journal of Food Microbiology, 87 (3): 207-216.

Radel S, McLoughlin A J, Gherardini L, et al. 2010.Viability of yeast cells in well controlled propagating and standing ultrasonic plane waves. Ultrasonics, 38 (1): 633-637.

Raso J, Palo A, Pagan R, et al. 1998. Inactivation of *Bacillus subtilis* spores by combining ultrasonic waves under pressure and mild heat treatment. Journal of Applied Microbiology, 85: 849-854.

Rawson A, Tiwari B K, Patras A, et al. 2011. Effect of thermosonication on bioactive compounds in watermelon juice. Food Research International, 44 (5): 1168-1173.

Rediske A M, Rapoport N, Pitt W G. 1999. Reducing bacterial resistance to antibiotics with ultrasound. Letters in Applied Microbiology (S0266-8254), 28 (1): 81-84.

Rehorek A, Tauber M, Gubitz G. 2004. Application of power ultrasound for azo dye degradation. Ultrasonics Sonochemistry, 20 (11): 177-182.

Terzic S, Matosic M, Ahel M, et al. 2005. Elimination of aromatic surfactants from municipal wastewater: Comparison of conventional activated sludge treatment and membrane biological reactor. Water Science and Technology, 51 (8) : 447-453.

Tiwari B K, Muthukumarappan K, O'donnell C P, et al. 2009.Inactivation kinetics of pectin methylesterase and cloud retention in sonicated orange juice. Innovative Food Science & Emerging, 10 (2) : 166-171.

Wang B, Shi L, Zhou J, et al. 2003. The influence of Ca^{2+} on the proliferation of *S.cerevisiae* and low ultrasonic on the concentration of Ca^{2+} in the *S. cerevisiae* cells. Colloids Surf B: Biointerfaces, 32 (1) : 35-42.

Yang F, Gu N, Chen D, et al. 2009. Experimental study on cell self-sealing during sonoporation. Journal of Controlled Release, 131 (3) : 205-210.

8 超声技术在淀粉和纤维素开发中的应用

内容概要： 淀粉和纤维素资源丰富，来源广泛，价格低廉，其加工产物在食品、化工、医药等方面应用广泛；超声波因为其独特的作用机理及低能耗、绿色环保的特性而成为研究与应用的热点。

淀粉作为一种天然高分子化合物已被应用在食品、纺织、化工、医药等多个工业生产领域。但是，因为天然淀粉的加工性能差，如淀粉糊易老化、冷水可溶性差等因素限制了其在生产上的应用。超声波处理淀粉能使淀粉颗粒表面出现裂纹与凹痕，物化性质发生改变，如提高其冷水溶解性，降低糊化温度，提高淀粉的热糊稳定性，降低老化速率等；同时超声波可用于多孔淀粉、抗性淀粉、纳米淀粉的制备，与传统制备方法相比，超声复合技术可大大缩短其制备时间，提高产物得率并降低能耗；超声波处理因其空化作用可在空气泡破裂时局部产生高温高压以及强烈的微射流，可使原本结构致密的纤维素表面出现裂缝，产生纵向裂纹，加速其与酸、酶的接触面积从而提高其反应速率。

8.1 超声技术在淀粉开发中的应用

淀粉作为一种天然高分子化合物已被应用在食品、纺织、化工、医药等多个工业生产领域。但是，因为天然淀粉的加工性能差，如淀粉糊易老化、冷水可溶性差等因素限制了其在生产上的应用。

8.1.1 单频超声处理对淀粉结构与性质的影响

超声波与声波一样，是物质介质中一种弹性机械波，其频率范围为 $2 \times 10^4 \sim 2 \times 10^9$Hz。超声波可产生机械效应、热效应和空化效应。超声波在物质介质中形成介质粒子机械振动，有两种振荡形式：横向振荡(横波)和纵向振荡(纵波)。横波仅在固体中产生，纵波在固、液、气三态中均可产生(谷金颖，2009)。超声波在液体内作用主要来自超声波的热作用、机械作用和空化作用。空化作用是指存在于液体中微气核在声场作用下振动、生长和崩溃闭合的动力学过程。空化作用一般包括 3 个阶段：空化泡形成、长大和剧烈崩溃。当盛满液体容器通入超声波后，由于液体振动而产生数以万计微小气泡，即空化泡。这些气泡在超声波纵向传播形成负压区生长，而在正压区迅速闭合，从而在交替正负压强下受到压缩和拉伸。在气泡被压缩直至崩溃一瞬间，会产生巨大瞬时压力，一般可高达几十兆帕至上百兆帕。这种巨大瞬时压力，可使悬浮在液体中的固体表面受到急剧破坏，导致分子间强烈相互碰撞和聚集，强化传质过程。故超声波体系作用主要在于增加反应面积，从而加速化学反应。

空化效应是声化学反应主动力，其会导致高压力梯度与高温、高压及强大微射流和剪切力，导致淀粉分子化学键断裂，使液体分子解离形成自由基，水分子降解成·OH 自由基和 H 原子，攻击淀粉分子，使淀粉结构和性质发生改变。超声波改性淀粉可明显减少，甚至不用化学试剂，从而减少或避免环境污染；且在合适超声参数条件下，淀粉改性和杀菌可同步进行。用超声波处理淀粉，具有作用时间短、降解非随机性等优点，因而呈现良好的工业应用前景。

8.1.1.1　机械性断键作用

超声波机械性断键作用是由于质点在超声波中具有极高运动加速度，产生激烈而快速变化的机械运动，加速溶剂分子与聚合物分子之间摩擦，使分子在介质中随着波动高速振动及剪切力作用而引起 C—C 键裂解（赵凯，2009）。

8.1.1.2　自由基氧化还原反应

超声波空化作用引致水分子或反应分子进入空穴及其周围进行热降解反应，生成氢氧自由基或其他活性自由基，导致自由基增加，从而促进大分子物质自由基氧化还原等各种反应。该反应产生高温高压环境导致键的断裂。在超声波降解淀粉等大分子作用机制中，自由基和热效应对低分子质量物质效果较好；而对于高分子质量淀粉分子物质则以机械效应效果更为显著，且效应随分子质量增加而增强。

超声波对淀粉大分子链的作用主要体现在以下几个方面。

1）超声波通过水介质中空穴产生和崩溃，引起强烈水力冲击波及高速度梯度流造成淀粉大分子链上糖苷键及侧基断裂，从而造成大分子链降解，分子质量降低，黏度降低。

2）水介质中产生包括 H_2O_2 在内的过氧化物，使淀粉发生氧化降解。

3）断裂后大分子链段间相互作用，发生支化和交联，从而使其黏度热稳定性提高。总之，超声波对淀粉大分子链作用以降解为主，并辅以一定支化和交联，分子颗粒结构无变化，但能引入少量其他基团，从而使其某些性能得以改善（冀国强等，2010）。

4）存在于水介质中活性粒子（过氧化物、羟自由基、氢及氧原子等）与大分子链上某些基团作用而有可能生成羧基、羰基等，从而使其与高聚物混溶性增加。

8.1.1.3　对淀粉糊流变性质的影响

超声波处理会降低淀粉糊黏度，并且其黏度随处理时间延长而减小；且不同浓度淀粉糊相对黏度变化不一致，尤其在刚开始一段时间内，相对黏度均显著降低。反应速率随时间延长趋于缓慢并最终达到最小极限值，并不再发生降解反应（胡爱军等，2011a）。其可能原因是超声波所提供的振动动能和空穴作用能导致淀粉链化学键断裂，但当链长达到极限值时，超声波无法继续作用，因此淀粉糊黏度降低到一定程度之后即终止（胡爱军，2014b）。

Isono 等（1994）用快速黏度分析仪测定经超声波处理玉米淀粉黏度时也曾发现这一现象。在不同温度下进行超声波处理糯米淀粉，淀粉液黏度显著降低，且反应温度越接近淀粉糊化温度时，连续黏度值下降得越多；当反应温度处在或高于糊化温度时，连续黏度则接近零。这种现象可能是空穴产生高温使水分流失，淀粉无法充分糊化所导致。

罗志刚等（2008a）采用超声波对高链玉米淀粉乳进行处理，发现随超声波功率增大，起糊温度没有变化，峰值黏度降低，C 型 Brabender 黏度曲线没有改变；超声波处理使淀粉糊冷稳定性增强，凝沉性减弱。不同超声波功率处理高链玉米淀粉糊均为假塑性流体；

处理后高链玉米淀粉糊表观黏度随剪切速率升高而降低，剪切稀化随体系浓度提高而增强；淀粉糊触变性随超声波功率增大而减小。同时罗志刚等(2008b)研究了超声波处理对蜡质玉米淀粉流变性质的影响，利用超声波处理含水量70%的蜡质玉米淀粉，结果表明：不同超声波功率处理蜡质玉米淀粉糊均为假塑性流体，符合幂定律 $\tau = k \cdot \gamma^m$ (m 为流态特征指数，k 为稠度系数)，说明超声波作用使蜡质玉米淀粉糊特性偏近于牛顿流体，即具有较好流动性。假塑性流体特有的现象是剪切稀化，即流体表观黏度随剪切速率增加而降低。实验表明，在相同剪切速率下，超声波处理蜡质玉米淀粉糊表观黏度随超声波速率升高而降低，且随体系浓度增高，剪切稀化增强。超声波处理淀粉糊具有触变性，且触变性随超声波功率增大而减小。刘贤钊等(2008)研究不同功率超声波处理玉米淀粉流变性质。结果表明，所有淀粉糊均呈现假塑性流体特征，同样符合幂定律 $\tau = k \cdot \gamma^m$；且同样随超声波功率增大，其处理淀粉糊触变性减弱。李坚斌等(2006)用旋转黏度计研究不同超声波处理时间下马铃薯淀粉糊流变特性。结果表明，在不同超声波处理时间下，马铃薯淀粉样品均呈假塑性流体特征，符合幂定律；马铃薯淀粉糊表观黏度随处理时间延长而越低，触变性相应减弱。超声波处理后，马铃薯淀粉糊剪切稀化程度随马铃薯淀粉含量增大而加深。林建萍和黄强(2002)将原淀粉和超声波处理后淀粉分别配成一定浓度悬浊液，加热糊化后，在95℃下保温，每隔20min测一次黏度，结果发现，超声波处理后淀粉黏度较原淀粉黏度有较大程度降低。另外还发现，超声波处理后淀粉黏度热稳定性具有较大程度提高，这与处理过程中大分子链降解同时部分分子链产生交联及大分子链上引入其他基团有关(胡爱军等，2014a)。经超声波处理的淀粉，无论其黏度降低程度，还是黏度热稳定性提高程度，都随超声波作用时间延长而增加，猜测与大分子链降解和交联有关。

8.1.1.4 对淀粉糊透明度的影响

赵奕玲等(2008)考察不同超声波处理时间木薯淀粉糊的透明度，发现超声波作用后淀粉透明度比原淀粉有较大提高；超声波处理2min时淀粉糊透明度达到最大，随后逐渐下降。原因可能是超声波能在较短时间内破坏淀粉结晶区，颗粒表面及内部均遭到侵蚀，淀粉溶解度增大，淀粉与水分子间缔合增加，淀粉分子之间缔合减少，颗粒较易膨胀，从而减弱光折射和反射，糊透明度提高。另外，由于超声波打断支链淀粉，支链淀粉含量降低，超声波处理时间延长还会造成淀粉颗粒重新团聚，抑制颗粒膨胀，导致透明度相对下降。

8.1.1.5 对淀粉糊老化性(凝沉性)的影响

赵奕玲等(2008)研究不同超声波时间处理淀粉糊的老化性质，结果表明，原淀粉和处理0.5min淀粉凝沉较快；但吸水量较少，凝沉倾向较弱。超声处理1.5min、3min和5min淀粉凝沉较慢，经3天静置才明显沉降；但总吸水量变大，凝沉性增强。凝沉是淀粉老化过程，是直链淀粉分子和支链淀粉分子上直链部分通过氢键互相结合，重新产生结晶的过程，而淀粉凝沉强弱是由直链淀粉含量与聚合度决定。超声波作用降低了淀粉的结晶度，破坏淀粉颗粒，淀粉与水分子间缔合增加，保水性增强，因此在静置初期凝沉速率较慢。另外，超声波破坏支链结构，直链淀粉比例上升，聚合度降低，淀粉分子间结合加强，结晶速率加快，因此长时间静置吸水速率快，凝沉性也较原淀粉强(赵奕玲，2007)。

8.1.1.6　对淀粉糊凝胶特性的影响

林静韵等(2007)研究不同超声场作用条件下马铃薯淀粉糊凝胶特性变化，结果表明，超声场中马铃薯淀粉凝胶的质构性质(TPA 性质)发生了显著变化，随着超声波作用时间和声强增加，凝胶硬度值、脆度值、黏性值、胶黏性值会降低，这可能是由于超声场对淀粉大分子链降解、淀粉水溶性增加及超声场对淀粉分子作用导致黏度降低等作用。另外，随着淀粉糊浓度增大，超声场中淀粉糊凝胶硬度值、胶黏性值下降趋势变小，原因可能是浓度增大时淀粉缠绕及黏滞阻力增加。

8.1.1.7　对淀粉颗粒形态的影响

雷娜(2001)采用扫描电子显微镜观察以无水乙醇为介质的玉米淀粉经超声波处理后的表面结构(图 8-1)，发现玉米淀粉受到超声波作用后，颗粒表面出现程度不同的蜂窝状凹陷或小孔，且随超声波作用时间增加，淀粉颗粒表面的凹陷和小孔数量也增加，有些淀粉颗粒甚至出现较深穿透性小孔。李坚斌等(2006)采用偏光显微镜观察超声场作用后马铃薯淀粉样品颗粒形貌变化，结果表明，超声波作用使马铃薯淀粉颗粒表面变得粗糙，出现裂纹和蜂窝状凹陷，有的甚至破碎；且随超声波作用时间延长，颗粒破碎比例加大。原因可能是超声波作用使淀粉体系内产生强烈搅拌、机械剪切作用，强化淀粉分子与水分子间相互作用，使淀粉颗粒破裂；且随作用时间延长，超声波能量累积使空化作用更剧烈，搅拌、剪切效果更明显。

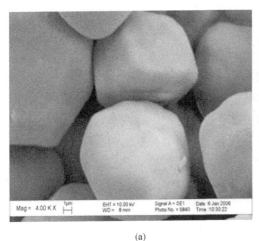

(a)　　　　　　　　　　　　　　　　　　(b)

图 8-1　原淀粉和处理淀粉的 SEM 扫描图

(a)原淀粉；(b)处理淀粉

王敏妮等(2010)采用超声波处理 70%水分含量的玉米淀粉，发现超声处理后淀粉颗粒的偏光结构、形状和大小没有变化，但颗粒表面出现小孔。超声处理也没有改变淀粉的结晶型。

8.1.1.8 对淀粉结构的影响

雷娜等(2001)利用超声波处理玉米淀粉、木薯淀粉和马铃薯淀粉,发现淀粉经超声波作用后,颗粒表面出现程度不同的蜂窝状凹陷或小孔,且随超声波作用时间延长,淀粉颗粒表面凹陷和小孔量增加。研究表明,几乎所有玉米原淀粉颗粒都有较清晰的偏光十字,而经二次超声波处理后一些淀粉颗粒偏光十字变得模糊,甚至消失。被超声波处理 4 次后,一些淀粉颗粒偏光十字已完全观察不到,且发生这种变化的淀粉颗粒概率增多。被超声波处理 8 次,部分淀粉偏光十字消失,但发生概率有所下降。相似情形同样出现在超声波处理过的木薯淀粉中,原因可能是淀粉颗粒在超声波空化作用下,结晶区分子间氢键被破坏,分子间作用力减弱,结晶区内淀粉分子在超声波产生的振荡、局部高温高压下紧密结合结构被打破,一些分子自由度增大,活性增强,这些分子又会与其他分子结合发生一定程度重排,从而使淀粉偏光十字形状发生变化(变模糊或消失)。另外,超声波作用也可能改变淀粉结晶状况,使原来结合紧密的晶形区变得更为松散,从而形成无定形区。偏光十字是淀粉粒高度有序性(方向性)所引起的,双折射性的改变表明超声波使淀粉晶型发生改变,也是淀粉颗粒光学性质发生变化的原因。

雷娜等(2001)还用 X 射线衍射和红外光谱分析超声波作用对淀粉超分子结构的影响。结果表明,经超声波处理后淀粉仍保持原来晶型,且没有产生新的官能团;并随超声波作用次数继续增加,淀粉结晶度和晶面尺寸增大。随着超声波功率增大,淀粉结晶度下降越来越少,当超声波功率增大到一定程度时,绝大多数空化泡半径都大于淀粉颗粒半径,此时超声波对淀粉晶区破坏非常小,因此淀粉结晶度在受超声波作用后变化并不大。林建萍和黄强(2002)通过测定淀粉浆液糊化特性,得出淀粉黏度-温度关系曲线,发现经超声波处理淀粉与原淀粉一样,仍具有糊化特性,说明处理后淀粉颗粒结构未变,仍具有结晶区和无定形区。何小维等(2005)采用扫描电镜观察超声波处理前后玉米淀粉颗粒表面,发现原玉米淀粉颗粒具有完整平滑表面,而经超声波处理后,部分淀粉颗粒表面出现大小不同的小孔,有些小孔分布十分均匀,呈蜂窝状。表明经超声波作用后,淀粉颗粒结构发生一定变化,但整个颗粒结晶结构未发生根本性变化,即颗粒结晶结构未消失。由此可推断,超声波作用与淀粉颗粒主要发生在颗粒非结晶区,也就是颗粒无定形区。不同气体环境对超声波处理淀粉表面结构有显著影响,氢气环境下能形成较多深的坑洞;在空气或氧气环境下产生深坑少,但有广泛表面损伤;二氧化碳环境下超声波对淀粉降解作用弱;真空环境下对淀粉颗粒几乎无作用。

8.1.1.9 对淀粉成膜性的影响

林建萍和黄强(2002)用 2%浓度的淀粉乳,经加热糊化制成浆膜,在 Instron 电子强力仪上测得浆膜厚度、浆膜强度、延展率、重量磨损率、水溶性等性能指标。发现淀粉经超声波处理后,其大分子链断裂而导致分子质量降低,浆膜强度降低,断裂伸长率下降;但水溶性增加。表明浆膜吸湿性增加,从而使浆膜变得较柔软,导致耐磨性有所提高。

姜燕等(2007)对玉米磷酸酯淀粉基可食膜液进行超声波处理,并对所成膜的抗拉强度、断裂伸长率、透氧率及膜表面微观结构进行分析,发现淀粉膜液经适当功率和时间超声波处理,可使所成淀粉膜性能得到强化,相对于对抗拉强度、断裂伸长率的影响程度,超声波处理对透氧率的影响更为显著。实验还发现,经超声波处理,膜液中气泡明显减少,且很易真空脱除,原因可能是超声波处理在增进分子间作用力同时,驱除液体中空气,且在空气中产生强超声辐照于液体表面,使液体雾化,间接起到消除泡沫的作用。观察超声波处理前、后膜表面微观结构,发现经适当超声波处理磷酸酯淀粉膜液所得膜表面光滑平整、结构致密、表面均一、无明显颗粒和孔洞,能形成有序致密膜基质,膜表面微观结构比处理前有一定改善。

8.1.1.10　对淀粉溶液性质的影响

薛娟琴和吴川眉(2008)处理不同浓度淀粉溶液,发现在超声波高温和高压作用下,淀粉发生水解,使表面张力下降,且淀粉溶液表面张力随超声波作用时间延长而下降。静置24h后测其表面张力,下降较快,且随超声波作用时间延长,表面张力下降越多。另外,研究表明超声波作用对淀粉溶液黏度有影响,作用时间越长,黏度越低;但静置24h后,其黏度不变,为一恒定值。

8.1.1.11　超声处理对淀粉反应性能的影响

淀粉是一种多晶高聚物,具有半结晶颗粒结构,结晶区分子排列紧密,水、酶及多数化学试剂不易接触到结晶区内分子,大大限制了化学反应效率,影响淀粉在各方面的应用。超声波作用对淀粉反应活性有极大影响,经适宜条件下超声波处理淀粉能提高其反应活性,提高反应取代度。超声波处理淀粉的过程,被认为是淀粉结晶度变化的过程;而产物取代度与淀粉结晶度紧密相关。淀粉分子结晶度越小,取代基团越易渗透进入淀粉颗粒内部,取代度就会越高。所以在一定处理时间内,淀粉因为超声波的空化作用,分子结晶度随处理时间延长不断下降,产物取代度随之提高。何小维等(2005)将经超声波处理玉米淀粉与环氧丙烷进行反应,发现反应取代度由未处理时的 0.113 提高到 0.225以上;但继续进行处理对淀粉反应取代度提高不明显;增加功率对颗粒反应取代度有一定的促进作用,可能是超声波作用后,淀粉颗粒表面出现许多小孔,其表面积得到一定增加,从而导致其反应取代度提高。但增加超声波作用时间对反应取代度并无明显改善,这可能是由于超声波只能作用于淀粉颗粒表面,而难以渗透到颗粒内部,致使其表面积增加有限,反应取代度便不再增加。赵奕玲等(2008)将超声波技术引入磷酸酯淀粉制备工艺,对木薯淀粉进行预处理,结合半干法制备磷酸酯淀粉,研究超声波处理时间、处理功率对磷酸酯淀粉取代度和黏度的影响。结果表明,超声波对木薯淀粉磷酸化有显著强化作用,与传统工艺相比,超声波作用能有效快捷提高木薯淀粉反应活性,是提高产物取代度和反应效率的良好途径。以经超声波处理淀粉为原料制得磷酸酯淀粉取代度比相同条件下未经超声波处理制得产品有较大提高。超声波处理使磷酸酯淀粉黏度较大程度降低,原因是超声波破坏淀粉颗粒结晶区,直链淀粉含量增加,导致淀粉聚合度下降。林建萍和黄强(2002)将经超声波处理淀粉和原淀粉分别与聚乙烯醇(PVA)按 1:1 比例配成一定浓度液体，经加热糊化，在室温下静置 48h 后发现，经超声波处理淀粉与 PVA 混溶性优于原淀粉。马丕波等（2008）利用超声波特性，在使用氧化淀粉上浆基础上，用超声波先对浆液进行处理，并在上浆过程中再次持续使用超声波。结果表明，经超声波处理后，淀粉浆液黏度明显降低，且浆液温度越低越明显。超声波处理有助于在低温下降低浆液黏度，提高浆液浸透性；且经超声波作用后，淀粉分子链结构发生一定程度改变，相对分子质量降低，直链淀粉分子增加，浆液润湿性提高，增强浆液黏附性能。胡爱军等（2011b）通过超声处理淀粉，结果表明：①超声波处理会对淀粉产生降解作用，降低其分子质量；②超声会对淀粉颗粒表面产生破坏作用，使其表面产生圆锥形坑洞，并随着处理时间的延长而扩大；③超声能对淀粉的晶型造成一定程度的破坏，但未能达到改变其结晶型的程度；④超声波处理对淀粉凝胶质构特性会产生明显影响，延长超声波作用时间和增加强度，会降低凝胶硬度、咀嚼性等特性；⑤超声波处理会降低淀粉糊黏度，且其黏度值随处理时间延长而减小；⑥超声波处理提高淀粉糊化转变温度、膨胀度和溶解度，降低析水率、焓值及转变温度范围；⑦超声波作用对淀粉反应活性有极大影响，经适宜条件下超声波处理淀粉能提高其反应活性，提高反应取代度。

8.1.2 双频超声处理对淀粉性质的影响

双频超声是指在提取过程中，采用两个频率的超声波发生器，同时发射超声。因单频超声场中声强的不均匀性，声场中各点的不一致性，导致提取效果重复性较差。双频超声可以相对减少声场的不均匀性，可极大地提高空化效应。

胡爱军等（2014a）研究了双频 40kHz+80kHz 超声处理对红薯淀粉结构和性质的影响，结果表明：超声作用没有改变淀粉的分子基团，但部分破坏了其结晶结构，使红外结晶指数下降。淀粉-碘复合物吸收光谱分析表明，超声破坏淀粉支链结构和淀粉长链，直链淀粉含量增加，淀粉经超声处理后黏度降低，透明度提高，双频超声处理相比单频超声处理对淀粉的结构和性质的影响效果最明显。

8.1.3 超声波辅助提取淀粉

大米淀粉具有颗粒小、无味、口感松软等特点，广泛应用于食品、药品和化妆品等行业中。但是大米淀粉颗粒被蛋白质紧密包裹，蛋白质又是以碱溶性蛋白质为主，不能采用水洗分离，限制了大米淀粉和蛋白质的利用。生产大米淀粉的基本方法是碱法浸泡，这种方法会降低蛋白质和淀粉的品质，还会引起环境污染。在保持淀粉和蛋白质的品质前提下，如何更有效地分离大米淀粉和蛋白质，减少污染，降低能耗是值得研究的问题。

芦鑫等（2007）利用表面活性剂十二烷基磺酸钠结合超声波分离大米淀粉，发现 3 次分离工艺有利于提高淀粉的纯度，最佳工艺条件为 SDS 添加量为 2.5%，液料比（ml/g）为 7：1，超声波时间为 50min，将蛋白质含量降低到 0.49%，淀粉回收率为 73.61%，并用 SEM 和 Viscograph-E 型布拉班德连续黏度仪测定分离得到的淀粉的性质，结果表明，除去蛋白质后的淀粉的起糊温度低于原料米粉，而最高糊化黏度高于原料米粉。淀粉的回生性和冷稳定性优于原料米粉，而热稳定性低于原料米粉。得到的淀粉分子表面光滑，大小均一，淀粉糊的冷稳定性好，起糊温度低。

齐海伶等(2015)以珊瑚姜残渣为原料，采用超声预处理研究珊瑚姜淀粉的碱提取工艺条件以及所制淀粉的组成、颗粒形貌和晶体结构的影响。结果表明，普通碱提取的最佳工艺条件为碱液 pH 10、料液比(g/ml) 1∶9、浸泡温度 35℃、浸泡时间 3h，在该条件下所制淀粉的提取率为 45.37%、纯度为 85.12%、平均粒径为 23.06μm；超声预处理(超声功率 600W、超声时间 100s)后的碱提取的最佳工艺条件为碱液 pH 10、料液比(g/ml) 1∶12、浸泡温度 30℃、浸泡时间 2.5h，在该条件下所制淀粉的提取率为 61.54%、纯度为 86.51%、平均粒径为 20.20μm。超声预处理改善了碱提取的工艺条件，提高了淀粉的提取率和纯度，减小了淀粉的平均粒径，但未改变珊瑚姜淀粉的颗粒形貌和结晶结构，仍呈类圆形、长卵形、三角状卵形和 B 型结晶结构。

尹婧等(2016)以薏苡仁为原料，采用超声-微波协同法提取薏苡仁淀粉，在料液比(g/ml) 1∶9，NaOH 溶液质量分数 0.30%，提取温度 34℃，微波功率 134W，提取时间 150min 的条件下淀粉提取率可达 93.15%。与传统碱提法、单纯微波辅助法、单纯超声波辅助法相比，薏苡仁淀粉提取率分别增加 18.97%、12.78%、10.39%。超声-微波协同法提取法具有省时、提取率高的优点，可用于薏苡仁淀粉的提取。

8.1.4 超声波辅助制备淀粉可食膜

陈光等(2010)用超声波对玉米淀粉糊进行处理并制成可食膜，并对膜的抗拉强度、断裂伸长率、透光率、水蒸气透过系数、透油系数及表面微观结构进行分析。发现超声波处理的玉米淀粉溶液所成膜的机械性能、阻隔性以及表面微观结构都有所改善，抗拉强度、断裂伸长率、水汽透过系数、透油系数均有所改善。

孙海涛等(2016)利用超声波-微波协同技术制备玉米磷酸酯淀粉/秸秆纤维素(corn distarch phosphate/corn straw cellulose，CDP/CSC)可食膜，在工艺条件：超声波功率 600W、微波功率 170W、超声波-微波处理时间 9 min 下可食膜的抗拉强度和断裂伸长率分别达到 31.42 MPa 和 74.33%，与未经超声波-微波处理的膜相比分别提高 62.28%和 56.89%。通过扫描电子显微镜(scanning electron microscopy，SEM)、红外光谱分析(fourier transform infrared spectroscopy，FT-IR)和 X 射线衍射(X-ray diffraction，XRD)对可食膜进行结构观察和表征，经超声波-微波协同处理的 CDP/CSC 可食膜表面平整，结构致密，分子间作用力加强。超声波-微波联合作用可有效提高玉米磷酸酯淀粉/秸秆纤维素可食膜的机械性能。

8.1.5 超声波辅助制备冷水可溶性淀粉

由于天然淀粉复杂的半结晶结构，其表现出双折射偏振光下呈现十字形阴影的特性，因此，天然淀粉一般很难溶于水，通常在 60～70℃下淀粉糊化才会溶于水中形成淀粉糊，但是经过改性的冷溶解性淀粉可以在较低的温度下溶解，这对于一些热敏性材料和物质来说是十分有利的。

甘薯，主要成分是淀粉，占其干重的 50%～80%，是一种很好的淀粉原料资源，但是其在冷水中的溶解度很低，成纪予等(2015)利用超声波辅助乙醇碱法制备冷水可溶性淀粉，以溶解度为指标，得到最佳的反应条件为淀粉乳质量浓度 4.0g/100ml，乙醇体积分数 81%，超声波功率为 300W，超声时间 22min。经验证，在最佳条件下，所制得的甘薯淀粉溶解度达到96.38%。

Zhu等(2016)利用超声波辅助乙醇性碱法处理工艺的优化制备颗粒状冷水可溶玉米淀粉(GCWS)，探究了玉米淀粉浓度、乙醇体积分数、氢氧化钠用量、超声功率和处理时间、干燥真空度和干燥时间对冷水溶解度的影响，结果表明，超声处理27.38min，功率400W，乙醇和氢氧化钠用量分别为66.85%和53.76%时得到的淀粉冷溶解度最好，达到93.87%。

8.1.6 超声波辅助制备纳米/多孔淀粉颗粒

SNC(starch nanocrystal)，是淀粉无定形区经酸水解后，剩余对酸有抗性的纳米片层结晶部分，其大小为长20～40nm，宽15～30nm，高5～7nm(李聪慧，2016)。淀粉纳米晶具有来源广泛、生物可再生、可降解、生物相容性好等特点，在工业中有很重要的用途(缪铭和徐忠，2005)。

但目前淀粉纳米晶的提取大多限于物理或化学方法。Chin等(2011)采用纳米沉淀法制得的纳米颗粒的直径在200nm左右。Bel等(2013)用超声波处理的方法制备了大小250nm左右的淀粉颗粒。Putaux等(2003)用酸水解蜡质玉米淀粉，制得了蜡质玉米淀粉纳米晶。Angellier等(2004)优化酸解的条件，制得产量为15%(质量分数)。俞丹密等(2007)采用反相微乳液法和交联法制备了双醛淀粉纳米颗粒。以上方法制备工艺复杂，得率低，化学法容易污染环境，限制了淀粉纳米晶在工业中的应用。

8.1.6.1 纳米淀粉颗粒

姬娜等(2014)采用生物酶法制备纳米淀粉颗粒，主要利用糖化酶部分酶解蜡质玉米淀粉颗粒无定形区，并借助超声波处理得到淀粉纳米晶，能够获得粒径尺寸为68～150nm的淀粉纳米晶，主要集中在100nm左右。与原淀粉相比，淀粉纳米晶颗粒表面粗糙，易于聚集，颗粒之间有粘连现象。淀粉纳米晶的结晶类型仍为A型，但是结晶度提高至75.86%。利用糖化酶制备的淀粉纳米晶产率达到27.53%，相比常规酸解法的产率显著提高。

Amini和Razavi(2016)利用玉米淀粉，采用超声辅助酸水解的方法制备纳米淀粉，研究了不同的酸/淀粉值、温度、处理时间对淀粉的水解程度、纳米纤维得率、纳米纤维尺寸和表面特性的影响。结果表明，超声处理能显著提升纳米纤维的得率，超声处理45min，得到尺寸小于100nm的纳米纤维得率达到21.6%。透射电镜下观察到直径小于50nm的圆形边缘纳米晶，这表明超声处理不仅保护了淀粉的结晶结构，同时提高了水解产生淀粉纳米晶体的得率。

胡爱军等(2011b)利用超声波联合微乳液法制备大米纳米淀粉，并对大米纳米淀粉的载药性进行研究。结果表明，阿霉素初始浓度为3.0mmol/L、吸附时间30min、吸附温度37℃时，大米纳米淀粉对阿霉素的吸附量最大，达85mg/g。阿霉素原料在2h内药物释放率为99.6%，而纳米淀粉在透析8h后，药物释放率仅为73.9%。由此可知，由超声法制备的大米纳米淀粉作为药物载体具有较好的载药性并对药物有较好的缓释作用。

8.1.6.2 多孔淀粉

多孔淀粉，又称为微孔淀粉，是生淀粉酶在低于淀粉糊化温度下水解各种淀粉形成的一种中空的变性淀粉。作为一种高效、无毒、安全的新型有机吸附剂被广泛用于食品、医药、农业、化妆品、造纸等行业(张盼盼等，2015)。

杨永美等(2012)利用超声波协同组合酶法制备多孔淀粉，实验结果表明，通过超声波微波协同组合酶法制备了高吸油率玉米多孔淀粉。在研究单因素的基础上，优化了制备玉米多孔淀粉的加工条件。结果表明：在微波功率 150W，超声波功率 400W，温度56℃，α-淀粉酶加酶量为 8U/g，糖化酶与 α-淀粉酶配比为 6∶1，柠檬酸缓冲液 pH 为5.4，时间 45min 的条件，此时多孔淀粉吸油率最高。

张楠等(2015)通过超声波辅助 α-淀粉酶水解蜡质玉米淀粉制备微孔淀粉的工艺，以吸油率为指标，同时采用偏光显微镜和差示扫描量热分析仪研究所得微孔淀粉的显微结构及热力学特性。结果表明，在超声功率 600W，超声时间 30min，淀粉乳浓度 30%的条件下，酶添加量 100U/g，温度 50℃，酶解 pH 6.0，酶解时间 20h 制得的蜡质玉米微孔淀粉吸油率最高，为 175.41%。经超声波辅助酶解制备的蜡质玉米微孔淀粉，淀粉颗粒结构保持完整，均一性提高，糊化温度升高。与普通酶解工艺相比，超声辅助酶解工艺制备的微孔淀粉吸油率提高了 19.79%。

8.1.7 超声波辅助制备抗性淀粉

抗性淀粉(resistant starch，RS)是一类在健康者小肠中无法被吸收利用，但可在结肠中被大肠菌群发酵或部分发酵，具有类似可溶性膳食纤维的生理功能，包括预防胃肠疾病和心血管疾病；降低溃疡性结肠炎和结肠癌的风险；促进细菌生长和矿质元素的吸收，增强疾病抵抗力等(吴小婷等，2014)。抗性淀粉由于能通过降低血糖指数来减少血浆胰岛素和血糖反应，且具有饱腹感，而被视为控制体重的良好选择。它具有天然淀粉所不具有的生理功能，具有更好的食用口感。把抗性淀粉添加于食品中，能使食品呈现特殊质地，甚至延长食品货架期(张婷婷和王星，2014)。近年来，人们对健康的关注，使得对功能性保健食品的要求日趋提高，抗性淀粉也成为人们新的研究对象(李蔚青，2015)。根据抗性原理的不同，抗性淀粉可分为 5 类：RS_1 物理包埋淀粉，其蛋白质与细胞壁的包埋作用是引起抗性的主要原因；RS_2 抗性淀粉颗粒，包括具有抗性的天然淀粉颗粒和未糊化的淀粉颗粒；RS_3 回生或结晶淀粉；RS_4 化学改性淀粉，交联淀粉是其中常见的一种；RS_5 直链淀粉-脂质复合淀粉，亦被称为淀粉脂(孟爽，2015)。RS_3 是淀粉糊经过糊化后，其中的直链淀粉经过低温冷却，结晶形成的难以被淀粉酶酶解的老化淀粉。虽然RS_3 与 RS_4 都可以通过加工原淀粉大量制备，但 RS_4 的制备过程中添加的化学试剂将会影响食品安全性。由于 RS_3 具有营养特性、加工稳定性及食用安全性，其应用前景良好，成为近年研究的热点。制备 RS_3 方法多样：热液法，物理挤压法，化学酶解法、微波、超高压以及超声波亦被应用于 RS_3 制备中(Fuenteszaragoza et al.，2010)。

连喜军等(2011)以甘薯淀粉为原料制备抗性淀粉，超声波作用下制备回生抗性淀粉的最佳工艺条件为淀粉乳浓度 20%，NaCl 的最佳加入量为每 100ml 淀粉乳 2.0g，α-淀粉酶加入量 200U/100ml，酶解时间 30min，酶解温度 95℃，超声波作用在酶解和高压之间，超声波作用时间 60min，作用温度 30℃，压热温度 120℃，压热时间 30min，老化时间 12h，在这种工艺条件下，甘薯回生抗性淀粉产率最高为 8.2%，比未经超声波作用的 2.5%高了 2.28 倍。

刘树兴和问燕梅(2013)以小麦淀粉为原料,通过超声波结合酶法制备抗性淀粉,在条件为淀粉乳浓度 15%、超声波功率 225W、超声波温度 50℃、作用时间 50min 的情况下,小麦 RS_3 得率为 8.379%,比未经超声波作用的得率 2.91% 提高约 1.88 倍。

薛慧等(2013)以鲜木薯湿淀粉为原料,采用压热-酶法制备抗性淀粉,获得抗性淀粉的最佳制备条件为淀粉乳浓度 10%、压热时间 80min、压热温度 120℃、耐热 α-淀粉酶添加量 1U/g、耐热 α-淀粉酶作用时间 15.75min,普鲁兰酶添加量 0.83U/g,普鲁兰酶作用时间 5.86h、超声波处理时间 2min。在此条件下抗性淀粉的质量分数是 15.48%。电镜试验表明淀粉颗粒经压热-酶法处理后表面形态发生变化;X 射线衍射表明抗性淀粉的结晶类型为 B 型,结晶度增加;体外消化模拟试验表明:与原淀粉相比,抗性淀粉消化特性降低。

Wu 等(2014)通过湿磨法获得莲子原淀粉,运用超声波对原淀粉进行预处理,并结合压热法制备抗性淀粉,在莲子淀粉乳浓度为 45%,超声波功率为 300W,超声波处理时间为 55min,压热时间为 15min,压热温度为 115℃的条件下,莲子抗性淀粉得率较高,达到 56.12%。

8.1.8 超声波辅助淀粉水解

淀粉作为丰富的生物资源,具有较高的利用价值,淀粉水解产生的淀粉糖、低聚糖、低分子质量淀粉都具有很广泛的应用。目前淀粉水解的主要方法有化学法、物理法、酶法等。超声技术因为其特有的作用机理,能在很大程度上提高淀粉的水解速度,缩短处理时间,降低处理条件,提高淀粉水解效率(任百祥等,2015)。

超声波能破坏淀粉颗粒表面的水束层,使水分渗入淀粉颗粒,有利于淀粉酶对淀粉的水解;超声波空穴效应产生的剪切力切断淀粉的长链,有利于淀粉的酶解;超声波产生的自由基能够攻击淀粉分子,导致 1,4-糖苷键的断裂,淀粉长链暴露出大量非还原性末端,为酶解提供了更多的底物;超声波的机械搅拌作用使整个反应体系更均匀,底物与酶活性部位的接触频率增加。

随着超声功率的增加,表面受侵蚀的淀粉颗粒增多,空洞变大、变深,裂纹增多,颗粒内部受侵蚀出现凹陷甚至缺损。由于淀粉颗粒内部主要是非结晶区,外层为坚固的结晶区,对化学试剂和酶有较强的抵抗能力,所以化学试剂一般很难渗透进入未经处理的原淀粉颗粒内部。结果表明,超声作用破坏了淀粉颗粒表层结晶结构。因此,根据淀粉颗粒结构的变化能较好地解释超声处理能促进淀粉化学反应活性。

超声波处理淀粉时,空化气泡产生的高压和局部激流有足够的剪切力来打破聚合链,导致淀粉结晶区甚至整个淀粉颗粒的断裂,这也是淀粉活性增加的主要原因。

随超声波处理时间的延长,淀粉-碘复合物的吸光度变大,表明直链淀粉在增加,超声波致使部分支链断裂,淀粉与碘的结合能力增强。可见,超声波对淀粉大分子链的降解是有利的,而且这种降解作用随着时间的延长越来越明显。

超声波处理对淀粉特性及酶活的影响包括:淀粉颗粒在超声波处理后,其颗粒表面出现凹陷和断裂,受侵蚀的颗粒数量增多;溶解度提高;淀粉分子发生降解,淀粉链断裂,直链淀粉含量增加;超声作用没有改变淀粉原有分子基团,但破坏了淀粉结晶结构,结晶度下降;适宜的超声波条件使得 α-淀粉酶活力提高,这些都有利于淀粉的酶解。

孟国良等(2015)采用超声波辅助淀粉酶和糖化酶酶解玉米淀粉,以葡萄糖当量为测定指标,液化过程选取淀粉质量浓度、加酶量、超声功率、液化反应时间 4 个影响因素,进行正交试验,确定最佳液化酶解工艺条件;糖化过程选取加酶量、超声功率、糖化反应时间 3 个影响因素,进行正交试验,确定最佳糖化酶解工艺条件。得到最佳液化工艺条件为淀粉质量浓度 0.3g/ml、加酶量 20U/g 淀粉,超声功率 100W,反应时间 1h;最佳糖化工艺条件为加酶量 50U/g 淀粉,超声功率 100W,糖化反应时间 60h。

胡爱军等(2014b)采用超声与酸协同水解马铃薯淀粉,结果表明,盐酸添加量 7%,超声温度 55℃,超声时间 75min,超声功率 600W 下处理,超声协同酸改性的马铃薯淀粉峰值黏度下降 92.07%,超声显著促进了马铃薯淀粉的酸解改性。

王振斌等(2014)利用超声波辅助液化酶和糖化酶水解糯米淀粉,发现在超声功率 100W,超声时间 10min,淀粉乳浓度 25%的条件下,淀粉乳液化值和 DE 值从未处理样品的 19.89mg/ml 和 82.06%分别提高到 30.67mg/ml 和 94.56%。

周昆等(2008)采用超声-微波协同的方法,以玉米淀粉为原料酸解制备乙酰丙酸,以反应时间、盐酸浓度和料液比为因素,以乙酰丙酸得率为响应值,设计三因素三水平的响应面分析实验,对其工艺参数进行优化,确定了用玉米淀粉制备乙酰丙酸的最佳工艺条件:微波功率 100W,反应温度 100℃,反应时间 90min,盐酸浓度 4.5mol/L,液固比 (ml/g)为 15∶1,该条件下乙酰丙酸得率为 23.17%。

8.1.9　超声波技术辅助制备阳离子淀粉

阳离子淀粉是淀粉与阳离子通过醚化剂反应获得,在淀粉大分子中引入叔胺基或季胺基,赋予淀粉阳离子特性(徐晶鸿和俞成丙,2012)。阳离子淀粉属于化学改性淀粉,在商业上主要是叔胺基淀粉醚和季胺基淀粉醚。其应用的关键在于对带阴离子电荷物质的亲和性,广泛应用于造纸、采矿业、油田、黏合剂、化妆品和污水处理等(徐文岭,2006)。

黄雨洋等(2016)以马铃薯淀粉为原料,以 2,3-环氧丙基三甲基氯化铵为醚化剂,氢氧化钠为催化剂,采用超声辅助半干法制备马铃薯阳离子淀粉。在超声功率 115W,超声时间 40min,醚化温度 60℃,醚化时间 3h 的条件下,马铃薯阳离子淀粉的取代度为 0.141,反应效率高达 85.16%。超声处理能够显著提高阳离子淀粉的取代度和反应效率。

张慧等(2014)用超声波预处理玉米淀粉,将超声与传统湿法阳离子淀粉制备工艺结合起来,结果发现:超声处理降低了支链淀粉分子质量,提高了阳离子淀粉的反应效率。超声预处理法制备阳离子淀粉的最佳工艺条件为醚化温度 42.58℃,醚化 pH 2.03,超声功率 150W,超声时间 47.11min。在此试验条件下实际测得的取代度为 0.0512,反应效率为 74.25%。超声预处理提高了阳离子淀粉的取代度及反应效率。各因素对阳离子淀粉取代度影响的大小顺序为醚化温度>醚化 pH>超声功率>超声时间。

8.1.10　超声波技术辅助制备氧化淀粉

氧化淀粉是淀粉与氧化剂作用下氧化所得的产品。氧化淀粉具有低黏度、高固体分散性、极小的凝胶化作用等特点,是目前用量最多的变性淀粉之一,广泛用于造纸、食品、纺织、医药等众多现代工业。化学法制备氧化淀粉常用的氧化剂有:双氧水(过氧化氢)、次氯酸钠、高锰酸钾、高碘酸等。

潘瑞坚等(2014)以木薯淀粉为原料、二氧化氯溶液为氧化剂,在超声波条件下制备木薯氧化淀粉,实验结果表明:超声波能够大大提高反应效率,减少氧化剂二氧化氯用量,缩短反应时间,且木薯氧化淀粉产品能达到较高的氧化程度。

胡爱军等(2014b)以木薯淀粉为原料,以次氯酸钠作为氧化剂耦合超声波技术制备氧化淀粉,结果表明:有效氯浓度对羧基含量的影响最大,木薯氧化淀粉的超声法制备最佳工艺为反应 pH 8、超声功率 300W、超声时间 100min、反应温度 35℃,有效氯用量 5%,此条件下制备的木薯氧化淀粉的羧基含量是 0.8912%。利用超声波制备氧化淀粉不仅可以节省反应时间,而且可以节省有效氯用量。同样条件下,超声法制备的木薯氧化淀粉的羧基含量明显高于非超声法(安莉莉,2015)。

8.1.11 超声波技术辅助制备酯化淀粉

8.1.11.1 超声波辅助制备羟丙基磷酸酯淀粉

胡爱军等(2012)以木薯淀粉为原料与正磷酸盐反应,采用超声波法工艺制备羟丙基木薯淀粉。在超声波作用下酯化反应在羟丙基木薯淀粉脱水葡萄糖单元羟基上引入磷酸基团,其引入破坏淀粉分子内氢键,导致淀粉分子结晶区域发生变化(蔡花真等,2011)。

8.1.11.2 超声波辅助制备高取代度乙酸酯淀粉

高取代度乙酸酯淀粉(DS>2)由于其热塑性及疏水性,在高分子领域备受关注,包浩等(2015)以大米淀粉为原料、对甲苯磺酸为催化剂,在冰醋酸/乙酸酐体系中,采用了超声强化方法制备高取代度乙酸酯淀粉,超声时间为 15.67min,超声温度为 31.33℃,超声功率为 85.60W,在此条件下,得到的乙酸酯淀粉的取代度为 2.7。

张黎明等(2008)比较未施加超声场和超声强化对乙酸酯淀粉取代度影响的区别,结果表明,超声处理可以缩短反应时间,减少催化剂用量。超声处理会引起淀粉降解,破坏了淀粉的非结晶区,增加了乙酰剂与淀粉颗粒的接触位点;同时超声对淀粉的结晶区和热稳定性影响均较小。

8.1.11.3 超声波辅助制备辛烯基琥珀酸淀粉酯

石海信等(2013)以木薯淀粉为原料、辛烯基琥珀酸酐为变性剂,采用湿法工艺,在超声作用下制备辛烯基琥珀酸淀粉酯。结果表明,在最佳工艺条件下制备所得辛烯基琥珀酸淀粉酯取代度达 0.0181,比未施加超声作用所制得的产品取代度提高了 28.4%。超声波强化淀粉变性反应机理是超声波的空化效应对木薯淀粉的颗粒结构有一定影响,使淀粉颗粒表面变粗糙,增加了反应物之间的接触面积,强化了酯化反应的发生(包浩,2014)。

8.2 超声技术在纤维素开发中的应用

纤维素是植物材料的主要成分，而且植物是一种丰富的可再生资源。纤维素广泛存在于各种高等植物中，也存在于一些低等植物、少数细菌和低等动物中。植物纤维素主要存在于细胞壁，平均约占植物干重的40%，纤维素是自然界中取之不尽、用之不竭的可再生资源，所以开发利用纤维素资源有着巨大的潜力(郑晓燕等，2010)。

8.2.1 超声波对纤维素结构和性质的影响

8.2.1.1 超声波对纤维素结构形态的影响

超声波处理后纤维形态结构和超微结构会发生变化：①细胞壁发生位移和变形，出现纵向裂纹；②初生壁和次生壁外层破裂、脱除；③纤维素吸水润胀；④细纤维化，纤维形态和超微结构变化明显，在其端部微纤维分散成更为细小的纤维。

8.2.1.2 超声波对纤维素超分子结构的影响

纤维素纤维-水体系中的超声空化作用及其产生的次级效应是超声波处理后纤维素超分子结构变化的主要原因。超声波处理后纤维素晶体类型仍为纤维素晶体，仍保持晶区与非晶区两相共存的状态。

不同原料来源的纤维素纤维，经超声波处理后超分子结构表现出不同的变化规律，这是因为形态尺寸和超分子结构的差异。超声处理时，结晶度增大，但随处理时间的延长，结晶度先增大，然后下降，显示超声波处理过程中同时存在结晶和消晶两种作用。超声波功率对纤维素的结晶度有较大的影响，对晶体尺寸有一定程度的影响，但结晶度与超声功率没有线性关系。

8.2.1.3 超声波对纤维素分子质量及其分布的影响

超声作用使纤维素分子链断裂，形成大分子自由基，导致纤维素降解。经过超声处理，聚合度有一定程度降低，但与处理时间并不呈线性关系。同时超声导致自由基引发纤维素大分子自由基发生耦合终止反应，可能是纤维素分子质量增大和分布变窄的原因。

8.2.1.4 超声波对纤维素化学反应性能的影响

当超声波的频率和功率一定时，随着超声波处理时间的增加，晶体表面被活化，纤维素的表面积增加，保水值随处理时间的延长而增大。当纤维素与高碘酸钠反应时，在同样的反应条件下，经超声波活化处理的纤维素样品与高碘酸盐氧化生成物的醛基含量明显高于未经处理的纤维素，氧化度大大增加。并且随着超声处理时间的增加，生成的醛基含量、氧化率增加(唐爱民，2000)。

8.2.2 超声波辅助提取纤维素

纤维素是由 D-葡萄糖通过 β-1,4-糖苷键连接而成的长链分子,长链分子进一步通过氢键等作用力形成具有高度结晶区的稳定结构。然而,纤维素周围紧密镶嵌着半纤维素和木质素,这种复杂而稳定的结构使得纤维素和半纤维素很难被降解利用。

超声波的声空化对纤维素有两种作用:①崩溃时微射流对纤维素的损伤,导致纤维素结构疏松,促使非晶区和有结晶缺陷区域的纤维素分子链分开,氢键受到破坏,结晶度下降,提升纤维素对碱液的润胀能力,进而促进半纤维素的释放;②碱液浸泡具有消晶的作用,使晶区发生破裂,晶粒尺寸下降,也有利于增加纤维素和半纤维素对碱液的溶解,进一步提高得率(周刚等,2008)。

任海伟等(2012)为了获取酒糟中优质的纤维素和半纤维素成分,采用超声波辅助碱提法进行同步提取。以酒糟为原料,在 KOH 溶液质量分数为 7.5%,浸提温度为 55℃,超声波时间为 10min 的条件下,纤维素中纤维素和半纤维素得率分别为 38.72%和 26.34%,傅里叶变换红外光谱分析表明,该工艺所提取的纤维素和半纤维素组分为预期产物,符合其结构特征。

王淋靓等(2013)研究超声波对甘蔗渣纤维素提取工艺和纤维素含量的影响,以甘蔗渣为原料,通过对超声波辅助碱性双氧水法处理纤维素工艺的研究,确定超声波条件下甘蔗渣纤维素提取的最佳工艺条件,结果表明当超声波处理时间 70min、超声功率 200W、反应温度 80℃、使用 0.7% H_2O_2 和 6% NaOH 的混合溶液时,得到甘蔗渣纤维素含量在 87.54%以上;与无超声辅助相比,纤维素含量提高了 8.69%。利用超声辅助碱性双氧水法预处理甘蔗渣,能够提高蔗渣纤维对试剂的可及度和反应性能,极大缩短反应时间,提高反应效率。

8.2.3 超声波辅助膳食纤维脱色

普通制得的膳食纤维如红枣膳食纤维、苹果膳食纤维等由于其易受果渣中多酚物质氧化作用的影响而呈现深褐色,同时本身纤维中含有大量色素、蛋白质等杂质,通常获得的膳食纤维色泽较深,影响其感官特性和应用范围。目前主要应用的脱色方法有双氧水法和臭氧法,但都有处理时间长、效率低、有较强的腐蚀性和残留物存在毒害现象等问题。

利用超声波辅助脱色,在超声波的作用下,一方面超声起到分散作用,另一方面超声波的空化效应,产生局域高温高压,使空化泡中的 H_2O_2 产生氧化性极强的自由基,同时超声波的化学效应加强了 O_3 的分解效率和·OH 的产生速率,产生了较强的脱色效果。其热效应可使反应介质的温度升高,增加分子间热运动,同样提高膳食纤维的脱色效果。超声波技术的耦合,可以极大地减少其残留物含量,缩短脱色时间,加强脱色效果。

李蕊岑等(2013)利用超声辅助臭氧脱色技术对苹果膳食纤维进行脱色处理,在工艺条件为臭氧发生量 15g/h,超声频率 70kHz,碱液浓度 6%,料液比(g/ml)1:25,脱色时间 5h 的条件下,测定了脱色后膳食纤维的 L 值,可达到 80.11,表明该工艺的脱色效果较好，与双氧水脱色技术相比较，不但解决了溶剂残留问题，而且脱色效果显著。

陈雪峰等(2014)利用超声辅助双氧水脱色苹果膳食纤维，得到最佳脱色条件为双氧水浓度1.3%，碱液浓度1.3%，料液比(g/ml)1∶15，脱色时间45min，超声频率60kHz。测得脱色后膳食纤维的 L 值达 80.79，其持水力、膨胀力、持油力分别为 13.29g/g、15.10ml/g、2.89g/g，与未经脱色的苹果渣膳食纤维相比，有了显著的提高。

纵伟等(2014)利用超声波技术处理红枣膳食纤维，采用超声辅助 H_2O_2 技术对枣渣膳食纤维进行脱色，结果表明，其最佳工艺条件为脱色浓度7%，脱色时间20min，脱色温度47℃，超声功率160W，该条件下枣渣不溶性膳食纤维的白度达到62.3，表明超声波辅助脱色处理是一种非常有效的处理方法。

8.2.4 超声波辅助纤维素水解

纤维素的应用很大一部分是基于纤维素的分解产生的各种产物而不仅仅是纤维素本身，纤维素由于其本身内部大量的氢键和链状闭合结构，一般的化学分解法对纤维素的水解总是存在一些缺陷，如反应时间长、试剂消耗大和环境污染问题。但是酶法水解纤维素作为一种反应条件温和、效率较高的方法，更适合于部分纤维素的分解。酶活性则成为酶解反应中重要的影响因素。

在过去的几十年中，超声已被广泛用于酶的失活，但最近的研究表明，超声处理在温和操作条件下并不能灭活所有酶。虽然较高的超声强度或较长的超声辐照时间会导致酶的变性，但是在合适频率的超声波处理和合适强度水平处理条件下，酶的活性可以得到显著的增强。超声波可以在不改变结构酶的完整性的情况下促进有利的构象变化。超声增强酶活性其主要原因就是超声作用加强了酶和底物分子之间的相互作用。

以瓜尔豆胶为例，瓜尔豆胶(GG)是由甘露糖为主链，半乳糖作为侧链组成的，存在于种子胚乳中，瓜尔豆胶及其衍生物作为稳定剂和增稠剂已广泛应用在各行业如食品、制药、化妆品、纺织、石油回收和生物医学领域。分解瓜尔豆胶的目的是得到应用所需要的性能，如在水中的溶解度、溶液清晰度、延长货架期、保持离子强度等。低分子质量的瓜半乳甘露聚糖，即部分水解瓜尔豆胶(PHGG)被认为是一种丰富的膳食纤维来源，因此在保健品和功能性食品中具有重要的生理意义，如增加排便次数和降低血清胆固醇、游离脂肪酸、葡萄糖浓度等。

传统的分解瓜尔豆胶的方法有化学法和酶法，但是其都有反应时间长、反应率低、得到的解聚物解聚程度低等缺点。将酶法和超声技术联合能够克服这些缺点，在较短的时间内获得较高的解聚度。

Prajapat 等(2016)的实验结果表明，低强度的超声处理对酶活性有较大的提高，通过增加其表面暴露基团，大大增加了酶与底物结合的概率，相比传统的搅拌，超声处理后其热力学参数 E_A、ΔH、ΔS、ΔG 值显著减少。优化参数之后，用超声辅助纤维素酶分解瓜尔豆胶的解聚程度达到98%。并且相比天然的瓜尔豆胶，其结构和功能特性并没有发生很大变化。

李苗苗等(2013)采用超声波法降解黄原胶，使其黏度大幅降低，以制备低黏膳食纤维。并研究了超声波功率、作用时间和溶液浓度对超声波降解黄原胶的影响及乙酸和双氧水对超声波降解黄原胶的辅助作用。结果表明，采用超声波降解黄原胶的适宜条件为黄原胶浓度 1%，添加 2% H_2O_2 溶液（溶液浓度为 30%），超声波功率 350W，频率 20kHz，作用时间 3h，黄原胶黏度可降至 600cP[①]。

同时超声波处理可以协同金属离子催化纤维素酸水解，李金宝等（2014）探讨了超声波协同对酸水解选择性的促进作用。以酸浓度、金属铁离子用量、水解时间和水解温度作为变量，通过四因素三水平正交实验优化实验参数，研究超声协同作用对水解纤维素产品性能的影响。通过激光粒度分析仪、X 射线衍射仪（XRD）、扫描电镜（SEM）、傅里叶红外光谱（FT-IR）和热重分析（TG）对水解纤维素纤维长度、晶型结构、化学组分及形态特征变化进行了表征比较。结果表明：当 Fe^{3+} 浓度为 0.3mol/L，HCl 浓度为 2.5mol/L，温度 80℃，反应时间 50min 时，超声协同作用下的水解纤维素结晶度为 79.58，与未处理试样相比增加了 9.89%，水解纤维素平均长度由 47μm 降为 29μm，纤维素晶型和化学结构均未发生变化。

8.2.5 超声波辅助纤维素改性

膳食纤维（dietary fiber，DF），是指人体内源酶无法消化吸收的可食性植物细胞、多糖、木质素以及相关物质的总和。按水溶性的不同，膳食纤维可分为不溶性膳食纤维（IDF）和可溶性膳食纤维（SDF）两种。研究表明，膳食纤维的足量摄取，有益于人体消化系统与免疫系统功能的调节及有害物质的排泄。特别是可溶性膳食纤维，可以直接干扰胆固醇在肠道内的吸收。饮食中经常摄入 SDF 能明显降低心血管疾病的发生。

谢翎等（2012）结合高温改性技术与超声波辅助酶解技术，通过豆渣高温改性结合超声辅助酶解生产水溶性膳食纤维，经处理每 10g 原料中，就可获得 3.91g 的可溶性膳食纤维，高于目前已报道的绝大多数豆渣 SDF 生产工艺，此方法产物提取率高、污染小，同时可操作性强，是一种非常理想的生产水溶性膳食纤维的方法。

郑晓燕等（2010）利用超声分散结合高压蒸煮的物理改性方式对香蕉皮粉进行前处理，然后用淀粉酶、蛋白酶酶解香蕉粉，通过此方法获得膳食纤维，结果表明：超声分散 60min、pH 9.5、料液比（g/ml）1∶30；1.05MPa，121℃条件下蒸煮 30min 处理之后，香蕉皮中的 SDF 提取率达 20.8%。并且通过超声处理可以提高其对胆固醇等物质的清除能力，改善香蕉皮膳食纤维的理化性质。

徐瑶等（2015）利用超声波辅助的方法制备硫酸酯化苹果水溶性膳食纤维，得到其最佳工艺为苹果 SDF 与氨基磺酸（g/g）比例为 1∶3，苹果 SDF 与 N, N-二甲基甲酰胺（DMF）比例为 1∶70（g/ml），酯化反应起始温度 60℃，超声频率 35kHz，酯化时间 1.5h，在此条件下硫酸酯化苹果 SDF 的取代度为 0.97。相比目前广泛应用的氯磺酸-吡啶法，酯化介质 DMF 具有不易挥发、性质温和、毒性较小等优点，该工艺操作简单、易控制，能够达到理想的酯化效果。

项凤影等（2014）利用水浴和超声法制备菠萝渣可溶性膳食纤维，实验结果表明，超

---

① 1cP=10^{-3}Pa·S。

声法提取菠萝渣 SDF 具有提取温度低、时间短、菠萝渣可溶性膳食纤维得率高的优势。在超声功率为 225W 的条件下，超声法提取菠萝渣 SDF 正交优化工艺为 pH 5，超声温度 60℃，超声料液比 (g/ml) 1∶20，超声时间 45min，此时菠萝渣 SDF 得率可达 15.91%，同时具有高纯度和高结晶度。

本章作者：胡爱军　天津科技大学

参 考 文 献

安莉莉. 2015. 物理场作用下木薯淀粉氧化交联及结构表征. 天津科技大学博士学位论文.

包浩, 刘忠义, 彭丽, 等. 2015. 超声波强化制备高取代度大米淀粉乙酸酯. 化工进展, 343: 810-814.

包浩. 2015. 两种酯化变性大米淀粉的制备及其结构与性质的研究. 湘潭大学博士学位论文.

蔡花真, 李书华, 席金平, 等. 2011. 超声波制备玉米磷酸酯淀粉的特性研究//北京食品学会 (Beijing Food Institute)、北京食品协会 (Beijing Food Association). 第四届中国北京国际食品安全高峰论坛论文集: 4.

陈光, 王香琪, 孙旸, 等. 2010. 超声波对玉米淀粉成膜性能影响的研究. 现代食品科技, 26(12): 1314-1318.

陈雪峰, 李蕊岑, 刘宁, 等. 2014. 超声辅助双氧水脱色苹果膳食纤维的研究. 陕西科技大学学报, 1: 110-113.

成纪予, 庞林江, 陆国权. 2015. 超声波辅助制备冷水可溶性甘薯淀粉. 中国粮油学报, 6: 32-36.

谷金颖. 2009. 超声波在改性淀粉中的应用//中国食品添加剂和配料协会、中国贸促会轻工行业分会. 第十三届中国国际食品添加剂和配料展览会论文集: 3.

何小维, 黄强, 罗发兴, 等. 2005. 超声处理后的玉米淀粉与环氧丙烷的反应机理. 华南理工大学学报(自然科学版), 33(8): 91-94.

胡爱军, 安莉莉, 郑捷, 等. 2014a. 超声波法制备木薯氧化淀粉研究. 粮食与油脂, 5: 48-50.

胡爱军, 李立, 郑捷, 等. 2014b. 超声与酸协同水解马铃薯淀粉研究. 粮食与油脂, 8: 9-12.

胡爱军, 李倩, 郑捷, 等. 2012. 超声波法制备羟丙基木薯磷酸酯淀粉形态结构表征. 粮食与油脂, 25(1): 13-15.

胡爱军, 李倩, 郑捷, 等. 2014d. 双频超声对红薯淀粉结构和性质的影响. 高校化学工程学报, 28(02): 370-375.

胡爱军, 卢静, 郑捷, 等. 2014c. 非同频超声处理对红薯淀粉结构及性质的影响. 天津科技大学学报, (1): 11-15.

胡爱军, 张志华, 郑捷, 等. 2011a. 超声波处理对淀粉结构与性质影响. 粮食与油脂, 18(26): 9-11.

胡爱军, 张志华, 郑捷, 等. 2011b. 大米纳米淀粉的超声法制备及载药性研究. 粮食与饲料工业, 12(8): 32-35.

黄丽洋, 奚可畏, 姜海花. 2016. 超声辅助半干法制备马铃薯阳离子淀粉工艺研究. 食品工业科技, 37(6): 270-274.

姬娜, 李广华, 马志超. 2014. 生物酶法制备蜡质玉米淀粉纳米晶及其表征. 中国粮油学报, 29(8): 50-53.

冀国强, 邵秀芝, 王玉婷. 2010. 超声波技术在淀粉改性中应用. 粮食与油脂, 1: 1-5.

姜燕, 张昕, 石晶, 等. 2007. 超声波处理玉米磷酸酯淀粉膜液对膜性能的影响. 农业机械学报, 38(12): 105-108.

雷娜. 2001. 超声波对淀粉超分子结构及反应性能的影响. 华南理工大学博士学位论文.

李聪慧. 2016. 芭蕉芋微晶淀粉的制备及其在聚合物材料中的应用初探. 广西大学博士学位论文.

李坚斌, 李琳, 陈玲, 等. 2006. 超声波处理下马铃薯淀粉糊的流变学特性. 华南理工大学学报(自然科学版), 34(3): 90-94.

李金宝, 张向荣, 张美云, 等. 2014. 超声波协同作用对纤维素选择性酸水解的影响. 中国科技论文, 12: 1418-1421.

李苗苗, 王寿权, 陈健, 等. 2013. 超声波降解黄原胶制备低粘膳食纤维. 食品工业科技, 3418: 288-290.

李蕊岑, 陈雪峰, 武凤玲. 2013. 苹果膳食纤维的超声辅助臭氧脱色工艺. 食品与发酵工业, 39(12): 131-134.

李蔚青. 2015. 脚板薯 RS_3 型抗性淀粉的制备及在苏打饼干中的应用. 南昌大学博士学位论文.

连喜军, 罗庆丰, 刘学燕, 等. 2011. 超声波对甘薯回生抗性淀粉生成的作用. 食品研究与开发, 32(1): 1-64.

林建萍, 黄强. 2002. 超声波在淀粉变性上的应用. 上海纺织科技, 30(4): 22-23.

林静韵, 李琳, 李坚斌, 等. 2007. 马铃薯淀粉糊在超声场中凝胶质构特性的变化研究. 食品科学, 28(8): 120-123.

刘树兴, 问燕梅. 2013. 超声波作用对小麦抗性淀粉形成影响. 粮食与油脂, 7: 25-28.

刘贤钊, 罗志刚, 胡振华, 等. 2008. 超声波处理对玉米淀粉流变性质的影响. 现代食品科技, 24(4): 19-21.

芦鑫, 张晖, 姚惠源. 2007. 采用表面活性剂结合超声波法分离淀粉. 食品工业科技, 4: 73-76.

罗志刚, 扶雄, 何小维, 等. 2008a. 超声波处理对蜡质玉米淀粉糊流变性质的影响. 高分子材料科学与工程, 10: 147-150.

罗志刚, 扶雄, 罗发兴, 等. 2008b. 超声处理下水相介质中高链玉米淀粉糊的性质. 华南理工大学学报(自然科学版), 36(11): 4-78.

马丕波, 陈胜灿, 卢明, 等. 2008. 超声波在氧化淀粉上浆中的应用. 纺织科技进展, (4): 26-28.

孟国良, 亓翠英, 何超元. 2015. 超声波辅助双酶法酶解玉米淀粉的工艺条件优化. 安徽农业科学, 43(32): 193-194.

孟爽. 2015. 高压均质法制备玉米淀粉—脂质复合物及其结构性质研究. 哈尔滨工业大学博士学位论文.

缪铭, 徐忠. 2005. 生物法制备多孔淀粉及其性质研究. 食品安全监督与法制建设国际研讨会暨第二届中国食品研究生论坛论文集.

潘瑞坚, 杨莹, 黄丽婕. 2014. 超声波二氧化氯法制备木薯氧化淀粉的研究. 食品研究与开发, 5: 73-76.

齐海伶, 殷钟意, 顾亚静, 等. 2015. 超声预处理对珊瑚姜淀粉碱提取工艺及特征的影响研究. 食品工业科技, 36(12): 244-248.

任百祥, 刘伟, 张含玉, 等. 2015. 超声波-二氧化钛协同降解玉米淀粉废水的实验研究. 廊坊师范学院学报(自然科学版), 15(2): 53-56.

任海伟, 邢超红, 张飞, 等. 2012. 超声波辅助碱法提取酒糟中纤维素和半纤维素. 农产品加工学刊, 11: 34-38.

石海信, 李桥, 邓桂芳, 等. 2013. 超声作用下辛烯基琥珀酸淀粉酯合成工艺及反应机理研究. 广东化工, 40(21): 43-44.

孙海涛, 邵信儒, 姜瑞平, 等. 2016. 超声波-微波协同作用对玉米磷酸酯淀粉/秸秆纤维素可食膜机械性能的影响. 食品科学, 37(22): 34-40.

唐爱民. 2000. 超声波作用下纤维素纤维结构与性质的研究. 华南理工大学博士学位论文.

王淋靓, 张思原, 梁琼元, 等. 2013. 超声波辅助碱性双氧水法提取甘蔗渣纤维素最优工艺探讨. 南方农业学报, 44(6): 1008-1013.

王敏妮, 罗志刚, 涂雅俊, 等. 2010. 超声处理对玉米淀粉颗粒性质的影响. 现代食品科技, 26(5): 448-450.

王振斌, 赵帅, 邵淑萍, 等. 2014. 超声波辅助淀粉双酶水解技术及其机理. 中国粮油学报, 29(5): 42-47.

吴小婷, 张怡, 吴清吟, 等. 2014. 超声波-压热法制备莲子抗性淀粉工艺研究. 食品科学技术学报, 32(4): 50-55.

项凤影, 张莹, 路祺, 等. 2014. 水浴和超声法制备菠萝渣可溶性膳食纤维及其性能的表征. 食品工业科技, 35(10): 150-154.

谢翎, 陈红梅, 杨吉彬, 等. 2012. 豆渣高温改性结合超声辅助酶解生产水溶性膳食纤维的工艺研究. 食品工业科技, 33(10): 268-271.

徐晶鸿, 俞成丙. 2012. 阳离子淀粉的制备与研究进展//中国药学会、江苏省人民政府. 2012年中国药学大会暨第十二届中国药师周论文集: 8.

徐文岭. 2006. 干法合成木薯阳离子淀粉. 广西大学博士学位论文.

徐瑶, 陈雪峰, 刘宁. 2015. 超声波辅助制备硫酸酯化苹果水溶性膳食纤维. 食品与发酵工业, 41(8): 93-96.

薛慧, 闫庆祥, 蒋盛军, 等. 2013. 鲜木薯抗性淀粉的制备与性质. 农业工程学报, 29(7): 284-292.

薛娟琴, 吴川眉. 2008. 超声波对溶液性质的影响. 金属世界, 1: 25-28.

杨永美, 刘钟栋, 毕礼政, 等. 2012. 超声波微波协同组合酶法制备玉米多孔淀粉. 中国食品添加剂, 1: 6-81.

尹婧, 寇芳, 康丽君, 等. 2016. 响应面法优化超声-微波协同提取薏苡仁淀粉工艺参数. 食品工业科技, 37(14): 244-249+256.

俞丹密, 肖苏尧, 童春义, 等. 2007. 双醛淀粉纳米颗粒制备及作为药物载体的应用. 科学通报, 52(12): 1407-1412.

张盼盼, 夏文, 王飞, 等. 2015. 多孔淀粉制备方法及其应用的研究进展. 广东化工, 42(17): 102-105.

张慧, 牟宗睿, 董海洲, 等. 2014. 超声预处理法制备阳离子淀粉. 食品与发酵工业, 40(8): 120-125.

张黎明, 刘莹, 高文远. 2008. 高取代度黄姜醋酸酯淀粉的制备及表征. 农业工程学报, s1: 13-217.

张楠, 陈海华, 王雨生, 等. 2015. 超声波辅助 α-淀粉酶制备蜡质玉米微孔淀粉的工艺和性质. 中国粮油学报, 30(11): 115-119.

张婷婷, 王星. 抗性淀粉制备的研究进展. 中外食品, (6): 8-11.

赵凯. 2009. 淀粉非化学改性技术. 北京: 化学工业出版社.

赵奕玲. 2007. 超声处理对淀粉性能的影响及磷酸酯淀粉的制备与应用研究. 广西大学博士学位论文.

赵奕玲, 黎晓, 廖丹葵, 等. 2008. 超声波预处理制备磷酸酯淀粉的研究. 食品与机械, 24(4): 37-40.

郑晓燕, 章程辉, 李积华, 等. 2010. 超声分散结合高压蒸煮处理制备香蕉皮膳食纤维的工艺研究. 广东农业科学, 37(5): 107-109.

周刚, 黄关葆, 汪少朋. 2008. 超声波处理纤维素的结构变化及其在多聚磷酸中的溶解. 应用化工, (06): 677-679.

周昆, 钱海峰, 周惠明. 2008. 超声-微波协同水解玉米淀粉生成乙酰丙酸的工艺研究. 食品工业科技, 2: 243-246.

纵伟, 张薇薇, 范运涛, 等. 2014. 枣渣水不溶性膳食纤维超声脱色工艺研究. 中国食品添加剂, 3: 65-68.

Amini A M, Razavi S M A, 2016. A fast and efficient approach to prepare starch nanocrystals from normal corn starch. Food Hydrocolloids, 57: 132-138.

Angellier H, Choisnard L, Molinaboisseau S, et al. 2004. Optimization of the preparation of aqueous suspensions of waxy maize starch nanocrystals using a response surface methodology. Biomacromolecules, 5(4): 1545-1551.

Bel H S, Magnin A, Pétrier C, et al. 2013. Starch nanoparticles formation via high power ultrasonication. Carbohydrate Polymers, 92(2): 1625-1632.

Chin S F, Pang S C, Tay S H. 2011. Size controlled synthesis of starch nanoparticles by a simple nanoprecipitation method. Carbohydrate Polymers, 86(4): 1817-1819.

Fuenteszaragoza E, Riquelmenavarrete M J, Sánchezzapata E, et al. 2010. Resistant starch as functional ingredient: A review. Food Research International, 434: 931-942.

Isono Y, Kumagai T, Watanabe T. 2014. Ultrasonic degradation of waxy rice starch. Bioscience Biotechnology Biochemistry, 58(10): 1799-1802.

Prajapat A L, Subhedar P B, Gogate P R. 2016. Ultrasound assisted enzymatic depolymerization of aqueous guar gum solution. Ultrasonics Sonochemistry, 29: 84-92.

Putaux J L, Molinaboisseau S, Momaur T, et al. 2003. Platelet nanocrystals resulting from the disruption of waxy maize starch granules by acid hydrolysis. Biomacromolecules, 4(5): 1198-1202.

Wu X T, Zhang Y, Wu Q Y, et al. 2014. Research on preparation of resistant starch from lotus seed by ultrasonic-autoclaving. Journal of Food Science Technology, 103: 380-389.

Zhu B, Liu J, Gao W. 2016. Process optimization of ultrasound-assisted alcoholic-alkaline treatment for granular cold water swelling starches. Ultrasonics Sonochemistry, 38: 579-584.

9 超声耦合电场提取技术

内容概要：超声和电场在天然产物提取领域均有较广泛的应用，两者各具优势。近年来研究发现将这两种提取技术耦合可有效增强提取效率，因此提出了一种新型的提取工艺——超声耦合电场提取技术。本章将介绍超声提取、电场强化提取以及两者协同提取的技术特点、研究现状，并以超声协同高压矩形脉冲电场辅助提取黄花菜多糖和超声协同静电场辅助提取黄花菜黄酮为例，阐述超声协同电场提取黄花菜多糖和黄酮的工艺、动力学过程及体外抗氧化活性。

9.1 超声提取技术

9.1.1 超声作用机理

超声波是一种弹性机械振动波，其频率范围为 $2\times10^{4}\sim1\times10^{14}$Hz，它必须通过能量载体(介质)才能进行传播，这与能在真空中传播的电磁波(如无线电波、X 射线、红外线、紫外线及可见光等)有着本质的区别。弹性介质之所以能够传播是因为介质质点间存在弹性作用，介质间弹性所产生的恢复力，使介质中每个由于外力作用而离开其平衡位置的质点返回到它原来的位置，这就引起了一次振动。当超声波穿过介质时，在正相位，对介质分子进行挤压，增加介质原来的密度；在负相位时，介质分子变得稀疏、离散，介质密度减小，从而形成了一个包括压缩和膨胀的全振动过程。

超声波因其波长短而具有强束射性和易于聚焦集中能量的特点。超声波是一种能量形式，当其强度超过一定值时，就可以通过它与传声媒质的相互作用，去影响、改变甚至破坏后者的状态、性质和结构。超声波提取法主要是通过压电换能器产生快速机械振动波，并利用超声波辐射压强所产生的多级效应，如强烈的空化效应、扰动效应、机械振动以及高的加速度和扩散、乳化、击碎搅拌等作用，使固体样品分散，增大样品与萃取溶剂之间的接触面积，提高目标物从固相转移到液相的传质速率，同时物质分子运动频率和速度得到提高，溶液穿透力增强，使目标成分进入溶剂速度加快，促进了提取过程的进行。超声波提取的优越性是基于超声波特殊的物理性质。既然超声波是一种物理过程，因此，可以从物理观点出发来解释和讨论产生超声效应的相互作用机制。

超声波在介质中传播时可在物质介质中形成介质粒子的机械振动，这种含有能量的超声振动引起的与媒质的相互作用，可以归纳为热作用、机械振动和空化作用。

9.1.1.1 热机制

声波在媒质中传播时，其振动能量不断地被媒质吸收转变为热能，从而使其自身温度升高。声能被吸收可引起媒质中的整体加热、边界外的局部加热和空化形成激波时波前处的局部加热，而加热能增强物质在溶剂中的溶解能力。

当强度为 I 的平面超声行波在声压吸收系数为 a 的媒质中传播时，单位体积媒质中超声波作用 t 秒产生的热量为 $Q=2aIt$，即与媒质的吸收系数、超声强度及辐照时间成正比。

9.1.1.2　非热机制

(1)机械机制

在某种情况下，超声效应的产生并不伴随产生明显的热量(如当频率较低、吸收系数较小、超声作用时间较短时)，因此不能把超声效应的原因归结为热机制。超声波属于机械振动波，与超声振动有关的某些力学量在很大程度上能够表征出超声场的机械效应。

既然超声波是一种机械能量的传播形式，那么如质点位移、振动速度、加速度以及声压等与波动过程有关的力学量，都将与超声效应存在一定的联系。例如，有频率为 100kHz，声强为 5W/cm² 的超声波在水中传播时，已知水的密度为 $\rho=1000kg/m^3$，水中声速 $c=1500m/s$，通过 $I=PA^2/2\rho c$，可知声压幅值 $PA=(2\rho cI)^{1/2}=3.87\times10^5N/m^2$，这说明在每秒钟内声压值要在 $-387\sim387kPa$ 变化 10 万次(100kHz)；通过 $V=PA/\rho c$ 和 $V=dx/dt=V_0\cos2\pi ft$ 可分别求出最大质点振动速度 $V_0=PA/\rho c=0.258m/s$ 及最大质点位移 $x=V_0/2\pi f=2.05\mu m$，进而得出最大质点加速度 $a_0=2\pi fV_0=3.24\times10^4m/s^2$，大约为重力加速度的 3300 倍。显然，如此强烈而快速变化的机械振动完全可能对超声效应的产生做出一定的贡献。

(2)空化机制

广义而言，空化是声致气泡各种形式的活性表现，如振荡、生长、崩溃等。在一些情况下，气泡的活性较为缓和可控；而在某些情况下，又可能是激烈和难以控制的。但是，不论是哪一种形式，空化机制所产生的超声效应都是可以进行检测和研究的。这种效应可以是物理、化学或生物的。因本书其他章节展开介绍，本章不再赘述。

9.1.2　超声提取技术的优点

超声波强化提取是近年来应用到天然植物成分和中草药有效成分萃取分离的一种最新的较为成熟的手段。与传统提取方法相比，具有以下优点。

(1)效率高

采用超声循环强化提取，提取时间短(传统方法的几分之一到几十分之一)，工作效率高。以从青蒿(黄花蒿)提取青蒿素(一种特效的疟疾治疗药物和抗肿瘤药物)为例，传统的提取方法提取时间为 24h，而在相同的条件下，采用循环超声提取机提取时间仅为 0.5h。50L 提取装置的物料处理能力相当于 2400L 传统提取罐。

(2)能耗低

小功率超声波即可破碎提取大量物料，一般均在室温下提取，无须大功率搅拌和耗费大量加热能源。单位物料处理量能耗较传统提取方法降低 50%以上。

(3)提取产品质量高

由于提取温度低，不影响有效成分的生理活性，避免了高温对提取物有效成分的破坏，最大限度保持了物料中原有的各种有效成分(特别是各种热敏性成分等)，可达到提高药效、减少用量的目的。同时，由于提取时间短使提取产品中其他无用的杂志组分含量减少，提高了提取产品品质，为后续分离纯化过程奠定了良好基础，可显著降低单一组分等其他高端产品的生产成本。

(4)目标提取物提取率高

采用超声破碎强化提取技术，使药材中的有效成分得以充分释出，从而使目标提取物的提取率提高。以从青蒿中提取青蒿素为例，可以提高 25%以上。

(5)适用范围广

超声波萃取与溶剂和目标萃取物的性质(如极性)关系不大，因此，可供选择的萃取溶剂种类多、目标萃取物范围广泛。适用于各种中药有效成分及天然产物提取，如生物碱、黄酮类化合物、糖类化合物、醌类化合物、萜类化合物、鞣质、脂质及挥发油等的提取；适合于从各种中药材、陆地及海洋生物、生物反应器培养的植物细胞、组织和器官等中提取各种天然药用成分；适用于生化实验室研究、新建中药和天然产物提取车间、改进现存中药和天然产物提取工艺和装置等。

(6)自动化程度高、操作简便

提取时间、提取温度、循环速度等主要参数均可设定和自动控制，减少了人为因素对产品质量的影响，有利于保证产品质量。根据生产需要，循环超声提取剂可进行间歇式提取或多级连续提取。多级连续动态提取时，提取液和药渣在全封闭条件下连续排出，可以连接立式自动刮刀离心机进行连续自动分离，能节约大量劳动力和改善车间生产环境。

9.2　电场强化提取技术

电场强化提取过程是世界近年来研究和开发的热点，是一项新的高效分离技术，也是电场技术与化工分离交叉的学科前沿，20 世纪 80 年代以来发展较快，具有潜在的工业市场，电场的强化作用可以成倍地提高提取设备的效率，能耗降低几个数量级。另外，由于电场可变参数多，易于通过计算机控制，因此可以有效地控制调节化工过程，电场提取技术不仅可以应用于化工分离领域，也适用于石油开采过程原油脱盐除水等工艺过程。电场提取技术的开发和完善将促使提取设备的概念设计产生飞跃。电场强化提取主要通过 3 种途径：①产生小尺寸的振荡液滴，增大传质比表面；②促进小尺寸液滴内部产生内循环，强化分散相滴内传质系数；③分散相通过连续相时，由于静电加速作用提高了界面剪应力，因此增强了连续相的膜传质系数。宁正祥等(1998)通过高压脉冲电场(PF)强化超临界萃取法(SFE)萃取荔枝种仁精油，结果表明高压脉冲电场可显著改善超临界 CO_2 流体萃取精油的效率。在含水量大于 6%时，改善效果随含水量增加而逐渐增大，含水量超过 12%后，改善效果则趋于一定值。其原因在于：在脉冲电场作用下，细胞膜结构分子伴随电场的传动而取向的阻力与水分间存在着显著的不同。一定条件下高压脉冲电场电能主要蓄积于细胞膜系统。生物膜结构的不均匀性，特别是膜蛋白的类似半导体特征使生物膜存在动态的"导通"点。在高压脉冲电场中，这种导通可使膜上蓄积的能量以瞬时高强度的方式释放而击穿膜系统。在高压脉冲放电时，由于气态等离子体剧烈膨胀爆炸而产生剧烈的冲击波可摧毁各种亚细胞结构，使细胞壁、细胞膜崩溃。因此，在细胞中有连续完整的水分子层时，高压脉冲电场可显著改善萃取溶剂与膜脂等精油成分的互溶速率及通过胞壁物质的传质能力，从而提高萃取效率。

9.3　超声协同电场提取技术国内外研究现状

目前，国内外关于超声提取植物有效成分(付玉杰等，2005；国亮等，2006；贾凤香，2004；李炳奇等，2005)和高压脉冲电场法提取研究(陈玉江等，2007；韩玉珠等，2005；卢敏和毕艳春，2009)的文献较多。超声波在媒质中传播时，会产生机械、热和空化等系列效应，具有破坏植物细胞壁组织，增加细胞穿透性的功能，促使目标物质可以快速充分流出细胞外，在天然植物产物提取过程中发挥了重大作用(Tomšik et al.，2016)。与传统方法相比，超声提取具有提取率高、提取时间短、提取全过程无须高温、节能环保等优点，因此超声提取被广泛应用于提取天然植物有效成分。但国内现有的超声提取装置中，功率强度受超声探头的数量所制约，无法破坏提取物料细胞膜，难以达到理想的提取效果。电场提取是一项近年来发展起来的新型高效分离技术，电场能使植物细胞膜产生电穿孔现象，提高了细胞膜传质效率(Puértolas and Marañón，2015)。近来研究发现超声与电场协同提取能加速目标物质从细胞进入溶剂的过程，缩短提取时间，提高产品质量，减少能源消耗，获得更高的提取效率，成为一种新型的高效提取技术。史永刚等(2012)在脉冲电场降解苯酚的过程中加入超声，结果发现：超声与脉冲电场协同降解速率比单独使用脉冲电场或者超声有明显提高，并且降解得更彻底。谢阁等(2008)利用高压脉冲电场与超声波技术相结合的方法破壁啤酒酵母细胞提取其中的蛋白质和核酸，结果表明：啤酒酵母悬浮液先经高压脉冲处理(场强25kV/cm，脉冲频率667pps[①]，处理时间1584μs)再经过超声处理(功率400W，超声处理时间15min)后进行蛋白质和核酸提取，蛋白质和核酸提取率分别达到45.86%和53.75%，且蛋白质和核酸提取率是高压脉冲电场单独作用时的1.5倍左右，是超声单独作用时的2倍左右。国外学者Lanin(2008a，2008b)研究超声清洗过程中加入电场强化时得出结论：超声空化效应增强，污垢的溶解加速，促进了表面的清洗效果。王家德等(2007)为提高有机物的降解效率，提出了超声波协同电催化的集成一体化反应体系，研究表明协同作用存在。但是，国内外关于超声场与静电场协同提取研究中没有一个通用的理论将电场作用下气泡的行为变化联系起来，陆海勤等(2005)通过实验室试验得知：超声场-静电场协同处理，由于静电场的存在，对溶液产生微干扰，溶液中大直径的气泡增多，增加了超声空化效应，有很好的防除积垢效果，防垢率达78.46%，比相同实验条件下单独超声处理的防垢率47.36%和单独静电场处理的防垢率23.15%有了明显提高，也比超声场和静电场串联处理的防垢率高。刘岩(1997)为了增强超声空化效应，将电-声式声化学反应器和流体发声式组合，可以增加空化效应声化学产额。这种微扰给原来处于介稳态的声场施加了一个额外的随机性声压，使得处于介稳态的第二类空化核中的一部分转变为第一类空化核，从而增强了溶液的空化效应。在研究电场强化沸腾换热的过程中，由于电场的施加，气泡的行为发生变化，这被认为

---

① 1pps=1Hz。

是影响其换热的主要因素，国外研究者(Cho et al.，1996；Liu et al.，2006；Madadnia and Koosha，2003)用小孔注入单气泡来代替沸腾气泡研究电场对气泡行为的影响，国内董智广等(2009)则利用高速摄像仪对沸腾气泡在电场作用下的生长过程进行了可视化实验研究，定量地分析电场对气泡行为的影响，并对气泡变化影响沸腾换热的机理进行了初步的分析，结果表明：电场作用下气泡沿场强方向拉伸，随着场强的升高，气泡的脱离长径比增大，脱离体积减小，脱离频率增大。气泡形变是由于气泡受到电应力的作用，电应力在赤道方向压气泡，在极轴方向拉伸气泡，使气泡沿场强方向变细变长。彭耀等(2008)研究单气泡在电场作用下的行为特点时发现，电场作用下气泡的行为特点产生显著的变化，气泡在电场下脱离时间变短，并沿着电场方向伸长，气泡内部流动加剧，形成多个涡。对于静电场中超声波在水溶液中的传播特性目前研究也不多，主要有：Hana 等(2008)测量电场作用下 PZN-PT 单晶体在相变附近的传播速度和衰减，Skumiel 和 Labowski(1991)研究油中电场对超声传播速度的影响，Labowski 和 skrodzka(1989)研究表明在脉冲电场中，超声波在极性四氯化碳溶液中的声速随脉冲场变化的强度变化等。

9.4　超声-高压矩形脉冲电场协同强化提取技术

目前关于超声-高压矩形脉冲电场协同强化提取技术应用研究较为有限。李冬梅(2016)较为系统地研究了超声协同高压矩形脉冲电场提取植物多糖的方法，并对原有的超声与电场耦合提取装置进行改进，同时采用理论和实验对比方法，建立超声-电场耦合提取植物多糖动力学模型，为活性多糖的提取开发一种高效、低耗、环保的新方法。

9.4.1　超声协同高压矩形脉冲电场提取黄花菜多糖的实验装置

在提取容器内设置中央电极，高压静电场发生器的正电极输出端和负电极输出端通过时间控制器与中央电极接线端相连，静电场发生器的接地端与提取容器侧壁连接，通过时间控制器控制电压方波的变化规律，从而控制电场方向的变化。实验中的高压矩形脉冲电场使感应静电场通过不断改变方向而产生一种超低频高压矩形脉冲电场，高压矩形脉冲电场的脉冲形式如图 9-1 所示。

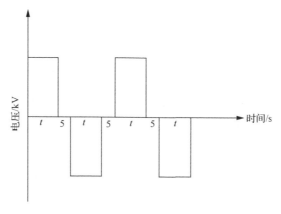

图 9-1　矩形脉冲电场电压变化示意图

　　超声协同高压矩形脉冲电场提取实验装置如图 9-2 所示：包括高精度双电极高压静电场发生器 1，时间控制器 2，超声波发生器 3，被绝缘玻璃包裹的电极 4，密封橡胶塞 5，锥形瓶 6，超声水浴槽 7，恒温循环器 8，超声波换能器 9。实验过程中，先将恒温循环器水槽中的水加热到一定的温度，开启循环泵，使超声水浴槽中的温度保持恒定，将装有一定物料的锥形瓶固定在超声水浴槽的正中心，用橡胶塞密封，被绝缘玻璃包裹的电极通过橡胶塞插入锥形瓶中，底部与料液接触。其中超声发生器的频率为 20kHz，不可调，额定输出电功率为 450～1050W，作用方式为无间歇连续作用；高精度双极高压静电场发生器的额定输出电压可在 0～50kV 连续变化；矩形脉冲电场的脉冲频率通过时间控制器调节，电压的变化频率如图 9-1 所示；恒温循环器的温度变化范围为−5～100℃。提取过程中，超声波发生器和电场发生器同时开同时关。

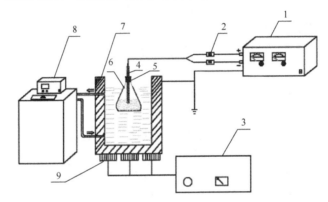

图 9-2　超声协同高压矩形脉冲电场提取黄花菜多糖装置示意图

1. 高精度双电极高压静电场发生器；2. 时间控制器；3. 超声波发生器；4. 被绝缘玻璃包裹的电极；5. 密封橡胶塞；
6. 锥形瓶；7. 超声水浴槽；8. 恒温循环器；9. 超声波换能器

9.4.2　超声协同静电场对药用植物黄花菜多糖的最佳提取条件

　　如图 9-3 所示，对超声协同高压矩形脉冲电场提取黄花菜多糖的工艺进行了研究，在单因素实验的基础上，利用 Box-Behnken 响应面优化实验对提取工艺进行优化。

　　结果表明，采用超声协同高压矩形脉冲电场提取黄花菜多糖时，影响黄花菜多糖提取率的各因素按其影响程度的大小依次排序为超声功率＞脉冲电压＞提取温度＞提取时间，通过多重回归分析实验数据，拟合得到的二次回归方程为

$$y=9.98+0.12X_1-0.12X_2+0.44X_3-0.29X_4-0.08X_1X_2-0.28X_1X_3-0.11X_1X_4-0.17X_2X_3$$
$$+0.028X_2X_4-0.12X_3X_4-0.63X_1^2-1.01X_2^2-0.84X_3^2-1.14X_4^2$$

式中，y 为黄花菜多糖提取率；X_1、X_2、X_3、X_4 分别为提取时间、提取温度、超声功率、脉冲电压的编码水平。

　　通过回归方程获得的最佳提取工艺为提取时间 30min，提取温度 59℃，超声功率 700W，脉冲电压 14kV，液料比 25ml/g，脉冲频率 1/600/s。在此提取条件下黄花菜多糖的提取率可达到 10.03%。

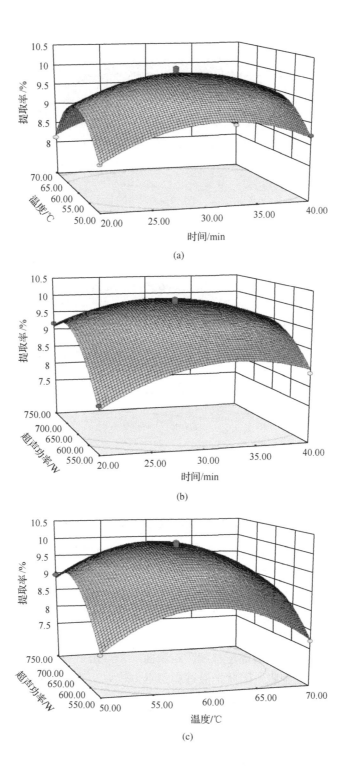

(a)

(b)

(c)

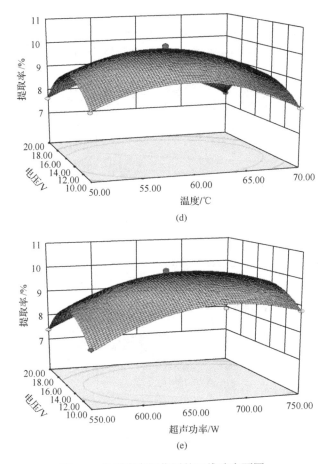

图 9-3　各因素交互作用的三维响应面图

9.4.3　超声协同高压矩形脉冲电场提取黄花菜多糖动力学研究

　　超声协同高压矩形脉冲电场提取过程与传统的固-液提取过程类似,可以看作是一种特殊的固-液提取。一般来说,整个提取过程可以分为两个阶段。

　　第一个阶段是溶剂将固体颗粒外及破损细胞中的目标成分溶解出来,此过程速度较快,不受细胞壁、细胞膜阻力的干扰,因此是提取过程中的快速阶段。

　　第二个阶段是溶剂从物料颗粒的外部渗透进入完整细胞颗粒的内部,使目标成分溶解在溶剂中并随溶剂从颗粒内部迁移到颗粒表面,最后溶解在溶剂相中。由于溶剂需要穿过细胞的细胞壁和细胞膜,因此扩散过程的阻力较大,速度较慢。

　　在整个提取过程中,两个阶段是同时进行,但由于第二个阶段的速度较慢,因此是整个提取过程的控速步骤。

　　以 Fick 第二扩散定律为理论基础,建立超声协同高压矩形脉冲电场提取黄花菜多糖的动力学模型。在不同超声功率和电场电压条件下测定黄花菜多糖提取率随时间变化的变化,对模型进行了拟合验证,并求得动力学参数,如提取速率常数、平衡浓度、有效扩散系数等,结果表明该动力学模型能够较好地对提取过程进行拟合。

9.4.3.1 动力学参数的求解

不同超声功率和电场电压提取条件下黄花菜多糖提取率随时间变化的变化见图 9-4 和图 9-5。图中曲线的形状与传统热水浸提法提取率随时间变化的变化曲线相似(Qu et al., 2010),这说明超声协同高压矩形脉冲电场提取黄花菜多糖的提取过程与传统水提法类似,因此可以视为一种特殊的水提法。当提取时间从 5min 增至 20min 时,提取率的变化较快,曲线较陡峭,但提取 20min 后,曲线的变化开始减缓。这是因为在提取的前期,颗粒表面或者破损细胞中的多糖先被溶剂快速溶解,使提取液中多糖的浓度迅速增加,因此,曲线上升速度较快,较为陡峭;而随着提取的进行,能够被快速溶解的多糖含量减少,溶剂需要进入完整的细胞中将多糖溶出,这个过程需要克服细胞壁和细胞膜的传质阻力,因此较为缓慢。

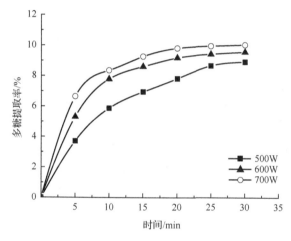

图 9-4 不同超声功率条件下黄花菜多糖提取率随时间变化的变化

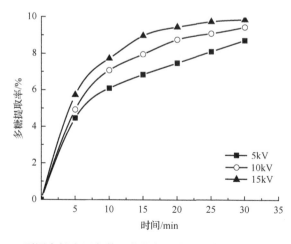

图 9-5 不同电场电压条件下黄花菜多糖提取率随时间变化的变化

由图 9-4 中的变化趋势可知，超声功率越大，达到提取平衡的时间越短，提取平衡时的提取率也越大。当超声功率 700W 时，达到平衡时的提取率为 10.03%，且提取 25min 后，黄花菜多糖的提取率变化极为微小，已趋于平衡；当超声功率为 500W 时，提取 30min 时达到平衡，提取率为 8.91%，但是在 20min 和 30min 之间，黄花菜多糖的提取率的变化趋势依然较陡；这是因为在超声协同高压矩形脉冲电场提取黄花菜多糖的过程中，多糖的主要扩散方式为超声场产生的涡流扩散，而涡流扩散系数主要与超声功率、超声频率、换能器的作用面积有关(郭娟等，2015)，由于提取过程中超声频率、换能器的作用面积一定，因此，涡流扩散系数主要受超声功率的影响。因此超声功率越大，在体系中产生的振幅也越大，产生的涡流扩散也就越显著，从而加快了提取时多糖的溶出速率和扩散速度，缩短了达到平衡时的提取时间。

由图 9-5 中提取率的 $k = \dfrac{D_e \pi^2}{R^2}$ (D 为有效扩散系数；R 为黄花菜颗粒的半径；k 为提取速率常数)变化趋势可知，当电场电压从 5kV 增加至 15kV，达到提取平衡时，黄花菜多糖的提取率也随之增加；电场电压为 15kV 时，提取 20min 后，提取率的变化已不是很明显；电压为 10kV 时，提取 25min 后，提取率开始趋于平衡；而电压为 5kV 时，在提取 25min 后，提取率的上升仍较为明显。这是因为在高压脉冲电场的作用下，原料和溶剂中的极性分子由于电场力的牵引，运动方向会随着电场方向的改变而改变，从而增强了溶剂分子的扩散速度和原料中有效成分的溶出速度(于庆宇，2012)；同时高压电场还可以改变原料颗粒细胞膜上的电位，增加细胞膜的通透性和可通过性，高压电场产生的电穿孔，可以增加细胞膜上的大分子通过的流通通道，从而降低了溶剂进入细胞内部和大分子多糖溶出细胞的阻力，加快了提取速率(Zimmermann，1986；Tian，1990)。在一定范围内电压越大，体系中产生的电场强度就越高，因此电场的作用也越明显，提取效率也越高。

根据图 9-4 和图 9-5 中的数据结果对 $\ln[y_\infty/(y_\infty - y)]$ 和提取时间 t 作图(y_∞ 为 $t=\infty$ 时多糖的提取率；y 为多糖的提取率)，结果为图 9-6 和图 9-7，对应的线性拟合方程和动力学参数见表 9-1 和表 9-2。表中的相关系数 R^2 均大于 0.98，说明在设定的提取条件下，$\ln[y_\infty/(y_\infty - y)]$ 与 t 的线性关系良好，这表明建立的动力学方程式能够较为准确地与实验数据相匹配。表 9-1 和表 9-2 中的数据直观地表现了在不同超声功率和不同电场电压条件下提取速率常数和平衡提取率的变化，由表可知，在 500～700W 超声功率范围内，随着超声功率的增大，提取速率常数也增大，平衡时提取率也增大；这与上文所说的超声能够加快提取体系中的物质扩散速率相一致。在 5～15kV 电场电压范围内，随着电压的升高，提取速率常数和平衡时的提取率都增大，这说明在一定范围内，电场电压的增高可以提高物质的扩散速率，加快提取速率。

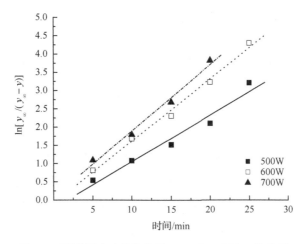

图 9-6 不同超声功率条件下 $\ln[y_\infty/(y_\infty-y)]$ 与 t 的关系

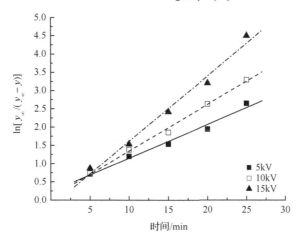

图 9-7 不同电场电压条件下 $\ln[y_\infty/(y_\infty-y)]$ 与 t 的关系

表 9-1 不同超声功率条件下的线性拟合结果

超声功率/W	动力学拟合方程	R^2	C_∞/(g/ml)	k/($\times 10^{-3}$/s^{-1})
500	$\ln[C_{eq}/(C_{eq}-C)]=-0.2207+0.1273t$	0.9811	8.91	2.121
600	$\ln[C_{eq}/(C_{eq}-C)]=-0.0880+0.1703t$	0.9961	9.56	2.838
700	$\ln[C_{eq}/(C_{eq}-C)]=0.0742+0.1817t$	0.9943	10.03	3.093

注：R^2 为相关系数；C_{eq} 为提取液中多糖的平均质量浓度；C_∞ 为 $t=\infty$ 时提取液中多糖的平均质量浓度；k 为提取速率常数；C 为多糖的质量浓度

表 9-2 不同电场电压条件下的线性拟合结果

电场电压/kV	动力学拟合方程	R^2	C_∞/(g/ml)	k/($\times 10^{-3}$/s^{-1})
5	$\ln[C_{eq}/(C_{eq}-C)]=0.2280+0.0921t$	0.9912	8.74	1.535
10	$\ln[C_{eq}/(C_{eq}-C)]=0.0702+0.1274t$	0.9975	9.46	2.123
15	$\ln[C_{eq}/(C_{eq}-C)]=-0.1741+0.1786t$	0.9928	9.87	2.977

9.4.3.2 有效扩散系数的求解

为了研究超声功率和电场电压对有效扩散系数的影响，经验公式为

$$D_e = a_0 P^{a_1} U^{a_2} \tag{9-1}$$

式中，D_e 为有效扩散系数；a_1、a_2、a_0 分别为功率、电压及温度对有效扩散系数影响的回归系数；P 为电场电压；U 为超声功率。被用来建立有效扩散系数与超声功率和电场电压之间的函数关系。根据表 9-1 和表 9-2 中求得的提取速率常数 k 和公式，可以计算出不同超声功率和电场电压下的有效扩散系数，见表 9-3。结合表中的数据和经验公式(9-1)，用 MATLAB 软件对数据进行拟合，得到的回归方程为

$$D_e = 2.34 \times 10^{-15} P^{1.135} U^{0.588} \tag{9-2}$$

式中，D_e 为有效扩散系数(m^2/s)；P 为超声功率(W)；U 为电场电压(kV)。

表 9-3 不同超声功率和电场电压条件下的有效扩散系数

超声功率/W	电场电压/kV	速率常数 $k/(\times 10^{-3}/\text{s})$	有效扩散系数 $D_e/(\text{m}^2/\text{s})$
500	14	2.121	$1.344\,95 \times 10^{-11}$
600	14	2.838	$1.799\,01 \times 10^{-11}$
700	14	3.093	$1.960\,65 \times 10^{-11}$
700	5	1.535	$9.730\,36 \times 10^{-12}$
700	10	2.123	$1.345\,77 \times 10^{-11}$
700	15	2.977	$1.887\,12 \times 10^{-11}$

将表 9-3 中不同组合的超声功率和电场电压代入公式(9-2)，得到有效扩散系数的预测值。将实验值和预测值进行对比见图 9-8。

由图 9-8 可知，由该经验公式(9-2)计算得到的预测值和实验值之间存在一定的差异，这是由于一方面在整个计算过程中速率常数是通过线性拟合得到的，本身具有一定的差异性，因此通过 k 计算得到的 D_e 也具有一定的差异性；另一方面，在超声作用和热效应下，颗粒的直径会膨胀、破裂，产生一系列的变化，因此颗粒的直径会发生改变，这就造成了计算结果的差异。但是从图中可以看出，实验值与预测值之间的相关性较为明显$(R^2 = 0.9286)$，因此可以用来预测超声协同高压矩形脉冲电场提取黄花菜多糖过程中超声功率和电场电压对有效扩散系数的影响。

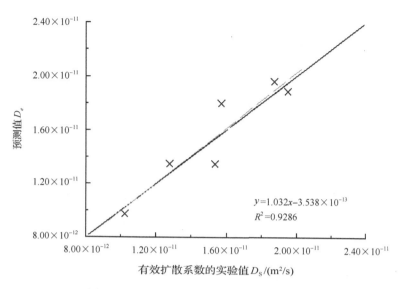

图 9-8 有效扩散系数实验值和预测值的对比

9.4.3.3 对比不同工艺条件下的提取动力学的初步研究

对比回流提取法(RE)、超声辅助提取法(UAE)和超声协同高压矩形脉冲电场提取(UEAE)过程中提取率随时间变化的变化(图 9-9)可知,超声协同高压矩形脉冲电场提取黄花菜多糖可以大大地缩短提取时间,提高提取效率。提取 30min 时,与传统回流提取法相比,超声协同高压矩形脉冲电场提取黄花菜多糖的提取率增加了 97.05%;与单独超声辅助提取相比,超声协同高压矩形脉冲电场提取的提取率增加了 17.04%。这说明在提取过程中超声和电场协同作用比单独的超声作用效果要好很多,在提取有效成分的应用中具有很大的潜力。

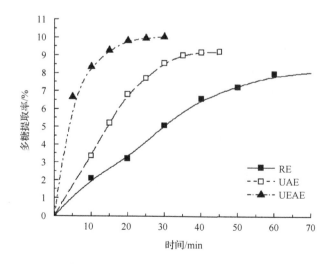

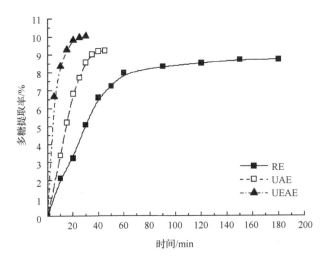

图 9-9　不同提取工艺条件下提取率的对比

9.4.4　黄花菜多糖的体外抗氧化活性

自由基是机体自身氧化反应产生的一种非常活跃的具有强氧化性的化合物，机体内适量的自由基可以帮助传递维持生命活力的能量，也可用于杀灭细菌和病毒，并参与机体毒素的排除。受控的自由基对人体是有益的。但当机体内的自由基超过一定的量或失去控制，就会对机体产生伤害，引起衰老或各种慢性疾病。大量研究表明，炎症、肿瘤、衰老、心脑血管疾病、糖尿病、自身免疫性疾病等都与自由基的活动有关（王婷婷等，2013）。清除自由基的途径主要有两条：第一条是通过内源性自由基清除系统清除体内多余的自由基；但是随着生活节奏的加快和不健康的生活方式，以及环境的污染，人体自身的自由基清除系统已经不能有效地清除体内多余的自由基；于是，需要补充适量的外源性抗氧化剂，从而阻断自由基对人体的伤害，这就是第二条途径。

DPPH 自由基是一种人工合成的、稳定的有机自由基，在甲醇或乙醇溶液中呈深紫红色，在 515~520nm 具有最大吸光度。当 DPPH 自由基溶液中加入抗氧化剂时，深紫色的 DPPH 自由基溶液会变成黄色，在一定范围内，溶液的褪色程度与抗氧剂的浓度呈线性关系，因此可以通过吸光度法定量分析样品的抗氧化性。黄花菜多糖对 DPPH 自由基的清除能力见图 9-10(a)。在 0.2~1.0mg/ml 浓度范围内，黄花菜粗多糖 HCPS 和精制多糖 HCPS-W 对 DPPH 自由基具有一定的清除能力，并且随着多糖浓度的增大，对自由基的清除能力也增大，呈一定的线性关系，当浓度为 1mg/ml 时，黄花菜粗多糖对 DPPH 自由基的清除率为 49.28%，对精制多糖的清除率为 40.31%，而相同浓度条件下阳性对照组抗坏血酸 DPPH 自由基的清除率达到了 95.75%，由此可知，与抗坏血酸相比，黄花菜多糖清除 DPPH 自由基的能力较弱。

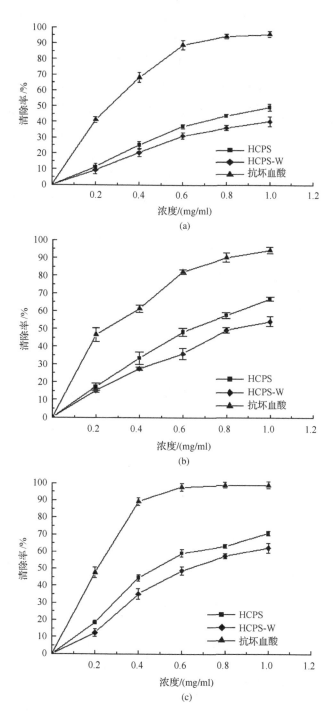

图 9-10　黄花菜粗多糖(HCPS)和精制多糖(HCPS-W)的 DPPH 自由基清除能力(a)、$O_2^- \cdot$ 自由基清除能力
(b)和·OH 自由基清除能力(c)

$O_2^- \cdot$ 自由基是机体产生的第一个氧自由基,是其他氧自由基的前身,对机体具有较大的危险性。由图 9-10(b)可知,黄花菜多糖对 $O_2^- \cdot$ 自由基具有较好的清除能力,且具有显著的量效关系,当黄花菜粗多糖浓度为 1mg/ml 时,黄花菜粗多糖对 $O_2^- \cdot$ 自由基的清除率可达到 66.93%,精制多糖的清除率可达到 54.17%;相同浓度下抗坏血酸对 $O_2^- \cdot$ 自由基的清除率可达到 94.33%。黄花菜多糖对 $O_2^- \cdot$ 自由基的清除能力虽然比抗坏血酸差,但是清除率达到了 50% 以上,可以作为一种有效的 $O_2^- \cdot$ 自由基清除剂加以利用。

·OH 自由基在人体内的含量最高,它能够杀死红细胞,降解 DNA,破坏细胞膜,因此危害性最大。黄花菜多糖清除·OH 自由基的效果见图 9-10(c)。由图可知,黄花菜多糖清除·OH 自由基的能力较好。在 0~10mg/ml 浓度范围内,其对·OH 自由基的清除率随浓度的增加而增加,具有一定的量效关系。当浓度为 1mg/ml 时,黄花菜粗多糖对·OH 自由基的清除率可达 70.61%,精制多糖的清除率达到 62.21%,低于相同浓度的抗坏血酸的清除率低。

综上所述,黄花菜多糖对 $O_2^- \cdot$ 自由基和·OH 自由基的清除效果显著,对 DPPH 自由基的清除效果不是很明显。此外,黄花菜粗多糖的自由基清除效果均大于黄花菜精制多糖的清除效果,这可能是因为在粗多糖中还含有其他更好的抗氧化剂如黄酮、多酚等物质,因此增加了其自由基的清除率。

9.5　超声协同静电场强化提取技术

杨日福等(2014)以甘草中甘草酸为研究对象,采用超声协同静电场方法提取,对其影响因素和强化效果进行了研究,并对工艺参数进行了优化,探讨了超声协同静电场的交互作用机理,结果表明:浸泡时间、溶剂固液比、超声功率、超声频率、提取时间等因素均会对超声提取甘草中甘草酸产生一定影响。相比之下,浸泡时间的影响较小;增大固液比、适当增大超声功率有利于提高甘草中甘草酸的提取率;随着提取时间的延长,甘草酸的提取率呈先上升后下降的趋势;而在一定范围内,随着超声频率的提高,甘草酸的提取率反而下降。在加入静电场后,甘草酸的提取率有了明显提升,说明静电场的加入对超声提取有了促进作用,并且静电场与超声场存在一定交互作用;随着静电压的提升,提取率先升高后下降,说明静电压不是越大越好,它与超声的交互作用存在一个临界值,在临界点附近,超声与静电场的交互作用达到最大,甘草酸的提取率最大。

超声与静电场存在协同作用,在超声提取中引入静电场可以显著提高目标提取率,且影响甘草酸提取率的次序为固液比>超声功率>提取时间>静电压,运用曲面响应法得出甘草中甘草酸的优化工艺参数为液料比为 30ml/g,提取时间为 28.92min,超声功率为 100W,静电压为 9.01kV,甘草酸的提取率预测值为 11.08%,验证值为 11.02%;通过 Design-Expert 软件,得出甘草酸提取率对编码后的液料比、提取时间、超声功率静电压的二次多项回归模型。通过超声与静电场协同作用对水电导率的研究,进一步验证了其交互作用的存在;在单独探讨超声和静电场作用机理后,对其交互作用的机理进行了探讨,表明:在超声场中引入静电场后,可以缩短溶液中空化泡的崩溃时间,增加超声频率的作用范围，使单位时间内产生更多的瞬态空化，增加空化产额。同时，原本球形的空化泡变为椭球形，气泡半径减小，部分稳态空化转化为瞬态空化。静电场的存在，对溶液将产生一定的微干扰，溶液中大直径气泡增多，微干扰将给原来处于介稳态的声场施加一个额外的随机性声压，使得处于介稳态的第二类空化核中一部分转变为第一类空化核，从而增强了溶液中的空化效应。

据 Sobotka(2009)进行直流电场对超声信号的振幅影响的研究表明：超声协同静电场正交耦合不及平行耦合效果显著。Yang 等(2017)完成了电场强化超声提取装置的设计、加工与调试，在自主研发的提取装置的基础上，通过单因素试验，考察超声协同静电场辅助提取技术各参数对药用植物黄花菜黄酮的提取效率的影响；采用响应面法探索超声协同静电场辅助提取黄花菜总黄酮的最优工艺；研究黄花菜黄酮的体外抗氧化活性(清除 DPPH 自由基、羟基自由基及超氧阴离子的能力)，并与其他提取技术(超声、水浴提取等)进行了比较；采用碘量释放法探讨电场对超声空化的影响。

9.5.1　超声协同静电场提取装置

SB-5DTD 六边形超声波提取机是自行设计经宁波新芝生物科技股份有限公司加工而成，提取槽是六边形柱体，其中六边形的边长为 9.5cm，提取槽高度为 25cm。每个侧面安装 3 个超声换能器，侧面换能器发出的超声场与电场平行协同，底部由于面积有限，最大限度安装了 4 个超声换能器，底部换能器发出的超声场与电场正交协同，超声换能器频率均为 40kHz，总超声电功率 400～1000W 连续可调。SC-15 数控超级恒温槽(宁波新芝生物科技股份有限公司)，恒温水槽与超声提取机相连，一是保证提取过程环境温度恒定不变；二是方便进行提取温度单因素试验，确定试验的最佳提取环境温度。DE-100高压电源(大连鼎通科技发展有限公司)，输出直流电压 0～50kV 连续可调，自行搭建超声协同静电场提取装置如图 9-11(a)、(b)所示，提取槽中放入玻璃大试管，提取物料和溶剂放入试管中，试管盖中央插入电极，中央电极由一根铜棒和绝缘材料保护套组成，与高压电源的输出正电压相连，高压电源的地端通过导线与超声提取机的外壳相连。

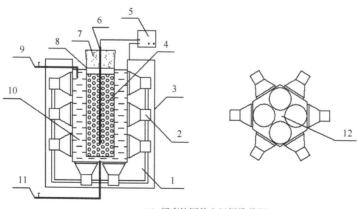

(a) 超声协同静电场提取装置

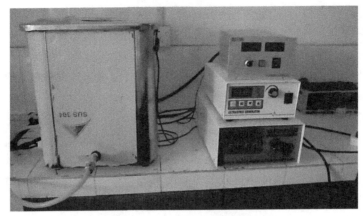

(b) 超声协同静电场提取装置实物图

图 9-11　超声协同静电场装置

1. 六边型超声波提取机；2. 换能器；3. 不锈钢金属外壳；4. 提取物料和溶液；5. 静电场发生器；6. 正电极；7. 绝缘盖；
8. 玻璃容器；9. 恒温水入口；10. 恒温水；11. 恒温水出口；12. 六边形超声波提取机俯视图

9.5.2　超声协同静电场对药用植物黄花菜中总黄酮的最佳提取条件

如图 9-12 所示,采用响应面法获得超声协同静电场的最佳提取参数是静电场为 7kV,超声电功率为 500W,乙醇体积浓度为 70%,提取时间为 20min,固液比(g/ml)1:25 以及提取温度 55℃,在此条件下,黄花菜黄酮的萃取率最高可达 1.536%。

9.5.3　体外抗氧化活性

9.5.3.1　清除 DPPH 自由基能力

不同提取技术获得的黄花菜黄酮清除 DPPH 自由基的能力如图 9-13(a)所示,DPPH 自由基清除能力随着黄酮含量的增加而增加,相对于超声提取和水浴提取方法获得的黄酮清除 DPPH 自由基活性(分别为 30.79%~76.23%、32.33%~80.6%),超声协同静电场提取法获得的黄酮清除 DPPH 自由基活性最强,从 29.8%~83.1%,且超声协同静电场法和水浴法均优于对照物芦丁。

9.5.3.2　清除羟基自由基能力

不同提取技术获得的黄花菜黄酮清除羟基自由基的能力如图 9-13(b)所示,羟基自由基清除能力随着黄酮含量的增加而增加,在总黄酮含量从 7.12μg/ml 增加至 35.6μg/ml 时,超声提取、水浴提取法和超声协同静电场提取法获得的黄酮清除羟基自由基活性分别为 11.85%~27.98%、12.10%~48.59%及 11.71%~44.96%,结果表明超声协同静电法获得的黄酮清除羟基自由基活性优于单独使用超声提取法,与水浴法相当,且超声协同静电法和水浴法均优于对照物芦丁。

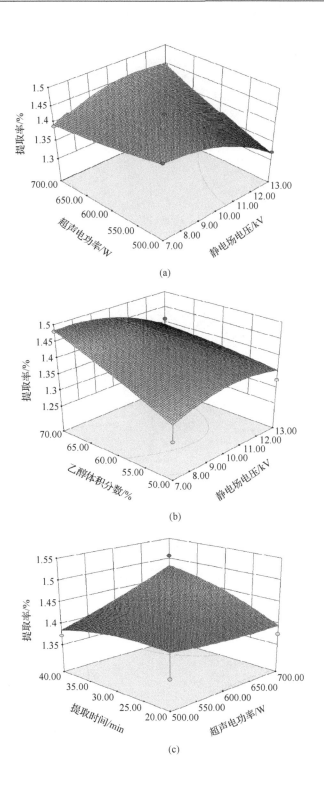

(a)

(b)

(c)

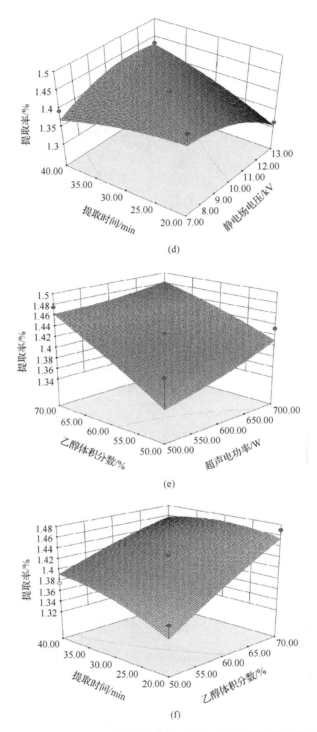

图 9-12　响应面法探讨各提取参数对黄花菜黄酮提取率的影响

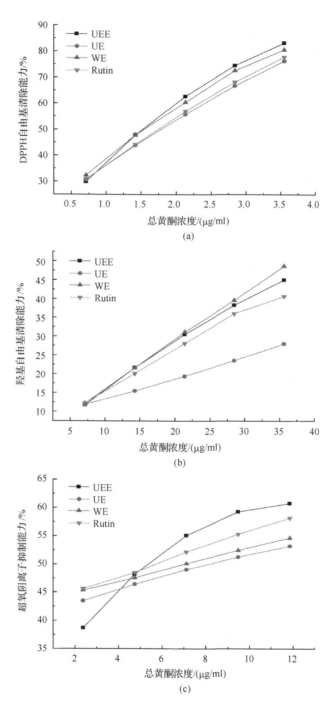

图 9-13　3 种不同提取方法提取物的抗氧化活性比较

UEE. 超声协同静电场提取；UE. 超声提取；WE. 水提取；Rutin. 芦丁

9.5.3.3　清除超氧阴离子能力

不同提取技术获得的黄花菜黄酮清除超氧阴离子的能力如图 9-13(c)所示，超氧阴离子清除能力随着黄酮含量的增加而增加，超声提取法、水浴提取法和超声协同静电场提取法获得的黄酮清除超氧阴离子活性分别为 43.47%～53.19%、45.35%～54.64% 及 38.67%～60.76%，结果表明超声协同静电场提取法获得的黄酮清除超氧阴离子活性随黄酮含量变化的变化最明显，优于单独使用超声提取法、水浴法及对照物芦丁。

9.5.4　超声空化

采用碘量释放法研究电场对超声空化产额的影响，结果如图 9-14 所示。超声协同静电场法和单独超声法随着反应时间的增加，吸光值分别从 0.018 升至 0.043 和 0.015 升至 0.035，说明使用两种提取方法均存在超声空化现象，且电场对超声空化具有强化效应。在作用 30min 时，强化作用最明显，达到 43.48%，如图 9-15 所示。

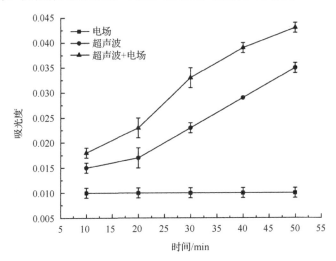

图 9-14　不同提取方法对碘释放量的影响

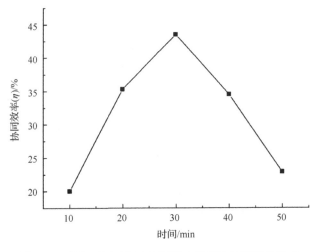

图 9-15　提取时间对超声协同静电场提取协同率的影响

9.5.5 机理讨论

国内外关于超声提取植物有效成分和高压脉冲电场提取研究的文献很多，两者具有不同优势。超声提取植物有效成分中，一般认为空化效应占主导地位。由于超声在传播过程中会产生强烈振动、高加速度、搅拌作用以及空化作用与机械效应来提高细胞内溶物的穿透力和传输能力，增大物质的运动频率与速度，可以充分提取植物中的有效成分，从而可以提高提取效率(赵超，2014)。电场强化提取过程使细胞膜发生电穿孔现象，增强细胞膜传质系数。如果外加电场为直流电场根据刘铮(2007)的研究结论可以得出：外加电场 $U = V_{cr} R / (1.5\cos\theta)$ 时，植物细胞膜就会发生电穿孔现象，其中 θ 是电场方向与指定点法线之间的夹角，R 为超声提取容器直径，V_{cr} 为细胞膜承受的最大膜电压。在超声协同静电场提取过程中，超声空化仍起主导地位，静电场的存在强化了超声空化现象。刘岩(1997)也提出，为了提高空化声场中的声化学产额，给空化声场施加一个随机干扰，并通过对 Noltingk-Neppiras 方程进行修正，理论计算其可行性。结果表明微扰给原来处于介稳态的声场施加一个额外的随机性声压，使得处于介稳态的第二类空化核中的一部分转变为第一类空化核，从而增强了溶液的空化效应。陈维楚(2012)通过对电导率与超声空化的研究得出，超声协同静电场作用时，静电场会使空化泡发生形变，即使部分稳态空化核转化成瞬态空化，使水中的电导率增加，增加了超声空化产额。超声空化是液体中微小泡核在超声波作用下振荡、生长和收缩、崩溃的动力学过程，空化泡与上述研究中的气泡有相似点，完全可以借助上述的方法研究静电场中空化泡的变形情况，有关这方面研究工作正在开展。

本章作者：范晓丹　华南理工大学

参 考 文 献

陈维楚. 2012. 超声协同静电场强化提取过程机理研究. 华南理工大学硕士学位论文.

陈维楚, 杨日福, 闵志玲, 等. 2014. 静电场协同超声提取甘草中甘草酸的研究. 应用声学, 33(2): 160-166.

陈玉江, 殷涌光, 刘瑜, 等. 2007. 利用高压脉冲电场提取蛋黄卵磷脂的研究. 食品科学, 28(10): 271-274.

董伟, 董智广, 郁鸿凌, 等. 2009. 电场中汽泡行为的变化及对沸腾换热的影响. 化工学报, 60(1): 15-20.

董智广, 郁鸿凌, 董伟, 等. 2009. 电场中汽泡行为的变化及对沸腾换热的影响. 化工学报, 60(1): 15-20.

范晓丹, 郭娟, 杨日福, 等 2015. 亚临界水及超声强化亚临界水提取植物有效成分的动力学模型. 现代食品科技, 31 (1): 142-146, 152.

付玉杰, 侯春莲, 赵文灏, 等. 2005. 超声提取-高效液相色谱法测定甘草中甘草酸含量. 植物研究, (2):210-212.

郭娟, 杨日福, 范晓丹, 等. 2015. 亚临界水及超声强化亚临界水提取植物有效成分的动力学模型. 现代食品科技, 31 (1): 142-146, 152.

国亮, 国蓉, 李剑君, 等. 2006. 采用响应曲面法优化甘草饮片中甘草酸的超声提取工艺. 西北农林科技大学学报(自然科学版), (9):187-192.

韩玉珠, 殷涌光, 李凤伟, 等. 2005. 高压脉冲电场提取中国林蛙多糖的研究. 食品科学, 26(9): 337-339

黄桂玲, 王婷婷, 王少康, 等. 2013. 菊花主要活性成分含量及其抗氧化活性测定. 食品科学, 34(15): 95-99.

贾凤香. 2004. 正交设计优选超声萃取甘草酸的提取工艺. 兵团医学, (01): 1-3.

李炳奇, 李学禹, 汪河滨, 等. 2005. 超声法联合提取甘草黄酮和甘草酸的研究. 山东中医杂志, 24(1): 38-40.

李冬梅. 2016. 超声协同矩形高压脉冲电场提取黄花菜多糖及其动力学研究. 广西大学硕士学位论文.

李剑君, 国蓉, 莫晓燕. 2006. 甘草酸提取工艺的优化研究. 食品科学, 27(12): 326-330.

林炜, 宁正祥, 秦燕, 等. 1998. 高压脉冲-超临界萃取法提取荔枝种仁精油. 食品科学, 19(1): 9-11.

林炜, 秦燕, 张志旭, 等. 1997. 高压脉冲电场对超临界萃取荔枝种仁精油的影响. 食品与机械, (6): 16-17.

刘岩. 1997. 增强超声空化效应的一个途径——给空化声场一个随机微扰. 应用声学, 16(2): 43-45.

刘铮. 2007. 高压脉冲电场及超声场提取啤酒废酵母中蛋白质与核酸. 江南大学硕士学位论文.

卢敏, 毕艳春. 2009. 高压脉冲电场提取麸皮多糖影响因素的研究. 粮食加工, 34(1): 31-33.

卢蓉蓉, 谢阁, 杨瑞金, 等. 2008. 高压脉冲电场和超声波协同作用破碎啤酒废酵母的研究. 食品科学, 29(7): 133-137.

陆海勤, 刘晓艳, 丘泰球, 等. 2005. 超声场-静电场协同防垢机理. 华南理工大学学报: 自然科学版, 33(9): 82-86.

宁正祥, 秦燕, 林炜, 等. 1998. 高压脉冲-超临界萃取法提取荔枝种仁精油. 食品科学, 19(1): 9-11.

彭耀, 陈凤, 宋耀祖, 等. 2008. 电场作用下单气泡行为的数值模拟. 清华大学学报(自然科学版), 48(2): 294-297.

史永刚, 土明林, 王帅. 2012. 一种超声协同脉冲电场处理含酚废水的降解法: 中国, CN201210300174: 11-14

王家德, 陈霞, 陈建孟. 2007. 声电协同氧化 2-氯酚的机理及动力学研究. 中国科学(B辑), 37(5): 432-439.

王婷婷, 王少康, 黄桂玲, 等. 2013. 菊花主要活性成分含量及其抗氧化活性测定. 食品科学, 34(15): 95-99.

谢阁, 瑞金, 卢蓉蓉, 等. 2008. 高压脉冲电场和超声波协同作用破碎啤酒废酵母的研究. 食品科学, 29(7): 133-137.

杨日福, 闵志玲, 陈维楚, 等. 2014. 静电场协同超声提取甘草中甘草酸的研究. 应用声学, 33(2): 160-166.

于庆宇. 2012. 高压脉冲电场浸提技术的研究. 吉林大学博士学位论文.

赵超. 2014. 超声强化亚临界水提取枸杞多糖的研究. 华南理工大学硕士学位论文.

Cho H, Kang I, Kweon Y, et al. 1996. Study of the behavior of a bubble attached to a wall in a uniform electric field. International Journal of Multiphase Flow, 22(5): 909-922.

Dong Z G, Dong Z. 2012. An investigation of behaviours of bubble in electric field. Advanced Materials Research, 347-353 (1-7): 3184-3188.

Hana P, Bury P, Burianova L, et al. 2008, Temperature and electric field dependence of ultrasonic wave propagation and attenuation in PZN-PT single crystal in vicinity of a phase transition. Journal of Electroceramics, 20(1): 27-34.

Labowski M, Skrodzka E. 1989. Theoretical and experimental evaluations of the electric field effect on the ultrasonic wave velocity in carbon tetrachloride. Acta Acustica united with Acustica, 68(1): 26-32.

Lanin V. 2008. Activation of soldered connections in the process of formation using the energy of ultrasonic and electric fields. Surface Engineering and Applied Electrochemistry, 44(3): 234-239.

Lanin V. 2008. Increasing the efficiency of ultrasonic cleaning by means of directed action of an electric field in liquid media. Surface Engineering and Applied Electrochemistry, 44(4): 301-305.

Liu Z, Herman C, Mewes D. 2006. Visualization of bubble detachment and coalescence under the influence of a nonuniform electric field. Experimental Thermal and Fluid Science, 31(2): 151-163.

Madadnia J, Koosha H. 2003. Electrohydrodynamic effects on characteristic of isolated bubbles in the nucleate pool boiling regime. Experimental Thermal and Fluid Science, 27(2): 145-150.

Puértolas E, Marañón I M D. 2015, Olive oil pilot-production by pulsed electric field: Impact on extraction yield, chemical parameters and sensory properties. Food Chemistry, 167: 497–502.

Qu W, Pan Z, Ma H. 2010, Extraction modeling and activities of antioxidants from pomegranate marc. Journal of Food Engineering, 99 (1): 16-23.

Skumiel A, Labowski M. 1991. Effect of an electric field on the ultrasonic wave velocity in oils. Acta Acustica united with Acustica, 74(2): 109-119.

Sobotka J. 2009. Longitudinal ultrasonic waves in DC electric field. Acta Geophysica, 57(2): 247-256.

Tian Y T. 1990. Review on electroporation of cell membranes and some related phenomena. Biochemical and Bioenergy, 24(2): 271-295.

Tomšik A, Pavlić B, Vladić J, et al. 2016 Optimization of ultrasound-extraction of bioactive compounds from wild garlic (*Allium ursinum* L.). Ultrasonics Sonochemis-try, 29: 502-511.

Yang R F, Geng L L, Lu H Q, et al. 2017. Ultrasound-synergized electrostatic field extraction of total flavonoids from *Hemerocallis citrina* Baroni.Ultrasonics Sonochemistry, 34: 571-579.

Zimmermann U. 1986. Electrical breakdown, electropermeabilization and electrofusion. Reviews of Physiology, Biochemistry and Pharmacology, 105(3): 176-256.

10   超声耦合微波技术在食品工业上的应用

内容概要：超声技术通过强烈振动匀化效应、空化效应和搅拌作用来提高目标物从固相转移到液相的传质速率。超声技术具有不改变有效成分的结构、方法操作简单、提取时间短、得率高、无须加热等优点。微波技术属内部加热过程，经过微波辐射后能富集植物中的有效成分，具有选择性高、操作时间短、溶剂耗量少、有效成分得率高的特点。超声-微波协同新技术及装置将直接超声振动与开放式微波两种作用方式相结合，达到协同增效的效果，充分利用超声波振动的空化作用协同微波的高能作用，除具有速度快、能耗小、溶剂用量小、回收率高等优点外，还有利于极性和热不稳定性组分的萃取，避免长时间高温高压条件下萃取或合成反应引起的分解，从而保护有机物分子的结构。目前超声耦合微波技术已经广泛应用于植物活性成分的萃取、食品清洗、杀菌、食品分析和食品干燥等工业中。

10.1   超声耦合微波萃取技术的基础理论

10.1.1   微波萃取

微波萃取技术又被称为微波辅助提取，是指使用适合的溶剂在微波反应器中从天然药用植物、矿物、动物组织中提取各种化学成分的技术和方法。1986 年，Ganzler 首先报道了利用微波萃取从土壤、种子、食品、饲料中分离各种类型化合物的样品制备新方法。与传统的水蒸气蒸馏、索氏抽提等技术相比较，微波萃取技术可以缩短实验和生产时间、降低能耗、减少溶剂用量以及废物的产生，同时可以提高提取率和提取物纯度，其优越性不仅在于降低了实验操作费用和生产成本，更重要的是这种技术更加符合"绿色"环保的要求。运用微波萃取技术提取天然药物的化学成分具有很高的实用价值，有待开展多方面的深入研究。

现在利用微波萃取技术对传统中药提取技术进行改革，提高天然药物中有效成分的提取率、降低生产成本、提高质量、改善生产条件等，已经受到科技工作者的广泛关注。

在微波强化萃取过程中，微波对含极性分子的物质作用时，可以产生热效应而使温度迅速升高，从而使被萃取组分的扩散系统增大，加强了被萃取组分的驱动力，缩短了萃取时间；微波还可以对固体表面的液膜产生一定的微观"扰动"，使其变薄，减少了扩散过程中受到的阻力；另外，微波对细胞膜能产生一定的生物效应，由于吸收了微波能，细胞内部温度迅速升高、压力突然增大，当压力超过细胞壁的承受能力时，细胞壁破裂，使位于细胞内部的有效成分从细胞释放出来，传递转移到溶剂周围而被溶剂溶解。因此，用微波辅助萃取可强化物质的萃取过程。

10.1.1.1　微波萃取的原理

微波是指波长在 0.001～1m，频率为 300MHz～30GHz 的特殊辐射能电磁波。微波属高频波段的电磁波，它位于电磁波谱的红外辐射和无线电波之间，其波长比光波和红外波的波长都长，是分米波、厘米波、毫米波和亚毫米波的统称。为防止民用微波对微波雷达和通信的干扰，国际上规定农业、科学和医学等民用微波有 L（频率 890～940MHz）、S（频率 2400～2500MHz）、C（频率 5725～5875MHz）和 K（频率 22 000～22 250MHz）4个波段。微波具有波动性、高频性、热特性和非热特性四大基本特性。它的波动特性包括：反射、透射、干涉、衍射、偏振以及伴随着电磁波进行能量传输等。由于微波的直线传播、遇金属发生反射、能量传输的波动特性、辐射、相位滞后等高频特性，传统应用于雷达、通信、测量等方面。1945 年，美国研究人员首先发现了微波对电介质的热效应。此后，食品工业界开始对微波加热进行大量的实验研究。1965 年美国开发了大功率的磁控管，大大地促进了微波加热方式的实用化。食品工业将微波作为一种新能源，确认了其加热的有效性，并允许在食品加工中应用。

微波加热属于一种内加热。微波能量是依靠微波段电磁波通过离子传导和极性分子的偶极旋转两种作用直接传递到物质上，导致离解物质产生的离子快速转向形成离子电流，并在流动过程中与周围的分子和离子发生高速撕裂和相互摩擦而发热使微波能转变为热能。微波能量使物料整体同时升温。微波加热就是通过分子极化和离子导电两个效应对物质直接加热，因此分子的极性越大，热能释放越多，在一定频率下，加热就越快；而对于非极性分子而言则不受微波的影响。被加热物料的内部存在着大量两端带有不同电荷的分子（被称为偶极子）。偶极子在无电场作用时做杂乱无规则的运动，而在直流电场作用下做有序运动，带正电端朝向负极运动，带负电端朝向正极运动，即外加电场给予介质中偶极子以一定的"位能"，如图 10-1 所示。但是，当施加交流电场时，电场迅速交替并改变方向，偶极子会随电场方向的交替变化以每秒 24.5 亿次的速度不断改变正负方向。由于分子的热运动和分子间的相互作用，偶极子随外加电场方向改变而做的规则摆动便受到干扰和阻碍，即产生了高速摩擦和碰撞，使分子获得能量，并以热的形式表现出来，表现为介质温度的升高。微波的频率与分子转动的频率相关联，它作用于极性分子上能促进分子的转动。若外加电场的变化频率越高，分子摆动就越快，分子的振幅就越大，产生的热量就越多，可以形成瞬间集中的热量，从而能迅速提高介质的温度，这也是微波加热的独到之处。为了提高介质吸收功率的能力，工业上采用超高频交替变换的电场。常用的微波频率为 915MHz 和 2450MHz。1s 内有 9.15×10^8 次或 2.45×10^9 次的电场变化。微波强化萃取的基本原理是将微波能作为溶剂-样品加热的热源，由于微波对物质的特殊效应（分子极化和离子导电），吸收微波能力的差异使得基体物质的某些区域或萃取体系中的某些组分被选择性加热，从而使固体或半固体试样中的某些有机物成分从基体物质中有效分离，进入到介电常数小、微波吸收能力相对较差的萃取剂中，因此微波萃取或微波强化萃取是一种萃取效率较高的新技术。

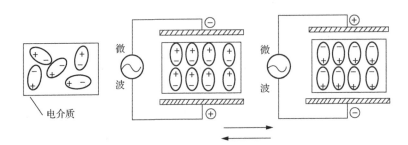

图 10-1　水分子在微波场中的极化运动

当微波通过溶剂到达植物内部维管束和腺细胞内时，细胞内温度突然升高，连续的高温使其内部压力超过细胞空间膨胀的能力，从而导致细胞破裂；细胞内的物质自由流出，传递到周围被溶解，不同物质的介电常数不同，其吸收微波能的程度不同，由此产生的热能及传递给周围环境的热能也不同。在微波场中，根据这种不同结构物质吸收微波能力的差异，使得基体物质的某些组分被选择性加热，从而使固体或半固体试样中的萃取从体系中分离进入萃取剂，天然产物化学成分被选择性加热，因此被萃取物质从体系中分离进入萃取剂，达到天然产物化学成分被提取的目标。

微波处理技术是将微波和传统的溶剂萃取法相结合的提取方法。物质吸收微波的能力主要由其介质损耗因数来决定。介质损耗因数大的物质对微波的吸收能力就强，相反，介质损耗因数小的物质吸收微波的能力也弱。由于各物质的介质损耗因数存在差异，微波加热就表现出选择性加热的特点。物质不同，产生的热效果也不同。水分子属极性分子，介电常数较大，其介质损耗因数也很大，对微波具有强吸收能力。而蛋白质、碳水化合物等的介电常数相对较小，其对微波的吸收能力比水小得多。因此，对于食品来说，含水量的多少对微波加热效果影响很大。微波处理技术主要就是利用不同结构的化合物吸收微波能力的差异，使得细胞内的某些成分被微波选择性加热，导致细胞结构发生变化，加速这些成分与基体的分离，进入到微波吸收能力较差的萃取剂中，从而提高有效成分的溶出程度和速度。

微波萃取处理技术的原理可从以下 3 个方面来分析：①微波辐射过程是高频电磁波穿透萃取介质到达物料内部的微管束和腺胞系统的过程。由于吸收了微波能，细胞内部的温度将迅速上升，从而使细胞内部的压力超过细胞壁膨胀所能承受的能力，导致细胞破裂，其内的有效成分自由流出，并在较低的温度下溶解于萃取介质中。通过进一步的过滤和分离，即可获得所需的萃取物。②微波所产生的电磁场可加速被萃取组分的分子由固体内部向固液界面扩散的速率。例如，以水作为溶剂时，在微波场的作用下，水分子由高速转动状态转变为激发态，这是一种高能量的不稳定状态。此时水分子或者汽化以加强萃取组分的驱动力，或者释放出自身多余的能量回到基态，所释放出的能量将传递给其他物质的分子，以加速其热运动，从而缩短萃取组分的分子由固体内部扩散至固液界面的时间，结果使萃取速率提高数倍，并能降低萃取温度，最大限度地保证萃取物的质量。③由于微波的频率与分子转动的频率相关联，因此微波能是一种由离子迁移和偶极子转动而引起分子运动的非离子化辐射能，当它作用于分子时，可促进分子的转动运动，若分子具有一定的极性，即可在微波场的作用下产生瞬时极化，并以 24.5 亿次/s

的速度做极性变换运动,从而产生键的振动、撕裂及粒子间的摩擦和碰撞,并迅速生成大量的热能,促使细胞破裂,使细胞液溢出并扩散至溶剂中。在微波萃取中,吸收微波能力的差异可使基体物质的某些区域或萃取体系中的某些组分被选择性加热,从而使被萃取物质从基体或体系中分离,进入到具有较小介电常数、微波吸收能力相对较差的萃取溶剂中。

10.1.1.2 微波萃取技术的特点

微波强化萃取技术与其他萃取技术相比具有很大的优势。微波强化萃取可使被萃取组分直接从基体分离,具有较高的选择性。而常规的溶剂萃取过程由于能量累积和渗透过程以无规则的方式发生,萃取的选择性很差,只能通过改变溶剂的性质或延长萃取时间来改善。超临界流体萃取技术大大提高了提取率,但溶剂选择性范围很有限,而且设备复杂、投资高。因此微波处理技术作为一种新型的前处理技术,有其独特的特点,另外还具有升温快、易控制、加热均匀等优点,可强化浸取过程、缩短周期、降低能耗、减少废物、提高产率和提取物纯度,既降低操作费用,又保护环境,具有良好发展前景。

1)由于微波萃取一般只是物理过程,并不破坏样品基体。

2)微波加热速度快。微波加热是内加热,微波加热不是靠热传导作用传递热量,而是利用被加热体本身作为发热体而进行内部加热,样品容器因能被微波穿透所以不导热。微波加热利用分子极化或离子导电效应直接对物质进行加热。因此物体内部温度迅速升高,大大缩短了加热时间。一般微波加热只需常规方法的 1%~10% 的时间即可完成整个加热过程。所以微波具有体系升温速度快、无热梯度、无滞后效应等特点,萃取时间短,萃取效率高。

3)萃取时的温度、压力、时间可进行有效的控制,故可保证萃取过程中欲分析组分不会分解。

4)微波萃取受溶剂亲和力的影响小,可供选择的溶剂种类多,故微波的选择性要好于传统萃取,还可萃取一些极性物质。

5)微波强化萃取技术具有投资少、重现性好、高选择性、提取效率高、节省时间、溶剂用量少、设备简单、节能、不产生污染、适用范围广、不发生噪声等优点。

6)微波加热效率高,基本上不发生辐射散热,只是在电源部分或电子管本身消耗一部分热量,所以其热效率高,能够达到80%。

7)微波萃取一般在特定的密闭体系中进行,内部加热均匀。微波加热是内部加热,所以与外部加热相比,很容易达到物料均匀加热的目的,可以避免物料表面受热不均匀或发生硬化等现象。

8)微波加热易于瞬时控制。微波加热的热惯性小,能够很容易地控制物料的立即发热和升温,有利于大规模、自动化生产设备的配套利用。

9)微波具有选择吸收特性。物料中某些成分非常容易吸收微波,而有些成分则不易吸收微波,而微波选择吸收的特性有利于产品质量的提高。

10)微波强化萃取能减少溶剂的消耗量、加快萃取过程,且由于在萃取过程中目标物一般在密闭系统中,多种样品能在相同条件下同时进行萃取,一次最多可同时萃取 12

个样品。由于微波加热具有以上的特点，因此在农业、林业、轻纺工业、化学工业、医药工业和食品工业等领域的应用得到了迅速的发展。

10.1.2 超声波萃取

超声波是指频率在 20Hz 以上、人的听觉以外的声波，具有频率高、波长短、功率大、穿透力强等特点。超声波的频率也有上限，一般认为是 5×10^6 kHz。超声波在物质介质中传播时可导致介质粒子的机械振动，从而引起与介质的相互作用。超声波与媒质的相互作用可以使超声波的相位和幅度等发生变化；其在介质中主要产生两种形式的振荡，即横向振荡(横波)和纵向振荡(纵波)。横波只能在固体中产生，而纵波可在固、液、气体中产生。超声波提取是利用超声波具有的机械效应、空化效应及热效应，通过增加介质分子的运动速度，增强介质的穿透力以提取中药有效成分的方法。研究表明，超声波技术可用于皂苷、生物碱、黄酮、多糖等绝大多数中药有效成分的提取，且具有省时、节能、避免常规提取法对热敏性物质的破坏、溶剂用量少、提取效率高等优点。

10.1.2.1 超声波提取的原理

功率超声波会使媒质的状态、组成、结构和功能等发生变化，这类变化被称为超声效应。超声波处理技术的原理主要是利用超声波具有的空化效应、机械效应和热效应，通过增大介质分子的运动速度，增大介质的穿透力以提取生物有效成分。

(1) 空化效应

超声空化是指在超声波作用下，在液体中形成的微小气泡(空化核)随超声波的传播发生振动、生长和崩溃闭合等一系列动力学过程。空化效应是超声提取的主要动力。介质内部往往或多或少地溶解一些真空或含有少量气体或蒸汽的微气泡。当超声波在媒质中传播时，在压力波的作用下，产生振动，气泡分子的平均距离随着分子的振动而变化。当声强足够大，液体受到的负压力足够强时，媒质分子间的平均距离就会增大到超过极限距离，从而破坏液体结构的完整性，导致出现空穴。一旦空穴形成，它将一直增长至负声压达到极大值，但在相继而来的超声波正压相内这些空穴又将被压缩，导致一些空化泡持续振荡，而另外一些则完全崩溃，当气核聚集足够的能量崩溃闭合时便会产生局部高温高压。

当声压达到一定值时，气泡由于定向扩散而增大，尺寸适宜的小泡能产生共振现象，形成共振腔，它们在声波的稀疏阶段迅速胀大，在声波的压缩阶段又被绝热压缩，直至闭合。小泡在闭合过程中在其周围能够产生几千摄氏度的高温和几千个大气压的高压，这就是空化现象。根据对声场的响应程度，超声空化可分为稳态空化和瞬态空化两种类型。稳态空化是一种寿命较长的气泡振动，一般在较低的声强(小于 10W/cm)条件下产生，气泡崩溃闭合时产生的局部高温高压不如瞬态空化时的高，但可以引起声冲流。瞬态空化一般在较高声强(大于 10W/cm)条件下发生，在 1～2 个周期内完成。在空化泡激烈收缩和崩溃的瞬间，空化泡内气体或蒸汽可被压缩而产生 5000℃的高温和 50MPa 的局部高压，伴随着发光、冲击波以及在水溶液中产生自由基羟基等。有关超声空化的研究表明：靠近液-固界面的超声空化，其气泡崩溃时产生微射流，或对固体表面产生损伤，或使微小的固体颗粒高速碰撞。这种强烈的冲击作用形成微激波，能使植物细胞壁及整个生物体破碎，而且整个破裂过程在瞬间完成，因此这个过程能够加速细胞内物质的释放、扩散及溶解，这就是空化效应。

（2）机械效应

超声波在介质的传播过程中，产生一种辐射压强，沿声波方向传播，可以使介质质点在其传播空间内交替压缩与伸张，构成了压力的变化，从而强化介质的扩散、传播，加速质量传递作用。当频率较低、吸收系数较小、超声作用时间较短时，超声效应的产生并不伴随有明显的热量变化，这时超声效应可归结为机械机制。超声波是一种机械能量的传播形式，可在液体中形成有效的搅动与流动，破坏介质的结构，粉碎液体中的颗粒，进而达到普通低频机械搅动达不到的效果。这种机械效应包括简单的扰动效应和溶剂与物料组织之间的摩擦。因此机械效应对物料有很强的破坏作用，可使细胞组织变形和蛋白质变性。超声波引起的介质质点的加速度与超声波振动频率的平方成正比，有时超过重力加速度的数万倍，因此它可以给予介质和悬浮体以不同的加速度，即溶剂分子的速度远大于物料介质的速度，从而在两者间产生摩擦，这种摩擦力足以断开两碳原子的化学键，使生物分子解聚，使细胞壁上的有效成分溶解于溶剂之中。

（3）热效应

与其他物理波一样，超声波在介质中的传播过程也是一个能量的传播和扩散过程。热机制是指超声波在介质中传播时，其振动能量不断被媒质吸收以及介质内摩擦的消耗，分子产生剧烈振动，介质将所吸收的能量全部或大部分转变成热能，引起介质本身和物料组织温度的升高，增大了有效成分的溶解速度。用其他加热方式也能达到同样的效果，因此称之为热机制。超声波在穿透溶剂和物料组织分界面时，温度上升是瞬时，这是因为分界面上特性阻抗不同，产生反射形成驻波，引起分子间的相对摩擦而发热。超声波的强度越大，产生的热量越多。因此控制超声波强度，可使植物组织内部的温度瞬间升高，从而加速有效成分的溶出，但并不改变成分的性质。

除了以上效应外，超声波还有许多次级效应，如击碎、乳化、扩散化学效应等，这些作用也都有利于植物中有效成分的溶解，促使副产物的有效成分进入介质，并与介质充分混合，超声波在促进传质的同时还能促进水合，加快了提取过程的进行，并提高了有效成分的提取率。这也有助于中药有效成分的提取。

10.1.2.2　超声波提取技术的特点

超声波提取技术适用于天然产物，是提取技术的新方法、新工艺。与传统提取技术相比，超声波提取技术快速、价廉、高效。在某种程度上，甚至比超临界流体萃取和微波强化萃取效果更好。与索氏提取技术相比，其主要优点有：空化作用增强了系统的极性，包括萃取剂、分析物和基体，从而提高萃取效率，达到甚至超过索氏萃取的效率；超声波萃取允许添加共萃取剂，以进一步增大液相的极性；适合不耐热的目标成分的萃取，这些成分在索氏萃取的工作条件下要改变状态；操作时间比索氏萃取短等。在以下两个方面，超声波萃取优于超临界流体萃取：仪器设备简单，萃取成本低得多；可提取多种不同极性的化合物，因为超声波萃取可用任何一种溶剂作为辅助。而超声波萃取优于微波辅助萃取体现在：相对而言，比微波辅助萃取速度快；提取剂在酸消解中，超声波萃取比常规微波辅助萃取更安全；而且超声波萃取操作步骤少，萃取过程简单，不易对萃取物造成污染。但与所有声波一样，超声波在不均匀介质中传播也会发生散射衰减。超声提取时，由于样品的各向异性，造成超声波的散射，到达样品内部的超声波能量会有一定程度的衰减，从而影响提取效果。样品量越大，到达样品内部的超声波能量衰减越严重，提取效果便越差。试剂对样品内部的浸提作用不充分，同样影响提取效果。样品粒度对超声波提取效率也有较大影响。在较大颗粒的内部，溶剂的浸提作用会明显降低；相反，颗粒细小，浸提作用增强。另外，超声波不仅在两种介质的界面处发生反射和折射，而且在较粗糙的界面上还发生散射，引起能量的衰减。资料表明：当颗粒直径与超声波波长的比值为 1%或更小时，这种散射可以忽略不计；但当比值增大时，散射也增大，造成超声波能量更大幅度衰减。具体如下：①超声波提取时无须加热，避免了常规的煎煮法和回流法长时间加热对有效成分的不良影响，产物生物活性高，适合于热敏性物质的提取；同时，由于其无须加热，因而也节省了能源。②适用性广，超声提取与目标提取物的性质(如极性)关系不大，绝大多数中药材的各类成分均可用超声提取。③减少能耗，由于超声提取无须加热或加热温度低，提取时间短，因此能大大降低能耗，节省了能源。④超声波提取提高了原料成分的提取率，有利于资源的充分利用。⑤溶剂用量少，节约了溶剂。⑥提取物有效成分含量高，有利于进一步精制。⑦超声波提取是一个物理过程，在整个浸提过程中无化学反应发生，不影响大多数有效成分的生理活性。⑧此外，超声波还具有一定的杀菌作用，能保证萃取液不易变质。

10.2　超声耦合微波萃取的影响因素和萃取设备

10.2.1　微波萃取的影响因素

除了交变电场的频率和电场强度外，介质在微波场中所产生的热量的大小还与物质的种类及其特性有关。不同物质因其介电常数的不同，吸收微波的能力也不相同，因此萃取溶剂的选择在微波萃取或微波强化萃取中有非常重要的影响。

通常微波透过食品时，随着微波能量的损耗而转化成热量，微波逐渐衰减，且穿透越深，衰减越多，直至全部衰竭。微波加热的热效应大小可以用微波穿透深度衡量。微波穿透深度是指微波在穿透过程中其振幅衰减到原来的 1/e 之处距离表面的深度。微波的穿透深度 $D(\mathrm{m})$ 与波长 $\lambda(\mathrm{m})$ 及食品的介电特性相关，可按式(10-1)计算：

$$D = \lambda / \left(\pi \mathrm{tg}\delta \sqrt{\varepsilon_r} \right) \tag{10-1}$$

式中，λ 为微波的波长(m)；π 为圆周率；ε_r 为被加热物体的相对介电常数；$\mathrm{tg}\delta$ 为被加热物体的介质损耗因素。

由式(10-1)可知，波长越短(频率越高)，被加热物体的介电常数和介质损耗越大，微波的穿透深度就越小。因此,对损耗系数大且较厚的食品加热,便有内部不发热现象的出现。所以,不少国家在工业加工时大多采用915Hz微波,以加大穿透深度。

影响微波加热效果的因素还有很多,如微波场强度、物料密度、物料比热、萃取溶剂的种类、温度、作用时间、基体物质、溶剂pH、操作压力、物料含水量等。

10.2.1.1 萃取溶剂的影响

在微波萃取中,溶剂的极性对萃取效率有很大的影响,应尽量选择对微波透明或部分透明的介质作为萃取剂,介电常数在 8~28,也就是选择介电常数较小的溶剂,还要求萃取剂对目标成分有较强的溶解能力,对萃取成分的后续操作干扰较少。当欲提取物料中不稳定或挥发性的成分时,宜选用对微波射线高度透明的溶剂;若需除去此类成分,则应选用对微波部分透明的萃取剂,这样萃取剂可吸收部分微波能转化成热,从而驱除或分解不需要的成分。

已见报道用于微波萃取的溶剂有:甲醇、丙酮、二氯甲烷、乙腈、乙酸、正己烷、苯、甲苯等有机溶剂和硝酸、盐酸、氢氟酸、磷酸等无机试剂以及己烷-丙酮、二氯甲烷-甲醇、水-甲苯等混合溶剂。对于不同的基体,使用的溶剂可能安全性不同。

10.2.1.2 萃取温度和萃取时间的影响

萃取温度应低于萃取溶剂的沸点,不同的物质最佳萃取回收温度不同。微波萃取时间与样品量、溶剂体积和加热功率有关,不同的萃取样品和溶剂微波能吸收的能力不同,所需要的汽化热不同,最佳萃取时间也不同。一般情况下,萃取时间在 10~15min。萃取回收率随萃取时间的延长有所增加,但增长幅度不大,可忽略不计。

10.2.1.3 基体物质的影响

基体物质对微波萃取结果的影响可能是因为基体物质中含有对微波吸收较强的物质,或是某种物质的存在导致微波加热过程某些成分发生了化学反应。微波提取要求被提取的成分是微波自热物质,有一定的极性。

10.2.1.4 其他因素的影响

pH、试样中的水分或湿度、目标物质的性质及状态、微波剂量等因素对萃取的效率及溶剂回收率也有不同程度的影响,应根据实际情况选择最佳条件。微波剂量的选择应以最有效地萃取出目标组分为原则,一般选用的微波功率在 200~1000W,频率在 2000~300 000Hz。

由于微波强化萃取通常快捷,故萃取时间对萃取效率的影响并不显著。通常微波辐照的时间与试样重量、溶剂体积和微波功率有关,一般在 10~100s。对于不同物质,最佳提取时间不同。但是微波辐照的时间不可过长,否则容易导致溶剂的温度过高,而造成浪费,同时也会带走目标组分,降低提取率。

物料含水量对微波能的吸收影响也很大。干燥的物料可选择介电常数较大的萃取介质吸收微波能而进行萃取;也可以采用增湿的方法,使其具有足够的湿分,便于有效地吸收微波能。

10.2.1.5　萃取剂量

萃取剂量可在较大范围内变动，以有效地提取目标成分为目的，萃取剂与物料之比一般可设定在 1∶1 至 20∶1。若提取液体积太大，或萃取时萃取罐内压力太大，而超出其承受能力，溶液会溅失；反之，会使提取不完全。

10.2.2　影响超声波提取的因素

关于超声波提取技术的条件，提取前样品的浸泡时间、超声波强度、超声波频率及提取时间等都是影响目标成分提取率的重要因素。而且，超声波提取对提取瓶放置的位置及提取瓶壁厚要求较高，这两个因素也直接影响提取效果。

有关专家研究了不同频率的超声波对黄芩苷成分提取的影响。在相同的提取时间内，频率分别为 20kHz、800kHz、1100kHz 时，比较从中药黄芩根中提取黄芩苷成分的收率，以 20kHz 下收率最高，分析原因是该频率下超声波空化效应较强，加之粉碎化学效应更有利于有效成分的溶出和释放。进一步研究表明：该频率下不同提取时间对黄芩苷提取率也有影响，曲线存在极值，可能是超声波时间过长，超声波对活性成分有一定的破坏作用所致。

10.2.2.1　超声波频率和强度

超声波的热效应、机械效应、空化效应是相互关联的。通过控制超声波的频率与强度，可以突出其中某个作用，减少或避免另外一个作用，以达到提高有效成分提取率的目的。超声波的频率越高越容易获得较大的声强。一般情况下，超声波强度为 0.5W/cm^2 时，就已经能产生强烈空化作用。超声波作用于生物体所产生的热效应受超声波频率影响显著。一般来说，超声波频率越低，产生的空化效应和粉碎、破壁等作用越强。强烈空化效应影响下使溶剂中瞬时产生的空化泡迅速崩溃，促使植物组织中的细胞破裂，溶剂渗透到植物细胞内部，使细胞中的有效成分进入溶剂，加速相互渗透、溶解。故在超声波作用下，无须加热也可增加有效成分的提取率。

许多实验证明，超声频率越低，天然产物有效成分提取率越高。但超声频率越低，空化作用越强，对植物组织的损伤越强，有可能带来一些不期望的结果。20kHz 是超声波的最低频率，但未见如此低频超声波破坏有效成分的报道。20kHz 最低频率超声波是否对有效成分造成破坏作用，还有待于进一步研究。但是，对某些植物，超声波提取使用的频率越高，有效成分提取率却越高。这说明超声波频率对有效成分的影响，与组分的化学形式、生物形式以及存在的环境、生物体相关。

10.2.2.2　超声波提取时间与提取率

超声波提取时间对天然产物提取率和对其有效成分的影响已引起人们广泛注意。大致有这样 3 种情况：

1) 一些有效成分提取率，随超声波作用时间增加而增大。

2）提取率随超声波作用时间的增加逐渐增高，一定时间后，超声波作用时间再延长，提取率增加缓慢。

3）提取率随超声波作用时间增加，在某一时刻达到一个极限值后，提取率反而减少。

造成有效成分在超声波作用达到一定时间后，提取率增加缓慢或呈下降趋势的原因可能有两个：一是在长时间超声波作用下，有效成分发生降解，致使提取率降低；二是超声波作用时间太长，使提取粗品中杂质含量增加，有效成分含量反而降低，影响提取率的增加。

10.2.2.3　溶剂的选择

超声波提取无须加热，因此，溶剂选择是否得当将会影响到待提样品中有效成分的提取率。在选择提取溶剂时，最好结合有效成分的理化性质进行筛选。采用超声波技术将植物中的有效成分大部分提出，往往需要用一定溶剂将药材浸渍一段时间，再进行超声波处理，这样可以增加有效成分在溶剂中的溶解度，提高提取率。

10.2.3　微波萃取设备

根据微波作用于提取体系的方式不同，可分为发散式微波提取体系和聚焦式微波提取体系。发散式微波提取模式装置是将微波源发生的微波直接向炉腔内照射，微波辐照面积较广；聚焦式微波提取模式装置是将产生的微波经波导管传递到待辐射区域，辐射面较小。而根据提取罐类型的不同，可分为密闭式微波提取系统和开罐式微波提取系统。

目前用来进行微波萃取实验研究的设备主要有两类。第一类是直接使用普通家用微波炉或用家用微波炉改装的微波萃取装置，通过调节脉冲间断时间的长短来调节微波输出能量，目前国内大部分的研究均采用该类设备，但一般仅能大概了解微波对成分萃取的作用，而无法得到较为准确的多项实验数据，更无法用来摸索生产工艺条件；第二类是美国的 CEM 公司和意大利的 Milestone 公司生产的适用于溶解、萃取和有机合成的系列微波实验设备产品，这些产品一般都有功率选择和控温、控压、控时装置，属于样品中特定成分分析用微波萃取设备，方便快捷，但不适合用于较大量天然药物成分提取及生产工艺改进等实验研究，且价格昂贵。国内中国科学院深圳南方大恒光电技术公司和上海新科微波技术应用研究所研制的 WK2000 微波快速反应系统和 MK2III 型光纤自动控压微波消解系统属于该类产品的仿制国产产品，许多单位用来进行提取分析试验，取得较多的实验成果。

微波应用工程系统采用的微波频率为 915MHz 和 2450MHz，目前国内用于微波提取的微波频率 2450MHz，其波长为 12cm，对水的穿透大多为 2～3cm。

（1）间歇式微波装置。食品烹调用的微波炉是间歇式装置的典型代表，属于驻波场谐振腔加热器，它是典型的箱式微波加热器。

从图 10-2 可知，其基本结构是由谐振腔、输入波导、反射板和搅拌器等组成。从图 10-2 可知，谐振腔为矩形空腔。若每边长度都大于 1/2 时，从不同的方向都有波的反射。因此，被加热物体（食品介质）在谐振腔内各个方面都受热。微波在箱壁上损失极小，未被物料吸收掉的能量在谐振腔内穿透介质到达壁后，由于反射而又重新回到介质中形成多次反复的加热过程。这样，微波就有可能全部用于物料的加热，谐振腔的尺寸是由所需的场型分布决定的。谐振波长 λ 应满足式(10-2)要求。

$$1/\lambda = 1/2[(m/a)^2 + (n/b)^2 + (p/c)^2]^{1/2} \tag{10-2}$$

式中，m、n、p 为任意正整数，它的意义为沿谐振腔 a、b、c 三边上的半波长。

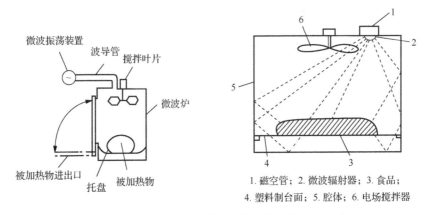

1. 磁空管；2. 微波辐射器；3. 食品；
4. 塑料制台面；5. 腔体；6. 电场搅拌器

图 10-2　间歇式微波装置结构图

在间歇式加热中，加热炉中电场分布很难均匀，因此在设计时，要想方设法使加热均匀，大多数微波加热器采用叶片状反射板(搅拌器)旋转或转盘装载杀菌物料回转的方法，使加热均匀。由于谐振腔是密闭的，微波能量的泄漏很少，不会危及操作人员的安全，比较容易防止微波泄漏和进行压力控制，因此应用于高温杀菌也是可能的。另外，也可以设计成与蒸汽并用以旋转照射的方式。但是，大型装置的照射距离会造成技术上难度大，每次加工的产品数量受到一定的限制，因此，此装置在生产中还不太适用。

(2)半间隙式微波装置。图 10-3 所示为旋转升降式半间歇式微波装置，与产品固定的方法相比，它的优点是可以使更多的产品同时受到均匀的照射处理。

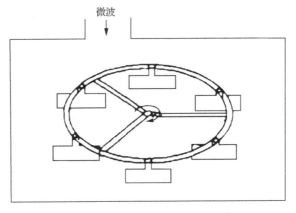

图 10-3　旋转升降式半间歇式微波装置

(3)连续式微波装置。在大批量产品进行连续式微波装置生产中,一般采用传送带式隧道微波装置,也被称为连续式谐振腔加热器,其结构如图10-4所示。被加热的物料通过传送带连续输入,经微波加热后连续输出。由于腔体的两侧有入口和出口,将造成微波能的泄漏。因此,在输送带上安装了金属挡板。也有的在腔体两侧开口处的波道里安装上许多金属链条,形成局部短路,防止微波能的辐射。由于加热会有水分的蒸发,因此也安装了排湿装置。为了加强连续化的加热操作,人们设计了多管并联的谐振腔式连续加热器。这种加热器的功率容量较大,在工业生产上的应用比较普遍。为了防止微波能的辐射,在炉体出口及入口处加上了吸收功率的水负载。这类装置可应用于木材干燥、奶糕和茶叶加工等方面。

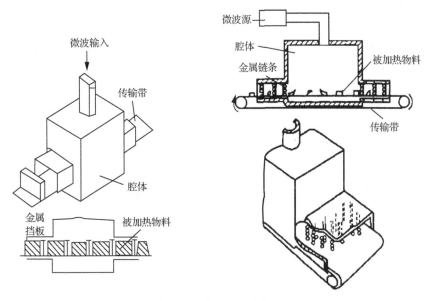

图 10-4　连续式微波装置

(4)管道式微波提取设备。由微波源、微波作用腔、输送管道以及两个储料罐组成,在一个储料罐内将粉状物料与溶媒混合,用泵送入微波工程材料制造的管路中,微波工程材料对微波是透明的,物料与溶媒流过微波作用腔时被微波直接加热、萃取,使得有效成分转移,提取完成送至另一储料罐,管道形式有单管型、阵列型、螺旋型,国外设备用螺旋管方式较为普遍,由于微波穿透深度有限,2450MHz 频率的微波系统采用管道直径在 3～6cm,此类型结构简单,制造成本低,提取时间短,适应连续作用,可控性强,不足之处是只适用于粉状物料的提取。大型设备的管道过长容易发生堵塞,能量转换效率一般,压力可变性差,不适应多种工艺参数调整。

(5)罐式微波提取设备。与常规动态提取罐结构相仿,不同之处是将蒸汽夹套加热改为微波腔加热,将平面加热改为立体加热,热源由蒸汽夹套壁改为料液本身发热,此类型可适用于对块状、片状、颗粒状、粉状物料提取,可以保温、恒温、常压、正压、负压提取,可满足不同天然植物提取的工艺参数要求,适用广泛。装机微波功率容量可从数百瓦到数千瓦,罐体容积从几十毫升到数立方米。现场实践证明,1 台 1m³ 微波提取设备处理能力相当于 5~8m³ 常规动态提取罐处理能力。缺点是提取生产线微波装机功率较大，制造难度高，生产线上只能分批次作业，加料、进出液、出渣等辅助时间较长，降低了整机利用率，同时微波穿透深度有限，提取设备必须配备搅拌器，实现动态提取。目前商业化的聚焦式微波装置主要是美国 CEM 公司和法国 PROLAB 公司开发的产品，现在已经完全自动化操作，免去了反应前的试剂添加和反应后的蒸发浓缩等步骤，从整体上提高了效率，降低了劳动量，在使用上更安全灵活，可一次性完成提取、蒸发浓缩和定容等全过程，由于采用多通道聚集非脉冲微波辐射主机并能自动控制其温度变化，因此具有广泛的应用前景。20 世纪 90 年代初由加拿大环境保护部和加拿大 CWT-TRAN 公司合作开发了微波萃取系统，并取得了美国、墨西哥、日本、韩国和西欧的专利。该系统针对工业应用的不同需要，日处理能力为 1~500t，中国科学院深圳南方大恒光电技术公司已研制出 WK-2000 微波快速反应系统。另外，广州科威微波能有限公司、南京三乐微波技术发展有限公司、南京杰全微波设备有限公司都生产了相应的微波萃取罐及处理装置。

10.2.4　超声波提取装置简介

超声波处理的装置即为一台超声波处理设备。该设备主要由 4 部分组成：超声波发生器、超声换能器、超声波聚能器及超声波发生器和换能器之间的匹配电路。通过超声波发生器产生一定高频电能提供给超声换能器，由超声换能器将电能转化为机械能，再通过超声波聚能器将机械能放大，将声能作用在待处理的物质上。目前该技术在中草药化学成分提取、植物类黄酮提取及多种生物活性成分与功能性成分的提取方面均得到广泛的应用。

超声波提取装置主要由以下几个部分组成：提取罐、高频发生器、超声波换(热)能器、循环泵等。其中，提取罐可以用常规提取罐(多功能式)进行改装，也可以新制作一台提取罐。在提取罐中仅以特殊的结构把超声波换(热)能器固定在罐体内。高频发生器安装于罐外，多个超声波换(热)能器组合成为一个高频振动箱，并在提取液中形成高频振荡，产生空化作用。这个由换能器组成的高频振动箱，可根据提取罐的形状，安装在罐内不同的部位，如罐的底部、侧面或中间，视被提取物料的性状及提取罐的形状而定，分别用于水提取或醇提取。这种提取方式均是动态提取，当提取液中被提取物的有效成分达到一定浓度(质量含量)即可以停止循环，把提取液转入下道工序去浓缩，罐内药渣由罐底出料阀放出。

10.2.4.1　新型超声波技术

中草药所含成分相当复杂，随着技术的发展，超声波技术表现出较强的优势。目前超声波技术对中草药有效成分的提取主要采用单频超声波，但单频超声波在应用上仍存在一定缺陷，如声场不够均匀，比较容易产生驻波，从而影响提取效果。近年来，双频、三频超声波技术的应用，以及超声波和其他技术的耦合，使中草药的有效成分得到更有效的提取。

10.2.4.2 双频超声波技术

双频超声波是两个声波相向发生超声，可以相对减少声场、声强的不均匀性。其中一束超声波产生的空化泡内爆所生成的新空化核，既可供超声波束的自身再空化，又可为另一束超声波提供新的空化核，显著地增加空化事件，减少驻波所造成的死角，提高声化学产额。相对于单频超声波，双频超声波能更有效地破坏中草药的细胞壁，使细胞内有效成分更易释放，从而提高提取率。

10.2.4.3 三频超声波技术

在双频正交辐照的基础上加入一束低频超声波就构成三频正交辐照，三频超声波同时正交辐照时对样品的机械扰动较单频、双频作用明显增大，使样品中空化核数量增多，因此三频超声波较单频、双频超声波更能增强声化学的产额。

10.2.5 超声-微波协同萃取技术

超声-微波协同萃取技术中，超声和微波的作用相互强化，超声波的空化效应和微波的选择性加热能使细胞的细胞壁和细胞膜被冲破，使溶剂能进入细胞内，而超声波的热效应和微波的加热效应又能加速细胞内的有效成分的扩散，提高提取率。

张详安等（2014）公开了一种超声波微波耦合提取装置（CN201420080047.9），其特征是：包括样品罐、回流式冷凝器、超声波换能器、磁控管和微波超声波组合电控系统，所述样品罐固定在波导管上且样品罐上部设有进料口，样品罐底部设有出料口，进料口上设有第一控制阀，出料口上设有第二控制阀，所述回流式冷凝器固定在样品罐上方且回流式冷凝器上设有冷凝水入口和冷凝水出口，所述超声波换能器设于样品罐下部，所述微波超声波组合电控系统一端连接磁控管，另一端连接超声波换能器，所述磁控管另一端连接波导管。本专利提供的超声波微波耦合提取装置提取效率高且有效避免了物料在长时间高温高压条件下萃取或合成反应引起的分解。

张华峰等（2007）（CN200720086099.7）公开了一种调温型超声波微波耦合提取装置，包括回流式冷凝器、萃取罐、超声波换能器、循环水夹套、搅拌器和电控柜，回流式冷凝器通过定位圈固定在萃取罐上端，防护罩将萃取罐、磁控管、超声波换能器、温控探头和液位测量探头封闭在其中，在防护罩与伸出防护罩的管道的接口处装有微波抑制圈，磁控管安装在萃取罐的罐筒外壁上，超声波换能器安装或者紧贴在萃取罐的底部，循环水夹套安装或紧密套装在萃取罐的罐筒上，搅拌器分别通过密封圈、定位圈与萃取罐、防护罩连接。本实用新型温度控制均匀稳定，样品处理量较大，易于放大生产，安全性高，适用于样品中目标化合物的消解、萃取，尤其适宜于植物或中药中生物活性成分的提取。

张详安和王辉（2014）公开了一种超声波微波耦合提取装置的协同电子控制系统（CN201420080047.9），包括6kW级连续电压调谐波磁控管、大功率超声波换能管、电控系统和微波辐射腔，电控系统包括微控制器、A/D转换器、输入界面、显示器、测温器和摄像头，摄像头和测温器通过A/D转换器连接微控制器，输入界面和显示器连接微控制器，提取装置中的产品的反应状态由摄像头摄取、温度状态由测温器测得，并显示于显示器上，测温器将所测得的提取装置中的产品的工作温度通过 A/D 转换器输入微控制器，由微控制器根据通过输入界面输入的参数控制微波和超声波的输出功率、工作时间和样品温度。整个电控系统能够对 6kW 级连续电压调谐波磁控管和大功率超声波换能管实施更加安全、可靠和协调的控制。

10.3 超声耦合微波萃取技术的应用

10.3.1 多酚

蒋志国等(2016)采用超声-微波协同提取技术(UMAE)对菠萝蜜果皮中多酚的提取工艺进行优化，并对抗氧化活性进行了评价。以单因素实验为基础，根据 Box-Behnken 中心组合设计原理，选取乙醇体积分数、料液比、微波功率和微波时间 4 因素 3 水平进行响应曲面分析，建立多酚得率的二次多项数学模型，分析各因素的显著性和交互作用，得到多酚提取工艺的最佳条件为乙醇体积分数 70%、料液比(g/ml)1：40、微波功率 75W、微波时间 12min，多酚得率为 7.19mg/g。在该条件下，超声-微波协同提取方法提取效率优于传统水浴回流法(1.04mg/g)、微波辅助法(5.23mg/g)和超声辅助法(5.89mg/g)。研究采用的超声装置为超声波清洗设备，内槽高度在 40cm 左右，声强保持在 $0.3\sim0.5\text{W/cm}^2$。

孙海涛等(2015)研究了以野生山核桃壳为试材，采用超声波-微波辅助联合提取多酚，分析了储存条件对多酚稳定性的影响。结果表明，当乙醇体积分数 50%、m(核桃壳)：V(溶液)料液比＝1：20g/ml、超声功率 405W、微波功率 200W，山核桃壳多酚提取率最高，为 2.361%，提取效率大大高于传统常规水浴浸提法。

阎海青等(2014)以新鲜蓝莓果为原材料，通过冷冻干燥制得蓝莓粉，用超声微波联用技术提取多酚。选取了料液比、微波时间、微波功率、超声功率和超声时间 5 个单因素实验，将实验结果通过 SPSS 19.0 软件处理数据后，确定料液比(g/ml)为 1：25，微波时间为 45s，并将超声时间、超声功率及微波功率 3 个条件做 3 因素 3 水平响应面优化试验，以多酚提取含量为考察指标，利用 Design Expert 8.0.1 进行数据处理，通过回归方程和响应曲面并结合实际操作获得最优条件。结果表明：超声时间和功率对多酚的提取率影响显著，而微波功率影响不明显。通过优化在料液比(g/ml)1：25、超声时间 75min、超声功率 750W、微波时间 45s、微波功率 340W 条件下，多酚的提取率达到 14%。表明利用超声微波联用技术可大大提高蓝莓中多酚的提取率。

项昭保和刘星宇(2016)优化超声-微波协同提取橄榄多酚的工艺条件，为工业化生产中提取橄榄多酚提供参考。方法：在单因素实验的基础上，采用响应面法优化超声-微波协同提取橄榄多酚的工艺。结果：橄榄多酚最佳提取工艺为微波功率为 550W，微波提取时间为 4.4min，超声功率为 330W，乙醇浓度为 62%，此条件下的橄榄多酚实际得率为 6.33%，接近模型预测值 6.35%。结论：该工艺简便、快速、得率高，为工业化应用提供了精确有效的参考标准，为广泛开发利用橄榄资源提供了良好的参考价值。

10.3.2　山苍子油

韩艳利等(2013)采用超声-微波辅助水蒸气蒸馏法、微波辅助水蒸气蒸馏法和水蒸气蒸馏法提取山苍子干果中的山苍子油。通过单因素实验对提取工艺进行了优化,超声-微波协同提取法的提取条件为微波功率100W,液料比(ml/g)20∶1,提取时间2h,得率为3.22%;微波辅助水蒸气蒸馏法的提取条件为微波功率100W,液料比(ml/g)20∶1,提取时间2h,得率为3.20%;在液料比(ml/g)为20∶1,提取时间为4h的条件下,普通水蒸气蒸馏法的得率为3.17%。研究采用CW2000型超声-微波协同萃取仪(上海新拓微波溶样测试技术有限公司),超声功率为50W。

10.3.3　腺苷类物质

吕智慧等(2016)采用超声-微波联合提取法提取腺苷类物质,该方法与传统方法相比,具有反应时间短、操作简单、提取率高等优点,适用于规模化发酵北冬虫夏草工艺中。用料液比(g/ml)1∶300的蒸馏水超声提取15min,440W,微波提取6min,超声功率为固定功率50W,超声时间为20min,腺苷类物质的提取率高达61.24%。经HPLC检测,对菌丝体冻干粉中5种生物活性成分(胞苷、尿嘧啶、尿苷、腺苷和虫草素)进行了定性定量分析。与传统方法相比,具有反应时间短、操作简单等特点。

10.3.4　黄酮

范蕴芳等(2013)探讨了超声-微波辅助技术提取葛根异黄酮的最佳工艺条件。以乙醇作为提取溶剂、葛根作为原料,通过采用超声-微波辅助技术进行提取,以异黄酮得率为指标,考察微波功率、提取时间、料液比等因素对提取效果的影响,确定最佳的提取工艺参数。超声-微波辅助技术提取葛根异黄酮的最佳工艺条件为提取时间31.2min,料液比(g/ml)1∶30,微波功率98W,超声功率50W,在此条件下,葛根异黄酮得率为8.92%。超声-微波提取法不仅缩短了提取时间,而且提高了葛根异黄酮的得率,是一种适合葛根异黄酮的高效提取方法。

罗锋等(2006)采用超声-微波协同萃取法,从甘草中提取黄酮,用分光光度法测定黄酮含量。结果:用超声-微波协同萃取法提取,测得甘草中黄酮的含量为2.04%,平均回收率为97.64%($n=6$)。结论:甘草黄酮的提取可优选超声-微波协同萃取法。研究采用超声-微波协同萃取仪(上海新拓微波溶样测试技术有限公司),但是在文章中没有指明所用的微波和超声波的功率。

吴昊(2015)研究了超声-微波协同萃取金银花黄酮与绿原酸的最佳工艺条件,以金银花黄酮与绿原酸得率为考察指标,研究了料液比、微波功率、乙醇浓度以及提取时间等因素对金银花黄酮与绿原酸得率的影响,在单因素的基础上通过正交试验对其提取工艺条件进行了优化。结果表明:最优提取工艺条件为料液比1∶20(m/V),微波功率300W,乙醇浓度60%和提取时间5min,此时金银花黄酮的得率为13.93%,绿原酸的得率为7.02%,研究采用CW-2000型超声协同萃取仪器,超声波固定功率50W,频率40kHz。

孙海涛等(2016)以长白山柳蒿芽为试材,在单因素试验基础上,采用4因素5水平响应面分析法,研究了超声-微波提取因素对柳蒿芽黄酮提取率的影响,同时建立最佳提取工艺。结果表明:料液比(g/ml)1:26、乙醇体积分数42%、超声波功率538W,酶添加量1.4%,在此条件下柳蒿芽黄酮的提取率为5.42%,与常规水浴法提取柳蒿芽黄酮相比具有更高的提取效率。研究采用的仪器为SL-SM50型超声微波联合萃取仪(南京顺流仪器有限公司),超声波功率538W,固定超声波-微波处理时间3min,一段微波功率200W,二段微波功率100W。

余晶晶和童群义(2013)采用超声-微波协同法萃取蜂胶中的黄酮类化合物,在单因素和正交实验的基础上得出了最佳提取条件为乙醇浓度65%,料液比(g/ml)1:15,时间150s,微波功率175W。该提取条件下,蜂胶提取液中总黄酮含量为30.64%,蜂胶提取率为70.38%。与其他提取方法相比,超声-微波协同萃取在提取效果上具有明显的优势。研究采用CW-2000型超声微波协同萃取仪,超声波固定频率40kHz,功率50W(上海新拓微波溶样测试技术有限公司)。

阿不都哈力力·艾力等(2013)研究及优化了超声-微波协同萃取维药雪菊中总黄酮的工艺。以雪菊中总黄酮含量为指标,通过单因素实验确定影响总黄酮的主要因素,再通过正交试验确定影响总黄酮提取的主要因素的最佳水平。结果表明,最佳提取条件为提取时间为60min,超声-微波提取功率为100W,料液比为1:20(m/V),提取液为50%的乙醇,含量为20.33%。该试验筛选出超声-微波协同萃取法提取雪菊中总黄酮的最佳条件,该法具有工艺简单、快速、高效、环保等优点。

吴旭丽(2014)研究了超声-微波协同逆流水提取杭白菊的工艺,确定了制备条件:料液比(g/ml)1:30,微波功率250W/2.50g,超声功率50W/2.50g,辐射总时间240s,单元提取时间420s,采用二级罐组模拟逆流提取。在上述条件下,总黄酮提取率为64.70mg/g,比热回流法提高10.92%;绿原酸提取率为4.21mg/g,比热回流法提高10.97%,总固形物提取率为53.52%,比热回流法提高23.67%。比较了超声-微波协同提取、单独超声提取、热回流提取和浓缩过程对菊花挥发性物质的影响。结果表明,各提取方法均使菊花汁中烃类物质的种类减少,并较热回流法分别增加了30种、28种、31种新的挥发性化合物,新物质主要为烯醇类。超声-微波提取法对提取液中醇类、醛类、酮类、芳环烃类和杂氧环烃类物质的保留效果较好,其中杭白菊特征性风味物质6-甲基-3,5-庚二烯-2-酮未在其他提取液中出现。

韩淑琴等(2014)采用超声-微波协同萃取法提取龙眼壳总黄酮,单因素试验得到最佳工艺:提取时间60s,浸泡1h,乙醇浓度65%,固液比(g/ml)2:5,微波功率300W,提取率为1.741%。研究采用的设备CW-2000型超声-微波协同萃取仪,超声的功率为50W。

殷瑛和胡居吾(2016)以靖安椪柑鲜果皮为原料,采用超声-微波协同提取技术提取椪柑鲜果皮中的类黄酮。通过单因素试验、正交试验优化工艺条件。结果表明,最佳提取工艺条件:乙醇浓度60%、萃取时间为60min、料液比(g/ml)为1:12、提取温度为50℃。研究采用超声-微波协同萃取仪(南京先欧仪器制造有限公司),微波提取的功率为400W,超声功率为50W,提取时间为60min。

高愿军等(2016)分别用超声-微波联用法与纤维素酶浸提法两种方法提取秋葵中黄酮类化合物,用硝酸铝-亚硝酸钠比色法测定提取的总黄酮含量,采用正交试验对2种方法下提取的总黄酮得率进行数据分析与比较。结果表明，纤维素酶浸提法比超声-微波联用法提取秋葵黄酮的得率高，纤维素酶浸提法最佳工艺：加酶量 1.5%，酶解时间 2h，酶解温度 50℃，酶解 pH 4.8，总黄酮得率为 4.843%；超声-微波联用法最佳工艺：微波功率 550W，料液比(g/ml) 1∶50，超声时间 30min，微波时间 60s，总黄酮得率为 3.278%，纤维素酶浸提法比超声-微波联用法的黄酮得率提高了 1.565%。超声采用 SB-5200DT 型超声波清洗机(宁波新芝生物科技股份有限公司)，但文章中没有给出超声的功率等信息。

陈义勇和张德谨(2016)以乌饭树叶为原料，采用超声-微波辅助提取技术，探讨液固比、微波功率、温度以及提取时间对乌饭树叶黄酮得率的影响。在单因素试验的基础上，采用响应面法对超声-微波辅助提取乌饭树叶黄酮的工艺条件进行优化。通过与传统热水浸提方法进行比较，探讨超声-微波提取对乌饭树叶黄酮结构的影响。结果表明：超声-微波辅助提取乌饭树叶黄酮的最佳工艺条件为微波功率 140W，超声功率 50W，温度 69℃，液固比 51∶1($V∶m$)，时间 11min。该条件下乌饭树叶黄酮的得率为 3.64%。红外光谱分析表明超声-微波辅助提取对乌饭树叶黄酮结构没有影响。

为了更好地利用超声波和微波的优势，孙岩等(2014)采用超声-微波协同萃取法提取油菜蜂花粉中的黄酮类物质，与热回流法、超声法、微波法相比，提取效率明显提高，同时具有节能、安全的优点；在乙醇体积分数 90%，料液比(g/ml) 1∶30，微波功率 260W，提取时间 180s 条件下，提取得率最高，达 3.36%。研究采用的设备 CW-2000 型超声-微波协同萃取仪，超声的功率为 50W。

10.3.5 甘露醇

蔡友华等(2008)研究了巴西虫草菌丝体中甘露醇的超声-微波协同萃取工艺。首先单因素考察提取时间、微波功率和料液比对虫草酸提取效果的影响。然后，在此基础上通过 Box-Behnken 设计和响应面分析，获得最佳的提取工艺：提取时间 177s，微波提取功率 176W，以及料液比(g/ml)为 1∶87。在该提取条件下，巴西虫草菌丝体中虫草酸的含量为 120.5g/L。最后，比较超声-微波协同萃取与水热浸提的提取效果，研究采用了 CW-2000 型超声-微波协同萃取仪(上海新拓微波溶样测试技术有限公司)，超声的功率为内置的 50W。结果表明，超声-微波协同萃取在提取时间和提取率等方面都要优于水热浸提，这是因为超声波是在弹性介质中传播的一种振动频率高于声波的机械波，能产生并传递强大的能量，给予媒质(如固体小颗粒或团聚体)极大的加速度。当颗粒内部接受的能量足以克服固体结构的束缚能时，固体颗粒被击碎，从而促进细胞内有效成分溶出。

10.3.6 淀粉

尹婧等(2016)以薏苡仁为原料，采用超声-微波协同法提取薏苡仁淀粉。考察了料液比、NaOH 溶液的质量分数、提取温度、微波功率、提取时间对薏苡仁淀粉提取率的影响。在单因素的基础上，采用响应面分析法优化提取薏苡仁淀粉的工艺参数。结果表明：超声-微波协同提取薏苡仁淀粉的最佳工艺参数为料液比(g/ml) 1∶9，NaOH 溶液质量分数 0.30%，提取温度 34℃，微波功率 134W，提取时间 150min，超声提取采用 CW-2000 型超声-微波协同萃取仪，超声波固定功率 50W。在此条件下淀粉提取率可达 93.15%。

验证实验表明其与预测值接近，说明模型拟合度较好。本实验方法与传统碱提法、单纯微波辅助法、单纯超声波辅助法相比，薏苡仁淀粉提取率分别增加 18.97%、12.78%、10.39%。超声-微波协同提取法具有省时、提取率高的优点，可用于薏苡仁淀粉的提取。

10.3.7　多糖

汪河滨等(2007)采用超声-微波协同萃取法从黑果枸杞中提取多糖，并用蒽酮-硫酸比色法测定多糖含量。结果表明用超声-微波协同萃取法提取，测得黑果枸杞多糖含量为 10.89%，平均回收率为 100.07%，相对标准方差为 1.89%(n=3)。该方法简单、快速、准确。

王志高等(2008)探讨了利用超声-微波协同萃取枇杷叶中多糖的提取工艺，经过单因素和正交组合试验，得到了在超声-微波协同作用下最佳的多糖提取工艺为料水比(g/ml)1：15，提取温度 85℃，提取时间 90min。相对于水提醇沉法及微波提取法，超声-微波协同萃取法具有提取率高、提取时间短的特点，是枇杷叶多糖提取的一种新的优选方法。

陈燊等(2015)为了研究超声-微波协同提取橄榄多糖及其脱蛋白质工艺，在考察超声波功率、微波功率和提取时间 3 个单因素对多糖得率影响的基础上，采用正交试验对超声-微波协同提取橄榄多糖的工艺条件进行优化，并采用酶法对橄榄粗多糖脱蛋白质工艺进行研究。结果表明，超声-微波协同提取橄榄多糖的最佳工艺条件为超声波功率为 250W、微波功率为 150W 和提取时间为 15min，在此条件下，橄榄多糖的得率为 10.6%；橄榄多糖酶法脱蛋白的最佳工艺条件为酶解温度为 40℃、酶解时间为 70min 和酶添加量为 70U/g，在此条件下，橄榄多糖脱蛋白质率为 77.0%。超声-微波协同提取法是一种快速有效的提取橄榄多糖的方法。

赵玉卉和赵小亮(2008)采用超声-微波协同萃取法和常规水浴提取杜梨叶片多糖，并用蒽酮-硫酸比色法测定多糖含量。结果表明，超声-微波协同萃取法提取杜梨叶片多糖效果更好，两种方法提取多糖的含量分别是 21.52% 和 10.41%；葡萄糖浓度在 25.15～100.6μg/ml，提取杜梨叶范围内呈良好的线性关系，平均回收率良好，相对标准方差为 1.46%(n=5)。超声-微波协同萃取法可作为杜梨叶片多糖提取的首选方法，蒽酮-硫酸比色法测定多糖含量的方法准确，重复性好。

陈义勇等(2015)以金针菇下脚料为原料，水作为提取溶剂，在单因素试验基础上，通过响应面优化超声-微波协同辅助提取金针菇下脚料多糖工艺，并对金针菇下脚料多糖的抑菌活性进行研究。结果表明：超声-微波辅助提取金针菇下脚料多糖的最佳的工艺条件为，料液比(g/ml)1：45，提取时间为 20min，微波功率为 65W。与传统水浴浸提法相比，超声-微波辅助提取金针菇下脚料多糖不仅缩短了提取时间，而且提高了多糖得率。超声-微波协同辅助提取对金针菇下脚料多糖的结构基本没有影响，研究采用了 CW-2000 型超声-微波协同萃取仪(上海新拓微波溶样测试技术有限公司)，超声的功率为内置 50W。

陈卫云等(2013)采用 Box-Benhnken 中心组合试验设计对荔枝果肉多糖超声-微波酶解协同提取工艺进行优化，建立包括酶添加量、料液比、温度、pH 和时间 5 因素的荔枝多糖提取回归模型。经分析并结合验证试验，确定荔枝多糖的最佳工艺条件：纤维素酶(酶活为 30U/mg)、添加量 14mg/g(与底物之比),料液比(g/ml)1:10,温度 49℃,pH 4.8,时间 12min。在该条件下,多糖得率 23.31%,比传统热水法、超声法、微波法分别高 18.95%、4.37%、17.10%。研究采用了 CW-2000 型超声-微波协同萃取仪(上海新拓微波溶样测试技术有限公司),超声的功率为内置 50W,但是在文章中没有给出微波的功率。

黄生权等(2010)采用响应面法优化超声-微波协同萃取灵芝多糖工艺,得到最佳的工艺条件为原料用量 100g,微波功率 284W,提取时间 12min,料液比(g/ml)1:11.6,与传统水浴浸提法相比,超声-微波协同萃取法在较短的超声提取时间下,灵芝多糖的提取率从 1.517%提高到了 3.27%。研究采用了 CW-2000 型超声-微波协同萃取仪(上海新拓微波溶样测试技术有限公司),超声的功率为内置 50W。

林薇等(2016)采用超声-微波协同萃取的方法,以料液比、微波功率和提取时间为考察因素,在单因素实验的基础上,设计响应面 Box-Benhnken 中心组合实验,对紫萁多糖提取工艺参数进行优化,得到优化紫萁多糖的提取条件:料液比(g/ml)1:35,微波功率 353W,提取时间 250s 时,紫萁多糖的提取率为 0.236%。

10.3.8 花青素

裴志胜等(2012)以海南产紫参薯为原料,采用 Box-Behnken 中心组合试验设计优化紫参薯花青素的超声-微波协同萃取工艺。分别采用时间模式与恒温模式两种方法,在单因素试验基础上,以花青素提取率为响应值,采用 3 因素 3 水平的响应面分析法进行试验。结果表明:恒温模式时,在额定超声功率 50W、料液比(g/ml)1:48、萃取时间 283s、微波控制温度 46℃的工艺条件下,紫参薯提取率达 79.38%,较时间模式下高 10.63%,超声-微波协同萃取的总花青素质量浓度为 48.42mg/L,即 4.37mg/g。

10.3.9 还原糖

张莉莉等(2016)为提高湿法加工玉米淀粉过程产生的玉米皮渣中还原糖的得率,以玉米皮渣为原料,研究超声-微波协同法提取功能糖的最优工艺条件,对硫酸浓度、降解时间、微波功率和料液比 4 个因素分别进行单因素实验,根据单因素实验结果设计中心组合实验,以还原糖含量为指标值,采用响应面分析法确定降解的最优工艺参数,通过高效液相色谱法分析水解产物的组分。结果表明:最优工艺参数为硫酸浓度 3%、降解时间 60min、微波功率 500W、料液比(g/ml)1:28,还原糖含量为 65.82%,比未经超声-微波作用降解液中还原糖含量高出 20.72%。降解液经 HPLC 分析后,发现含 5 种还原糖,分别为 D-葡萄糖相对含量为 17.04%,D-木糖相对含量 49.06%,D-半乳糖相对含量 2.64%,L-阿拉伯糖相对含量 30.13%,D-果糖相对含量为 1.13%。研究采用了 CW-2000 型超声-微波协同萃取仪(上海新拓微波溶样测试技术有限公司),超声的功率为内置 50W。

10.3.10 叶绿素

赵琪等(2016)研究了超声-微波协同提取螺旋藻中叶绿素的工艺。通过单因素试验确定了影响提取叶绿素的主要因素及最佳水平范围,通过正交试验确定的最佳提取工艺为提取温度 55℃,超声提取时间 300s,料液比(g/ml)1:14。在此最佳条件下,螺旋藻中叶绿素的总提取率为 1.141%。研究采用了 CW-2000 型超声-微波协同萃取仪(上海新拓微波溶样测试技术有限公司)，超声的功率为内置 50W，微波频率为 2450MHz。

10.3.11　原花青素

薛昆鹏等(2012)建立了超声-微波酶解协同提取油茶壳中原花青素的方法。通过单因素试验，探讨了超声-微波协同提取油茶壳中原花青素过程中各主要因素对原花青素提取率的影响规律。实验中发现，向提取液中加入适量纤维素酶，可显著提高原花青素的提取率。在此基础上，通过正交试验，优化并获得了超声-微波酶解协同提取原花青素的最适宜条件，最适宜提取条件为超声波频率 40kHz、微波功率 200W、提取时间 60s、料液比(g/ml)1∶6、提取温度 50℃、0.1%纤维素酶 0.5ml、提取次数 2 次。在最适宜条件下，原花青素的提取率为 4.46%，分别是超声提取、微波提取和超声-微波协同提取的 4.0 倍、3.3 倍和 1.8 倍。本研究所建立的超声-微波酶解协同提取油茶壳中原花青素的方法具有简便、快速、高效和节能等优势，有利于应用推广。

10.3.12　多溴联苯醚(PBDEs)

王丹丹等(2011)建立了同时测定土壤中 7 种多溴联苯醚(PBDEs)的超声-微波协同萃取/气相色谱测定方法。考察了萃取溶剂的种类和用量、微波功率、萃取时间等因素对模拟土壤中 PBDEs 回收率的影响，得到了最佳萃取条件：萃取剂为 50ml 正己烷-丙酮(1∶1)，微波辐射功率为 90W，萃取时间为 10min。在最佳条件下，PBDEs 在 10～400μg/L 呈良好线性，相关系数(R^2)为 0.9991～0.9997；检出限为 0.21～0.63ng/g。模拟土样中 7 种 PBDEs 的回收率为 75%～121%，相对标准偏差为 5.2%～7.8%。将该方法用于上海崇明岛东滩湿地实际土样中 PBDEs 的测定，样品检出 BDE-28 和 BDE-47，且所得结果与索氏提取法相当。方法操作简单、效果好、灵敏度高，适用于土样中 PBDEs 的测定。研究采用了 CW-2000 型超声-微波协同萃取仪(上海新拓微波溶样测试技术有限公司)，超声的功率为内置 50W。

10.3.13　α-葡萄糖苷酶抑制剂

苏尧尧和童群义(2014)研究了超声-微波协同萃取垂柳叶中 α-葡萄糖苷酶抑制剂的方法。在单因素试验的基础上，通过正交试验确定了最佳提取工艺为微波功率 150W，料液比(g/ml)1∶18，时间 270s，乙醇浓度 70%。在此条件下，α-葡萄糖苷酶抑制率达到 77.85%。与其他提取方法相比，超声-微波协同萃取在提取效果上具有明显的优势。与其他植物原料相比，垂柳叶提取物对 α-葡萄糖苷酶具有较强的抑制活性。研究采用了 CW-2000 型超声-微波协同萃取仪(上海新拓微波溶样测试技术有限公司)，超声的功率为内置 50W。

10.3.14　挥发油

李昕等(2014)采用传统水蒸气蒸馏(steam distillation，SD)和超声-微波协同水蒸气蒸馏(ultrasonic-microwave assisted steam distillation，UMASD)两种方法分别提取南五味

子和北五味子中的挥发油,用气相色谱-质谱联用技术分析鉴定,比较两种方法对挥发油收率和成分的影响以及不同品种五味子挥发油化学成分的差异。研究使用绞碎机将南(北)五味子打碎,准确称取 35g 已切碎的南(北)五味子于 500ml 的三口烧瓶中,加入 300ml 超纯水,浸泡过夜。将浸泡过的样品置于微波催化合成/萃取仪中,调整微波萃取温度为 103℃,设定微波功率 400W、时间 60min,同时设定超声功率 600W,时间 60min。收集南(北)五味子挥发油于样品瓶中,密封后保存于冰箱中待分析。两种方法 SD、UMASD 提取的南五味子的挥发油收率分别为 1.2%、1.4%;北五味子的挥发油收率分别为 1.3%、1.8%。根据保留指数和 NIST 库检索匹配等方法进行定性分析,南五味子共鉴定出化合物种类分别为 50 种和 54 种;北五味子共鉴定出化合物种类分别为 54 种和 55 种。结果表明:挥发油中主要含有醇、酯和烃类化合物,且由于产地和前处理方法不同,各种挥发油的含量和成分有一定的差异。两种方法均使用水作为溶剂,具有绿色环保无污染的优点;UMASD 法较 SD 法挥发油收率略有提高;SD 法萃取时间需要 6h,UMASD 法将萃取时间缩短至 1h。因此,UMASD 是一个高效、快速、简单、节能和绿色环保的新型挥发油提取技术。

10.3.15 可溶性蛋白质

吕晓亚等(2016)研究辣木叶中可溶性蛋白质的提取工艺及其性质。采用超声-微波协同萃取方法提取辣木叶中可溶性蛋白,在单因素试验的基础上,通过 Box-Behnken 中心组合试验确定最佳工艺参数,并对蛋白质、氨基酸组成进行分析。试验结果表明:当料液比(g/ml)1:160,微波功率 40W,提取时间 127s,pH 11,在此工艺条件下,辣木叶蛋白质得率为 40.11mg/g。研究采用了 CW-2000 型超声-微波协同萃取仪(上海新拓微波溶样测试技术有限公司),超声的功率为内置 50W。

10.3.16 黄色素

李良玉等(2015)以东北野生马尾松松花粉为原料,研究超声-微波协同提取松花粉黄色素的工艺。结果表明:超声-微波协同提取松花粉黄色素的最佳工艺参数为微波功率 351.4W,液料比 25.4ml/g,提取时间 11.9min。研究采用了 CW-2000 型超声-微波协同萃取仪(上海新拓微波溶样测试技术有限公司),超声的功率为内置 50W。

王燕等(2016)以板栗壳为研究对象,采用微波-超声波协同提取法对其中的色素进行提取。在单因素试验的基础上,对影响板栗壳色素提取效果的 6 个因素(乙醇体积分数、浸泡时间、微波功率、超声功率、提取时间和液固比值)分别进行考察。随后采用中心组合试验设计法(Box-Behnken)建立二次多项式的预测模型,对提取工艺进行优化,确定的最优提取条件为微波功率 580W,超声功率 170W,提取时间为 7min,液固比值 17ml/g。该条件下,板栗壳色素的提取效果与预测值相差 1.14%,说明回归模型能较好地预测板栗壳色素提取效果,为板栗壳的进一步研究和开发新型天然色素提供参考依据。

本章作者: 王 超 暨南大学

参 考 文 献

阿不都哈力力·艾力, 西力扎提·阿布来提, 古海妮萨·麦合木提, 等. 2013. 超声微波协同萃取维药雪菊总黄酮工艺研究. 广州化工, 41 (7): 75-77.

蔡友华, 范文霞, 刘学铭, 等. 2008. 超声-微波协同萃取巴西虫草菌丝体中甘露醇的研究. 江西农业大学学报, 30 (2): 348-353.

陈燊, 曾红亮, 陈万明, 等. 2015. 超声微波协同提取橄榄多糖及其脱蛋白工艺的研究. 热带作物学报, 36 (8): 1484-1490.

陈卫云, 张名位, 廖森泰, 等. 2013. 荔枝多糖超声微波酶解协同提取工艺优化. 中国食品学报, 13 (5): 77-84.

陈义勇, 邱梦鸽, 华丽君, 等. 2015. 金针菇下脚料多糖超声-微波协同辅助提取工艺及其抑菌活性. 食品与发酵工业, 41 (10): 113-118.

陈义勇, 张德谨. 2016. 乌饭树叶黄酮超声-微波辅助提取工艺的优化. 食品与机械, 32(1): 148-153.

范蕴芳, 胡碧纯, 陈慧, 等. 2013. 超声-微波辅助提取葛根异黄酮工艺研究. 食品工业科技, 34 (12): 98-100.

高愿军, 王晶晶, 周婧琦, 等. 2016. 秋葵中总黄酮提取工艺探讨. 食品科技, 3: 213-217.

韩淑琴, 李志锐, 朱学良. 2014. 超声-微波协同萃取法提取龙眼壳总黄酮. 食品研究与开发, 7: 30-33.

韩艳利, 旷春桃, 李湘洲, 等. 2013. 用不同方法提取山苍子油的比较研究. 中南林业科技大学学报, 33 (11): 175-178.

黄生权, 李进伟, 宁正祥. 2010. 微波-超声协同辅助提取灵芝多糖工艺. 食品科学, 31(16): 52-55.

蒋志国, 李斌, 王燕华, 等. 2016. 菠萝蜜果皮多酚超声微波协同提取工艺优化及抗氧化活性研究. 食品工业科技, 37 (2): 270-275.

李良玉, 王欣卉, 宋大巍, 等. 2015. 松花粉黄色素的超声/微波协同提取工艺及其稳定性研究. 天然产物研究与开发, 27: 1922-1929.

李昕, 聂晶, 高正德, 等. 2014. 超声微波协同水蒸气蒸馏-GC-MS 分析南北五味子挥发油化学成分. 食品科学, 35 (8): 269-274.

林薇, 李巧凤, 陈晔, 等. 2016. 响应面法优化紫芝多糖提取工艺及体外抗癌活性研究. 食品工业科技, 37(24): 329.

吕晓亚, 白新鹏, 伍曾利, 等. 2016. 辣木叶水溶性蛋白的超声-微波萃取及其性质研究. 食品工业科技, 37 (5): 212-216.

吕智慧, 侯如标, 邱芳萍. 2016. 超声-微波-HPLC 联合提取检测 CS-4 菌丝体中的腺苷类物质. 食品工业, (2): 87-91.

罗锋, 汪河滨, 杨玲, 等. 2006. 超声-微波协同萃取法提取甘草黄酮的研究. 食品研究与开发, 27 (8): 127-128.

裴志胜, 张海德, 袁腊梅, 等. 2012. 超声-微波协同萃取紫参薯花青素工艺. 食品科学, 33 (2): 78-83.

苏尧尧, 童群义. 2014. 超声微波协同萃取垂柳叶中葡萄糖苷酶抑制剂的研究. 食品工业科技, 35 (2): 235-238.

孙海涛, 邵信儒, 姜瑞平, 等. 2015. 超声波-微波联合提取山核桃壳多酚及其稳定性. 北方园艺, (24): 135-139.

孙海涛, 孙影, 朱炎, 等. 2016. 超声波-微波协同酶法提取柳蒿芽黄酮. 北方园艺, 5: 153-156.

孙岩, 郭庆兴, 童群义. 2014. 超声-微波协同萃取法提取油菜蜂花粉中黄酮类物质. 食品与发酵工业, 40(10): 238-244.

汪河滨, 白红进, 王金磊. 2007. 超声-微波协同萃取法提取黑果枸杞多糖的工艺研究. 淮西北农业学报, 16 (1): 157-158.

王丹丹, 黄卫红, 杨岚钦. 2011. 超声微波协同萃取/气相色谱法测定土壤中的多溴联苯醚. 分析测试学报, 30(8): 912-916.

王燕, 高洁, 王飞娟, 等. 2016. 微波-超声波协同提取板栗壳色素的工艺研究. 食品工业, 37(3): 90-94.

王志高, 鄢贵龙, 武华宜, 等. 2008. 超声-微波协同萃取枇杷叶多糖的工艺研究. 食品工业科技, 29 (8): 207-209.

吴昊. 2015. 超声波-微波协同萃取金银花与绿原酸的工艺研究. 化学工程与装备, 12: 45-49.

吴旭丽. 2014. 杭白菊的超声微波逆流提取及其浓缩汁性质研究. 江南大学硕士学位论文.

项昭保, 刘星宇. 2016. 响应面法优化超声-微波协同辅助提取橄榄多酚研究. 食品工业科技, 37(1): 195-200.

薛昆鹏, 颜流水, 赖文强, 等. 2012. 超声微波联用技术提取蓝莓多酚的工艺优化. 化学研究与应用, 24 (8): 1295-1299.

阎海青, 陈相艳, 程安玮, 等. 2014. 超声微波联用技术提取蓝莓多酚的工艺优化. 中国食品添加剂, (1): 88-94.

殷瑛, 胡居吾. 2016. 椪柑鲜果皮中类黄酮提取工艺研究. 江西化工, 2: 56-59.

尹婧, 寇芳, 康丽君, 等. 2016. 响应面法优化超声-微波协同提取薏苡仁淀粉工艺参数. 食品工业科技, 37(14): 244-256.

余晶晶, 童群义. 2013. 超声微波协同萃取蜂胶中黄酮类物质的研究. 食品工业科技, 4: 314-317.

张华峰, 王瑛, 张华强. 2007. 调温型超声波微波耦合提取装置: 中国, CN200720086099.7.

张莉莉, 康丽君, 寇芳, 等. 2016. 超声-微波协同法水解玉米皮渣制备还原糖的工艺研究. 食品工业科技, 37 (7): 199-209.

张详安, 王辉. 2014. 超声波微波耦合提取装置: 中国, CN201420080047.9.

赵琪, 李宗磊, 吴昊, 等. 2016. 超声-微波协同提取螺旋藻中的叶绿素. 中国酿造, 35 (2): 106-108.

赵玉卉, 赵小亮. 2008. 杜梨叶片多糖的超声-微波协同萃取法提取. 食品科技, 8(1): 131-133.

11 超临界 CO_2 流体萃取及其强化技术

内容概要：超临界 CO_2 流体萃取技术因具有无毒、无溶剂残留或残留量很低、有效成分不易被破坏、无环境污染、萃取与分离同步完成等优点，引起广泛关注。但同时存在萃取压力较高、萃取率低、萃取对象有限等缺点。因此，开展其强化技术已成为研究热点之一。

夹带剂强化作用主要是增加被萃取组分在超临界流体中的溶解度，降低萃取过程的操作压力，提高 SCF 对溶质的选择性，改变超临界流体的相行为，提高分离过程的分离因子，增加溶解度对温度和压力的敏感程度，克服基体的束缚作用，与溶质分子在基体上争夺活性位点等。

超临界流体协同静电场进行天然产物有效成分萃取，处在静电场中的无极溶剂分子，在电场力的作用下，由于位移极化形成电偶极子，出现极化电荷，改变溶剂的极性，从而使超临界 CO_2 流体类似于极性的有机溶剂，另外，处在静电场中的极性溶质分子，由于取向极化形成极化电荷，溶剂和溶质极化电荷之间相互作用，可以将物料中的极性有效成分萃取出来。电场强化主要解决如下问题：静电场采用内置式，静电发生器正极通过接线柱从萃取釜盖孔引线到料筒的中央电极，静电发生器的负极接萃取釜外壳，使物料直接处于强化装置中。

超声强化超临界 CO_2 流体萃取能显著强化传质，缩短萃取时间、降低萃取压力和温度、提高萃取率、节约生产成本，打破目前超临界 CO_2 流体萃取工业化成本高的瓶颈。超声强化主要解决如下问题：①耐高压高声强发射换能器的设计；②大功率的数控超声波发生器；③装置放大后的密封问题。

超声强化作用机理主要从超声空化阈值的基本计算、空化泡自然共振频率、空化泡运动方程研究、声学传播特性研究进行一定的探讨。

11.1 超临界 CO_2 流体特性及其应用

11.1.1 超临界流体特性

超临界流体(supercritical fluid，SCF)是指温度和压力均高于临界温度(T_c)和临界压力(P_c)的流体，常用的超临界流体有 CO_2、乙烯、乙烷、丙烯、丙烷和氨等。当气体不断升温并加压，气体的密度随压力的增大而不断增大，而同时热膨胀会使液态的密度不断减小，这样液体和气体之间的密度差别将不断减小，当温度和压力高到一定程度时，气态和液态的密度趋于相等，它们之间的分界线也就消失了，这就是超临界状态。超临界流体具有液体和气体的双重特性，它的物理性质及化学性质与通常的液体和气体的性质有很大的不同，如表 11-1(张镜澄，2000；廖传华和黄振仁，2004)所示。

表 11-1 超临界流体的物理性质与气体和液体的对比

性质	气体 (101.325kPa, 15～30℃)	超临界流体 T_c, P_c	液体 (15～30℃)
密度/(g/ml)	$(0.6～2)\times10^{-3}$	0.2～0.5	0.6～1.6
黏度/[g/(cm·s)]	$(1～3)\times10^{-4}$	$(1～3)\times10^{-4}$	$(0.2～3)\times10^{-2}$
扩散系数/(cm²/s)	0.1～0.4	0.7×10^{-3}	$(0.2～3)\times10^{-5}$

从表 11-1 中数据可知,超临界流体的密度很大,接近液体,黏度类似于气体,比液体小 2 个数量级;扩散系数介于气体和液体之间,是液体的 100 倍;由于密度是溶解能力、黏度是流体的阻力、扩散系数是传质速率高低的主要参数。因而超临界流体具有很强的溶解能力和良好的流动、输运特性。它兼有气体和液体的优点,既像气体一样分子间力很小,容易扩散,又像液体一样有很强的溶解能力。

11.1.2 超临界流体应用

法国 Charles Cagniard de la Tour(1822)首次报道了物质的临界现象;英国的 Andrews(1869)测定了 CO_2 的临界参数;Hannay 和 Hogarth(1879)首次发表了《超临界流体能够溶解低蒸汽压的固体物质》的文章,测量了固体在超临界流体中的溶解度。到了 20 世纪 60 年代,随着超临界流体萃取(supercritical fluid extraction,SFE)技术的出现和应用,超临界流体技术的发展进入了一个新的阶段。当前,超临界流体技术的应用已从简单萃取发展到有机合成、材料加工、环境保护和生物技术等领域。例如,超临界流体制备超细颗粒;超临界流体的灭菌应用;超临界清洗技术;超临界水氧化环保应用,等等。

11.1.2.1 超临界流体萃取(SFE)

超临界流体能溶解固体、液体或它们的某些组分,与同一温度下的液体相近,因而可用于萃取工艺中作为溶剂,并且它的溶解度随着压力的增加急骤下降,因此可以用高压系统进行溶质萃取,用低压系统进行溶质和超临界流体的分离。利用这种性能可以提取有用成分或脱除有害成分,以达到预期的分离提纯目的。

超临界流体萃取的工艺流程主要有等温变压法、等压变温法、吸附法等。由超临界流体萃取的特点可以看出,这种分离技术特别适合于高附加值组分的分离,目前已工业化的超临界流体萃取应用主要有(王振平,1994):①在食品工业中的应用,如从咖啡豆或茶叶中脱除咖啡因;食品中尼古丁等有害物质的除去;啤酒花有效成分的萃取;香料的萃取;天然色素的萃取;天然油脂的萃取,等等。②在生化医药工业中的应用,如动植物有效成分的萃取;抗生素、抗癌药物的分离提纯,等等。③在化学工业的应用,如用正戊烷萃取石油残渣油;从有机溶剂中脱水;高品位化妆品的处理;从废轮胎及油母页岩中抽提油,等等。

11.1.2.2 超临界流体制备超细颗粒

利用超临界流体制备超细颗粒的方法可分为 3 种：快速膨胀法（RESS）、抗溶剂法（GAS）和微乳法。

快速膨胀法（RESS）：将某种溶质溶于高压高密度的超临界流体中，使含有溶质的超临界流体通过喷嘴、毛细管减压，超临界流体在很短的时间内快速膨胀，可形成大量粒度极细的颗粒。由于超临界流体通过微孔的膨胀减压过程进行得非常快，可达到均匀一致的条件。超临界流体快速膨胀法制备的粒子纯净、颗粒均匀、粒径分布窄。

抗溶剂法（GAS）：将前驱体物质溶于有机溶剂中制成溶液（前驱体不溶于超临界流体，在有机溶剂中的溶解度较大），有机溶剂在超临界流体中的溶解性较好。将高压的超临界流体溶解到溶液中，使溶剂发生膨胀，其内聚能和溶解能力显著降低，在短时间内形成较大的过饱和度，使溶质结晶析出。通过控制超临界流体的压力和加入速率可以控制粉体颗粒的大小和形状。

微乳法：微乳法制备超微粉体一般用的是油包水型（W/O）微乳液，即水以液滴的形式分散于油相中。当含有不同反应物的两种微乳液混合后，由于液滴之间的碰撞，颗粒之间发生物质的交换，两种物质混合后发生反应，生成超微颗粒。由于颗粒的形状大小受限于微乳液滴的水核内，从而得到粒径分布均匀的超微粒子。超临界流体微乳法就是用超临界流体代替上述有机溶剂作为连续相。这样的体系传质快，反应性能好，而且微乳中水核的大小对压力非常敏感，通过控制操作压力，可以获得不同粒径的粉体。

11.1.2.3 超临界流体干燥

超临界流体干燥是在干燥介质临界温度和临界压力条件下进行的干燥，它可以避免物料在干燥过程中的收缩和碎裂，从而保持物料原有的结构与状态，防止初级纳米粒子的团聚和凝并，这对于各种纳米材料的制备极具意义。应用超临界干燥已经成功地制备出多种气凝胶，气凝胶是一种以纳米粒子或高聚物分子为骨架组成的超低密度多孔固体材料，国外称为"冻烟"。超临界流体逐渐从凝胶中排出，由于不存在气-液界面，也就不存在毛细作用，因此不会引起凝胶体的收缩和结构的破坏，最后得到充满气体的、具有纳米孔结构的材料。

11.1.2.4 超临界流体清洗

超临界流体清洗主要是运用 CO_2 或水等液体，在超临界状态下作为溶解有毒废弃物的溶剂，取代目前使用有机溶剂溶解有毒废弃物的做法，由于 CO_2 可以再生，而水可以将有毒废弃物分解，因此超临界液体处理有毒废弃物，可以做到工业减废。

用超临界状态的 CO_2 清洗精密机械电子零件，取代传统的用氯氟烃化合物清洗剂清洗零件的方法。CO_2 的分子比水分子小，超临界状态下可缩短清洗时间，而且不存在洗后干燥的问题。CO_2 清洗剂可以回收利用，无环境污染。

11.1.2.5　超临界流体灭菌

对某些热敏性的生物药物、制剂或食品,用 SCF-CO_2 处理,可在比较温和的条件下作用,抑制酶的活性和灭菌,避免因高温消毒引起的不良影响。CO_2 是一种无毒、无害气体,在产品中无残留,SCF-CO_2 作用条件比较温和,对于不耐热或易氧化生理性物质有良好的保护作用,有可能作为一种更安全、可靠的方法,用于医药及生物制剂的消毒灭菌。

11.1.2.6　超临界水氧化环保应用

超临界水是大分子液体,像气体一样活泼,兼有液体和气体的性质。当向超临界水中通入氧时,活泼的氧与任何有机物发生快速反应,引起有机物完全无害化分解,即超临界水氧化。在进行有机物分解时,超临界水中最初发生水解作用,继而发生热分解;氧化分解时切断有机物苯环的键,C 和 H 分别与 O 结合,生成 CO_2、H_2O 等无害化物质。超临界水氧化反应性极强,安全、简单、清洁、经济地分解含有机物和无机物的废水、污泥,且可回收资源,是减轻环境污染负荷及废物资源化的技术之一。

11.1.3　超临界 CO_2 流体物理特性

超临界 CO_2 流体是指温度高于 31.06℃,压力大于 7.39MPa 的流体。从表 11-2(张镜澄,2000;廖传华和黄振仁,2004)可以看出:CO_2 的临界温度是文献上介绍过的超临界流体中临界温度最接近室温的,临界压力也比较适中,但其临界密度(0.448g/cm³)又是常用超临界流体中较高的。此外超临界 CO_2 还具有不可燃、便宜易得、无毒、化学稳定性好以及极易从萃取产物中分离出来等一系列优点,因此,超临界 CO_2 是最常用的萃取剂。

表 11-2　常用超临界流体的临界数据

化合物	沸点/℃	临界点数据		
		临界温度 T_c/℃	临界压力 P_c/MPa	临界密度 ρ/(g/cm³)
二氧化碳	−78.5	31.06	7.39	0.448
氨	−33.4	132.3	11.28	0.24
甲烷	−164	−83	4.6	0.16
乙烷	−88	32.4	4.89	0.203
丙烷	−44.5	97	4.26	0.22
n-丁烷	−0.5	152	3.8	0.228
n-戊烷	36.5	196.6	3.37	0.232
n-己烷	69	234.2	2.97	0.234
2,3-二甲基丁烷	58	226	3.14	0.241
乙烯	−103.7	9.5	5.07	0.2
丙烯	−47.7	92	4.67	0.23
二氯二氟甲烷	−29.8	111.7	3.99	0.558

续表

化合物	沸点/℃	临界点数据		
		临界温度 T_c/℃	临界压力 P_c/MPa	临界密度 ρ/(g/cm³)
二氯氟甲烷	8.9	178.5	5.17	0.552
三氯氟甲烷	23.7	196.6	4.22	0.554
一氯三氟甲烷	−81.4	28.8	3.95	0.58
1,2-二氯四氟乙烷	3.5	146.1	3.6	0.582
甲醇	64.7	240.5	7.99	0.272
乙醇	78.2	243.4	6.38	0.276
异丙醇	82.5	235.3	4.76	0.27
一氧化二氮	−89	36.5	7.23	0.457
甲乙醚	7.6	164.7	4.4	0.272
乙醚	34.6	193.6	3.68	0.267
苯	80.1	288.9	4.89	0.302
甲苯	110.6	318	4.11	0.29
六氟化硫	−63.8	45	3.76	0.74
水	100	374.2	22	0.344

溶质在超临界流体中的溶解度与超临界流体的密度有关，超临界 CO_2 流体密度的变化规律是其萃取剂最受关注的参数，从图 11-1(张镜澄，2000；廖传华和黄振仁，2004)

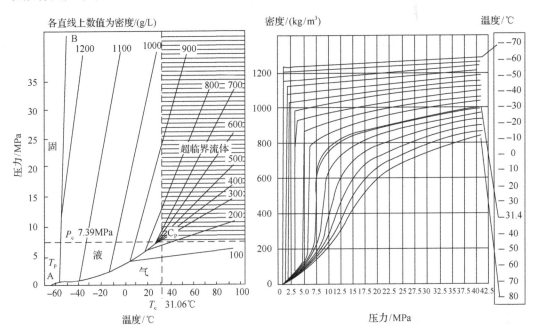

图 11-1　CO_2 密度与温度和压力的关系

T_p 为气液固三相共存的三相点；C_p 为临界点

可以看出：超临界流体的密度取决于它所在的温度和压力，在超临界区域内，CO$_2$ 流体的密度可以在很宽的范围内变化（从 200～900g/L），也就是控制流体的温度和压力可使 CO$_2$ 流体的密度变化达 3 倍以上；同时可以看到更重要的一点，在临界点附近，压力和温度的微小变化会引起 CO$_2$ 的密度发生很大的变化，因此可以通过简单变换 CO$_2$ 的压力或温度来调节它的溶解能力，提高萃取的选择性，如可用高压系统进行溶质萃取，用低压系统进行溶质和超临界流体的分离。

11.2   超临界 CO$_2$ 流体萃取与分离

自从德国 Maxplnk 研究所 Zosel（1973）首次提出超临界流体萃取工艺，并应用于咖啡豆脱咖啡因的工业生产以来，超临界流体萃取技术作为一门新型的化工分离技术，近年来获得了很大的发展，成为当前超临界流体技术发展的主要方向。超临界流体具有良好的传质特性，可大大缩短相平衡所需的时间，是高效传质的溶剂，能溶解固体、液体或它们的某些组分。这种分离技术特别适合于高附加值组分的分离，超临界流体萃取技术的应用研究已经遍及化工、食品、制药、环境保护、能源等领域。实践证明，与传统的溶剂萃取相比，无论在能耗，还是在产品质量、环境保护等方面，超临界流体萃取都有着传统溶剂萃取所不及的优点，特别是在原料、能源日益紧张，环境问题日益严重的今天，超临界流体萃取技术的潜在应用价值尤为明显。

11.2.1   设备与工艺流程

以广州市轻工研究所开发生产的萃取器体积为 1L 的超临界 CO$_2$ 流体萃取装置为例，实物图如图 11-2 所示，实验流程如图 11-3 所示，丁彩梅（2004）利用该设备进行超临界流体萃取香椿叶黄酮类化合物的研究，下面以香椿叶萃取总黄酮为例说明。

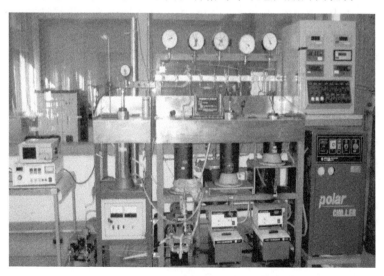

图 11-2   1L 超临界 CO$_2$ 流体萃取装置图

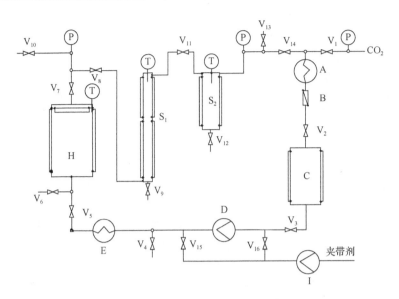

图 11-3　超临界 CO_2 流体萃取实验流程图

A. 冷阱；B. 流量计；C. CO_2 储罐；D. 高压泵；E. 热交换器；H. 萃取罐；I. 夹带剂泵；S_1. 分离柱；S_2. 分离罐；
V_1～V_{16}. 高压阀门；T. 温度传感器；P. 压力表

　　超临界 CO_2 流体萃取实验流程如下：香椿叶经干燥粉碎后置于密封的萃取罐中，CO_2 从钢瓶中经阀 V_1 和 V_2 以气体状态进入管道，然后流经冷阱 A 进行冷却，之后进入 CO_2 储罐 C，储罐外面有冷却夹套，夹套内通入循环冷却水，温度一般为 4～8℃，从而使 CO_2 以液体形态存于储罐，液态 CO_2 用高压泵 D 压入萃取罐 H。萃取罐外面有恒温夹套，夹套中循环水温度控制在实验温度，一般在 32～85℃ 选择，在实验温度及压力下，CO_2 成为超临界流体，对物料进行萃取，CO_2 及萃取物从萃取罐中出来后，先后进入分离柱 S_1 和分离罐 S_2（此两套分离装置也可以单独使用，视不同物料及萃取目的而定）进行减压分离，其中分离柱压力一般控制在 7.0～12.0MPa，分离罐压力一般维持在 5.5～7.0MPa，析出的物质由分离柱或分离罐底部排除，而分离后的 CO_2 经阀 V_{14} 重新进入冷阱 A 循环使用。夹带剂的加入由另一计量泵 I 压入，它可经阀 V_{15} 与高压 CO_2 直接混合，也可经阀 V_{16} 与 CO_2 先混合后再由泵 D 一起压入萃取罐。

11.2.2　实验方法与结果

　　超临界 CO_2 流体萃取的影响因素主要有萃取温度、萃取压力、流体流量、夹带剂用量、萃取时间等，参考相关文献报道和预实验情况，确定工艺条件为原料投料量 60g；萃取温度 35～55℃；萃取压力 12～24MPa；CO_2 流量 1～3L/h；萃取时间 0～5h；夹带剂用量 0～2ml/g。

　　为了研究单因素对超临界 CO_2 流体萃取的影响，将其他因素恒定在一个适当值，改变其中的一个因素，观察该因素对超临界流体萃取的影响程度。

11.2.2.1　萃取温度对总黄酮萃取得率的影响

　　考察萃取温度对 SFE 的影响，原料投料量 60g、萃取压力 20MPa、流体流量 2.0L/h、夹带剂用量为 1ml/g、萃取时间 4h，萃取温度分别为 35℃、40℃、45℃、50℃、55℃时，考察 SFE 法香椿叶总黄酮的萃取得率，实验结果见表 11-3。

表 11-3 萃取温度对总黄酮萃取得率的影响

萃取温度/℃	萃取得率/%
35	1.96
40	3.29
45	5.96
50	12.46
55	11.56

萃取温度对超临界流体萃取过程的影响有两方面。一方面，随着温度升高，分子热运动速度加快，相互碰撞概率增加，超临界 CO_2 与有效成分的缔合机会增加，而且温度升高也使有效成分的扩散系数增大，传质速度加快，从而有利于有效成分的快速萃取；另一方面，温度升高致使 CO_2 密度降低，携带物质的能力降低，导致有效成分的萃取得率降低。因此，在一定的压力条件下存在着最适萃取温度。从表 11-3 可见，香椿叶黄酮类化合物的最适萃取温度为 50℃。当温度低于 50℃时，随着萃取温度提高，萃取得率显著增大；当温度高于 50℃时，萃取得率开始下降。

11.2.2.2 萃取压力对总黄酮萃取得率的影响

考察萃取压力对 SFE 的影响，萃取温度为 50℃，其他实验条件同 11.2.2.1 节，萃取压力分别为 12MPa、16MPa、20MPa、24MPa 时。考察 SFE 法香椿叶总黄酮的萃取得率，实验结果见表 11-4。

表 11-4 萃取压力对总黄酮萃取得率的影响

萃取压力/MPa	萃取得率/%
12	4.04
16	8.15
20	12.46
24	16.23

超临界流体对有效成分的溶解度与超临界流体的密度密切相关，而萃取压力是改变超临界流体对物质溶解能力的重要参数，通过改变压力可以使超临界流体的密度发生变化，从而增大或减少它对物质的溶解能力。从表 11-4 可以看出：随着萃取压力的增大，香椿叶黄酮类化合物的萃取得率随之增大。

11.2.2.3 流体流量对总黄酮萃取得率的影响

考察流体流量对 SFE 的影响，萃取温度为 50℃，萃取压力为 20MPa，其他实验条件同 11.2.2.1 节，流体流量为 1.0L/h、1.5L/h、2.0L/h、2.5L/h、3.0L/h 时，考察 SFE 法香椿叶总黄酮的萃取得率，实验结果如表 11-5 所示，结果表明，随着流体流量的增加，萃取得率增大。

表 11-5　流体流量对总黄酮萃取得率的影响

流体流量/(L/h)	萃取得率/%
1	7.53
1.5	9.09
2	11.70
2.5	12.98
3	13.56

11.2.2.4　夹带剂用量对总黄酮萃取得率的影响

考察夹带剂用量对 SFE 的影响，萃取温度 50℃，萃取压力为 20MPa，流体流量为 2.5L/h，其他实验条件同 11.2.2.1 节，夹带剂用量分别为 0ml/g、0.5ml/g、1.0ml/g、1.5ml/g、2.0ml/g 时，考察 SFE 法香椿叶总黄酮的萃取得率，实验结果见表 11-6。

表 11-6　夹带剂用量对总黄酮萃取得率的影响

夹带剂量/(ml/g)	萃取得率/%
0	4.15
0.5	6.50
1	12.70
1.5	15.49
2	18.26

夹带剂的作用主要是增加被萃取组分在超临界流体中的溶解度，降低萃取过程的操作压力，提高 SCF 对溶质的选择性，改变超临界流体的相行为，提高分离过程的分离因子，增加溶解度对温度和压力的敏感程度，克服基体的束缚作用，与溶质分子在基体上争夺活性位点等。需要指出的是，夹带剂的作用是有限的，它在改善超临界流体溶解性的同时，也会削弱萃取系统的捕获作用，导致共萃物的增加，还可能会干扰分析测定，因此，应当依据待萃物和夹带剂的理化性质结合实验确定夹带剂的种类和添加量。鉴于乙醇无毒，分子质量小，在基体中扩散、渗透能力强，能够有效地与黄酮类化合物争夺吸附位点，易于和黄酮类化合物发生氢键缔合，促使其脱离基体，因此选择乙醇作为夹带剂。

表 11-6 结果表明，黄酮类化合物的萃取得率随着夹带剂用量的增大而增大。夹带剂用量在 0～1ml/g 时，萃取得率随夹带剂用量的增加迅速增加，当夹带剂用量＞1ml/g 时，萃取得率随夹带剂用量的增大而缓慢增大。

11.2.2.5　萃取时间对总黄酮萃取的影响

考察萃取时间对 SFE 的影响，萃取温度为 50℃，萃取压力为 20MPa，流体流量为 2.5L/h，夹带剂用量 1.0ml/g，其他实验条件同 11.2.2.1 节，萃取时间分别为 0h、0.5h、

1.0h、1.5h、2.0h、2.5h、3.0h、3.5h、4.0h、4.5h、5h 时，考察 SFE 法香椿叶总黄酮的萃取得率，实验结果见表 11-7。

表 11-7 萃取时间对总黄酮萃取的影响

萃取时间/h	萃取得率/%
0	0.00
0.5	10.30
1	12.30
1.5	13.29
2	14.10
2.5	14.68
3	14.94
3.5	15.30
4	15.63
4.5	15.81
5	15.91

从表 11-7 表明，随着萃取时间的延长，萃取得率也相应地增加，但其萃取得率增加的曲线斜率是逐渐减小的，以至最后趋于平缓，所以从工艺和生产而言，企图用延长时间来提高生产率是不可取的。

11.3 超临界 CO$_2$ 流体萃取过程强化技术

超临界 CO$_2$ 流体萃取作为一种新的分离技术，具有绿色无污染，萃取产品质量高，特别适宜热敏感类物质的萃取等优点，因而受到食品、化工、医药等行业的广泛关注，但是超临界 CO$_2$ 流体萃取仍存在一些需要解决的问题。由于常用流体 CO$_2$ 为非极性，该技术局限于亲脂性、分子质量较小的物质萃取，对许多极性和相对分子质量大的物质缺乏足够的溶解性因而萃取效率不高，而许多具有生物活性的物质(如皂苷、黄酮、多糖)常为极性物质或大分子物质，难以达到理想的萃取效果。萃取压力比较高，对设备的要求高，提取能力小而且能耗相对较大。特别是在处理固体物料时，由于颗粒内扩散对传质速率的制约，其在超临界 CO$_2$ 流体中的传质速率非常慢。这些都是制约超临界流体萃取技术应用领域的进一步扩展和大范围地转化到生产中的"瓶颈"之所在。所以，在超临界流体萃取过程中，进行强化处理是非常必要的。

11.3.1 夹带剂的强化提取及其机理

为了改善 SFE 在萃取对象方面存在的缺陷，一般常采用加入夹带剂的方法，在超临界 CO$_2$ 流体中加入少量第二溶剂，可明显改变超临界 CO$_2$ 流体的相行为，大幅度提高其溶解能力和选择性，这种第二溶剂即为夹带剂(modifier)，其挥发性介于被分离物质和超临界流体之间，可以与之混溶，也称为提携剂、修饰剂或共溶剂。夹带剂可以是某一种纯物质，也可以是两种或多种物质的混合物。按极性的不同，可分为极性和非极性夹带剂。廖传华和黄振仁(2004)归纳出夹带剂主要有以下几个方面的作用：①大大增加被分离组分在超临界流体中的溶解度；②使该溶质的选择性大大提高；③增加溶质溶解度对温度、压力的敏感程度，使被萃取组分在操作压力不变的情况下，适当提高温度便可使其溶解度大大降低，从循环流体中分离出来，以避免流体再次压缩的高能耗；④夹带剂有时可用作反应物；⑤能改变溶剂的临界参数；⑥对于组成复杂的基体，夹带剂还起到了与待萃物争夺基体活性位点的作用，使被萃物与基体的键合力减弱，从而更易被萃取出来。

夹带剂的作用机理研究一直是难点，夹带剂可分为两类：极性和非极性夹带剂，二者作用和机制各不相同。廖传华和黄振仁(2004)认为夹带剂可从两个方面影响溶质在 SCF 中的溶解度和选择性，一是溶剂的密度；二是溶质与夹带剂分子间的相互作用。一般来说，少量夹带剂对流体的密度影响不大，而影响溶解度和选择性的决定因素是夹带剂与溶质分子间的范德华力或夹带剂与溶质间特定的分子间作用，如形成氢键、Lewis 酸碱作用力及其他各种化学作用力等。另外，在溶剂的临界点附近，溶质溶解度对温度压力的变化最为敏感，加入夹带剂后，混合溶剂的临界点相应改变，如能更接近萃取温度，则可增加溶解度对温度、压力的敏感程度。使用夹带剂可以增加低挥发度液体的溶解度达数倍以上，溶质的分离因素也明显增大。

需要指出的是，夹带剂的作用是有限的，它在改善超临界流体的溶解性的同时，也会削弱萃取系统的捕获作用，导致共萃物的增加，还可能会干扰分析测定。所以，夹带剂的用量要小，一般添加量为萃取原料质量的 1%～5%。

11.3.1.1　夹带剂实验结果

谭伟等(2008)进行了夹带剂对超临界 CO_2 流体萃取葵粕绿原酸影响因素分析，首先选取常用夹带剂甲醇、乙醇和水，绿原酸作为考察对象，研究结果表明，萃取得率随着夹带剂极性的增强而升高。甲醇对绿原酸的提取率最高，乙醇对绿原酸的萃取率与甲醇相比相差不多，而水对绿原酸的萃取率没有乙醇的高，考虑到甲醇具有较高的毒性，因此选择乙醇作为夹带剂。其次分别在乙醇体积浓度为 50%、60%、70%、80%、95%下进行超临界 CO_2 流体萃取试验，随着乙醇浓度的增加，绿原酸的萃取率先增加后下降，乙醇浓度 70%时有最大萃取率。最后选择 70%乙醇作为夹带剂，分别在乙醇加入量为 100ml、200ml、300ml、400ml、500ml，100g 原料下进行超临界 CO_2 流体萃取试验，绿原酸的萃取率均随夹带剂 70%乙醇加入量的增大而升高，但曲线斜率随夹带剂加入量的增大而减小，说明当 70%乙醇的加入达到一定量时，其对萃取率的影响不明显，在 400ml/100g 物料时基本上达到了萃取最高值。

因此得到了超临界 CO_2 流体萃取葵粕绿原酸的试验参数为夹带剂为乙醇、乙醇浓度 70%、乙醇用量 400ml/100g、萃取温度 50℃、萃取压力 30MPa、萃取时间 5h 和 CO_2 流量 3.5L/h 较佳。

11.3.1.2 表面活性剂实验结果

近年来，国外将表面活性剂引入到超临界 CO$_2$ 中形成反相微乳（也被称为反胶团）体系，该体系由于存在大量的极性水核，因而显著提高了超临界 CO$_2$ 对极性物质和大分子物质的萃取效果，罗登林等（2009）以人参中人参皂苷为萃取对象，选择几种常用的表面活性剂 Span80（失水山梨醇油酸酯）、Tween80（聚氧乙烯脱水山梨醇单油酸酯）、Triton X-100（聚乙二醇辛基苯基醚）、AOT[琥珀酸二（2-乙基己基）酯磺酸钠，bis（2-ethylhexyl) sodium sulfosuccinate]加入到超临界 CO$_2$ 中，考察它们对超临界 CO$_2$ 流体萃取极性物质——人参皂苷的改善作用，并探讨助表面活性剂乙醇、正丁醇、正戊醇的增效作用。

称取表面活性剂 Span80、Tween80、Triton X-100 和 AOT 各 3g，在没加助表面活性剂的条件下考察各表面活性剂对超临界 CO$_2$ 流体萃取人参皂苷的影响，结果表明：①在超临界 CO$_2$ 体系中，引入特定的表面活性剂和助表面活性剂，可以显著提高超临界 CO$_2$ 对极性物质的萃取得率，改善其在萃取对象方面存在的局限性。②4 种表面活性剂 Span80、Tween80、Triton X-100、AOT 对超临界 CO$_2$ 流体萃取人参中皂苷的影响。结果以 AOT 的改善效果最好，其次是 Triton X-100、Tween80，而 Span80 最差。③3 种助表面活性剂乙醇、正丁醇、正戊醇对 AOT/超临界 CO$_2$ 流体萃取人参中皂苷的影响。结果以乙醇的改善效果最好，其次是正戊醇，正丁醇效果最差。④AOT 和乙醇的加入量对超临界 CO$_2$ 流体萃取人参中皂苷的影响。两者均有一个合适的加入量，过多或过少均不利于皂苷的萃取。

11.3.2 电场的强化提取及其机理

现有的超临界流体萃取技术中，普遍使用夹带剂来提高极性有效成分萃取得率。虽然在萃取体系中加入夹带剂可以增加极性溶质在超临界流体中的溶解度和选择性，但增加了操作的烦琐性，并存在着有机溶剂的残留问题。

电场强化萃取过程是近年来研究和开发的一种新的高效分离技术，也是静电技术与化工分离交叉的科学前沿，20 世纪 80 年代以来发展较快，具有潜在的工业市场。超临界状态下，电场也可以强化萃取过程。宁正祥等（1998）用高压脉冲电场强化超临界流体萃取荔枝种仁精油，在萃取得率低于 80% 时，高压脉冲电场可显著提高萃取得率，在萃取得率高于 85% 时，高压脉冲电场的效果不显著。

11.3.2.1 电场强化装置

杨日福等（2008）申请的发明专利公开了一种超临界流体萃取天然产物有效成分的方法，其特征在于超临界流体协同静电场共同作用于天然产物进行有效成分萃取分离。该发明能够实现对极性成分的萃取，萃取效率高，可避免使用夹带剂或减少夹带剂用量，减少萃取物残留污染，如图 11-4 所示。

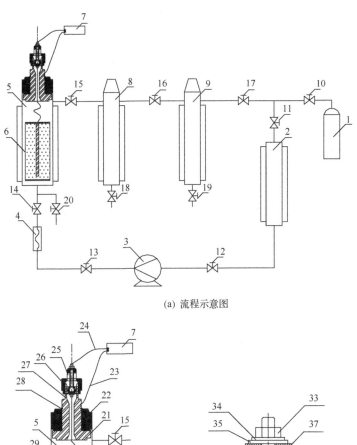

(a) 流程示意图

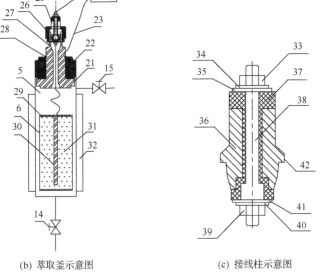

(b) 萃取釜示意图　　　　　　(c) 接线柱示意图

图 11-4　超临界流体协同静电场萃取装置

1. CO_2 钢瓶；2. 冷却储罐；3. 高压泵；4. 预热器；5. 萃取釜；6. 料筒；7. 静电发生器；8. 第一分离釜；9. 第二分离釜；10~20. 阀门；21. 萃取釜盖；22. 萃取釜盖大螺母；23. 负极导线；24. 正极导线；25. 接线柱；26. 锁紧螺母；27. 螺柱；28. 轴用弹性挡圈；29. 绝缘隔板；30. 中央电极；31. 萃取物料；32. 循环水保温套；33. 螺母；34. 垫块；35. 垫圈；36. 外套；37. 塑料隔套；38. 芯轴；39. 螺母；40. 垫圈；41. 垫圈；42. 凸檐

　　萃取釜如图 11-4(b) 所示，萃取釜盖 21 上部设有螺柱 27，盖 21 及螺柱 27 中间开通孔，接线柱 25 置于通孔的上部，锁紧螺母 26 将接线柱 25 固定在螺柱 27 上，静电发生器 7 的正电极通过正极导线 24 与接线柱相连，料筒 6 内设置中央电极 30，中央电极 30 为圆筒型或实心型，固定在料筒 6 顶部，通过绝缘隔板 29 与料筒 6 的金属侧壁绝缘，料筒 6 内的中央电极 30 通过导线与接线柱 25 相连，从而使静电发生器 7 的正电极与中央电极 30 电连接；静电发生器 7 的负极通过负极导线 23 与萃取釜 5 的金属外壳相连，由于料筒 6 的金属侧壁与萃取釜 5 的金属外壳相接触，属于同电势点，因此静电发生器 7 的负极与料筒 6 的金属侧壁就电连接了，萃取物料 31 置于料筒 6 内，当静电发生器 7 开启时，萃取物料 31 就直接处于静电场的作用中。

接线柱如图 11-4(c) 所示，接线柱 25 包括芯轴 38 及外套 36，芯轴 38 为导电金属，外套 36 为有一定硬度的金属，芯轴 38 与外套 36 之间通过塑料隔套 37 绝缘隔开；外套 36 下部设计成上大下小的锥柱状，中部设有凸檐 42，上部为圆柱体，接线柱锥柱状下部置于螺柱 27 中间通孔的上部，锁紧螺母 26 套入接线柱 25 上部圆柱体与螺柱收紧，压迫接线柱凸檐 42，从而使接线柱锥柱状下部与螺柱 27 紧密接触密封，芯轴 38 上下两端各设有接线端子。上接线端子由垫圈 34、垫圈 35 和螺母 33 组成，下接线端子由垫圈 40、垫圈 41 和螺母 39 组成。

11.3.2.2 工艺流程

流程示意图如图 11-4(a) 所示，称量经前处理的物料装入料筒 6 中，再将料筒 6 装入到萃取釜 5 内，将萃取釜盖上的大螺母拧紧，通过制冷机将冷却储罐 2 温度降至 0℃，CO_2 从钢瓶 1 通过阀门 10 和阀门 11 进入冷却储罐 2 被冷却成液态，液态 CO_2 用调频控制高压泵 3 加压，经过预热器 4 加热后进入萃取釜 5 中，形成超临界流体，当整个超临界流体萃取系统达到稳态运行后，开启静电发生器 7，在 1～50kV 设定作用电压，用超临界流体协同静电场进行萃取，CO_2 及萃取物从萃取釜出来进入第一分离釜 8 和第二分离釜 9 进行减压分离，析出的有效成分从分离釜底部阀门 18 和阀门 19 排出，分离后的 CO_2 经过阀门 17 重新进入冷却储罐 2 重新循环使用。

11.3.2.3 作用机理

超临界流体协同静电场进行天然产物有效成分萃取的作用机理还在探讨阶段，作者初步认为处在静电场中的无极溶剂分子，在电场力的作用下，由于位移极化形成电偶极子，出现极化电荷，改变溶剂的极性，从而使超临界 CO_2 流体类似于极性的有机溶剂。另外，处在静电场中的极性溶质分子，由于取向极化形成极化电荷，溶剂和溶质极化电荷之间相互作用，可以将物料中的极性有效成分萃取出来，这有待进一步探讨。

11.3.3 超声强化提取及其机理

目前国内外关于超声技术应用于超临界流体萃取中的研究是一个研究热点。Sethuraman(1997) 在超临界流体萃取辣椒中辣椒素的研究过程中，考察了超声的加入对超临界流体萃取容器负载量的影响，结果发现，萃取得率及萃取容器的负载量都明显提高。Riera 等(2004) 进行功率超声强化超临界 CO_2 流体萃取杏仁油的研究。张灿河等(2004) 进行超声强化超临界 CO_2 流体萃取除虫菊酯的研究，研究实验结果表明，有超声强化超临界 CO_2 流体萃取除虫菊酯的浓度比无超声强化时高，可见，在超临界 CO_2 流体萃取除虫菊酯中用超声场强化能有效地提高萃取速率。同时还在相同温度、压力、流量、萃取时间的条件下，把有超声强化和没有超声强化超临界 CO_2 流体萃取的除虫菊酯样品进行气相色谱分析，对比两气相色谱图的出峰时间及面积的对比值关系，可以看出超声强化超临界 CO_2 流体萃取未引起除虫菊酯的降解。

11.3.3.1　超声强化装置

胡爱军等(2005b)和丘泰球等(2003，2006)设计了超声强化超临界流体萃取装置，超声的强化方式采用内置插入式，压电换能器直接置于萃取器中，超声波发生器把市电转换成超声频的电能传给换能器，再由换能器把电能转化成超声频机械能，向流经萃取器中的超临界流体发射超声波，从而强化有效成分的萃取过程。

（1）超声波换能器

换能器分为外置式和内置式两种，外置式即将换能器安置在萃取器的外壁，这种方式的优点是装置加工方便，槽式超声波清洗机即是这一类的典型代表，但由于超临界萃取装置的高压萃取器器壁厚，一般为耐压不锈钢制造，如将换能器外置，超声波在传递过程中能量损失大，内置式换能器具有超声波直接辐射到高压萃取器介质中的优点，可以避免萃取器所导致的超声波能量损失，采用内置式的方法，使其直接置于萃取器中，让换能器直接在超临界流体里工作，从而强化有效成分的萃取过程。

选择 PZT-8 压电陶瓷作为超声波换能器，其主要特点是介电损耗低、机械品质因素和居里点高，介电损耗和机械损耗在高电压、高静压和较高温度下变化很小，并且机械强度高，动态表态抗张强度大。

图 11-5 为具有两组压电陶瓷片的夹心式压电超声换能器，4 片材料、形状及几何尺寸都相同的压电陶瓷片分成两组(每组 2 片)作为换能器的驱动元件，三段金属圆棒的长度分别为 l_1、l_2 和 l_3，换能器发射声的频率及阻抗由金属圆棒的长度尺寸来决定。

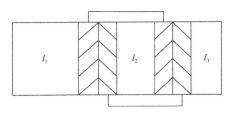

图 11-5　换能器中的两组夹心式压电陶瓷片

变幅杆的作用是增幅聚能，放大了的幅度振动由变幅杆末端表面向流体中辐射，从而产生一定的效应。采用复合式(数形与链形复合)变幅杆，由两组压电陶瓷晶片组成，后盖板外有不锈钢套筒，通过不锈钢套筒将换能器固定在超临界流体萃取器盖上，如图 11-6 所示。

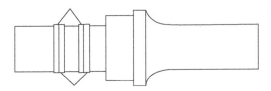

图 11-6　超声换能器结构外形图

(2)超声换能器与超临界萃取器盖的衔接

超声波换能器直接置于高压萃取器中，电源线从外部引出，为了解决电源引入，绝缘及电源线所带来的高压密封问题，采用了一节高压管道，电源线通过管道送入高压萃取器内，然后在管道中浇注高强度环氧树脂，既起到高压密封作用，又起到电绝缘作用，换能器通过金属套筒固定在萃取器的器盖上，使萃取物的装卸非常方便，另外，为了保证操作安全及换能器的可靠工作，将换能器接地端固定在萃取器上，如图 11-7 和图 11-8 所示。

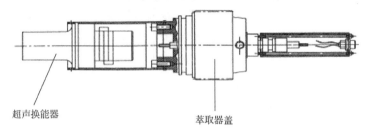

超声换能器   萃取器盖

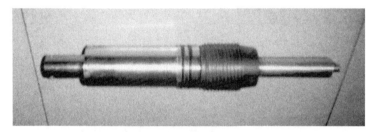

图 11-7   超声换能器与超临界萃取器盖的衔接

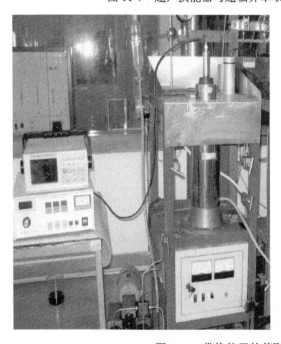
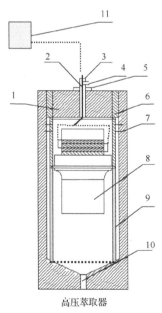

高压萃取器

图 11-8   带换能器的萃取器

1. 萃取器盖；2. 电源引线；3. 树脂密封结构；4.CO₂ 出口；5. 挡板；6. 端螺母；7.O 形密封圈；8. 超声换能器；
9. 物料筐；10.CO₂ 进口；11. 超声波发生器

(3) 超声波发生器

超声波发生器(电源)的工作原理框图见图 11-9。发生器将 220V AC, 50Hz 的市电转换成 20kHz 或 38kHz、600V 左右的交变电压并以适当的阻抗与功率匹配，来推动换能器工作。超声波发生器(电源)是由变频系统、开关电源、功率放大器、时间控制器、频率跟踪器、功率调节器、功率检测装置、保护装置、频率数码显示、频率转换开关等组成。并采用锁相环自动频率跟踪技术，有效地延长了变幅杆的使用寿命。具有体积小、重量轻、机电能转换效率高等特点。自动频率跟踪技术包括限幅取样、预选频移相网络及锁相环技术，能使机器稳定地工作在可选的共振频率上。功率电路为半桥式开关电路。时间控制采用标准时基电路 8421 码开关设定，数字显示产生 3 种定时时间以确保其稳定性。功率调节采用外压式线性调节电路能使电路简单可靠，调节效果显著。输出功率由指针式功率表指示。电源Ⅱ为 300V，由市电整流及滤波后直接得到。电源Ⅰ、Ⅲ分别为 24V 及 12V、−5V，由一个变压器提供。

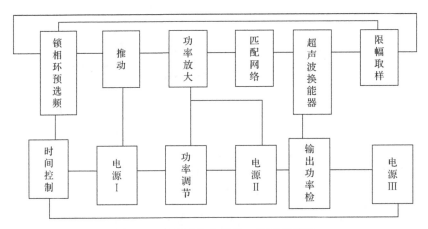

图 11-9　超声波发生器的工作原理框图

11.3.3.2　实验结果分析

胡爱军(2003)对海洋内海藻中的二十碳五烯酸(EPA)和二十二碳六烯酸(DHA)及陆地上薏苡仁中的薏苡仁油(CLSO)、薏苡仁酯(CLSE)为提取对象，考察了萃取温度、萃取压力、物料颗粒度、投料量、流体流量、夹带剂、超声参数等因素对超声强化超临界流体萃取过程产生的影响，另外还开展了多频超声强化超临界流体萃取的研究，结果表明：超声强化超临界流体萃取薏苡仁中的薏苡仁油和薏苡仁酯过程中，最适宜的萃取温度为 40℃，比超临界流体萃取的最适宜的萃取温度降低了 5℃；最适宜的萃取压力为 20MPa，比超临界流体萃取的最适宜的萃取压力降低了 5MPa；最佳萃取时间为 3.5h，比超临界流体萃取的最佳萃取时间缩短了 0.5h；萃取率提高约 10%左右。若萃取率相同时，流体流量可减少 0.5L/h，原料粒径的要求可放宽(丘泰球等，2005)。结果还表明：与超临界流体萃取相比，超声强化超临界流体萃取过程使 CO_2 流量减小，萃取温度及压力降低，萃取时间缩短，而 EPA 和 DHA 的萃取率提高。在单因素实验的基础上进行了正交实验，超声强化超临界流体萃取 EPA 和 DHA 的最佳工艺条件为萃取温度 35℃，压力 25MPa，时间 3.0h，CO_2 流量 3L/h（丘泰球等，2004）。

罗登林（2006）进行了超声强化超临界 CO_2 反相微乳萃取人参皂苷的研究，实验结果表明：超声强化均能显著提高超临界萃取 SFE 和超临界反相微乳萃取 SFRME 的人参皂苷萃取率，在相同的皂苷萃取率下，超声强化均能明显缩短超声强化 SFE 和 SFRME 的萃取时间，降低萃取温度和生产能耗，提高生产效率，节约生产成本。实验结果见图 11-10～图 11-15 所示。

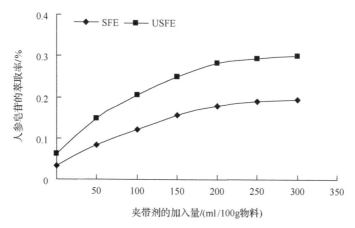

图 11-10　夹带剂用量对 SFE 和 USFE 萃取人参皂苷的影响

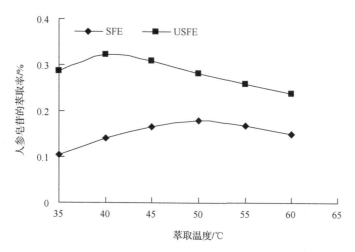

图 11-11　萃取温度对 SFE 和 USFE 萃取人参皂苷的影响

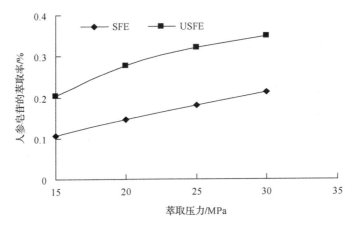

图 11-12 萃取压力对 SFE 和 USFE 萃取人参皂苷的影响

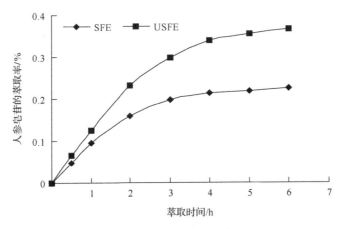

图 11-13 萃取时间对 SFE 和 USFE 萃取人参皂苷的影响

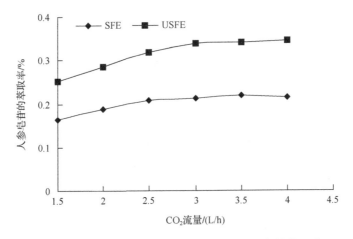

图 11-14 CO_2 流量对 SFE 和 USFE 萃取人参皂苷的影响

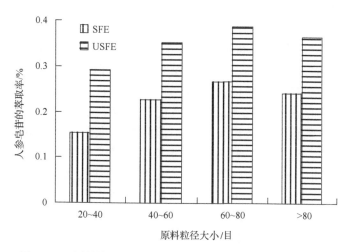

图 11-15　原料粒径大小对 SFE 和 USFE 萃取人参皂苷的影响

(1) 夹带剂用量的影响

图 11-10 表明，对于 SFE 和 USFE 法，人参皂苷的萃取率均随夹带剂 70%乙醇加入量的增大而升高，但曲线斜率随夹带剂加入量的增大而减小，说明当夹带剂的加入达到一定量时，对萃取率的影响已经不显著了，当夹带剂加入量进一步增大时，会使以后分离过程中能量消耗和溶剂损耗上升，导致生产成本的升高。

(2) 萃取温度的影响

图 11-11 结果表明，对于 SFE，在 25MPa 的萃取压力条件下，人参皂苷的最适萃取温度为 50℃，高于或低于该温度都不利于萃取。当温度低于 50℃时，随着萃取温度的提高，皂苷的萃取率增大；当温度高于 50℃时，皂苷的萃取率开始下降。这正是温度影响的两个矛盾方面综合作用的结果。

对于超声强化超临界流体萃取来说，在一定的压力下，温度对萃取率的影响遵循超临界流体萃取同样的规律，但超声场的加入使人参皂苷的萃取率明显提高，在较低的萃取温度下，可获得较高的萃取率。超声强化 SFE 萃取人参皂苷的最适温度为 40℃，比 SFE 萃取的最适温度低。

(3) 萃取压力的影响

由图 11-12 可以看出，对于 SFE 和 USFE，人参皂苷的萃取率均随压力的升高而增大，但两者增加的趋势不同。对于 SFE，皂苷萃取率曲线的斜率随萃取压力的升高变化小，说明压力在 30MPa 内对皂苷萃取率的影响十分显著，随压力升高皂苷萃取率呈近线性上升；对于 USFE，萃取压力在 20MPa 内时，皂苷萃取率与压力的关系与 SFE 相似，但当压力达到 25MPa 以上时，曲线的斜率已呈明显的下降趋势，说明此时压力对萃取率的影响程度减小。由于实验允许的最大压力为 30MPa，因此未能对 30MPa 以上条件下压力对皂苷萃取率的影响进行考察。因此，实验选择 USFE 的萃取压力为 25MPa，SFE 的萃取压力为 30MPa。

(4) 萃取时间的影响

图 11-13 表明，随萃取时间延长，人参皂苷的萃取率上升，但 USFE 的萃取速率曲线与 SFE 的明显不同，其萃取速率明显要高于 SFE 的，并且随萃取时间的延长两者的差距更加明显。这是因为萃取初始阶段物料中人参皂苷的含量高，并且有相当部分的皂苷存在于颗粒表面，导致皂苷从物料表面扩散进入超临界流体中很快，此时超声的强化作用表现不明显，但随着萃取时间的延长，人参原料中皂苷的含量逐渐下降，皂苷从原料内扩散进入超临界流体中的时间变长，此时传质起主导因素。在萃取 4h 后，加有超声的超临界流体萃取的皂苷产率明显升高，萃取率较原来提高 58.7%。在相同的时间内加有超声的人参皂苷的萃取过程明显加快，在达到相近的萃取率时，时间较没有加超声的缩短了 1/2。实验选择 SFE 和 USFE 的萃取时间都以 4h 较合适。

(5) CO_2 流量的影响

实验结果(图 11-14)表明，与 SFE 相比在相同的流体流量条件下，USFE 的萃取率高于 SFE 法；当萃取率相同时，USFE 法所需的流体流量低。对于 SFE 和 USFE，CO_2 流量分别选择 2.5L/h、3.0L/h 较合适，可见流量大更有利于 USFE 萃取人参皂苷。

(6) 原料粒径的影响

从实验结果(图 11-15)可以看出，当原料粒径大于 80 目时，对于 SFE 和 USFE，皂苷的萃取率均有一定程度的下降。由于实际中粉碎机粉碎的物料粒径在 40 目以上，其中，40~60 目占 34%、60~80 目占 23%、80 目以上的占 43%，如只取 60~80 目，则 80 目以上的完全浪费掉。实际粉碎的物料粒径与 60~80 目的物料相比，采用 SFE 和 USFE 法所得人参皂苷的萃取率相差不大，结合实际情况，实验仍选择粒径大于 40 目的实际粉碎所得的物料。

(7) 超声频率对总黄酮萃取得率的影响

丁彩梅(2004)为了考察超声频率对超声强化超临界流体萃取 USFE 的影响，设计的试验如下：原料投料量 60g、萃取温度为 50℃，萃取压力为 20MPa，流体流量为 2.5L/h，夹带剂用量 1.0ml/g，萃取时间为 4h，超声功率为 100W。分别考察超声频率为 20kHz、38kHz 或 20kHz 和 38kHz 交替作用时香椿叶总黄酮提取率的大小，从而研究超声频率对 USFE 的影响。

图 11-16 表明，频率为 20kHz 的超声强化的萃取得率最大，38kHz 的超声萃取得率最小，两者交替的居于中间。假设换能器在两个不同频率的输出声功率是一样的，这可能从以下两个方面解释：一是 20kHz 的振幅比 38kHz 的大，固体物料与流体混合越均匀，萃取得率越大；二是高频超声在液体中的能量消耗快，为获得同样的萃取效率，对于高频超声则需付出较大的能量消耗。因此，在相同的功率输出的情况下，38kHz 消耗的功率大，用于强化 SFE 萃取的功率较小，萃取得率就小。

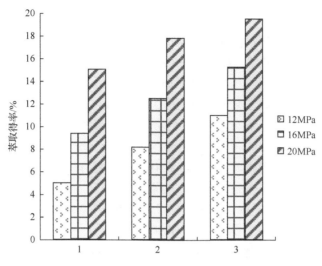

图 11-16　超声频率对总黄酮萃取得率的影响
1. 38kHz；2. 38kHz/20kHz；3. 20kHz

(8)超声电功率对总黄酮萃取得率的影响

丁彩梅(2004)为了考察超声电功率对 USFE 的影响，原料投料量 60g、萃取温度为 50℃，萃取压力为 20MPa，流体流量为 2.5L/h，夹带剂用量 1.0ml/g，萃取时间为 4h，超声频率为 20kHz 和 38kHz。分别考察超声电功率为 0W、50W、100W、150W 时香椿叶总黄酮萃取得率的大小，从而研究超声电功率对 USFE 的影响。

图 11-17 表明，随着超声电功率的增大，黄酮类化合物的萃取得率也增大。这是因为声电功率大，声强大，而声强 $I=\frac{1}{2}\rho V^2 C$，式中，ρ 为密度；C 为声速；V 为质点振动速度。对于一定的媒质，ρ、C 均为常数，因此，声功率的增大，可能导致溶质分子运动速度增大，从而使萃取得率提高。随着功率增大，38kHz 超声强化的萃取得率增幅最大，与 20kHz 越来越接近，但是超声电功率不能无限制地增加。

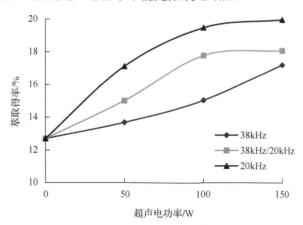

图 11-17　超声电功率对总黄酮萃取得率的影响

(9) 放大试验

张伟(2011)根据 5L 超临界 CO_2 流体萃取设备的特点，设计了可用于强化 5L 超临界 CO_2 流体萃取的超声强化装置，如图 11-18 所示。并进行了萃取量为 5L 的超声强化超临界 CO_2 提取复方川芎丹参及其提取物药效研究，首先超临界 CO_2 提取复方川芎丹参有效成分正交试验得出最佳提取工艺为提取压力为 25MPa，提取温度 55℃，原料粒度为 60 目，夹带剂用量为 1.0ml/g。在此条件下对复方川芎丹参提取 2h，提取物得率 2.84%，对提取物依法测定，得川芎嗪、阿魏酸和丹参酮 II_A 提取率分别为 125.74μg/g、367.66μg/g 和 131.31μg/g。进一步采用超声强化超临界 CO_2 提取复方川芎丹参有效成分正交试验，得出最优提取组合为提取压力为 19MPa，提取温度 35℃，超声功率密度 120W/L，提取时间 1h，在此提取条件下提取，提取物得率达到 3.85%，川芎嗪、阿魏酸和丹参酮 II_A 的提取率分别为 150.64μg/g、425.33μg/g(RSD=2.09%，n=3)和 203.65μg/g。超声对超临界 CO_2 法提取复方川芎丹参挥发油强化效果明显，超声波能有效强化超临界 CO_2 提取效果，并且能降低提取压力和温度，缩短提取时间，节能减排，实现绿色加工。

图 11-18　5L 超临界 CO_2 流体萃取装置图

李超(2008)根据 24L 超临界 CO_2 流体萃取设备的特点，设计了可用于强化 24L 超临界 CO_2 流体萃取的超声强化装置，如图 11-19 所示。然后以复方丁香肉桂为萃取对象，以挥发油得率为指标，对无超声强化和有超声强化的 24L 超临界 CO_2 流体萃取的效果、

图 11-19　24L 超临界 CO_2 流体萃取装置图

有超声强化的 24L 超临界 CO_2 合提与分提复方丁香肉桂挥发油的效果进行了对比,实验结果表明:当萃取时间为 3.0h 时,相对于 24L 超临界 CO_2 流体萃取,有超声强化的 24L 超临界 CO_2 流体萃取复方丁香肉桂时,挥发油得率提高了 6.93%;相对于复方丁香肉桂分提,合提时挥发油得率提高了 6.03%。

吴素仪(2009)进行了超声联合超临界 CO_2 流体萃取"产妇安"复方有效成分中试研究,对比了无超声强化和有超声强化的 24L 超临界 CO_2 流体萃取的效果,实验结果表明:当萃取时间为 3.0h 时,相对于 24L 超临界 CO_2 流体萃取"产妇安"复方挥发油萃取率,超声强化超临界 CO_2 的萃取率提高了 40.43%。另外,还对比了 100L 超声提取法和 100L 传统提取法的提取效果,从实验结果来看,超声提取法要优于传统提取法,相对于传统提取方法,超声提取法的苦杏仁苷提取率提高了 183%,阿魏酸提取率提高了 41%,盐酸水苏碱提取率提高了 26%。

11.3.3.3　USFE 作用机理

超声场强化过程的机理性的研究工作还是初步的,多处于定性讨论的阶段。胡爱军等(2005a)对超声在超临界流体中能否产生空化进行了理论性的探讨,探讨的结果是在超临界流体中不能产生空化现象,因为要使超临界流体中的泡核发生空化,所需的声压幅值和声强非常巨大,是超声波无法实现的。为了验证超声在超临界流体中能否产生空化现象,将空化材料锡箔纸放入超临界流体中,用超声作用 4h,然后比较超声作用前后锡箔纸的变化。结果表明,锡箔纸经过超声处理后没有产生空洞、破裂等现象,即超声在超临界流体中没有产生空化。提出超声强化作用是由于"微搅拌"强化物料内部的传质、"湍动"作用强化物料外部的传质。另外,超声能的传递可使溶质活化,降低过程的能垒,增大溶质分子的运动,加速其溶解。丁彩梅(2004)对超声强化做了进一步的研究,认为超声在超临界流体中产生的热效应和激烈而快速变化的机械效应对强化超临界流体萃取做出一定的贡献。低频超声比高频超声的强化效果要好。其原因可能是如下几方面:一是高频超声在流体中的能量消耗快。为了获得同样的萃取得率,对于高频则需付出较大的能量消耗。二是频率 f 和振幅 A 成反比。频率越小,振幅越大,更有利于强化萃取效果。同时,低频超声引起媒质分子(CO_2)的振幅较高频大,那么低频超声引起 CO_2 分子极化率 σ 较高频超声大。对于极性物质的萃取,当 CO_2 分子的极性增大时,根据相似相溶原理,其对极性物质的溶解度增大,萃取得率也就相应地增大。

Balachandran 等(2006)也研究了超声强化超临界 CO_2 流体萃取的机制,萃取得率显著提高是由于细胞结构的破坏和溶剂渗入粒子结构的可能性增加,提高了粒子内部的扩散率。细胞损坏可能只是超声压力波诱导流体密度的快速变化引起的。同时他们也把在姜粒表面的空化崩溃可能性认为是传质强化的一个机制,但是还不能证明这种现象的存在,遗留了细胞损坏的一个可能原因。

在超临界流体萃取过程中,通过超声技术可以有效地强化超临界流体萃取过程。但由于溶质和溶剂在分子大小、结构、能量及临界性质等方面存在着巨大的差异,导致超临界流体萃取的相平衡行为非常复杂。对放大规律和模型化方法的研究十分欠缺。超声强化超临界 CO_2 流体萃取的机制目前还有待进一步研究和讨论。下面主要从几个方面进行一些探讨。

(1) 超声空化阈值的基本计算

在超临界 CO_2 流体萃取的过程中，由于操作过程中空气没有排除干净，或二氧化碳气体本来不纯，或者由原料带入的水分、空气等原因使超临界 CO_2 流体含有空化泡核。

对环境压力为 p_l 的超临界 CO_2 流体中初始半径为 R_1 的泡核来说，要将其拉开以产生空化，产生超声空化所需的阈值声压，亦即泡核发生空化的最低超声声压值。同样认为应满足的条件为(冯若和李化茂，1992)

$$\text{阈值声压：} \quad p_B = p_l - p_v + \frac{2}{3}\sqrt{\frac{\left(\dfrac{2\sigma}{R_1}\right)^3}{3\left(p_l - p_v + \dfrac{2\sigma}{R_1}\right)}} \tag{11-1}$$

由 $I = p_B{}^2 / 2\rho c$ 得

$$\text{阈值声强：} \quad I_B = \frac{1}{2\rho c}\left[p_l - p_v + \frac{2}{3}\sqrt{\frac{\left(\dfrac{2\sigma}{R_1}\right)^3}{3\left(p_l - p_v + \dfrac{2\sigma}{R_1}\right)}}\right]^2 \tag{11-2}$$

式中，p_v 为泡内蒸汽压力；p_l 为超临界 CO_2 流体压力；σ 为泡核表面张力系数；R_1 为空化泡的初始半径；ρ 为流体中的密度；c 为流体中的声速。

为了研究超临界 CO_2 流体中超声空化产生的可能性，根据超声空化阈值的基本理论和超临界 CO_2 流体的物态数值，研究了超声空化阈值随空化泡初始半径、流体的压力和温度变化的变化规律。结果表明：超临界 CO_2 流体中超声阈值声压 p_B、阈值声强 I_B 随空化泡的初始半径增大而减少。对于超临界 CO_2 流体，当压力较大时，或温度较低时，更容易产生空化。在空化泡初始半径相同情况下，超临界 CO_2 流体中的理论空化阈值比水中的理论和实际情况下的空化阈值均要低(杨日福等，2005)。

(2) 空化泡自然共振频率

初始半径为 R_1 的空化泡的自然共振频率可以由式(11-3)计算(冯若和李化茂，1992)：

$$f_r = \frac{1}{2\pi R_1}\left[\frac{3K}{\rho}\left(p_l + \frac{2\sigma}{R_1}\right) - \frac{2\sigma}{\rho R_1}\right]^{1/2} \tag{11-3}$$

式中，K 为多变指数，它可从比热比 γ (绝热条件下)变到 1(等温条件下)。

为了探索超声强化超临界 CO_2 中空化泡共振频率特性，根据 Rayleigh-Plesset 方程推导出空化泡自然共振频率关系，分别考察了空化泡共振频率随空化泡初始半径、流体的压力和温度变化的变化规律。结果表明：超临界 CO_2 流体中空化泡共振频率随空化泡的初始半径增大而减少。随流体压力的增大而先减少后增大,在流体压力约为 18MPa 达到最低值,随流体温度的升高而增大,在空化泡初始半径相同情况下,在超临界 CO_2 流体中的自然共振频率要比水中的自然共振频率高。超声波频率只有与空化泡的自然共振频率相近时,空化泡在一个声周期内崩溃,所需的声压最低(杨日福等,2008b)。

(3)空化泡运动方程研究

考虑了超临界 CO_2 流体中黏滞损耗、表面张力系数及声辐射的作用,Rayleigh-Plesset 方程可以写成下列形式非线性方程(Hilgenfeldt et al.,1998):

$$\rho\left(R\ddot{R} + \frac{3}{2}\dot{R}^2\right) = P_g(R,t) - P_a(t) - p_l + \frac{R}{c}\frac{\mathrm{d}}{\mathrm{d}t}[P_g(R,t)] - 4\eta\frac{\dot{R}}{R} - \frac{2\sigma}{R} \tag{11-4}$$

式中,R 为空化泡的半径;$\dot{R}$ 和 $\ddot{R}$ 分别表示空化泡壁运动的速度和加速度;ρ 为超临界 CO_2 流体的密度;$P_g(R,t)$ 为空化泡内气体压力;$P_a(t)$ 为施加在空化泡壁上的超声压力;p_l 为超临界 CO_2 流体的压力;c 为超临界 CO_2 流体中的声速;η 为超临界 CO_2 流体的运动黏滞系数;σ 为超临界 CO_2 流体表面张力系数。

Rayleigh-Plesset 方程式(11-4)是关于空化泡半径 R 的常微分方程,我们很难得到一般解,只有通过数值的解法求解。它的初始条件为

$$R(t=0) = R_1, \quad \dot{R}(t=0) = 0$$

只要知道 p_l、P_A、R_1、σ、ρ、c、η 及 f 等参量之后就可以解出 R 随时间变化的变化关系。

求解常微分方程有欧拉法、梯形法、Adams 外插法、Runge-Kutta 法等几种不同的数值方法,这些算法一般而言,精度较高者,其速度较慢,MATLAB 提供的四五阶 Runge-Kutta 法(ode45)和二三阶 Runge-Kutta 法(ode23)积分函数,都可以自动选择步长,计算稳定可靠。下面对应用 Runge-Kutta 法求解方程的过程进行简单的描述:

令 $R = y_1$ 和 $\dot{R} = y_2$,则方程

$\rho\left(R\ddot{R} + \frac{3}{2}\dot{R}^2\right) = P_g(R,t) - P_a(t) - p_l + \frac{R}{c}\frac{\mathrm{d}}{\mathrm{d}t}[P_g(R,t)] - 4\eta\frac{\dot{R}}{R} - \frac{2\sigma}{R}$ 与初始条件可以写成

如下的常微分方程组

$$\begin{cases} \dot{y}_1 = y_2 \\ \dot{y}_2 = -\frac{3}{2}\frac{y_2^2}{y_1} + \frac{1}{\rho y_1}[P_g(R,t) - P_a(t) - P_l] + \frac{1}{\rho c}\frac{\mathrm{d}}{\mathrm{d}t}[P_g(R,t)] - 4\eta\frac{y_2}{\rho y_1^2} - \frac{2\sigma}{\rho y_1^2} \\ y_1(t=0) = R_1 \qquad y_2(t=0) = 0 \end{cases} \tag{11-5}$$

式中，

1）通常的功率超声，作用到空化泡的是正、余弦声波，设这时

$$P_a(t) = -P_A \sin \omega t ,$$

式中，P_A 为声压振幅；$\omega = 2\pi f$ 为声波的角频率，f 为声波的频率；t 为时间。

2）认为空化泡内气体发生变化为理想气体等温过程，根据状态方程得

$$P_g(R,t) = P_g(R_1,t_1)\frac{V_1}{V} = P_g(R_1,t_1)\frac{\frac{4}{3}\pi R_1^3}{\frac{4}{3}\pi R^3} = P_g(R_1,t_1)\left(\frac{R_1}{R}\right)^3$$

式中，R_1 为空化泡的初始半径；$P_g(R_1,t_1)$ 为空化泡内气体初始压力，它与泡外的初始压力相等，则有 $P_g(R_1,t_1) = p_l + \frac{2\sigma}{R_1}$；$V(t) = \frac{4}{3}\pi R(t)^3$ 是空化泡在 t 时刻的体积；$V_1 = \frac{4}{3}\pi R_1^3$，是空化泡在初始时刻 t_1 时的体积。

根据上面一些假设，可以整理出常微分方程组如下：

$$\begin{cases} \dot{y}_1 = y_2 \\ \dot{y}_2 = -\frac{3}{2}\frac{y_2^2}{y_1} + \frac{1}{\rho y_1}\left[(P_l + \frac{2\sigma}{R_1})\frac{R_1^3}{y_1^3} + P_A \sin(\omega t) - P_l\right] + \frac{1}{\rho c}\left[(P_l + \frac{2\sigma}{R_1})R_1^3 \frac{-3y_2}{y_1^4}\right] - 4\eta\frac{y_2}{\rho y_1^2} - \frac{2\sigma}{\rho y_1^2} \\ y_1(t=0) = R_1 \qquad y_2(t=0) = 0 \end{cases}$$

$$(11\text{-}6)$$

我们对几种不同参数的空化泡壁的变化过程进行了计算，这些参数包括 R_1、f、P_A、p_l 和 T。下面将对这些影响进一步分析讨论。在计算中，我们略去蒸汽压（$P_v=0$），没有考虑气体和流体间的热交换。

考察各参数对超临界 CO_2 流体中超声空化动力学过程的影响规律。应用非线性 Rayleigh-Plesset 方程模拟空化泡运动过程，并利用 MATLAB 软件编程求数值解，结果表明：随着空化泡初始半径或超声波频率的增大，空化变易，强度变弱；随超声波的声压幅值的增大，空化变易，强度变强；随着超临界 CO_2 流体的压力的增大，空化变难，强度变弱。温度不会影响空化的难易程度，只随着温度升高，强度变强（杨日福和丘泰球，2008）。

（4）声学传播特性研究

在温度为 25～55℃和压力为 10～26MPa，以温度 5℃和压力 1MPa 为间隔，测量 CO_2 流体声速，最高压力是考虑到超临界萃取装置的安全而选取的，最低压力是受声速测量仪的限制，压力太低无法测量声速。超临界 CO_2 流体的声速随压力变化的变化曲线和随温度变化的变化曲线如图 11-20 和图 11-21 所示。

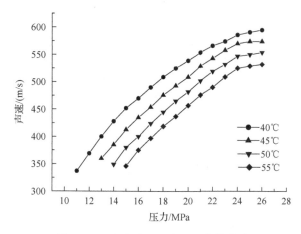

图 11-20 声速随压力变化的变化曲线

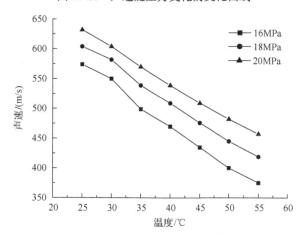

图 11-21 声速随温度变化的变化曲线

从图 11-20 中可以看出，超临界 CO_2 流体的声速随压力的增加而增大，从图 11-21 可以看出，超临界 CO_2 流体的声速随温度的增加而减少，超临界 CO_2 流体声速是压力和温度的函数。

这是因为超临界 CO_2 流体密度是压力和温度的函数，温度不变时，随着压力的增加，密度增加，压力不变时，随着温度的增加，密度减少（杨日福和丘泰球，2006）。

本章作者：杨日福　丘泰球　华南理工大学

参 考 文 献

丁彩梅. 2004. 超声强化超临界流体萃取香椿叶黄酮类化合物的研究. 华南理工大学硕士学位论文.

冯若，李化茂. 1992. 声化学及其应用. 合肥：安徽科学技术出版社.

胡爱军，罗登林，丘泰球. 2005a. 超声强化超临界流体萃取机理的研究. 高校化学工程学报，19(5)：11-15.

胡爱军，杨日福，丘泰球，等. 2005b. 超声强化超临界流体萃取装置的设计及应用. 声学技术，24(3)：178-182.

胡爱军. 2003. 超声强化超临界流体萃取植物药有效成分的研究. 华南理工大学博士学位论文.

李超. 2008. 超声强化超临界 CO_2 萃取复方丁香肉桂挥发油的研究. 华南理工大学博士学位论文.

廖传华, 黄振仁. 2004. 超临界 CO_2 流体萃取技术. 北京: 化学工业出版社.

罗登林. 2006. 超声强化超临界 CO_2 反相微乳萃取人参皂甙的研究. 华南理工大学博士学位论文.

罗登林, 罗磊, 刘建学, 等. 2009. 表面活性剂对超临界 CO_2 萃取人参中皂苷的影响. 农业工程学报, 25(S1): 204-207.

宁正祥. 秦燕. 林纬, 等. 1998. 高压脉冲–超临界萃取法提取荔枝种仁精油. 食品科学, 19(1): 9-11.

丘泰球, 丁彩梅, 胡爱军, 等. 2004. 影响 USFE 萃取海藻 EPA 和 DHA 的因素分析(英文). 华南理工大学学报(自然科学版), 32 (4): 43-47.

丘泰球, 罗登林, 丁彩梅, 等. 2003. 双频超声交替强化超临界流体萃取天然药用植物有效成分的方法: 中国, ZL200310117437.5.

丘泰球, 杨日福, 丁彩梅. 2006. 双频超声交替强化超临界流体萃取装置的设计与应用. 应用声学, 25(1): 38-42.

丘泰球, 杨日福, 胡爱军, 等. 2005. 超声强化超临界流体萃取薏苡仁油和薏苡仁酯的影响因素及效果. 高校化学工程学报, 19(1): 30-35.

谭伟, 丘泰球, 阳元娥. 2008. 超临界 CO_2 萃取葵粕绿原酸影响因素分析. 食品工业, (4): 17-20.

王振平. 1994. 超临界流体萃取技术及其应用. 宁夏科技, (4): 14-15.

吴素仪. 2009. 超声联合超临界 CO_2 萃取产妇安复方有效成分的研究. 华南理工大学硕士学位论文.

杨日福, 丘泰球, 范晓丹, 等. 2008a. 一种超临界流体萃取天然产物有效成分的方法及其装置: 中国, ZL200810219022.1.

杨日福, 丘泰球, 郭娟. 2008b. 超临界 CO_2 流体中空化泡共振频率的分析. 华南理工大学学报(自然科学版), 36(7): 32-35, 41.

杨日福, 丘泰球, 罗登林. 2005. 超临界 CO_2 流体中超声空化阈值的研究. 华南理工大学学报(自然科学版), 33(12): 100-104.

杨日福, 丘泰球. 2006. 超临界 CO_2 流体中超声速的特性. 声学技术, 25(5): 431-435.

杨日福, 丘泰球. 2008. 超临界 CO_2 流体中空化泡动力学过程分析. 计算机与应用化学, 25(8): 931-934.

张灿河, 李娟, 林驹, 等. 2004. 超声强化超临界 CO_2 萃取除虫菊酯的初步研究. 福建化工, (4): 22-24.

张镜澄. 2000. 超临界流体萃取. 北京: 化学工业出版社.

张伟. 2011. 超声强化超临界 CO_2 提取复方川芎丹参及其提取物药效研究. 华南理工大学硕士学位论文.

Andrews T. 1869. On the properties of matter in gaseous and liquid state under various conditions of temperature and pressure. Phil. Trans. Roy. Soc. (London), 178:45.

Balachandran S, Kentish S E, Mawson R, et al. 2006.Ultra-sonic enhancement of the supercritical extraction from Ginger. Ultrasonics Sonochemistry, 13:471-479.

Charles Cagniard de la Tour. 1822. "Exposé de quelques résultats obtenu par l'action combinée de la chaleur et de la compression sur certains liquides, tels que l'eau, l'alcool, l'éther sulfurique et l'essence de pétrole rectifiée". Annales de chimie et de physique, 21 : 127-132.

Hanny J B, Hogarth J. 1879. On the solubility of solids in gases. Proc. Roy. Soc. (London), 29: 234-239.

Hilgenfeldt S, Brenner M P, Grossmann S, et al. 1998. Analysis of Rayleigh-Plesset dynamics for sonoluminescing bubbles. J. Fluid Mech., 15(2): 1-41.

Riera E, GoLas Y, Blanco A, et al. 2004. Mass transfer enhancement in supercritical extraction by means of power ultrasound. Ultrasonics Sonochemistry, 11: 241-244.

Sethuraman R. 1997. Supercritical fluid extraction of capsaicin from peppers. USA: Texas Tech. University Ph. D. Thesis: 101-102.

Zosel K. 1973.Process for the decaffeination of coffee: CA926693.

12　亚临界水及其耦合技术

内容概要： 亚临界水（subcritical water）是指温度在 100～374℃的高温高压水，随温度升高，水的极性显著降低，且温度超过 250℃的亚临界水表现出活跃的催化性和反应性。利用这些特性，将亚临界水作为萃取溶剂、色谱分析的流动相、水热液化反应媒介，并用于天然产物萃取分离、生物资源转化利用、有机合成、环境样品预处理及目标物质的分离检测，具有环境友好、价廉易得、操作简便、自动化程度高、选择性强的独特优势。此外，亚临界水与超声场、生物酶解等耦合技术的应用又能进一步提高亚临界水流体的工作效率，扩展其应用范围。

12.1　亚临界水概述

亚临界水又称为超加热水、高压热水或热液态水，是指在一定的压力下，将水加热到 100℃以上临界温度 374℃以下的高温，水体仍然保持在液体状态。亚临界状态下，水的微观结构、密度、黏度、介电常数、氢键、离子缔合、簇状结构等都发生了变化，因此，亚临界水的物理、化学特性与常温常压下普通状态的水相比有许多特殊的性质。常温常压下水的极性较强，亚临界状态下，随着温度的升高，亚临界水的氢键被打开或减弱从而使水的极性大大降低，由强极性渐变为非极性，其性质更类似于有机溶剂。

图 12-1 是水的密度、介电常数、黏度等性质随温度变化的变化趋势图。我们可以看出亚临界状态下，水的黏度、离子积、密度等都发生了变化，这些变化都使它与常温常压下的水具有很大不同。图 12-1(a)给出了水在不同压力下的温度-密度图，从图中可以看到亚临界水的密度可从类似于蒸汽的密度值连续地变到类似于液体的密度值，且密度可随温度和压力的变化而发生变化，这样就可以通过调节温度和压力来改变亚临界水的密度，从而为亚临界水作为提取剂创造了条件。

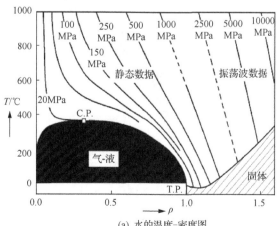

(a) 水的温度-密度图

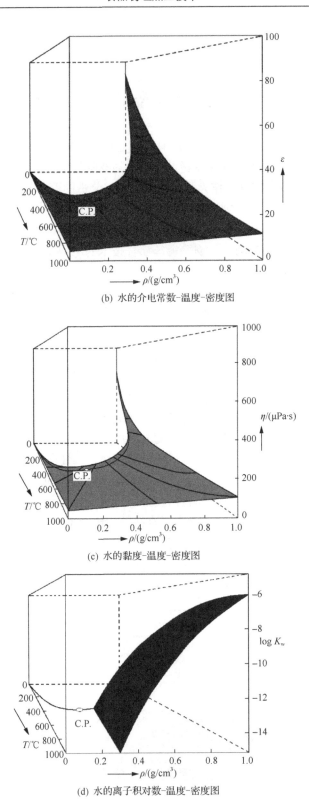

(b) 水的介电常数-温度-密度图

(c) 水的黏度-温度-密度图

(d) 水的离子积对数-温度-密度图

图 12-1 水的状态参数图

水的介电常数是预测溶解性的最重要的热力学性质之一，也是研究化学反应时的重要参数。图 12-1(b)给出了直到 1000℃和 1g/cm³ 的水的介电常数随温度和密度变化的变化情况，由图中可以看出，水的介电常数随密度的增大而增大，随温度的升高而减小，水的介电常数自常温升温至亚临界条件水则由极性溶剂逐步变为弱极性溶剂，在利用亚临界水对某种成分进行提取时，介电常数影响着提取物的提取率和成分。

图 12-1(c)展示了水的黏度、密度随温度变化而变化的趋势，水的黏度随着温度的升高而降低。在利用亚临界水提取的过程中，低的黏度有利于传质和渗透，从而提高提取效率。图 12-1(d)展示了水的密度、离子积随温度变化而变化的趋势。亚临界水的一个显著特点是其拥有较高的离子积，即高浓度的氢离子和氢氧根离子。常温常压下水的离子积为 10^{-14}，而当温度升至 200~300℃时，离子积可达 10^{-11}，在温度高于临界点时，离子积则随着温度的升高迅速降低，但随着压力的升高而升高。亚临界水的离子积可以是常温常压水的 1000 倍。

表 12-1 列出了几种有机溶剂在常温常压下的介电常数和水在不同温度下的介电常数，从表 12-1 可以看出水在 250℃时介电常数为 27，介于常温常压下乙醇(ε=24)和甲醇(ε=33)之间，这表明亚临界水对中极性和弱极性有机物具有一定的溶解能力。

表 12-1 水和常见有机溶剂的介电常数

水的温度/℃	水的介电常数(P=5MPa)	溶剂	介电常数(常温常压)
25	78.6	二氯甲烷	8.93
50	70.1	乙醇	24
100	55.6	甲醇	33
125	49.5	乙腈	37.5
150	44.1	丙酮	20.7
175	39.3	甲基乙基酮	18.51
200	34.9	正己烷	1.89
250	27.1		

12.2 亚临界水提取技术

亚临界水提取技术是近十年来刚刚发展起来的一种新型提取技术，该技术自问世以来，以其具有提取时间短、效率高、能耗低、产品质量高等优点备受关注，被称为一项绿色环保、前景广阔的变革性技术。在国外，该方法已在环境样品中有机污染物的提取、中药有效成分的提取和分析前处理过程中得到了一定程度的应用。由于亚临界水提取是以价廉、无污染的水作为提取剂，因此，亚临界水提取技术被视为绿色环保、前景广阔的一项变革性技术。

12.2.1　提取原理

亚临界状态下，在一定的压力下，随着温度的升高，亚临界水的氢键被打开或减弱从而使水的极性大大降低，由强极性渐变为弱极性，这样就可以通过控制亚临界水的温度和压力，选择性溶解不同极性的化学成分，将有效成分按极性由高到低提取出来，进行选择性提取；此外，亚临界水的极性也可以在较大范围内变化，从而实现天然产物中有效成分从水溶性成分到脂溶性成分的连续提取。

12.2.2　提取方式

亚临界水提取方式有两种：静态提取和动态提取。静态提取是指水与被提取原料在一定的温度和压力下，静态作用一定时间之后再进行分离的提取方式（McGowin et al.，2001），提取过程类似于加速溶剂提取（accelerated solvent extraction，ASE）。动态提取多为连续式提取（Gámiz-Gracia and Luque de Castro，2000；Jiménez-Carmona et al.，1999），是指原料加入提取器后，水用泵连续地通入提取器中，在固定的温度或连续变化的温度条件下进行提取，此种方式加速了传质效率，缩短了提取时间，还可实现选择性连续提取。

12.2.3　影响亚临界水提取效果的因素

对于亚临界水提取来讲，影响提取效果的因素主要有以下 4 个：提取温度、提取时间、提取压力及水的流速。

12.2.3.1　提取温度

提取温度是影响提取效率的最重要因素，在亚临界水提取过程中，提取率一般会随着温度的升高而提高，为了尽可能多地提取活性成分并提高提取效率，理论上提取应该在较高的温度下进行，但实际并非如此，温度太高会导致某些成分的降解，反而降低了提取率。因此，最佳提取温度应该根据不同的原料及提取的目标物进行选择。例如，Yang 等（2007）利用亚临界水提取技术从牛至叶中提取 5 种萜烯类物质，并对其稳定性进行了考察，结果表明，高温会使萜烯类物质降解并使回收率下降，5 种萜烯类物质的稳定性随着温度的升高也会降低。此外，一些文献（Eikani et al.，2007）也有温度太高反而不利于提取、提取挥发油的最佳温度范围是 125～175℃的报道。同时为了防止一些化合物在高温条件下被氧化，提取温度也不能太高。

12.2.3.2　提取时间

提取时间也是影响提取效果的重要因素之一。理论上提取时间越长，有效物质的提取得率越高，但由于一些成分因提取时间太长会引起降解而导致最终的提取量减少或功能活性降低，因此实际操作中要根据原料及提取的有效物质性质来选择合适的提取时间。亚临界水提取过程中提取时间一般都比较短，大多在 1h 以内，对于有些原料提取时间仅需要 15min，如从牛至叶中提取挥发油（Jiménez-Carmona et al.，1999）。

12.2.3.3 提取压力

在亚临界水提取过程中压力的作用主要是使高于沸点的水仍然保持在液体状态，在高温条件下，采用高压可以减少水的表面张力，有助于溶剂与基质的孔隙充分接触，更有利于提取物的溶出。压力对提取效果影响较小，压力大小一般在 1～6MPa。张海晖等（2013）采用亚临界水提取技术从板栗中提取蛋白质，发现压力在 2～10MPa，板栗蛋白质的提取率仅增长 2%。

12.2.3.4 水的流速

水的流速对提取效果的影响非常有限，一般来说，提高水的流速能使传质加速（Cacace and Mazza，2006），大部分化合物的提取量都会随着流速的增加而有所增加（Eikani et al.，2007；Pongnaravane et al.，2006），但较高的流速却增加了最终提取物的体积，致使浓度过低。因此，Eikani 等（2007）建议在选择最佳流速时要考虑两个重要的因素：提取时间和提取物的浓度。总体而言，在亚临界水提取过程中，应该根据实验的最终目的选择适当的提取参数。

12.3 亚临界水提取设备的研制

由于亚临界水提取技术是一项刚刚兴起的技术，到目前为止，市场上还没有商业化的亚临界水提取设备出售，所有相关文献报道的实验结果都是用自制的设备（Eikani et al.，2007；Yang et al.，2007），或是在超临界流体提取或加速溶剂提取设备的基础上改装的设备（Rodríguez-Meizoso et al.，2006）。而且，所用设备的提取罐容积一般都在 10ml 左右，每次仅可处理几克物料，恒温装置大多采用的是高效液相色谱的恒温炉，处理量很小，相关研究基本上都是实验室分析样品规模的研究。为此，本节依据亚临界水提取技术的基本作用原理介绍亚临界水提取设备的设计。

12.3.1 亚临界水提取设备的结构组成

图 12-2 为亚临界水提取设备的结构示意图。亚临界水提取设备主要由两部分组成，即控制系统部分和操作系统部分。控制系统部分主要包括温度调节控制器、压力调节控制器、超温超压报警安全系统，以及整台机器的电路部分等。为了操作方便，该部分的控制器设计为控制面板，通过面板上的开关、按钮、旋钮来控制整个机器。操作系统部分主要由蓄水池、压力泵、预加热器、恒温装置、提取釜、调节阀门、冷却器及收集器等组成。

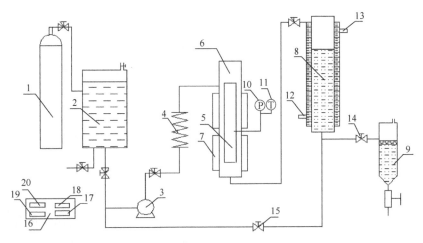

图 12-2　亚临界水提取设备结构示意图

1. 水装置；2. 蓄水池；3.压力泵；4. 预加热器；5. 物料篮；6. 提取釜；7. 恒温装置；8. 冷却器；9. 收集器；10. 压力测
定器；11. 温度测定器；12. 冷却器进水口；13. 冷却器出水口；14. 调节阀门；15. 调节开关；16. 控制面板；17. 温度调
节控制器；18. 压力调节控制器；19. 超温超压报警安全系统；20. 电源开关

12.3.2　设备的设计原则和思路

　　该装置是采用亚临界水进行植物有效成分提取的装置，整套装置的设计应安全、美观、便于操作，而且能以连续方式快速实现原料中有效成分的提取。因此，在设计上实用性及便捷性要紧密结合在一起，所以设计中将影响提取过程的重要因素温度、压力等由数字仪表显示，显示仪表设在控制柜面板上，不但便于观察记录，而且还可以随时调节。蓄水池为带刻度的圆柱形玻璃器皿，便于通过目测即可随时了解进水量；压力泵为数字式高压计量泵，选用 J-X5/25 型号，流量 5L/h，压力范围为 0～25MPa，流量调节采用调频控制，误差不大于 5%；预加热器采用环形管状设计，为不锈钢材质的管式环形装置，加热方式采用电加热方式，加热范围 30～250℃，温度可调并可随时显示，并能实现快速加热；恒温装置是用来保证提取系统处于恒温状态的，为了达到良好的保温效果，本设计采用陶瓷套管式设计，不但可实现快速加热，而且能很好地起到保温的作用，包裹于提取釜的外壁，温度保持范围为 30～400℃；提取釜是整套设备中一个非常关键的部位，不但要求可耐高温、高压，密封性要好，而且也要求多次使用后不能被氧化。此外，为了便于连续操作，提取釜盖为快开式设计，一个提取过程结束后，可迅速打开釜盖，连续进行下一个提取过程，因此，材质方面选用 316L 锻件作为提取釜的加工材料，最大能承受 400℃的高温、30MPa 的高压，提取釜底部有一不锈钢滤网，以防原料粉末堵塞管道出口；为了装卸原料方便，本装置还在提取釜内配备了物料篮，该物料篮也是一不锈钢材质的圆柱状装置，底部有一不锈钢滤网，防止粉碎的物料进入管道，顶部可被灵活地打开，以便于很方便地装卸原料，提取釜下端有一出口通过管道与冷却器相连；为了避免因高温丧失挥发性成分，冷却器用来迅速冷却流出的提取液，为了能迅速降温，本装置中的冷却器为急冷器，它能将流出的提取液迅速冷却到室温；冷却器和收集器之间安装有压力调节阀，用于调节提取釜中的压力以便维持提取釜中的提取剂水处于液体状态。此外，为了便于随时掌握提取釜中的工作温度和工作压力，该装置还在提取釜处设有压力测定器和电接点式的温度测定器，温度测量采用 PT100，PT100 温度控制仪采用数字式温控仪显示；控制系统部分与操作系统部分之间采用电信号的方式相连接；整个系统的阀门、管路、管件采用 316L、304、1Cr18Ni9Ti 等不锈钢制造。

由于亚临界水提取要在较高的温度和压力条件下进行，因此安全设施非常重要，为此，本设计在安全系统方面，首先在高压计量泵处设有限压控制装置，即可实现压力的随意设定，又能在超过设定的压力后自动停机；其次在提取釜前后分设超压保护装置，即安全阀及防爆器，采用 CP-12 型爆破片进行保护，误差不大于 5%，此外还在提取釜出口设超温、超压报警，当提取釜内的温度或压力超过设定的温度和压力值时，报警器会自动响起；为了有效提高提取率，该装置可设计为循环装置，即急冷器下端有两个出口，一个直接与冷却釜相连，另一个出口经管道和阀门与计量泵相连接，以便提取液可再次经过计量泵打入提取罐中进行循环式提取。该循环系统由阀门控制，需要时就用，不需要时可关闭，不会对设备的正常运转有任何影响。

12.3.3 亚临界水提取设备的电路系统

亚临界水提取设备的整个电路设计遵循安全、可靠的原则。关键连接部位要设有漏电保护装置，当出现漏水、漏电及某些不明原因造成的短路，都会自动断电确保安全，此外，对于温度和压力的控制部分也应设计为超温或超压电路自动断电报警系统。

12.3.4 提取工艺流程

在蓄水池中装满去离子水，为了防止水中的氧气对提取罐及提取效果的影响，打开氮气罐的阀门，将氮气通入到蓄水池中，用氮气除去水中溶解的氧气；将粉碎到一定粒度的物料放进提取罐中，通过压力泵将水输送到预加热器中进行预加热，通过预加热器将水预热至所需的温度，而后再被输送到提取罐中，恒温炉用来保证萃取系统处于恒温状态；物料在一定的压力和温度下用水提取，提取一定时间后提取液由提取罐的底部流出，经管道流入冷却器中进行冷却，冷却至常温即可被放出进行收集。为了避免因高温丧失挥发性成分，冷却器用来迅速冷却流出的萃取液；冷却器和收集器之间安装有压力调节器，用于维持萃取罐中的水处于液体状态。

12.4 亚临界水提取天然产物活性成分的应用

亚临界水提取技术最早应用于土壤、沉积物、淤泥等环境样品中有机污染物的提取中。英国的 Basile 等(1998)第一次用亚临界水提取迷迭香叶片中的挥发油，由于技术优势明显，在此之后该技术很快作为从天然产物中提取挥发油的新方法而得以迅速发展。此后，随着对该技术研究的进一步深入，亚临界水提取技术逐步被应用于其他天然产物、食品等有效成分的提取中。目前，亚临界水提取技术在挥发油、多酚、黄酮、花青素、蛋白质、多糖、蒽醌及生物碱等有效成分的提取方面都有应用。

12.4.1 在挥发油提取中的应用

挥发油是植物中具有芳香气味,在常温下可挥发,并能随水蒸气蒸馏与水不相溶的油状液体的总称。天然产物中的挥发油是一类重要的活性成分,不但具有特殊的风味,而且大多具有多种药理活性,可广泛应用于食品、化工及医学等方面。天然产物挥发油的提取方法主要有传统的水蒸气蒸馏法、有机溶剂萃取法及新兴的超临界 CO_2 萃取技术等。水蒸气蒸馏法和有机溶剂萃取法是目前应用最广泛的传统植物挥发油或有效成分的萃取方法,但操作时间长、能耗高、选择性差、有机溶剂易残留等缺陷使得这两种传统方法的工业化、规模化应用受到了很大限制。近年来,超临界 CO_2 萃取技术以其无毒、残留量低、有效成分不易被破坏等优点备受称赞。但常用溶剂 CO_2 非极性和相对分子质量小的特点,使得对某些物质的溶解度较低、选择性不高而使提取效果并不理想,实际操作中往往要通过添加夹带剂来提高萃取率,萃取结束后,必须设法除去挥发油中的夹带剂,这势必导致工艺的复杂及易挥发成分的损失及氧化;另外,由于水不溶于 CO_2,因而超临界 CO_2 萃取过程常需将原料预先干燥,额外增加了成本,也使芳香性化合物油有所损失。此外,从植物中提取挥发油时,由于超临界 CO_2 不仅对挥发油而且对低极性的化合物如角质层中的蜡质、脂肪酸、有色物质及树脂也有相似的溶解性,提取过程中这些物质也会被提取出来,虽然采用复杂的体系也可以得到较纯的挥发油,但操作烦琐且对设备的要求也更为苛刻。

为了克服传统提取方法及超临界 CO_2 萃取方法的缺点,Basile 等(1998)进行了亚临界水提取迷迭香中挥发油的研究,并与传统的提取技术进行了比较。结果表明,含氧化合物的产量高于水蒸气蒸馏法的产量,能耗也较低,证实了亚临界水提取技术的确是一种可行的方法。在此之后,亚临界水提取技术逐渐被广泛应用于挥发油的提取当中。Gámiz-Gracia 等(2000)通过对比亚临界水提取、水蒸气蒸馏和二氯甲烷溶剂提取茴香油,研究结果表明,亚临界水提取更为迅速、清洁,氧化萜烯的浓度和得率更高。Fernández-Pérez 等(2000)利用亚临界水提取方法来分离月桂油,相比其他常规提取方法,提取时间更短,产品油质量更好,更便宜、更清洁。郭娟等(2014)对肉桂精油(主要成分为肉桂醛)进行亚临界水提取研究,并与水蒸气蒸馏法进行比较,结果表明采用亚临界水提取法,在提取温度 132℃、提取时间 38min、压力 5MPa 条件下肉桂精油的提取得率为 1.83%,肉桂醛得率为 11.521mg/g,与传统水蒸气蒸馏法相比,提取时间相当于水蒸气蒸馏法的1/6,肉桂精油得率提高了 15.8%,肉桂醛得率提高了 28.4%,亚临界水提取法提取肉桂精油具有省时、高效、产品质优等特点。

近年来,亚临界水提取技术在天然产物挥发油的提取应用方面得到了快速的发展。如表 12-2 所示相继有大量的亚临界水提取技术在挥发油提取方面应用的报道。根据郭娟等(2007)和郑光耀等(2010)的总结,亚临界水提取技术已成功应用于小茴香、紫苏叶、桉树叶、穗状牛至叶、丁香、墨角兰叶、香菜籽、月桂、洋葱、芫荽籽和花椒等植物挥发油的提取中。诸多研究充分显示了亚临界水提取技术在提取挥发油方面的优势:时间短、提取效率高、能耗低、所得挥发油质量好,是植物中挥发油的一种非常有前景的新型分离提取技术。

表 12-2　亚临界水提取技术在挥发油中的应用

原料	提取物	最佳工艺条件				分析方法
		温度/℃	时间/min	压力/10⁵Pa	流速/(ml/min)	
山香绿薄荷	挥发油	150	30	60	2	GC-TOF/MS
牛至叶	挥发油	125	24	20	1	GC-FID-MS
茴香	挥发油	150	30	20	2	GC-FID-MS
丁香	挥发油	150	100	20	2	GC-FID
迷迭香	挥发油	125～175	30	20	2	GC-FID
桉树	挥发油	150	20	50	2	GC-FID，GC-MS
芫荽	挥发油	125	120	20	2	GC-FID，GC-MS
月桂树	挥发油	150	35	50	2	GC-FID，GC-MS
石菖蒲	挥发油	150	5	50	1	GC-MS
博路都	挥发油	100	180	没提到	没提到	GC-FID，GC-MS
砂仁	挥发油	150	5	50	1	GC-MS

资料来源：郭娟等，2007

12.4.2　在多酚类物质提取中的应用

植物多酚类物质是天然产物的重要组成部分，包括植物单宁、黄酮类、木质素和一些简单的酚类等，具有抗突变、抗病毒、抗氧化以及抑制肿瘤发展等活性。近年来，植物多酚类物质的研究和应用越来越受到重视，亚临界水提取技术在多酚类物质的提取分离方面的应用也备受关注。目前国内外已经有不少文献报道植物多酚类物质的萃取、分离和利用情况。

Singh 和 Saldaña(2011)采用亚临界水提取技术提取马铃薯皮中的多酚类物质，得到了没食子酸、绿原酸、咖啡酸、原儿茶酸、丁香酸、对羟基苯甲酸、阿魏酸和香豆酸 8 种多酚类物质，而且提取物中总酚含量为 81.83mg/100g，远远高于传统的有机溶剂回流提取法。He 等(2012)采用亚临界水萃取技术提取石榴籽中的多酚类物质，发现该方法得到的多酚成分具有更高的抗氧化活性；Budrat 和 Shotipruk(2009)采用亚临界水提取苦瓜中的多酚化合物，结果表明：在温度为 150～200℃、压力 10MPa、流速 2ml/min 条件下，提取物中总多酚质量分数为 52.63mg/g，大大高于甲醇超声波提取的 6.00mg/g 和沸水回流提取的 6.68mg/g，其抗氧化活性比甲醇超声波提取或沸水回流提取高约 3 倍；Atuon(2009)采用亚临界水提取葡萄籽中多酚化合物，并用 HPLC 法对提取物进行了化学分析，结果表明：在温度 145～180℃、pH 4.5～7.8 条件下，提取效果最好，总多酚含量最高，并且随着提取温度提高，总多酚提取得率也随之增加，尤其是没食子酸、原花青素 B₁ 和原花青素 B₂，当提取时间同为 20min 时，亚临界水提取的总多酚含量是 70%乙醇常规提取方法的 2 倍，儿茶素、表儿茶素、没食子酸、原花青素 B₁、原花青素 B₂ 含量是 70%乙醇常规提取方法的 2～6 倍；薄采颖等(2011)采用亚临界水提取松树皮多酚成分，结果表明：当提取温度 150℃、提取时间 5min、液料比(g/ml)1∶20、提取压力 4MPa

时，多酚的提取得率为 4.86%，1 次提取且相同液料比条件下，比超声波辅助提取法和热回流提取法分别提高了 33.52%和 37.68%。亚临界水提取所得松树皮提取物对 DPPH 自由基具有良好的清除效果，其半数抑制质量浓度为 7.10mg/L，抗氧化性高于常用抗氧化剂 BHA(7.82mg/L)。刘鑫和高彦祥(2011)用亚临界水提取脱脂咖啡渣中的多酚类物质，发现随料液比(g/ml)[(1∶10)～(1∶70)]、提取时间(15～75min)、提取温度(110～190℃)的升高，提取液中总酚、总黄酮的提取量及其抗氧化活性先升后降；当料液比、提取时间和提取温度分别为(1∶50)g/ml、45min 和 170℃时，多酚类物质提取量及其抗氧化活性达到最佳。程燕等(2013)采用亚临界水提取黄芩中的黄芩素、黄芩苷、汉黄芩素和汉黄芩苷 4 种黄酮类化合物，结果发现黄芩样品颗粒越细，越有利于 4 种黄酮类化合物的提取，当黄芩颗粒在 60～100 目，4 种黄酮类化合物的提取速度最快、提取最完全；4 种黄酮类化合物的提取量随水量的增加而提高，当水量增至 4.0ml 时，提取量达到最大，进一步增加水量时，提取量保持不变；黄芩素和汉黄芩素的提取量随提取温度的升高而增加，而黄芩苷和汉黄芩苷随提取温度(＞140℃)升高，提取量下降，原因是黄芩苷和汉黄芩苷在过高温度下会发生降解；亚临界水提取法与有机溶剂乙醇提取法相比，乙醇提取法耗时 3h，获得的黄芩素、黄芩苷、汉黄芩素和汉黄芩苷分别为质量分数 0.03%、5.34%、0.01%和 1.26%的提取量，而亚临界水提取法提取 20min 可获得的黄芩素、黄芩苷、汉黄芩素和汉黄芩苷分别为质量分数 2.43%、4.86%、0.71%和 2.97%的提取量，提取时间和溶剂消耗量大幅度减少，提取效果更好。

随着多酚类物质市场需求量的不断增加及对亚临界水提取技术研究的深入，近几年来亚临界水提取技术在多酚类物质的提取应用方面发展迅速，呈现飞速增长的趋势。根据李新莹等(2012)的总结报道，目前亚临界水提取技术已应用于野蔷薇、诃子果实、菜籽、苦瓜、牛至、紫草、藻类、迷迭香等多种天然产物多酚类物质的提取中，此外，亚临界水提取多酚类物质的原料也向多元化发展，如采用亚临界水萃取技术从黄冠果中提取芒果苷(Kim et al.，2010)，从葡萄渣中分别提取原花青素和黄酮(Aliakbarian et al.，2012；Monrad et al.，2010)，从洋葱皮和沙棘叶中提取黄酮醇槲皮(Ko et al.，2011；Kumar et al.，2011)，从农业废弃物柑橘皮中提取黄烷酮橙皮苷和芸香柚皮苷(Cheigh et al.，2012)，以及从丹参中提取丹参红色素等(张丽影等，2010)。近年来亚临界水提取技术的应用范围也逐渐扩大，出现了以大豆胚芽、葛根和槐角为原料采用亚临界水提取技术提取总异黄酮的报道，研究发现亚临界水提取技术具有提取时间短、效率高和环境友好等诸多优点(丛艳波等，2012；周丽等，2012；王凤荣等，2011)。

由上述大量的研究可知，与传统的有机溶剂提取法相比，亚临界水提取技术用于提取多酚类物质时主要具有两大优势，一是具有较高的产品得率，二是所得多酚可以保持较强的抗氧化活性，是一种非常理想的新型提取方法。

12.4.3　在多糖提取中的应用

目前亚临界水提取技术在多糖类生物活性物质提取中的应用较为广泛，相对于传统的热水浸提工艺、酶提取法等，亚临界水提取技术提取多糖具有提取时间短、效率高、绿色环保等优势，实际生产中有较高的效益和可操作性，适合工业化生产以及适用于食品、药物等领域。

张锐等(2013)利用亚临界水提取党参中的炔苷和多糖,分别考察不同的料液比(g/ml)(1∶6～1∶18)、提取时间(0～75min)和提取温度(110～160℃)对党参炔苷和多糖提取率的影响,结果表明当料液比(g/ml)为 1∶12,提取时间为 45min,提取温度为150℃时,采用亚临界水提取党参炔苷和多糖的提取率分别达 0.110mg/g 和195mg/g,而在同样条件下采用水煎煮传统工艺提取党参炔苷和多糖,其提取率分别为 0.077mg/g 和78.22mg/g。娄冠群(2010)进行了亚临界水提取豆渣中大豆多糖的研究,并与传统热水提取法比较,结果表明用亚临界水提取大豆多糖时,提取率为 22.8%,与提取率为 12.3%的传统热水提取法相比有很大的提高;亚临界水提取法的提取时间为 11min,明显少于传统热水提取法的180min 提取时间。程斌(2015)利用亚临界水提取工艺从金针菇中提取金针菇多糖,以多糖提取率为考察指标,研究了提取压力、提取温度、料液比和提取时间对金针菇多糖提取率的影响,结果表明在提取压力 7MPa、提取温度 150℃、料液比(g/ml)1∶20、提取时间 12min 的条件下,金针菇多糖提取率达到 5.21%,高于热水浸提法,并且亚临界水法的料液比小于热水浸提法,这使得提取液中多糖的浓度增大,为后续浓缩和纯化提供了方便;此外,还发现亚临界水法提取时间仅需要 12min,比热水浸提法提取时间 150min 明显缩短,且亚临界水提取在温度保持的过程中几乎没有能耗。邓启(2015)采用亚临界水提取法提取黑木耳多糖,优化了亚临界水提取黑木耳多糖的工艺条件,并与传统的水浸提法、酶提取法、微波和超声波辅助法进行了比较,结果表明亚临界水提取黑木耳多糖的提取率较高,提取时间也较短。

膳食纤维因其特殊的生理功能,被营养学界补充认定为第七类营养素,目前,国内外普遍采用的膳食纤维的提取与制备方法主要有化学提取法、酶提取法、化学-酶结合提取法、膜分离法和发酵法。近几年有学者将亚临界水提取技术应用到膳食纤维的提取中,张百胜等(2014)进行了亚临界水提取麸皮中可溶性膳食纤维的研究,以麸皮中可溶性膳食纤维的得率为评价指标,通过中心组合设计(CCD)优化提取温度和提取时间,建立回归模型,进而得出亚临界水提取可溶性膳食纤维的最佳工艺条件为提取压力 15MPa,提取温度 230.10℃,提取时间 26.79min,经过实验验证,该条件下可溶性膳食纤维的得率高达 45.34%,该研究为亚临界水提取技术在功能性多糖提取领域的研究提供了一定的理论基础。

此外,为了进一步提高亚临界水的提取效果,赵超(2014)对亚临界水提取法和超声强化亚临界水提取法所提取的枸杞多糖进行比较研究,结果表明在相同提取条件下,超声强化法所提取的枸杞多糖提取率较高,抗氧化能力较强,具有一定的细胞免疫、降血脂和保肝作用,说明在亚临界水提取过程中,超声波的引入有助于枸杞多糖的提取率和抗氧化性的进一步提高,起强化作用。闵志玲(2015)在一定的提取压力(5MPa)下,采用超声耦合亚临界水提取法提取香菇多糖,分别研究提取温度、提取时间、料液比、超声电功率与香菇多糖提取率的关系,结果发现随着提取温度和时间的上升,多糖提取率明显提高,但当提取温度超过 180℃、提取时间超过 40min 时,都会导致多糖分解,使香菇多糖的提取率下降。随着料液比、超声电功率的增大,多糖提取率呈现先提高后降低的趋势,当提取温度、提取时间、料液比、超声电功率分别为 187℃、40min、(1∶30)g/ml

和 200W 时，香菇多糖的提取率最高，为 34.024%。

12.4.4 在食品副产物提取中的应用

食品在加工过程中会产生大量的食品副产物，如主食面包渣、豆腐渣、麸子麦糠、酱油渣(粕)、酒糟以及加工鱼虾类和肉制品的过程中排出的废料和舍弃物等，这些都是我们周围产生的食品副产物。稻草、麦秆、稻壳稻皮、压榨甘蔗粕和废糖蜜等也都是广义上的食品副产物。由于在食品副产物中还可得到十分充足的营养资源，因此，利用亚临界水在高温和高压下具有强烈的溶解能力和强烈的分解能力的特性可以很好地从食品副产物中提取有用成分，包括提取随分解反应产生的分解产物等，为高效率提取植物有效成分和低分子化学成分提供了酸碱法提取所达不到的新方法。

Sereewatthanawut 等(2008)利用亚临界水热分解脱脂米糠产生蛋白质和氨基酸,考察了不同温度(100～220℃)和不同时间(0～30min)对蛋白质和氨基酸提取得率的影响。结果表明：用亚临界水提取脱脂米糠，蛋白质和氨基酸的提取得率高于常规的碱法提取，而且随着温度和时间的增加，蛋白质和氨基酸的提取得率也增加，但过高的提取温度和提取时间延长，会引起过度的分解，使蛋白质和氨基酸的提取得率降低。当提取温度 200℃、提取时间 30min 时，蛋白质和氨基酸的提取得率最高，分别为 21.9%和 0.8%，而且表现出高的抗氧化活性。Pourali 等(2009)利用亚临界水热分解米糠，考察了不同温度(100～360℃)对米糠油、总有机碳和总氮提取得率的影响。结果表明：提取温度越高，米糠油得率越高，最高提取得率为 27%，高于常规的提取方法，亚临界水是提取米糠油的可行方法。在较高温度条件下，亚临界水能使米糠在 5min 内液化和分解，转化为水溶性化合物，总有机碳和总氮的提取得率最高分别为 14.0%(232℃)和 0.13%(280℃)。亚临界水转化米糠的纤维素为水溶性双糖和单糖，最大提取得率接近 20%，非常适用于作为生产生物乙醇的原料。米糠的蛋白质部分被水解为 14 种必需氨基酸和非必需氨基酸，主要有赖氨酸、谷氨酸、丙氨酸、天门冬酸。除了氨基酸外，米糠的分解产物还有 5 种数量较大的有机酸。大多数氨基酸产生的最佳温度为 127℃，但温度高于 227℃，氨基酸基本降解，而有机酸产生的温度要大于 190℃。因此，亚临界水也是一种很有前景的溶解水溶性生物质的介质。Ueno 等(2008)研究了用 60℃、80℃、120℃和 160℃亚临界水提取柑橘皮中的果胶，结果发现 160℃亚临界水提取效果最好，果胶的收率高达 80%。而采用水、0.4%六偏磷酸钠溶液和 50mmol/L 盐酸溶液连续提取柑橘皮中的果胶，果胶的总收率仅为 21%。因此，亚临界水提取技术是提取果胶的有效方法，而且不需要盐酸或螯合剂作为助剂。此外，韩业辉(2015)也利用亚临界水对豆渣中的可溶性大豆多糖进行了提取研究。

12.4.5 在其他有效成分提取及食品相关领域中的应用

12.4.5.1 内酯的提取

卡瓦胡椒的主要药效成分是卡瓦内酯(kava lactones)，具有调节神经递质、减轻压力、缓解焦虑、抵抗抑郁、松弛肌肉等作用，近年来作为药物和饮料在欧美市场上得到广泛应用。Kubatova 等(2001)采用亚临界水从卡瓦胡椒中提取卡瓦内酯，并与索氏提取、沸水提取和丙酮超声波提取方法进行了比较，结果表明：粉碎的卡瓦胡椒用 100℃水完全提取需要 2h，而用 175℃亚临界水提取只需 20min。未粉碎的卡瓦胡椒用 175℃亚临界水完全提取需要 40min，而用沸水提取需 2h，或索氏提取需 6h，且提取收率只有 40%～60%。未粉碎的卡瓦胡椒用 175℃亚临界水提取 40min，卡瓦内酯提取收率与使用丙酮、二氯甲烷或甲醇超声波提取 18h 相同。因此，无论粉碎与否，亚临界水提取收率均远远高于索氏提取、沸水提取和丙酮超声波提取方法。

12.4.5.2 蒽醌的提取

海巴戟根部含有丰富的蒽醌化合物，具有抗病毒、抗菌、抗癌等活性，其中最有药用价值的是虎刺醛，可用于治疗癌症和心脏病等慢性疾病。Shotipruk 等(2004)采用亚临界水从海巴戟中提取蒽醌，考察了不同温度(110℃、170℃和 220℃)和流速(2ml/min、4ml/min 和 6ml/min)等因素对蒽醌提取得率的影响。结果表明：在温度 220℃时提取得率最高，约为 43.6mg/g。在温度 170℃、流速 4ml/min 条件下，提取 3h，可将蒽醌提取干净。压力对提取得率影响很小。Anekpankul 等(2007)采用亚临界水从海巴戟提取虎刺醛，考察了不同温度(150～220℃)和流速(1.6ml/min、2.4ml/min、3.2ml/min 和 4ml/min)对虎刺醛提取得率的影响。结果表明：温度为 170℃，流速为 2.4～4ml/min，虎刺醛的提取得率最高，并认为亚临界水是一种有前景的从海巴戟中提取虎刺醛抗癌物质的方法。

12.4.5.3 其他有效成分的提取

亚临界水提取技术除了用于挥发油、多酚、黄酮和花青素类物质的提取外，还可用于天然产物中蛋白质、氨基酸、木脂素、纤维素等提取中。Asghari 和 Yoshida(2010)采用亚临界水提取技术从日本红松木中提取纤维素；Tanaka 等(2012)采用亚临界水提取技术从香橙皮中提取食用纤维素；Ho 等(2007)采用亚临界水从脱脂亚麻籽粉中提取木脂素、蛋白质和碳水化合物，考察了温度(130℃、160℃和 190℃)、溶剂 pH(4、6.5 和 9)、液固比值 90ml/g、150ml/g 和 210ml/g 对提取得率的影响。结果表明：木脂素的最佳提取条件是温度为 170℃、液固比值为 100ml/g、pH 9.0，提取得率为 21mg/g。蛋白质的最佳提取条件为温度 160℃、液固比值 210ml/g、pH 9.0，提取得率为 225mg/g。碳水化合物的最佳提取条件为温度 150℃、液固比值 210ml/g、pH 4.0，提取得率为 215mg/g。Baek 等(2008)采用亚临界水提取甘草的抗氧化营养物质，考察了不同温度(50℃、100℃、200℃和 300℃)、时间(10min、30min 和 60min)对甘草营养物质提取得率的影响。结果表明：用亚临界水提取甘草，甘草提取物的抗氧化活性增强，在 200℃提取 60min 或 300℃提取 30min，甘草提取物具有高的清除自由基活性、还原能力和总多酚含量。甘草次酸和甘草甜素最大提取得率条件分别为 100℃亚临界水提取 30min 和 60min，而甘草苷的最大提取得率条件为 300℃提取 60min。亚临界水提取温度和时间显著影响甘草提取物的抗氧化活性和营养物质含量。张海晖等(2013)采用亚临界水提取技术从板栗中提取蛋白质，研究了水料比、提取温度、提取时间、pH、提取压力对板栗蛋白提取率的影响，通过单因素试验和正交试验优化出板栗蛋白提取率的最佳工艺参数，结果表明，在水料比 20ml/g、提取温度 180℃、提取时间 25min、pH 9.0 和提取压力 4.0MPa 条件下，板栗蛋白最大提取率为 45.28%，与碱水提取法相比，亚临界水提取在提取时间和提取率方面具有明显的优势(碱水提取法的提取时间和提取率分别是 120min 和 39.69%)。卢薇等(2015)通过酶辅助亚临界水提取法从高温豆粕中提取大豆分离蛋白，与碱溶酸沉法相比，酶辅助亚临界水提取的大豆蛋白，提取率和抗氧化性都有显著提高，其中苷元型异黄酮含量是碱溶酸沉法的 2.84 倍，有明显的富集效果。

12.4.5.4　在其他食品相关领域的应用

目前，国内外已有将亚临界水提取技术应用于粮食、水果、蔬菜、肉制品中农药残留提取的报道(Wennrich et al.，2001)，结果表明，亚临界水提取具有提取率高、精密度好且操作简便的特点。例如，国内王耀和陆晓华(2006)成功研制了可用于现场快速测定的便携式亚临界水提取装置，并进行了亚临界水提取肉制品中亚硝酸盐的研究，建立了肉制品中亚硝酸盐的亚临界水提取预处理技术，提取率及精密度均好于现有的国标方法。

12.5　亚临界水色谱技术在目标组分分离检测和环境样品分析中的应用

12.5.1　亚临界水色谱技术简介

使用亚临界水作为洗脱剂的分离方法被称为亚临界水色谱(subcritical water chromatography，SubWC)，或过热水色谱(superheated water chromatography，SHWC)，或加压水色谱(pressurised water chromatography)。

1997 年，亚临界水色谱法应运而生(Miller and Hawthorne，1997；Blackwell et al.，1997；Smith and Burgess，1997)。根据 SubW 的性质，通过改变温度，水的极性可以在较大范围内变化，使其能在一个较宽的范围中对中等极性乃至非极性的有机物具有良好的溶解性，这就使采用改变柱温来实现类似于梯度洗脱的技术成为可能。例如，当 $T=250℃$、$P=5\sim35MPa$ 时，水的介电常数 ε 约为 28F/m，与乙腈($\varepsilon=37F/m$)和甲醇($\varepsilon=33F/m$)相近(Su et al.，2005；Miller and Hawthorne，1998)，说明可以用亚临界水代替乙腈和甲醇作为反相液相色谱(reversed phase liquid chromatography，RPLC)的流动相和萃取剂，水的程序升温能起到与液相色谱梯度淋洗相类似的作用。这能够提供一个环境友好的绿色的分析方法，也能够节约有机洗脱剂的使用量和废液的处理成本。

SubWC 仪器系统如图 12-3 所示，在常规 HPLC 系统中增加了一个高温柱温箱(一般采用带有程序升温功能的 GC 柱温箱)和柱后控压阀(使用 UV 检测器时，一般装在检测器之后，用以保证亚临界水在整个色谱系统中保持液态)。

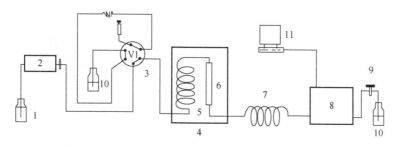

图 12-3　亚临界水色谱系统示意图(吴一超，2015)

1. 流动相储液瓶；2. HPLC 泵；3. 六通进样阀；4. 柱温箱；5. 预热毛细管；6. 色谱柱；7. 换热器；8. UV 检测器；
9. 控压阀；10. 废液瓶；11. 色谱工作站

SubWC 系统中只需要一个单泵，不需要配备混合器、梯度控制器和脱气机等常规 HPLC 部件，这能大大降低色谱分析的设备成本。用作流动相的超纯水通常需要脱气或通入 N_2 或 He，减少水中氧的含量，以尽量减少可能存在的仪器锈蚀和分析物的氧化。SubWC 的进样器也可以直接采用常规 HPLC 的六通进样阀，但要将进样器安装在柱温箱外，以便在室温下进样，防止可能发生的溶剂沸腾和挥发。在 SubWC 中理想的样品溶剂是水，使用其他强的有机溶剂可能会引起峰变宽，但是使用水作溶剂存在一些问题，有些样品在冷水中的溶解度很小，在分析这些样品时还需要加入有机溶剂改善样品的溶解度。

限制 SubWC 发展和应用的最大问题是色谱柱内固定相材料对高温环境的耐受性。SubWC 中用得最多的固定相是十八烷基硅烷键合硅胶填料(ODS)和聚苯乙烯-二乙烯基苯(polystyrene-divinylbenzene，PS-DVB)，前者在高温时不稳定，但对相对非极性的有机物洗脱很快(Smith and Burgea，1997)，后者可于约 180℃的高温下使用。Smith(2008)考察了几种固定相、检测器在药物及维生素检测方面的应用，并对 SubWC 进行了比较系统的综述。Miller 和 Hawthorne(1997)用亚临界水作为流动相，采用 FID 检测器分析了酒精饮料、羟基取代苯及氨基酸。Pawlowshi 和 Poole(1999)在聚合物柱上研究了温度对水及混合流动相分离的影响。近几年来，氧化锆(Kephart and Dasgupta，2002)和聚合物(Miller and Hawthorne，1997)等热稳定性色谱填料的出现促进了 SubWC 的发展。Young 等(1998)开发的两种新型的化学键合固定相分别为 brush 相和 branch 相，后者是以二氯硅烷为基质的键合相，非多孔型，在 pH<3 及 pH>9 时比前者更加稳定，溶质在其上的保留行为取决于溶质的性质，路易斯酸保留值大，而无离子或极性的基团的溶质保留值低，可有效地用于反相分离疏水性物质。另外一种新型固定相是 PS-ZrO_2，是在氧化锆的多孔微球上覆盖聚苯乙烯，其热稳定性高，Yan 等(2000)用它快速分离了 5 种苯酚。

SubWC 的保留机制尚不明确，有研究者利用范特霍夫方程对 SubWC 的热力学保留过程进行了探讨，并得出了不同的结论：对药物、分子质量较小的聚乙烯二醇和对羟基苯甲酸酯进行分析得到线性关系的范特霍夫方程曲线，表明在考察温度范围内 SubWC 的保留机制是恒定的(Dugo et al.，2007；Edge et al.，2006；Yarita et al.，2005)；而对苯胺、酚和烷基苯等几种分析物在混合苯及混合 C18 固定相内的分离行为进行分析却得到了非线性关系的范特霍夫曲线，表明在考察温度范围内 SubWC 的保留机制并不恒定(Wu et al.，

2015；Khateeb and Smith，2011）。Allmon 和 Dorsey(2010，2009)采用范特霍夫方程和线性溶解能关系(linear solvation energy relationship)讨论了亚甲基在 SubWC 中的保留机制及亚临界水作为洗脱剂的性质和在升温情况下氢键网络的断裂对色谱的影响。研究结果显示：与亚临界水相比，流动相中的乙腈或甲醇会降低溶质在固定相内的分散作用，从而降低保留焓驱动亚甲基基团在系统内保留的贡献。吴一超(2015)使用范特霍夫曲线比较了酚类物质中的羟基和硝基在不同流动相体系中的转移焓和熵。结果表明：与亚临界水相比流动相中乙腈和甲醇的存在降低了溶质与固定相之间的相互作用，从而降低了焓对保留的贡献。在亚临界水体系中氢键对酚类的保留起着一个非常重要的作用。Pawlowski 和 Poole(1999)测定了亚临界水(75～180℃)作为色谱溶剂的溶剂化参数。他们得出的结论认为常温水有高的内聚能和氢键容量，即使在 180℃时水仍然在很大程度上保留了这些特性，因此在 HPLC 中仍然还是一个比有机溶剂弱的洗脱剂；他们还认为加热水时水选择性的变化是不等同于向常温水中添加有机改性剂(如甲醇、乙腈、异丙醇)的效果。然而，亚临界水可以为极性化合物的分析提供一个互补的选择方案。Kondo 和 Yang(2003)用一系列芳香族化合物比较了亚临界水体系和水-有机溶剂体系的保留特性，他们得出的结论是亚临界水的温度升高 3.5℃相当于水-有机溶剂体系增加 1%的甲醇；亚临界水的温度升高 5～8℃相当于水-有机溶剂体系增加 1%的乙腈。

12.5.2　亚临界水色谱技术的应用

研究者最初担心的是 SubWC 色谱是在高温下应用，被分析的化合物可能会不稳定，发生分解或者重排。除少数例外，这些担心被证明是毫无根据的。首先，样品暴露在高温下的时间通常是很短的(5～30min)；其次，典型的热反应，如脱水反应，在一个充满水的环境中是不太可能进行的；氧化反应通常也能够避免，因为洗脱剂已经被脱气或用氮气冲洗以避免氧化。例如，研究者预计烷基对羟基苯甲酸酯在 SubWC 色谱中可能被氧化或水解，Smith 和 Burgess(1997)对此进行了研究，发现在高达 200℃时都没有发生分解。很多关于使用不同的色谱柱、条件和检测方法的 SubWC 广泛用于分析不同物质的研究被报道。最初的研究主要集中在对极性分析物的分离，如烷基醇和酚类，因为这些溶质能够比较容易地从 PS-DVB 系列色谱柱上洗脱。随着研究的深入，范围扩大到酯类等，如对羟基苯甲酸酯、酰胺、酯，甚至一些非极性烷烃和烷基苯的研究。

Brahmam 等(2016)通过控制水的温度及梯度洗脱法在 Alltech Adsorbosil C18 柱上成功分离了 3 种美国市售感冒药里的药效成分，图 12-4 与表 12-3 是其中一种感冒药中药效成分的分析检测结果。色谱分析条件是：流动相流速 1.0ml/min，UV 检测器波长 210nm，流动相 A 去离子水，B 100mmol/L 磷酸缓冲液，梯度洗脱程序 100% A 洗脱 1min，剩余时间是 100%B。温度程序是初始温度 25℃保持 3min，再以 15℃/min 的速度升温至 150℃并维持此温度至运行结束。

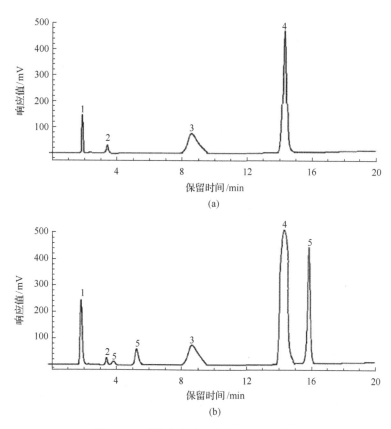

图 12-4 感冒药药效成分的 SubWC 谱图

(a)标准品谱图；(b)感冒药样品谱图。色谱峰对应的药效成分分别是：1.氢溴酸右美沙芬；2.马来酸氯苯那敏；
3.盐酸去氧肾上腺素；4.对乙酰氨基酚；5.基峰

表 12-3 感冒药药效成分浓度分析

药效成分	药物中的含量/(mg/15ml)	SubWC 检测的含量/(mg/15ml)	回收率/%	相对标准偏差/%
氢溴酸右美沙芬	30.0	28.8	96.0	3.6
马来酸氯苯那敏	4.0	4.2	105.0	1.8
对乙酰氨基酚	650.0	611.5	94.1	2.1

由图 12-4 及表 12-3 显示的结果可以看出：利用梯度洗脱联合亚临界水的温度调节而改变流动相对药效成分的洗脱效果，能够较好地分离目标组分，且对目标组分的量化分析结果准确度高，回收率在 94.1%~105%，相对标准偏差<4%。

Akay 等(2015)合成了 1-萘基聚(2-甲基丙烯酸羟乙酯-N-异丁烯酰基(L)-组氨酸甲酯)(NA-PHEMAH)颗粒(粒径为 2.0~2.1μm)，如图 12-5 所示。并利用其作为 SubWC 的固定相填料在 125~200℃，2%或 5%甲醇作为改良剂的条件下，成功分离了香兰素、乙基香兰素、香豆素、6-甲基香豆素和 7-甲基香豆素。对颗粒稳定性的研究显示：其能在 150℃条件下连续工作 500h。

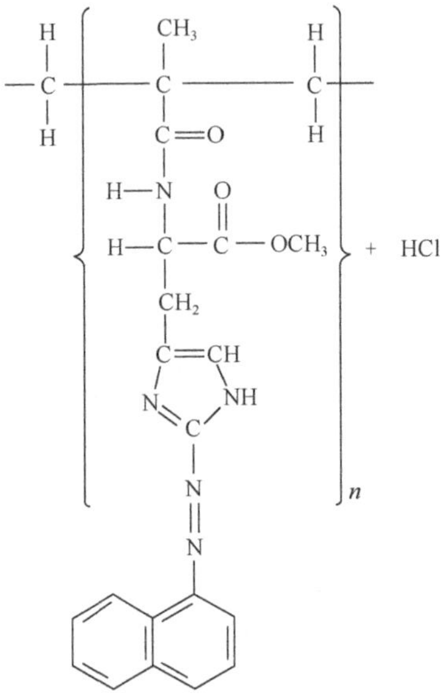

图 12-5　NA-PHEMAH 聚合物颗粒分子结构示意图

　　Drouxa 等(2014)对用于 SubWC 的手性多聚糖固定相的稳定性进行研究，并用乙腈和异丙醇作为改良剂，结果显示：在高温条件下(约 150℃)，色谱柱的选择性略有下降，且由于二氧化硅填料的溶解导致色谱柱分辨率显著降低，这表明 SubWC 对固定相的高温耐受性有较高的要求，由此可见寻找与 SubWC 相匹配的固定相是推广和发展这种绿色分析技术的关键所在。Hauna 等(2012)通过测定一系列保留参数值比较了 8 种商业化使用的 HPLC 固定相填料在高温条件下的稳定性，并测试了这些常用色谱柱填料能够耐受的最高温度限值。Steven 和 John(2010)测定了 SubWC 溶质传递过程的择形性和热力学值，并与甲醇/水、乙腈/水的传统流动相环境进行了比较。Pereira 等(2007)用 Hypercarb(多孔渗水石墨柱)色谱柱、UV 检测器(254nm)，采用 SubWC 在 100~200℃分离了嘌呤和嘧啶。Chienthavorn 等(2005)用 Zirconia PBD 氧化锆色谱柱、UV-NMR 检测器，在 SubWC 中使用程序升温(80℃~100℃~160℃，升温速率 2℃/min)分离了卡瓦内酯。Saha 等(2003)采用程序升温 SubWC(50~130℃，升温速率 4℃/min)在 Xterra RP18 色谱柱上分离，并用 UV 和 LC-NMR(D2O)分析了生姜的提取物。Louden 等(2002)用 Xterra C8 色谱柱在 160℃下用 SubWC 分离了蜕皮激素，并用 UV-IR-NMR-MS 联用检测器对其进行了研究。

　　未来，SubWC 的发展趋势是利用新材料技术开发热稳定性能更优良的固定相填料；通过使用不同的色谱柱，调节亚临界水流动相的温度程序和梯度洗脱程序，或者使用新型的绿色高效的改良剂，将 SubWC 用于更多弱极性甚至非极性物质的精确分离和分析。

12.6 亚临界水的水热液化效应及其在生物资源转化和有机合成中的应用

12.6.1 亚临界水水热液化效应简介

温度接近临界值(374℃)的 SW 具有低黏度、对疏水性化合物的高溶解性，及活跃的反应性和催化性，这种特性又被称为 SW 的水热液化效应，这种特性也使得 SW 成为一种可供选择的快速、均匀、高效的反应介质(Kruse and Dinjus，2007a，2007b；Krammer and Vogel，2000；Heger et al.，1980)。

SW 的特性与常温常压水不同，某些特性甚至不同于超临界水。SW 的介电常数从25℃、0.1MPa 条件下的 78F/m 可降至 350℃、20MPa 条件下的 14.07F/m(Uematsu and Franck，1980)，这也使得游离脂肪酸等疏水性有机物在 SW 中的溶解性显著增加，同时，盐类物质的溶解性下降。但不同种类的盐在 SW 中的溶解特性存在显著差异，NaCl 等被划分为"一型盐"的盐类物质的溶解度仍然较高，而 Na_2SO_4 等被划分为"二型盐"的盐类物质的溶解度较低(Hodes et al.，2004)。因此，当 SW 中含有较高盐分时，容易在换热器或反应器的内壁上形成细小的结晶泥，进而导致设备结垢甚至堵塞(Marrone et al.，2004)，在超临界水中这一问题更加严重。为解决这一问题，相关研究工作者提出并考察了几种不同的解决方法，如设计特殊的分离器和反应器进行盐分的在线分离(Schubert et al.，2010)。Bermejo 和 Cocero(2006)设计了一个改进的蒸发壁反应器，该反应器配置了一根内部有多个小孔的管件，能够实现对反应器的连续水洗并有效阻止反应器内壁盐床的形成。Dell'Orco(1993)则对利用水力旋流器解决这一问题的效果和可行性进行了考察。

水的离子积 K_w 在环境条件下是 10～14，在亚临界条件下是 10～12，这就意味着 SW 中包含有更多的 H^+ 和 OH^-，使其成为酸/碱解反应的理想媒介，许多像生物质水解这类由酸或碱催化的化学反应更容易发生(Hunter and Savage，2004)。此外，SW 的密度介于常温常压水和超临界水之间，尽管 SW 的温度较高，但其可压缩性仍然较低。SW 高密度和高解离常数的特性有利于碳水化合物和醇类物质的脱水及裂解这类离子反应的进行。与 SW 相比，在超临界水中发生的化学反应主要是自由基反应，并且更容易产生气化现象(Kruse and Dinjus，2007)。

腐蚀现象是 SW 设备使用过程中存在的主要问题，特别是在酸性和氧化性条件下会立即产生腐蚀现象。由于 SW 相较于超临界水具有更高的密度和极性，因此，在 SW 中发生的腐蚀现象比超临界水更为严重。腐蚀现象包括麻点腐蚀、普遍腐蚀、晶体间腐蚀和应力腐蚀裂纹(Kritzer，2004)。有研究工作者对不同材料在 SW 条件下的抗腐蚀性能进行了测试，结果发现只有少数材料具有足够的耐腐蚀性。目前，以镍合金的研究和应用最为普遍，此外，钛合金也表现出较好的耐腐蚀性能，但它们的机械强度有限，用它们加工制作的反应釜不能承受过高的压强值(Bermejo and Cocero，2006)。

国内外研究工作者报道了碳水化合物、木质素、脂肪和蛋白质几种主要生物质组分在 SW 中发生的水热液化反应(Toor et al.，2011)，结果显示：这些生物质组分在 SW 中生成的降解产物虽各不相同，但都依次经历了以下 3 个基本反应过程：①生物质的解聚过程；②生物质单体分子的分解过程（这一过程涉及单体分子的裂解、脱水、脱羧基和脱氨基反应）；③小分子的重组过程。不同的生物质组分发生上述基本反应的最低温度临界值不同，且在不同的反应温度阈值内，3 个基本反应过程的反应速率呈现不同的变化规律，进而导致反应产物的复杂性，会直接影响 SW 萃取物和反应产物的组成及品质。目前，国内外研究工作者主要致力于研究如何利用生物质原料在 SW 中发生的水热液化反应生产制造生物燃料这种新兴的绿色生物能源(Tekin et al.，2014)。

12.6.2 亚临界水水热液化效应在生物资源转化中的应用

生物质资源是可再生能源的重要来源之一，也是未来可持续能源系统的重要组成部分。生物质资源除了能直接用于燃烧产生热能外，将其转化成液体燃料用于部分替代燃煤、天然气等传统能源的研究备受关注。将生物质原料转化成液体燃料的方法主要包括生物化学法、生物技术法和热化学法(Hahn-Hägerdal et al.，2006；Lin and Tanaka，2006)。其中，燃烧、热解、气化和液化是报道最多的转化方法(Peterson et al.，2008)。近年来，利用亚临界水的水热液化效应对生物质资源进行转化利用逐渐成为这一领域的研究热点。以微藻和厨余垃圾为研究对象，利用它们在亚临界水中发生的水热液化反应制取生物油是亚临界水技术应用研究的一个重要方向，料液比、反应温度和反应时间是影响生物油化学组成、产量和性质的关键因素，响应曲面和正交设计优化方法常被用于拟合这些关键工艺参数对生物油产量的影响规律。水热液化法的转化温度一般控制在 280～370℃，压强则维持在 10～25MPa，水在此种条件下始终保持液态，并显现出一些特殊的性质(Behrendt et al.，2008)。在水热液化过程中，亚临界水既是反应物又是催化剂，这就使得生物质资源能够直接进行转化，从而节约了热裂解方法中干燥物料环节所消耗的能量(Bridgwater et al.，1999)。水热液化反应过程十分复杂，而且具有高度的底物依赖性。生物质资源经过 SW 水热液化转化后获得的主要产物包括：具有较高热值的生物柴油、焦炭、水溶性物质和气体。通过添加各种碱性催化剂，能够有效抑制焦炭的形成，进而提高生物油品的产量和质量。随着反应温度逐渐升高直至超过水的临界点时，气体会成为反应的主要产物。

由于工艺条件要求苛刻，利用亚临界水的水热液化反应进行生物质资源转化利用的工业化应用过程面临了各种挑战。诸如设备材料必须使用具有抗腐蚀特性的贵重合金，不仅如此，较高的操作压力也对如进料泵等设备的核心部件提出了更为严格的要求。迄今为止，大多数水热液化反应是在实验室完成的。巨额的投资成本成为该技术进行商业化应用的主要障碍。尽管如此，仍有一些科研团队致力于这一领域的相关研究。掌握不同生物质组分在 SW 中发生的水热液化反应过程，将有助于了解生物油能源产品的理化特性，便于通过控制反应底物和工艺参数优化这些特性达到满足生产和生活需要的目的。下面介绍几类主要生物质组分在 SW 中的水热液化转化过程。

12.6.2.1 碳水化合物

生物质是唯一可转化为液体燃料的可再生能源。纤维素类生物质通过快速热解或高压液化可以生产生物油，生物油经过加氢精制、分子筛裂解或水蒸气重整可以制取车用燃料、生物气等。所谓快速热解是指生物质在温度 500～600℃、压力 0.1～0.5MPa、惰性气氛下，利用热能快速打断相对分子质量大的有机物分子键，使之转变为含碳原子数目较少的低相对分子质量物质的过程，裂解时间是秒级（小于 2s），生成的气体经冷凝可得到生物油。所谓高压液化是指在溶剂介质中，在温度 200～400℃、压力 5～25MPa 的条件下，将生物质液化制取液体产物的过程。由于水安全、环保、易得，高压液化常用的溶剂是水，又被称为水热液化。人们对生物质水热液化的研究已经进行多年，并建立了几套放大试验装置，不过到目前为止还没有工业装置建成，主要是因为操作条件太苛刻。为了促进工业化进程，需要对水热液化进行以下方面的研究：①液化机理、动力学及反应途径；②催化剂；③固体残渣的处理及对管道的堵塞、污染；④适合高温高压的反应器材料。

生物质资源中含量最丰富的碳水化合物是多糖、纤维素、半纤维素和淀粉。在水热液化反应条件下，碳水化合物会迅速发生水解反应生成葡萄糖和其他糖类，这些糖类物质又继续降解产生小分子化合物。不同种类的碳水化合物水解速率不同。半纤维素和淀粉的水解速率比纤维素要快得多，这可能与纤维素的主干结构呈晶形排列有关。有相关研究工作者发表了碳水化合物在超临界和亚临界水中发生降解反应的综述性报道（Behrendt et al.，2008；Yu et al.，2008）。

（1）纤维素

纤维素是由葡萄糖分子间通过 β-1,4-糖苷键聚合而成，与淀粉不同，纤维素的直链分子结构决定了纤维素能在分子内和分子间形成牢固的氢键作用力，因此，纤维素具有很高的结晶度，这使它不溶于水，并能抵抗酶的攻击。然而，纤维素却能在亚临界水条件下迅速溶解并水解产生葡萄糖分子。纤维素由 500～10 000 个葡萄糖单元组成。纤维素分子中的羟基易于和分子内或相邻的纤维素分子上的含氧基团之间形成氢键，这些氢键使很多纤维素分子共同组成结晶结构，形成组成复杂的微纤维、结晶区和无定形区等纤维素聚合物。结晶结构使纤维素聚合物显示出刚性和高度水不溶性。因此高效利用纤维性有机废物的关键在于破坏纤维素的结晶结构，使纤维素结构松散。传统的纤维性有机废物处理工艺是集预处理、水解和发酵于一体，存在着过程比较复杂，经济投入较大，酸碱的后续处理，以及高效发酵酶的选择困难等问题。自 1982 年 Modell 提出水热水氧化工艺以来，它已经被广泛地应用于有机废物的处理，并获得了很好的效果。近年来，有机废物水热降解及资源化研究引起了国内外的广泛关注。通过利用水热条件下水的特殊溶剂性能和物理性质，反应过程中水既是反应介质同时又是反应物，在特定的条件下还能够起到酸碱催化剂的作用。水热条件下能够实现纤维素的破坏、水解和资源化回收的统一，产物中有一定量的高附加值有机化合物。

Rogalinski 等（2008）研究比较了纤维素、淀粉和蛋白质在 SW 中的降解速率常数，研究显示 3 种聚合物的水解速率显著不同，这就意味着快速加热有利于避免在温度达到设定值之前生物大分子发生解聚反应。压强为 25MPa 的 SW，当温度从 240℃升至 310℃时，纤维素水解速率增加了 10 倍，且相同条件下，纤维素的水解速率比淀粉慢得多。温度在

280℃时，2min 内，纤维素的转化率达到 100%。葡萄糖的分解速率随温度升高迅速增加。当温度升高至 250～270℃，葡萄糖的分解速率大于生成速率。通入 CO_2 后，伴随碳酸的产生，开始发挥酸性催化剂的作用，纤维素的水解速率显著增加，当温度超过 260℃时，这种催化作用开始减弱。

（2）半纤维素

半纤维素在植物性生物资源中的含量为 20%～40%，由木糖、甘露糖、葡萄糖和半乳糖 4 种不同的单糖聚合而成。不同种类的植物之间聚合单体差别很大（Bobleter，1994）。由于半纤维素分子结构中含有较多的侧链基团，且结构不均一，因此相较于纤维素，其结晶度低得多（Delmer and Amor，1995）。在温度超过 180℃的 SW 中，半纤维素易溶解、易水解，且水解过程能够被酸或碱催化。Mok 和 Antal（1992）研究发现存在于木材和草本植物中的半纤维素，在 230℃、34.5MPa 条件下，2min 内几乎 100%发生水解。

（3）淀粉

淀粉作为一种重要的生物质组分，是由葡萄糖单体之间通过 β-1,4-糖苷键和 α-1,6-糖苷键连接构成的多糖大分子聚合物。淀粉根据分子结构不同，分为线性结构的直链淀粉和分支结构的支链淀粉。与纤维素相比，淀粉分子更容易发生水解反应。

在间歇式反应器内，甘薯淀粉在 180～240℃，非固定压强，1min 内达到反应温度，且没有催化剂参与的条件下发生分解。快速升温至反应温度对于研究水解和降解反应是非常关键的。淀粉在 180℃条件下 10min 就已经完全溶解，但此时葡萄糖产量几乎可以忽略不计。200℃停留 30min 或 220℃停留 10min 时，葡萄糖产量最高可达 60%。继续升温至 240℃，停留 10min，由于葡萄糖发生降解从而导致其产量显著减少，降解产物以5-羟甲基糠醛为主（Nagamori and Funazukuri，2004）。

由此可见，SW 的温度相对较低时更容易促成脱水反应的发生，反之，温度相对较高时，更容易发生裂解反应而产生短链酸或小分子醛类物质。Miyazawa 和 Funazukuri（2005）对甘薯淀粉的水热液化反应研究结论进行了报道，结果显示：200℃停留 15min，非固定压强条件下，葡萄糖产量仅有 4%，这一结论比前人报道的 60%要低得多。但研究显示，葡萄糖的产量会随着充入反应介质内的 CO_2 的量增加而增加，且 CO_2 浓度在 0%～10%时，葡萄糖的产量与 CO_2 浓度之间呈线性增长关系。纤维素、半纤维素和淀粉的水热液化反应过程见图 12-6。

12.6.2.2 木质素

与纤维素、半纤维素一样，木质素也是构成植物资源的主要组分，是由对羟基苯丙素单体通过 C—C 和 C—O—C 键合而成的杂聚物，有反式-对位-香豆醇、松柏醇和芥子醇 3 种基本结构。木质素相对耐受化学降解和酶促降解。但在水热液化反应条件下，伴随 C—O—C 键的水解，会形成多种酚类物质和甲氧基苯酚。伴随甲氧基的水解，这些物质又会进一步降解。但苯环在水热液化反应条件下是稳定的。碱性条件能够催化木质素的水解反应。木质素的水热液化反应会产生大量的固体残留物，需要预先平衡好反应底物中木质素的量。木质素的降解反应过程见图 12-7。

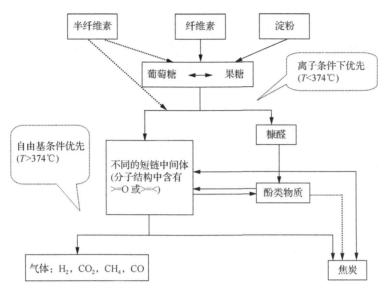

图 12-6 碳水化合物的水热液化反应示意图

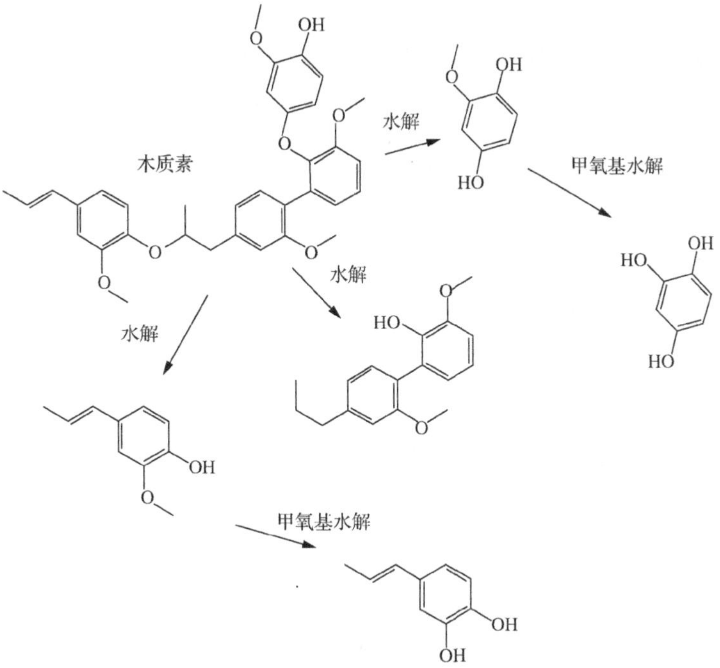

图 12-7 木质素降解示意图

Wahyudiono 等(2007)研究了木质素纯品在350～400℃的SW中发生的水热液化分解反应。结果显示：反应产物主要是儿茶酚、酚类化合物和混合甲酚类物质，这就意味着木质素内的甲氧基发生了二次水解反应。使用木质素纯品作为研究对象为研究者建立分解反应模型提供了可能性。另外一项在 374℃、22MPa 停留 10min 条件下对木质素进行的水热处理研究也获得了相似的结果 (Zhang et al.，2010)。

康世民(2013)以木质素为原料进行水热液化，率先证实木质素液化产物具有抗氧化性能，并进一步设计出有机溶剂-碱溶液复合萃取法对液化产物进行分类分离。首次提出以甲醛为添加剂对木质素进行水热碳化制备高产率水热焦，并对这些水热焦作为固体燃料和吸附材料进行探索。对包括木质素在内的几种生物质组分水热碳化产物(水热焦)进行了系统的对比分析研究，进一步拓展了生物质水热焦的高价值应用方向——合成水热焦磺化催化剂。然后依据所得水热焦磺化催化剂，设计出"一步法"取代常规两步法降解菊糖制备 5-羟基糠醛的工艺思路，以及提出了利用水热焦磺化催化剂代替均相催化剂进行催化水解木质素模型化合物的研究。

12.6.2.3 脂质

脂肪和油脂是非极性化合物，具有脂肪族的理化特性，其化学命名是甘油三酸酯。脂肪不溶于常温常压水，但 SW 的介电常数较常温常压水显著降低，使脂肪在 SW 中具有更好的混合性质。甘油三酸酯在高温高压水中易水解，且通常不需要催化剂，另外，反应生成的游离脂肪酸在 SW 中相对稳定。King 等(1999)研究了大豆油在 330～340℃，13.1MPa 的 SW 中发生的水解反应。结果显示：反应时间 10～15min 时，游离脂肪酸的产量为 90%～100%，通过使用带有透明窗的反应器，研究者能够对物质在 SW 中的相行为进行研究，研究发现：当温度达到 339℃时，反应器内的混合物变成均一相，此时反应迅速完成。

12.6.2.4 蛋白质

蛋白质是构成动物和微生物的主要化学组分，由一条或几条肽链构成，每条肽链又是由氨基酸单体通过肽键聚合而成的高分子化合物。蛋白质内包含的大部分氮素在水热液化反应过程中会转化成生物油的组分，会影响生物油产品的气味、燃烧等多个重要属性，因此，了解蛋白质的降解转化过程是十分重要的。蛋白质内的肽键在低于 230℃的 SW 中较稳定，仅发生非常缓慢的水解，产生少量的肽和氨基酸。酸性物质的存在(如向 SW 设备中通入 CO_2 气体)能显著促进蛋白质水解反应的发生(Yang et al.，2015；Sunphorka et al.，2012；Brunner，2009)。温度超过 250℃时，氨基酸的降解速率超过肽键水解速率，氨基酸开始发生脱氨基和脱羧基反应，裂解生成碳氢化合物、胺、醛和酸(图 12-8)(Klingler et al.，2007；Sato et al.，2004)。

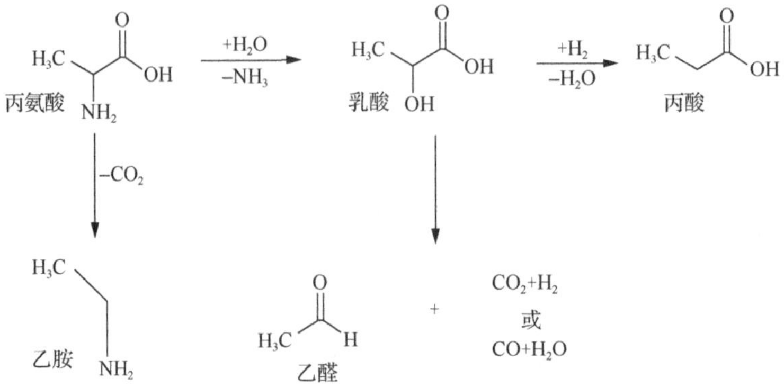

图 12-8　丙氨酸水热分解反应示意图

12.6.3 亚临界水水热液化效应在有机合成中的应用

利用 SW 作为媒介的反应可以分为均相反应体系和非均相反应体系两类。均相反应体系主要包括氧化反应、水解反应、羟醛缩合反应、贝克曼重排反应和生物质精炼。非均相反应主要是指酸/碱催化反应，包括生物质组分的水热转化反应、生物精炼过程涉及的有机合成反应和烯烃的水合反应。SW 的密度、离子积、介电常数等会对这些反应的反应速率、反应机理产生重要影响，因此，掌握 SW 物理性质对这些反应的影响规律并利用其控制反应路径和反应产物是十分有意义的。在过去 30 年间，SW 作为一种环境友好的反应媒介一直备受关注，研究领域涉及广泛，包括危险材料的销毁(Savage，2009)、有机合成(Nermin，2012)、无机材料的合成(Hayashi and Hakuta，2010)、废弃物内贵重物质再利用(He et al.，2008)、聚合物循环利用(Goto，2009)、生物质资源循环再生(Azadi and Farnood，2011)等。

12.6.3.1 均相反应体系

已经有许多关于超临界水中均相反应的研究报道，这些报道研究的重点问题之一是探讨这些反应的动力学。几组数据表明反应媒介——水性质的改变会显著影响反应速率。以发生在超临界水中的氧化反应为例，CO (Holgate and Tester，1994)、甲醇(Henrikson et al.，2006)、苯酚(Henrikson and Savage，2004)的分解速率是水的密度的函数。一些研究表明水解(Duan et al.，2010)、脱水(Anikeev et al.，2006)及其他有机反应(Zhang et al.，2010)也会受到水的密度的影响。一些科技评论报道讨论了水媒介在上述反应中发挥的作用(Kruse and Dinju，2007a，2007b)，水能够作为反应物质或催化剂参与反应过程，通过发挥溶质与溶剂的相互作用、溶剂重组效应、相行为、溶质与溶剂的碰撞作用、扩散限制作用及束缚效应等改变活化自由能。尽管这些文献较为详细地报道了水媒介对反应动力学的影响过程，其影响的微观机制仍未能被人们彻底地掌握。Kruse 和 Dinju(2007a，2007b)还指出：尽管取得了一些试验结果，人类对诸如氢键和溶剂化结构等水的微观结构认识还很有限。科学工作者仍需要进行更多的研究以获得有关 SW 溶剂化效应的更多知识。科学工作者仍需要在水的性质对化学反应的影响及对这种影响的动力学描述，如单个反应步骤的活化体积及其对密度和温度的依赖性等方面进行更多的研究以获得有关 SW 溶剂化效应的更多知识。

12.6.3.2 非均相反应体系

近些年来，以生物质资源为原料，制造生物油新能源作为石油替代品一直备受关注。这种转化过程被称为生物炼油。在生物炼油过程中，一项重要的技术是伴随酶催化转化过程的同时，进行着亚临界/超临界水参与的水热转化过程。有机原料的酸/碱催化反应，当催化剂不存在时，在亚临界/超临界水中仍能发生和进行，这与亚临界/超临界水具有很高的水离子积常数(K_W)有关，这也是水热转化过程的一个显著优势。尽管亚临界/超临界水具有酸/碱催化特性，生物质资源的水热转化研究仍经常使用催化剂以促进和控制反应过程(Toor et al.，2011；Jin and Enomoto，2011)。

最近在亚临界/超临界水体系内使用固态酸/碱催化剂催化水热液化反应的研究报道总结在表 12-4 中。其中，研究最多的反应是葡萄糖及其同分异构体、果糖的转化过程 (Daorattanachai et al.，2012；Weingarten et al.，2012)。葡萄糖是纤维素的结构单元，也是木质纤维素类生物质资源的重要组成部分，葡萄糖经过脱水反应能产生 5-羟甲基糠醛和乙酰丙酸这些有用的物质，因此，这些反应十分重要。通常，沸石被用作在110～180℃的低温条件下利用葡萄糖和果糖生产乙酰丙酸的反应催化剂(Zeng et al.，2010；Jow et al.，1987)。沸石催化剂的使用能够获得高产量的乙酰丙酸，但由于反应温度较低，一般反应时间需要耗费几个小时。有人对纤维素的转化过程进行了研究(Daorattanachai et al.，2012；Weingarten et al.，2012)。Weingarten 等(2012)考察了盐酸、磷酸锆和 70 大孔树脂(一种离子交换树脂)在纤维素转化反应中的催化活性，并提出了利用纤维素产生乙酰丙酸的转化过程包含160℃的有 70 大孔树脂参与的固体酸催化反应和190～270℃的非催化水热液化反应两个过程。

表 12-4　酸/碱催化剂在亚临界/超临界水中的应用

反应类型	反应物	催化剂	反应温度/℃	反应压强/MPa
生物质资源转化	葡萄糖，果糖	TiO_2，ZrO_2	200	未阐明
	葡萄糖，果糖，纤维素	CaP_2O_6，$\alpha\text{-}Sr(PO_3)_2$	200～230	未阐明
	果糖	磷酸锆	240	3.35
	果糖	ZrO_2，SO_4^{2-}/ZrO_2	200	未阐明
	葡萄糖，纤维素	70 大孔树脂，锆磷酸盐	150～270	未阐明
	葡萄糖，纤维素，木糖，木聚糖，甘蔗渣	TiO_2，ZrO_2，SO_4^{2-}/ZrO_2	200～400	未阐明
	甘蔗渣，稻壳，玉米芯	TiO_2，ZrO_2，TiO_2/ZrO_2	200～400	34.5
	甘油	TiO_2，WO_3/TiO_2	400	33
烯烃水合	丙烯	MoO_3/Al_2O_3，TiO_2	100～420	21～31
	环己烯	WO_x/ZrO_2	225～300	15～25
	1-辛烯	TiO_2	250～450	11～33
其他	甲醛	CeO_2，MoO_3，TiO_2，ZrO_2	400	25～40
	甲醛，乙酸，异丙醇，葡萄糖	CeO_2，MoO_3，TiO_2，ZrO_2	400	25～35

了解催化剂在亚临界/超临界水中的酸/碱性质对于选择适宜的生物转化反应催化剂是非常重要的。Watanabe 等(2003)利用酸/碱催化反应模型考察了金属氧化物催化剂(CeO_2，MoO_3，TiO_2，ZrO_2)在 400℃超临界水中的酸/碱性质，通过计算甲醛反应中甲醇/一氧化碳的值，确定了这些金属氧化物在超临界水中产生的 OH^- 的浓度，依次为 $CeO_2 > ZrO_2 > MoO_3 > TiO_2$（金红石型）$> TiO_2$（锐钛矿石型）。并进一步考察了金属氧化物在 400℃超临界水中的酸碱性特征，研究表明，MoO_3 和 TiO_2（锐钛矿石型）呈酸性，TiO_2（金红石型）和 ZrO_2 呈酸、碱两性特征，CeO_2 呈碱性。

12.7　亚临界水耦合技术

12.7.1　超声场耦合亚临界水技术的应用

　　利用超声场在 SW 媒介传播时产生的机械振动效应、热效应和空化效应促进和强化 SW 体系的传质过程和反应过程被称为超声场耦合 SW 技术。如图 12-9 至图 12-11 所示，将连接超声场发生器控制装置的变幅杆固定于 SW 的反应釜盖上，通过螺纹设计将釜盖固定在 SW 的反应釜顶部就实现了超声场与亚临界水媒介的耦合技术(杨日福等，2009)。目前，对超声场耦合 SW 技术的研究主要集中在萃取分离天然产物活性成分。

图 12-9　超声变幅杆耦合装置侧视图和俯视图

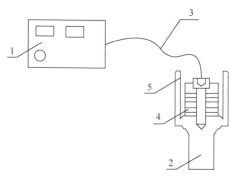

图 12-10　带超声换能器的亚临界水萃取釜盖结构简图

1. 超声波发生器；2. 变幅杆；3. 传输电缆；4. 压电陶瓷；5. 萃取釜盖

图 12-11　超声强化亚临界水萃取设备

　　杨日福等(2009)系统研究了超声场耦合 SW 装置,并利用该装置提取紫草(Huang et al.,2011)、葡萄籽(李超等,2010)、沙姜(Ma et al.,2015)中的精油、花青素等抗氧化成分,结果表明:在相同萃取条件下,超声场耦合技术的应用能显著提高目标成分的萃取率,缩短萃取时间,并且减少了 SW 高温萃取条件对目标组分抗氧化活性的影响,有利于保留 SW 萃取产物的活性和品质。Huang 等(2011)利用超声强化 SW 耦合技术萃取新疆紫草中的挥发油,结果显示:在 160℃、5MPa 的 SW 中,使用 250W、20kHz 的超声场耦合技术萃取 25min,能够将紫草挥发油的提取率从 1.87%提升至 2.39%。杨日福等(2015)利用神经网络技术建立了超声场耦合 SW 提取香菇多糖的数学模型,将提取温度、提取时间、提取压力、料液比、超声功率作为网络输入,香菇多糖得率作为输出,利用模型模拟预测多糖得率,并与响应曲面法的模拟预测效果进行了对比,结果表明,人工神经网络拟合值与实验值能很好地吻合,其拟合效果在一定程度上优于响应曲面。神经网络经过学习,能够对实验结果进行模拟计算,且能对相同萃取过程结果进行放大预测,模拟和预测精度都很高,能够有效避免模型求解过程中,因引入过多的假设和经验关联式而导致模型的预测可靠性降低,同时能够克服由于回归可调参数而需要大量实验数据的弊端,采用并行处理网络和逆向传播(BP)算法的逆向传播人工神经网络(BPANN)在分类识别、回归预测、生物、医药等领域广泛应用。

　　对超声强化 SW 萃取机理的研究主要涉及两个问题:其一,超声波是否能在 SW 中产生空化效应;其二,超声波在何种条件下的 SW 中能产生空化效应,以及空化强度的定量研究。对于理想纯水,一般认为水的分子距离增大到超出 $4×10^{-10}$m 时,水中就会产生空穴,即 $R_0≥4×10^{-10}$m。如果在超声强化亚临界水萃取的过程中,由于操作过程中空气没有排除干净,或者由原料带入的空气等原因使亚临界水含有空化泡核。这时的空化泡半径较大,一般为 μm 数量级,即 $R_0≥1×10^{-6}$m。杨日福等(2009)对上述两种半径的空化泡随 SW 压力和温度变化的空化阈规律和空化泡动力学过程进行了计算和研究,认为超声阈值随 SW 中压力的增大而增大,而随 SW 温度的升高而降低;在理想纯状态下 SW 的空化阈值比常温水的空化阈值要低。当存在空化泡的情况下,SW 的空化阈值比常温水的空化阈值要高。应用改进的 Rayleigh-Plesset 方程,采用 MATLAB 提供的四五阶 Runge-Kutta 法(ode45)积分函数求解,结果显示:空化泡初始半径越大,声压幅值越高,超声波输出功率越大,SW 温度越高,越容易产生空化,且空化程度越剧烈;反之,超声波频率越高,SW 压强越高,越不利于空化现象的发生,空化程度也越弱。

　　通常可以利用碘量法定量分析超声场在 SW 媒介产生的空化强度,即空化产额。研究发现:超声在亚临界水中产生的空化产额随温度的升高而增加,随压力的增大而减小,频率越低,空化泡形成后,压缩泡壁的挤压时间越长,越有利于空化泡的崩溃,增大空化强度。

12.7.2　生物酶解法耦合亚临界水技术的应用

　　生物酶解法耦合亚临界水技术是指利用酶的催化反应特性对生物质原料进行预处理,再利用 SW 萃取分离目标组分的技术,该技术主要被用于将生物质原料内含有的活性成分前体物质进行转化和分离,以达到提高活性组分生物利用率的目的。某些生物质原料富含淀粉，加热时因淀粉糊化，形成的淀粉糊会包裹在原料表面，大大降低萃取效率。利用淀粉酶预处理这类生物质原料，可以达到降低 SW 萃取体系黏稠度、避免体系发生冲浆现象、提高体系萃取效率的目的。与单独使用 SW 萃取沙姜精油的效果相比，使用耐高温 α-淀粉酶预处理沙姜颗粒，在 120℃的萃取温度下，沙姜精油的提取率提高了约 10%，提取压力减小了 2MPa，提取时间缩短了 10min(刘小草和丘泰球，2010)。秸秆属于木质纤维素原料，主要成分为木质素、纤维素和半纤维素。其中，木质素对纤维素和半纤维素形成包裹，而半纤维素则以无定型态的形式附着在纤维素周围，这种网状结构及纤维素的晶体结构使得在用木质纤维素生产乙醇时纤维素难以被酶降解。利用亚临界水预处理玉米和小麦秸秆，能够有效去除秸秆中的半纤维素和木质素，消除木质素和半纤维素对纤维素的束缚，破坏纤维素的晶体结构，从而利于后续的酶解和发酵过程，进而提高酶解-发酵生产乙醇这种清洁能源的效率(贾逾泽和吕欣，2013)。大豆蛋白和大豆异黄酮是豆类保健产品中的主要活性成分，具有多种重要的生理活性。部分大豆异黄酮以苷类形式存在，这类异黄酮苷元不能进入人体肠道被吸收。向大豆产品中添加外源性 β-葡萄糖苷酶或利用微生物发酵水解掉糖基，形成游离态的异黄酮能够显著促进其在人体内的吸收，达到促进人体健康的目的。与天然获得的大豆分离蛋白相比，利用蛋白酶酶解耦合亚临界水技术提取的大豆分离蛋白由于蛋白质分子展开，伴随更多小分子可溶性聚集体的形成，分散相表面能聚集更多的蛋白质，从而表现出更优良的乳化性能，并获得更稳定的乳浊液。由此可见，酶联亚临界水技术的应用能够为食品工业提供更多既具有显著生理活性，又具备优良乳化性能的新产品。Lu 等(2016)利用酶联亚临界水技术从热变性豆粕中提取大豆分离蛋白并对其理化性质、抗氧化性质、乳化性质和蛋白质组成进行研究，结果发现：大豆蛋白和酶解反应释放产生的还原糖在亚临界水媒介内发生了美拉德反应。与天然获得的大豆分离蛋白相比，酶联亚临界水技术提取的大豆分离蛋白含有更多非电荷氨基酸和疏水性氨基酸，表现出更显著的疏水特性。水解大豆蛋白使用的蛋白酶中含有少量的葡萄糖苷酶，能水解大豆异黄酮释放产生苷元。与传统技术相比，酶联亚临界水提取大豆分离蛋白的提取率更高，产品营养价值和乳化性能更高。

12.8　亚临界水及其耦合技术存在的问题与展望

相关研究已经表明亚临界水凭借其独特的理化性质在萃取分离、色谱分析、样品前处理、生物油制备、有机合成等多个领域展现出萃取时间短、提取效率高、能耗低、产品纯度高、环境友好、自动化等优点。这些优点使得亚临界水在新能源制造、食品加工、样品分析检测、活性成分分离、化学制造、医药生产等方面的应用成为一种可行的、具有极大发展潜力的新技术。但目前亚临界水的相关研究基本上都是实验室样品处理的应用规模，没有上升到工业化应用的水平，因此很有必要加强工业化应用的相关研究。

亚临界水作为一种新媒介，国内外关于它的研究还处于探索阶段，涉及亚临界水与待处理样品间发生相互作用的微观机理的研究还很匮乏，尤其是国内对该技术的研究才刚刚起步，相应的基础研究还极为有限；亚临界水提取的对象多为固体原料，由于原料本身属性的限制，在萃取罐中无法安装搅拌装置，物料往往是大量堆积在一起的，导致传质效率低和萃取的不均匀性，并且随装料量的增多和堆积高度的增大这种缺点表现得更为明显，尽管目前有文献报道使用超声波装置和酶解前处理能够有效提高亚临界水的处理效率，但这方面的报道很少，而且研究资料不够深入和全面，有关亚临界水新型耦合技术的研究是未来该领域的研究热点之一。

随着研究工作者对亚临界水媒介更多更深入地研究，同时顺应人类对自然健康生活的追求，这种具有特殊理化性质的媒介未来将在环境保护、新材料开发、药物制造领域发挥更重要的作用，是未来绿色加工制造技术的重要组成部分，能够为加快我国制造行业技术转型升级提供重要技术储备，更能有效提升相关产品的国际竞争力，其应用和研究前景广阔。

本章作者：郭娟　广东药科大学

黄萍萍　鲁东大学

参 考 文 献

薄采颖, 郑光耀, 陈琰, 等. 2011. 松树皮多酚的亚临界水提取及抗氧化活性初探. 林产化学与工业, 31 (6): 73-77.

程斌. 2015. 金针菇多糖的亚临界水提取工艺研究. 食品工业, 7: 47-49.

程燕, 曲绍凤, 李福伟, 等. 2013. 黄芩中 4 种黄酮类化合物的亚临界水提取研究. 山东科学, 26 (3): 11-14.

丛艳波, 张永忠, 刘潇. 2012. 亚临界水提取槐角中总异黄酮的研究. 中草药, 41 (5): 717-720.

邓启. 2015. 黑木耳多糖分离纯化及其对大豆分离蛋白磷酸化的研究. 东北林业大学硕士学位论文.

郭娟, 丘泰球, 杨日福, 等. 2007. 亚临界水萃取技术在天然产物提取中的研究进展. 现代化工, 27 (12): 19-24.

郭娟, 杨日福, 范晓丹, 等. 2014. 肉桂精油的亚临界水提取. 林产化工与工业, 34 (3): 92-98.

韩业辉. 2015. 亚临界水水解豆渣多糖工艺条件的研究. 安徽农业科学, 43 (35): 151-152.

贾逾泽, 吕欣. 2013. 小麦和玉米秸秆的亚临界水预处理条件优化及其生产燃料乙醇的研究. 西北农林科技大学学报 (自然科学版), 41 (12): 179-187.

康世民. 2013. 木质素水热转化及其产物基础应用研究. 华南理工大学博士学位论文: 34-103.

李超, 王卫东, 郑义, 等. 2010. 超声强化亚临界水萃取脱脂葡萄籽中原花青素的动力学研究. 化学工业与工程技术, 6: 13-17.

李新莹, 刘兴利, 冯豫川, 等. 2012. 亚临界水萃取在天然产物有效成分提取中的研究新进展. 食品工业科技, 33 (23): 414-418.

刘小草, 丘泰球. 2010. 酶解-亚临界水提取沙姜有效成分的研究. 食品科技, 35 (3): 215-218.

刘鑫, 高彦祥. 2011. 静态亚临界水提取脱脂咖啡渣中抗氧化活性成分的研究. 食品科技, 36 (9): 227-230.

娄冠群. 2010. 香菇多糖提取和 β-葡萄糖苷酶应用研究. 东北农业大学硕士学位论文.

卢薇, 丁简, 官燕华, 等. 2015. 酶辅助亚临界水提取高温豆粕蛋白及其性质研究. 现代食品科技, 31 (1): 126-130.

闵志玲. 2015. 超声耦合亚临界水提取香菇多糖的研究. 华南理工大学硕士学位论文.

王凤荣, 宋秀梅, 张博雅, 等. 2011. 亚临界水提取大豆胚芽中异黄酮及低聚糖的研究. 中国粮油学报, 26 (11): 32-35.

王耀, 陆晓华. 2006. 亚临界水萃取肉制品中的亚硝酸盐的研究. 食品工业科技, 27 (16): 178-183.

吴一超. 2015. 亚临界水色谱研究. 西华大学硕士学位论文: 3.

杨日福, 闵志玲, 耿琳琳. 2015. 人工神经网络建立超声耦合亚临界水提取数学模型. 应用化学, 44 (7): 1372-1375.

杨日福, 丘泰球, 范晓丹, 等. 2009. 超声强化亚临界水萃取装置设计及声空化分析. 现代化工, 2: 70-74.

张百胜, 陈海霞, 张娟梅. 2014. 亚临界水法提取麸皮可溶性膳食纤维工艺优化. 食品研究与开发, 14: 50-53.

张海晖, 邵亭亭, 段玉清, 等. 2013. 亚临界水提取板栗蛋白工艺研究. 食品工业, 34 (4): 67-69.

张丽影, 于国萍, 于纯淼. 2010. 丹参红色素的亚临界水萃取工艺. 食品科学, 31 (22): 110-113.

张锐, 张旭, 刘建群, 等. 2013. 党参的亚临界水提取工艺优选. 中国实验方剂学杂志, 19 (10): 34-37.

赵超. 2014. 超声强化亚临界水提取枸杞多糖的研究. 华南理工大学硕士学位论文.

郑光耀, 薄采颖, 张景利. 2010. 亚临界水萃取技术在植物提取物领域的应用研究进展. 林产化学与工业, 30(5): 108-114.

周丽, 张博雅, 张永忠. 2012. 亚临界水提取葛根中总异黄酮的研究. 中草药, 43(3): 492-495.

Akay S, Odabası M, Yang Y, et al. 2015. Synthesis and evaluation of NA-PHEMAH polymer for use as a new stationary phase in high-temperature liquid chromatography. Separation and Purification Technology, 152: 1-6.

Aliakbarian B, Fathi A, Perego P, et al. 2012. Extraction of antioxidants from winery wastes using subcritical water. J Supercritical Fluid, 65: 18-24.

Allmon S D, Dorsey J G. 2009. Retention mechanisms in subcritical water reversed-phase chromatography. Journal of Chromatography A, 1216(26): 5106-5111.

Allmon S D, Dorsey J G. 2010. Properties of subcritical water as an eluent for reversed-phase liquid chromatography-Disruption of the hydrogen-bond network at elevated temperature and its consequnces. Journal of Chromatography A, 1217(37): 5769-5775.

Anekpankul T, Goto M, Sasak I M, et al. 2007. Extraction of anti-cancer damnacanthal from roots of *Morinda citrifolia* by subcritical water. Separation and Purification Technology, 55: 343-349.

Anikeev V, Tsang W, Manion J A. 2006. Density effects in the reaction of 2-propanol in supercritical water. Combust. Sci. Technol., 178: 417-441.

Asghari F S, Yoshida H. 2010. Conversion of Japanese red pine wood (*Pinus densiflora*) into valuable chemicals under subcritical water conditions. Carbohyd Res, 345: 124-131.

Atuon I D. 2009. Use of subcritical water for the extraction of natural antioxidants from by-products and waste of the food industry. 14th workshop on the developments in the Italian PhD-Research on Food Science Technology and Biotechnology-University of Sassari o ristano: 16-18.

Azadi P, Farnood R. 2011. Review of heterogeneous catalysts for sub- and supercritical water gasification of biomass and wastes. Int. J. Hydrogen Energy, 36: 9529-9541.

Baek J Y, Lee J M, Lee S C. 2008. Extraction of nutraceutical compounds from licorice roots with subcritical water. Separation and Purification Technology, 63: 661-664.

Basile A, Jimenez-Carmona M M, Clifford A A. 1998. Extraction of rosemary by superheated water. Journal of Agricultural and Food Chemistry, 46: 5205-5209.

Behrendt F, Neubauer Y, Oevermann M, et al. 2008. Direct liquefaction of biomass- review. Chemical Engineering Technology, 31: 667-677.

Bermejo M D, Cocero M J. 2006. Destruction of an industrial wastewater by supercritical water oxidation in a transpiring wall reactor. Journal of Hazardous Materials B, 137: 965-971.

Blackwell J A, Stringham R W, Weckwerth J D. 1997. Effect of mobile phase additives in packed-column subcritical and supercritical fluid chromatography. Analytical Chemistry, 69(3): 409-415.

Bobleter O. 1994. Hydrothermal degradation of polymers derived from plants. Polymer Science, 19: 797-841.

Brahmam K, Yu Y, Ronita M, et al. 2016. Separation and analysis of pharmaceuticals in cold drugs using green chromatography. Separation and Purification Technology, 158: 308-312.

Bridgwater A V, Meier D, Radlein D. 1999. An overview of fast pyrolysis of biomass. Organic Geochemistry, 30: 1479-1493.

Brunner G. 2009. Near critical and supercritical water. Part I. Hydrolytic and hydrothermal processes. The Journal of Supercritical Fluids, 47(3): 373-381.

Budrat P, Shotipruk A. 2009. Enhanced recovery of phenolic compounds from bitter melon (*Momordica charantia*) by subcritical water extraction. Separation and Purification Technology, 66(1): 125-129.

Cacace J E, Mazza G. 2006. Pressurized low polarity water extraction of lignans from whole flaxseed. Journal of Food Engineering, 77(4): 1087-1095.

Cheigh C, Chung E, Chung M. 2012. Enhanced extraction of flavanones hesperidin and narirutin from *Citrus unshiu* peel using subcritical water. J Food Eng, 110: 472-477.

Chienthavorn O, Smith R M, Wilson I D, et al. 2005. Superheated water chromatography-nuclear magnetic resonance spectroscopy of kava lactones. Phyto-chemical Analysis, 16(3): 217-221.

Daorattanachai P, Khemthong P, Viriya-Empikul N, et al. 2012. Conversion of fructose, glucose, and cellulose to 5-hydroxymethylfurfural by alkaline earth phosphate catalysts in hot compressed water. Carbohydr. Res., 363: 58-61.

Dell'Orco P C, Li L, Gloyna E F. 1993. The separation of particles from supercritical water oxidation processes. Separation Science and Technology, 28: 624-642.

Delmer D P, Amor Y. 1995. Cellulose biosynthesis. Plant Cell, 7: 987-1000.

Drouxa S, Roy M, Félix G. 2014. Green chiral HPLC study of the stability of Chiralcel OD under high temperature liquid chromatography and subcritical water conditions. Journal of Chromatography B, 968 (2014): 22-25.

Duan P, Dai L, Savage P E. 2010. Kinetics and mechanism of N-substituted amide hydrolysis in high-temperature water. J. Supercrit Fluids, 51: 362-368.

Dugo P, Buonasera K, Crupi M L, et al. 2007. Superheated water as chromatographic eluent for parabens separation on octadecyl coated zirconia stationary phase. J. Sep. Sci., 30(8): 1125-1130.

Edge A M, Shillingford S, Smith C, et al. 2006. Temperature as a variable in liquid chromatography: Development and application of a model for the separation of model drugs using water as the eluent. Journal of Chromatography A, 1132(1-2): 206-210.

Eikani M H, Golmohammad F, Rowshanzamir S. 2007. Subcritical water extraction of essential oils from coriander seeds (*Coriandrum sativum* L). Journal of Food Engineering, 80: 735-740.

Fernández-Pérez V, Jiménez-Carmona M M, Leque de Castro M D. 2000. An approach to the static-dynamic subcritical water extraction of laurel essential oil: Comparison with conventional techniques. Analyst, 125: 481-485.

Gámiz-Gracia L, Luque de Castro M D. 2000. Continuous subcritical water extraction of medicinal plant essential oil: Comparison with conventional techniques. Talanta, 51: 1179-1185.

Goto M. 2009. Chemical recycling of plastics using sub- and supercritical fluids. J. Supercrit Fluids, 47: 500-507.

Hahn-Hägerdal B, Galbe M, Gorwa-Grauslund M F, et al. 2006. Bio-ethanole—the fuel of tomorrow from the residues of today. Trends in Biotechnology, 24: 549-556.

Hauna J, Oestea K, Teutenberg T, et al. 2012. Long-term high-temperature and pH stability assessment of modern commercially available stationary phases by using retention factor analysis. Journal of Chromatography A, 1263: 99-107.

Hayashi H, Hakuta Y. 2010. Hydrothermal synthesis of metal oxide nanoparticles in supercritical water. Materials, 3: 3794-3817.

He L, Zhang X F, Xu H G, et al. 2012. Subcritical water extraction of phenolic compounds from pomegranate (*Punica granatum* L.) seed residues and investigation into their antioxidant activities with HPLC–ABTS•+assay. Food Bioprod process, 90: 215-223.

He W, Li G, Kong L, et al. 2008. Application of hydrothermal reaction in resource recovery of organic wastes. Resour. Conserv. Recycling, 52: 691-699.

Heger K, Uematsu M, Franck E U. 1980. The static dielectric constant of water at high pressures and temperatures to 500MPa and 550℃. Berichte der Bunsen Gasellechaft fuer Physikalische Chemie, 84: 758-762.

Henrikson J T, Grice C R, Savage P E. 2006. Effect of water density on methanol oxidation kinetics in supercritical water. J. Phys. Chem. A, 110: 3627-3632.

Henrikson J T, Savage P E. 2004. Potential explanations for the inhibition and acceleration of phenol SCWO by water. Ind. Eng. Chem. Res., 43: 4841-4847.

Ho Chl H L, Cacace J E, Mazza G. 2007. Extraction of lignans, proteins and carbohydrates from flax seed meal with pressurized low polarity water. LWT-Food Science and Technology, 40(9): 1637-1647.

Hodes M, Marrone P A, Hong G T, et al. 2004. Salt precipitation and scale control in supercritical water oxidation—Part A: Fundamentals and research. Journal of Supercritical Fluids, 29: 265-288.

Holgate H R, Tester J W. 1994. Oxidation of hydrogen and carbon monoxide in sub- and supercritical water: Reaction kinetics, pathways, and water-density effects. 1. Experimental results. J. Phys. Chem., 98: 800-809.

Huang P P, Yang R F, Qiu T Q, et al. 2011. Ultrasound-enhanced subcritical water extraction of volatile oil from *Lithospermum erythrorhizon*. Separation Science and Technology, 45: 1433-1439.

Hunter S E, Savage P E. 2004. Recent advances in acid- and base-catalyzed organic synthesis in high-temperature liquid water. Chemical Engineering Science, 59: 4903-4909.

Jiménez-Carmona M M, Ubera J L, Luque de Castro M D. 1999. Comparison of continuous subcritical water extraction and hydrodistillation of marjoram essential oil. Journal of Chromatography A, 855: 625-632.

Jin F, Enomoto H. 2011. Rapid and highly selective conversion of biomass into value-added products in hydrothermal conditions: Chemistry of acid/base-catalysed and oxidation reactions. Energy Environ. Sci., 4: 382-397.

Jow J, Rorrer G L, Hawley M C, et al. 1987. Dehydration of D-fructose to levulinic acid over LZY zeolite catalyst. Biomass, 14: 185-194.

Kapalavavia B, Yanga Y, Marpleb R, et al. 2015. Separation and analysis of pharmaceuticals in cold drugs using green chromatography. Separation and Purification Technology, 158: 308-312.

Kephart T S, Dasgupta P K. 2002. Superheated water eluent capillary liquid chromatography. Talanta, 56 (6): 977-987.

Khateeb L A A, Smith R M. 2011. Elevated temperature separations on hybrid stationary phases with low proportions of organic modifier in the eluent. Chromatographia, 73 (7): 743-747.

Kim W, Veriansyah B, Lee Y, et al. 2010. Extraction of mangiferin from Mahkota Dewa (*Phaleria macrocarpa*) using subcritical water. J Ind Eng Chem, 16: 425-430.

King J W, Holliday R L, List G R. 1999. Hydrolysis of soybean oil in a subcritical water flow reactor. Green Chemistry, 1: 261-264.

Klingler D, Berg J, Vogel H. 2007. Hydrothermal reactions of alanine and glycine in sub- and supercritical water. The Journal of Supercritical Fluids, 43 (1): 112-119.

Ko M, Cheigh C, Cho S, et al. 2011. Subcritical water extraction of flavonol quercetin from onion skin. J Food Eng, 102: 327-333.

Kondo T, Yang Y. 2003. Comparison of elution strength, column efficiency, and peak symmetry in subcritical water chromatography and traditional reversed-phase liquid chromatography. Analytica Chimica Acta, 494 (1-2): 157-166.

Krammer P, Vogel H. 2000. Hydrolysis of esters in subcritical and supercritical water. Journal of Supercritical Fluids, 16: 189-206.

Kritzer P. 2004. Corrosion in high-temperature and supercritical water and aqueous solutions: A review. Journal of Supercritical Fluids, 29: 1-29.

Kruse A, Dinjus E. 2007a. Hot compressed water as reaction medium and reactant properties and synthesis reactions. Journal of Supercritical Fluids, 39: 362-380.

Kruse A, Dinjus E. 2007b. Hot compressed water as reaction medium and reactant 2. Degradation reactions. Journal of Supercritical Fluids, 41: 361-379.

Kubatova A, Miller D J, Hawthorne S B. 2001. Subcritical water and organic solvents for extracting kava lactones from kava root. Journal of Chromatography A, 923 (1): 187-194.

Kumar M S Y, Dutta R, Prasad D, et al. 2011. Subcritical water extraction of antioxidant compounds from Seabuckthorn (*Hippophae rhamnoides*) leaves for the comparative evaluation of antioxidant activity. Food Chem, 127: 1309-1316.

Lin Y, Tanaka S. 2006. Ethanol fermentation from biomass resources: current state and prospects. Applied Microbiology and Biotechnology, 69: 627-642.

Louden D, Handley A, Lafont R, et al. 2002. HPLC analysis of ecdysteroids in plant extracts using superheated deuterium oxide with multiple on-line spectroscopic analysis (UV, IR, 1H NMR, and MS). Analytical Chemistry, 74 (1): 288-294.

Lu W, Chen X W, Wang J M, et al. 2016. Enzyme-assisted subcritical water extraction and characterization of soy protein from heat-denatured meal. Journal of Food Engineering, 169: 250-258.

Ma Q, Fan X D, Liu X C, et al. 2015. Ultrasound-enhanced subcritical water extraction of essential oils from *Kaempferia galangal* L. and their comparative antioxidant activities. Separation and Purification Technology, 150: 73-79.

Marrone P A, Hodes M, Smith K A, et al. 2004. Salt precipitation and scale control in supercritical water oxidation—Part B: Commercial/full-scale applications. Journal of Supercritical Fluids, 29: 289-312.

McGowin A E, Adom K K, Obubuafo A K. 2001.Screening of compost for PAHS and pesticides using static subcritical water extraction. Chemosphere, 45: 854-867.

Miller D J, Hawthorne S B. 1997. Subcritical water chromatography with flame ionization detection. Analytical Chemistry, 69(4): 623-627.

Miller D J, Hawthorne S B, Gizir A M, et al. 1998. Solubility of polycyclic aromatic hydrocarbons in subcritical water from 298 K to 498 K. Journal of Chemical and Engineering Data, 43(6): 1043-1047.

Miyazawa T, Funazukuri T. 2005. Polysaccharide hydrolysis accelerated by adding carbon dioxide under hydrothermal conditions. Biotechnology Progress, 21: 1782-1786.

Mok W S L, Antal M J. 1992. Uncatalyzed solvolysis of whole biomass hemicellulose by hot compressed liquid water. Industrial & Engineering Chemistry Research, 31: 1157-1161.

Monrad J K, Howard L R, King J W, et al. 2010. Subcritical solvent extraction of procyanidins from dried red grape pomace. J Agric Food Chem, 58 (7): 4014-4021.

Nagamori M, Funazukuri T. 2004. Glucose production by hydrolysis of starch under hydrothermal conditions. Journal of Chemical Technology and Biotechnology, 79: 229-233.

Nermin S K. 2012. Organic reactions in subcritical and supercritical water. Tetrahedron, 68: 949-958.

Pawlowski T M, Poole C F. 1999. Solvation characteristics of pressurized hot water and its use in chromatography. Anal Commun, 36(3): 71-75.

Pereira L, Aspey S, Ritchie H. 2007. High temperature to increase throughput in liquid chromatography and liquid chromatography-mass spectrometry with a porous graphitic carbon stationary phase. Journal of Separation Science, 30(8): 1115-1124.

Peterson A A, Vogel F, Lachance R P, et al. 2008. Thermochemical biofuel production in hydrothermal media: A review of sub- and supercritical water technologies. Energy and Environmental Science, 1: 32-65.

Pongnaravane B, Goto M, Sasaki M, et al. 2006. Extraction of anthraquinones from roots of *Morinda citrifolia* by pressurized hot water: Antioxidant activity of extracts. The Journal of Supercritical Fluids, 37: 390-396.

Pourali O, Asgharif S, Yoshida H. 2009. Sub-critical water treatment of rice bran to produce valuable materials. Food Chemistry, 115: 1-7.

Rodríguez-Meizoso I, Marin F R, Herrero M, et al. 2006. Subcritical water extraction of nutraceuticals with antioxidant activity from oregano: Chemical and functional characterization. Journal of Pharmaceutical and Biomedical Analysis, 41: 1560-1565.

Rogalinski T, Liu K, Albrecht T, et al. 2008. Hydrolysis kinetics of biopolymers in subcritical water. Journal of Supercritical Fluids, 46: 335-341.

Saha S, Smith R M, Lenz E, et al. 2003. Analysis of a ginger extract by high-performance liquid chromatography coupled to nuclear magnetic resonance spectroscopy using superheated deuterium oxide as the mobile phase. Journal of Chromatography A, 991(1): 143-150.

Sato N, Quitain A T, Kang K, et al. 2004. Reaction kinetics of amino acid decomposition in high-temperature and high-pressure water. Industrial & Engineering Chemistry Research, 43(13): 3217-3222.

Savage P E. 2009. A perspective on catalysis in sub- and supercritical water. J. Supercrit. Fluids, 47: 407-414.

Schubert M, Regler J W, Vogel F. 2010. Continuous salt precipitation and separation from supercritical water. Part 1: Type 1 salts. Journal of Supercritical Fluids, 52: 99-112.

Sereewatthanawut I, Prapintip S, Watchiraruji K, et al. 2008. Extraction of protein and aminoacids from deoiled rice bran by subcritical water hydrolysis. Bioresource Technology, 99(3): 555-561.

Shotipruk A, Kiatsongserm J, Pavasant P, et al. 2004. Subcritical water extraction of anthraquinones from the roots of *Morinda citrifolia*. Biotechnology Progress, 20: 1872-1876.

Singh P P, Saldaña M D A. 2011. Subcritical water extraction of phenolic compounds from potato peel. Food Res Int, 44: 2452-2458.

Smith R M, Burgess R J. 1997. Superheated water as an eluent for reversed-phase high-performance liquid chromatography. Journal of Chromatography A, 785(1-2): 49-55.

Smith R M. 2008. Superheated water chromatography – A green technology for the future. Journal of Chromatography A, 1184(1-2): 441-455.

Steven D A, John G D. 2010. Properties of subcritical water as an eluent for reversed-phase liquid chromatography—Disruption of the hydrogen-bond network at elevated temperature and its consequences. Journal of Chromatography A, 1217(37): 5769-5775.

Su Y, Jen J F, Zhang W. 2005. The method development of subcritical water chromatography. Chinese Journal of Chromatography, 23(3): 238-242.

Sunphorka S, Chavasiri W, Oshima Y, et al. 2012. Kinetic studies on rice bran protein hydrolysis in subcritical water. The Journal of Supercritical Fluids, 65: 54-60.

Tanaka M, Takamizu A, Hoshino M, et al. 2012. Extraction of dietary fiber from *Citrus junos* peel with subcritical water. Food Bioprod Process, 90: 180-186.

Tekin K, Karagöz S, Bektaş S. 2014. A review of hydrothermal biomass processing. Renewable and Sustainable Energy Reviews, 40: 673-687.

Toor S S, Rosendahl L, Rudolf A. 2011. Hydrothermal liquefaction of biomass: A review of subcritical water technologies. Energy, 36: 2328-2342.

Uematsu M, Franck E U. 1980. Static dielectric constant of water and steam. Journal of Physical and Chemical Reference Data, 9: 1291-1306.

Ueno H, Tanaka M, Hosino M, et al. 2008. Extraction of valuable compounds from the flavedo of *Citrus junos* using subcritical water. Sepa-ration and Purification Technology, 62(1): 513-516.

Wahyudiono, Kanetake T, Sasaki M, et al. 2007. Decomposition of a lignin model compound under hydrothermal conditions. Chemical Engineering Technology, 30(8): 1113-1122.

Watanabe M, Iida T, Aizawa Y, et al. 2003. Conversions of some small organic compounds with metal oxides in supercritical water at 673 K. Green. Chem., 5: 539-544.

Watanabe M, Osada M, Inomata H, et al. 2003. Acidity and basicity of metal oxide catalysts for formaldehyde reaction in supercritical water at 673 K. Appl. Catal. A, 245: 333-341.

Weingarten R, Conner W C, Huber G W. 2012. Production of levulinic acid from cellulose by hydrothermal decomposition combined with aqueous phase dehydration with a solid acid catalyst. Energy Environ. Sci., 5: 7559-7574.

Wennrich L, Popp P, Breuste J. 2001.Determination of organochlorinepesticides and chlorobenzenes in fruit and vegetables using subcritical water extraction combined with sorptive enrichment and CGC-MS. Chromatographia Supplement, 53: 380-386.

Wu Y C, Deng X Q, Mao Y C, et al. 2015. Retention mechanism of phenolic compounds in subcritical water chromatography. Chemical Research in Chinese Universities, 31 (1): 103-106.

Yan B, Zhao J, Brown J S, et al. 2000. High-temperature ultrafast liquid chromatography. Anal. Chem, 72: 1253.

Yang W, Li X, Li Z, et al. 2015. Understanding low-lipid algae hydrothermal liquefaction characteristics and pathways through hydrothermal liquefaction of algal major components: Crude polysaccharides, crude proteins and their binary mixtures. Bioresource Technology, 196: 99-108.

Yang Y, Kayan B, Bozer N, et al. 2007. Terpene degradation and extraction from basil and oregano leaves using subcritical water. Journal of Chromatography A, 1152 (1/2): 263-264.

Yarita T, Nakajima R, Shimada K, et al. 2005. Superheated water chromatography of low molecular weight polyethylene glycols with ultraviolet detection. Anal. Sci., 21 (8): 1001-1003.

Young T E, Ecker S T, Synovec R E, et al. 1998. Bonded stationary phases for reversed phase liquid chromatography with a water mobile phase: Application to subcritical water extraction. Talanta, 45: 1189-1199.

Yu Y, Lou X, Wu H. 2008. Some recent advances in hydrolysis of biomass in hotcompressed water and its comparisons with other hydrolysis methods. Energy & Fuels, 22: 46-60.

Zeng W, Cheng D G, Zhang H, et al. 2010. Dehydration of glucose to levulinic acid over MFI-type zeolite in subcritical water at moderate conditions. React. Kinet. Mech. Catal., 100: 377-384.

Zhang B, Huang H J, Ramaswamy S. 2008. Reaction kinetics of the hydrothermal treatment of lignin. Applied Biochemistry and Biotechnology, 147: 119-131.

Zhang Y C, Zhang J, Zhao L, et al. 2010. Decomposition of formic acid in supercritical water. Energy Fuels, 24: 95-99.

13 超临界流体色谱法及其在化学成分检测中的运用

内容概要：超临界流体色谱法(supercritical fluid chromatography，SFC)是以超临界流体为流动相，以固体吸附剂(如硅胶)或键合到载体、毛细管壁上的高聚物为固定相的色谱方法。根据色谱柱类型，大体上可分为毛细管柱超临界流体色谱柱法和填充柱超临界流体色谱柱法两种。在 20 世纪 80 年代后期，尤其是近 10 年随着商用超临界流体色谱法仪器的快速发展，超临界流体色谱法方法理论逐渐成熟，被视为常用色谱法的良好补充，运用于各领域的分离分析，包括食品分析、药物分析、手性化合物分离、环保科学及制备分离技术等。

13.1 超临界流体色谱法概述

13.1.1 超临界流体色谱法的概念

超临界流体色谱法是以超临界流体为流动相，以固体吸附剂(如硅胶)或键合到载体、毛细管壁上的高聚物为固定相的色谱方法。超临界流体色谱法因流动相处于超临界状态，对物质的溶解能力比气体大得多，相当于有机溶剂，但扩散速度快、黏度低、表面张力小等特点又是有机溶剂所不具备的(陈卫林等，2007)。因此，超临界流体色谱法兼有气相色谱和液相色谱的特点。它既可分析不适用于气相色谱的高沸点、低挥发性样品，又具有比高效液相色谱更快的分析速度。

13.1.2 超临界流体色谱法的发展历史

术语"超临界流体色谱法"最早可能是由 Sie 和 Rijnders(1967)提出来的。早在 1973 年，Lovelock 就表达了将超临界流体运用于色谱法的想法，在 1961 年 Klesper 等就设计出了第一台超临界流体色谱法工作模型，略早于高效液相色谱法，并于 1962 年首次应用超临界流体(二氯二氟甲烷和一氯二氟甲烷)成功分离了金属卟啉化合物(Klesper et al.，1962)。

超临界流体色谱法比高效液相色谱法更早出现，但其发展比后者慢。早在超临界流体色谱法发明之前，气相色谱法已经是一种相当成熟的分析方法了，并且有现成的商用分析仪器。但气相色谱法不太适合分析热不稳定、不易挥发或极性化合物，当时研究界急于找到一种可以分析上述物质的方法，但是，巨大的努力先投入到了液相色谱法的研究中，因此，在 20 世纪 60 年代后期及 70 年代，超临界流体色谱法的发展完全被高效液相色谱法的高速发展所掩盖。这一现象可以从 1962～2012 年发表的 SCI 文献统计图(图 13-1)看出(Saito，2013)。

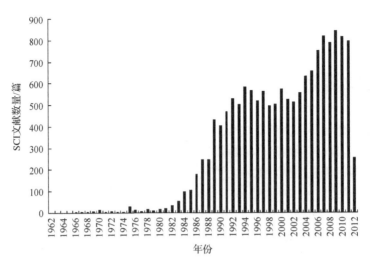

图 13-1 1962～2012 年超临界流体色谱法 SCI 文献统计图

　　直到大概 15 年前，市场上才出现有用于超临界流体色谱法的专用色谱柱。随着色谱柱技术的发展，适用于超临界流体色谱法的各种填料种类、粒径、规格的手性和非手性色谱柱越来越多，Kalíková 等(2014)综述了 2001～2013 年应用于超临界流体色谱法的各种手性色谱柱。尽管如此，即使普通的高效液相色谱柱可用于超临界流体色谱法，但直到今天，适用于超临界流体色谱的专用填充柱的可选择性也不如高效液相色谱法色谱柱的可选择性。

　　近几年来，超临界流体色谱法仪器得到了很大的发展，国外仪器公司推出了超高效超临界流体色谱仪和混合型色谱仪超临界流体色谱-UHPLC 等仪器，国内公司也致力于超临界色谱仪的研制，包括分析型、制备型及模拟移动床超临界流体色谱法等。目前世界上主要的超临界流体色谱法仪器品牌有：美国沃特世(Waters)公司，2008 年收购全球最大的超临界流体色谱供应商 Thar 公司，主要的仪器系列是 ACQUITY 系列；美国安捷伦科技有限公司，主要的仪器系列是 Agilent 1200 系列分析型超临界流体色谱法系统(Aurora 超临界流体色谱法 FusionA5)；日本岛津公司，主要的仪器系列是 Nexera UC。

13.2　超临界流体色谱原理

　　超临界流体的物理性质和化学性质，如扩散、黏度和溶剂化能力等，会随着密度的改变而改变，而超临界流体的密度可以通过调节其温度、压力等参数来改变。超临界流体密度的改变，使得其从类似气体到类似液体，无须通过气液平衡曲线，从而达到改变流体性质的目的。超临界流体色谱中的程序升密度相当于气相色谱中程序升温度和液相色谱中的梯度淋洗。

　　混合物在超临界流体色谱仪上的分离机制与气相色谱(GC)及液相色谱(LC)一样，即基于各化合物在两相间(流动相和固定相)的分配系数不同而得到分离。

13.3　超临界流体色谱装置

超临界流体色谱装置有两种仪器类型：毛细管柱超临界流体色谱仪(capillary column supercritical fluid chromatography，CCSFC)和填充柱超临界流体色谱仪(packed column supercritical fluid chromatography，PCSFC)。毛细管柱超临界流体色谱仪类似于气相色谱仪，装置示意图见图 13-2。而填充柱超临界流体色谱仪具备许多高效液相色谱仪的特征，装置示意图见图 13-3。超临界流体色谱法是气相和液相色谱法之间很好的补充。

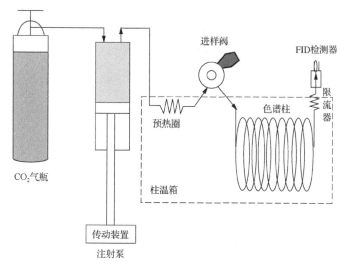

图 13-2　CCSFC 装置示意图

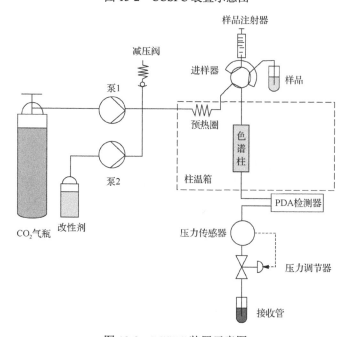

图 13-3　PCSFC 装置示意图

下面对超临界色谱仪中几个重要的部件进行简要介绍。

13.3.1　色谱柱

超临界流体色谱中的色谱柱可以是填充柱也可以是毛细管柱，即填充柱超临界流体色谱和毛细管柱超临界流体色谱。超临界流体色谱法依据待测物性质选择不同的色谱柱。几乎所有的液相色谱柱，都可以用于超临界色谱，常用的有硅胶柱(SIL)、氨基柱(NH_2)、氰基柱(CN)、2-乙基吡啶柱(2-EP)等和各种手性色谱柱，图 13-4 列出了常见固定相的使用范围。C18、C8 等反相色谱柱和各种毛细管色谱柱也广泛运用于超临界流体色谱分离分析中。

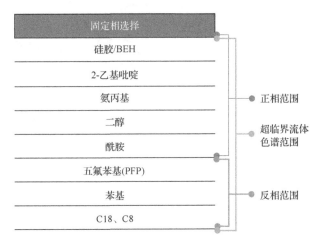

图 13-4　超临界流体色谱法固定相的选择

13.3.2　流动相

在超临界流体色谱中，最广泛使用的流动相是 CO_2。CO_2 无色、无味、无毒，易获取并且价廉，对各类非极性有机分子溶解性好，是一种极好的溶剂；在紫外线区是透明的，无吸收；临界温度 31℃，临界压力 $7.38×10^6 Pa$，在色谱分离中，CO_2 流体允许对温度、压力有宽的选择范围。除 CO_2 流体外，可作流动相的还有乙烷、戊烷、氨、氧化亚氮、二氯二氟甲烷、二乙基醚和四氢呋喃等。常见作为超临界流体色谱流动相的物质，其物理性质列于表 13-1(国家药典委员会，2015)。

由于多数药物都有极性，为增强流动相的溶剂化能力和洗脱能力，可根据待测物的极性在流体中引入一定量的极性改性剂，选择何种改性剂根据实验情况而定，最常用的改性剂是甲醇，改性剂的比例通常不超过 40%，如加入 1%~30% 甲醇，以改进分离的选择因子值。除甲醇之外，异丙醇、乙腈等也可作为改性剂，超临界 CO_2 与不同共溶剂的配合使用大大扩展了选择性方案的范围。反相色谱的极性改性剂选择范围较小，而正相与超临界流体色谱的选择范围则大得多(图 13-5)。值得注意的是，正相色谱中并非所有有机溶剂都可以彼此混溶，因此使得某些混合物不兼容。然而，超临界 CO_2 则可与图 13-5 中所有溶剂混溶，从而提供多种溶剂选择，影响分离选择性。

表 13-1 超临界流体色谱流动相物理性质

物质	分子质量/(g/mol)	临界温度/K	临界压力(标准大气压)/MPa	临界密度/(g/cm³)
二氧化碳(CO_2)	44.01	304.1	7.38(72.8)	0.469
水(H_2O)	18.015	647.096	22.064(217.755)	0.322
甲烷(CH_4)	16.04	190.4	4.60(45.4)	0.162
乙烷(C_2H_6)	30.07	305.3	4.87(48.1)	0.203
丙烷(C_3H_8)	44.09	369.8	4.25(41.9)	0.217
乙烯(C_2H_4)	28.05	282.4	5.04(49.7)	0.215
丙烯(C_3H_6)	42.08	364.9	4.60(45.4)	0.232
甲醇(CH_3OH)	32.04	512.6	8.09(79.8)	0.272
乙醇(C_2H_5OH)	46.07	513.9	6.14(60.6)	0.276
丙酮(C_3H_6O)	58.08	508.1	4.70(46.4)	0.278

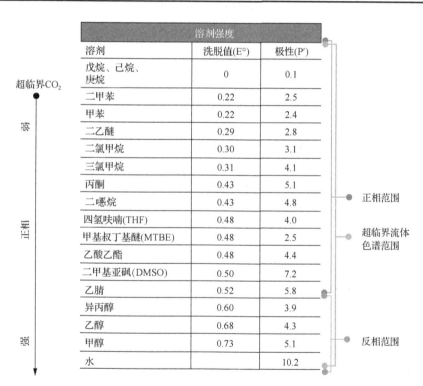

图 13-5 超临界流体色谱法改性剂的选择

　　另外，可加入微量的添加剂，如乙酸、三氟乙酸、三乙胺和异丙醇胺等，起到改善色谱峰形和分离效果、提高流动相的洗脱/溶解能力的作用。

13.3.3 检测器

　　高效液相色谱仪中经常采用的检测器，如二极管阵列检测器(DAD)、蒸发光散射检测器(ELSD)等都能在超临界流体色谱中很好应用。超临界流体色谱还可采用 GC 中的火焰离子化检测器(FID)、氮磷检测器(NPD)以及与质谱(MS)、核磁共振(NMR)等联用。与 HPLC-NMR 联用技术相比，作为流动相的 CO_2 没有氢信号，因而不需要考虑水峰抑制问题(图 13-6)。

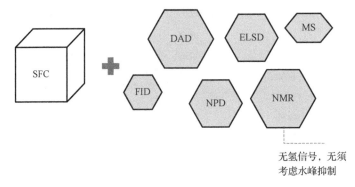

图 13-6　超临界流体色谱法检测器的选择

13.4　超临界流体色谱法运用

正如前文所述，经过近 20 年的发展低潮期后，在全世界化学分析家的努力下，超临界流体色谱法在 20 世纪 80 年代后期又快速地发展起来，尤其是过去十年中，随着商用超临界流体色谱法仪器的快速发展，超临界流体色谱法方法理论逐渐成熟，被视为常用色谱法(气相色谱法、高效液相色谱法)的良好补充，可用于多种物质的分离分析，运用领域包括食品分析、药物分析、手性化合物分离、环保科学及制备分离技术等。

13.4.1　在食品成分分析中的运用

食品中功能性成分组成复杂，如脂、糖、氨基酸、蛋白质、天然产物等，运用常规色谱分析法有时不易得到很好的分离度，或者样品前处理较为复杂，运用超临界流体色谱法对上述成分进行分离，可以取得良好的分离效果，尤其是对低挥发性、热不稳定和具生物活性组分具有良好的分离分析效果，因此，超临界流体色谱法广泛地应用于食品中功能性成分的分析研究上。下面以脂类化合物为例进行阐述。

脂类化合物包括游离脂肪酸、甘油三酯、甾醇类、磷脂类化合物等，脂类化合物在能量储存、细胞膜构成、新陈代谢、细胞信号传递、蛋白质运输等方面有着极其重要的生物学功能，这些功能得益于脂类化合物分子结构的多样性。很多疾病的发生也与脂类化合物结构的改变有关，如动脉粥样硬化、阿尔茨海默症、肥胖等。鱼油、植物油等食品中也含有丰富的脂类化合物，尤其是不饱和脂肪酸、磷脂类化合物等含量较高，这些化合物都是人体新陈代谢不可或缺的成分，上述食品因而成为人类摄入脂类物质的重要来源。因此，对脂类化合物的分析研究吸引众多生物学家和化学分析家。分析技术涉及毛细管气相色谱法、薄层色谱法、高效液相色谱法、超高效液相色谱法、电泳法、胶束动电毛细管色谱法、离子交换法和超临界流体色谱法(Donato et al.，2017)。因流动相对脂类化合物的良好的溶解性及高分辨率等原因，超临界流体色谱法也逐渐为分析家们所选择。

Ashrafkhorassani 等(2015)利用 Waters ACQUITY UPC² HSS 系列超高效超临界流体色谱法(UHP 超临界流体色谱法)对鱼油中的 31 种游离脂肪酸及其同分异构体、亲脂性物质进行分离测定。不同于气相色谱法，UHP 超临界流体色谱法测定时无须对样品进行皂化脱脂处理，这样有效避免了因蒸馏引起的不饱和脂肪酸热降解或异构化反应，并且具有分离度高、保留时间短、检出限低等优点。

色谱条件如下所述。

色谱柱：ACQUITY UPC² HSS C18 SB(150mm×3.0mm，1.8μm)；柱温：25℃；流动相：CO_2 为 A 相，甲醇(含 0.1%甲酸)为 B 相，按表 13-2 所列梯度洗脱。

表 13-2　洗脱梯度表

时间/min	流动相 A/%	流动相 B/%	流速/(ml/min)
0	98	2	1.0
0.5	98	2	1.0
8.5	96	4	1.0
9.5	80	20	1.0
11.5	80	20	1.0

修饰剂：异丙醇；反向压力：1500psi[①]；进样量：0.1～1.0μl；检测器：蒸发光散射检测器(ELSD)，分流比：1：3；MS：配 ESI 源。

甘油三酯(TAG)是人体内含量最多的脂类，大部分组织均可以利用甘油三酯分解产物供给能量，肝脏、脂肪等组织还可以进行甘油三酯的合成，在脂肪组织中储存。另外，甘油三酯也是动物乳汁中含量最高的脂类组分，占总脂肪的 98%以上，其组成影响奶制品的物理性质和营养价值(Beccaria et al.，2014)。

目前利用气相色谱法与高效液相色谱法在分析各种基质中的 TAG 组成方面取得了很多进展，但仍存在一些局限，如采用气相色谱法分析 TAG 时需要对分析物进行衍生化，操作复杂、费时，且只能得到 TAG 的脂肪酸组成，而不能得到脂肪酸酯化位置的信息；而高效液相色谱法分析复杂的 TAG 成分通常需要较长的运行时间。涂安琪和杜振霞(2016)运用超临界流体色谱-四极杆飞行时间质谱快速分析了牛奶与羊奶中的甘油三酯组分，在 25min 内分离并识别了 55 种甘油三酯与 16 种甘油二酯，并发现，区分羊奶样品的几个重要指标是 O—P—O、O—P—C、O—P—L、O—S—O 和 P—Co—C，结果表明这些较长链的 TAG 是羊奶与牛奶的显著差异成分；区分牛奶样品的几个重要指标分别是 P—P—Co、O—P—Co、O—M—Co、O—Bu—O 以及 O—P—P，主要是 O、P 与短中链脂肪酸所构成的 TAG。

---

① 1psi=6.894 76×10³Pa。

13.4.2　在医药成分分析中的运用

13.4.2.1　各国药典收录情况

经过近 20 年的快速发展，超临界流体色谱法技术越来越成熟，对低挥发性、热不稳定化学成分的高分离度和高实用性，加之其符合绿色化学理念，方法适用性越来越得到各国药物分析学家的验证。在超临界流体色谱法还未收录到各国药典中的时期，超临界流体色谱法可以很大程度地解决药典现有分析方法的局限性，为药品的安全性、有效性质量控制提供更有效的检测手段。成熟的超临界流体色谱法商品化仪器在重现性、精密度和稳定性等方面完全满足，甚至超越药典标准的要求，得到了广大制药用户的认可，并运用于实际生产和检测工作中。超临界流体色谱法逐渐被各国药典收录其中。

中国药典收录情况：

超临界流体色谱最早收录于《中国药典》是在 2010 年版"附录ⅨJ 质谱法 10.1.4 超临界流体色谱-质谱联用(超临界流体色谱法-MS)"中。目前最新版《中国药典》(2015 年版)，经第十届药典委员会执行委员会全体会议审议通过，于 2015 年 6 月 5 日发布，自 2015 年 12 月 1 日起实施。超临界流体色谱法被收录在《中国药典》2015 年版四部中。方法主要包括了超临界流体色谱法的概念、原理、对一般仪器的要求、系统适用性试验及测定法等内容。

在国外药典中，英国药典早在 2010 年就已经将超临界流体色谱法收录其中，收录版本为英国药典 BP2010，即 *Appendix III H. Supercritical Fluid Chromatography*，目前最新版本为英国药典 BP2017。欧洲药典最早收录超临界流体色谱法是在欧洲药典 EP 7.0 版本中，即 *2.2.45. Supercritical fluid chromatography*，目前最新版是欧洲药典 EP 9.0 版本。

在美国药典、印度药典、日本药局方暂未收录超临界流体色谱法。

13.4.2.2　在药物成分分析中的运用

西药常常成分单一，用普通的高效液相色谱即可进行分离分析，但采用超临界流体色谱法进行分离分析，可大大缩短工作时间。超临界流体色谱法对位置异构体、结构类似物等化学成分的分离效果较好。

结构类似的化合物，通常涉及共轭或非共轭的生物标记物(如葡糖苷酸、硫酸盐等)以及代谢物、降解产物和药物的有关物质。

最常见的结构类似物是类固醇(图 13-7)。不同类固醇在结构上的相似性使得即使通过质谱仪检测也很难实现它们的分离和分析，因为其质量数差异非常小。运用沃特世(Waters)超临界流体色谱法系统在多种色谱柱上使用通用筛查梯度即可在 2min 内轻松分离这些化合物(图 13-8)。由于此类化合物的低极性化学属性，这类物质的分离对反相液相色谱来说仍然较为棘手；而气相色谱法则需要进行衍生以改善峰形和检测限。使用沃特世 ACQUITY UPC^2 系统与 MS 检测联用，对此类物质进行定性和定量分析，则有较良好的效果。

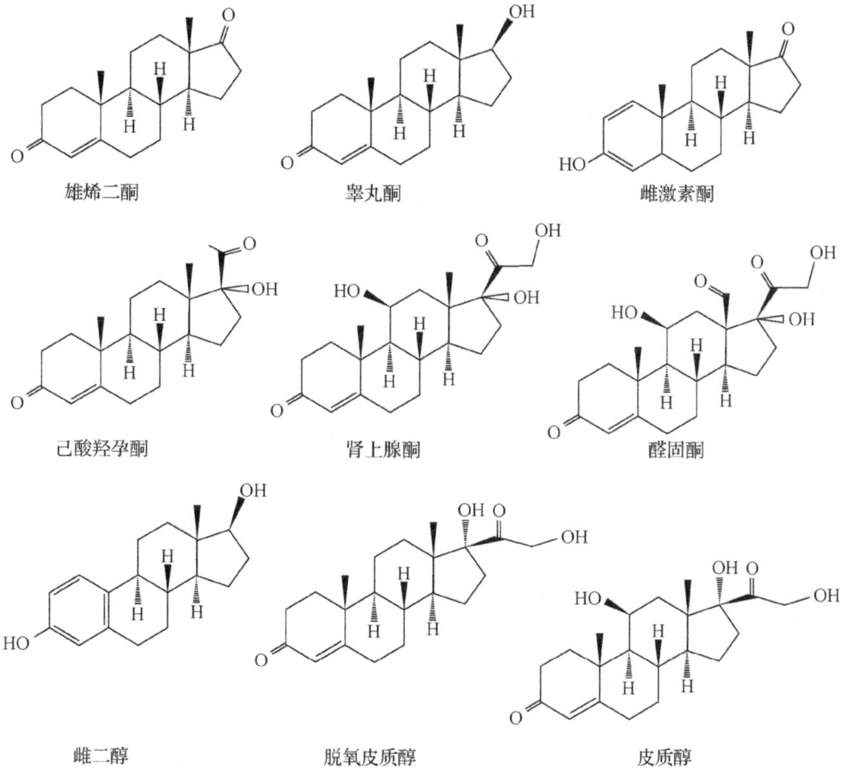

雄烯二酮　　　　　　　　睾丸酮　　　　　　　　雌激素酮

己酸羟孕酮　　　　　　　肾上腺酮　　　　　　　醛固酮

雌二醇　　　　　　　　脱氧皮质醇　　　　　　皮质醇

图 13-7　部分类固醇物质分子结构

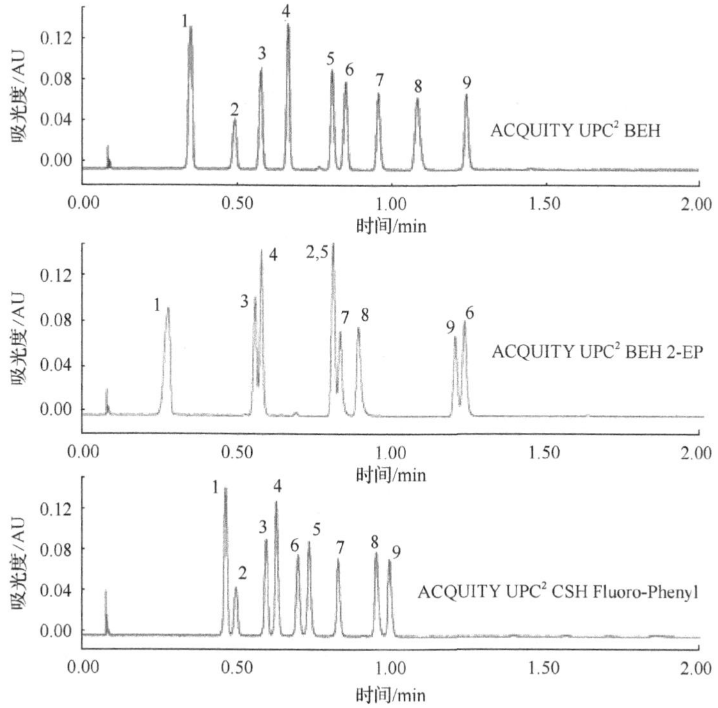

图 13-8　ACQUITY UPC² 系统色谱图

　　对于中药成分分析，由于成分复杂，结构类似，分离纯化相对难度较大。利用超临界流体色谱法对中药成分进行分离分析，也有大量研究文献报道。超临界流体色谱法对黄酮类、香豆素类、生物碱类等化合物均具有较好的分离效果。

　　值得注意的是，在使用超临界流体色谱法对中药成分进行分析时，由于中药含有糖、黏液等物质，所以在对中药的成分进行分离前，需要先对药物进行净化处理，以防止超临界流体色谱仪的色谱柱遭到污染。

13.4.3　在手性化合物分离中的运用

　　目前临床上使用的药物有 40%～50%是手性药物(李阳等，2014)。在药代动力学方面，手性药物可能在体内的吸收、分布、代谢和排泄中表现出一定的立体选择性。因此进行手性药物的拆分，对质量控制及药效评价具有重要的意义。

　　手性药物对映体在体内的药理活性、代谢动力学过程及毒性等存在着显著差异。美国食品药品管理局(FDA)在其关于开发立体异构体新药的政策(黄晓龙，2000)中要求在对手性药物进行研究时，必须进行手性拆分，分别获得该药物的各立体异构体；并要求企业在新药研发上，必须明确量化每一对映异构体的药效作用和毒理作用，并且当 2 种异构体有明显不同作用时，必须以光学纯的药品形式上市。2006 年 12 月国家食品药品监督管理局(CFDA)发布手性药物质量控制研究技术指导原则规定：手性药物的质控项目要体现其光学特征的质量控制。手性药物的开发倾向于发展单一对映异构体，广阔的市场前景对低成本、快速高效的分析方法获得单一的手性药物提出更高的要求。

　　化学分析家们在多年以前就已经认识到了超临界流体色谱法在手性药物化合物分离方面的应用价值。分析型分离通常难以实现，但它又是现实需要的，尤其是在快速手性筛查、手性方法开发、对映体过量率测定以及手性转化研究等领域。与正相 LC 不同，毛细管柱超临界流体色谱法与质谱检测高度兼容，因此能够鉴定并表征反应、生产过程以及生物系统中的对映体及其构型。图 13-9 对比了华法林对映体在正相和超临界流体色谱上的分离情况。与正相色谱相比，超临界流体色谱在极短的时间内即实现了对映体的基线分离(比正相色谱快 30 倍)。另外，超临界流体色谱无须使用购买和处理成本都很高的有毒溶剂，因此可将每次手性分离的分析成本降低 90%。所有这些优势使得超临界流体色谱法成为各类手性药物分析的首选技术。

　　手性药物在药物中占有很大的比例，手性对映体药物通过与体内大分子的不同立体结合，可产生不同的吸收、分布、代谢和排泄过程，导致药动学参数的不同，从而具有不同的药理作用，甚至产生药效拮抗。而其中一个异构体也可能是其消旋体药物不良反应的根源。因此，手性药物的分离测定在研究手性药物的体内药动学过程、确定药动学参数、控制质量和临床应用等方面都具有重要意义(武洁和冯芳，2004)。超临界流体色谱法采用超临界流体为流动相，具有检测方式和固定相种类多样的特点，在手性分离方面较好地弥补了高效液相色谱和气相色谱的不足，体现出良好的应用前景。超临界流体色谱法分离手性药物主要有手性固定相法和手性流动相添加剂法。其中主要以手性固定相法为主，分为 Pirkle 型手性固定相、环糊精手性固定相、聚糖类手性固定相、氨基酸

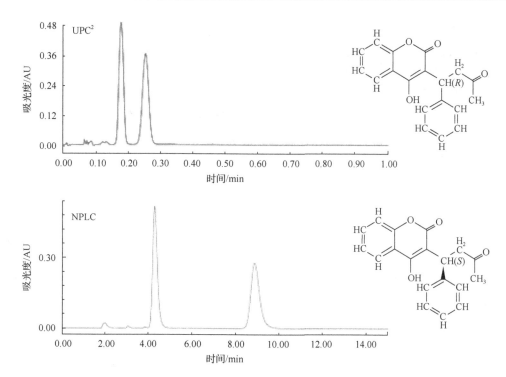

图 13-9 华法林对映体在正相和超临界流体色谱上的分离情况

和酰胺类手性固定相。另外还有手性流动相添加剂法,即在流动相中加入手性添加剂,用非手性柱也可以拆分手性药物。

Frenkel 等(2014)分别用气相色谱法、高效液相色谱法及超临界流体色谱法分离了海洋硅藻中的一种二酮哌嗪信息素的 2 种对映异构体:Cyclo(d-Pro-d-Pro)和 Cyclo(l-Pro-l-Pro),气相色谱法和高效液相色谱法用不同的环糊精手性固定相均没能实现此对映异构体的分离,超临界流体色谱法以直链淀粉衍生物为手性固定相,异丙醇为改性剂,在 4min 内实现了上述 2 种对映异构体的分离。多数情况下对于同一化合物超临界流体色谱法和高效液相色谱法都有较好的分离效能,但是超临界流体色谱法在流动相的流速、分离时间及有机溶剂的消耗方面要明显优于高效液相色谱法,且有时在高效液相色谱法难以实现手性分离的情况下,超临界流体色谱法仍能提供较好的分离度。

13.4.4 在环保化工中的运用

超临界流体色谱法技术使用二氧化碳等环境友好溶剂取代各类有机有害溶剂,对环境污染小,甚至无污染,是绿色技术,超临界流体色谱法的研究和应用是绿色化学的重要内容。以超临界二氧化碳代替传统工业溶剂,减少挥发性有机溶剂的排放,在倡导"创新、协调、绿色、开放、共享"理念的今天,超临界流体色谱法具有显著的优势和广阔的应用前景。

20 世纪 70 年代初期,世界性能源危机,环境污染以及矿物资源的枯竭,引起了全球对环境保护及自然资源合理开发利用等问题的高度重视。随着可持续发展战略思想在全球的推广，被埋没了 20 多年的超临界流体技术作为一种拥有清洁、高效、低耗能、经济等诸多特点的新型物质分离、精制技术再次得到了国外科学家和环保学者的瞩目(关卫龙，2015)。在石油、化工领域，超临界流体色谱法作为一种高效的分离分析手段，已日益得到了越来越多的重视和应用(吴嫡等，2008)。

柴油是目前使用最多的燃料之一，柴油质量的好坏不但影响柴油机的性能而且对大气环境也具有一定的影响。柴油中芳烃的含量直接影响柴油的燃烧性能，芳烃含量过多尤其是多环芳烃含量过多，会增加柴油机排放物的固体颗粒物、氮氧化物的含量(周宇红和黄庆梅，2006)。太史剑瑶等(2014)采用超临界色谱法分析柴油中单环芳烃和多环芳烃含量，并与质谱法对比。与质谱法、经典的柱色谱法相比，超临界流体色谱法具有快速、简便、无化学试剂污染等优点，不需要对样品进行任何预处理，一个完整的实验分析可以在 10min 内完成。有较好的方法重复性，与质谱法数据相关系数达到 0.99 以上，能很好地用于日常科研分析和产品质量的控制。

梅特勒-托利多仪器(上海)有限公司自动化化学仪器部 2005 年应用超临界流体色谱法，得到了从 C_{12} 到 C_{110} 共 30 个烷烃化合物的 SFC 谱图，其中 C_{28} 以前的烷烃可以在毛细管气相色谱上用程序升温的方法达到分离，但 C_{28} 以后的化合物的同时分离就比较困难。超临界流体色谱法作为一种介于高效液相色谱法和气相色谱法之间的色谱，能够解决高效液相色谱法和气相色谱法都不能解决的那部分问题，也就是低极性高沸点的有机化合物的分离问题。

13.4.5　在制备分离中的运用

制备色谱是指采用色谱技术制备纯物质，即分离、收集一种或多种色谱纯物质。从这个概念上讲，制备色谱并非分析色谱的简单放大：分析型色谱是通过对目标产物进行定性或定量分析，获取反映样品组成的信息，无须收集特定组分；制备型色谱则是按一定纯度要求，分离、富集或纯化一定量的目标产物进行后续研究，需考虑目标产物的产率、纯度等。

随着各种色谱技术的快速发展，制备色谱也有多种方法，包括高效液相制备色谱(preparative high performance liquid chromatography，PHPLC)、高速逆流色谱(high-speed countercurrent chromatography，HSCCC)、模拟移动床色谱(simulated moving bed chromatography，SMBC)、气相制备色谱(preparative gas chromatography，PGC)及超临界流体制备色谱(preparative supercritical fluid chromatography，PSFC)(贾丹等，2015)。

超临界流体色谱法通常使用 CO_2 作为流动相，是一项绿色环保的快速分离技术，能方便地将分析方法放大到半制备/制备的纯化方法，从而能低成本、高效率地获得高纯度的单一化合物，大大提高工作效率。Yan 等(2010)将超临界流体色谱法与其他制备色谱(PHPLC、稳态循环色谱、SMBC)进行了比较，发现其具有高效、高通量、低溶剂消耗量等优势。

超临界流体色谱法可分离的成分包括弱极性成分和极性化合物，其中选择合适的色谱柱是分离制备单体化合物的关键。由于超临界 CO_2 的低黏度和高扩散性等特点，减少了对色谱柱种类、柱长、粒径的限制，扩大了超临界流体色谱法所能选择色谱柱的范围，降低了各类天然产物分离制备的难度。超临界流体色谱法分离制备天然产物具有比PHPLC更好的分离性能、更简单的样品后处理方法、更加绿色安全等优点。

制备型超临界流体色谱法研究主要是用于二十碳五烯酸(EPA)与二十二碳六烯酸(DHA)的制备分离上。Montañés 等(2013)利用半制备超临界流体色谱法分离制备了海藻油和鱼油中的 EPA 和 DHA,其中得到的 EPA 纯度均大于 95%,DHA 纯度大于 80%。分离 EPA 的最佳条件如下:色谱柱采用 GreenSep^{TM} Silica(5μm)柱,流动相为纯超临界 CO_2,压力为 $1.7×10^7$Pa,温度为 333K,进样体积为 364μl。海藻油制备流速为 7.5ml/min,花生四烯酸(AA)和 EPA 能完全分离;鱼油制备流速为 10ml/min。分离鱼油中 DHA 所用的色谱柱为 GreenSep^{TM} PFP 柱,流速为 15ml/min。

13.5 结　语

现今,可用资源将越来越紧缺,可持续化学、绿色化学的呼声越来越高,超临界流体色谱法具备使用毒害试剂少、分析时间短、分离效能高、检测器兼容性强等优点,其运用前景将越来越广阔。在经历了 20 世纪后半段发展的兴衰史后,超临界流体色谱法在20 世纪 90 年代后期快速发展起来。尤其是在近些年,随着仪器、硬件及色谱媒介等方面的不断改进,结合 HPLC,超临界流体色谱法逐渐转变为 UHP 超临界流体色谱法,而不管是商业开发还是学术研究,其关注的焦点将集中在色谱柱设计、分析方法的开发等方面。

另外,从国外研究文献报道来看,超临界流体色谱法对对映异构体的分离的独特能力还未被完全开发。从复杂混合物中提取高纯度的对映异构体物质是未来超临界流体色谱法在物质分析、半制备及工业运用领域的发展方向。

本章作者:张　伟　深圳市药品检验研究院

参 考 文 献

陈卫林, 郭玫, 赵磊, 等. 2007. 均匀设计优化超临界 CO_2 流体萃取大黄蒽醌的研究. 中医药导报, 13(2):72-74.
关卫龙. 2015. 分析超临界流体技术及石油化工和环境保护中的应用. 山东工业技术, (13):285-285.
国家食品药品监督管理局.2006. 关于印发手性药物质量控制研究等 4 个技术指导原则的通知(国食药监注〔2006〕639 号).
国家药典委员会. 2015. 中华人民共和国药典 2015 年版 四部. 北京: 中国医药科技出版社.
黄晓龙. 2000. 美国 FDA 关于开发立体异构体新药的政策简介. 中国新药杂志, 9(9):650-652.
贾丹, 陈啸飞, 丁璇, 等. 2015. 制备色谱及其在药物研究中的应用. 药学服务与研究, 15(3):161-165.
李阳, 罗素琴, 刘乐乐. 2014. 手性药物的合成与拆分的研究进展. 内蒙古医科大学学报, 1:74-78.
太史剑瑶, 程仲芊, 凌凤香. 2014. 超临界流体色谱法测定柴油芳烃含量. 当代化工, (10):2199-2202.
涂安琪, 杜振霞. 2016. 超临界流体色谱-四极杆飞行时间质谱快速分析牛奶与羊奶中的甘油三酯.质谱学报, 9:1-10.
吴嫡, 齐邦峰, 程仲芊. 2008. 超临界流体色谱在石化产品分析中的应用. 化学分析计量, 17(5):74-77.
武洁, 冯芳. 2004. 超临界流体色谱法分离手性药物. 药学进展, 28(7):300-304.
佚名. 2005. 填充柱超临界流体色谱及其在石油产品上的应用. 色谱, (2):219.
周宇红, 黄庆梅. 2006. 二十一世纪柴油质量及其相关技术的发展趋势. 化学工程师, 20(2):19-21.

Ashrafkhorassani M, Isaac G, Rainville P, et al. 2015. Study of ultrahigh performance supercritical fluid chromatography to measure free fatty acids with out fatty acid ester preparation. Journal of Chromatography B, 997: 44-45.

Beccaria M, Sullini G, Cacciola F, et al. 2014. High performance characterization of triacylglycerols in milk and milk-related samples by liquid chromatography and mass spectrometry. Journal of Chromatography A, 1360: 172-187.

DonatoP, InferreraV, SciarroneD, et al. 2017. Supercritical fluid chromatography for lipid analysis in foodstuffs. Journal of Separation Science, 40:361-382.

Frenkel J, Wess C, Vyverman W, et al. 2014. Chiral separation of a diketopiperazine pheromone from marine diatoms using supercritical fluid chromatography. Journal of Chromatography B Analytical Technologies in the Biomedical & Life Sciences, 951-952(1): 58.

Kalíková K, Šlechtová T, Vozka J, et al. 2014. Supercritical fluid chromatography as a tool for enantioselective separation,a review. Analytica Chimica Acta, 821 (Complete): 1-33.

Klesper E, Corwin A H, Turner D A. 1962 . High pressure gas chromatography above critical temperatures. The Journal of Organic Chemistry, 27: 700-701.

Lovelock J.1973. Private Communication. W. Bertsch Thesis, University of Houston, Houston.

Montañés F, Catchpole O J, Tallon S, et al. 2013. Semi-preparative supercritical chromatography scale plant for polyunsaturated fatty acids purification. Journal of Supercritical Fluids, 79(79): 46-54.

Saito M. 2013. History of supercritical fluid chromatography: Instrumental development. Journal of Bioscience & Bioengineering, 115(6), 590-599.

Sie S T, Rijnders G W A. 1967. Chromatography with supercritical fluids. Analytica Chimica Acta, 38: 31-44.

Yan T Q, Orihuela C, Preston J P, et al. 2010. Supercritical fluid chromatography and steady-state recycling: Phase appropriate technologies for the resolutions of pharmaceutical intermediates in the early drug development stage. Chirality, 22(10): 922-928.

14 膜分离技术在食品工业中的研究应用

内容概要：膜分离技术(membrane separation technology，MST)至今已经成为最具发展前景的高新技术之一，被广泛应用于各领域中。本章对膜的分类进行了总结，并对膜分离技术在制糖工业、果蔬汁加工、调味品等食品加工等方面的应用进行了概述，以期为膜分离技术在食品工业中的科学有效应用提供理论指导，进一步推动食品领域的发展。

14.1 膜分离技术的基本概括

膜分离过程可看作是与膜孔径大小相关的筛分过程，是以膜两侧的压力差为驱动力，膜为过滤介质，当原料液流经膜表面时，只允许水、无机盐、小分子物质透过膜，而阻止原料液中的悬浮物、胶体和微生物等大分子物质通过，从而实现分离和澄清的目的(龙观洪等，2016；林红军等，2010；杨方威等，2014；韩虎子和杨红，2012；孙慧等，2014)。根据膜分离孔径大小的不同，膜分离主要可分为微滤、超滤、纳滤及反渗透等。一般微滤膜的孔径范围为 0.02～10μm，所施加压力差为 0.01～0.2MPa；超滤膜的孔径为 1～20nm，所施加的压力差为 0.1～1.0MPa；纳滤的孔径范围介于反渗透和超滤之间，孔径为 0.5～1.0nm，操作压力为 0.5～1.5MPa；反渗透通常被用于截留溶液中的盐分及小分子物质，孔径在 0.3nm 左右，所施加的压力差为 1.0～10MPa(沈悦啸等，2010；郑晓娟等，2016)。按制膜材料，膜可分为天然膜和合成膜。天然膜是指自然界存在的生物膜或由天然物改性或再生膜(如再生纤维素膜)。生物膜又分为生命膜(如动物膀胱、肠衣)和无生命膜(由磷脂形成的脂质体和小泡，可用于药物分离)。合成膜主要包括无机膜[金属膜(李忠宏等，2005)、陶瓷膜(范益群等，2013)等]和有机聚合膜(简称有机膜)(张雨薇，2016)。无机膜的耐热性和化学稳定性好，但是制作成本较高，有机膜易于制备、成本低，但在有机试剂中易溶胀甚至溶解，且耐热性和力学性能较差(Yin et al.，2013)。按几何形态，膜可分为板式膜、中空纤维膜、管式膜及卷式膜等，因几何形态不同，分离性能也各有特点。例如，板式膜结构简单，不易断裂，对原料混合液要求较低，但比表面小，设备效率低；中空纤维膜的结构复杂，膜丝易被打断，对原料混合液要求较高，但比表面大，设备效率高。

膜的截留作用可分为膜的表层截留和膜内部的网络截留，其中膜的表层截留有 3 种作用方式：机械截留、吸附截留和架桥截留。陶瓷膜的各种截留作用示意图如图 14-1 所示(李文等，2015)。膜过滤的方式可分为错流过滤和死端过滤两种(李文等，2015)。错流过滤是指原料液流动的方向平行于膜表面，在压力的驱动下含小分子组分的澄清液通过与之垂直的方向向外透过膜，含大分子组分的混浊浓缩液(截留液)被膜截留，从而使流体达到分离、浓缩、纯化的目的(李文等，2015)。死端过滤又称为全过滤，是指溶剂和小于膜孔径的溶质在压力的驱动下透过膜，大于膜孔径的颗粒被膜截留，堆积在膜面上。死端过滤操作简单，但膜污染和浓差极化严重，主要用于实验室的小型实验。与死端过滤相比，错流过滤的流体流动平行于过滤表面，在膜表面产生了剪切应力，可以带走膜表面的沉积物，防止滤饼不断积累，减小浓差极化对膜通量的影响，使之处于动态平衡，使过滤操作可以在较长的时间内进行(李文等，2015)。

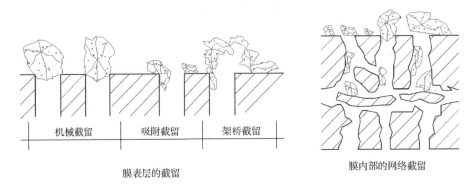

图 14-1　陶瓷膜各种截留作用示意图

14.2　膜分离技术在制糖工业中的应用

14.2.1　膜分离技术在混合汁澄清中的应用

一般认为，膜过滤应用于制糖工业的目的是完全或大部分取代传统的澄清工艺，而不是作为传统制糖澄清工艺的补充，因此膜过滤在制糖澄清工艺中应尽可能向前移(Gaschi et al.，2014)。所以，将膜过滤应用于混合汁的澄清是较好的选择(Li et al.，2017)。从事膜分离技术应用与研究有较高权威的美国陶氏化学公司(DOW CHEMICAL)曾与美国 CAMECO 糖业设备公司属下的洪艾伦公司(HONIRON)合作，以聚苯乙烯(polystyrene)为材料制成的有机膜过滤澄清甘蔗糖厂的混合汁。他们先在哥伦比亚一家甘蔗糖厂进行中试试验，成功后在佛罗里达州和夏威夷的各一间甘蔗糖厂进行生产应用(陈世治，1997)，其工艺流程图如图 14-2 所示。

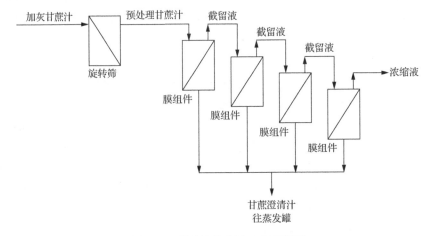

图 14-2　膜过滤甘蔗汁工艺流程图

该膜过滤装置日产白砂糖 100t,由四级串联的膜组件(立式圆柱形,直径约 1.5m)组成,每级膜组件由许多直径为 1.5~3.0mm 的膜管束组成,安装方式类似于列管式换热器;膜管的过滤孔径在 0.1~0.2μm;每级膜组件的过滤面积约为 90m²。甘蔗糖厂的混合汁(甘蔗汁)经过孔径为 170μm 的筛网过滤后,加入石灰乳调节甘蔗汁的 pH=6.6~6.8,得到加灰甘蔗汁;将加灰甘蔗汁加热到 80℃后,再经筛网孔径为 50μm 的旋转筛过滤后,得到预处理甘蔗汁;预处理甘蔗汁经第一级膜过滤后,得到第一截留液和甘蔗澄清汁;第一截留液经第二级膜过滤后,得到第二截留液和甘蔗澄清汁;第二截留液经第三级膜过滤后,得到第三截留液和甘蔗澄清汁;第三截留液经第四级膜过滤后,得到浓缩液和甘蔗澄清汁。最后排出的浓缩液的纯度为 15%~20%,作为副产物可与废蜜合并再利用。甘蔗汁经膜过滤后,能得到质量较好的甘蔗澄清汁,蔗汁中的悬浮物以及绝大部分大分子物质如大分子色素、葡聚糖、蔗脂、蔗蜡、蛋白质、胶体、淀粉等均能被过滤去除。甘蔗澄清汁经蒸发浓缩、煮糖结晶后可得到色值为 100~150 IU 的白砂糖。每过滤一天(24h)需要清洗膜一次,膜的使用寿命为 400~500 天。

Li 等(2017)以膜孔径为 0.05μm 的陶瓷超滤膜(江苏久吾高科技股份有限公司)处理甘蔗糖厂的混合汁进行了中试试验,该套膜装置过滤混合汁处理量为 5.5m³/h,所用的膜过滤系统流程图如图 14-3 所示,实物图见图 14-4。该套陶瓷膜中试系统一共由五级串联的陶瓷超滤膜组成(I、II、III、IV 及 V),采用连续进料出料系统(feed and bleed system)。每级膜又由两个膜组件组成,分别是高压膜组件(HP)和低压膜组件(LP),每个组件中装有 12 根膜管,该套膜过滤系统总的过滤面积为 43.49m²。为保证膜过滤系统能够连续不断地运行,其中有一级膜起轮洗更换的作用。甘蔗糖厂(广西农垦糖业集团防城精制糖有限公司)的混合汁经过 100 目的不锈钢筛网过滤后,加入石灰乳调节甘蔗汁的 pH=7.4~7.6,得到加灰甘蔗汁;将加灰甘蔗汁加热到 85~95℃后,得到加热甘蔗汁;加热甘蔗汁经陶瓷膜过滤后即可获得甘蔗澄清汁。加灰及加热后的甘蔗汁经供料泵进入膜组件中,在压力的驱动下径向透过膜获得澄清。甘蔗汁在供料泵以及循环泵的共同驱动下,依次从第一级膜组件进入到最后一级膜组件,膜过滤的体积浓缩倍数(VCF)通过调节原料液的进口阀门(V_1)以及浓缩液的出口阀门(V_2)控制在 10~12。膜过滤的操作参数:跨膜压差为 0.10~0.25MPa,膜面流速为 4.0~5.0m/s。膜过滤系统后序配有相应处理量的蒸发浓缩、煮糖结晶系统。研究结果表明,甘蔗汁经膜过滤后,能得到高品质的甘蔗澄清汁;陶瓷膜组件过滤甘蔗汁时亦表现出了优异的性能,膜过滤通量为 119.1~142.4L/(m²·h),同时可以使甘蔗汁的纯度提高 1.2 个单位,浑浊度降低 99.96%,色值降低 10.42%。甘蔗澄清汁经蒸发浓缩、煮糖结晶后可得到色值为 250~350IU 的高品质的原糖。每级膜的清洗周期为 12~24h,越往后级的膜,杂质浓度越高,清洗周期越短;膜清洗时先采用工业净水冲洗,再采用质量浓度为 1.0% 的 NaOH 以及 0.5% 的 NaClO 混合溶液冲洗,最后再采用 0.5% 的 HNO_3 溶液清洗,膜通量即可恢复。

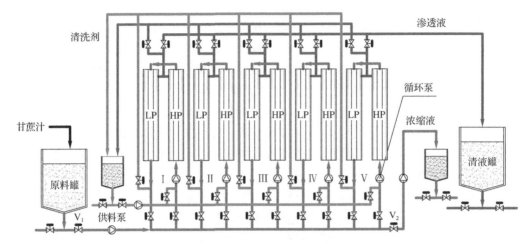

图 14-3　陶瓷膜中试超滤装置流程图

LP.低压；HP.高压

图 14-4　陶瓷膜中试超滤装置实物图

14.2.2　膜分离技术在亚硫酸法或石灰法清汁澄清中的应用

传统的制糖澄清工艺(亚硫酸法和石灰法)不能有效地去除糖汁中的非糖分物质，如悬浮物、葡聚糖、淀粉、蛋白质、脂蜡、胶体以及色素等物质。相比之下，膜过滤能更有效地去除这些大分子物质和悬浮物(Kwok，1996a，1996b)。由于传统的制糖澄清工艺已经去除了蔗汁中的大部分非糖杂质，因此当用膜过滤澄清清汁时的膜通量要大于直接过滤甘蔗汁时的通量(Bhattacharya et al.，2001)。所以，将膜分离技术与传统的制糖澄清工艺耦合，不仅能获得良好的澄清效果，得到更高品质的甘蔗澄清汁，还能有效地提高膜渗透通量，节约膜设备投资的成本(Balakrishnan et al.，2000)。

Ghosh 和 Balakrishnan(2003)对截留分子质量为 20kDa 的卷式超滤膜(聚醚砜)过滤澄清亚硫酸法糖厂的清汁进行了中试试验。其中试工艺流程图如图 14-5 所示。从沉降池出来的清汁(91～97℃)依次经过 100μm、50μm、10μm 的不锈钢筛网以及 1μm 的滤芯过滤后进入有机膜超滤系统。预处理后的清汁经有机超滤膜过滤澄清后得到的渗透液送去蒸发罐蒸发浓缩，最终膜浓缩液送回混合汁箱。该有机膜超滤系统共有 40 个膜组件，每个膜组件的过滤面积为 20.23m²，总的膜过滤面积为 809m²，总处理量为 10m³/h。研究结果表明，预处理后的清汁经有机膜超滤后可得到质量较好的甘蔗汁，纯度提高 0.9%、浊度去除率为 31%、脱色率为 47%。膜过滤的平均通量为 7L/(m²·h)，膜渗透通量受原料液中悬浮物含量的影响较大，糖汁进入超滤系统前要保证没有悬浮物或者悬浮物的含量较少，否则很容易引起膜严重污染，从而导致膜渗透通量下降。

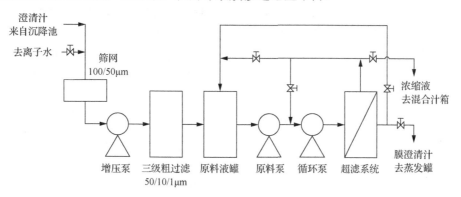

图 14-5 中试装置流程图

法国 APPLEXION 公司是专门研究色谱分离、离子交换树脂、膜分离技术在制糖工业中应用的公司。该公司曾与美国夏威夷糖业公司合作，于 1994/1995 榨季在日榨甘蔗量为 5000t 的普连糖厂(Puunene Sugar Mill)全榨季采用陶瓷膜过滤清汁(石灰法)，生产优质原糖,商品名为"极低色值原糖"(Super Very Low Color Sugar)，该工艺称为 NAP(new applexion process)工艺。其陶瓷膜过滤系统装置图如图 14-6 所示。该工艺一共设置有两条生产线交替使用，每条生产线由三级串联的陶瓷超滤膜组成(feed and bleed system)；

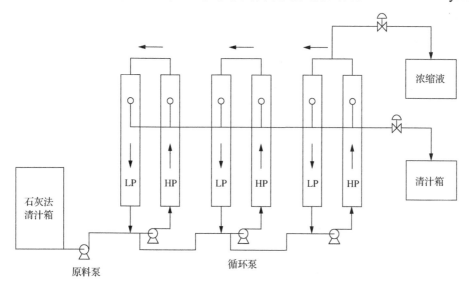

图 14-6 NAP 工艺陶瓷膜过滤系统

LP. 低压；HP. 高压

每级膜有 10 个膜组件，每个膜组件中含有 99 根膜管；膜管有 19 个通道，通道直径为 2.5mm；膜管长度分别为 1200mm 和 865mm，膜管外径分别为 25mm 和 20mm；膜孔径为 0.02μm，膜层(分离层)材料为氧化锆；三级超滤膜的总过滤面积为 940m²。

从沉降池出来的清汁(石灰法清汁)，经过两台连续的粗过滤器过滤后进入暂储箱。暂储箱中的甘蔗汁经泵先泵入高压膜组件后，再进入低压膜组件，在压力的驱动下甘蔗汁径向透过膜获得澄清。每级膜均设有蔗汁循环泵，以保证蔗汁进入膜组件的流速和压力，蔗汁经过三级膜过滤后排出的浓缩液为进入超滤系统总汁量的 10%(VCF=10)。膜的清洗周期为 24～48h，膜清洗时先用热水冲洗，再用 0.03%的次氯酸钠溶液清洗，最后用 0.5%的磷酸溶液清洗膜。用 NAP 新工艺在 1994/1995 榨季运行生产的结果如下：澄清汁纯度提高 0.65%、澄清汁浊度去除率为 99%、煮炼回收提高 0.8%，制成的原糖产品转光度为 99.45%、色值 500～600 IU(一般原糖色值为 1500～4000 IU)。该法的好处是：提高成品糖的质量，用这种低色值、高转光度的原糖为原料，回溶生产精糖，可省去复筛和清净工序，从而降低生产成本；提高糖分回收率；减少清洗蒸发罐的次数和药剂消耗；缩短煮糖时间。但是，由于受当时科学技术的限制，膜材料和膜加工技术相对落后，该套设备使用 4 年后，由于膜的损坏较多，更新所需的费用过大，已停止使用(Kwok，1996a，1996b)。相似地，Wittwer(1999)以孔径为 0.1μm 的不锈钢膜过滤澄清石灰法糖厂的清汁进行了生产性试验。试验研究结果表明，不锈钢膜过滤石灰法糖厂的清汁可获得较高的膜渗透通量为 170L/(m²·h)，膜过滤后的甘蔗汁经蒸发浓缩、煮糖结晶后可获得高品质的原糖色值为 250～300 IU。

14.2.3　膜分离技术在精炼糖厂回溶糖浆澄清中的应用

在精炼糖厂生产过程中，传统的方法是先通过复筛除去原糖中 40%～50%的色素，然后将原糖溶解，得到回溶糖浆，再利用碳饱充及过滤(或者磷酸上浮及过滤)的方法除去回溶糖浆中剩余色素的 40%～60%，最后使用离子交换树脂对回溶糖浆进行除盐脱色，结晶后即可得到纯度约为 99.9%的产品。但是经碳饱充及过滤(或者磷酸上浮及过滤)后的回溶糖浆浊度仍较高，很容易污染后序工段的离子交换树脂，不仅增加了离子交换树脂的负荷，还降低了离子交换树脂的使用寿命(Jansen，2010)。

为了降低进入离子交换树脂前回溶糖浆的浊度，有些精炼糖厂将经过碳饱充(或者磷酸上浮)后的回溶糖浆依次经过板框压滤机、叶滤机以及袋式过滤器三级过滤，但效果仍然不理想。为使精炼糖厂能获得良好的澄清效果，Mark(1991)将 65 °Bx 的原糖回溶糖浆经过适当的稀释后，以截留分子质量为 10kDa 的超滤膜进行过滤澄清，发现超滤可除去回溶糖浆中 95%的色素以及绝大部分非糖杂质。这种方法除去了回溶糖浆中绝大部分色素、大分子物质以及悬浮物等，如再使用离子交换树脂对其进行除盐脱色就很少被污染，是回溶糖浆进入离子交换树脂前一种极好的前处理方法。但是，"适当稀释"的程度以及膜通量的大小在文中并未提及。

Hamachi 等(2003)以膜孔径为 0.02μm、截留分子质量为 5kDa 及 1kDa 的陶瓷膜分别过滤 28 °Bx 和 46 °Bx 的原糖回溶糖浆，分别考察了在不同操作条件下 3 种不同孔径的膜过滤糖浆时的稳定通量及脱色率，其研究结果如表 14-1 所示。从表 14-1 可以看出当膜孔径从 0.02μm 减小到截留分子质量为 1kDa 时膜渗透通量也随着膜孔径的减小而降低，但是过滤后回溶糖浆的脱色率随着膜孔径的减小而增大，截留分子质量为 1kDa 的陶瓷膜对回溶糖浆的脱色率可达 58.67%；跨膜压差和膜面流速对脱色率的影响不明显。

表 14-1 不同孔径的陶瓷膜过滤糖浆时的稳态通量和脱色率

锤度 /(°Bx)	压力 /MPa	膜面流速 /(m/s)	0.02μm		5kDa		1kDa	
			稳态通量 /[L/(m²·h)]	脱色率 /%	稳态通量 /[L/(m²·h)]	脱色率 /%	稳态通量 /[L/(m²·h)]	脱色率 /%
28	0.3	5.4	148	23.34	73	39.28	23	54.16
	0.3	7.7	183	24.51	88	36.60	37	52.9
	0.5	5.4	198	25.42	101	37.62	48	53.63
	0.5	7.7	217	22.82	124	38.01	71	55.78
46	0.3	5.4	94	25.17	36	37.02	11	55.47
	0.3	7.7	112	24.37	43	35.64	18	56.12
	0.5	5.4	119	26.08	69	36.67	21	53.91
	0.5	7.7	133	23.80	79	37.48	29	58.67

Karode 等(2000)分别以截留分子质量为 5～100kDa 的聚醚砜(PES)有机膜和截留分子质量为 15～50kDa 的无机陶瓷膜过滤澄清 50°Bx 的原糖回溶糖浆。研究结果表明：膜过滤不仅能有效地去除回溶糖浆中的悬浮物、蛋白质、淀粉、胶体、葡聚糖、脂蜡、细菌等非糖杂质，还能提高糖浆的纯度和降低糖浆的色值；截留分子质量为 30～50kDa 的有机膜和陶瓷膜过滤 50°Bx 的回溶糖浆时，可获得约50L/(m²·h)的稳态通量以及50%左右的脱色率。

Fu 等(2003)对超滤膜系统在精炼糖工艺中的应用作了较为详细的研究。结果表明：超滤膜可分别去除原糖回溶糖浆以及蜜洗糖浆中 48.7%和 58.2%的色素；采用超滤膜处理蜜洗糖浆可去除蜜洗糖浆中影响蔗糖结晶的大部分非糖杂质，同时糖浆的黏度降低了17%；膜分离技术可缩短精制糖澄清工艺流程，在投资和操作费用显著降低的同时，能生产出高品质的精制糖产品，以满足消费者的需求。

14.3 膜分离技术在果蔬汁加工中的应用

果蔬汁澄清与除菌是果蔬汁加工的关键工序，对于果蔬汁保证稳定性、抑制褐变、延长储藏期以及提高感官品质等具有重要的作用(徐文鑫，2011)。目前，常用的果蔬汁澄清技术主要有酶解、明胶–单宁、膨润土、活性炭以及壳聚糖澄清等(赵岩等，2013)，这些传统的果蔬汁澄清工艺都比较复杂，且果蔬汁产率低，从而制约了果蔬汁产业的发展。而传统的果蔬汁除菌工序是采用热杀菌和添加化学防腐剂的方法来使产品达到卫生标准(黄忠亮，2013)，但是热杀菌法的热负荷会使果蔬汁中的热敏性物质分解，从而导致果蔬汁严重褐变以及营养成分和风味物质的损失，且在产品期货期内易产生浑浊、沉淀，此外化学防腐剂对人体也有一定的副作用。这种方法不仅降低了果蔬汁的品质，同时也失去了加工的意义。而膜分离技术属于冷杀菌技术，不仅可以截留果蔬汁中的悬浮物、胶体和蛋白质等大分子物质使其变得清澈透亮，还可以把果蔬汁加工中产生的大量细菌用较为绿色、科学的方法除去(Wu et al.，2012)。这种新的澄清与除菌工艺比传统的工艺生产的果蔬汁更加清澈透亮，同时有利于较好地保留果蔬汁中的营养成分和风味物质，使果蔬汁质量和口感得以明显改善和提高。因而可在一定程度上弥补传统的果蔬汁加工工艺的不足。

李军等(2005)应用孔径为100nm的陶瓷膜错流中试系统对果胶酶酶解后的苹果原汁进行了过滤澄清与除菌效果的研究。他们发现，经陶瓷膜过滤后，苹果汁中大部分的悬浮颗粒及引起浊度升高的大分子物质被滤除，且苹果汁的各项质量指标如pH、总酸、糖度等未发生明显变化；细菌挑战实验以及储藏实验证明了鲜榨苹果汁经陶瓷膜过滤后的无菌状态以及生物学稳定性，从而验证了陶瓷膜应用于苹果汁工业化生产的可行性及其商业应用前景。此外，近年来还有不少学者对膜过滤分离柑橘汁(Cassano et al.，2003)、猕猴桃汁(Cassano et al.，2007)、草莓汁(Arend et al.，2017)、石榴汁(Conidi et al.，2017)、甜高粱汁(Yong et al.，2016)等果蔬汁的澄清与除菌效果进行了详细的研究，并取得了可喜的成果(Ilame and Singh，2015)。

张静等(2012)、Galaverna等(2008)以及初乐等(2013)分别对陶瓷膜和有机膜超滤荔枝汁、柑橘汁和枸杞汁的澄清效果进行了比较。他们得到一致的结论是：应用陶瓷膜和有机膜过滤澄清果蔬汁都能够较好地保持果蔬汁的营养成分和风味物质，但是由于陶瓷膜上结垢造成的膜阻力小于有机膜，因此应用陶瓷膜过滤澄清果蔬汁的膜通量比有机膜大得多，且陶瓷膜通量衰减速度慢，可维持较高的膜通量过滤，从而延长膜清洗周期和减少清洗频率。其中，在相同跨膜压力(0.2MPa)下有机膜和陶瓷膜超滤澄清枸杞汁的膜通量随运行时间变化的变化以及超滤前后枸杞汁的理化指标分别见图14-7和表14-2。

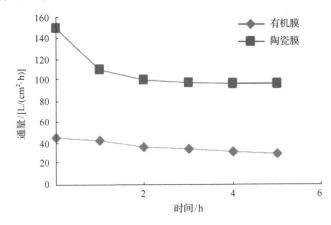

图14-7 膜过滤枸杞汁通量随时间变化的工作曲线

表14-2 超滤前后枸杞汁主要指标

指标	可溶性固溶物/(°Bx)	多糖含量/%	透光率/%	浊度/NTU	色值
未处理	14.7	1.66	77.1	3.2	0.75
有机膜	14.2	1.56	93.3	1.27	0.70
陶瓷膜	14.4	1.58	94.8	1.14	0.74

荏俊(2011)对陶瓷膜超滤澄清桃汁和橙汁进行了对比，并且还对陶瓷膜超滤和酶解法澄清桃汁的效果进行了比较。他发现：陶瓷膜过滤相同浓度的橙汁和桃汁在相同操作条件下(温度为30℃、膜面流速为5m/s、膜孔径为150kDa)，在一定范围内随着操作压力(0.03～0.2MPa)的升高，过滤两种果汁的膜通量变化趋势基本相同，但是当操作压力继续升高超过该范围时，桃汁的膜过滤通量明显减小，而橙汁的膜通量继续升高(图14-8)。这种现象表明陶瓷膜过滤澄清果蔬汁的膜通量与果蔬汁本身的一些性质有关，只有在澄清过程中综合考虑果疏品种自身的性质和营养成分的组成、适合果蔬汁的预处理方式、最佳操作参数的选择，才能使陶瓷膜分离技术更好地应用于果蔬汁澄清。另外，他还发现陶瓷膜过滤和酶解法澄清都可以显著提高果汁的透光率和降低果汁浊度，但是相比之下陶瓷膜过滤澄清比传统的酶法澄清制得的果汁更加清亮透明，并且口感更加纯正清香。因此，不管是在感官品质上还是在澄清效果上，陶瓷膜澄清效果明显优于传统的酶法澄清。

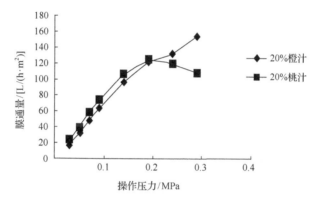

图 14-8　陶瓷膜澄清两种果汁的膜通量对比

14.4　膜分离技术在调味品中的应用

由于膜分离是在常温下操作的一种过程，无须加热。一方面可防止热敏性物质失活、杂菌污染，无相变；另一方面能集分离、浓缩、提纯、杀菌等工序为一体，分离效果好。因此将膜分离技术应用于我国传统调味品如酱油、食醋、味精等生产中，不仅能简化传统的加工工艺，避免热加工过程带来的热敏物质失活、杂菌污染，而且还能较完整地保留调味品的色、香、味及各种营养成分，大大地减少了污染物的排放，并使有效成分得以综合利用和回收。除此之外，膜分离还能够脱盐、脱除有害物质和细菌，防止沉淀物的产生。综上可知，膜分离技术在发酵调味品生产上的应用有着非常广阔的前景(顾香玉和张晓云，2006)。

14.4.1　膜分离技术在酱油生产中的应用

传统酱油的生产是采用热杀菌，板框过滤澄清产品，所得产品不仅有沉淀，细菌数偏高而且生产强度大，废弃物多，易造成环境污染，但是过滤、灭菌等都是不可或缺的重要步骤，因此优化生产工艺迫在眉睫。实验分析的检测结果得出，构成酱油的主体成分是氨基酸态氮、肽、还原糖、色素、盐等，因此可采用合适孔径的膜把酱油中的浑浊、沉淀物及细菌分离出来，从而提高酱油的品质和口感（顾香玉和张晓云，2006；栾金水，2003）。

王文文等（2016）分别采用截留分子质量为 50ku、100ku、150ku 及 200ku 的聚砜卷式超滤膜对酱油原油进行了过滤澄清。研究结果表明，几种型号超滤膜过滤对酱油主要指标氨基酸态氮几乎没有影响，从过滤效果而言，50ku 和 100ku 超滤膜的过滤效果更佳（表 14-3）。从沉淀去除而言，50ku 和 100ku 的超滤膜对酱油原油沉淀的去除率更高，分别达到了 91.1% 和 91.7%。相同条件下 4 种超滤膜再生后通量恢复率分别为 99.5%、97.5%、95.0%、92.5%。从过滤效果、过滤后滤液稳定性、过滤后清洗膜再生通量恢复率等方面综合考虑，截留分子质量为 100ku 的超滤膜更适合应用于酱油的提纯过滤。

表 14-3　不同截留分子质量膜对酱油澄清效果的影响

项目	氨基酸态氮/(g/100ml)	浑浊度(NTU)	OD$_{650nm}$ 值
原油	1.03	14 300	1.35
50ku 渗透液	1.03	1750	0.10
100ku 渗透液	1.01	1800	0.15
150ku 渗透液	1.02	2500	0.22
200ku 渗透液	1.02	3600	0.45

冯杰等（2010）利用有机膜和无机膜对生酱油进行膜过滤实验获得纯生酱油。利用固相微萃取–气质联用技术对两种纯生酱油的风味成分进行分析，通过谱图检索（图 14-9），共鉴定了 70 种物质，其中，醇类 18 种，酚类 5 种，酯类 13 种，醛类 13 种，酮类 5 种，酸类 2 种，杂环化合物类 8 种，烃类 6 种。主体风味成分为醇类、酚类、醛类、酮类、杂环化合物，这为提高和改进传统发酵酱油的风味提供了依据。

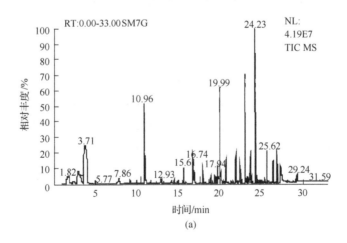

(a)

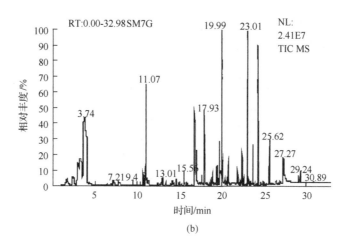

(b)

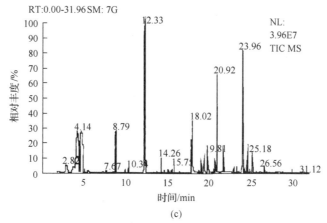

(c)

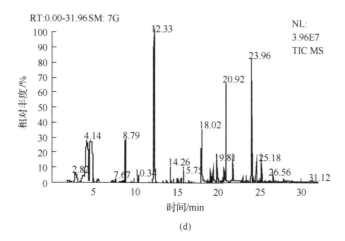

(d)

图 14-9 生酱油和经不同方式处理后的酱油中风味成分的总离子流图

(a) 膜过滤前的生酱油; (b) 0.1μm 中空纤维膜过滤生产的纯生酱油;

(c) 0.1μm 陶瓷膜过滤生产的纯生酱油; (d) 经热灭菌生产的酱油

Li 等(2007)分别采用孔径为 0.2μm、0.5μm 及 0.8μm 的陶瓷膜对酱油进行了过滤澄清，所得结果如表 14-4 所示。研究结果表明，用微滤膜处理后，酱油的总氮、盐分、糖度、色素等成分及酶活性等几乎不变，酱油无杂味，清澈，风味提高。

表 14-4　不同孔径及材料的陶瓷膜过滤酱油前后的主要理化指标及膜渗透通量

分析	原料液	渗透液			
		0.2μm (Al$_2$O$_3$)	0.2μm (ZrO$_2$)	0.5μm (Al$_2$O$_3$)	0.5μm (Al$_2$O$_3$)
pH	3.81	3.80	3.82	3.81	3.80
总固体含量/(kg/L)	0.38	0.27	0.26	0.29	0.31
密度(22℃)/(g/mL)	1.197	1.123	1.121	1.124	1.124
浊度/NTU	18.7	1.03	0.813	1.55	1.61
黏度/(mPa·s)	6.32	4.85	4.86	4.87	5.12
吸光度(650nm)	0.742	0.587	0.597	0.582	0.551
总氮含量/(g/100ml)	1.74	1.65	1.64	1.67	1.70
氨基氮/(g/100ml)	0.870	0.853	0.853	0.854	0.856
还原糖/(g/100ml)	2.70	2.10	2.13	2.21	2.34
细菌总数	3200	30	35	80	200
除菌率/%	—	99.1	98.9	97.5	93.8
沉淀物	有	无	无	无	无
稳态通量/[L/(m^2·h)]		12	9.5	8.0	3.5

14.4.2　膜分离技术在食醋生产中的应用

食醋是一种酸性调味品，我国的食醋业发展历史悠久。食醋以其香、鲜的特殊口味以及能增强人体免疫力的功效而深受世界各国人民的喜爱。食醋中的有效成分有 170 余种，香气成分 103 种，呈味成分 42 种，成色成分 27 种，无机物 6 种。食醋中起主导作用的成分是有机酸、糖分、氨基酸等，这些成分决定了食醋的色、香、味及质量。其中，有机酸主要包括乙酸、乳酸、丙酮酸、甲酸、苹果酸、柠檬酸、琥珀酸、α-酮戊二酸等；食醋的香气成分主要有酯类、醇类、醛类、酮类、酚酸类以及双乙酰；糖类主要包括葡萄糖、甘露糖、阿拉伯糖、核糖、木糖、棉籽糖、纤维二糖、蔗糖等；游离氨基酸主要包括丙氨酸、谷氨酸、色氨酸以及少量的其他氨基酸。

我国酿造食醋的生产主要有固体发酵和液态深层发酵两种方法，两种方法都含有一定的不溶性固形物、胶体和未分解的大分子物质等。这些物质主要来自于原辅料在生产过程中未完全降解、利用而剩余的蛋白质、淀粉、糊精、多酚、纤维素、半纤维素、木质素、脂肪、果胶等大分子物质，和由生产设备带入的钙离子、铁离子、镁离子等。这些物质在氧气和光照的作用下很容易发生氧化或者光敏反应，使食醋在生产、销售和食用期出现返混的现象，严重影响食醋的感官、质量和商品价值。以往解决食醋返混问题的方法有很多，如自然沉降法、板框过滤法、离心分离法、澄清剂澄清法以及硅藻土过滤法等。但是这些比较传统的方法中，有的耗时较长，有的耗能较大，有的澄清效果不达标，有的操作繁杂，总之都不能很好地解决食醋生产中澄清的问题。而近些年兴起的膜分离技术被证明是一种比较经济有效的澄清食醋的方法(李军庆等，2012；徐清萍，2008；毛成波，2005；王伟等，2009；Yazdanshenas et al.，2005)。

陈晓霞等(2012)分别研究了截留分子质量为100kDa和200kDa的超滤膜处理食醋原液前后理化和微生物指标的变化。研究结果表明：利用截留分子质量为100kDa或200kDa超滤膜处理食醋原液，氨基酸态氮、无盐固形物、总酸等指标的保留率都超过90%，而浊度和菌落总数下降非常显著，经100kDa截留分子质量超滤膜处理，除菌率达99.975%，浊度去除率达99.33%；经200kDa截留分子质量超滤膜处理，除菌率达99.95%，浊度去除率达99.05%；经100kDa截留分子质量超滤膜处理色度下降率达43.9%；经200kDa截留分子质量超滤膜处理色度下降率为28.9%。经过300天的室温储藏，处理液未见明显浑浊，因此将膜处理技术应用于实际生产可有效地解决食醋的二次沉淀问题。

López等(2005)利用孔径为0.45μm的卷式聚砜膜进行研究，利用错流过滤的方式对3种食醋进行了澄清试验。研究发现，总悬浮性固体物质几乎全部被去除，过滤后食醋浊度均低于0.5 NTU，食醋的色度和多酚类物质有一定的损失。

谢梓峰等(2009)对食醋进行了超滤澄清研究。结果表明，截留分子质量为100kDa的PVDF超滤膜适合食醋超滤澄清，且效果显著，可使浊度从175 NTU降至0.2 NTU以下，总酸度损失率<6%，葡萄糖和乳酸则基本没有损失。

刘有智等(2007)应用无机陶瓷膜微滤技术对老陈醋进行除浊除菌试验研究。通过探讨无机陶瓷膜平均孔径、跨膜压差、膜面流速、操作温度、料液浓缩比等操作参数对过滤效果的影响，确定了适宜的工艺分离条件。无机陶瓷膜澄清食醋工艺在最佳操作条件(常温，采用平均孔径为0.1μm无机陶瓷膜，跨膜压差0.14MPa、膜面流速2.0m/s、最大浓缩倍数9)下，平均膜渗透通量可达40L/$(m^2 \cdot h)$；过滤后的食醋不仅感观、理化和卫生指标符合国家标准，而且放置两年后无返浑现象。

为了除去老陈醋中的固体悬浮物和细菌，谷磊等(2006)采用无机陶瓷膜对老陈醋的除菌、除浊进行了中试试验研究。研究结果表明：采用孔径为100nm的无机陶瓷膜可以将食醋中的固体悬浮物和细菌全部去除，并且过滤后的食醋感观、理化和卫生指标符合国家标准；在最佳操作压力0.14MPa、温度25℃下，系统可连续、稳定运行20h以上，平均膜通量为41L/$(m^2 \cdot h)$；化学清洗20min后，可使膜通量恢复至初始通量的97%。

14.4.3　膜分离技术在味精生产中的应用

目前，我国传统的味精提取工艺是由发酵法直接产生的发酵液为原料，使谷氨酸结晶来制备(图14-10)。然而发酵法直接产生的发酵液中包含大量的菌体、蛋白质、残糖等杂质，发酵液中的菌体、蛋白质等杂质会直接影响谷氨酸的结晶(邵文尧等，2009)。在谷氨酸的等电点时，菌体、蛋白质等杂质随之沉降于晶体上层，不易与谷氨酸分离，对谷氨酸的提取收率和质量均有不利的影响。味精厂从发酵液中提取谷氨酸时往往受目前已有的设备和工艺的限制，直接从含有菌体和蛋白质的发酵液中提取谷氨酸，而不是先分离菌体。发酵液中存在的菌体不利于谷氨酸结晶的分离，所以都存在着收率难以提高、质量不易控制、废水污染严重的缺点(顾香玉和张晓云，2006；景文珩等，2009)。

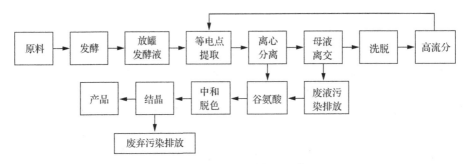

图 14-10　传统味精提取工艺

　　采用膜分离技术在结晶前预先去除发酵液菌体、蛋白质，不但可以提高等电点得率和提取收率，提高谷氨酸产量和产品品质，而且工艺简单，操作方便，处理效果好，菌体、蛋白质的经济价值也得到充分利用，还可以减少企业在污水处理上的负担，有利于环境保护。因此，应用膜分离技术在味精提取工艺中先对发酵液进行除杂处理，具有很好的应用前景(顾香玉和张晓云，2006)。章樟红等(2006)采用钛合金膜(0.1μm)超滤中试系统对谷氨酸发酵液进行了除菌体试验研究。结果表明：钛合金膜对菌体的截留率超过99%，谷氨酸损失低于 1%；无机钛合金膜除菌体的最佳操作条件为系统压力为 1.0MPa，pH=6.6，膜面流速为 5m/s，过滤温度为 70℃。膜清洗后通量恢复率超过 98%，可满足生产的需要。邵文尧等(2009)研究出了超滤膜与纳滤膜分离技术在谷氨酸发酵液去除蛋白质及菌丝体过程中应用的工艺，其工艺流程图如图 14-11 所示。用超滤设备对适量的发酵液进行过滤分离，过滤后剩下的滤渣用适量水清洗几次，透过液用纳滤设备进行浓缩。超滤系统能变废为宝。例如，利用菌丝体和蛋白质作为动物饲料，不仅减少了废液的排放和排污费的支出，而且可将一步等电结晶收率提高 50%，谷氨酸滤液质量明显提高。另外，滤液质量的提高能得到更理想的 α-型结晶，提高了产品的品质。超滤和纳滤系统能实现谷氨酸提取工艺中废水的零排放。若只用超滤系统，也能最大限度地减少菌丝体、蛋白质、谷氨酸的排放，使废液中的 COD、BOD 大大下降。

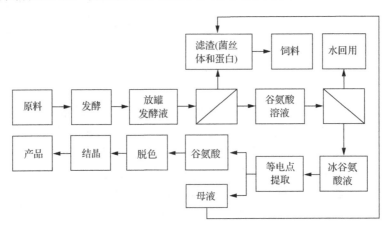

图 14-11　用膜分离技术对谷氨酸分离和浓缩的工艺流程图

14.5 膜分离技术在食品行业的其他应用

14.5.1 膜分离技术在乳制品加工中的应用

20 世纪 70 年代初，国外就开始了超滤和反渗透用于乳品加工的研究。但是由于膜污染引起透量迅速降低，经济效益低。直到 1974 年，才找到了有效的膜污染后进行清洗并使其透量恢复到初始水平的方法。此后，迅速地实现了产业化规模的应用(陈清艳和楼盛明，2016)。

超滤和反渗透在乳制品加工中的应用，主要是牛奶的浓缩和乳清蛋白的回收。牛奶浓缩制奶粉的传统工艺流程是先加热蒸发除去大部分的水分，在达到所需的浓度后，再进行喷雾干燥。引入膜分离技术之后，经过试验发现，先用超滤除去牛奶中 70%～80%的水，直到继续使用超滤脱水(因为浓度太高)的成本大于蒸发成本时，剩余的水分就改用蒸发法，将水脱到喷雾干燥所需的浓度，最后用喷雾干燥，这样的流程最节省能量。日本曾对牛奶的超滤浓缩与真空蒸发做过对比。对于一个日处理 226.8t 牛奶的工厂，无论设备投资费用，还是运转费用，引入超滤之后都会节省很多(表 14-5)。

表 14-5　牛奶浓缩引入超滤技术后与单用真空蒸发的对比　　　(单位：万日元)

浓缩方式	装置费用	年运转费用
单一的二效真空蒸发	8460	3240
引入超滤技术	4500	1440

把原乳分离出干酪蛋白，剩余的是干酪乳清。它约含有 7%的固形物、0.7%的蛋白质、5%的乳糖，以及少量灰分、乳酸等。将干酪乳清用加热的方法浓缩、干燥即可得到全乳清(WPC)或乳清蛋白粉。由于这种全干乳清含有大量的乳糖和灰分，限制了它在食品中的应用。引入超滤和反渗透技术，可以在浓缩乳清蛋白的同时，从膜的透过液中除去乳糖和灰分等。这样就大大扩大了全乳清的应用范围。图 14-12 是采用超滤和反渗透回收干酪乳清的典型工艺流程图(王学松和郑领英，2013)。

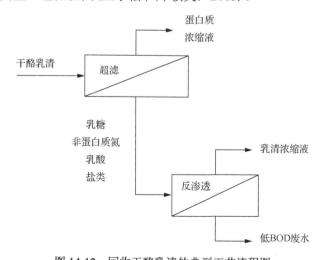

图 14-12　回收干酪乳清的典型工艺流程图

在 Stauffer Chemical 公司，上述流程的处理量已经达到 272kt 的规模。

引入超滤和反渗透后，乳清蛋白质的质量明显提高。与传统的工艺生产所得的产品相比，蛋白质含量提高了近 4 倍，乳糖下降约 40%（表 14-6）。

表 14-6　奶粉主要营养成分比较

营养成分	脱脂干牛奶/%	全干乳清/%	超滤的全干乳清/%
蛋白质	36.0	13.0	50.0
乳糖	52.0	72.0	42.0
灰分	8.0	8.0	3.0
脂肪	0.7	1.0	1.0
水	4.0	4.5	4.0

以上情况说明，在乳制品加工中采用膜分离技术，可以做到以下三点：大量节省能量；提高产品的品质；获得多种乳制品。乳品加工引入膜分离技术，在国外已经普遍地实现了。而且，在应用中还不断地改进技术、扩大范围。例如，将巴氏杀菌过程和无机膜分离相结合，生产浓缩的巴氏杀菌牛奶，在 20 世纪 80 年代后期已经实现了工业化生产。

14.5.2　膜分离技术在酒类生产中的应用

膜分离技术在酒类生产中的应用，最先是在 20 世纪 60 年代末从啤酒开始的。到了 80 年代中期，在其他酒类生产中应用膜分离逐渐受到重视。通过广泛试验，在 80 年代末，开始在其他酒类生产中陆续推广。

14.5.2.1　啤酒生产

早在 1968 年，日本就开始把膜分离技术用于生啤酒的研究。其目的是：除去混浊漂浮物(酒花树脂、单宁、蛋白质等)；除去或减少产生混浊的物质；除去酵母菌、乳酸菌等微生物；改善香味和提高透明度。

用于生啤酒无菌过滤的微滤膜，其基本要求是：完全除去微生物；单位时间处理量要大；使用期要长，且能加热清洗灭菌；物理和化学稳定性好；膜中无溶出物，无啤酒成分的吸附。啤酒的传统生产技术和膜法无菌过滤的工艺流程对比如图 14-13 所示(王学松和郑领英，2013)。

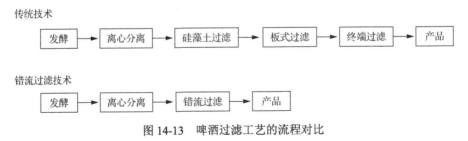

图 14-13　啤酒过滤工艺的流程对比

20 世纪 70 年代后期，微滤杀菌开始在啤酒工业中推广应用。目前，国外啤酒生产也较普遍地采用微滤澄清、杀菌技术。我国啤酒行业自 20 世纪 90 年代以来也陆续引进这一膜技术，但普及程度与国外相比，还有较大的距离。

另外，目前我国市场上的扎啤，其品质难以保证。我国扎啤的生产工艺主要有两种。一种是经硅藻土或纸板过滤，它的缺点是除菌不够彻底、保质期短，容易出现卫生问题。另一种是经过高温瞬时灭菌，这种方法虽然延长了保质期，但实际上是一种熟啤酒。而且由于灭菌温度较高，啤酒风味改变很大。在扎啤加工中可将无机膜微滤在硅藻土过滤之后使用，由于无机膜具有耐高温、耐低温、耐高压反冲等特点，可使过滤在低温下进行，并且设备消毒可以用蒸汽。试验证明：经过无机微滤膜过滤后的扎啤，基本上保持了鲜啤酒的风味、酒花香味、苦味；其浊度明显下降，一般可达 0.5 NTU 以下；细菌去除率接近 100%；保质期可延长至 20 天以上。国外已有专门用于扎啤生产的无机膜过滤设备出售。国内也能生产相应规格的无机微滤膜。

此外，用反渗透技术还可以制造低度啤酒或将啤酒浓缩。可以把啤酒中的酒精含量从 3.5%（质量分数）降低到 0.1%；也可用反渗透复合膜浓缩啤酒。微滤技术还可以用于回收啤酒釜底的发酵残液，使啤酒产量增加。

14.5.2.2 其他酒类

1）葡萄酒。用超滤代替离心分离进行葡萄酒提纯，可以在不添加化学试剂的情况下制得透明的葡萄酒，还可以降低葡萄酒中的乙醇含量。

2）清酒。日本的清酒制造，需要经过四道过滤，操作工艺烦琐，要消耗大量的水、电，在旺季还要倒班。1977 年，日本在清酒制造中引入 SF 膜系列（是一种介于微滤和超滤之间的中空纤维膜，孔径为 0.02～0.4μm）。它在简化生产和产品澄清、充分除菌等方面带来了明显的效果，并促进了生酒、生助储藏酒的开发和低含醇酒的商品化。

3）黄酒、白酒。20 世纪 80 年代起，我国开始用超滤技术纯化黄酒的试验。1989～1992 年，浙江省有关单位协作，用各种规格超滤膜对黄酒的除菌、除浊进行了系统的考察，并完成了近两年的现场运行试验。结果表明，用聚丙烯腈中空纤维超滤膜组件（截留分子质量为 50 000～100 000Da），可以将乌镇酒厂生产的加饭酒或普通黄酒中的细菌和混浊物有效地除去。超滤的酒清亮透明、有光泽，具有普遍的黄酒香气和风味；理化、微生物指标完全达到技术要求规定的验收指标；酒色偏浅。

我国低度白酒在稍微放置后，会出现混浊的现象。浙江省有关单位在 20 世纪 80 年代末用超滤技术对低度白酒进行除浊，完成了现场试验，效果很好。处理后的低度白酒，久置后仍保持清亮透明。

14.6 结 束 语

膜分离技术以其环保、绿色、节约等优点，已被广泛地应用于食品工业中，且因其显著的特性优势而在食品行业中扮演着越来越重要的角色。根据不同工艺需求，去除悬浮物可以选择用微滤来澄清，提纯或分离含大分子物质的溶液可用超滤，脱盐、除矿物质可以用纳滤，浓缩、分级用反渗透。在过去几十年里，食品行业中膜的应用在以乳制品和果蔬汁的制备应用最为普遍，且在其他饮料行业(酒水、咖啡、茶)，畜禽动物制品行业(动物胶、骨、血液、蛋)，谷物类加工行业(谷物蛋白分离、玉米成分提炼、大豆加工)和生物科技领域(酶制剂的提炼、天然成分提纯)等方面的应用也较广泛。综合来看，在当今食品行业中，所有膜工艺中应用最广泛的是超滤设备。在将来，随着膜材料的多样化、膜元件的创新以及膜工艺设计的不断改进，反渗透膜和微孔膜的应用范围也会随之增加。膜分离技术要实现在食品工业中广泛的规模性应用，主要还取决于其诸如抗污染膜材料的研制开发等相关技术的发展。为了使食品在生产中能提高产品质量，降低成本，缩短处理时间，当今的研究趋势是将分离技术高效集成化。微滤、超滤、纳滤、反渗透等多种分离技术联用，多种类型的膜分离技术在产品应用中协同发展，取长补短，实行多级分离也是一大发展趋势。同时，优化食品加工中的膜分离过程，减少不必要的投入。建立膜通量衰减模型，探明膜污染、堵塞过程及机理，研究开发最合理的膜清洗、防污染方案是膜分离技术的另一个应用研究重点。随着膜科学技术的不断进步，以及对膜选择性，操作可靠性、稳定性的不断深入探究，高分子膜和无机膜等新型膜材料的开发。膜分离技术性价比的逐步提高，人类终究能够改善并解决膜分离技术中膜污染、膜通量衰减、费用较高等缺陷。膜分离技术在食品工业中有十分广阔的应用前景，其优越性将日益突显，也将推动 21 世纪的食品科学与工业化继续向前发展。

本章作者：李　凯　李　文　陆海勤　杭方学　广西大学

参 考 文 献

陈清艳, 楼盛明. 2016. 膜技术在乳品工业的应用. 食品工业, (3): 266-268.

陈世治. 1997. 膜与膜技术在蔗汁清净工艺的应用. 甘蔗糖业, (2): 26-29.

陈晓霞, 陆灵洁, 杨海龙. 2012. 膜处理对食醋成分的影响. 中国酿造, 31(2): 171-173.

茌俊. 2011. 陶瓷膜超滤澄清果汁的性能研究. 天津科技大学硕士学位论文.

初乐, 马寅斐, 赵岩, 等. 2013. 枸杞汁澄清技术研究. 食品科技, (8): 134-137.

范益群, 漆虹, 徐南平. 2013. 多孔陶瓷膜制备技术研究进展. 化工学报, 64(1): 107-115.

冯杰, 詹晓北, 周朝晖, 等. 2010. 两种膜过滤生产的纯生酱油风味物质比较. 食品与生物技术学报, 29(1): 33-39.

谷磊, 刘有智, 申红艳. 2006. 无机陶瓷膜澄清食醋中试实验研究. 现代化工, 26(2): 258-260.

顾香玉, 张晓云. 2006. 膜技术在传统调味品生产中的应用. 中国调味品, (10): 4-8.

韩虎子, 杨红. 2012. 膜分离技术现状及其在食品行业的应用. 食品与发酵科技, (5): 23-26.

黄忠亮. 2013. 无机超滤技术在苦瓜清汁饮料加工中的应用. 轻工科技, (6): 16-17.

景文珩, 孙友勋, 邢卫红, 等. 2002. 陶瓷膜在谷氨酸等电母液除菌过程中的应用. 化工装备技术, 23(6): 10-14.

李军, 汪政富, 张振华, 等. 2005. 鲜榨苹果汁陶瓷膜超滤澄清与除菌的中试试验研究. 农业工程学报, 21(1): 136-141.

李军庆, 李历, 王文奇. 2012. 膜分离技术在食醋澄清中的应用. 中国酿造, 31(11): 142-146.

李文, 陆海勤, 刘桂云, 等. 2015. 陶瓷膜在果蔬汁澄清与除菌的作用. 食品工业, 36(6): 259-262.

李忠宏, 仇农学, 杨公明, 等. 2005. 分离用金属膜制备工艺与技术进展. 农业工程学报, 21(1): 177-181.

林红军, 陈建荣, 陆晓峰, 等. 2010. 正渗透膜技术在水处理中的应用进展. 环境科学与技术, (2): 411-415.

刘有智, 谷磊, 申红艳, 等. 2007. 无机陶瓷膜澄清食醋工艺研究. 化学工程, 35(7): 34-37.

龙观洪, 李博, 朱华旭, 等. 2016. 膜分离技术富集中药挥发油的可行性及其工艺过程初探——以中药青皮为例. 膜科学与技术, 36(3): 124-130.

栾金水. 2003. 高新技术在调味品中的应用. 中国调味品, (12): 3-6.

毛成波. 2005. 超滤技术用于米醋澄清的实验研究. 广西大学硕士学位论文.

邵文尧, 陈亚兰, 陈成泉. 2009. 膜分离技术在谷氨酸分离与浓缩中的应用. 陕西科技大学学报, 27(6): 50-53.

沈悦啸, 王利政, 莫颖慧, 等. 2010. 微滤、超滤、纳滤和反渗透技术的最新进展. 中国给水排水, 26(22): 1-5.

孙慧, 林强, 李佳佳, 等. 2014. 膜分离技术及其在食品工业中的应用. 应用化工, 46(3): 559-562.

王伟, 卢红梅, 罗富洪, 等. 2009. 关于食醋返混问题的探讨. 粮食加工, 34(1): 59-61.

王文文, 邓毛程, 李静, 等. 2016. 不同截留分子质量超滤膜对酱油过滤性能的比较. 中国酿造, 35(5): 56-59.

王学松, 郑领英. 2013. 膜技术. 第二版. 北京: 化学工业出版社.

谢梓峰, 沈飞, 苏仪, 等. 2009. 食醋超滤澄清研究. 中国酿造, 28(7): 124-127.

徐清萍. 2008. 食醋生产技术. 北京: 化学工业出版社.

徐文鑫. 2011. 系列果蔬汁饮料的研究. 华南理工大学硕士学位论文.

杨方威, 冯叙桥, 曹雪慧, 等. 2014. 膜分离技术在食品工业中的应用及研究进展. 食品科学, 35(11): 330-338.

张静, 蒋兵, 毕秀芳, 等. 2012. 陶瓷膜和有机膜超滤处理荔枝汁和膜垢分析及荔枝汁品质研究. 食品科学, 33(12): 75-82.

张雨薇. 2016. 多孔有机聚合物骨架的合成及性能研究. 吉林大学博士学位论文.

章樟红, 刘小红, 叶微微, 等. 2006. 谷氨酸生产中膜分离技术的应用研究. 中国酿造, 25(5): 52-55.

赵岩, 初乐, 朱凤涛, 等. 2013. 澄清红枣汁的工艺研究. 食品科技, (6): 113-117.

郑晓娟, 刘冰, 杨婧晖, 等. 2016. 油田采出水膜法处理技术应用研究进展. 油气田环境保护, 26(4): 46-48.

Arend G D, Adorno W T, Rezzadori K, et al. 2017. Concentration of phenolic compounds from strawberry (*Fragaria×ananassa* Duch) juice by nanofiltration membrane. Journal of Food Engineering, 201: 36-41.

Balakrishnan M, Dua M, Bhagat J J. 2000. Ultrafiltration for juice purification in plantation white sugar manufacture. International Sugar Journal, 102(1213): 21-25.

Bhattacharya P K, Agarwal S, De S, et al. 2001. Ultrafiltration of sugar cane juice for recovery of sugar: Analysis of flux and retention. Separation & Purification Technology, 21(3): 247-259.

Cassano A, Donato L, Drioli E. 2007. Ultrafiltration of kiwifruit juice: Operating parameters, juice quality and membrane fouling. Journal of Food Engineering, 79(2): 613-621.

Cassano A, Drioli E, Galaverna G, et al. 2003. Clarification and concentration of citrus and carrot juices by integrated membrane processes. Journal of Food Engineering, 57(2): 153-163.

Conidi C, Cassano A, Caiazzo F, et al. 2017. Separation and purification of phenolic compounds from pomegranate juice by ultrafiltration and nanofiltration membranes. Journal of Food Engineering, 195: 1-13.

Fu X, Yu S J, Chung C C. 2003. Application of ultrafiltration membrane system in refined cane sugar process. Journal of South China University of Technology (Natural Science Edition), 31(11): 5-9.

Galaverna G, Silvestro G D, Cassano A, et al. 2008. A new integrated membrane process for the production of concentrated blood orange juice: Effect on bioactive compounds and antioxidant activity. Food Chemistry, 106(3): 1021-1030.

Gaschi P D S, Gaschi P D S, De Barros S T D, et al. 2014. Pretreatment with ceramic membrane microfiltration in the clarification process of sugarcane juice by ultrafiltration. Acta Scientiarum Technology, 36(2): 303-306.

Ghosh A M, Balakrishnan M. 2003. Pilot demonstration of sugarcane juice ultrafiltration in an Indian sugar factory. Journal of Food Engineering, 58(2): 143-150.

Hamachi M, Gupta B B, Aim R B. 2003. Ultrafiltration: A means for decolorization of cane sugar solution. Separation & Purification Technology, 30(3): 229-239.

Ilame S A, Singh S V. 2015. Application of membrane separation in fruit and vegetable juice processing: A review. Critical Reviews in Food Science and Nutrition, 55(7): 964.

Jansen T M. 2010. Raw sugar quality from a refiner's perspective. International Sugar Journal, 112: 250-256.

Karode S K, Gupta B B, Courtois T. 2000. Ultrafiltration of raw indian sugar solution using polymeric and mineral membranes. Separation Science & Technology, 35(15): 2473-2483.

Kwok R J. 1996b. Ultrafiltration/Softening of clarified juice: The door to direct refining and molasses desugarisation in the cane sugar industry. Proceedings of the Annual Congress South African Sugar Technologists' Association, 70: 166-170.

Kwok R J. 1996a. Production on super VLC raw sugar in Hawaii: Experience with the new NAP ultrafiltration/softening process. International Sugar Journal, 98 (1173): 490-492.

Li M, Zhao Y, Zhou S, et al. 2007. Resistance analysis for ceramic membrane microfiltration of raw soy sauce. Journal of Membrane Science, 299 (2): 122-129.

Li W, Ling G Q, Shi C R, et al. 2017. Pilot demonstration of ceramic membrane ultrafiltration of sugarcane juice for raw sugar production. Sugar Tech, 19 (1): 83-89.

López F, Pescador P, Guell C, et al. 2005. Industrial vinegar clarification by cross-flow microfiltration: Effect on colour and polyphenol content. Journal of Food Engineering, 68 (1): 133-136.

Mak F K. 1991. Removal of colour impurities in raw sugar by ultrafiltration. International Sugar Journal, 93 (1116): 263-265.

Wittwer S. 1999. Applications for stainless steel crossflow membranes in sugar processing. Symposium on Advanced Technology for Raw Sugar and Cane and Beet Refined Sugar Production, September 9-10.

Wu H, Chen X P, Liu G P, et al. 2012. Acetone-butanol-ethanol (ABE) fermentation using *Clostridium acetobutylicum* XY16 and *in situ* recovery by PDMS/ceramic composite membrane. Bioprocess and Biosystems Engineering, 35 (7): 1057-1065.

Yazdanshenas M, Tabatabaeenezhad A R, Roostaazad R, et al. 2005. Full scale analysis of apple juice ultrafiltration and optimization of diafiltration. Separation & Purification Technology, 47 (1): 52-57.

Yin N, Zhong Z, Xing W. 2013. Ceramic membrane fouling and cleaning in ultrafiltration of desulfurization wastewater. Desalination, 319 (10): 92-98.

Yong W, Meng H, Di C, et al. 2016. Improvement of L-lactic acid productivity from sweet sorghum juice by repeated batch fermentation coupled with membrane separation. Bioresour Technol, 211: 291-297.

15　蔗糖共混结晶产品的制备及其结构与性质

内容概要：蔗糖共混结晶过程是一个不同于常规结晶的特殊工艺过程，属于物理混合的范畴。以蔗糖为基体，通过蔗糖的自发结晶过程把具有各种不同功能的食品、医药配料夹带入共混结晶产品中，形成一种结构独特、功能增强的粉末产品，为食品工业、医药工业中添加配料夹带提供了新方向。

本章在简要介绍溶液结晶理论的基础上，以理论为指导，小试研究了蔗糖共混结晶工艺过程，并研制出了以蔗糖为基体夹带液态蜂蜜、维生素 C、阿力甜的共混结晶粉末样产品，提出了确定共混结晶工艺条件和工艺参数的理论和方法。

而且，以蔗糖蜂蜜粉、蔗糖维生素 C 粉、蔗糖阿力甜粉为研究对象，以显微拍照技术和 X 射线粉末衍射技术为研究手段，研究了共混结晶产品的微细外观结构及产品中蔗糖和添加配料的存在状态。结果表明，共混结晶产品是由许多粒径为 $10\sim25\mu m$ 的蔗糖微晶体聚集而成的聚集体，添加的配料以晶体或非晶体的形式存在于微晶聚集体的蔗糖微晶体间或晶胞内。

此外，以蔗糖蜂蜜粉为主要研究对象，研究了共混结晶产品的两个共性：①添加配料在产品中分布的均匀性；②产品溶解速度加快的特性，并且研究了夹带乳化剂(硬脂酸钠)的共混结晶产品的乳化性增强的性质。从工艺过程、产品结构等方面解释了产品具有这些特性的原因。

15.1　溶液结晶基础

结晶是固体物质以晶体状态从均匀相析出的过程，主要涉及物质的相变，基本不涉及化学变化。晶体从液体溶液中结晶析出过程被称为溶液结晶过程。溶液结晶过程是从溶液中(特别是水溶液中)获得纯净固体的一种分离纯化手段，结晶的物质是溶质，如蔗糖从水溶液中结晶。稀水溶液中水的冻结也是结晶过程，可以把结晶过程作为浓缩手段，其结晶的物质是溶剂，这一过程一般被称为冷冻浓缩，在果汁生产和中药有效成分分离方面具有广泛的应用前景。

一般地，两种或两种以上物质的均匀混合，而且彼此呈分子(离子或原子)状态分布者均可称为溶液，因此，溶液是一个多组分的均相体系。在溶液中，虽然溶质和溶剂的划分没有严格的定义，但是，在溶液结晶过程中，通常把液体组分当作溶剂，把溶解在液体中的固体称为溶质，值得注意的是，当结晶过程产生水合物时，结晶水合物也被称为溶质。

溶质从过饱和溶液中结晶出来要经历成核和晶体生长两个步骤。在溶液结晶过程中，溶液中结晶出来的晶体与留下来的溶液构成的混合物，称为晶浆。在工业结晶过程中，通常要使用搅拌或其他方法把晶浆中的晶体悬浮在液相中，以促进结晶过程，因此晶浆也被称为悬浮体。晶浆去除悬浮在其中的晶体后所余下的溶液被称为母液。在结晶过程中，母液中是否含有杂质是影响产品纯度的一个重要因素。

15.1.1　溶液的过饱和

溶质的溶解量超过同温同压下饱和溶液中溶解量(溶解度)的溶液被称为过饱和溶液。一个未被杂质或尘埃所污染的完全纯净的溶液，在不受到搅拌、振荡、超声波等任何扰动或刺激条件下缓慢降温，溶液在降温至饱和温度(在该温度时溶质溶解度等于溶液浓度)以下不结晶，此时得到的就是过饱和溶液。饱和温度 T^* 与溶液能够自发产生晶核的温度 T 之差被称为过冷温度 ΔT，即

$$\Delta T = T^* - T \tag{15-1}$$

不同溶液能达到的过冷温度各不相同。例如，在上述条件下，硫酸镁溶液过冷温度达到17℃，氯化钠溶液的过冷温度仅为1.0℃，蔗糖溶液的过冷温度高于25℃。

超溶解度是指溶质能自发从溶液相中起晶时的溶质浓度。大量的实验事实表明，溶液的过饱和度与结晶的关系可用图15-1表示。图中曲线 a 表示溶质的溶解度曲线，溶液组成处于 a 线以下的区域是不饱和区，处于 a 线以上的区域是过饱和区，b 线表示过饱和溶液在不受任何外界干扰的条件下，能自发地产生晶核的浓度曲线，即超溶解度曲线，它与溶解度曲线 a 大致平行。

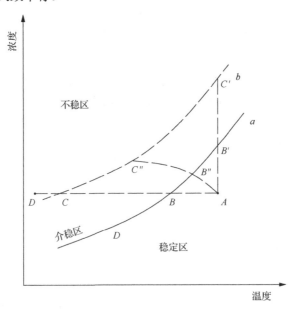

图 15-1　溶解度-超溶解度曲线

溶解度曲线 a 和超溶解度曲线 b 将图15-1所示的浓度-温度图分为3个区域，它们与结晶过程的成核和晶体生长有密切关系。

1)稳定区，处于曲线 a 的下方，在此区域中溶液尚未达到饱和，不可能产生晶核，也不能使晶体生长。

2)介稳区,处于曲线 a 和曲线 b 之间,在此区域中不会自发地产生晶核,但是如果向溶液中人为地加入少量溶质晶体的小颗粒(晶种),这些晶种会长大。介稳区宽度通常可以用过冷温度 ΔT 或过饱和浓度 ΔC 表示。

3)不稳区,处于曲线 b 上方,在此区域中溶液能自发地产生晶核,并且晶核可以长大。

过饱和或过冷是溶液体系结晶的必要条件,而非充分条件,即仅有过饱和条件或过冷条件并不足以导致系统开始结晶。要使结晶在过饱和溶液中进行,必须还有下列两条件之一:

1)溶液的过饱和度或过冷度足够大,使溶液浓度超过超溶解度曲线。

2)过饱和溶液中存在有能作为晶体生长中心的固体粒子,如晶胚、晶核或晶种。

溶解度曲线、超溶解度曲线、稳定区、介稳区、不稳区等概念对于结晶过程有重要意义。

在图 15-1 中,起始浓度为 A 的洁净溶液在没有溶剂损失的情况下冷却到 B 点,溶液刚好达到饱和,但不能结晶,因为它还缺乏作为推动力的过饱和度。从 B 点继续冷却到 C 点,溶液经过介稳区,虽然处于过饱和状态,但仍不能自发地产生晶核。只有冷却到 C 点后的不稳区,溶液中才能自发地产生晶核,越深入不稳区(如达到 D 点),自发产生的晶核越多。

采用蒸发的方法把溶液中溶剂去除一部分,也能使溶液达到过饱和状态,图 15-1 中 $AB'C'$ 线代表此恒温蒸发过程。由于在蒸发过程中,溶液表面的过饱和程度往往大于溶液主体的过饱和度,在溶液表面产生的晶核会沉入溶液主体作为晶种生长,在溶液浓度达到 C' 之前过饱和溶液便产生晶体,因此,在蒸发结晶过程中,过饱和溶液的浓度很难超过超溶解度曲线 b。在工业结晶过程中往往合并使用冷却和蒸发,此过程可用 $AB''C''$ 线代表。

结晶过程一般包括晶体成核和晶体生长两个主要步骤,晶体的成核与生长是影响产品纯度、聚结情况和外观形状等晶体产品质量的关键因素。结晶动力学探讨结晶过程中晶体成核和晶体生产过程的相关问题,即成核动力学和晶体生长动力学(Lewis et al.,2015)。

15.1.2 结晶成核动力学

溶质在溶液中产生微观的晶粒作为结晶的核心,这些核心被称为晶核,产生晶核的过程被称为晶核形成过程,简称成核,也被称为起晶。

晶核是过饱和溶液中新生成的结晶微粒,是晶体生长过程必不可少的核心。在均匀的过饱和溶液中析出晶核的过程被称为成核,在某些行业也被称为起晶。成核动力学主要研究晶核形成机理和晶核形成速率及其影响因素等问题。

成核速率为单位时间内在单位体积的晶浆或溶液中生成新晶体粒子的数目,即

$$J = \frac{\Delta N}{V\theta} \tag{15-2}$$

式中,J 为成核速率[$/(\text{m}^3 \cdot \text{s})$];$\Delta N$ 为溶液或晶浆中新增晶核数目;V 为溶液或晶浆体积(m^3);θ 为时间(s)。

成核速率是决定晶体产品粒度分布最为重要的动力学因素。结晶过程要求有一定的成核速率，以满足晶体生长和结晶生产的需要。但是，如果成核速率过大，必然导致晶体产品细碎，粒度分布范围宽，产品质量低，对结晶器的生产强度也有不利的影响。研究成核动力学的目的是将结晶过程的成核速率控制在适宜范围，在结晶设备中产生适量的晶核。

根据晶核产生的机理，在理论上将成核过程分为两大类，一类是初级成核；另一类是二次成核。这样划分的一个基本标准是系统中溶质固相的存在与否，当一个结晶系统中不存在结晶物质的固体粒子时的成核为初级成核，而二次成核发生在有晶体存在时。初级成核又分为均相成核和非均相成核，一般地，若系统中空间各点出现晶核的概率相同，称为初级均相成核；若晶核优先出现于系统中的某些部位称为初级非均相成核。二次成核是在过饱和溶液中溶质晶体附近产生的成核过程，它与碰撞、表面间的滑动和摩擦等因素有关，可分为初始增殖、针状结晶增殖、接触成核等(图 15-2)(Mullin，2015)。

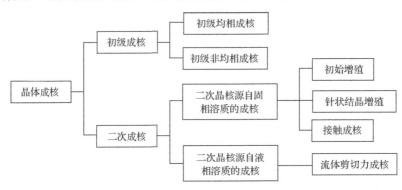

图 15-2　晶体成核的分类

15.1.3　晶体生长的传质-反应理论

产生的晶核在溶液中长大成为宏观的晶体，这一过程被称为晶体生长。无论是成核过程还是晶体生长过程，都必须有一个推动力，这个推动力是一种浓度差，称为溶液的过饱和度。在结晶过程中，溶液的过饱和度直接影响着晶核形成和晶体生长的快慢，而这两个过程的快慢又影响着结晶产品中晶体的粒度及粒度的分布，因此，过饱和度是考虑结晶问题时极其重要的因素。实际结晶过程常常把在溶液中产生过饱和度的方式作为结晶方法分类的依据。据此，溶液结晶大致可分为冷却法、蒸发法、真空冷冻法、盐析法、反应结晶法等基本类型。

有关晶体生长的传质-反应理论在工业结晶界，特别是在溶液结晶工业界应用较为广泛。传质-反应理论将晶体的生长过程看作是一个发生在固液界面的化学反应过程，它建立在扩散传递过程和表面反应理论基础上，针对晶体生长过程溶质从溶液相进入晶体相所涉及的生长速率问题进行探讨。晶体生长的传质-反应理论示意图如图 15-3 所示，该理论认为在溶液相主体与晶体固相之间存在有一个静止液层和吸附层，晶体生长过程主要在这两层内经历 3 个主要步骤完成的(丁绪淮和谈遒，1985)。

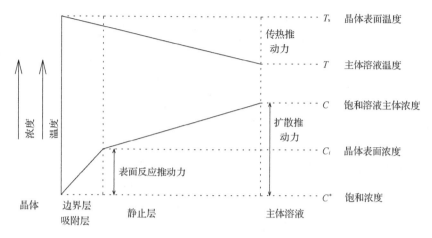

图 15-3　晶体生长的传质-反应理论示意图

第一步是过饱和溶液中待结晶的溶质通过扩散穿过靠近晶体表面的静止液层，从溶液中转移到晶体表面，此过程被称为扩散过程。扩散过程必须有浓度差作为推动力。根据扩散理论，晶体生长的扩散过程的传质速率方程为

$$G_{\mathrm{M}} = \frac{\mathrm{d}m}{A\mathrm{d}t} = k_{\mathrm{f}}(C - C_i) \tag{15-3}$$

式中，G_{M} 为晶体的质量生长速率[kg/(m$^2 \cdot$ s)]；C 为溶液主体浓度[kg/kg(结晶物质/自由水)]；C_i 为晶体与溶液界面浓度[kg/kg(结晶物质/自由水)]；k_{f} 为传质扩散系数[kg/(m$^2 \cdot$ s)]；m 为晶体质量(kg)；t 为时间(s)；A 为晶体的表面积(m^2)。

第二步是溶质长入晶体晶格的过程，被称为表面反应过程。表面能生长理论、吸附层生长理论和周期键链理论是描述晶体表面反应过程的主要理论。特别是吸附层生长理论，是解释表面反应机理和机制的重要学说。在传质-反应理论中，将表面反应过程看作是通过扩散到达晶体表面的溶质在吸附层中借助另一部分浓度差作为推动力嵌入晶面，使晶体增大，同时放出结晶热。表面反应过程的晶体质量生长速率可用经验式表示：

$$G_{\mathrm{M}} = \frac{\mathrm{d}m}{A\mathrm{d}t} = k_{\mathrm{r}}(C_i - C^*)^n \tag{15-4}$$

式中，C^* 为溶液主体的饱和浓度[kg/kg(结晶物质/自由水)]；n 为表面反应级数，其取值一般为 1~4；k_{r} 为表面反应速率系数[kg/(m$^2 \cdot$ s)]。

第三步是表面反应过程放出的结晶热以传导的方式回到溶液中。由于大多数物系的结晶热较小，对整个结晶过程的影响可以忽略不计，因此，这一步骤不计入晶体生长的过程中。

15.2　共混结晶概述

15.2.1　蔗糖共混结晶

晶体是质点(分子、原子或离子)在空间有规则地排列的固体，这种有规律性的周期排列构成晶体晶格，不同的晶体有不同的晶格，并且"格格不入"，因此通过结晶可以纯

化晶体物质(丁绪淮和谈道,1985)。蔗糖晶体是分子晶体,属单斜晶系的正方四面体类,唯一的对称因素是一条二次对称轴(陈树功,1988)。在制糖工业中,利用溶液结晶技术从糖浆中蒸发结晶得纯度高的蔗糖晶体。传统的结晶操作可把澄清脱色后的糖浆中的还原糖分降低96%,灰分降低94%,色值降低70%。如果蜜洗糖不经过澄清、脱色而直接冷却结晶,在结晶过程中可把蜜洗糖中的灰分降低 92.5%~96%,色值降低 91%~98%(Vaccari et al.,1995)。当然,蔗糖晶体是从天然糖汁的浓缩母液中结晶出来,产品中不可避免地要夹带某些杂质,如还原糖、水分、灰分及其他非糖物(Jenkins,1966)。

从糖浆溶液中结晶得到的蔗糖晶体中杂质主要以下述 3 种方式存在。

1)母液夹带。蔗糖晶体中的杂质主要通过母液夹带而来(霍尼,1962)。杂质大部分存在于晶体表面的干固液膜中,少量是结晶过程中被晶体包裹在晶体内的母液中。胶体非糖物、晶内水就是以这种方式存在的。

2)共结晶(cocrystallization),即杂质与蔗糖分子以一定的化学计量比在晶体内包藏。杂质分子被均匀固定在蔗糖晶体的晶格上,并且具有化学上的亲和力,以共晶体(cocrystal)的状态与蔗糖一起从溶液中析出的过程,如铁杂质就可以以这种方式与蔗糖共结晶(Gagnière et al.,2009)。但是一般的杂质不会与蔗糖生成固体溶液,因此一般情况下杂质以这种状态存在的机会不大(郭祀远等,1989)。

3)晶体间包藏。在蔗糖结晶过程中,如果糖浆过饱和度过高,或者晶体在溶液中接触次数过多就会生成并晶或聚晶。如果生成并晶或聚晶,在晶体间的袋穴、空腔、沟纹和弯角等处就会包藏大量母液或杂质微粒。

蔗糖晶体在结晶过程对杂质夹带的多少与结晶速度密切相关,结晶速度越快,晶体夹带杂质就越容易,这是因为在晶体表面存在的杂质来不及被糖浆溶液冲洗就被晶体表面生长的晶体覆盖了。据文献(陈维钧,1991)介绍,晶体夹带杂质的机理受结晶速度制约,如晶体的着色在缓慢结晶过程中以吸附形式为主,而在高速结晶过程中则以包裹形式着色。

在制糖工业中,为了提高白糖质量,糖汁通过一系列的澄清过程,在一定的过饱和度下结晶,以尽量减少晶体中的杂质。但是在用蔗糖为基体夹带食品、医药配料的共混结晶工艺技术就利用了蔗糖晶体夹带杂质的特性。

20 世纪 80 年代初,美国 Domino 糖业公司的 Chen(1994)提出了蔗糖共混结晶的工艺,蔗糖共混结晶是指在蔗糖的自发结晶过程中把第二种添加配料均匀铺在蔗糖微晶体表面或嵌入微晶体内部,得到一种具有特殊功能的食品。Chen 等在描述共混结晶过程中使用的英文词汇同样是 cocrystallization,从这个定义可以看出,"共混结晶"中很少有共晶体状态存在,有别于真正意义上的"共结晶"。在共混结晶的微小蔗糖晶体中,添加配料可以以母液夹带、晶体内包藏(共结晶)和晶体间包藏的任何一种形式存在。

15.2.2　共混结晶技术研究的历史与现状

在制糖工业中,结晶操作是继澄清操作后的重要工艺过程。糖厂一般采用糖粉起晶的方法,在一定的温度和过饱和度下维持一定的结晶速度,通过煮糖、助晶等过程从澄清糖浆中结晶出晶形好、夹带杂质少的蔗糖晶体。

如果在糖浆中不加入晶种,当糖液处于易变区,其过饱和系数超过 1.3 时,糖液将自然起晶，生成大量晶核。据此，1987年Chou和Graham提出了变形糖的理论和工艺，该工艺是在蒸发器中把糖浆在真空或常压下浓缩至含91%～97%的干固物糖浆，然后在结晶器中结晶成聚集体状态的糖产品，含水量为0.5%～2.5%，随后经干燥、冷却、磨碎和筛分，得到的产品中蔗糖晶体的晶粒尺寸范围为5～10μm。变形糖是一个低能耗的生产过程，其溶解速度大大高于通常的结晶产品。在葡萄牙，由浅色或深色糖浆生产的变形糖被称为Areado。

1972年，Granham首次提出了用蔗糖和麦芽糊精混合结晶制成由蔗糖微晶微聚集体组成的片状糖。该过程是在变形糖的基础上，在浓缩糖浆中加入麦芽糊精，在强烈搅拌下生成蔗糖和麦芽糊精的混合结晶聚集体，然后制成片状糖。该工艺过程后来被Domino糖业公司的美籍华人Chen定义为共混结晶过程。共混结晶工艺是用高纯度糖作为基料，第二种配料(食品配料或医药配料)在糖浆蒸发前或浓缩后加入，在剧烈的机械搅拌下形成新的结构，制成一种带有新的功能的聚集体产品，该产品中含有添加配料的所有固形物。Chen等根据共混结晶的工艺原理制造了水分散性强的共混结晶产品(Chen et al.，1982)，速溶性共混结晶产品(Chen et al.，1982)、蔗糖-果糖共混结晶产品(Chen et al.，1983)，并获得了3个美国专利。国内对蔗糖共混结晶技术夹带食品、医药配料尚未有过报道。

15.2.3 蔗糖共混结晶的应用前景

共混结晶技术发展在国外虽然已有多年的历史，但是国内迄今为止还没有这一产品，因此，本节尝试对共混结晶工艺过程的研究来寻求共混结晶产品制造过程的工艺条件和工艺参数。在共混结晶技术的发展过程中，科研工作者关心的主要是工艺技术过程，本节采用不同研究手段对共混结晶产品的微细外观结构及微观结构进行研究，揭示产品中蔗糖和添加剂的存在状态及存在方式，并进一步研究共混结晶产品的性质，揭示共混结晶技术在食品、医药工业的应用前景。

食品添加剂包括风味剂、营养增强剂、甜味剂、食品乳化剂等，它们在食品中各有不同的功能和作用(凌关庭，2008)。在食品工业中常常用变性淀粉、树胶作为基体来夹带各种添加剂，但是由于变性淀粉和树胶本身的性质导致它们作为基体存在两个主要缺点：第一，变性淀粉和树胶在水中的溶解度都不大，因此产品会溶解不完全，出现溶质难以分散及溶液混浊的问题。第二，用变性淀粉或树胶作为基体夹带食品配料时，一般都要经过一个较长的干燥过程，并且干燥温度较高，在干燥过程中会造成热敏性、挥发性配料的损失。因此寻求一种更理想的食品配料夹带基体成为食品工作者的目标。

蔗糖是食品行业中普遍应用的甜味配料。蔗糖无嗅、无毒，人体可以较大量地摄入并吸收，能给机体组织提供大量的热量。蔗糖还具有以下各种特性：①价格便宜。随着制糖工业的发展，食糖价格一直处于低水平状态。②溶解度大。蔗糖溶解度随温度的升高而急剧增大，且蔗糖的水溶液是一种无色透明、无混浊的均匀溶液。③热稳定性好，储存期长。蔗糖在酸性条件虽然能分解成还原糖，但是在中性条件下，蔗糖溶液即使沸腾，其水解速度也是十分缓慢的。蔗糖晶体在常温常压下一般不会产生化学变化。另外，蔗糖在发生结晶相变过理中会放出热量，因此可以利用它来干燥产品，省略额外的干燥过程。蔗糖由于上述众所周知的几点优点而成为食品配料夹带基体的理想选择。

利用共混结晶技术研制蔗糖夹带食品添加剂的多种产品，一方面可以拓宽蔗糖的用途，另一方面可以强化添加配料的性质，为食品添加剂的夹带提供新的方向。对共混结晶产品性质的研究，可以从理论上肯定产品的各种功能，为共混结晶产品的应用提供理论依据。对共混结晶产品的微细外观结构和微观内部结构的研究可以了解产品的宏观结构及物质存在状态，并且从工艺过程和产品结构上寻求产品具有各种功能的原因。

15.3　蔗糖共混结晶产品的制备

15.3.1　制备原理

共混结晶可以定义为这样一种工艺过程，在蔗糖的自发结晶过程中，第二种食品或医药配料共生(或)沉积在微小蔗糖晶体聚集体。对高过饱和度的糖液进行剧烈机械搅拌，引起溶液的自发结晶，产生了许多微小蔗糖晶体，这些微小晶体在相互碰撞过程中通过点接触的方式黏结在一起并形成微小晶体聚集体。如果把纯蔗糖作为一种基体，把用作载体的糖浆浓缩至过饱和状态，并维持足够高的温度使其不会结晶，将预定的一定重量的添加配料在糖浆蒸发前或浓缩后加入，就生成了一种具有新的结构、带有新的功能的共混结晶产品。混合物料在浓缩之后受到剧烈的机械搅拌，剧烈的机械搅拌一方面可以均匀混合蔗糖和添加配料的混合物，另一方面可大量击碎混合物料中已有的晶体，为混合物结晶提供核体。随着温度的降低，结晶相变过程中放出大量的热，并且在结晶过程中维持了很高的过饱和度，成核和结晶速度很快，保证了晶体不会长得过大，放出的结晶潜热可以直接用于干燥产品。具有一定热稳定性的任何物质和配料都能用共混结晶工艺混合或沉积入微小的蔗糖晶粒聚集体中。共混结晶工艺的产物含有原有投料的所有固形物，添加配料大大增强了最终产品的功能(胡松青等，1996)。

15.3.2　主要原材料

蔗糖，洁白，干燥，优级或一级白砂糖。

蜂蜜，是指蜜蜂从植物花内蜜腺采集的花蜜或花外蜜腺分泌物经自身含有的特殊物质进行酿造并储存于巢脾中的甜物质。蜂蜜中葡萄糖、果糖的含量占 70% 以上，蔗糖含量为 5% 以下，并且还含有糊精、蛋白质、氨基酸(如乳酸、乙二酸和苹果酸)、维生素(如维生素 B_2、维生素 B_6 等)和各种矿物质(如钙、磷、钾、钠等)，特别是具有各种酶系，如淀粉酶、蔗糖转化酶、过氧化氢酶和脂酶等。因此，蜂蜜是一种有营养的天然食品，是一种传统的食疗两用物质，具有养颜益寿、润肺养脾的功效，并对多种疾病(如高血压、贫血等)有良好的医疗辅助作用。本试验采用 39°Bx 的纯净蜂蜜(广州国营园艺农工商联合公司)(黄伟坤，1989)。

阿力甜(Alitame)，化学名称为 L-α-天冬氨酸-N-2, 2, 4, 4-四甲基-3-硫化三亚甲基-D-丙氨酰胺含水物，分子式为 $C_{14}H_{25}N_3O_4S \cdot 2.5H_2O$，相对分子质量为 376.5(含水分)。阿力甜是一种新型的甜味剂，其甜度约相当于 10% 的蔗糖溶液的 2000 倍，约相当于 2% 的蔗糖溶液的 2900 倍，口感好。固态为白色、无臭的结晶粉末。阿力甜的热稳定性强，其熔融温度为 136~137℃，可适用于不同的加工工艺和储存条件，半衰期为 5 年，阿力甜易溶于水(pH≈5.6)，并且不水解，甜度不下降。阿力甜在食物中提供热量很少，每克阿力甜仅放出 2cal[①]热量，约为蔗糖热量的 1/2000，食用安全性高，其每日允许摄入量(ADI 值)为 1mg/(kg 体重·日)(深圳某甜味剂公司提供)。

维生素 C，又名抗坏血酸，分子式为 $C_6H_8O_7$，相对分子质量为 176.13。据已在世界上得到定论的鲍林学说认为，维生素 C 不仅能治疗维生素 C 不足引起的各种疾病，而且还有防治感冒和其他疾病、保持体力、增进健康的功效。在食品工业中维生素 C 常用作强化剂，有时也用作抗氧化剂(化学工业部科学技术情报研究所，1986)。

15.3.3 研制工艺及工艺参数的确定

15.3.3.1 研制工艺流程

夹带食品或医药配料的共混结晶产品的研制工艺如图 15-4 所示(胡松青等，1996)。

1)把白砂糖加水加热溶解，继续加热蒸发水分，视添加配料情况将糖浆浓缩到温度为 120～135℃，浓度为 90°Bx 以上；

2)在上述浓缩糖浆中加入预先选定的添加配料(添加配料也可以在糖浆蒸发前加入)，充分搅拌混合均匀；

3)把上述混合物料自然冷却,并进行剧烈搅拌,得到蔗糖和添加配料的共混结晶微聚体；

4)如有必要，把微聚体在一定条件下干燥，然后粉碎、过筛，得到理想的共混结晶产品(胡松青等，1998a)。

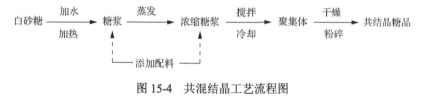

图 15-4　共混结晶工艺流程图

15.3.3.2 主要工艺参数的确定

(1)加水比例

纯蔗糖在室温(20℃)下的溶解度为 200g/100g 水，因此在溶解蔗糖时加水比便可选用 2:1(糖水质量比)。

(2)糖与添加配料投料比

共混结晶产品是根据不同功能而研制的，因此固态添加配料的比率主要是根据配料性质和最终产品的要求来确定。例如，维生素 C 作为一种营养强化剂，在食品中含量不能过大，且不能影响最终产品的风味。因此在共混结晶过程中维生素 C 与蔗糖的配料比一般取 1%～2%(质量比)。作为低热值糖的蔗糖阿力甜粉，其配料比可以根据产品所要求的不同甜度来改变配料比。而液态的添加配料一方面要考虑产品的最终要求，另一方面要考虑对生产工艺过程的影响，因为要尽量利用结晶热来干燥产品，尽量减少干燥任务或省略干燥单元操作，如在共混结晶过程中蜂蜜(39°Bx)与白砂糖的配料比为(1:10)～(1:4)。

---

① 1cal=4.184J。

（3）浓缩糖浆的最终温度

在整个共混结晶工艺过程中，起着关键性作用的工艺条件是浓缩糖浆的最终温度，它关系到共混结晶产品的质量、工艺过程的能耗等。在共混结晶工艺过程中浓缩糖浆的最终温度受下述 3 个方面制约。

1）配料性质。有些配料是热敏性或挥发性物质，如果温度过高就会引起配料的损失或变化，因此浓缩糖浆温度必须控制在变性或分解温度之下。

2）蔗糖的焦化。蔗糖在 190～220℃时会脱水焦化，在浓缩过程中，糖浆浓度十分高（高达 90°Bx 以上），黏度大，糖浆对流传热不很理想，如果温度过高，受热稍不均匀，糖浆局部温度急剧上升就会导致蔗糖的焦化。

3）结晶过程的热平衡。浓缩糖浆的最终温度越高，糖浆中的水分就越少，结晶过程的相变热就越大，越有利于利用蔗糖结晶热来干燥产品。

上述 3 个制约条件中的前两个较易控制，比较难于控制而又十分重要的就是有关相变过程的热平衡。

蔗糖的结晶过程是一个放热过程，并且其结晶随着温度的升高而增大。水蒸发的相变热在温度为 90～140℃没有明显的变化，其值为 2260J/g。随着温度升高蔗糖糖浆水分含量降低，浓度增大。因此可以在一个较高的温度下利用蔗糖本身的结晶热干燥产品。根据不同温度下蔗糖的结晶热，可绘制如图 15-5 所示的蔗糖在高温、高浓度情况下结晶的热平衡图（陈其斌等，1993）。

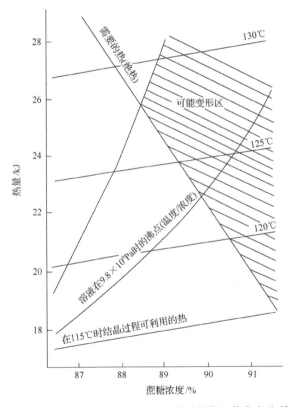

图 15-5　不同温度、浓度下蔗糖结晶过程可利用的热和蒸发水分所需的热(kJ)

从图 15-5 可以看出，浓缩到 88.5°Bx 以上糖浆在结晶过程中放出的热就有可能使糖浆中的水分自然蒸发而不需要任何干燥过程，此时糖浆结晶温度约为 128℃。如果糖浆在常压下浓缩时，为了达到利用结晶潜热直接干燥产品的目的，糖浆必须浓缩至 122℃，浓度约为 90°Bx，因此，在共混结晶过程中如果添加配料是固态的，考虑到热损失，糖浆只需浓缩至 125℃即可。而当加入的添加配料是液态时，糖浆浓缩的最终温度就要高于 125℃，具体数据要视所带入的水分量而定。例如，在浓缩糖浆中加入 10%的 39°Bx 的蜂蜜时，为了达到直接干燥的目的，糖浆浓缩的最终温度应为 130~135℃。为了防止糖浆中蔗糖的局部焦化，最终温度上限一般取 135℃，因此在研制蔗糖与蜂蜜的共混结晶产品时，如果加入高于 15%的 39°Bx 的蜂蜜时，就必须有干燥过程干燥产品，蔗糖与蜂蜜的共混结晶产品的干燥一般在常压、40~60℃下进行。

15.3.4　制备结果

15.3.4.1　蔗糖蜂蜜粉

(1)蔗糖蜂蜜粉的投料比、产量及产率

蔗糖蜂蜜粉是用蔗糖和蜂蜜共混结晶而成。在研制过程中蔗糖和蜂蜜的投料比、产量、产率见表 15-1，从表中可以看出，实验室研制产率可以高达 84%~90%，这些产率数据指的是一次实验所得产品与投料总量的比值，如果物料循环利用，产率会更高，因为在生产过程中，所有投料固形物都不会受到破坏，循环利用率高。

表 15-1　研制蔗糖蜂蜜粉的投料比、产量及产率

白砂糖/g	蜂蜜/g	投料总量/g	投料比	产品/g	产率/%	备注
200	20	220	10:1	195	89.5	不需干燥
200	50	250	4:1	210	84	需要干燥

(2)产品的理化性质

蜂蜜中的主要成分是还原糖，占 70%以上。采用制糖工业中常规的分析方法分析产品的蔗糖分、还原糖分、灰分及水分。并且测定了含产品 10%的水溶液的 pH，大致估测了产品的堆积密度，结果见表 15-2(华南理工大学制糖教研组，1991)。

表 15-2　蔗糖蜂蜜粉的理化性质(投料比 4:1)

项目	蔗糖分	还原糖分	灰分	水分	pH	堆积密度
测定方法	二次旋光法	兰-艾农法	电导法	干法失重法	酸度计	
测定结果	77%	14%	0.05%	1.6%	5.8	1437kg/m^3

(3)主要用途

从研制工艺过程可以看出，共混结晶蔗糖蜂蜜粉中含有原料蜂蜜中的所有固形物，具有蜂蜜特有的芬芳香味，可以替代流动黏稠、不便携带储运的液态蜂蜜的各种用途，具有与蜂蜜同样的食疗作用，其建议用途为可用于曲奇配料、面包配料、糕饼配料、奶油馅及各种面包、冰淇淋和酸牛奶的配料(Chen and Chou，1993)。

15.3.4.2　蔗糖阿力甜粉

蔗糖阿力甜粉是配料比为 1：100 的阿力甜与蔗糖共混结晶的产物。随着人们生活水平的提高，蔗糖作为高热值的甜味剂遭到非议。用共混结晶技术夹带 1% 的阿力甜作为增甜剂的蔗糖阿力甜粉一方面降低了相同甜度下产品的热值，减小了蔗糖的摄入量，另一方面降低了阿力甜的市场价格，消费者比较容易接受。

15.3.4.3　蔗糖维生素 C 粉

实验室条件下研制的共混结晶蔗糖维生素 C 粉含 1% 的维生素 C。由于维生素 C 酸性较强，在结晶过程中滴加了 1% 的 Na_2CO_3 作为助晶剂，或直接用维生素 C 钠作为添加配料。蔗糖维生素 C 粉口感好，可以作为速溶营养饮料或治疗维生素 C 不足引起的各种疾病的药品。

15.3.5　蔗糖共混结晶工艺小结

在共混结晶技术中，晶核的产生来自于两方面，一方面是糖液浓缩的最终温度高，在自然冷却过程中过饱和度很容易达到易变区，能够自然起晶，另一方面是剧烈的机械搅拌击碎了大量已产生的晶体，起到二次成核的作用。在结晶进行过程中，随着结晶潜热蒸发水分，物料始终处于一个较高的过饱和度的状态，因此在整个共混结晶过程中成核和结晶的速度都很快，其控制条件难于掌握。不过值得庆幸的是选择自然冷却和剧烈机械搅拌就可以满足共混结晶工艺要求。

在研究以蔗糖为夹带基体的共混结晶过程中，胡松青（1997）试图研制用食盐（NaCl）作为夹带基体的共混结晶产品，结果是失败的。通过考察蔗糖和 NaCl 的溶解度曲线发现，蔗糖的溶解度随温度变化的变化趋势大，温度越高溶解度越大，而 NaCl 的溶解度随温度变化很小，几乎没有变化。在浓缩过程中 NaCl 溶液会析出晶体，而蔗糖在浓缩过程中会保持溶液状态，只有在自然冷却过程中才会结晶析出蔗糖晶体，这就无法达到夹带配料的目的（波任，1981）。

通过对共混结晶工艺过程的研究发现，共混结晶作为一种新型的夹带技术可以满足现在和将来食品、医药工业的需要。本节所述的 3 种产品（蔗糖蜂蜜粉、蔗糖阿力甜粉、蔗糖维生素 C 粉）是按不同的目的研制的、具有不同功能的蔗糖产品。

15.4　共混结晶产品的结构

从感观指标来看，共混结晶产品与颗粒糖晶体有明显不同。颗粒糖有明显的晶形，虽然外观形态上有不同的表现，但是晶胞结构遵守下列规则：晶体类型属于单斜晶系的正方四面体类，唯一的对称因素是一条二次对称轴，没有对称平面和对称中心；而共混结晶产品呈粉末状，看不出明显的晶体状态。颗粒糖色值低，洁白，而共混结晶产品由于加入料不同而颜色不同，如共混结晶蔗糖蜂蜜产品略带黄色，蔗糖阿力甜粉呈白色，蔗糖维生素 C 粉呈黄色。

为了进一步研究共混结晶产品的结构，用显微拍照技术研究了共混结晶产品的微细外观结构形态，用 X 射线粉末衍射技术研究了共混结晶产品的晶体形态及添加配料在产品中的存在状态。

15.4.1　蔗糖共混结晶产品的微细外观结构形态

采用显微拍照技术拍摄了蔗糖蜂蜜粉、蔗糖维生素 C 粉、蔗糖阿力甜粉在不同放大倍数下的外观结构，得到如图 15-6 所示的照片。它们能够反映共混结晶产品的典型外观结构。

(a) 蔗糖蜂蜜粉(放大倍数500倍)

(b) 蔗糖维生素C粉(放大倍数500倍)

(c) 蔗糖阿力甜粉(放大倍数500倍)

(d) 蔗糖阿力甜粉(放大倍数1260倍)

图 15-6　蔗糖共混结晶产品的显微照片

从图 15-6(a)可以看出，产品是由许多大小不同的颗粒黏结在一起，这种微晶聚集体表面存在有许多不同形状和大小的孔隙。

从图 15-6(b)可以看出，微晶体聚集体边缘凹凸不平，呈现出疏松云雾状。

从图 15-6(c)可以看出，微晶体聚集体表面呈花边状，有许多带状或网状结构。

从图 15-6(d)可以看出，组成微聚集体的颗粒是晶体微粒。通过测定该照片中晶体微粒的尺寸发现，组成微聚集体的蔗糖晶体微粒的粒径尺寸为 10～25μm。

显微拍照技术研究共混结晶产品的微细外观结构的实验表明，共混结晶产品粉末是由许许多多蔗糖微小晶体聚集在一起。组成微聚集体的蔗糖微晶体粒径为 10～25μm，微聚体表面呈花边状结构，其边缘呈疏松云雾状，在整个结构中有许多孔隙和网状、带状结构分布。按 Chen 博士(1994)的解释，蔗糖和添加配料的微聚集体是由靠点接触黏结的微小晶体的带状、多孔群体组成，添加配料包藏在微晶体内或夹带在微晶体之间。

15.4.2　共混结晶产品的微观内部结构

利用 X 射线粉末衍射技术分析了蔗糖晶体(精幼砂白糖)和蔗糖共混结晶产品，结果如下所述。

图 15-7(a)是精幼砂白糖的 X 射线粉末衍射图谱，图中出现了蔗糖晶体 X 射线衍射的 6 个最强峰位、晶面间距、峰强，并根据峰位可以从哈氏索引中找到相应的晶面指数，如表 15-3 所示，上述蔗糖晶体的 6 个衍射强峰在这 3 个共混结晶粉末产品的衍射图谱中均有出现，只不过峰位略有飘移，峰强有些变化而已。这说明共混结晶产品中蔗糖以晶体形式存在，虽然其粒径仅为 $10\sim25\mu m$，但它们都具有蔗糖晶体晶胞的主要结构(胡松青等，1998b)。

表 15-3　蔗糖晶体 X 射线衍射的 5 个最强峰的峰位、晶面间距、峰强、晶面指数及相对强度

峰位 $(2\theta)/(°)$	25.17	11.67	18.79	19.54	16.21
晶面间距 $(d)/\text{Å}$	3.535	7.572	4.718	4.539	6.734
晶面指数 (hkl)	300	001	111	210	110
峰强 (CPS)	7090	4991	3721	3029	2150
相对强度 (I/I_0)	100	70	52	43	30

把蔗糖晶体的衍射图谱与共混结晶产品蔗糖蜂蜜粉[图 15-7(b)]和蔗糖阿力甜粉[图 15-7(c)]的衍射图谱相比较发现：

1)共混结晶产品的 X 射线衍射峰的弥散程度增大，特别是蔗糖蜂蜜粉和蔗糖维生素 C 粉的衍射峰弥散程度尤为显著，这说明共混结晶产品中非晶物质增加，结晶度降低，一部分添加配料以非晶体状态存在。蜂蜜中的大部分成分是还原糖，还原糖结晶条件苛刻，在共混结晶工艺条件下很难结晶，因此蔗糖蜂蜜粉的衍射峰比其他两种明显大些。

2)在共混结晶产品的衍射图谱中，特别是蔗糖阿力甜粉的衍射图谱比蔗糖的衍射图谱增加了许多强度十分弱小的衍射峰，这说明一部分添加配料以晶体状态存在于共混结晶产品中。这些衍射峰强度弱小是添加配料含量很小的原因造成的。

综上所述，通过用显微拍照技术和 X 射线粉末衍射技术分别对蔗糖共混结晶产品的微细外观结构形态和微观内部结构的研究发现：蔗糖共混结晶产品是由许多尺寸为 $10\sim25\mu m$ 的微小蔗糖晶体组成的聚集体，微聚体表面呈疏松花边状结构，在整个结构中有许多孔隙存在和网状分布。蔗糖共混结晶产品中蔗糖晶体虽然很小，但是保持了比较完整的晶形，添加配料在产品中以晶体状态和非晶体状态两种方式存在，并且部分添加配料原子进入蔗糖晶体晶胞中形成了固溶体。

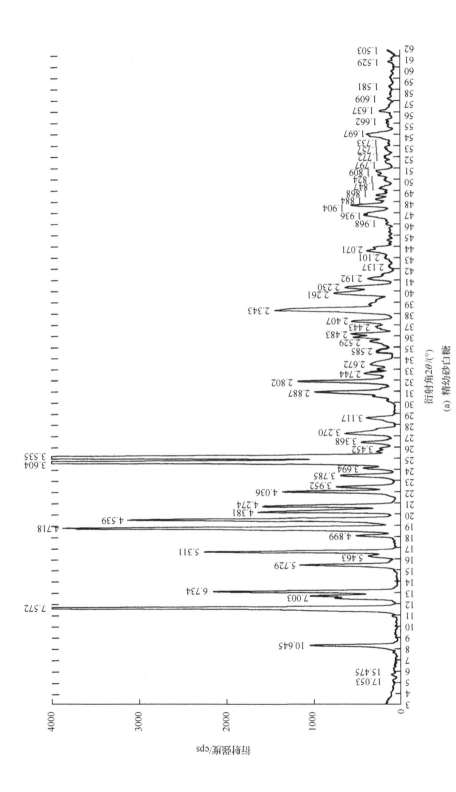

(a) 精幼砂白糖

衍射角2θ/(°)

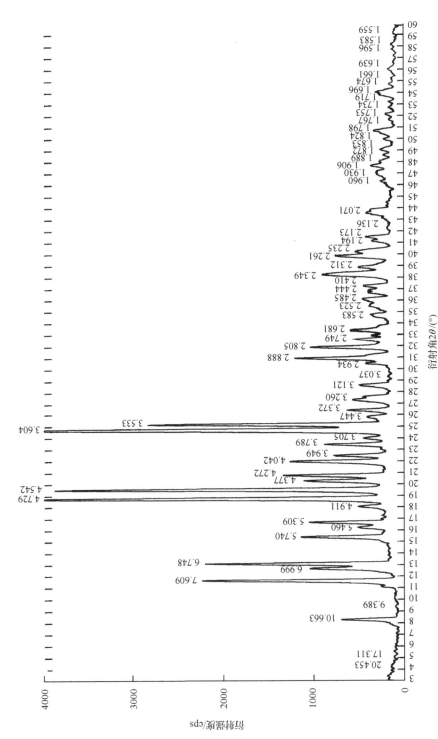

(b) 蔗糖蜂蜜粉

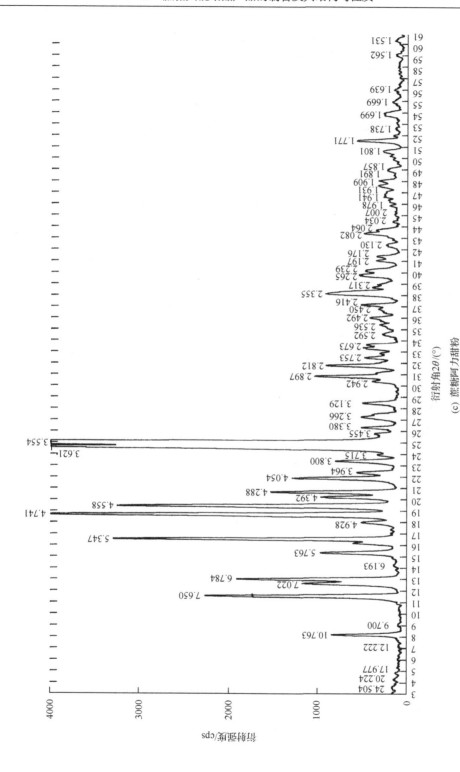

(c) 蔗糖阿力甜粉

图 15-7 精幼砂白糖和蔗糖共混结晶产品的 X 射线粉末衍射图谱

衍射角 2θ/(°)

衍射强度/cps

15.5 蔗糖共混结晶产品的性质

首先以蔗糖蜂蜜粉为对象研究了共混结晶产品的共性，即添加配料在产品中分布的均匀性和产品溶解速度快的特性，再对夹带乳化剂的共混结晶产品的乳化性增强的性质进行研究。

15.5.1 添加配料在产品中分布的均匀性

各取 3 个含 10%和 25%的 39°Bx 蜂蜜的蔗糖蜂蜜共混产品，用兰-艾农法测定其中的还原糖含量，含 10%和 25%的 39°Bx 蜂蜜的产品中还原糖含量分别为 $(5.85\pm0.07)\%(m/m)$ 和 $(14.28\pm0.04)\%(m/m)$。由此可见，3 份试样还原糖含量的标准偏差小，说明还原糖在共混结晶蔗糖蜂蜜粉中含量十分均匀，即蜂蜜中的固形物在产品中分布也是均匀的。这种均匀性一方面是在共混结晶技术中将添加配料加入液态糖浆中(固态添加配料可溶解)，并经过剧烈的机械搅拌，液态下添加配料和糖浆混合均匀，在随后的共混结晶过程中蔗糖晶体微聚集体夹带的添加剂就十分均匀；另一方面添加配料以各种状态存在于共混结晶产品中，蔗糖晶体粒径很小，因此对整个产品而言添加配料的分布就十分均匀。

15.5.2 共混结晶产品溶解性能的改善

以蔗糖蜂蜜粉和精幼砂白糖为研究对象，对比蔗糖蜂蜜粉和精幼砂白糖在水中的溶解速率。实验方法如下：用标准筛筛分蔗糖蜂蜜粉和精幼砂白糖，取 24 目(筛孔直径 0.8mm)筛下和 40 目(筛孔直径 0.45mm)筛上样品，在相同的搅拌速率和相同温度(28℃)下测定两种样品质量为 1g、2g、5g、8g、10g 完全溶于 100g 蒸馏水的时间，结果见图 15-8。从图中可以看出，蔗糖蜂蜜粉在相同情况下溶解时间大大低于精幼砂白糖，溶解速率大大增加。

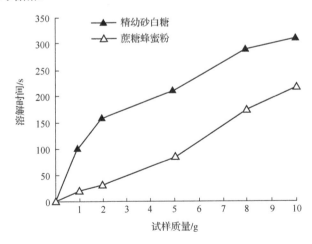

图 15-8　不同试样在 100g 水中的溶解时间

溶解包括两个主要控制步骤(曾庆衡,1992),一是固体与溶剂在固体表面进行反应生成水合分子或离子,形成饱和状态,即表面反应步骤;二是固体表面呈饱和状态的溶液向溶剂主体的扩散运动过程,即扩散步骤。在该实验中,溶质与溶剂的质量比很大,溶质即使完全溶解后溶液的浓度也很低,故溶质表面层饱和溶液浓度与主体浓度相差较大,并且搅拌速率快,所以根据菲克扩散定律,饱和溶液向溶液主体扩散速度很快,因此在该实验中控制溶解速率的步骤是表面反应步骤。任何一个表面反应与反应接触面积密切相关,反应面积越大反应速度越快。共混结晶产品由许多 $10\sim25\mu m$ 的蔗糖微晶体聚集而成,表面有很多孔隙和网状结构,结构疏松,而精幼砂白糖具有晶体的致密结构。因此在相同体积的情况下,共混结晶产品的反应面积比精幼砂白糖的反应面积大得多,并且溶剂容易渗入共混结晶产品内部,所以共混结晶产品溶解过程中表面反应速度快,溶解迅速。另外,由于共混结晶产品结构疏松,密度小,在相同搅拌速率下,共混结晶产品可以悬浮在主体溶液中,这样也无疑增加了溶解传质速率。

15.5.3 增强乳化剂的乳化作用

用 10%的硬脂酸钠和 90%的蔗糖制成共混结晶产品,再用同样的比例把硬脂酸钠与蔗糖充分干混,分别测定下列数据:①用旋转式黏度计测定蒸馏水、加共混结晶产品的蒸馏水、加干混产品的蒸馏水的黏度;②用拉环法测定蒸馏水、加共混结晶产品的蒸馏水、加干混产品的蒸馏水的表面张力;③用食用植物油和水配制成 1:1 的乳状液,用拉环法测定加共混结晶产品和干混产品时油/水的界面张力,结果见表 15-4。

表 15-4 共结晶产品增强乳化剂的乳化效果

测定值	加入试样量	表/界面张力/(mN/m)	表/界面张力降低百分数/(%)	黏度/cP
蒸馏水表面张力	含 10%硬脂酸钠共混结晶产品 5g	37.2	48.6	1.5
	含 10%硬脂酸钠干混蔗糖产品 5g	45.2	37.6	1.2
	空白对照	72.4	0	1
油/水界面张力	含 10%硬脂酸钠共混结晶产品 5g	4.5	61.5	
	含 10%硬脂酸钠干混蔗糖产品 5g	5.8	50.4	
	空白对照	11.7	0	

注:测定温度为 18℃,蒸馏水用量为 100g,油、水质量比为 50g/50g

从表 15-4 可以看出,含 10%的硬脂酸钠的共混结晶产品可以降低蒸馏水表面张力的 48.6%,油/水界面张力的 61.5%,而干混产品只能降低蒸馏水表面张力的 37.6%,油/水界面张力的 50.4%,并且共混结晶产品使水的黏度升高幅度要比干混产品大。这些数据说明了共混结晶过程增强了乳化剂的乳化作用。在共混结晶产品中添加配料以微粒状态存在,并且分布均匀,因此夹带在共混结晶产品中的乳化剂可以很容易在溶剂或油/水乳状液中分散,其乳化作用效果必然增强。

15.6　共混结晶工艺技术的应用前景

15.6.1　蔗糖共混结晶技术的应用

共混结晶产品的主体是蔗糖，但是由于它夹带的添加配料不同，赋予了产品不同的功能特性。并且它具有添加配料分布均匀、溶解速度快等特性，因此共混结晶技术在食品工业、医药工业有广阔的应用前景。

15.6.1.1　功能性食品

功能性食品是成分中具有对身体防御、节律调节、疾病预防和康复等身体状态调节的功能，并且为了充分体现这些功能而设计、加工的食品。共混结晶糖品的功能性在于为了更好体现某些食品、医药的功能而用蔗糖夹带添加配料，这一过程比较容易实现，并且得到的共混结晶产品具有明显的有用功能，如蔗糖蜂蜜粉中含有液态蜂蜜的所有固形物，具有与蜂蜜同等的食疗作用；蔗糖阿力甜粉可以减少蔗糖的摄入，能有效地防止高血压、冠心病等；蔗糖维生素 C 粉既可以作为治疗疾病的药物，也可用作营养增强剂。因此，共混结晶糖品是一种依据不同作用而制成的功能食品。

15.6.1.2　黏性物料的去水化

在共混结晶操作中，糖浆浓度十分高，起晶和结晶速度都快，结晶所产生的潜热可以用来蒸发脱水。因此运用共混结晶技术可以把黏性物料(如蜂蜜)用蔗糖为夹带基体制成干固的共混结晶产品，产品能保持原添加配料的风味，保留添加配料所有干固物。

15.6.1.3　均匀夹带

在特殊的共混结晶工艺技术的结晶步骤之前，在浓缩糖液中加入第二种添加配料，强烈的机械搅拌在蔗糖从液态转化成固态的瞬间之前把添加配料完全混合均匀，因此，当液态混合物料变为较为干燥的聚集态时，共混结晶产品中蔗糖和第二种配料混合均匀。运用这一过程可以把任何在固态时难以混合或分散的痕量物料和微剂量物质(如阿力甜)与蔗糖共混结晶，最终产品是一个近乎完美和永久均匀的混合物。

15.6.2　共混结晶技术在食品工业的发展

随着食品工业的发展，以及各种检测技术在食品科学研究中的深入应用，共混结晶技术夹带功能性成分的相关研究开发在国内外有了较好的进展。

2005 年，英国赫尔大学 Maykny 等采用与本章类似的工艺制作了蔗糖蜂蜜共混结晶产品，蔗糖与蜂蜜比例分别为 90∶10、85∶15、80∶20，应用高效液相色谱、差示扫描量热仪(DSC)和 X 射线衍射研究了共混结晶产品的物理性质。图 15-9 是共混结晶后直接干燥的产品以及共混结晶后离心分离晶体表面黏附液体，然后再干燥的产品的扫描电子显微镜(SEM)照片。经高效液相色谱分析，经离心分离的产品中含 1%～

2%的蜂蜜。随着蜂蜜加入比例增大，共混结晶产品的湿度增加，流动性和结晶度降低(Ape et al.，2005)。

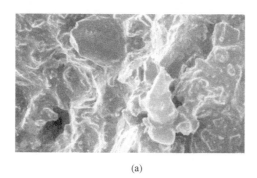 

(a)   (b)

图 15-9　直接干燥(A)与经离心分离(B)的蔗糖蜂蜜共混结晶产品的 SEM 照片

2006 年，阿根廷 Lorena 等应用蔗糖共混结晶技术分别夹带了乳酸钙、硫酸镁和巴拉圭茶萃取物，测定了共混结晶产品的溶解性、吸水性、密度、水分活度、粒度分布和休止角；并采用 SEM 分析了表面结构。产品的吸水性和水分活度随夹带组分变化而变化，粒度分布、溶解性和密度则与夹带组分的种类关系较小。休止角能反映粉体材料的流动性，表 15-5 所示结果表明共混结晶产品的流动性与蔗糖原料的流动性相一致，随夹带物料的不同变化很小(Deladino et al.，2007)。

表 15-5　原料与共混结晶产品的休止角

物料名称	休止角/(°)
蔗糖原料	41.9±2.56
巴拉圭茶萃取物冻干粉	未检测
巴拉圭茶萃取物共混结晶产品	39.7±1.29
硫酸镁原料	40.7±0.84
硫酸镁共混结晶产品	40.9±0.95
乳酸钙原料	65.9±3.87
乳酸钙共混结晶产品	40.4±1.19

2012 年，国内华南理工大学报道了用蔗糖共混结晶工艺夹带苦瓜提取物和 L-阿拉伯糖，应用差示扫描量热法(DSC)分析了产品的热学性质(何树珍，2012)。该研究发现，苦瓜共混结晶糖品的两个吸热峰分别出现在 184.38℃和 218.04℃，与蔗糖的吸热峰相比，有较明显左偏移，可能是苦瓜微晶糖中有部分添加配料与蔗糖间存在较强的相互作用所导致。而且，由于共混结晶产品中蔗糖纯度降低，184.38℃处吸热峰明显变宽(图 15-10)。该研究还评价了共混结晶产品对正常昆明小鼠血糖、血脂水平和体重的影响，发现夹带有苦瓜或 L-阿拉伯糖的共混结晶产品具有调节小鼠血糖的功能。

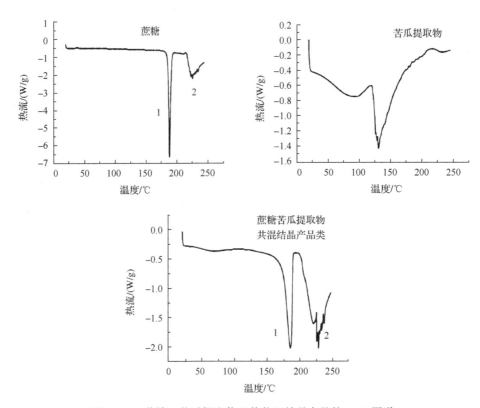

图 15-10　蔗糖、苦瓜提取物及其共混结晶产品的 DSC 图谱

此外，除了以蔗糖为基质材料的溶液结晶为基础的共混结晶工艺外，王海蓉等于 2016 年和 2017 年先后报道了采用熔融结晶法制备赤藓糖醇-蜂蜜共混结晶产品和赤藓糖醇-三氯蔗糖共混结晶产品。晶种的加入量以及粒度分布、降温速率是影响熔融共混结晶产品粒度分布的关键因素。应用热重分析、DSC、X 射线衍射技术和 SEM 对赤藓糖醇-三氯蔗糖共混结晶的结构与性能进行了表征分析，发现共混结晶过程有效提高了产品中三氯蔗糖的热稳定性（王海蓉等，2016，2017）。

15.7　总　　结

共混结晶工艺过程是一个不同于常规结晶的特殊工艺过程，在确定了共混结晶过程的添加配料后，可以选择相应的配料比及糖浆浓缩的最终温度与浓度，制造出理想的共混结晶产品。本章所用的共混结晶工艺参数、工艺条件不仅适用于实验室条件，而且适用于工业化的大生产。

特殊的工艺过程决定了共混结晶产品的特殊结构，共混结晶产品是由许多 10~25μm 的蔗糖微晶体聚集而成，添加配料以各种状态夹带在产品的聚集体内。

共混结晶产品具有添加配料分布均匀、溶解速度快的特点，为食品工业、医药工业中添加配料的夹带提供了新的方向。不同的添加配料赋予了产品不同的功能，并且增强了原有添加配料的功能。共混结晶工艺过程不仅可以应用于食品配料、医药配料的夹带，而且可以用于黏性配料的去水化、均匀分散难以混合的添加配料。

本章作者：胡松青　李　旺　丘泰球　华南理工大学

参 考 文 献

波任[苏联]. 1981. 无机盐工艺学. 天津化工研究院译. 北京: 化学工业出版社.

陈其斌, 周重吉. 1993. 甘蔗制糖手册. 高大维译. 广州: 华南理工大学出版社.

陈树功. 1988. 现代制糖理论. 北京: 轻工业出版社.

陈维钧. 1991. 结晶场对蔗糖晶体着色的影响及其机理探讨. 甘蔗糖业, (3): 44-46.

丁绪淮, 谈道. 1995. 工业结晶. 北京: 化学工业出版社.

郭祀远, 李琳, 陈树功. 1989. 蔗糖结晶过程的粒度分布及其控制. 甜菜糖业, (05): 1-6.

何树珍. 2012. 低血糖指数蔗糖共结晶产品的制备与功效研究. 华南理工大学硕士学位论文.

胡松青, 丘泰球, 张喜梅. 1996. 共结晶蜂蜜粒糖的研制. 中国甜菜糖业, (3): 4-5.

胡松青, 丘泰球, 张喜梅. 1998a. 蔗糖共结晶产品的研制. 食品工业科技, (2): 34-35.

胡松青, 丘泰球, 张喜梅. 1998b. 功能性共结晶糖品性质的研究. 甘蔗糖业, (2): 27-30.

胡松青. 1997. 功能性共结晶糖品的研制及其功能与性质的研究. 华南理工大学硕士学位论文.

华南理工大学制糖教研组. 1991. 制糖工业分析. 北京: 中国轻工业出版社.

化学工业部科学技术情报研究所. 1986. 世界精细化工手册. 北京: 化学工业出版社.

黄伟坤. 1989. 食品检验与分析. 北京: 轻工业出版社.

霍尼[荷]. 1962. 制糖工艺学原理. 杨倬, 吴广礼译. 北京: 中国财政经济出版社.

凌关庭. 2008. 食品添加剂手册. 北京: 化学工业出版社.

王海蓉, 张春桃, 梁文懂. 2016. 赤藓糖醇-蜂蜜共晶体及其共结晶过程研究. 中国食品添加剂, (11): 88-93.

王海蓉, 张春桃, 梁文懂. 2017. 熔融共结晶法制备赤藓糖醇-三氯蔗糖共晶体. 现代食品科技, (05): 228-232.

曾庆衡. 1992. 物理化学. 湖南: 中南工业大学出版社.

赵文红, 白卫东, 白思韵, 等. 2009. 柑橘类精油提取技术的研究进展. 农产品加工, 5: 18-46.

Ape M, Beckett S T, Mackenzie G. 2005. Physical properties of co-crystalline sugar and honey. Journal of Food Science, 70: 567-572.

Chen A C C, Lang C E, Graham C P, et al. 1982. Crystallized, Readily Water-dispersible Sugar Product: U. S., No 4338350.

Chen A C C, Lang C E, Graham C P, et al. 1983a. Crystallized, Readily Water-dispersible Sugar Product Containing Heat Sensitive, Acidic or High Invert Sugar Substances: U. S., No 4362757.

Chen A C C, Rizzuto A B, Veiga M F. 1983b. Cocrystallized Sugar-nut Product: U. S., No 4423085.

Chen A C C. 1994. Ingredient technology by the sugar cocrystallization process. International Sugar Journal, 1152(96): 493-496.

Chen J C P, Chou C C. 1993. Cane Sugar Handbook. New York: John Wily & Sons, E12.

Cohen M A, Freeman B, Tippens D E. 1963. Sugar Product and Method of Producing Same: U. S., No 319682.

Deladino L, Anbinder P S, Navarro A S, et al. 2007. Co-crystallization of yerba mate extract (*Ilex paraguariensis*) and mineral salts within a sucrose matrix. Journal of Food Engineering, 80: 573-580.

Gagnière E, Mangin D, Puel F, et al. 2009. Formation of co-crystals: Kinetic and thermodynamic aspects. Journal of Crystal Growth, 311(9): 2689-2695.

Graham C P, Fonti L, Martinez A M. 1972. Tabletting Sugar, Method of Preparing Compositions Containing Same: U. S., No 364253.

Jenkins G H. 1966. Introduction to Cane Sugar Technology. New York: Elsevier Publish Company.

Lewis A, Seckler M, Kramer H, et al. 2015. Industrial Crystallization: Fundamentals and Applications. Cambridge: Cambridge University Press.

Mullin J W. 2015. Crytallization. 上海: 上海世界图书出版公司.

Vaccari G, Mantovani G, Sgualdino G. 1995. A pilot plant for continuous crystallization from raw juice. International Sugar Journal, 97(1157): 209-218.

16 压榨机械作用力在植物精油提取及高品质果汁制备中的应用

内容概要： 压榨是借助机械压缩力的作用，将物料中的液体成分挤压出来的一种单元操作。在食品工业中，压榨技术已经广泛应用于糖汁、果汁、蔬菜汁的榨取和精油的提取。其中压榨果汁的风味和营养接近鲜果，是国际市场上的热销产品。而利用压榨法生产的香精油，色泽为淡黄色液体，虽然出油率较低，但具有极佳的风味，其香气更接近天然鲜橘果香。压榨过程主要包括加料、加压、保压、卸压、卸渣等工序。有时为了提高压榨效率，需对物料进行必要的预处理，如破碎、热烫、打浆、冻融等。在食品工业中，压榨除用来榨取原料内的汁液外，还作为脱水的一种方法而得到广泛应用。该技术在低温下提取活性成分，因此能更好保持产品原有的色香味，保护热敏性功能成分。同时该技术对环境污染小，加工能耗与污染排放少，其应用已成为植物成分提取的新亮点，发展前景十分广阔。

16.1 常用于果汁加工的压榨技术基本原理

压榨效果取决于许多因素，主要包括榨料结构与压榨条件两方面。设备结构及其选型在某种程度上也将影响出汁效果。压榨过程中的三要素是压力、压榨物料黏度和残渣成型。压力和压榨物料黏度是决定压榨出汁率的主要动力和可能条件，残渣成型是决定榨料排汁的必要条件(刘一，1990)。出汁率是压榨机的主要性能指标之一，它的定义为

$$R=W/W_0$$

式中，R 为出汁率(%)；W 为榨出的汁液量；W_0 为被压榨的物料量。

出汁率除与压榨机有关外，还取决于物料性质和操作工艺等因素。

16.1.1 榨料结构

取汁时对榨料结构的一般要求是：榨料颗粒大小应适当并一致；榨料内外结构的一致性好；榨料中完整细胞的数量越少越好；榨料容重在不影响内外结构的前提下越大越好；榨料中黏度与表面张力尽量要低；榨料粒子具有足够的可塑性。

在诸多的榨料结构性质中，榨料的可塑性对压榨取汁的影响最大。其可塑性主要受水分、温度以及蛋白质变性的影响。一般地说，随着水分含量的增加，可塑性也逐渐增加。当水分达到某一点时，压榨出汁情况最佳，这时的水分含量被称为"最优水分"或"临界水分"。如果水分略低，会使可塑性突然降低，使粒子结合松散，不利于汁液榨出。因此，对于某一榨料，在一定条件下，都有一个较狭窄的最佳水分范围。当然，最

佳水分范围与温度、蛋白质变性程度等因素密切相关。

温度是影响榨料可塑性的重要条件之一。一般地说，榨料加热可塑性提高，榨料冷却则可塑性降低。压榨时，若温度显著降低，则榨料粒子结合不好，所得饼块松散不易成型。但是，温度也不宜过高，否则将会因高温而使某些物质分解成气体或产生焦味。因此，温度也存在"最优范围"。

蛋白质变性是压榨法取汁所必需的。但蛋白质过度变性，会使榨料塑性降低，从而提高压榨机的"挤出"压力，这与提高水分和温度的作用相反。压榨时，由于温度与压力的联合作用，会使蛋白质继续变性，如压榨前蛋白质变性程度为70%左右，经过压榨可达到90%左右。如果温度、压力不适当，会使变性过度，同样不利于出汁。因此，榨料蛋白质变性，既不能过度而可塑性太低，也不能因变性不足而影响出汁效率和产品质量。

16.1.2　压榨条件

除榨料自身结构条件以外，压榨条件如压力、时间、温度、物料厚度、排汁阻力等是提高压榨效率的决定因素（Gbasouzor and Okonkwo，2015）。

（1）榨膛内的压力

对榨料施加的压力必须合理，压力变化必须与排汁速度一致，即做到"流汁不断"。螺旋压榨机的最高压力一般分布在主榨段。对于低水分物料的一次压榨，其最高压力一般在主压榨开始阶段；而对于高水分物料的压榨或预榨，最高压力点一般在主压榨段后段。同时，长期实践中总结的施压方法——"先轻后重、轻压勤压"是行之有效的。

压榨过程中，黏度、动力表现为温度的函数。榨料在压榨中，机械能转为热能，物料温度上升，分子运动加剧，分子间的摩擦阻力降低，表面张力减少，液汁的黏度变小，从而为液汁迅速流动聚集及与塑性饼分离提供了方便。

（2）压榨时间

压榨时间是影响压榨机生产能力的重要因素。通常认为，压榨时间长、液汁流出较彻底，出汁率高。然而，压榨时间过长，对出汁率提高的作用不大，反而会降低设备的生产能力。控制适当的压榨时间，必须综合考虑榨料特性、压榨方式、压力大小、料层厚薄、含汁量、保温条件以及设备结构等因素。在满足出汁率的前提下，应尽可能缩短压榨时间。

（3）温度的影响

压榨时适当的高温有利于保持榨料必要的可塑性和降低油脂黏度，提高压榨取汁效率。适当高温也可以使榨料中酶受到破坏和抑制，有利于物料的安全储存和利用。然而压榨时的高温也产生副作用，如水分的急剧蒸发会破坏榨料在压榨中的正常塑性，油饼色泽加深甚至发焦，油脂、磷脂及棉酚的氧化，色素、蜡等类脂物在油中溶解度增加等。

不同的压榨方式及不同的物料有不同的温度要求。对于静态压榨，由于其本身产生的热量小，而且压榨时间长，多采用加热保温措施；对于动态压榨，其本身产生的热量高于需要量，故以采取冷却或保温为主。

16.1.3　压榨方式

16.1.3.1　静态压榨

所谓静态压榨，即榨料受压时颗粒间位置相对固定，无剧烈位移交错，因而在高压下粒子因塑性变形易结成坚饼。静态压榨易产生排汁分布不匀的现象。

静态压榨的液压传递过程均按液体静压力传递原理(巴斯喀原理)设计，即"在密闭系统内，凡加于液体上的压力以不变的压强传遍到该系统内任何一切方向"。液压机上的高压(顶榨力)，是通过小直径的高压泵用很小的动力传递产生的。所有液压榨汁机都应包括液压系统(压力泵、压力储存器或分配装置、控制阀门与管路系统)和榨汁机本体两大部分，形成一个封闭回路系统。目前榨油机中一般都是用食用油或油水混合物作为压力传递的介质。在各类水压机中，榨板的压紧和液汁的榨取，皆由施压流体通过系统内油缸活塞的升降控制压力大小而完成。当然，各类榨汁机所使用的工作压力也不尽相同。其中闭式水压机由于安装了榨板，榨料在内受压时不易分散，有条件采用较高工作压力($420\sim600kg/cm^2$，而饼面压力可达 $1000kg/cm^2$)。

16.1.3.2　动态压榨

榨料在压榨过程中处于运动变形状态，粒子在不断运动中压榨成型，且管路不断被压缩和打开，有利于液汁在短时间内从孔道中被挤压出来。动态压榨的设备主要是螺旋压榨机。在螺旋压榨中，压榨过程一般分 3 个阶段，即进料(预压)段、主压榨段(出汁段)、成饼段(重压沥汁段)。螺旋压榨机的另外一个特点是瞬时高压取汁。压榨时由于榨料粒子强烈破坏与摩擦而产生大量的热能，形成高温。据研究测定，当榨料进入主压榨前段时升温最高。

通常利用一个多孔的圆筒表面和另一个螺距逐渐减小的旋转螺旋面之间逐渐缩小的空间，使物料通过该空间而得到压缩。此种设备一般由原动机提供动力，外筒表面沿全长有孔以允许液体能连续排出。此操作易实现连续化。

16.1.3.3　低温压榨

低温压榨也被称为冷榨，就是在常温或低温下压榨取汁的方法。其目的是提取大部分液汁而可节约能源消耗，提高制品质量(Olaniyan，2010)。冷榨属于一种具有特殊要求的压榨取汁法。

16.1.3.4　平面压榨

即利用两个平面，其中一个固定不动，另一个靠所施加的压力而移动，将物料预先成型或以滤布包裹后置于两平面之间。其优点在于，有可能在一次处理中利用一组沿垂直方向叠合的压榨单元，并共用一个排液设备。加压方法采用液压最方便，操作压力可以很高，灵活性也大。

16.1.3.5 轮辊压榨

即利用旋转辊子之间的空间变化进行压榨，并备有分别排出液体、固体的装置，辊子表面需要适当地刻出沟槽。

16.2 常用于果汁提取及加工的压榨设备

为取得良好的压榨取油效果，设备也非常重要。设备类型与结构选择的优劣，一定程度上将影响到工艺规程的制定和参数的确定。目前压榨设备主要有两大类：间歇式生产的液压式榨汁机和连续式生产的螺旋榨汁机。榨汁设备应具有生产能力大、出汁效率高、操作维护方便、一机多用、动力消耗小等特点(刘一，1990)。

压榨机械根据其工作原理可分为很多种类，但其基本构成要素大体相同，主要包括喂料机构、压榨机构、分离装置、传动装置等。按操作方法压榨设备可分为间歇式和连续式两大类型。间歇式压榨机间断完成加料、卸料等操作工序，典型的间歇式压榨机有手动螺杆压榨机、液压压榨机、气囊式压榨机、卧式液力活塞压榨机和柑橘榨汁机等。间歇式压榨机适用于小规模生产或传统产品的生产过程。连续压榨机的加料、卸料等操作工序均持续进行，典型的连续式压榨机有：螺旋压榨机、辊式压榨机、离心压榨机、安德逊榨汁机、带式压榨机。连续压榨机可适用于大规模的生产需求(Kimball，1999)。

16.2.1 间歇式压榨机

间歇式压榨机有多种型式，大体上可以根据施压的方式分为机械螺杆型、液压型和气压型3类。

16.2.1.1 卧篮式压榨机

卧篮式压榨机也被称为布赫榨汁机，最初是瑞士布赫集团生产苹果汁的专用设备。这种压榨机每小时最多可加工 8～10t 苹果原料，出汁率 82%～84%，设备功率 24.7kW，活塞行程 1480mm。

卧篮式压榨机的结构如图 16-1 所示，关键部件是可获得低混浊天然纯果汁的滤绳组合体。滤绳由强度很高且柔性很强的多股尼龙线复捻而成，沿其长度方向有许多贯通的沟槽，其表面缠有滤网。一台榨汁机滤绳多达 220 根。挤压时汁液经滤绳过滤后进入绳体沟槽，沿绳索流至汁槽，然后挤压面复位，绳索重新逐渐伸直。绳索的运动使浆渣松动、破碎，然后再次挤压。如此周期动作，直到按预定程序结束榨汁过程。榨汁结束后，压榨室外筒与挤压面同时移动，使浆渣松动并将其排出。

卧篮式压榨机的主要工序如下：①装料，通过一次性或多次性装料可以优化装料过程；②压榨，可根据原料情况调整压榨的各种参数；③二次压榨，在压榨后的果渣中加水，进行浸提后再次压榨，用以提高出汁率；④排渣，通过选择一次性或多次性排渣程序可以提高整体榨汁能力；⑤清洗，在经过多次榨汁循环后可采用在位清洗方式对榨汁机清洗，以保持系统卫生，避免微生物的污染。

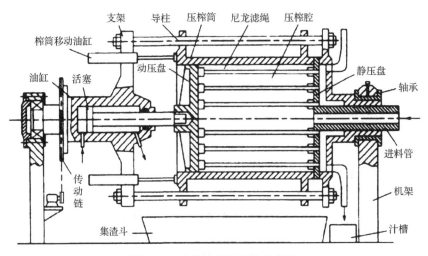

图 16-1　布勒榨汁机结构示意图

目前，卧篮式压榨机已发展成为可适合多品种果蔬榨汁的通用型框式榨汁机，可用于仁果类(苹果、梨)、核果类(樱桃、桃、杏、李)、浆果类(葡萄、草莓)、某些热带水果(菠萝、芒果)和蔬菜类(胡萝卜、芹菜、白菜)的榨汁。

16.2.1.2　气囊压榨机

20 世纪 60 年代开始出现气压式压榨机，并且最先在葡萄榨汁及黄酒的过滤、压缩操作中发挥作用，本小节所介绍的气囊压榨机属于气压式压榨机。

气囊压榨机主要用于果汁生产，基本结构是一个卧式圆筒筛，内侧有一个过滤用的滤布圆筒筛，滤布圆筒筛内装有能充压缩空气的橡胶气囊。该机主要是由一个用滤布作衬里的圆筒筛和筒中的一个橡皮气囊组成。既可用立式，又可用卧式。

工作时把待压榨的物料装入筒内，向橡皮气囊充入压缩空气使其胀起，给夹在气囊与圆筒之间的物料施加压力，将汁液榨出。橡皮气囊充气的最大压力可达0.6MPa。这类压榨机一般用于榨取果汁，其施压过程逐步进行。用于榨取葡萄汁时，起始压榨压力为 0.15～0.2MPa，然后放气减压，转动圆筒筛使葡萄浆料疏松，分布均匀，再重新在气囊中通入压缩空气升压，然后再放气减压，疏松后再升压。只有在大部分葡萄汁流出后，才升压至 0.63MPa。整个压榨过程为 1h，逐步反复增压 5～6 次或更多。气囊压榨机常用于葡萄酒厂及果汁饮料厂的生产，可以压榨任何果汁甚至黏性的果渣。

16.2.1.3　液压裹包式压榨机

液压裹包式压榨机利用液压系统产生的压力对待榨物料加压榨汁，为间歇操作型。如图 16-2 所示，它由机械和液压两大系统组成，主要部件有上下横梁 1、6，左右立柱3，压头 2，托盘 7，压榨隔板及液压部件。果蔬碎块包裹于滤布内并由隔板逐层隔开，叠置于压榨网桶内。在液压油缸活塞 8 的作用下，通过托盘 7 携带被榨物料向上移动与压头 2 做相对移动，再通过压榨隔板对物料施加压力将汁液榨出，榨出的汁液经盛汁盘收集并送入下一道过滤工序。在压榨过程中，当活塞上升榨汁压力达最大值时，电磁换向阀 10 自动切换到中间位置，进入保持压榨阶段，使所榨汁液有足够的时间排出。到预定时间后，电磁换向阀 10 右端阀芯与主油路接通，使压力油经管道 b 进入油缸 9 上腔，同时下腔油经管 a 返回油箱，活塞连同料桶下降卸压，活塞复位后出渣并准备下一个循环。该机也有两工位转臂双桶交替压榨式结构，两个托盘用导柱定位安放在可绕立柱回转的转盘上，两压榨桶交替布料、压榨、卸渣，可使工作间歇时间大大缩短，工效提高。

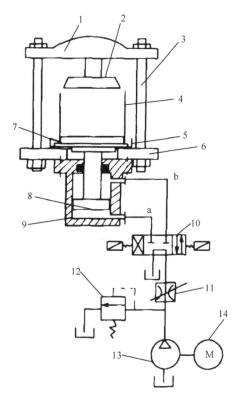

图 16-2　液压裹包式压榨机

1.上横梁；2.压头；3.立柱；4.压榨网桶；5.盛汁盘；6.下横梁；7.托盘；8.活塞；9.油缸；
10.电磁换向阀；11.节流阀；12.溢流阀；13.油泵；14.电动机；a、b.管道

液压裹包式压榨机的工作压力大，加压均匀，工作平稳，同时加压、保压及卸压可自动完成；但生产能力较低，劳动量较大，且榨出的汁液在空气中暴露的面积较大。

16.2.2　连续式压榨机

连续式压榨机的进料、压榨、卸渣等工序都是连续进行的。食品工业中，最有代表性的连续式压榨设备是螺旋压榨机，其他还有带式压榨机和辊式压榨机等。

16.2.2.1　螺旋压榨机

螺旋压榨机是国际上普遍采用的较先进的连续操作型压榨机，具有结构简单、外形小、榨汁效率高、操作方便等特点。食品工业主要用来压榨葡萄、柑橘、菠萝、番茄、苹果、梨等果蔬的汁液。但该机的不足之处是榨出的汁液含果肉较多，要求汁液澄清度较高时不宜选用。

其工作原理是：旋转着的螺旋轴在榨膛内的推进作用，使榨料连续地向前推进。同时，由于螺旋轴上榨螺螺距的缩短或根圆直径增大，使榨膛空间体积不断缩小而对榨料产生压榨作用。改变螺杆的螺距大小对于一定直径的螺旋来说就是改变螺旋升角大小。螺距小则物料受到的轴向分力增加，径向分力减小，有利于物料的推进。

圆筒筛一般由不锈钢钻孔后卷成，为了便于清洗及维修，通常做成上、下两半，用螺钉连接安装在机壳上。圆筛孔径一般为 0.3～0.8mm，开孔率既要考虑榨汁的要求，又要考虑筛体强度。螺杆挤压产生的压力可达 1.2MPa 以上，筛筒的强度应能承受这个压力。

具有一定压缩比的螺旋压榨机，虽对物料能产生一定的挤压力，但往往达不到压榨要求，通常采用调压装置来调整榨汁压力。一般通过调整出渣口环形间隙大小来控制最终压榨力和出汁率。间隙大，出渣阻力小，压力减小；反之，压力增大。扳动压力调整手柄使压榨螺杆沿轴向左右移动，环形间隙即可改变。

操作时，先将出渣口环形间隙调至最大，以减小负荷。启动正常后加料，物料就在螺旋推力作用下沿轴向出渣口移动，由于螺距渐小，螺旋内径渐大，对物料产生预压力。然后逐渐调整出渣口环形间隙，以达到榨汁工艺要求的压力。

16.2.2.2　带式连续压榨机

带式连续榨汁机又被称为带式压榨过滤机，德国于 1963 年首先研制成功，带式连续压榨机在食品工业中的使用始于 20 世纪 70 年代，后经各国研究人员的共同努力，现在的机种多达 20 以上，主要有立式和卧式两种结构型式，但其工作原理基本相同。它们的主要工作部件是两条同向、同速回转运动的环状压榨带及驱动辊、张紧辊、压榨辊。压榨带通常用聚酯纤维制成，本身就是过滤介质，借助压榨辊的压力挤出位于两条压榨带之间的物料中的汁液。

该机的优点是：逐渐升高的表面压力可使汁液连续榨出，出汁率高，果渣含汁率低，清洗方便。但是压榨过程中汁液全部与大气接触，所以对车间环境卫生要求较严。

(1)FLOTTWEG 带式压榨机

FLOTTWEG 带式压榨机原理如图 16-3 所示。该机主要由喂料盒，上、下压榨网带，一组压辊，高压冲洗喷嘴，导向张紧辊，汁液收集槽，机架和传动部分以及控制部分等组成。所有压辊均安装在机架上，一系列压辊驱动网带运行的同时，在液压控制系统作用下，从径向给网带施加压力，同时伴随有剪切作用，使夹在两网带之间的待榨物料受压而将汁液榨出。

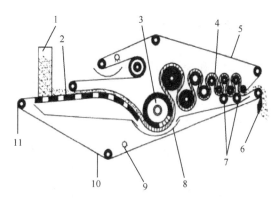

图 16-3　FLOTTWEG 带式压榨机原理图

1.喂料盒；2.筛网；3、4.压辊；5.上压榨网带；6.果渣刮板；7.增压辊；
8.汁液收集槽；9.高压冲洗喷嘴；10.下压榨网带；11.导向张紧辊

　　工作时，经破碎待压榨的固液混合物从喂料盒中连续均匀地送入下压榨网带和上压榨网带之间，被两网带夹着向前移动，在下弯的楔形区域，大量汁液被缓缓压出，形成可压榨的滤饼。当进入压榨区后，由于网带的张力和带 L 形压条的压辊的作用将汁液进一步压出，汇集于汁液收集槽中。以后 10 个压辊的直径递减，使两网带间的滤饼所受的表面压力与剪切力递增，保证了最佳的榨汁效果。为了进一步提高榨汁率，该设备在末端设置了两个增压辊，以增加正向压力。榨汁后的榨渣由耐磨塑料果渣刮板刮下从右端出渣口排出。为保证榨出汁液能顺利排出，设置两个专门清洗系统——高压喷嘴对网带进行冲洗。若滤带孔隙被堵塞时，可启动清洗系统，利用高压冲洗喷嘴 9 洗掉粘在带上的糖和果胶凝结物。工作结束后，也是由该系统喷射化学清洗剂和清水清洗滤带和机体。

　　商业化生产的带式压榨机的带宽常为 60～80cm，相应处理的水果量为 5～15t/h，出汁率在 70%以上。该机操作劳动强度低，加工的产品含气量较低。在榨汁前预热果肉或加入果胶酶分解果胶，有时也加稻壳、木浆纤维等助滤剂可以提高水果的榨汁率。

　　带式压榨机是一种很有发展前途的新式榨汁机，该机的优点在于逐渐升高的表面压力及剪切力可使汁液连续榨出，出汁率高，果渣含汁率低，清洗方便。但是压榨过程中汁液与大气接触面大，对车间环境卫生要求较严。

　　(2)贝尔玛(BELLMAR)榨汁机

　　贝尔玛榨汁机主要由数根不同直径的压榨辊、清洗系统、传动装置、两条输送带和自动控制系统组成。数根压榨辊将压榨区分为高压区和低压区。整个机架全由不锈钢制造，容易清洗、保养，延长使用期。输送带张力采用皮带调整控制器控制，其张力调整控制容易。全部轴承设计运转寿命为 100 000h，质量可靠。该榨汁机相对投资小，生产率高。整个系统全自动控制，运转平稳可靠。两条压榨带分别采用一组水力喷射阀高压清理系统，清理回转带上残存的果渣，以利于压榨提汁段果汁能顺利通过，保证出汁率。

　　整个榨汁压榨过程分为 4 个阶段。

　　1)开始时，经破碎的物料在水平带处喂入预提汁，在此段部分汁液依靠重力而分离。

　　2)经初步预提汁的浆料，在两条循环带形成的铅锤方向的楔形斜槽沟内随带一起运行，两带所夹的楔形间隙从上而下逐渐变小，使物料所受压力缓慢增加，使部分汁液压榨出。

3) 当带子夹着物料进入低压区后,两带夹着物料绕着大直径压榨辊运行,开始逐渐加压使大量汁液榨出。

4) 随后夹在带子中间的物料在经过高压区时,由于带子的 S 形波形走势使压力加大。在加压及揉搓作用下,使剩余果汁榨出。

16.2.2.3　活塞式榨汁机

活塞式榨汁机性能可靠,自动化程度高,压榨过程密闭,卫生条件好,生产效率高,适用于各类水果、蔬菜的榨汁,对苹果、梨、李、杏、葡萄、草莓、黑加仑、芹菜、洋葱、胡萝卜等许多原料都能加工,是国内外食品加工中最常用的一种机型,并适用于生产量大的自动生产线。但由于加工制造等条件限制,国内目前只生产有小型活塞式榨汁机。

（1）HPX5005i 型榨汁机

HPX5005i 型卧式滚筒活塞式榨汁机由瑞士布赫集团制造,系统性能可靠,自动化程度高,压榨过程密闭进行,卫生条件好,生产率高,广泛适用于各类水果、浆果、蔬菜以及某些难于压榨的原料的榨汁。适宜生产量大、自动化程度高的生产线上选用,如图 16-4 所示。

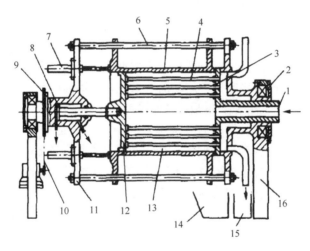

图 16-4　卧式滚筒活塞式榨汁机
1.进料管；2.轴承；3.静压盘；4.尼龙排汁元件；5.压榨筒；6.导柱；7.榨筒移动油缸；8.活塞；
9.油缸；10.传动链；11.支架；12.动压盘；13.压榨腔；14.集渣斗；15.汁槽；16.机架

主要构成部件有静压盘 3、动压盘 12、油缸支架 11、压榨筒 5、榨筒移动油缸 7、导柱 6、尼龙排汁元件 4 等。圆盘形静、动压盘间安装有数百根尼龙排汁元件 4,尼龙绳表面开有纵向沟槽,尼龙绳外套有过滤网套。导柱 6 用两端螺纹将静压盘 3 和油缸支架 11 连成一体,油缸 7 能使压榨筒 5 沿导柱 6 左右移动。动压盘 12 由活塞 8 驱动在压榨筒 5 内左右移动,并能相对压榨筒转动,由于压盘的挤压和相对转动,尼龙过滤导液绳的拧绞作用对进入压榨筒的物料压榨。油缸支架 11 由链传动带动转动时通过导柱使整个榨机绕自身轴做往复回转。

当物料由泵送入压榨腔 13 后，系统按程序自动控制榨汁机运行。活塞 8 推动动压盘 12 往复左右移动，同时相对压榨筒 5 做往复转动，故物料受挤压的同时又受尼龙绳的拧绞作用而压榨，榨出的汁液经过滤网顺着尼龙绳凹槽流入静压盘集液腔后，由出汁管排出。传动链 10 驱动支架 11 通过导柱 6、静压盘 3 使整个榨机也绕轴线往复转动，由于动压盘 12 和整个榨机的往复复合动作使物料能压榨—松散—翻转—压榨，反复进行数次，所以压榨效果较好。压榨结束后，油缸 7 使压榨筒 5 沿导柱 6 向左移动，动压盘 12 向右移动将渣卸出。

(2) GZ1000 型榨汁机

GZ1000 型榨汁机是中国农业机械化科学研究院为小型果汁生产线配套设计的活塞式榨汁机，工作能力 1000kg/h。其构造如图 16-5 所示。

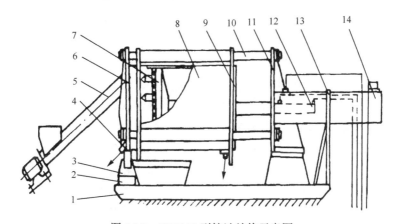

图 16-5　GZ1000 型榨汁结构示意图

1.底座；2.出料槽；3.前支撑轮；4.出汁口；5.螺旋输送器；6.前挡盖；7.活塞；8.榨汁缸筒；
9.后挡盖；10.导柱；11.后支撑；12.小油缸；13.辅助支撑；14.大油缸

GZ1000 型榨汁机主要由给料部分、榨汁部分和液压系统组成。给料部分是一个倾斜的螺旋输送器，由电动机直接传动，在它的下部设有加料斗，上部排料口与榨汁缸筒相通，经破碎机破碎的原料加入料斗后，由给料部分送入榨汁缸筒中榨汁。

液压系统包括电动机、齿轮泵、滤油器、操纵阀、溢流阀、压力表、大油缸、小油缸等部件。通过操纵阀控制大油缸可以使榨汁活塞在榨汁缸筒内做往复运动，控制小油缸可以使榨汁缸筒沿着 3 个导柱往复运动。大油缸行程为 710mm，小油缸行程为 360mm。液压系统最大压力为 12MPa。

榨汁部分主要由前挡盖、榨汁缸筒、后挡盖、活塞、导柱、支架、底架等部件组成。榨汁缸筒壁厚 8mm，内径 633mm，工作容积为 $0.28m^3$。在前挡盖和活塞的端面上有滤汁板。物料在榨汁缸筒中被活塞压缩后，可能在前后两端出汁，由两个出汁口汇集到储汁槽。为缩短出汁路径、提高出汁率和减少出汁时间，在活塞端面上安装有 10 个出汁柱，把缸体内物料分成十几个区域。在榨汁时，一部分汁液从出汁柱小孔流过活塞端面滤汁板，最后由榨汁缸筒的后端出汁口排出。物料经一次压榨后，还有一些汁液没有榨净，可以退回活塞，使物料膨松，反复再压榨几次。榨汁完毕后立即排除废渣，此时须操纵小油缸，使榨汁缸筒退出一段距离约 360mm，废渣受重力作用落入出料槽。然后将榨汁废渣筒恢复到原位。

在 GZ1000 型榨汁机工作时，要特别注意以下几个方面。

1) 活塞的最大行程为 710mm，最大压缩比为 4.5∶1 时对物料压力为 0.96MPa，物料量不足时压力将显著降低，严重影响出汁率。因此投入物料至少不能低于 200kg。

2) 为防止活塞工作中撞坏前、后挡盖，应调整好导柱螺母和橡胶垫位置，使其在活塞移动到前终点时，出汁柱前端距前挡盖内面不少于 10mm，移动到后终点时，活塞后端面距后挡盖内面最小距离不少于 5mm。

3) 排渣时，当榨汁缸筒退回后，不能扳动大油缸分配器使活塞向前移动，否则活塞将移动榨汁缸筒，引起不良后果。

4) 排完渣后，要检查两端面滤汁板及出汁柱是否被堵塞，并及时清理。每班工作后，要彻底清洗干净，防止残留物腐烂变质。若间断工作时，作业前也要彻底清洗一次。

16.2.2.4　瓜杯式柑橘榨汁机

新型的柑橘榨汁机是采用整体压榨工艺，利用瞬时分离原理，把柑橘汁与橘皮等残渣尽快分开，防止橘皮及籽粒中所含有的苦味成分等混入果汁。否则将会损害柑橘汁的香味，并且在储藏期间还将引起果汁变质和褐变，影响最终产品的质量。

这种榨汁机具有数个榨汁器，每个榨汁器由上下两个多指压杯组成。固定在共用横杆上的上压杯工作时，固定在共用横杆上的上压杯靠凸轮驱动，上下往复运动。下压杯则是固定不动的。上下两压杯在压榨过程中，上下各自的指形条相互咬合，拖护住柑橘的外部以防破裂。上杯顶部有管形刀口的下切割器，可将柑橘底部开孔，以使柑橘的全部果汁和其他内部组分进入下部的预过滤管。

由于两杯指形条的啮合，被挤出的果皮油顺着环绕榨汁杯的倾斜板流出机外。由于果汁与果皮能够瞬时分开，果皮油很少混入果汁，从而为制取高质量柑橘汁提供了前提。由于这种榨汁器对柑橘尺寸要求较高，工业生产中一般需配置多台联合使用，分别安装适于不同规格尺寸柑橘的榨汁器，并且在榨汁之前对柑橘进行尺寸分级。

16.2.2.5　锥盘式榨汁机

GZV20 型水果榨汁机适用于梨、菠萝、柑橘等水果的榨汁，它采用锥盘式榨汁结构，布局紧凑，维修、清洗方便，每小时生产能力为 1000～2000kg。

该机主要由料斗、压榨机构、减速传动机组、电气部分和机架组成。工作时，由电动机通过无级减速器带动两个锥盘同向转动，将由料斗喂入的已经破碎的物料进行压榨，果汁从锥盘后的出汁孔流出，经出汁槽收集到储汁槽中。果渣经刮刀刮下后由排渣口排出。

GZV20 型果汁压榨机的压榨机构主要是两个相对同向旋转的不同轴的锥形盘，锥盘直径 50mm，二锥盘的轴心线与机架水平线呈一夹角相交，并对称于进料斗的中心垂直面，在两个锥盘面之间形成一个"V"形空间，此空间在图剖面中由上到下逐渐变小。从料斗进入上部的物料随二锥盘逐渐转到下部时，受到压力而将汁挤出，此容积的变化即压缩比。为了适应不同性质物料的榨汁，GZV20 型果汁压榨机的压缩比是可调的，能够在 3.1～5.6 r/min 无级调节。调节时首先松开刮刀的固定螺钉，然后将压缩比调节螺帽的外面锁紧螺母松开，顺时针拧转里面的螺母时，使两锥盘间间隙减小，压缩比增大；反之，压缩比减小。两锥盘应同时调节，调节后将锁紧螺母拧紧，再装好刮刀，调整时使其刀口与筛网稍有接触即可。

压榨机的榨汁质量、出汁率及生产率与两锥盘的转速有关，在满足榨汁质量和出汁率的工艺要求前提下，应该采用最佳的锥盘转速。调节时，转动减速机上的调速手轮，箭头对准的数字为转速档次，运转或静止时均可调节。锥盘的转速可以在 3～8r/min 无级调速。锥盘式榨汁机技术参数：生产能力 1t/h；电机功率 3kW；锥盘直径 500mm；锥盘转速 3～25r/min；外形尺寸：1520mm×980mm×1340mm。

16.2.2.6　辊式压榨机

辊式压榨机的结构通常由排列成"品"字形的 3 个压榨辊组成。上部的辊子被称为顶辊。在它两端的轴承上装有弹簧或液压缸，以产生必要的压榨力。前部的辊子被称为进料辊，后部的辊子被称为排料辊，进料辊与排料辊间装有托板。

物料首先进入顶辊与进料辊之间受到一次压榨，然后由托板引入顶辊与排料辊之间再次压榨，压榨渣由排料辊处的刮刀卸料，汁液流入榨汁收集盘引出机器。压榨辊表面常刻有各种形状的齿纹，以提高出汁率。有的压榨辊做成空心的，表面开有许多小孔，并覆以滤布，辊内抽成真空，这样使压榨出来的汁液透过滤布吸入辊内，由导管引出机器。

辊式压榨机适用于甘蔗和广柑等的榨汁。

16.2.2.7　离心压榨机

离心压榨机是利用离心力对物料进行连续压榨的机器，适用于榨取水果和蔬菜汁。

离心压榨机主要由高速旋转筐、推料螺旋和机壳等组成。旋转筐内部装有刀具和过滤网。此外，还有支承转筐和螺旋的双重轴承座、差速器、传动装置等。

水果或蔬菜通过料斗连续加入旋转筐内，被刀具破碎或切成薄片，物料在高速旋转筐内受离心力作用被甩向筐的周壁而受到挤压，汁液通过过滤网孔隙甩离旋转筐由机器下部的出液口引出机器；被截留在转筐内的果皮、籽粒、果浆等固形物，进一步受离心力压榨，继续榨汁，而残渣则被推料螺旋缓慢向上推送至转筐上口而甩离转筐，经排渣管卸出机器。推料螺旋与转筐之间通过差速器，使之保持一定的微小转速差，使推料螺旋对转筐做缓慢的相对运动，从而把榨渣卸出转筐。

离心榨汁机能连续、高效地榨取优质的果汁或蔬菜汁，但它所排出的榨渣中尚有一定数量的液汁，须用其他压榨机进一步榨取。

16.2.2.8　卧式螺旋离心机

卧式螺旋离心机简称卧螺，除用于苹果榨汁生产线上提取果汁外，还可用于浆果及其副产品的加工。用卧螺可以快速、连续和低氧化作用地榨汁，并在卫生安全条件下高产率地获得高质量的汁液。除用于苹果外，国外已成功地应用于蔬菜汁的生产工艺中，如胡萝卜汁、甜菜汁、芹菜汁、芦笋汁等的加工生产。

卧螺用于果汁加工的特性：

1）通过离心力连续、快速提取汁液，汁液产率高。

2）高度均匀的汁液质量，残余浊度和色素可在最大范围内调节。

3）由于卧螺的自动监控和控制，人工成本最低。

4）由于快速自动和经济的清洗，准备时间短，人工成本低。

5）可编程设施可针对特定的原料产品设定卧螺参数，能灵活适应产品的频繁变化。

6）对难以压榨的原料产品可进行有效的压榨（甚至不用酶处理）。

7）由于紧凑的设计和较高的特定生产能力，所需空间小。

8）非利用容积小，如最小的混合区，也可以用于小批量产品的生产。

9）应用范围广，如榨汁、凝固处理或截留液浓缩等。

Dekanter CB45-00 型卧式螺旋离心机主要由驱动系统、锥形圆柱实体壁转鼓、固形物输送螺旋推进器、浆料分离室、汁液收集槽、出汁口、出渣口、进料口、机架等组成。

工作时料液由中央进料管进入转筒的分离室，由于转鼓高速旋转，固体颗粒在离心力作用下在很短时间内沉积在转筒内壁上。由于螺旋推进器转速比转鼓转速稍高，沉积在转筒内壁的固体颗粒被螺旋推进器送至脱水段再脱去汁液后从排渣口排出。在转筒的圆筒部分特别适合于液体的澄清。果汁汁液由于密度小，分离过程中移向转筒中心方向，并在螺旋线之间流动，最后流到转筒的右端，由出汁口排出。

16.2.2.9　安德逊榨汁机

原料由入口的滑道投入，在中心部位被转动的刀刃切半，然后进入一对榨汁盘内，随榨汁盘转动而被榨汁。榨汁盘间隙是越往下越窄，靠间隙的宽窄变化来压榨半截果。最窄部分即出口处，回转的刮片盘把碰到的囊、皮排出。榨汁盘呈"伞"形，通过调整倾斜角，能适应不同大小的果实。压榨的力可通过调节卡住转盘的弹簧来增减，以控制出汁率。

16.3　压榨技术在制备精油中的应用

此法适用于含油多的新鲜植物，如鲜橘皮等，可用机械压榨的方法将挥发油从植物组织中挤压出来（Cabral et al.，2010）。此外由于在常温下进行，故挥发油的成分和气味未受到任何影响。但产品混有水分、黏液质和植物组织碎片，故常呈浑浊状态，需较长时间静置，使油和其他杂质分离。此外，此种分离法很难将鲜植物中的挥发油压尽，通常压榨后的残渣再进行水蒸气蒸馏，才能将残留的挥发油完全蒸出。

16.3.1　常见的几种精油压榨方法

16.3.1.1　海绵法

目前柠檬油和甜橙油的生产仍有采用此法的。其法是先将整果切成两半，用锐利的刮匙将果肉刮去，再将半圆形果皮于水中浸泡一段时间，使之膨胀变软之后，从水中取出，并将其翻转，使橘皮表面朝里与吸油的海绵相接触，对着海绵用手从外面压榨，这样使油囊破裂，精油释放出吸附在海绵上，精油吸附饱和时，将精油挤出流到下面的陶瓷罐中。陶瓷罐盛满油液后，静止澄清使圆形细胞碎屑沉淀，精油浮于上层。下层为植物中之水分，最后将上层精油倾斜滤出。此法手续烦琐，产率低，消耗人工较多，只能回收果皮中 50%～70%的精油。

16.3.1.2　锉榨法

该法是利用具有凸出针刺的铜制漏斗状锉榨器，将柑橘的整果在锉榨器的尖刺上旋转锉榨，使油囊破裂，精油渗流出来，并通过锉榨器下端的手柄内管，流到盛油和水的容器中，盛油和水的瓷罐放在冷室中，静置分出精油。这一方法的出油率低，需要较多劳动力，生产出的精油质量不如海绵法好。意大利南部加拉勃利亚地带分析了锉榨器的结构特点，研制出香柠檬的压榨机，从而成为机械法提取柑橘油的先例。

16.3.1.3　机械压榨法

海绵法与锉榨法都是手工操作。前者是将整果切成一半后加工，后者是用整果在锉榨器上锉磨。但是机械压榨法通过人们的研究，无论整果还是散皮都能进行。目前国内柑橘油的生产大多采用机械法。食品厂与香料厂采用磨皮机进行冷磨提油。冷磨法适合广柑一类的圆果的提油，而杭州香料厂用散皮提油，所用的设备是螺旋压榨法。

16.3.2　压榨提取柑橘油的原理

由于柑橘油的化学成分，如甜橙油除含大量的易于变化的萜烯类成分外，其主要成分的醛类(柠檬醛、十炭醛)受热也容易氧化变质，所以柑橘油适用于冷榨和冷磨法(刘涛和谢功钧，2009)。首先根据橘果的形态选择加工工艺和设备，国内罐头厂所用的磨果机适用于圆形整果，如广柑、柠檬一类。对于散皮则适用螺旋压榨机。无论冷榨和冷磨，其取油的原理相仿，归纳如下：油囊位于表层便于提取。含油的细胞位于橘皮外层、橘黄层的表面，而且油囊直径一般可达 0.4～0.6mm，又是无管腺，周围无包壁，是由退化的细胞堆积包围而成。这种油囊无论常压还是减压蒸馏都不易破碎，精油不易被蒸出。相反，在蒸馏中主香成分容易氧化聚合变质。根据实际经验，将橘皮用手向反面挤压，会有一股橘油射出。根据这一原理，无论采用 Pepkin 氏辊式压榨机，刺机、FMC 磨皮机和 BOE(Brown Oil Extractor)橘油冷磨机还是手工操作的锉榨法和海绵法，都是利用尖刺的突起物刺伤橘皮外层的橘黄，使其中的油囊破裂，精油被释放出来，然后用喷淋的水将精油带出，分出的油水混合物经澄清、分离、过滤，最后经高速离心机将精油分出(赵文红等，2009)。

16.3.3　影响冷榨冷磨提取油的几个因素

16.3.3.1　位于橘皮中层下面的海绵体阻碍精油分离

橘皮中果皮的内面比较厚，是由纤维素为主内含有果胶的海绵层，而外果皮层油囊分布较多。在水果成熟过程中，中果皮组织内纤维结构伸长分支形成错综复杂内有细胞间隙的网状结构，被称为海绵体。通常这一海绵体层较厚，而每个橘果果皮中所含精油为数不多。如以柠檬为例，每只柠檬平均重量 100～120g，橘皮重量约占一半，其中所含精油 0.5～0.7g，这样数量较少的精油当油囊破裂时，无疑为海绵体所吸收。在压榨提油过程中，海绵体成为精油从橘皮组织分离的障碍，这一现象无论在整果还是在散果皮提油中都存在。为了避免这一现象的发生和减少它的阻碍，在手工海绵法提油时，将剥下来的新鲜半果果皮，浸泡在清水中，使海绵体部分吸收大量水分，水分饱和的海绵体吸附精油的现象可大大减少，这对精油的分离极为有利，对散皮来说清水浸泡同样重要。

16.3.3.2　橘皮压榨前进行清水浸泡的必要性

当用清水浸泡橘皮的外果皮层时，油囊的周围细胞中的蛋白质胶体物质和盐类构成高渗溶液有吸水作用，使大量水分最后渗透到油囊和油囊的周围，这样油囊的内压增加，当油囊受压破裂时就会使油液射出，这对出油有利。清水浸泡的另外一个作用，就是中果皮吸水较外果皮大，当精油进出时，吸水后的中果皮海绵体就不再吸收精油，使出油率增高。我们知道新鲜采集下来的柑橘或者不很成熟的柑橘压榨时出油率高，如采摘下来多时或者树上过熟的柑橘，其皮富有弹性，坚韧不易破伤，压榨或磨锉比较困难，这样果皮如经适当的清水浸泡使之适度变软，则有利于压榨和冷磨出油。

16.3.3.3　果胶和果皮碎屑影响油水分离

柑橘果种类的不同，果皮的厚薄各异，而且油囊在外果皮中的分布有深有浅，油囊也有大有小，这样在磨果机的设计上就要求有不同大小的尖刺或具有不同的转速，或者在冷压时要求施以不同的压力，磨果与压榨时橘果受伤过多，或者因压力过大，或者清水浸泡橘皮过软，则都会导致产生过多橘皮碎片进入油液中。这样将导致果胶成分溶解在油液中，将发生油水分离困难。在对散皮采取螺旋压榨提油时，先用清水浸泡适度后，再用 2%～3% 的石灰水浸泡，使果白中的果胶酸转化为果胶酸钙，这样中果皮层的海绵体凝缩变得软硬适度。这是因为果胶酸钙不溶于水。如果浸泡不透，果胶酸未能充分转化为果胶酸钙，则橘皮过软。压榨时不但要打滑，而且会产生糊状物的混合液，造成过滤和出油困难。但浸泡过度，橘皮变得过硬而脆，在压榨时出来的残渣变成粉状物，它将吸附一部分油分，不利于出油。总之，无论磨皮、手工压榨和机械提油，如何减少过高的压力和过多的磨伤以及导致果皮的过硬和过软，清水（石灰水）浸泡是重要一环。

16.3.3.4　螺旋压榨法提取橘油实例

螺旋压榨法是中国轻工业上海设计院与杭州香料厂经过不断努力改进，20 世纪 70年代开始在生产中采用螺旋压榨柑橘散碎果皮、提取冷榨柑橘油的方法。其工艺如下所述。

(1)原料的要求

冷榨橘油的质量在很大程度上取决于柑橘皮的新鲜程度，以及是否有霉烂变质现象。

霉烂变质的柑橘皮，不仅影响精油的质量，且浸泡时不易使果胶钙化，给压榨过滤等操作带来困难，使提取率降低。新鲜柑橘皮的保藏，要用笋筐分装，严防堆放发热，避免雨淋日晒，有条件的能放置在0~4℃冷风库中则更为理想。在保藏中，要注意防止橘皮受压导致油囊破裂，在库的原料应力求先进先出，有秩序地投产，而且要进行比较严格的选料。霉烂皮、杂皮、脏皮要从原料中筛除。筛除的原料除了严重变质外，可采用蒸馏法提油。

(2)加工前处理浸泡

浸泡是冷榨柑橘油生产过程中比较重要的一环，处理适当与否直接影响提取率的高低，故应予以充分重视。浸泡是指用1%~2%的石灰浆液浸泡，通过浸泡使柑橘皮所含的果胶酸转化为果胶酸钙。因果胶酸钙不溶于水，以便油水混合液的过滤及离心分离。浸泡时的浸泡液，pH应控制在12左右。根据果皮的品种不同浸泡液的浓度、浸泡时间略有不同。早橘、本地橘以及新鲜橘皮，采用固液比为4∶1，浸泡液浓度为1%~1.5%的石灰水，浸泡时间为6~8h，鲜广柑皮固液比为4∶1，鲜柚子皮固液比为6∶1，而浸泡液浓度为2%，浸泡时间因皮薄厚，分别为8~10h。浸泡时为了保证橘子完全淹没在石灰水中，可在最上一层表面果皮上压一顶竹片以防止果皮漂浮，浸泡液的浓度与时间、气温、柑橘皮本身干湿度和橘皮品种，在不同条件下都会相互影响引起变化。一般根据具体条件，通过实验，选择应用。浸泡分为静止浸泡和循环浸泡，后者可缩短浸泡时间，并能使橘皮上下一致得到均匀浸泡。浸泡液可反复使用2~3次，但每次使用前要重新测定pH，适当补充石灰。橘皮浸泡要适当，皮呈黄色、无白芯、稍硬、具有弹性。油的喷射性强，在压榨时不打滑，残渣为颗粒状，渣中含水含油量要低，在过滤时较顺利，不易糊筛，黏稠度不太高；若浸泡不透，橘皮有白芯白点，弹性差，油的喷射力不强，在压榨时易打滑，残渣呈块状，渣中含水、含油量较高，过滤时困难，易糊筛，黏稠度高；若浸泡过度，橘皮呈深黄或焦黄色，硬而脆易折断，无喷射力。压榨时残渣呈粉末状态，易阻塞机器，渣中含油分高，含水分少，过滤容易，黏稠度低，后两种情况影响得油率。

干柑橘皮的浸泡：干柑橘皮压榨之前都先用清水浸泡，待橘皮稍有软化后，再浸入石灰液中。干皮浸泡的固液比为1∶8，经清水浸泡2~4h后，捞出再浸入2%~3%的石灰液中，浸泡6~8h。削下散皮的浸泡：蜜饯厂削下的柑橘表皮，俗称云皮，可直接压榨，无须浸泡，压榨可进行两次，如数量少常保藏在5%~8%的盐水中浸泡。

(3)过洗

经过石灰浆浸泡的柑橘皮，捞出后，将黏附在表面的石灰浆冲洗干净，并减低橘皮的碱性以利过滤和分离，洗净的橘皮用笋筐分装，以备压榨加料之用。

(4)压榨

经过清洗后的橘皮进行加料，在加料时应注意调节出渣口的闷头，使排榨均匀而畅通，同时注意适当开放喷淋水。喷淋水有两条，一条是在加料斗的上方，随原料进入榨螺时一起带入。另一条是装在多孔榨笼外壳的上方，将压榨时由榨笼喷出的油分用水冲洗下来，然后进入接料斗。喷淋水的数量和榨笼外壳上的流量应大于加料斗出的流量，其量应与橘皮加料量和分离机分离量相适应。喷淋水是循环使用的，第一次配制时，可用清水 400～500kg，按水量计加入硫酸钠 0.2%～0.3%，充分搅和，以提高油水分离效果。循环的喷淋液在循环使用时，时常因橘皮中石灰液未洗净，pH 会逐渐增高。为了有利于油水分离，pH 应调整在 7～8。喷淋水循环使用一定时间之后，水质中会含有较多量的果胶或沉淀物，从而变得浑浊黏稠，这对油水分离极为不利。喷淋水应放弃一部分，补充新水。被放弃的喷淋水可放到蒸馏锅中回收其中的精油。

(5)沉淀过滤

经过压榨后的榨汁，往往会有细微的渣滓和黏稠的糊状物，故必须经过沉淀过滤，以减轻橘油分离机的负荷。过滤后的残渣含有大量的橘油，需将油水液及时挤干。残渣可通过蒸馏回收精油。

(6)离心分离

沉淀过滤的油水混合液，采用高速橘油分离机 6000r/min 将油水分离，分离后得粗制柑橘油。

16.4　压榨技术在精油提取的应用实例

白卫东等(2012)公开了柑橘类果皮精油的提取方法。该方法选取新鲜的柑橘类果皮，去除白皮层至果皮厚度为 0.1～0.2cm，切碎，反复冻融 2～5 次，然后按照果胶酶与纤维素酶质量比[(1∶1)～(6∶1)]配制复合酶，并配置酶液，将预处理后的柑橘类果皮颗粒与复合酶液混合，避光酶解 5～30min；将酶解后的柑橘类果皮采用正己烷进行冷凝回流提取，去除正己烷，即得精油。本方法先采用反复冻融的物理方法对柑橘皮细胞壁进行初步破坏，再结合复合酶对柑橘皮进行酶解，大大提高了柑橘皮精油的浸出率，提取工艺简单，天然香气较少受损害，能最大限度地利用柑橘加工副产物——柑橘皮的使用价值。采用本方法提取的精油质地纯正，具有天然柑橘果香。

曾新安等(2012)公布了一种柚皮精油的提取方法，该方法先选取新鲜的柚子，剥取外层的柚皮油胞层，弃去果肉；将所述柚皮油胞层在 0.8%～1.0%的 NaCl 的水溶液中浸泡 2～3h，柚皮与 NaCl 水溶液的质量体积比为 1∶(4～5)；将上述浸泡后的柚皮用螺旋压榨机进行压榨，得到含一些色素、黏液质、柚皮渣的油水混合液；减压静置分层，弃去水层及柚皮渣，得到含有一些色素、黏液质及少量水的混合液；将混合液减压蒸馏，收集馏出液，得到油水混合液，油水混合液自然分层，弃去水层，得到所述的柚皮精油。本发明专利所得精油品质好，成本低，工艺简单，可操作性强，生产效率高，经济效益好(曾新安等，2012)。

中国发明专利 200510049888.9 公布了一种利用甘蔗压榨机压榨，再利用离心机进行油水分离的柑橘皮精油的提取工艺，这种方法主要用于实验室型的小量生产，在工业化生产的过程中存在着一定的局限性。而且经过高速离心后的油仍然会含有一些色素、黏液质之类的杂质，分离较烦琐(叶兴乾等，2005)。中国发明专利申请 201010108789.4 利用螺旋压榨机直接对柑橘皮进行压榨，再在 5～7℃下冷藏 7～9 天，最后减压蒸馏得到精油，这种方法冷藏 7～9 天耗时较长，不利于工业化的生产，而且柚子皮精油含量没有柑橘含量高，但果胶层却远比柑橘果胶层厚，如果直接对柚皮进行压榨就不能充分将油胞压破，再加上果胶层的吸附作用不能使精油成分充分流出，产率较低（钱俊青等，2010）。

在中国发明专利 CN102703219B 中，孙大文等（2012）设计了一种冰晶破壁柚皮精油提取方法，该方法对柚皮油胞层冻结使其生成冰晶，再通过破碎、解冻、静置，提取柚皮精油。柑橘类精油一般存在于其油胞层中，其厚度为表皮 2.5～3mm，现有柑橘精油大规模生产用水磨法提取油水混合物再分离生产精油的较多。而对于柚子来说，其油胞层较厚，表皮坚实且外形不规则，水磨法大规模应用的可能性小。精油被细胞壁包裹，单纯的压榨或者水磨法很难将其提取干净，还有部分精油停留在油胞层内，被纤维所包裹，导致精油提取率较低。本发明公开了一种冰晶破壁柚皮精油的提取方法，该方法先选取新鲜的柚子，采用削皮机剥去最外层的油胞层，收集外皮层，厚度为 1.5～2.5mm；将柚皮油胞层在−15～−30℃的环境下缓慢冻结，形成冰渣；将柚皮冰渣用破碎机破碎；破碎后的冰渣解冻，然后采用螺杆压榨机压榨，得到压榨混合液；向压榨混合液中加入 3%～4% 质量分数的食盐，减压静置分层，得到油水混合液；混合液减压蒸馏，收集馏出液，得到油水混合液，油水混合液自然分层，弃去水层，得到所述的柚皮精油。本发明所得精油品质好，成本低，工艺简单，可操作性强，生产效率高，经济效益好。

本章作者：王　超　暨南大学

参 考 文 献

白卫东, 赵文红, 钱敏, 等. 2012. 一种柑橘类果皮精油的提取方法: 中国, CN201210019342.9.

刘涛, 谢功钧. 2009. 柑橘类精油的提取及应用现状. 包装与食品机械, 27(1): 44-46.

刘一. 1990. 食品加工机械. 北京: 中国农业出版社.

钱俊青, 郭辉, 许雅颖, 等. 2010. 一种柑橘精油及其制备方法和应用: 中国, CN201010108789.4.

孙大文, 曾新安, 韩忠, 等. 2012. 一种冰晶破壁柚皮精油提取方法: 中国, CN102703219A.

叶兴乾, 刘东红, 陈建初, 等. 2005. 一种柑橘皮精油的提取工艺: 中国, CN200510049888.9.

曾新安, 樊荣, 关昕, 等. 2012. 一种柚皮精油的提取方法: 中国, CN201210111937.7.

赵文红, 白卫东, 白思韵, 等. 2009. 柑橘类精油提取技术的研究进展. 农产品加工, 5: 18-46.

Cabral L M C, Bravo A, Freire M, et al. 2010. Citrus fruits and oranges. In: Hui Y H. Handbook of fruit and vegetable flavors. New York: John Wiley & Sons, Inc. 265-279.

Gbasouzor A I, Okonkwo C A. 2015. Extracting machine for healthy and vibrant life in today's modern. Transactions on Engineering Technologies, conference paper: 445-469.

Kimball D A. 1999. Processing methods, equipment, and engineering. In: Kimball D A. Citrus Processing. New York. Springer US: 73-140.

Olaniyan A M. 2010. Development of a small scale orange juice extractor. Journal of Food Science and Technology, 47(1): 105-108.

17 脉冲强光技术在食品杀菌工业中的应用

内容概述：光学技术是目前人类社会中许多行业和领域都广泛应用的重要科学技术，没有光学技术，就没有食品加工业现代化，光学技术的发展对食品与生物科学技术领域的发展与应用有着重要的促进作用。本章以脉冲强光光学技术为切入点，分别论述脉冲强光杀菌技术的发展历史、脉冲强光技术装置与杀菌工作原理、影响脉冲强光技术效率的因素及其在饮用水处理、果蔬保鲜、即食肉制品、食品无菌包装等食品加工领域中的应用前景。脉冲强光杀菌技术作为一种非热物理表面冷杀菌新技术，利用瞬时、高强度的脉冲光能量，不仅能短时间内杀灭固体食品和包装材料表面以及透明液体食品中各类微生物、提高产品的质量、有效地保持食品的品质，并且具有高效、安全等优点，已获得美国食品药品监督管理局(FDA)批准用于食品工业杀菌，是一项很有潜力但仍需要逐步完善的食品加工物理技术。

杀菌技术与食品安全息息相关。物理杀菌技术是指不借助化学杀菌剂进行杀灭微生物的杀菌技术，物理杀菌技术可分为热杀菌和非热杀菌两种。与加热处理相比，非热杀菌技术不易破坏产品中容易变质的维生素和色素等成分，还可以节省能量。在不需要通过加热将原料温度升高到一定程度进行杀菌的场合，非热杀菌技术占有一定的优势。非热物理杀菌方法种类较多，是一类崭新的冷杀菌技术。目前，非热物理杀菌技术主要包括：辐照杀菌、微波杀菌、紫外线杀菌、超高压杀菌、远红外照射杀菌、脉冲电场杀菌、脉冲强光杀菌、脉冲 X 射线杀菌、超声波杀菌、激光杀菌、高压电弧放电杀菌、高能电子杀菌、磁场杀菌、静电杀菌、电解杀菌、交变电流杀菌、等离子体杀菌、半导体光催化杀菌、膜过滤除菌等(李梦颖等，2013)，有些杀菌技术已在商业上得到推广应用，如辐照杀菌、微波杀菌、紫外线杀菌、超高压杀菌，杀菌效果比较明显(夏文水和钟秋平，2003)。在众多的杀菌技术中，脉冲强光杀菌技术是近些年出现的一种新兴的冷杀菌加工技术，即非热物理杀菌新技术，脉冲强光技术是以极强的直流电通过充有惰性气体的灯管，发出比地面上太阳光强近 2 万倍的光能，在仅 10^{-7}s 的滞留时间内照射于物料表面，达到有效杀死细菌的效果。由于脉冲光波长较长，不会发生小分子电离，其杀菌效果明显比非脉冲或连续波长的传统 UV 照射好。20 世纪 90 年代美国圣地亚哥纯脉冲技术研究所发明了此项杀菌新技术，称之为"纯亮"杀菌(张志强，2011)。脉冲强光技术保持食品原有品质和营养价值并可减少健康风险，1996 年，已获得美国 FDA 批准(批准代码为 21CFR179.41)在食品加工、生产处理等方面的应用，是一项很有潜力但仍需要逐步完善的杀菌技术(Food and Drug Administration，1996)。

17.1 脉冲强光技术的发展历史

脉冲强光技术(pulsed light，PL)起源于 20 世纪 70 年代后期的日本，1984 年在美国注册专利(Hiromoto，1984)，1988 年美国纯亮公司获得这个专利后开展了物体表面杀菌应用试验研究，企图证明脉冲强光杀菌主要是脉冲中的可见光(白光)的作用，注册了几个和脉冲强光相关食品杀菌专利技术(Dunn et al.，1989；1991；1996)，设计了相关成套设备，并在法国相关公司开展商业应用研究，后因设备和技术不成熟，未能在商业杀菌市场推广；与此同时，德国研究人员也想证明脉冲强光这独特的杀菌效果主要归因于微生物在脉冲强光杀菌后机体形成有毒害物质；此后美国 Xenon Corporation 进行系列脉冲强光杀菌设备研发，并与美国宾夕法尼亚州立大学合作进行各种食品杀菌试验，获得良好的效果，从而使该公司设备获得美国市场认可，该公司 RS300B、RS300C 和 RS300M 系列脉冲强光杀菌设备被用于鱼片、肉丁等食品以及血液的杀菌。随后的研究逐渐证明，脉冲强光中紫外线成分在杀菌中起重要的作用，高能量和高强度的脉冲强光对细胞的破坏作用比单独某一波段的光强，脉冲强光宽谱的光能产生全面的、不可逆的破坏作用，使得菌体细胞中的 DNA、细胞膜、蛋白质和其他大分子遭到破坏，这使得脉冲强光杀菌和紫外线杀菌有明显的区别(李汗生和阮征，2004)。脉冲强光技术作为一种表面冷杀菌技术，首先在医药卫生领域医疗器械表面杀菌消毒和透明药剂溶液杀菌，取得了比较显著的杀菌效果，随着该杀菌技术和设备的成熟，逐渐过渡应用到食品杀菌保藏中，1996 年美国食品药品监督管理局(FDA)批准采用脉冲强光作为控制食品表面微生物的灭菌手段，规定 PL 处理食品的剂量不能超过 $12J/cm^2$(Food and Drug Administration，1996)。

脉冲强光在食品杀菌工业中的应用研究，国外大学或研究机构对脉冲强光技术开展了很多研究工作，从 20 世纪 90 年代开始国外研究主要集中在以下几个方面：①脉冲强光在食品杀菌保藏中应用的研究；②脉冲强光对包装和水杀菌消毒应用的研究；③脉冲强光对不同微生物杀灭效果的研究；④脉冲强光技术在其他方面应用的研究。与国外同行相比，由于缺乏脉冲强光处理装置，国内有关脉冲强光技术的研究报道很少，研究水平存在很大的差距，90 年代末期，华南理工大学最先在国内报道开展这方面的相关研究(周万龙等，1997a；1997b；1998a；1998b；1998c)，先采用升压变压器技术，实现脉冲闪光灯的泵浦电源，后采用电容并联充电、串联放电的特殊电路设计及单片机控制技术，实现了电源控制、参数检测的自动化，研制了国内首台自动控制脉冲强光杀菌装置，并进行了脉冲强光对细菌、霉菌和酵母菌的灭活试验，以及在食品杀菌和保鲜方面应用的研究(周万龙等，1997b；1998b；1998c)。近年来，依托中国工程物理研究院设立的高新技术企业宁波中物光电杀菌技术有限公司是国内推出脉冲强光(激光)冷杀菌技术的自主研发、生产、销售提供商。

脉冲强光杀菌技术是一种非热物理杀菌新技术，该技术涵盖光学、机械学、电子学、生物学、化学、流体力学、防疫学、食品科学、工程学等多门学科综合融合交叉，它利用瞬时、高强度的脉冲光能量，短时间内杀灭固体食品和包装材料表面以及透明液体食品中各类微生物，能有效地保持食品的品质。脉冲强光杀菌技术与传统的杀菌方法相比，具有杀菌处理时间短，一般处理时间是几秒到几十秒，能耗低、杀菌效率高、对产品质量和营养的影响较低等优点，同时具有残留少、对环境污染小、不用与物料和器械直接接触、操作容易控制、市场前景广阔等特点，因此是一种可替代传统食品杀菌的新型杀菌技术。

17.2 脉冲强光杀菌设备及其工作原理

17.2.1 脉冲强光产生原理及光源特性

脉冲强光杀菌技术是利用强烈白光闪照进行杀菌。脉冲强光产生原理图如图 17-1 所示(李汴生和阮征，2004)，脉冲光的产生需要两部分装置来完成，它主要由一个动力单元和一个惰性气体灯单元组成。其一是具有功率放大作用的高能量密度的电容，它能够在相对较长的时间内(几分之一秒)积蓄电能，而后在短时间内(微秒或毫秒级)将该能量释放做功，产生高强度的脉冲电能。其二是光电转换单元系统，是用来提供高电压高电流脉冲的部件，将高强度脉冲电能经过脉冲充气闪光灯或其他脉冲强光源转化产生波长范围为 200～1100nm 的高强度的瞬时脉冲光，其光谱与到达地球的太阳光谱相近，但强度却比太阳光强数千倍至数万倍。

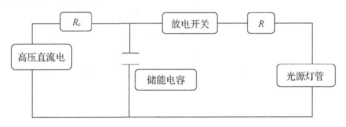

图 17-1 脉冲强光产生原理图

R_c.限流电阻器；R.电阻器

17.2.2 脉冲强光杀菌设备主要结构

最早出现的商业化设备为 PureBright™ 系统，目前主要是德国的 SteriBeam 系统和美国的 Xenon 系统(Vicente，2016)。脉冲强光杀菌设备主要结构如图 17-2 所示(蒋明明，2011)，主要包括以下几个结构单元。

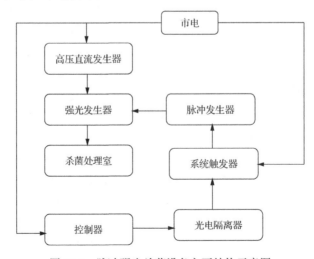

图 17-2 脉冲强光杀菌设备主要结构示意图

1)高压直流发生器：高压直流发生器为封闭的直流开关电源，为脉冲光的形成提供能量，最高电压可达 4kV。

2)脉冲发生器：脉冲发生器包括电容和电感，从电源获得电能，在氙气灯两端形成高电压，有效产生高频率、短时间脉冲强光。

3)强光发生器：采用惰性气体(氙)灯管，在灯管两端装有电极，一根导线(触发丝)缠绕灯管，通常灯管电流不通，当触发电压足够高时，管内氙气电离，氙气管成为导体并闪光。

4)杀菌箱和反光罩：杀菌箱包括金属壳体、处理平台和密封门，反光罩用于固定氙气灯管并反光。

5)光电隔离器：通过光、电控制系统，在传递控制器作息的同时，隔离高压区和低压区，以避免系统干扰。

6)系统触发器：系统触发器可触发电离氙气必需的高压脉冲，通过光电隔离器与控制器连接。

7)控制器：可调节输入电压和闪照次数，显示工作状态。

17.2.3 脉冲强光杀菌设备工作原理

市电经升压器形成 4kV 的高电压，对高压直流发生器的电容器进行充电，充电率可达 7kJ/s，在强光发生器(氙气灯两端)形成直流高压。通过微机控制系统，定时启动脉冲触发器，产生 1 个高压脉冲，升压后的电流促使缠绕在氙气灯管上的线圈产生瞬时电感，使灯管内的氙气电离导通，形成持续时间极短的闪光，对样品进行杀菌，同时，电容放电导致灯管两端高压也随之迅速下降，使氙气灯通路截止，电容器又开始充电为灯的下一次闪光积蓄能量，脉冲强光杀菌灯及脉冲强光杀菌设备工作原理如图 17-3 所示(唐明礼等，2014)。

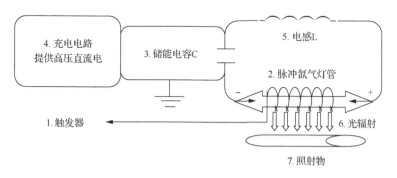

图 17-3 脉冲强光杀菌设备工作原理

周万龙(1997b，1998b)把脉冲能量的技术与计算机控制技术相结合，先采用升压变压器技术，实现脉冲闪光灯的泵浦电源，后采用电容并联充电、串联放电的特殊电路设计及单片机控制技术，实现了电源控制、参数检测的自动化，研制了国内首台自动控制脉冲强光杀菌装置，研究表明，光脉冲输入能量为 700J，光脉冲宽度小于 800μs，闪照 30 次后，对枯草芽孢杆菌、大肠杆菌、酵母都有较强的致死效果。对溶液中淀粉酶、蛋白酶的活性也有明显的钝化作用。脉冲宽度小于 800μs，其波长主要为紫外线区域至红外线区域，起杀菌作用的波段可能为紫外线区，其他波段可能有协同作用；脉冲强光杀菌对菌悬液的电导率影响不大，引起电位的变化，其原因及对微生物形态结构的影响尚待进一步研究。

自动化程度高的脉冲强光杀菌装置单元结构如图 17-4 所示(周万龙等，1997b；唐明礼等，2014；马凤鸣等，2005)，脉冲强光杀菌装置由动力单元、惰性气体灯单元及单片机控制单元 3 部分组成。所产生脉冲强光的电流峰值、脉冲宽度和脉冲时间通过改变电容和电感参数来调节，采用微机控制技术对闪光过程进行监控，通过模拟试验，进行状态参数和结构参数优选。

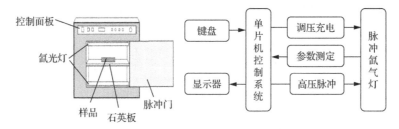

图 17-4　计算机控制的脉冲强光杀菌装置示意图

17.2.4　脉冲强光光源与杀菌机理

脉冲强光光源及强光技术是一种利用瞬间放电的脉冲工程技术和特殊的惰性气体灯管，如图 17-5 所示，以脉冲形式激发强烈的白光，光谱分布近似太阳光，光强度相当于到达地球表面太阳光强度的数千乃至数万倍的一种世界领先的光源技术。脉冲强光仅次于激光，是亮度最高的一种光源，波长多为 500～1200nm，瞬时亮度可达 $15 \times 10^{10} \mathrm{cd/m^2}$，通光量可达 $10^8 \mathrm{lm}$。

图 17-5　脉冲强光杀菌灯(氙气灯)

脉冲强光杀菌机理目前还不完全清楚。国内外研究成果表明，脉冲强光杀菌机理主要有以下 3 个方面(蒋明明，2011)。①光化学反应：微生物受脉冲强光光谱中紫外线照射时最容易受影响的是其体内的蛋白质和核酸，尤其是可诱导菌体 DNA 中的胸腺嘧啶二聚体的形成，损坏细菌 DNA，从而抑制 DNA 的复制和细胞分裂，导致细胞死亡或孢子钝化。②闪照热效应：脉冲强光光谱中的可见和红外部分对细菌细胞或孢子有一个热效应，导致了酶和其他细胞成分的钝化。③脉冲效应：脉冲强光的穿透性和瞬时冲击损坏了细胞壁和其他细胞成分，导致细菌死亡。原理如图 17-6 所示(张瑞雪等，2017)。

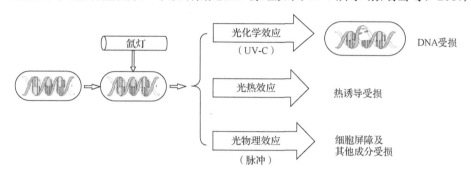

图 17-6　脉冲强光杀菌原理图

17.2.5　影响脉冲强光杀菌效果的因素分析

脉冲强光杀菌效果影响因素有脉冲强光的性质(电场强度、脉冲个数和脉冲宽度)、微生物的性质、照射物料的性质(包括物料透明度、形状、颜色、包装材料)。

17.2.5.1　紫外线杀菌光谱波长

光源中不同光谱成分对杀菌效果产生影响，目前认为脉冲强光杀菌中紫外线具有重要的作用，同时紫外线不同光谱波段会对杀菌效果产生一定程度的影响。脉冲光的波长很宽(200～1100nm)，其中紫外线光谱分为 3 个波段，UV-C：100～280nm，UV-B：280～315nm，UV-A：315～400nm，其中 UV-C 中 200～280nm 为杀菌线，特别是 250～260nm 具有很强的杀菌力。Woodling 和 Moraru(2005)在研究脉冲强光对单增李斯特菌的杀灭效果时发现，脉冲强光杀菌是在紫外强光作用下的复杂作用过程，其中 DNA 结构的变化是主要原因，细胞膜、蛋白质和其他大分子的破坏是次要的原因，紫外线 UV-C 和 UV-B 波段(波长≤300nm)起主要杀菌作用，UV-A 波段(300nm≤波长≤400nm)，具有一定的杀菌能力，但效果相对不明显，可见光和近红外光(波长≥400nm)几乎没有效果。

17.2.5.2　脉冲强光参数对不同微生物杀菌效果的影响

脉冲强光对大多数细菌、真菌、病毒和原生动物具有极为显著的杀灭效率，采用不同的杀菌设备和杀菌技术参数，脉冲强光对微生物的杀灭效果具有一定的差别。脉冲总能量是脉冲强光杀菌效果最重要的决定因素。脉冲闪光灯发出的能量与到达样品表面的能量不同，因为脉冲次数、单次脉冲能量、脉冲频率、闪照距离、传播介质(空气、水、苹果汁等)会影响最终到达样品表面的能量。杀菌时脉冲强光的强度、杀菌作用时间及受照射物离光源的距离会对杀菌效果产生影响。表 17-1(南楠等，2010)对比了脉冲强光参数影响不同微生物的杀菌效果，从表中可知，大多数革兰氏阳性菌比阴性菌的抗受性更强；细菌比霉菌和酵母菌等真菌更容易被脉冲强光所灭活，脉冲强光对微生物的影响程度由大到小为革兰氏阴性菌、革兰氏阳性菌和真菌孢子。

表 17-1 脉冲强光处理对微生物的体外灭活效果

微生物种类	培养基	脉冲能量/J	处理时间/μs[a]	Log 值减少量
腐败菌	琼脂			
环状芽孢杆菌	琼脂	7	1500	>4.1
清酒乳杆菌	琼脂	7	1500	2.5
肠膜明串珠菌	琼脂	7	1500	4.0
磷发光菌	琼脂	7	1500	>0.4
绿脓假单胞菌	琼脂	3	20	5.8
荧光假单胞菌	琼脂	7	1500	4.2
病原菌				
蜡状芽孢杆菌	琼脂	3	20	4.9
产气荚膜梭状芽孢杆菌	琼脂	7	1500	>2.9
大肠杆菌 O157：H7	琼脂	3	20	6.2
单核细胞增多性李斯特(氏)菌	琼脂	3	20	4.4
无害李斯特(氏)菌	清洁肉汤	9	3240	7.0
肠炎沙门(氏)菌	琼脂	3	20	5.6
鼠伤寒沙门(氏)菌	琼脂	7	1500	3.2
酵母菌				
郎可比假丝酵母	琼脂	7	1500	2.8
蜡状芽孢杆菌	琼脂	7	1500	>2.8
酿造酵母	琼脂	3	20	4.9
真菌孢子				
黄曲霉	缓冲溶液	7	1500	2.2
黑曲霉素	琼脂	1[b]	1000	4.8
大刀镰刀菌	琼脂	3	85	4.2

注：a.在处理时间内，样品单位面积所接收的来自光源的能量；b.总接收能量

蜡状芽孢杆菌等革兰氏阳性菌对脉冲强光的抗性要高于沙门氏菌、大肠杆菌等革兰氏阴性菌，可能与其细胞壁组成和自身的保护修复机制有关。黑曲霉素孢子、镰刀菌孢子表现出较强的抗性与其颜色有关，其抗性取决于所含的黑色素对紫外线的吸收能力。

17.2.5.3 食品组成成分对脉冲强光杀菌效果的影响

食品的组成成分也影响脉冲强光的杀菌效果，高蛋白质和高油脂含量的食品不适合运用脉冲强光杀菌，相反，蔬菜和水果类运用脉冲强光杀菌则可取得较好的效果。Luksiene 等(2007)把 3 种菌分别接种在添加了食品组分的琼脂培养基表面，培养后进行脉冲强光杀菌，结果发现蛋白质和油脂的添加会降低脉冲强光的杀菌效果，而添加水和淀粉则对杀菌效果没有影响。

17.2.5.4 照射物料的表面性质和状态对脉冲强光杀菌效果的影响

在脉冲强光杀菌过程中,虽然脉冲强光与紫外杀菌相比具有较强的穿透力,但脉冲强光的光线穿透力有限,微生物的载体厚度对杀菌过程产生很大的影响,藏于食品表层下部的病原性微生物不会被完全杀死。固态食品表面颜色越深、样品厚度越厚,杀菌效果越差。对于液体食品和微生物悬浮液,随着液体中溶质浓度的增大,紫外线的穿透力将下降,杀菌效果也变差,此外,固液态样品杀菌效果与灯的距离的远近有关,样品位置越靠近光源,脉冲强光的光化学与光热作用越强,杀菌效果越显著。随着距离的缩短,脉冲强光的光化学和光热作用增强,杀菌效果越显著。为了提高吸光系数,适当降低固体样品的浓度和厚度可有效促进样品表面吸光作用,在光源近的区域提高微生物的杀菌效果。

17.3 脉冲强光技术在食品加工中的应用

脉冲强光技术作为一种表面冷杀菌技术,其用于食品杀菌安全可靠性方面已经得到充分的论证,并得到美国 FDA 批准。当脉冲强光处理食品时,脉冲强光技术可有效减少食品表面的微生物数量并使食品中的酶钝化;经脉冲强光处理的食品与未处理的食品相比,化学成分和营养特性没有显著的变化,脉冲强光具有延长产品货架期、降低病原菌的危害、改善食品的品质以及提高产品的经济效益等优点(周素梅,1999),脉冲强光已在饮用水处理、果蔬保鲜、即食肉制品杀菌、食品无菌包装等食品加工领域中有广泛的应用前景。

17.3.1 脉冲强光技术在饮用水与食品工业用水的杀菌工艺中的应用

我国包装饮用水分为饮用天然矿泉水、饮用纯净水、其他类饮用水(饮用天然泉水、饮用天然水、其他饮用水)。目前国内食品生产加工企业约 18 万家,其中包装饮用水生产企业超过 1 万家(表 17-2)。2015 年中国包装饮用水销量为 8766 万 t,销售收入约 1400 亿元,同比增长 12.15%,占到软饮料行业产量的 50%以上,饮用水与食品工业用水杀菌处理是我国食品行业发展最关键的产业技术之一(田承斌,2001)。

表 17-2 我国包装饮用水生产企业各省(自治区、直辖市)分布

饮用水生产企业	江苏	山东	贵州	湖北	湖南	广东	河南	辽宁	安徽	河北	云南	黑龙江	浙江	山西	四川	陕西
企业数	806	801	690	653	631	594	576	541	506	486	462	458	444	403	393	383

饮用水生产企业	广西	江西	甘肃	福建	吉林	重庆	内蒙古	新疆	北京	天津	宁夏	上海	青海	海南	西藏	合计
企业数	321	319	306	303	297	292	197	180	94	77	65	53	48	41	8	11 428

注:数据来源国家食品药品监督管理总局,数据截至 2016 年 8 月

饮用水的水源有两种主要来源:一是来自公共供水系统的水;二是来自非公共供水系统的地表水或地下水,其杂质有悬浮物,如泥沙、藻类、昆虫等;胶体,如蛋白质、

腐殖质等；溶解物，如碳酸盐、溶解性气体等。水的质量直接决定了饮用水与食品用水的优劣程度。饮用水生产一般分为 4 个阶段，取水、过滤、消毒、输水，其中消毒灭菌是饮用水安全的重要保障。

饮用水暴露的主要质量问题有菌落总数、大肠菌群、霉菌、酵母菌、铜绿假单胞菌等微生物超标，包装水生产过程中杀菌不彻底易导致微生物超标，铜绿假单胞菌作为常见的条件致病菌，对消毒剂、紫外线等具有较强的抵抗力，使其较其他致病菌更不容易被杀死。如何控制铜绿假单胞菌污染，已成为饮用水生产企业面临的一个新问题，杀菌在饮用水与食品用水生产过程中占有重要的地位。

目前饮用水或食品用水处理中有化学法、物理法、光化学法等很多消毒的方法，物理消毒方法有砂滤或膜过滤、超高静压技术、脉冲电场技术、振荡磁场技术、超声波技术；光化学消毒包括辐照杀菌和紫外线消毒；化学药剂消毒方法有卤素消毒(氯气、次氯酸盐、氯胺、二氧化氯)、臭氧和过氧乙酸等。应用较为广泛的消毒方式主要为以下 4 种：液氯消毒、二氧化氯消毒、臭氧消毒、紫外线消毒。

液氯消毒是最早的消毒技术，氯溶于水形成的次氯酸的强氧化性能损坏细胞膜，使细胞内的蛋白质、DNA 等物质渗出，使细菌死亡。液氯消毒是目前我国绝大部分地区水处理厂消毒的首选。但氯消毒会产生致畸、致癌、致基因突变的卤代烷等副产物，并且氯消毒不能有效杀灭隐孢子虫及其孢囊。

二氧化氯是一种强氧化剂，在水中几乎 100%以分子状态存在，易于透过细胞膜，作用于微生物蛋白质中的氨基酸，控制微生物蛋白质合成导致微生物死亡。它能杀灭水中的细菌、病毒和具有很强抗氯性的隐孢子虫，也能杀灭原虫和藻类，不会生成三卤甲烷等氯化副产物，由于余氯稳定持久，可避免输水管网的二次污染，较液氯消毒更具优势。但毒理学研究发现二氧化氯及其副产物亚氯酸盐会对动物产生一定的生物学负效应，而且二氧化氯具有爆炸性，使用时需要现场制备及时使用。

饮用水消毒常用 254nm 波长的紫外线。紫外线有杀菌作用的光谱范围是 240～280nm，紫外线不仅可使 DNA 上相邻的胸腺嘧啶键合形成胸腺嘧啶二聚体，致 DNA 失去转录能力而死亡，也可以使微生物体内核酸、原浆蛋白与酶吸收紫外线发生化学变化造成微生物死亡。紫外线消毒法以其不产生有毒有害副产物、高效率、广谱性、便于运行管理和自动化等优点，近 20 年来广泛应用于净水等领域。但由于紫外线消毒使用低压汞灯连续消毒，紫外线发射功率低，对水层穿透能力差，同时被紫外线照射失活的病毒细菌可通过光修复或暗修复作用使被破坏的 DNA 结构得到修复，因此其杀菌能力受到很大限制，多用于纯净水杀菌或表面杀菌。

包装饮用水处理及杀菌工艺有两类：我国大部分正规桶装饮用水生产企业都使用臭氧或紫外线进行消毒。

1)矿泉水生产工艺流程：

原水→粗滤→精滤→超滤→臭氧杀菌(紫外线)→成品水→质量检测→包装

2)纯净水生产工艺流程：

原水→沙滤→活性炭过滤→软水器→精滤→一次反渗透→二次反渗透→臭氧杀菌→成品水→质量检测→包装

臭氧是自然界最强的氧化剂之一，臭氧可以改变细菌细胞的通透性，破坏病毒衣壳蛋白的多肽链并损伤 RNA，几乎对所有病菌、病毒、真菌、霉菌及原虫、卵囊都具有明显的灭活效果，具广谱杀微生物作用，臭氧的灭菌速度和效果较二氧化氯和氯好，速度快，很多水厂前处理中已采用它作为氯的替代消毒剂。目前发现，在臭氧化过程中臭氧极不稳定，容易自行分解，消毒设备复杂，还会产生有致癌作用的溴仿、二溴乙酸和溴酸盐等副产物，易增加水的生物不稳定性。常用的臭氧杀菌工艺中，部分企业对水中臭氧浓度、臭氧流量、水流速等工艺参数设定不合理，无法达到有效、彻底灭菌的目的，而且臭氧使用过多造成产品中溴酸盐的超标，由以上分析可知完善消毒技术及新型杀菌技术的应用迫在眉睫。

脉冲强光杀菌装置中，脉冲强光光源尤为重要，脉冲强光光源多用充惰性气体(氙气、氪气)闪光灯，脉冲强光光源是目前除了激光以外亮度最高的人造光源，波长多为 500～1200nm，通光量可达 10^8lm，瞬时光亮度可达 15×10^{10}cd/m^2，闪光重复频率为 1～10^6 次/min。因而它对水体中多数微生物如枯草芽孢杆菌、大肠杆菌、铜绿假单胞菌、酵母有致死作用。实际应用脉冲光处理水时，当流量为 0.5J/cm^2 的脉冲光，闪光两次能使浓度为 10^6～10^7 个/ml 的陆逊克氏杆菌完全失活；水中最具抵抗力的致病菌隐孢子藻卵囊，采用氯和传统的紫外线杀菌方法均不能将其杀灭，应用脉冲强光处理含隐孢子藻卵囊菌量达 10^6～10^7 个/ml，经流量 1J/cm^2 的脉冲光闪照 1 次，水中隐孢子藻卵囊即完全失活，经脉冲强光处理的饮用水可完全达到国家饮用水标准，脉冲强光具有较高水平的微生物杀灭能力，国内外研究资料显示脉冲强光在水处理中杀菌效果显著，脉冲强光技术适合在水处理领域推广应用(罗志刚和杨连生，2002；陈大华，2002)。脉冲强光杀菌技术与传统的化学杀菌方法相比，具有操作简单、杀菌快速、无残留、对环境污染小等特点；与饮用水紫外线的连续消毒相比，在处理表面物体和透明介质(水、空气等)时具有高效杀菌性，脉冲强光技术优势(江天宝，2007)主要有以下几点。

1)对某些具有很强抗性的枯草芽孢杆菌、隐孢子藻卵囊细菌、病毒具有更高的杀灭效率，达到相同杀灭效率时，脉冲强光和连续紫外线的辐射剂量分别为 4mJ/cm^2 和 8mJ/cm^2，二者差别明显。

2)非常短的脉宽和高峰值能量使脉冲强光具有更快的消毒速率。达到相同的杀灭效率，脉冲强光只需要几个脉冲就可完成，而连续紫外线却需要更长的接触时间。

3)高峰值能量紫外线脉冲比连续紫外线具有更强的水层穿透能力，诱发了更快速的反应，能量消耗更少。

17.3.2　脉冲强光技术在即食肉制品加工中的应用

肉类营养极为丰富，不仅含大量蛋白质和脂肪，且还含各种维生素及钙、磷等人体所需元素。人类食肉历史可追溯到 340 万年前。利用火来加工食物的历史亦有 79 万年。据统计局公布数据显示,2013 年我国屠宰及肉类加工企业数量约 4000 家,目前已达 5000 多家。近年,中国肉类总产量从 7925.8 万 t 增至 8535 万 t,肉制品占比也从 15%增至 17%,其中高温、低温和常温肉制品分别约占 22%、33%和 45%,从 2013 年进出口品种看,猪肉进口 139.7 万 t,出口 34.6 万 t；牛肉进口 31.4 万 t,出口 2.86 万 t；禽肉进口 59.2 万 t,

出口 50.3 万 t，中国成为世界肉类产品主要进口国，进口量逐年大幅增加。近 10 年来，我国人均肉制品年消费量从 30 多千克增至 60 多千克，其中猪肉、水产品、牛肉和羊肉分别约占 61%、22%、2.5% 和 3.4%（李翠萍，2013；刘阳等，2017）。我国卫生部将肉与肉制品按加工程度分为生鲜肉、预制肉制品和熟肉制品。在预制肉和熟肉中再依据其加工工艺细分，主要分类参见表 17-3（夏文水，2005）。

表 17-3　常见加工肉制品种类

类别	产品
酱卤制品	白煮肉、酱卤肉、糟肉类
腌腊制品	腊肉、咸肉、酱封肉、风干肉
火腿制品	干腌、熏煮、压缩
香肠制品	中式香肠、发酵香肠、熏煮香肠、生鲜肠
熏烤制品	熏烤肉、烧烤肉
油炸制品	挂糊炸肉、清炸肉
干制品	肉脯、肉干、肉松
罐头制品	硬罐头、软罐头
调理肉制品	生鲜类、冷冻类
其他	肉糕、肉冻等

中国人食肉主要通过自家烹调，生鲜肉消费量远大于即食肉制品。但随着我国经济的增长，人口城镇化的加剧，人们饮食观念逐渐改变，即食肉制品需求不断增加，使得我国即食肉制品产业逐步兴起，即食肉制品是一类无须加热处理便可在出售地点食用的食品，主要包括酱卤肉、熏烧烤肉、肉干、熏煮香肠火腿、发酵肉、熟制腌腊制品等，受我国饮食文化的影响，对即食猪肉制品需求最大，其次是即食禽肉制品。即食肉制品因方便快捷，已成为我国居民喜爱的一类食品。

由食源性污染引发的食品安全问题目前已成为世界上重要的公共卫生问题之一，根据欧洲食品安全局（European Food Safety Authority，EFSA）统计数据表明，由肉制品加工过程中交叉污染导致的食物中毒发病率达到 18.6%（江荣花等，2017）。其中单增李斯特菌（*Listeria monocytogenes*）、沙门氏菌（*Salmonella*）、金黄色葡萄球菌（*Staphylococcus aureus*）、大肠杆菌（*Escherichia coli*）等为重点检测对象。1990～2013 年，欧洲肉制品的销售量从 10 963t/a 增长至 202 446t/a，不合格的肉制品共引起 414 起食品安全事件，造成 805 人入院治疗。2014 年 4 月至 2016 年 2 月，我国肉制品销售量从 43 235t/月增长至 48 108t/月，不合格肉制品事件频发（陆冉冉和董庆利，2015）。我国针对即食肉制品的相关法规并不完善，因而频频出现即食肉制品安全事故，导致我国居民对即食制品存怀疑态度。

按照肉制品加工条件，肉制品是以畜禽肉或可食副产品等为主要原料，加入适当辅料（含食品添加剂）经相关加工工艺制成的制品，包括香肠、火腿等。主要加工工艺包括原料缓化、切块、腌制、绞肉、斩拌或滚揉、灌装、蒸煮、巴氏杀菌、切片、真空包装等，其中，绞肉、斩拌、滚揉及切片过程的交叉污染现象尤为严重，是因为肉制品加工过程中食源性致病菌容易在食物接触表面和机器设备表面发生二次交叉污染，导致成品存在食用风险。鉴于肉制品营养丰富，极容易发生变质、变色和变味等现象。如何最大限度杀死或抑制腐败微生物在肉制品中的生长繁殖，抑制各种酶对蛋白质、脂肪的氧化分解，保持产品营养特性与固有风味，可以达到保障肉制品食用安全的目的。

采用脉冲强光杀菌技术对食品进行处理，发现脉冲强光可增强牛肉、鸡肉和鱼肉等肉制品的货架期和安全性，对肉制品的营养价值和化学成分(蛋白质、维生素 B_2、亚硝胺、苯并芘)以及对光、热及氧化非常敏感的维生素 B_2 和维生素 C 进行分析，脉冲强光处理样品与未处理样品之间无显著差别，脉冲强光对油脂、L-酪氨酸、葡萄糖、淀粉及维生素 C 均不造成明显的破坏。Dunn 等(1997)报道脉冲强光对各种肉制品表面杀菌的试验，将光鸡翅膀浸泡于3株沙门氏菌(*Salmonella*)的混合液中，样品带菌 $10^5CFU/cm^2$(高水平)及 $10^2CFU/cm^2$(低水平)，经用脉冲强光处理后，相似的菌数可以降低 2 个数量级；脉冲强光处理切割牛肉表面，所有曝光的微生物均可被杀死，Neil 等(2015)研究脉冲强光对即食干腌肉制品中接种于表面的 *Listeria monocytogenes* 和 *Salmonella enterica* 的灭活作用。结果表明当脉冲能量在 $11.9J/cm^2$ 时，两种菌分别减少 1.5 个对数值和 1.8 个对数值。在灭菌后室温存储 30 天后感官以及颜色等均未出现变化，显示脉冲强光可用以延长产品的货架寿命和提高产品的安全性。脉冲强光杀菌技术在杀灭微生物时对肉制品产品的色泽、风味、氧化程度等造成影响，如表 17-4 所示。

表 17-4 脉冲强光处理对肉制品性质的影响

序号	基质	影响结果	参考文献
1	牛肉	脉冲处理显著减少牛肉的肉色红度值 a^* 值和肉色黄度值 b^* 值，肉的亮度 L^* 值并没有显著变化。样品在储藏过程中均有不同程度的褪色，L^* 和 b^* 值呈波动趋势。$8.4J/cm^2$ 处理条件改变了牛肉风味	Hierro et al.，2012
2	里脊肉	里脊肉的亮度 L^* 值与对照组相似，储藏期间稳定，但 a^* 和 b^* 值有一定变化，储藏 28 天时，所有样品均有一定程度的褪色，$11.9J/cm^2$ 处理的里脊肉风味发生了改变	Hierro et al.，2012
3	火腿	脉冲距离 4.5cm、脉冲 60s 处理火腿，温度可增加 38℃，将近 60%的湿度损失。脉冲和储藏时间对 L^* 值无显著影响。储藏时间对 a^* 值和 b^* 值影响不显著。火腿硬度和氧化稳定性随储藏时间延长而下降	Wambura 和 Verghese，2011
4	烤鳗	在照射距离 8cm，照射时间 20s、染菌浓度 $6.4×10^4$ CFU/ml 条件下，烤鳗的杀菌率达到 100%，感官品质没有显著变化，过氧化值和酸价的变化率分别为 0.28%和 0.27%。而且脉冲强光对烤鳗储藏品质影响也较小，过氧化值、酸价变化率不超过 0.8%，变化幅度均低于 0.5%	江天宝，2007

注：L^*.肉的亮度，L^* 越低，肉色越好；a^*.红度，红度越高，肉色越好；b^*.黄度，黄度越低，肉色越好

由以上研究表明，不同肉制品产品在脉冲强光处理及储藏中颜色均有一定程度的变化，脉冲光处理的样品氧化过程较快，可能是热效应促进其氧化，并且氧化反应产生的过氧化物也使肉中脂质的氧化稳定性降低，可能是含脂肪和蛋白质丰富的肉类直接被脉冲光照射产生氧化味，这些异味的产生是由于肉类吸收了紫外线产生的臭氧和氮氧化物而使肉中的蛋白质、脂肪发生光化学反应，促使肉类变色(励建荣和夏道宗，2002)。虽然到目前为止还没有证据表明这些产物对人体有害，但脉冲能否显著影响色泽及感官性质还取决于产品的类型及性质，因此在保证较好杀菌效果的同时应减少处理剂量来保持产品的感官品质。

17.3.3 脉冲强光技术在果蔬保鲜上的应用

据不完全统计，发达国家新鲜果蔬有 10%～20%由采后病害导致腐烂，发展中国家则高达 40%～50%，而联合国粮食及农业组织这一指标仅为 5%(Beuchat，2006)。我国果蔬采后由于加工处理、包装、流通不当等问题，果蔬采后损失率高达 20%～30%，中国易腐烂特色水果总产量达 1.16 亿 t，经济损失约 700 亿元。随着果蔬储运一体化技术的大规模发展，以及果蔬冷链物流体系、果蔬电商销售模式的兴起，果蔬的流通范围逐步扩大，世界速冻果蔬产品的消费量占整个食品消费量的 60%，其市场前景极为广阔，这不仅需要果蔬维持较长的货架寿命，还要保持营养新鲜的品质，同时又要确保果蔬不被微生物、有毒的防腐剂、化学添加剂等污染。

目前，我国主要采用冷藏结合化学杀菌剂处理果蔬，作为控制果蔬采后病害最有效的手段，由于化学杀菌剂残留危害人类健康、污染环境以及植物病原菌对化学杀菌剂产生抗药性等，迫切需要研究高效、无公害的防腐技术，以取代化学杀菌剂的使用。多个试验结果表明，脉冲强光对高糖、低蛋白、低脂食物灭菌效果较好，因而适合用此法对新鲜果蔬进行杀菌(张璇和鲜瑶，2011)。

新鲜果蔬高水分、高糖、低 pH 等特征利于微生物繁殖，使采后果蔬极易受真菌病害侵染导致腐烂变质，加速果蔬变质，缩短货架期，造成巨大的经济损失。马凤鸣等(2008)证实了脉冲强光对蔬菜表面的杀菌处理，用强度为 0.3J/cm^2 的脉冲光处理蜂蜜、卷心菜、莴苣、韭葱、红辣椒、胡萝卜、甘蓝两次后，蔬菜表面菌落总数降低 1.6～2.6 个对数值。试验结果表明，蔬菜表面菌落总数降低 10^{2}CFU/cm^2，可以使鲜切蔬菜在 7℃条件下货架期延长 4 天。

蛋白质对 280nm 的紫外线有很强的吸收，脉冲强光可以使酶失活，从而避免由酶活力带来的褐变等不良影响。Dunn 等(1996)用 3J/cm^2 的脉冲强光处理鲜马铃薯切片 3～5 次后，可以避免马铃薯片表面发生褐变，而对照组褐变严重，这表明脉冲强光可以抑制多酚氧化酶(PPO)活性，新鲜香蕉片、苹果片经过脉冲强光处理后，也能有效阻止褐变发生。

Marquenie 等(2003)用周期 30μs、频率 15Hz 的脉冲强光处理灰霉病菌(*Botrytis cinerea*)和桃褐腐病菌(*Monilia fructigena*)的分生孢子 1～250s 后，孢子数量可以降低 3～4 个对数值，这对于草莓、樱桃的采后储藏运输具有很大的经济效益。

脉冲强光还可以应用于对果蔬中农药残留的光降解。Elmnasser 等(2007)指出脉冲强光对农药残留的降解作用，在初始浓度为 1～1000mg/L 农药含量中使用总积分通量为 1.8～2.3J/cm^2 的条件下，农药减少 50%，低于法律规定浓度，且无不利降解产物产生，因而脉冲强光还可应用于农残光降解。

以上应用研究表明，果品和蔬菜采收后用脉冲光进行杀菌处理，不仅可以减少潜伏侵染的微生物数量，减少储藏过程中的腐烂，而且可以降低褐变、保持果品和蔬菜良好的品质，延长果蔬的保鲜期和货架寿命，目前脉冲光杀菌处理及技术已经应用在马铃薯、香蕉、苹果、梨等果蔬采集后的保鲜(陆蒸，2005)。

17.3.4 脉冲强光技术在食品包装材料中的应用及研究进展

食品包装材料与制品的安全性目前已受到全世界的高度关注，相关国际组织和各国政府都加强了对其的研究，并实行严格的监管措施。食品包装材料是指包装、盛放食品及食品添加剂用的纸、竹、木、金属、搪瓷、陶瓷、塑料、橡胶、天然纤维、化学纤维、玻璃等制品和直接接触食品或者食品添加剂的涂料。目前人们普遍使用的食品包装材料主要分为塑料类、金属类和纸(壳)类等。塑料是使用最广泛的食品包装材料。塑料属于高分子聚合物，在聚合合成工艺中会有一些单体残留和一些低分子质量物质溶出。为了改善塑料的加工性能和使用性能，在其生产过程中需要加入一些添加剂(如稳定剂、润滑剂、着色剂、抗静电剂、可塑剂等加工助剂)。上述物质在一定条件下，会从聚合物材料向接触的食品中迁移而污染食品。金属包装材料化学稳定性差，特别是包装酸性内容物时，金属离子极易析出而影响食品风味，一般需要在金属容器的内、外壁施涂涂料，内壁涂层中的化学污染物会向内容物迁移污染食品，外壁含苯的涂料和油墨也会渗透而污染内容物。金属包装材料安全问题既有涂层中的有毒成分，还有镍、铬、镉和铝等有毒金属离子析出和迁移量超标。纸制品是一种传统的食品包装材料，在食品包装中占有相当重要的地位。纸包装的安全问题主要来自于造纸过程中加入的添加剂(防渗剂、填料、漂白剂、染色剂等)，或原料本身的不清洁，或采用霉变甚至使用回收废纸作为原料，即导致重金属、农药残留等污染问题，还会造成化学物质残留和微生物污染食品。

包装材料中的有害物质种类繁多，主要污染包括微生物污染、重金属污染、农药残留污染、加工助剂污染等。微生物污染主要是指食品包装材料内外表面因生产条件或其他外界条件的影响滋生了各类细菌，与食品的接触过程中使食品受到污染。食品包装是现代食品工业的最后一道工序，起着保护商品质量和卫生、不损失原始成分和营养、方便储存运输、促进销售、延长货架期和提高商品价值的重要作用，而且在一定程度上，食品包装已经成为食品不可分割的重要组成部分。由于无菌包装材料种类多，性质差异大，灭菌时形状不同及采用的灭菌介质不同等原因，因此灭菌方式很多(李梦颖等，2013)，按灭菌介质划分为热处理法灭菌、化学法灭菌、辐射法灭菌、脉冲强光灭菌等方法。

1)热处理法灭菌：热处理可以有效地灭菌，不会产生有毒物质，但对包装材料本身会产生有害的影响，能量消耗较大。例如，对多层包装纸进行彻底的热处理时，包装纸会发脆，难以密封；玻璃包装由于受热容易破裂，所以使用热处理也受到限制。在几种加热方法中，干热方法直接灭菌需较高的温度，因此主要用于综合法中清除残留的化学药品；湿热法可用于包装材料及容器的灭菌，但使用时应注意防止损坏包装材料及容器。

2)化学法灭菌：常采用的化学试剂有①环氧乙烷，其杀菌效果很好，但消毒时间过长，对乙烯塑料有渗透作用，残量较高，不适于单独使用。②有效氯，即使在常温下，杀菌效果也很好，灭菌率达 99.92%(4g/L 有效氯的次氯酸钠 pH 4.5)，但氯对金属材料有强烈的腐蚀作用。③过氧化氢，在常温下过氧化氢的灭菌作用较弱，使用过氧化氢的浓度为 30%～35%，温度为 60～80℃，比较适宜，温度越高，效果越好。一般采用浸渍法，将包装材料袋材或容器浸入过氧化氢液体中；或者采用喷雾法，将过氧化氢喷雾(其雾滴直径在 2～4μm)在包装材料及容器，不过一般很少单独使用过氧化氢，灭菌后，要求产品中过氧化氢的残留量应低于 0.1ppm①。④乙醇：70%乙醇有强烈的灭菌作用，在包装材料灭菌中不单独使用。由于单纯的化学法不能达到灭菌要求，且使用化学药剂浓度较高，因此化学试剂易有残留。

3）辐射法灭菌：辐照杀菌是指利用电磁射线、加速电子照射被杀菌的物料从而杀死微生物的一种杀菌技术。用于杀菌的辐照可分为电离辐照（如 X 射线、γ 射线、加速电子）与非电离辐照（如紫外线、红外线和微波）。辐射方法仅用于热敏性塑料瓶、复合膜及纸容器；辐射玻璃瓶会引起玻璃瓶变色，而且剂量过大会加速包装材料的老化和分解，因此辐照剂量要限制，且包装材料需要较厚的保护层。辐照杀菌技术应用于食品加工已有几十年的历史，但对辐照杀菌技术关注较多的是其安全问题。

紫外线具有强烈的表面灭菌作用且波长为 250～260nm 时灭菌效果最好，此法需使用专门设计的高性能设备，对聚乙烯、低密度聚乙烯有降低其热封强度的作用，使偏氯乙烯共聚物产生褐色，而对聚丙烯、高密度聚乙烯则影响较小。包装材料经选定的灭菌方式处理后，要进行微生物灭菌试验，根据选定的灭菌方式，评价灭菌效果，对某种灭菌介质呈现最大阻力的微生物，对另一种灭菌介质不一定阻力也很大，因此对食品包装材料灭菌，选择合适的指示微生物最关键，不同的包装材料及容器，常采用不同的指示微生物作为灭菌对象菌并确定选定的灭菌方法。很多情况下，多采用几种方法综合使用，一般以过氧化氢处理为主，以加热或紫外线处理为辅，用来增强化学药剂的效果，并促使过氧化氢挥发及分解。例如，采用紫外线可以增强过氧化氢的灭菌效果，对于嗜热脂肪芽孢杆菌（*Bacillus stearothermophilus*）、枯草芽孢杆菌（*Bacillus subtilis*）在常温下，用低浓度过氧化氢（浓度<1%）喷雾处理包装材料或容器，然后用高强度紫外线照射，可以达到无菌要求。

4）脉冲强光灭菌：目前常使用过氧化氢等化学试剂或联合紫外线、热处理对包装材料进行杀菌，但包装材料表面残留化学物质是一种潜在风险因子，这不仅会改变包装食品的性质，还危害消费者的健康，因此寻求非化学方法对食品包装材料灭菌是现代食品行业的发展方向。

无菌包装技术就是将食品进行超高温短时或瞬时灭菌，在无菌的环境中把无菌食品充填于经过灭菌的无菌容器中，并进行密封。无菌包装系统非常复杂，其中包括包装材料的灭菌装置，因此包装材料或容器的灭菌是食品无菌包装技术中十分重要的环节（Ansari and Datta，2003），是无菌包装系统设计时必须考虑的首要问题。Haughton 等（2011）介绍了一种无菌食品包装材料和包装机械的装置，利用氙灯每秒钟可产生几十次脉冲闪光，而一到几次脉冲强光便可达到很高的杀菌效率，可在产品或包装上方安装一系列有灯罩的氙灯脉冲光杀菌装置或直接将灯安装在生产线上以实现连续定位操作，将包装材料表面喷洒过氧化氢或通过浸泡在低浓度过氧化氢溶液中，并经过生产线上高强度的脉冲强光照射去除包装材料上残留的过氧化氢溶液并灭菌，使处理过的包装材料达到无菌要求，作为高能光处理的包装材料，有效地避免不良气味的形成、封口强度的降低、印刷表面的烤焦等不利因素的影响，因此脉冲光非常适合无菌包装生产线的杀菌。处理枯

---

① 1ppm=10^{-6}。

草杆菌孢子的研究证明，过氧化氢脉冲强光的协同增效作用可以使杀菌效果比单独使用脉冲强光时提高一个数量级，目前全世界有超过 100 家工厂将脉冲强光灭菌系统合并到食品无菌包装线中用于包装材料灭菌(Woodling and Moraru，2005)，无菌包装系统中脉冲强光消毒包装材料的应用研究证实，使用脉冲强光系统几乎瞬时可减少芽孢数超过 5 个对数值(Victoria et al.，2015)，对于包装食品体系中常见的危害人体健康的病原菌，主要包括革兰氏阳性李斯特单胞菌($Listeria\ monocytogenes$)、革兰氏阴性大肠杆菌($Escherichia\ coli$ O157:H7)等脉冲光表现出了显著的杀菌效果，$0.5\sim1J/cm^2$ 时的闪光一次即可使 $10^5CFU/cm^2$ 的上述病原菌全部致死；$1J/cm^2$ 闪光数次杀菌量高达 $10^7\sim10^9CFU/cm^2$ 时。脉冲光的高杀菌率还表现在对一些传统杀菌手段很难处理的抗性微生物亦有良好的杀灭性，如抗电离辐射的短小芽孢杆菌($Bacillus\ pumilus$)芽孢，抗碱、抗强氧化剂及耐热的枯草芽孢杆菌($Bacillus\ subtilis$)，抗蒸汽加热的嗜热脂肪芽孢杆菌($Bacillus\ stearothermophilus$)孢子，抗紫外线的黑曲霉($Aspergillus\ niger$)孢子，在接种量分别为 $10^6CFU/ml$ 的情况下，经脉冲闪光处理 10 次，80 个样品中无一活菌存在，而未处理样中菌数却有增无减(Vicente，2016)。为比较不同材料上微生物的灭活率以期获得脉冲光在包装材料中的应用，表 17-5 为脉冲强光对不同材料微生物处理结果的影响。

表 17-5　脉冲强光对食品包装材料的杀菌效果

序号	微生物种类	不同包装材料处理结果	参考文献
1	单增李斯特菌 ($Listeria\ monocytogenes$)	对不锈钢表面进行 12 次的脉冲处理，灭活曲线在 3 次以上逐渐趋于平缓，菌数量最多可减少 4 个对数值。光滑表面杀菌率较低，与低反射性材料相比，PL 对较强反射性材料具有较低的灭菌率	Ringus 和 Moraru，2013
2	单增李斯特菌 ($Listeria\ monocytogenes$)	高密度聚乙烯 HDPE 和低密度聚乙烯 LDPE 最有效，最大数量可减少为 7.1 和 7.2 个对数值。基于 LDPE 的透明度，将其进行正反面处理，两种处理均可减少将近 7 个对数值，故当 LDPE 作为包装材料时，脉冲光可穿过包装材料进行灭菌	Li 和 Logan，2005
3	空肠弯曲菌 ($Campylobacter\ jejuni$)、大肠杆菌 ($Escherichia\ coli$)	脉冲距离 14cm、脉冲时间 5s，不锈钢、聚乙烯菜板、白色聚丙烯托盘、铝托盘、聚乙烯-聚丙烯、聚氯乙烯材料上的空肠弯曲菌全部失活；脉冲距离 11.5cm、脉冲时间 5s，聚氯乙烯和铝托盘上的大肠杆菌全部失活，其他材料可减少 $1.5\sim4.7$ 个对数值	Ansari 和 Datta，2003

不同包装材料对脉冲强光杀菌能力的影响由小到大顺序为聚丙烯、聚乙烯、聚氯乙烯、聚酰胺酯、聚苯乙烯，聚丙烯、聚乙烯、聚酰胺比较适合作为脉冲强光杀菌包装材料，聚碳酸酯、聚氯乙烯、聚酯、聚苯乙烯则不太适宜作为脉冲强光杀菌的包装材料。对于透光性好的包装材料，内部产品可直接透过包装来杀菌(江天宝，2007)。许多非苯塑料如聚乙烯(PE)、聚丙烯(PP)、尼龙(NY)、乙烯-乙酸乙酯共聚物(EVA)、乙烯-乙烯醇的无规共聚物(EVOH)等均具有良好的透过脉冲光的性质，但一些聚芳烃塑料如聚对苯二甲酸乙二醇酯(PET)、聚碳酸酯(PC)、聚苯乙烯(PS)、聚氯乙烯(PVC)等因不具备好的透光性，不能进行产品的直接处理。材料表面性质如凹凸度、粗糙度、反射率等都会影响脉冲强光的杀菌效率，原因是表面的粗糙度及裂缝在处理期间可保护细胞(Victoria et al.，2015)。Pippa 等(2011)研究了脉冲强光技术(3Hz，最大 505J/单个脉冲，360μs 脉冲宽度)去除生鸡肉样品包装材料表面微生物的效果，研究表明透光性好的包装

材料聚氯乙烯较其他材料可取得较大的灭菌率，更适宜脉冲处理；光滑表面杀菌率较低，与低反射性材料相比，脉冲强光对较强反射性材料具有较低的灭菌率，不锈钢表面较光滑不适宜脉冲光处理。

与其他物理或化学杀菌方法相比，脉冲强光对包装材料的杀菌作用，既不像过氧化氢会产生化学残留、热杀菌对产品的感观品质及营养价值产生不良影响，亦不会产生电离辐射，杀菌处理效果明显，这表明脉冲强光对食品包装材料灭菌可满足食品微生物安全及延长货架期，脉冲光在包装材料中有广泛的应用前景。

采用何种包装材料及相对应的灭菌方法，在很大程度上决定了无菌包装系统的构造类型、复杂程度和工作稳定性等，对包装材料进行适当的灭菌，是对包装材料进行商业灭菌，而非进行过度的灭菌，以免造成能源的浪费。深入分析和研究包装材料的脉冲强光灭菌方法，有助于在设计和使用无菌包装系统时，较好地选择适当的灭菌方法并在无菌系统中实现。

17.4　脉冲强光杀菌技术特点及发展趋势

17.4.1　脉冲强光杀菌技术特点

在食品工业中病原微生物的控制是最为重要的环节，脉冲强光杀菌技术作为一种新型的冷杀菌技术，具有操作简单、杀菌快速、无残留、对环境污染小等特点，它不仅克服了传统热杀菌的不足，还能最大限度地保持食品原有的品质以满足消费者需求，使脉冲强光冷杀菌技术的应用及研究在相关科研领域中受到了密切的关注，已逐渐在食品工业中得到广泛应用，在食品加工过程中采用上述新型脉冲强光冷杀菌技术将成为必然趋势。1996 年美国食品药品监督管理局（FDA）21 条法案批准脉冲强光使用于食品加工、生产及处理方面，与传统杀菌技术相比，具有高效、环保、最大限度保证食品品质等特点，同时，该技术在处理食品时所需的费用也不高，使得脉冲强光具有巨大的应用前景与商业潜力。但脉冲强光是否会导致营养价值降低或不良物质生成，还有待于进一步研究，因此，欧盟还没有正式批准脉冲强光在食品中广泛运用（Marquenie et al.，2003）。

17.4.2　脉冲强光杀菌存在的问题及安全性评价

脉冲强光虽然比传统的杀菌方法具有优势，但是要将其商业化仍然存在一些问题需要研究和解决。脉冲强光杀菌存在的问题，主要有以下两方面：①脉冲强光产生的热效应对食品品质的损害。脉冲强光杀菌技术是表面杀菌，对固体表面及透明液体具有较好的灭活效果，对于颜色较深液体，或凹凸不平的物体表面，脉冲强光由于光的局限性，存在遮光效应和光的折射、反射、散射等的作用，导致脉冲强光杀菌的效果降低，Hillegas和 Demirci（2003）用 5.6J/cm^2 的脉冲强光处理紫云英蜂蜜，当脉冲数为 50~100 时，蜂蜜表面温度从 20℃升至 80℃以上，严重破坏了蜂蜜的感官品质及营养价值。对于脉冲强光是否是非热杀菌具有疑问，存在的光效应在短时可能影响不大，但是对于长时间光照射作用，光热效应是否会影响到热敏物质，脉冲强光产生的热效应是限制其实际应用最重要的因素。②脉冲强光穿透力不强，样品厚度会影响灭菌效果，杀菌不彻底，可能导致食品安全隐患。不透明的食物通过脉冲强光处理后，由于食品表面吸收脉冲光，只能对其表面进行杀菌，产品表面死亡的菌体及产品表面凹凸度对下面的微生物起到一定的保护作用，而致病菌通常存在于食物组织内部，食物越厚越不透明，食物内部的杀菌效果就越差。食物污染严重时，脉冲强光穿透力不强，不能完全杀灭内层微生物，杀菌效果降低。这就存在很大的食品安全隐患并成为该技术的瓶颈(Beuchat，2006)。如何使用制冷系统克服脉冲强光的热效应，联合运用多种杀菌技术，以寻求具有叠加效应和协同效应，增强脉冲强光杀菌效果，及扩大该技术在食品中的应用范围都成为今后研究工作的重点。

为了将脉冲强光杀菌技术成功地应用于食品工业中，今后需要深入研究的领域主要有：①确定脉冲强光杀菌过程关键因子及其对杀菌效果的影响与量化；②固体状态下和液体条件下的灭活机理有所区别，明确脉冲强光杀菌作用的机理及微生物对脉冲强光处理抗性的影响；③不透明溶液以及液体饮料食品中脉冲强光杀菌技术的应用，从基因组学、转录组学、蛋白质组学等角度对脉冲强光的作用机制还有待研究；④脉冲强光在食品杀菌中可能形成有毒的副产物的分析；⑤为满足消费者对食品的质量及安全性要求，脉冲强光杀菌作为一种新型技术与热加工、超声、臭氧、微生物防腐剂等其他杀菌技术联合杀菌效果安全评价；⑥脉冲强光含有一定量的紫外线，其对包装材料的结构、表面疏水性、透气率、物质迁移变化规律等方面的研究，以便了解脉冲光对包装材料特性有何影响(江天宝，2007；张璇和鲜瑶，2011；张瑞雪等，2017)。随着该杀菌技术和设备的成熟，需积累大量可靠的数据，以保证食品的微生物安全，促进脉冲强光杀菌技术向工业化、规模化、商业化与智能现代化方向迈进，这项技术有望在将来独立或在与其他非热灭菌技术如高静压、超声波、辐射等结合使用条件下得到更广泛的应用。

17.4.3　脉冲强光杀菌技术发展趋势

脉冲强光杀菌技术是一种非热物理杀菌新技术，其设备采用氙气管，发出能量比紫外线灯管高 200 倍以上，比紫外线穿透性强，比钴放射线杀菌设备成本低且可用于食品加工生产线上进行连续生产，随着科学技术的发展，脉冲强光技术将逐渐克服自身缺点并趋于成熟完善。

除了微生物杀菌，脉冲强光技术还将向基因工程、细胞工程等高技术领域渗透，不仅促进光催化、光诱导方面的研究在植物和微生物育种方面的应用，如脉冲强光处理可诱发细菌菌落特征和细胞形态变异或生物体遗传物质结构的改变，培育新的优良品种；还可利用脉冲强光不仅能诱导微生物产生抗菌肽，而且也能诱导植物如葡萄、花生、香菇中的抗氧化成分形成，这将是食品工业中新的研究方向；此外，脉冲强光能有效控制食品中的有害微生物，一定程度上可预防和控制微生物危害发生的风险，保障消费者健康，提升食品质量安全，综上所述，脉冲强光将会在食品领域发挥更大的作用，有着更为广阔的应用空间及发展前景！

本章作者：徐明芳　暨南大学

参 考 文 献

陈大华. 2002. 氙灯的技术特性及其应用. 光源与照明, (4): 18-20.

江荣花, 汪雯, 蔡铮, 等. 2017. 肉制品加工过程中食源性致病菌交叉污染及风险评估的研究进展. 食品科学, 38(12): 18-22.

江天宝. 2007. 脉冲强光杀菌技术及其在食品中应用的研究. 福建农林大学博士学位论文.

蒋明明. 2011. 脉冲强光对典型微生物灭活效能与机理研究. 东北林业大学硕士学位论文.

李汴生, 阮征. 2004. 非热杀菌技术与应用. 北京. 化学工业出版社: 209-217.

李翠萍. 2013. 国内外肉制品加工业的现状及发展趋势. 中外食品工业月刊, (11): 52-54.

李梦颖, 李建科, 何晓叶, 等. 2013. 食品加工中的热杀菌技术和非热杀菌技术. 农产品加工, 326(8): 100-113.

励建荣, 夏道宗. 2002. 高压脉冲电场与脉冲强光灭菌技术的研究. 食品研究与开发, 23(5): 71-72.

刘阳, 唐莉娟, 王凌云, 等. 2017. 即食肉制品产业发展现状与市场前景. 食品工业, 38(2): 87-90.

陆冉冉, 董庆利. 2015. 熟猪肉制品供应链中致病菌的风险识别概述. 食品与发酵科技, 51(3): 97-102.

陆蒸. 2005. 食品冷杀菌技术——脉冲强光杀菌. 浙江农村机电, (2): 17-19.

罗志刚, 杨连生. 2002. 脉冲强光技术在食品工业中的应用. 食品工业, 5: 44-46.

马凤鸣, 张佰清, 徐江宁. 2005. 脉冲强光杀菌装置的初步设计研究. 包装与食品机械, 23(4): 10-11.

马凤鸣, 张佰清, 朱丽霞. 2008. 脉冲强光对大肠杆菌的杀菌实验研究. 食品工业科技, 29(1): 74-76.

南楠, 袁勇军, 戚向阳等. 2012. 脉冲强光杀菌技术及其在食品杀菌中的应用. 食品工业科技, 32(12): 405-408.

唐明礼, 陈妍婕, 王晓琳, 等. 2014. 脉冲强光技术在食品工业中的应用与展望. 食品与发酵工业, 40(11): 195-210.

田承斌. 2001. 脉冲强光杀菌在水处理中的应用. 饮料工业, (4): 31-32.

夏文水. 2005. 肉制品加工原理与技术. 北京: 化学工业出版社.

夏文水, 钟秋平. 2003. 食品冷杀菌技术研究进展. 中国食品卫生杂志, (6): 539-543.

张瑞雪, 张文桂, 管峰等. 2017. 脉冲强光在食品工业中的研究和应用进展. 食品科学, 38(23): 305-312.

张璇, 鲜瑶. 2011. 脉冲强光杀菌技术及其在果蔬上的应用. 农产品质量与安全, 3: 44-47.

张志强. 2011. 冷杀菌技术在食品工业中应用的研究进展. 食品研究与开发, 32(1): 141-143.

周素梅. 1999. 脉冲光杀菌新技术在食品及包装中的应用. 广州食品工业科技, 57(2): 55-57.

周万龙, 高大维, 夏小舒. 1998a. 脉冲强光杀菌技术的研究. 食品科学, 18(1): 16-19.

周万龙, 高大维, 张巧玲. 1998c. 脉冲强光杀菌对酶的钝化作用研究. 食品工业科技, (1): 15-17.

周万龙, 任赛玉, 高大维. 1997a. 脉冲强光杀菌对食品成分的影响及保鲜研究. 深圳大学学报, 14(4): 81-84.

周万龙, 任赛玉, 黄建军, 等. 1997b. 自动控制脉冲强光杀菌装置研制. 食品与机械, 13(5): 12-13.

周万龙, 任赛玉, 任赛玉, 等. 1998b. 自控脉冲强光杀菌装置的试验研究. 华南理工大学学报, 26(7): 69-72.

Ansari I A, Datta A K. 2003. An overview of sterilization methods for packaging materials used in aseptic packaging systems. Food and Bioproducts Processing, 81(1): 57-65.

Beuchat L R. 2006. Vectors and conditions for preharvest contamination of fruits and vegetables with pathogens capable of causing enteric diseases. British Food Journal, 108(1): 38-53.

Dunn J E, Burgess D, Leo F. 1997b. Investigation of pulsed light for terminal sterilization of WFI filled blow/fill/seal polyethylene containers. PDA Journal of Pharmaceutical Science and Technology, 51(3): 111-115.

Dunn J E. 1996. Pulsed light and pulsed electric field for foods and eggs. Poultry Science, 75: 1133-1136.

Dunn J E, Burgess D, Leo F, et al. 1996. Prolongation of Shelf Life in Perishable Food Products: USA, 5489442.

Dunn J E, Bushnell A, Ott T, et al. 1997a. Pulsed white light food processing. Cereal Foods World, 42(7): 510-515.

Dunn J E, Clark R W, Asmus J F, et al. 1989. Methods for Preservation of Foodstuffs: USA, 4871559.

Dunn J E, Clark R W, Asmus J F, et al. 1991. Methods for Preservation of Foodstuffs: USA, 5034235.

Dunn J E, Ott T, Clark W. 1995. Pulsed-light treatment of food and packaging. Food Technology, 49(9), 95-98.

Elmnasser N, Guillou S, Leroi F, et al. 2007. Pulsed-light system as a novel food decontamination technology: A review. Canadian Journal of Microbiology, 53(7): 813-821.

Food and Drug Administration. 1996. Pulsed Light for the Treatment of Food. 21 CFR 179. 4.

Haughton P N, Lyng J G, Morgan D J, et al. 2011. Efficacy of high-intensity pulsed light for the microbiological decontamination of chicken, associated packaging, and contact surfaces. Foodborne Pathogens and Disease, 8 (6): 109-117.

Hierro E, Ganan M, Barroso E, et al. 2012. Pulsed light treatment for the inactivation of selected pathogens and the shelf-life extension of beef and tuna Carpaccio. Trends in Food Science & Technology, 44: 79-92.

Hillegas S L, Demirci A. 2003. Inactivation of *Clostridum sporogenes* in clover honey by pulsed UV-light treatment. American Society of Agricultural and Biological Engineers, V1-7. Manuscript FP 03 009.

Hiromoto A. 1984. Method of Sterilization: USA, 4464336.

Li B, Logan B E. 2005. The impact of ultraviolet light on bacterial adhesion to glass and metal oxide-coated surface. Colloids and Surfaces B: Biointerfaces, 41 (2): 153-161.

Luksiene Z, Gudelis V, Buchovec I. et al.2007. Advanced high-power pulsed light device to decontaminate food from pathogens: Effects on *Salmonella typhimurium* viability *in vitro*. Journal of Applied Microbiology, 103 (5): 1545-1552.

Marquenie D, Geeraerd A H, Lammertyn J. et al. 2003. Combinations of pulsed white light and UV-C or mild heat treatment to inactivate conidia of *Botrytis cinerea* and *Monilia fructigena*. International Journal of Food Microbiology, 85 (1-2): 185-196.

Neil J R, Vasills P V, Vicente M G. 2015. A review of quantitative methods to describe efficacy of pulsed light generated of ready-to-eat cured meat products. Food Control, 32 (2): 512-517.

Pippa N H, Lung J, Desmond J M, et al. 2011. Efficacy of high-intensity pulsed light for the microbiological decontamination of chicken, associated packaging, and contact surfaces. Foodborne Pathogens and Disease, 8 (1): 109-117.

Ringus D L, Moraru C I. 2013. Pulsed light inactivation of *Listeria innocua* on food packaging materials of different surface roughness and reflectivity. Journal of Food Engineering, 114 (3): 331-337.

Vicente M G. 2016. Pulsed light and packaging. Reference Module in Food Sciences, 9 (2): 1-4.

Victoria A H, Marija Z, Johannes B, et al, 2015. Post-packaging application of pulsed light for microbial decontamination of solid fohaods. Innovative Food Science and Emerging Technologies, 30: 145-156.

Wambura P, Verghese M.2011. Effect of pulsed ultravioletlight on quality of sliced ham. LWT-Food Science and Technology, 44 (10): 2173- 2179.

Woodling S E, Moraru C I. 2005. Influence of surface topography on the effectiveness of pulsed light treatment for the inactivation of listeria innocua on stainless-steel surfaces. Journal of Food Science, 70 (7): 345-351.

18 挤压技术在食品工业中的应用

内容概要：本章着重介绍了挤压技术的特点及工作原理，根据挤压技术在食品不同领域中的应用进行了分类，概述和总结了挤压技术种类及相关挤压设备的特点及应用范围，并对近年来新的研究成果和目前存在的问题进行了归纳和分析。

18.1 挤压技术

挤压加工技术是集混合、搅拌、破碎、加热蒸煮杀菌、膨化及成型等过程为一体的高新技术，逐步广泛应用于食品与塑料工业等领域。挤压技术的发展可以追溯到 1797 年，Joseph 首次使用活塞驱动的挤压装置来生产铅管。1856 年，美国人 Ward 首次申请了食品挤压技术的专利。到了 20 世纪 40 年代，该技术在糖果、焙烤等食品工业得到广泛应用，需要指出的是，此时采用的都是冷挤压技术。20 世纪 40 年代中末期，随着加热装置的增加，挤压设备得到了进一步改良，极大地改进和拓宽了挤压机的功能和性质。1970 年，Arkinson 等基于挤压机在聚合物方面的塑化作用机理，开拓了挤压技术在食品工程领域的研究和应用。

挤压加工是一个高温、高压的过程，在此过程中，通过挤压工艺参数的调节，可以快捷地改变挤压过程的压力、剪切力的大小、加工温度的高低以及作用时间的长短，从而加工出人们所需的不同挤压产品。随着人们生活水平的提高及挤压加工技术的改进与完善，采用挤压法加工高效节能、营养丰富、风味多样、美味、食用方便的新型休闲食品及相关产品将成为我国食品工业发展的重点。

18.2 挤压加工技术特点和设备

18.2.1 挤压技术的特点

挤压机是一个可以实现全过程连续化和自动化的生产系统，采用挤压加工技术具有以下特点。

1)生产效率高：挤压加工集喂料、输送、加热、成型为一体，避免了串联多台单功能机种，极大提高了机器的利用率，并可进行连续生产。

2)生产成本低：与传统的蒸煮方法相比，采用现代挤压加工技术，在降低时耗、能耗、劳动力和占地面积等方面都具有显著优势。

3)原料适用广：可以对谷物、薯类、豆类等粮食进行加工，实现粗粮细作，产品多样化。

4)浪费少、无废弃物：在生产过程中除了开机和停机需要少量食品用洗料外，整个生产过程中几乎无废弃物产生。

5)产品种类多，营养损失少：挤压属于加热短时的加工过程，食品中的营养成分基本不会被破坏，经挤压加工后，原料中的大分子物质，如淀粉和蛋白质等降解为小分子物质，有利于人体吸收，提高了消化吸收率。

18.2.2 挤压加工设备

18.2.2.1 单螺杆挤压机

单螺杆挤压机的机筒内只有一根螺杆，通过螺杆和机筒对物料的摩擦进行物料输送。为了使物料向前输送而不被包裹在螺杆上，一般物料与机筒之间的摩擦系数要大于物料与螺杆之间的摩擦系数。单螺杆挤压机的特点是操作简单、成本低，但是其缺点是混合、均化效果差，因此只适用于简单的膨化食品等。郭树国等(2008)以低变性大豆粕为原料研究了单螺杆挤压机系统参数(物料含水率、螺杆转速、机筒温度)对成本的影响规律及挤压膨化系统的最佳参数。研究表明螺杆转速对单螺杆挤压机的产投比影响最大，其次是机筒温度和物料含水率。当转速为295r/min、机筒温度130℃、物料含水率为27%时，产品质量最优。单螺杆挤压机的生产过程具有非线性、多边性等特点，传统的统计方法不能很好地建立挤压机系统参数和产品膨化效果之间的数学关系,因此,梁春英等(2005)以全脂大豆粉为原料，在大量试验数据的基础上建立了单螺杆挤压机的神经网络模型。通过对未参与人工神经网络模型的数据进行评价，结果表明，该模型对一定工作参数下的预测结果最大相对误差为 8.76%，说明该模型预测精度高，具有较好的仿真效果，这对挤压膨化食品的生产具有指导作用。

18.2.2.2 双螺杆挤压机

双螺杆挤压机是在单螺杆挤压机基础上发展起来的。双螺杆挤压机的套筒横截面呈"8"字形，在套筒中并排安放两根螺杆。虽然双螺杆挤压机和单螺杆挤压机十分相似，但工作原理存在较大差异，而且不同的双螺杆挤压机其工作原理也不完全相同。

双螺杆挤压机的两根螺杆的组合方式分为啮合和非啮合，旋转方向分为同向旋转和反向旋转。啮合型的两根螺杆紧密啮合，对物料具有很强的输送能力，不易发生倒流，这种啮合方式加工的物料的稳定性和输送效果均比非啮合型双螺杆要好。目前大多数的双螺杆挤压机采用全啮合同向旋转形式。表 18-1 为单、双螺杆挤压机的主要性能差别。

表 18-1 单螺杆挤压机和双螺杆挤压机的性能对比

性能	单螺杆挤压机	双螺杆挤压机
输送原理	借螺杆与物料的摩擦、物料与机筒内壁的摩擦来输送物料；缺点：易堵塞，易漏料	靠两螺杆啮合、强迫输送物料，不易倒流
自洁性能	无	有较好的自洁性能

续表

性能	单螺杆挤压机	双螺杆挤压机
工作可靠性	易堵塞、焦糊	平稳而可靠
加热方式	主要靠内摩擦加热,自热式较多,也有外热式	多数是外加热式,电加热较多,蒸汽加热较少
冷却方式	采用较少	多数是筒体夹套冷却,也采用螺杆中空冷却
控制参数	不易控制,可控参数较少	受控参数较多,易于控制
生产能力	小	较大
适应性	含水量低,一定颗粒状原料,不适合含油量高的原料	适应性广,含水含油均可
能耗/(kJ/kg)	900～1500	400～600
调味	成品后喷	挤压前或挤压中加入
加工产品	品种较少	品种多

资料来源:魏益民等,2009

双螺杆挤压机较单螺杆挤压机有着显著优势,且应用范围比较广泛,但其某些部件仍需进行改进。例如,为了使机筒内压力在模口处达到最大,可以将反向螺旋部件放在最末端。此外,可以将锥形螺旋元件装在螺杆末端,从而避免传统同向双螺杆挤压机中两根螺杆由于压力不同造成两螺杆分离而产生的与机筒内壁的磨损。温度是生产膨化食品的重要参数,有效地控制加热温度就显得尤为重要。刘海燕和欧阳斌林(2004)以 E 分度热电偶为感温元件,用温度传感器 AD590 测量环境温度,设计了一种应用于双螺杆挤压机的温度控制系统,该系统以 MCS-51 单片机为核心,采用分布式结构,硬件接口简单,检测维修方便,同时采用智能控制结合数字滤波,从而提高了控温精确度。此外,刘海燕(2005)还设计了一种应用于双螺杆挤压机的直流电机调速系统,该系统以 MCS-51 单片机为核心,采用智能结合 PID 控制,试验证明,该系统不仅能保证电机安全启动,而且有良好的调速性能。

18.2.2.3 三螺杆挤压机

三螺杆挤压机是目前刚刚兴起的挤压加工设备,结构上的独特性使得其在性能和经济上均优于双螺杆挤压机。目前三螺杆挤压机的 3 根螺杆排列方式有"一"字排列和 3 根螺杆中心连线为倒"品"字形排列两种形式。

"一"字排列的 3 根螺杆结构设计如图 18-1 所示,此种排列方式中两根主螺杆等长,啮合同向旋转。辅螺杆较短,且与中间的主螺杆非啮合,反向向内旋转。辅螺杆直径可比主螺杆直径大,或与其相等,但辅螺杆的转速要稍高于主螺杆。此种螺杆排列方式的进料空间变大,有利于对大块物料的挤压,且挤压、卷入等作用增强,物料的磨碎、剪切效果更好。

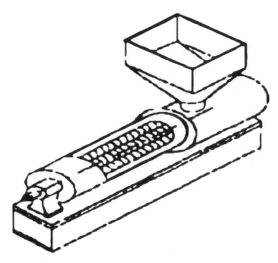

图 18-1 "一"字排列的三螺杆挤压机结构图

此外，此种挤压机在设计时分别设置了主喂料斗和辅喂料斗。主喂料斗位于主螺杆与辅螺杆之间，辅喂料斗位于两根主螺杆的啮合部，其具体位置和数量可以根据实际需要进行设置。倒"品"字形排列的 3 根螺杆直径相等，且彼此平行、同向、全啮合、主动旋转，此种排列方式可以形成 3 个啮合区，挤压混合效果更好。在加料口形状相同的情况下，上部 2 根螺杆比上部 1 根螺杆的排列方式的落料空间要更大，从而提高了喂料效率。三螺杆挤压机的挤出功耗和比能产量是其挤出特性的重要指标。朱向哲等(2009)研究了螺杆转速、螺纹头数、压力差和挤出量等参数对三螺杆挤压机挤出功耗和比能产量的影响，研究表明，影响三螺杆挤压机功耗的因素主次排列为挤出量、转速、螺杆螺纹头数和压力差。螺杆转速、流道两端压力差和挤出量增加，三螺杆挤压机的挤出功耗增加，而比能产量逐渐减小。螺杆螺纹头数增加，三螺杆挤压机的功耗和比能产量均增加。且加工条件相同时，三螺杆比能产量比双螺杆挤压机提高了 30%。通过对比表 18-2 可以发现，三螺杆挤压机有着较高的产能比。

表 18-2 不同螺杆挤压机的产能比

挤压机类型	螺杆直径/mm	产量	能耗	产能比(A/B)
平行双螺杆	45	A	B	1
平行双螺杆	70	3A	3B	1
三螺杆	45	2A	1.5B	1.33
四螺杆	45	3A	2B	1.5

18.2.2.4 多螺杆挤压机

多螺杆挤压机是指在一个套筒内设置多根螺杆(通常大于 3 根)，进而使挤压的混合效果更加理想。但是该设备制造较困难，对传动系统的要求更高，生产时更易产生摩擦，因此目前在食品加工行业中极少使用。

18.3　挤压加工技术分类及应用

根据挤压产品最终形态和要求的不同，挤压加工技术可以分为挤压膨化、挤压蒸煮、挤压组织化、挤压成膜 4 种。

18.3.1　挤压膨化技术

挤压膨化是通过热能、剪切和压力等综合作用使水分在喷出模口时瞬间汽化，对食品组分进行膨化的一种技术，是一个短时高温、高压的加工过程。物料进入挤压机后，被不断转动的螺杆、螺旋向前输送。由于螺杆与机筒、物料与机筒、物料之间的强烈摩擦以及挤压机套筒外加热量的作用，物料处于高温、高压环境从而呈熔融状态。进入模头前，熔融态的物料完全呈流体状态，最后由模孔被挤出瞬间到达常温常压状态，物料的体积瞬间膨化，致使内部粉体爆出许多微孔，体积急剧膨胀，形成质构疏松的膨化食品。

挤压膨化机主要由喂料装置、调质装置、螺旋和筒体挤压装置、压模和剪切出料装置组成(图 18-2)，其核心为挤压膨化部件。含有淀粉、蛋白质和水分等成分的物料从进料槽 1 进入，经调质装置进入挤压机的套筒内，在螺旋的强大挤压和卸料磨具及套筒内截流装置的反向阻止作用下，物料与螺杆、物料与机筒壁以及物料之间产生摩擦力，使得筒内的物料处在 3～8MPa 的高压和 120～200℃ 的高温下，发生淀粉糊化、蛋白质变性、原料中部分有害因子失活、高分子物质降解等一系列的物理和化学变化。当物料被强行挤出模具口时，压力骤然降为常压，水分闪蒸，温度降低，产品随之膨胀并固化成型。

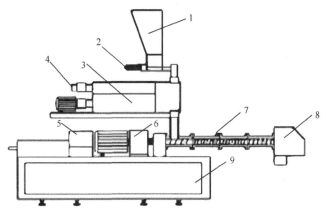

图 18-2　挤压膨化机的组成(叶琼娟等，2013)
1.进料槽；2.进料控制阀；3.调质装置；4.水/蒸汽输送；5.电控设备；
6.传动装置；7.挤压膨化装置；8.剪切出料装置；9.底座

目前，挤压膨化加工技术已经作为一种经济实用的加工方法广泛用于食品生产中，挤压法生产的淀粉类产品不易发生老化现象。挤压改性技术能使纤维物料彻底微粒化，同时促使连接纤维分子的化学键断裂，发生分子裂解及分子极性变化，增强与水分子的接触面积及亲水性，促使水不溶性膳食纤维向水溶性膳食纤维转化。因此，它在提高膳食纤维的可溶性、改善其口感等方面优于其他加工方法(如超微粉碎、酸碱法等)。目前采用挤压膨化加工技术生产的膨化食品有人造肉、马铃薯食品、脱水苹果、速溶饮料、代乳饮料和强化食品等。

挤压膨化技术也逐步应用于饲料工业，主要用于生产加工宠物食品、反刍动物蛋白补充料的尿素饲料等。该技术在加工特种动物饲料、水产饲料、早期断奶仔猪料及饲料资源开发等方面具有传统加工方法无可比拟的优点。近年来，挤压膨化技术在饲料工业应用的研究报道日益增多。

最近，华南理工大学余龙教授课题组基于挤压膨化的技术原理，将其应用于淀粉基发泡产品的研究中，采用水蒸气发泡挤出技术制备出淀粉含量达到 90%以上的可生物降解材料(图 18-3)，进而拓宽了该技术在食品包装材料等领域的应用。加工温度对松散填充产品的质量具有显著影响。过低的加工温度对单元生长不利，而过高的温度会导致膨胀过程中的水分流失，这都会降低膨胀比(ER)，使得最终产品变干变脆。然而，最佳加工温度范围取决于所使用的配方和挤出条件。例如，在使用羟丙基化高直链玉米淀粉的实验中，Nabar 等(2006)发现在熔融温度为 100～110℃时，ER 达到最大值，而 Cha 等(2001)发现挤出时，在 140℃下羟丙基化小麦淀粉的 ER 值达到最大。与仅需要温度形成熔融相的常规塑料不同，淀粉的增塑需要热能以及机械能(以剪切的形式)从而形成热塑性熔体，在发泡挤出中，优选具有高剪切设计的螺杆结构。Glenn 等(2001)描述了另外一种使用挤压膨化方法制备淀粉基泡沫的技术。在 230℃下，淀粉原料在加热的模具中以 3.5MPa 的夹紧力压缩 10s，瞬间释放，使原料膨胀成部分填充、完全填充或过度填充模腔的泡沫。该方法的优点是生产出的模制淀粉基泡沫，具有与传统商业食品包装产品相似的物理性能和机械性能。

图 18-3　淀粉质生物降解发泡材料

18.3.2　挤压蒸煮技术

食品的挤压蒸煮加工是在加热机的机筒内将含一定水分的淀粉或蛋白质等原料，通过螺杆转动进行输送挤压，借助压力、加热和机械剪切力的联合作用，加速淀粉的糊化或蛋白质变性，进行增塑和蒸煮的工艺方法。最终物料在各种形状的模具中成型，继而膨胀并被旋转的刀片切割成所需要的长度。这种挤压蒸煮的温度一般在 120℃以上，而受热的时间却很短(一般在 1min)，属于高温短时加工工艺，对于保持食品的营养成分、良好的质构、口感和风味具有显著效果。目前是食品蒸煮加工系统中最新、用途最多、最经济有效的一种方法。高温短时挤压加工具备不会使食品产生过热、变色、营养成分流失或功能特性损失等优点，在微生物方面具有安全可靠性。

经过高温短时挤压蒸煮方法制得的小麦糊化淀粉，在高倍显微镜下观察，其结构发生了变化，淀粉颗粒原来结构的轮廓较分明，经过热、湿和剪切作用处理后转变成连续多孔的网状结构。对于富含淀粉的原料如面粉，糊化需要从营养和功能两方面考虑。水分含量和温度对挤压蒸煮淀粉原料的性质影响很大。水分含量远超过糊化量则不能产生膨化，若水分含量稍微超出糊化所需量，则因其制品挤压出料后水分的迅速蒸发而能够产生膨化。此过程中，部分产品膨胀形态将快速干瘪，这是由于过度的膨化使淀粉结构中作为食品膨体空间支柱的骨键拉长了，膨体空间水分蒸发后的瞬间形成负压，一旦大气挤压力超过分子键的强度，则膨化后的食品很快收缩而变干瘪。以同一种小麦淀粉作为原料，若采用不同的剪切力进行挤压可以制得稠度不同的制品；采用低剪切力挤压可制得具有稠糊特性的制品，而用高剪切力挤压可制得稀糊制品，在中间条件下加工，可得到中等稠度的制品。由此可见，挤压装置结构和物料加工条件对物料的性质影响很大，如挤出制品的黏度、复水率、密度和糊化(胶凝)特性等。

挤压蒸煮技术能有效地使淀粉糊化、改良蛋白质的质构，得到必要的功能特性，去除食品中的生长抑制剂、抗营养因子，生产出更纯净，在微生物和酶上更安全、更稳定的食品，并具有良好的外形、口感和风味。若加入氨基酸、蛋白质、矿物质、食品色素、香味料及某些维生素时，能够把这些添加物均匀地分配在挤压物中，不可逆地与挤压物相结合。其结构设计独特，可以简便快速地组合、更换零部件，从而成为一个多用途的系统。通过使用不同的挤压机部件及物料品种、水分含量和加工条件的变化，可以生产不同产品。高温短时蒸煮挤压机一般皆为连续性设备，其生产能力可在一定范围内进行调节。生产过程在密闭的机筒内进行，保证了生产的食品完全符合卫生法的安全、稳定的要求。机器清理容易，符合细菌学方面的要求，也是防止加工产品产生不良风味所必不可少的。

近年来，挤压蒸煮技术是一种应用在变性淀粉生产中的新技术，它是以集输送、混合、加热、加压和剪切等多项单元操作于一体的挤压膨化机作为反应器，进行食品原料的热化学变性的技术。该技术的优点有：①可以把几个化学操作过程放在单一的设备中进行，时空产量高；②化学反应在一个相对干的环境下，短时间内与淀粉糊化同时发生；③设备配套简单、占地小、操作方便、适应性强；④无污水产生；⑤产品营养损失少。

18.3.3　挤压组织化技术

挤压组织化作用主要是指食品中植物蛋白组织化。蛋白质含量较高的原料(50%以上)在挤压机内受到剪切力和摩擦力的双重作用，维持蛋白质三级、四级结构的氢键、范德华力、离子键、二硫键被破坏。随着高级结构的破坏，蛋白质分子形成了相对呈线性结构的蛋白质分子链，这些分子链在一定温度和水分含量条件下，产生分子间重组，最终形成一种类似于肉类组织结构的产品——组织化蛋白。

食品挤压组织化过程是一个复杂的过程，既涉及物理变化，也涉及化学变化。影响挤压组织化效果的因素很多，包括原料因素、挤压机因素和操作参数三大部分。原料因素又包括原料粒度、组分构成、化学结构和化学键等，挤压机因素包括螺杆构型和模头结构等，操作参数因素包括套筒温度、物料湿度、喂料速度和螺杆转速。魏益民等（2009）采用系统分析法分析挤压过程并建立了系统分析模型，该模型把挤压所涉及的参数分为操作参数、系统参数和目标参数。其中操作参数包括套筒温度、物料湿度、模头形状和螺杆结构等；系统参数包括单位机械能、停留时间分布、扭矩和压力等；目标参数则包括产品的质地、色泽、风味营养等。该模型中，操作参数是可控的，系统参数连接了操作参数和目标参数，受操作参数的影响，并影响目标参数。

当前，挤压组织化技术在大豆等其他植物蛋白的应用方面已经极为广泛，在花生蛋白的应用上也日渐成熟。采用挤压组织化的方法将脱脂花生蛋白粉处理后，用于类肉食品的生产或者作为添加剂添加到肉制品中是增加脱脂花生蛋白粉附加值的一个重要手段。而衡量组织化产品性质的指标有很多，其中持水性和持油性是花生蛋白粉应用于类肉食品生产的两个重要功能特性，是组织化产品生产加工中的重要的质量控制指标。提高花生蛋白的持水性和持油性可有效改善类肉产品的硬度、黏度和口感等，对组织化产品的功能性质和感官性质具有重大的意义。

18.3.4　挤压成膜技术

挤压成膜是一种通过挤出生产片材或薄膜的简单而成熟的技术，该技术使用具有狭缝或平膜模头的双螺杆挤出机以及用于取向和收集的取出装置，使黏弹性淀粉基材料通过模具形成片材或薄膜产品。现阶段，一些研究人员已经开发了两阶段片/薄膜挤出加工技术，该技术首先在双螺杆挤出机中将淀粉共混物挤出成带，随后干燥并研磨成粉末，然后使用具有狭缝模头的单螺杆挤出机挤出成片材或薄膜。尽管这种两阶挤出技术可能更耗时，但单螺杆挤出机的高压容量克服了在加工过程中淀粉基材料的高黏度的缺点，因此它提供了更容易和更稳定的挤压薄膜技术。该技术可以通过调节狭缝模的出口来控制挤压材料的厚度，从而决定最终产品是片材还是膜。另外，利用适当的模具作为狭缝或平膜模具的替代品，也可以使用两级技术来制造更薄的吹塑薄膜。

挤压是加工淀粉类聚合物的最广泛使用的技术，其优点包括在低溶剂的情况下处理高黏度聚合物的能力、加工条件广泛（$0 \sim 500$atm 和 $70 \sim 500$℃）、多次注射的可行性以及停留时间（分布）和混合程度可控。目前其他加工技术如注射，通常与挤压技术组合使用。

在众多生物降解天然高分子中，多糖是最为丰富的一类，而淀粉因其结构特殊性和成本低等优势，已成为最具发展潜力的生物降解高分子原料。淀粉是植物资源中一种主要的存储形式，广泛分布于谷物类、豆类和块茎类植物中，它是一种由分枝的支链淀粉和线形直链淀粉组成的天然多糖，一般支链淀粉含量 70%～80%、直链淀粉含量 20%～30%，其产量大、价格低廉、来源广泛、安全无毒。因为淀粉具有复杂的多羟基结构，所以，通常可以对其进行化学或物理改性处理，以期得到不同类型改性淀粉应用于食品工业。以淀粉为原料开展生物降解塑料的研究始于 20 世纪 70 年代，如今开展淀粉类材料研究的机构遍布全球。

用于挤压加工淀粉基材料的技术与传统石油基塑料加工中广泛使用的技术相似。然而，由于其独特的相变、高黏度、水分蒸发、快速退化等原因，导致加工性能不理想，淀粉的加工比常规聚合物要复杂得多，难于控制。然而，适当的配方开发和合适的加工条件，可以克服许多难题。加工工艺及配方发展包括以下几个方面。

(1) 加入适量的增塑剂。

(2) 添加适当的润滑剂。

(3) 使用其中羟基被酯基和醚基团替代的改性淀粉(如羧甲基淀粉和羟丙基淀粉)。

(4) 在适当的增溶剂(通常是用疏水性聚合物接枝的淀粉——接枝共聚物)的存在下，将淀粉与疏水性聚合物混合。

18.3.4.1　淀粉片/薄膜的挤出

基于以高直链淀粉(特别是高直链玉米淀粉)为原料的片材和薄膜通常比基于其他淀粉的产品表现出更高的强度和韧性特征。然而，高直链淀粉的挤出比正常热塑性淀粉(TPS)更困难，这是因为淀粉具有较高的熔体黏度和流动不稳定性，需要较高的模具压力。但是，通过增加水分含量(MC)、机筒和模具温度、螺杆的压缩比和螺杆转速，可以减少或消除这些问题。

为了通过挤出成功地生产片材或薄膜，原料淀粉通常与其他添加剂和增塑剂混合以提高其加工性能并改善最终产品的性能。最常用的增塑剂是水或甘油，同时其他的各种增塑剂也已被广泛研究。据报道，尿素在低水分下即可改善淀粉糊化性质，从而可以从半干混合物(16%MC)直接挤出均匀的膜。Thuwall 等(2006)使用含氟弹性体润滑剂来降低材料黏附到模具上并使其堵塞的倾向，同时由于润滑剂的低分子质量，他们使用糊精来降低黏度，使用硬脂酸和聚乙二醇来改善淀粉共混物的流变行为，与聚乙烯醇(PVOH)的混合可以使淀粉终产品具有优异的机械性能。

多层共挤出是用于制备淀粉/合成片或薄膜的另外一种技术，它将 TPS 与适当的可生物降解的聚合物层压以提高最终产品的机械性、耐水性和气体阻隔性能。这些产品已经展示出了在食品包装和一次性产品制造等方面应用的潜力。3 层共挤出最常用，其中共挤出线由两个单螺杆挤出机组成(一个用于内部淀粉层，另一个用于外部聚合物层)，包括复合分配器、衣架式板材模具和三辊压延系统。生物可降解聚酯如 PCL、PLA 和聚酯酰胺、PBSA 和聚(羟基丁酸酯-共-戊酸酯)通常用于外层。

最后，聚合物材料的取向在确定薄膜或薄片的性能方面起着重要作用。具有"设计"方向的产品在聚合物工业中越来越重要，并且包括具有单轴取向的长丝，以及具有双轴取向的膜和瓶。Yu 和 Christie(2005)研究了淀粉基片材取向的影响，发现它增加了模量和屈服应力，同时增加了伸长率。特别地，在支链淀粉丰富的材料中，交叉挤出方向的伸长率显著降低。Fishman 等(2006)研究了果胶/淀粉/PVOH/甘油混合物，发现挤出片材的拉伸强度和初始模量在机械方向上略高于横向，而伸长断裂则相反。对于吹塑薄膜，横向上的拉伸强度往往比机械方向高，反之亦然。Martin 等(2001)报道了基于增塑小麦淀粉和各种可生物降解的脂族聚酯，通过平膜共挤出和压缩模塑制备多层膜。

随着现代食品工业的发展，食品包装不断更新，一类能调和包装材料与环境保护之间矛盾的新型食品包装技术和材料——可食性包装脱颖而出。可食性包装膜是一种以蛋白质、脂肪、多糖等为基料制成的能保鲜食品、无毒、可食用的包装用材料，该材料多以薄膜形式存在。可食性包装材料既具有包装功能，同时还是动物和人可食用的特殊材料。可食性包装材料是将可食用的材料本身，经组合、加热、加压、涂布、挤出等方法而成型。不同的物品包装，所用的基本材料不尽相同，但都以某种主要原料或成分来加以界定。国外近几年来开发的可食性包装材料，一般以人体能消化吸收的淀粉和蛋白质为基本原料，制成不影响食品风味的包装薄膜。

目前可食用包装膜在商业上应用还不够广泛，还不能取代合成高分子塑料薄膜。这是由于它的阻湿性能和机械性能还比较差，同时其包装热封性、可印刷性、喷涂的均匀性等问题还有待解决。复合型可食性包装膜的研究和应用是当前发展的新趋势。此种膜具有复合的几种材料各自所成膜的优点，克服了可食性膜在应用中的许多问题。同时也可以在成膜液中加入一定的抗氧化剂等成分，使膜本身具有某种特殊的功能。探索到最佳的工艺流程和配方，从而使膜具有优良的性能，以满足不同的需要，正是这方面研究和应用的发展趋势。综上所述，目前国内外对可食用膜的性质有一定的研究，但是它在商业上的应用仍少见文献报道，这也将是此领域今后的工作重点。

18.3.4.2 蛋白质类薄膜的挤出

蛋白质类膜的基材主要有胶原蛋白、明胶及玉米醇溶蛋白、小麦面筋蛋白、大豆分离蛋白、小麦分离蛋白和酪蛋白等。蛋白质类薄膜成膜过程主要依靠二硫键(S—S)的作用，首先通过 S—S 键还原裂解成巯基(SH)，在溶剂中扩散开来，使多肽分子质量降低，然后扩散开的蛋白质分子在空气中易被氧化，重新形成二硫键的膜结构。

胶原蛋白膜和玉米醇溶蛋白是成功的商业化可食性蛋白膜，如乳清蛋白就可以被用来作可食用蛋白膜(edible protein film，EPF)的基质材料。McHugh 和 Krochta(1994)以乳清蛋白为原料，甘油、山梨醇等为增塑剂制成的乳清蛋白 EPF 具有透水和透氧率低、强度高的特点。Maynes 和 Krochta(1994)将油脂加到乳清蛋白中形成的可食性膜在降低水蒸气透过率的同时提高了机械强度。

在大豆分离蛋白质方面，Wang 等(2008b)采用高压处理的方法对大豆分离蛋白进行了物理改性，并研究了不同程度的压力对其表面疏水性、巯基含量、溶解性、乳化性以及凝胶性的影响。结果表明，在 200MPa 的压力下，大豆分离蛋白的表面疏水性和溶解度明显降低，自由巯基数量增多；进一步增大压力后，乳化稳定性和凝胶特性降低，巯基含量也逐渐降低。龚向哲(2012)在平板硫化机中使用模压的方法制备了大豆分离蛋白材料，并研究了加工方法和物理改性试剂对所得材料性能的影响。研究发现，加工压力、加工温度以及加工时间对材料性能有着巨大的影响。随着压力的增大，材料的熔融流动性和塑化性增大，使所得大豆蛋白材料的内部结构紧密，拉伸强度增大，力学性能得到改善。当模压温度在 130℃左右的时候，大豆蛋白材料的熔体流动速度最快，交联结构最多，增加了材料的力学性能。模压时间在 15min 左右时，蛋白质分子排列结构最有序，使得材料具有最好的拉伸性能。当甘油含量在 6%左右时，所得材料表现出最好的疏水性和力学性能。Zhang 等(2001)采用模压的方法制备了大豆分离蛋白片材材料，并研究小分子改性剂(水、甘油等)对大豆蛋白材料的机械性能和熔点的影响。随着水和甘油含量的增多，材料的机械性能迅速降低，但同时其延展性和柔韧性得到了提高。研究过程中还发现甲基葡萄糖可以使制备材料变得坚固。而 Huang 等(2003)在模压加工条件下使用木素磺酸盐(LS)和甘油制备了大豆蛋白高分子复合材料，并对其宏观性能和微观性能进行了分析研究。结果表明，木素磺酸盐的含量在 30%～40%时，可以提高复合材料的力学性能，同时因为木素磺酸钠和大豆蛋白分子的相互作用改善了材料的疏水性。经扫描电镜(SEM)分析发现，LS 填充到大豆蛋白分子中可形成均匀、紧密的交联网络结构。

18.4　存在的问题与展望

18.4.1　挤压技术面临的问题

挤压变化动力学作为食品挤压研究的一个重要领域，为实现对产品质量的有效控制提供理论依据。由于挤压过程十分复杂，在挤压变化动力学研究中，对反应时间和反应温度的取值问题通常做简化处理，这将影响结果的准确性。但是建立能够准确预测物料在挤压腔内不同位置处流速和温度的三维模型十分复杂，能否在物料的流变特性、热特性以及螺杆几何结构已知的基础上，建立一个能够预测物料在不同位置处温度和流速的一维模型，从而进行变化动力学过程的分析计算，实现对产品质量的有效预测和控制，将是一个有实际意义的研究领域。

国内的挤压膨化设备在技术含量上与发达国家相比，存在很大的差距。学习、消化和吸收国外先进的膨化设备技术，进一步提高国产膨化设备的研制水平，是缩短差距的捷径。首先，利用计算机进行优化设计，积极探索计算机在膨化机及其生产线的设计、模拟、自动化控制方面的应用，提高膨化机的技术性能和自动化水平；简化膨化机在开机、停机时的程序，节约时间，减少物料和能量的损失；实现加工温度、喂料速度、压力和扭矩的全程监测，提高设备生产效率和稳定性。其次，加强螺杆耐磨性的研究。研究螺杆和机筒的磨损原理，选择既耐磨又符合食品卫生要求的材料，进行磨损实验，寻求降低磨损的方法。再者，研制多功能、多用膨化机，扩大其在非食品工业中的应用领域。有学者认为螺杆转速、加工温度、喂料速度、模口直径、螺杆构型、物料含水量等因素，以及它们之间的交互作用对膨化产品质量均有重要影响，同时产品质量各个指标之间也存在较强的相关性，全面揭示挤压膨化加工工艺对产品质量的影响规律是一项极其复杂的工作。再加上挤压膨化设备结构的复杂性、原料组成的复杂性以及对产品质量特性的要求不同，很难建立一个适应面很广的理论模型。因此，许多研究结论不具有普遍性。

双螺杆挤压蒸煮可普遍地影响大分子，对于小分子来说，要么是由于挤压工艺自身的影响，要么是由于大分子的转变，反过来影响存在于食品中的其他化合物。虽然矿物质对健康很重要，但是在挤压加工中对矿物质稳定性的研究还是比较匮乏，因为在其他的食品加工中，矿物质是较为稳定的。

18.4.2　展望

挤压技术是集多种功能于一体的高新技术之一，其在食品领域的应用越来越广泛。食品挤压技术从 19 世纪 60 年代第一台用于生产香肠的双螺杆挤压机的发明，经过不断的改良和发展，到如今的食品挤压技术的设备多样化、功能多样化、优点多样化，展示了食品挤压技术的先进性和良好的发展前景。在食品挤压技术成长与发展的 150 余年里，该技术在理论探索、产品开发、设备研发等方面均取得了众所瞩目的成果，不断地拓宽技术的应用领域为食品生产加工和食品营养的改善提供支持。食品挤压技术生产的产品营养损失少，有利于消化吸收，经过挤压加工后，原材料中的高分子物质——淀粉和蛋白质等降解为更易消化吸收的小分子。食品挤压技术生产的产品种类多，并且原料适用性广，生产过程中浪费少、无废弃物。

21 世纪的今天，科技与经济进步的同时我们生活的环境不断地恶化。当今使用的一次性发泡塑料饭盒和塑料袋盛装食物不仅严重影响我们的健康，因其难降解性更容易造成环境上的污染。因此应更加注重环境友好型产品的研发，食品挤压技术不断在新的领域展现出其强大的朝气，利用该技术和可再生资源淀粉生产的可生物降解的发泡产品正在走向市场，淀粉质发泡材料的生产成本低、原料来源广、原料可再生，具有绿色环保无毒等优点，能够迎合市场的需求。利用该技术生产的可食性膜有着超过传统包装材料的多种功能性质和经济优势，食品工作者们借助电子显微镜、衍射仪等先进的仪器进行研究，对膜的性能、结构做定性分析，选择成膜的最佳条件和最佳配方，并积极寻找新类型的膜。可食性膜的许多优点使其取代普通的塑料是不可逆转的趋势，它将引起包装的一次革命，有很好的发展前景。在世界范围内，虽然对其研究很多，但仍然有很多的实际问题还没有解决，更没有得到广泛的应用。随着研究的不断深入，我国将向膜材的性能以及寻找新材料新工艺方向发展。通过对可食性膜的性质与应用的进一步研究，可以相信，未来的食品包装将属于可食性膜。

挤压膨化技术作为一种新型食品加工技术，为食品加工提供了新方法，为我国粮食加工企业开发新产品开辟了新途径，近年来得到很快的发展，并且已在很多领域里取代了传统的加工方法。这主要是由于挤压技术具有适应性强、加工范围广、产品质量高等特性，保证了生产的经济价值。从世界饮食发展潮流来看，挤压膨化加工食品在人们的日常消费中占据着重要地位，它有着许多食品加工手段不可比拟的优势。近几年来，发达国家已把蒸煮挤压食品单列为一大类食品，并在保健食品挤压技术、功能性食品挤压技术、超临界流体挤压技术、米粉挤压技术、点心与早餐等即食谷类食品挤压技术、太空食品挤压技术等方面开展了广泛深入的研究，且渗透到许多食品加工中，如膨化后的大米可进一步制作主食面包、蒸制品和炸制品等；将玉米挤压膨化后粉碎，加入面包中，使面包具有特殊的口感和香味。在美国、日本及西欧一些发达国家和地区的食品业中，几乎随处可见到挤压食品或挤压半成品。另外，许多国家还纷纷在谷物早餐和快餐中添加适量的花粉和胡萝卜素、海藻粉和各种蔬菜粉等，通过挤压膨化后，制作适合不同人群消费的强化食品。相信食品挤压膨化加工技术在不久的将来会给消费者的餐桌增添不少色、香、味和营养俱佳的食品。如果把它与"中国营养改善行动计划"、"国家大豆行动计划"配合起来，挤压技术在中国就会有更好的发展。

目前，国内外研究者持续如火如荼地对挤压技术展开更深入的研究，在开拓一个又一个新的领域的同时，相信挤压技术在食品工业上的应用将为人们的生活带来更加全新的优质体验。

本章作者：刘宏生　华南理工大学

参 考 文 献

龚向哲. 2012. 加工工艺对大豆蛋白可生物降解材料性能的影响. 农业机械, 6(18): 60-63.

郭树国, 王丽艳, 刘强. 2008. 单螺杆挤压机加工工艺参数的优化. 食品工业科技, (5): 248-249.

胡玉华, 郭祯祥, 王华东, 等. 2014. 挤压膨化技术在谷物加工中的应用. 粮食与饲料工业, 12(5): 37-39.

菅野腾视. 1987. 食品加工用压出机: 日本, 昭 62-55066.

江顺亮, 朱复华. 2003. 单螺杆挤出全过程三段七区模型的计算机模拟及软件研制. 中国塑料, (6): 36-40.

姜南, 邢应生, 闫宝瑞, 等. 2003. 食品加工用三螺杆挤压机. 农业工程学报, 19(1): 151-154.

梁春英, 王宏立, 刘海军. 2005. 单螺杆挤压机系统的人工神经网络建模. 黑龙江八一农垦大学学报, 17(2): 89-91.

刘海燕. 2005. 双螺杆挤压机直流电机调速系统的设计. 江苏技术师范学院学报, (4): 24-27.

刘海燕, 欧阳斌林. 2004. 双螺杆挤压机温度控制系统的设计. 东北农业大学学报, 35(5): 194-596.

马宁, 朱科学, 郭晓娜, 等. 2013. 挤压组织化对小麦面筋蛋白结构影响的研究. 中国粮油学报, 28(1): 60-64.

魏学明, 张光. 2016. 挤压膨化技术对早餐谷物营养的影响. 农产品加工, (7): 55-60.

魏益民, 杜双奎, 赵学伟. 2009. 食品挤压理论与技术. 北京: 中国轻工业出版社: 7.

文新华. 2004. 挤压五谷杂粮营养早餐谷物食品的研究. 江南大学硕士学位论文.

叶琼娟, 杨公明, 张全凯, 等. 2013. 挤压膨化技术及其最新应用进展. 食品质量安全检测学报, 4(5): 1329-1333.

于明晓, 郭顺堂. 2007. 挤压组织化对脱脂花生蛋白粉持水性和持油性的影响. 食品工业科技, 28(1): 81-90.

朱向哲, 苗一, 袁惠群. 2009. 三螺杆挤出机聚合物温度和功耗特性的数值模拟. 高分子材料科学与工程, 25(10): 16-170.

Alavi S H, Gogoi B K, Khan M, et al. 1999. Structural properties of protein-stabilized starch-based supercritical fluid extrudates. Food Res Int, (32): 107-118.

Cha J Y, Chung D S, Seib P A, et al. 2001. Physical properties of starch-based foams as affected by extrusion temperature and moisture content. Ind Crop Prod, 14: 23-30.

Chen S H, Gordon S H, Imam S H, et al. 2004. Starch graft poly(methyl acrylate) loose-fill foam: Preparation, properties and degradation. Biomacromolecules, 5: 238-244.

Fishman M L, Coffin D R, Onwulata C I, et al. 2006. Two stage extrusion of plasticized pectin/poly (vinyl alcohol) blends. Carbohyd Polym, 65: 421-429.

Glenn G M, Orts W J, Nobes G A R, et al. 2001. *In situ* laminating process for baked starch-based foams. Ind Crop Prod, 14: 125-134.

Huang J, Zhang L, Chen F. 2003. Effects of lignin as a filler on properties of soy protein plastics.I. Lignosulfonate. J Appl Polym Sci, 88(14): 3284-3290.

Liu H S, Yu L, Simon G, et al.2009. Effect of annealing and pressuring on microstructure of corn starches with different amylose/amylopectin ratios. Carbohyd Res, 344: 350-4.

Martin O, Schwach E, Avérous L, et al. 2001. Properties of biodegradable multilayer films based on plasticised wheat starch. Starch/Stärke, 53: 372-380.

Maynes J R, Krochta J M. 1994. Properties of edible films from total milk protein. Food Sci, (4): 909-911.

McHugh T H, Krochta J M. 1994. Sorbitol-vs glycerol-plasticized whey protein edible films: Integrated oxygen permeability and tensile property evaluation. J Agric and Food Chem, 42 (4): 841-845.

Nabar Y, Narayan M, Schindler M. 2006. Twin-screw extrusion production and characterization of starch foam products for use in cushioning and insulation applications. Polym Eng Sci, 46: 438-451.

Tara H M, John M, Krochta. 1994. Sorbitol-VS glycerol-plasticized whey protein edible films: Integrated oxygen permeability and tensile property evaluation. J Agr Food Chem, 42 (4): 841-845.

Thuwall M, Boldizar A, Rigdahl M. 2006. Extrusion processing of high amylose potato starch materials. Carbohyd Polym, 65: 441-446.

Trevisan A J B, Areas J A G. 2012. Development of corn and flaxseed snacks with high-fibre content using response surface methodology (RSM). Int J Food Sci Tech, 63 (3): 362-367.

Wang N, Yu J, Chang P R, et al. 2008a. Influence of formamide and water on the properties of thermoplastic starch/poly (lactic acid) blends.Carbohyd Polym 71: 109-118.

Wang X S, Tang C H, Lian B S, et al. 2008b. Effects of high-pressure treatment on some physicochemical and functional properties of soy protein isolates. Food Hydrocolloid, 22 (4): 560-567.

Yeh A N, Wang H S. 1992. Effect of screw profile on extrusion-cooking of wheat flour by a twin-screw extruder. Int J Food Sci Tech, 27 (5): 557-563.

Yoon K J, Carr M E, Bagley E B. 1992. Reactive extrusion vs batch preparation of starch-g-polyacrylonitrile. Appl Polym Sci, 45: 1093-1110.

Yu L, Christie G.2005. Microstructure and mechanical properties of orientated thermoplastic starches. J Mater Sci, 40: 111-116.

Zhang J, Mungara P, Jane J. 2001. Mechanical and thermal properties of extruded soy protein sheets. Polymer, 42 (6): 2569-2578.

Zhou J, Song J R. 2006. Structure and properties of starch-based foams prepared by microwave heating from extruded pellets. Carbohyd Polym, 63: 466-475.